生产建设项目水土保持
植物措施实用手册

水利部沙棘开发管理中心〔水利部水土保持植物开发管理中心〕 主编

中国水利水电出版社
www.waterpub.com.cn

·北京·

内 容 提 要

水土保持林草措施又称植物措施，与水土保持农业措施、工程措施组成一个有机的综合防治体系，是防治水土流失最常用的措施，也是水土保持中最有效、最具有生态价值和最根本的方法，被广泛应用于生产建设项目水土流失防治。本书共分6章，分别从概述、生产建设项目立地条件类型划分、水土保持植物措施配置、水土保持植物措施建设与管理、常用水土保持植物及措施设计应用案例6个方面予以阐述，是一本参考性极强的关于生产建设项目水土保持植物措施的实用手册。

本书适合相关专业从业人员阅读，也可作为相关专业院校的辅助读物。

图书在版编目（ＣＩＰ）数据

生产建设项目水土保持植物措施实用手册 / 水利部
沙棘开发管理中心（水利部水土保持植物开发管理中心）
主编. -- 北京：中国水利水电出版社，2021.8
ISBN 978-7-5170-9097-7

Ⅰ. ①生… Ⅱ. ①水… Ⅲ. ①基本建设项目－水土保
持－植物－栽植配置－技术手册 Ⅳ. ①S157.4-62

中国版本图书馆CIP数据核字(2020)第214755号

书　　名	**生产建设项目水土保持植物措施实用手册** SHENGCHAN JIANSHE XIANGMU SHUITU BAOCHI ZHIWU CUOSHI SHIYONG SHOUCE
作　　者	水利部沙棘开发管理中心　　　　　　主编 （水利部水土保持植物开发管理中心）
出版发行	中国水利水电出版社 （北京市海淀区玉渊潭南路1号D座　100038） 网址：www.waterpub.com.cn E-mail：sales@waterpub.com.cn 电话：（010）68367658（营销中心）
经　　售	北京科水图书销售中心（零售） 电话：（010）88383994、63202643、68545874 全国各地新华书店和相关出版物销售网点
排　　版	中国水利水电出版社微机排版中心
印　　刷	天津嘉恒印务有限公司
规　　格	184mm×260mm　16开本　40.75印张　998千字
版　　次	2021年8月第1版　2021年8月第1次印刷
印　　数	0001—2000册
定　　价	**380.00元**

《生产建设项目水土保持植物措施实用手册》

编 写 人 员

主　　编　王愿昌　王瑞增

副 主 编　孙中峰　李玲玲　杨文姬　乔　锋　张春亮　贾洪纪　白占雄
　　　　　周　波　王云琦　韩小杰　王志刚　朱永刚　宋维峰　喻　武
　　　　　郑国权

编写人员

综合部分：
　　主编单位：水利部沙棘开发管理中心（水利部水土保持植物开发管理中心）
　　　　　　　山合林（北京）水土保持技术有限公司
　　负 责 人：孙中峰　杨文姬
　　参编人员：乔　锋　李　婧　李　晶　林田苗　梁　月　王明刚
　　　　　　　张宇星　胡志远　张　芳　周利军　张渤洋　李　想
　　　　　　　孙晶辉　马馨蕊　乌云珠拉　刘卉芳　李云霞　殷小琳
　　　　　　　姚　赫

东北黑土区：
　　主编单位：黑龙江省水利科学研究院
　　负 责 人：贾洪纪
　　参编人员：史彦林　严尔梅　李日新　郝燕芳　高德武　詹　敏

北方风沙区：
　　主编单位：甘肃省水土保持科学研究所
　　　　　　　北京林业大学
　　负 责 人：周　波　王云琦
　　参编人员：杨靖文　张志强　孙浩峰　田　赟　张晓虹　张守红
　　　　　　　吕文强　陈立欣　王　彬　王百田　张建军　杨海龙
　　　　　　　肖辉杰　王冬梅　程金花　史常青　齐　实

北方土石山区：
　　主编单位：中国铁路设计集团有限公司

负责人：白占雄　朱正清

参编人员：宋　珺　王　鑫　王冠琪　王洪松　刘立斌　王之龙
　　　　　张茂增　李海蓉　孙　健　张春晖　杨　柳

西北黄土高原区：

主编单位：中国电建集团北京勘测设计研究院有限公司
　　　　　甘肃省水土保持科学研究所

负责人：韩小杰　孙浩峰

参编人员：张晓虹　马世军　周　波　王余彦　杨靖文　梁　超
　　　　　王志雄　吕文强　闵惠娟　韩　悦　位丽换　王宇楠

南方红壤区：

主编单位：长江水利委员会
　　　　　长江科学院
　　　　　广东省水利电力勘测设计研究院有限公司

负责人：孙厚才　郑国权

参编人员：李启聪　张长伟　陈知送　牛　俊　王　力　邱　佩
　　　　　杨贺菲　杨　柳　林晓纯　韩　培　孙　昆　王志刚

西南紫色土区：

主编单位：中国电建集团成都勘测设计研究院有限公司

负责人：熊　峰

参编人员：孙　源　朱永刚　周述明　吴得荣　吴文佑　吴　军
　　　　　张　君　周福仁　李　春　卢自恒

西南岩溶区：

主编单位：西南林业大学

负责人：宋维峰

参编人员：马建刚　尤代强　魏　智　戚建华　陈治成　刘洪延
　　　　　李　荣　陈春仙

青藏高原区：

主编单位：西藏农牧学院

负责人：喻　武　乔　锋

参编人员：杨东升　何财基　潘　刚　万　丹

序

　　水土流失是我国最为严重的环境问题之一，是各类生态退化的集中反映。水土保持（Soil and Water Conservation）是防治水土流失，保护、改良和合理利用水土资源，建立良好生态环境的工作。党中央、国务院历来高度重视水土保持生态环境建设，《国务院关于加强水土保持工作的通知》（国发〔1993〕5号）确定了水土保持是我国必须长期坚持的一项基本国策。水土保持是生态文明建设的重要组成部分和基础工程。

　　水土保持植物措施是防治生产建设项目水土流失的三大措施之一，以植被恢复与重建为主要手段的水土流失治理方案就是利用人工设计的多种植物群落对人为活动和自然因素造成的水土流失进行预防和治理，对生产建设项目区生态环境的保护与恢复具有重大意义。然而，由于受到生产建设行业不同、建设项目类型差异较大、对水土保持技术把握水平不统一等因素的影响，生产建设项目水土保持植物措施设计中，存在着植物物种选择不够科学、配置模式不够合理、管护措施不够到位、防护效果不够理想等问题。很多植物措施配置模式方案雷同，植物选择千篇一律，不能满足我国幅员辽阔、自然条件各异的区域需求和不同生产建设项目的特殊需要。

　　由于我国国土辽阔，南北跨越多个气候带，东西地形地貌多变，植物种类繁多，适生区域有别，因此水土保持方案特别强调适地适树的植物选择原则；必须强调乔灌草复层结构及生物多样性的植物群落设置。这样才能使恢复与重建的人工植被生态系统保持长期的稳定性，并且适应当地的气候和生态类型，且融入自然生态系统之中，与之匹配，和谐共生，长期、稳定地发挥水土保持功能。正如习近平总书记指出"山水林田湖是一个生命共同体，人的命脉在田，田的命脉在水，水的命脉在山，山的命脉在土，土的命脉在树"，这就阐明了生态系统间的相互联系、相互依存、相互匹配的科学规律，为我国水土保持生态治理理念的科学提升指明了方向。

　　《生产建设项目水土保持植物措施实用手册》就是在上述思想指导下，汇集了作者同志们对生产建设项目水土保持工作长期调查和总结的经验，并且研究归纳出科学、可行的生产建设项目水土保持工作的一系列植物措施和技术，编撰成书，适应了国家"放、管、服"的新背景及水土保持行业强监管新形势的需求。该书从分析生产建设项目类型与特点出发，探讨了生产建设项目植物措施种类与适用范围；划分了生产建设项目立地条件类型；按照不同气候带和地貌特点，利用当地适生的树种、灌木和草本植物构建了众多适应不同生态类型，适合不同立地条件的生态植物配置模式；对水土保持植物措施使用苗木与种子规格、整地方式、栽植方式、密度控制及抚育管理技术等，都做了具体的指导和介绍。本书内容丰富，针对全国不同水土保持分区提出可行性和标准化程度高、操作性强的植物措施设计方案，实现了分区优选植物，根据需要布设措施，不但能够提高水土保持行业设计的标准化水平，而且能贴近实际应用需求，可为从事水土保持设计、施工、验收、管理的人员提供较好的参考和借鉴，也可为水土保持强监管提供更好的技术支撑，使水土保持植物措施在生产建设项目水土保持工作中的作用切实得到发挥，为生态文明建设做出更大贡献。

借此书出版之际，我欣然为序，顺表祝贺。

中国工程院院士

2021 年 8 月 6 日

前　言

　　水是生命之源，土是万物之本，水土资源是人类生存和发展的基本条件，是经济社会发展的基础。水土流失直接关系到国家生态安全、防洪安全、粮食安全、饮水安全和人居安全。我国水土流失面广、量大，侵蚀严重，随着城镇化发展速度的不断加快，基础设施建设规模不断扩大，由此带来的人为水土流失尤为突出。生产建设项目建设中因大量占压、扰动、破坏地表植被，开挖和堆垫形成高陡边坡，扰动后的土壤侵蚀量通常是扰动前的数倍至数百倍，大量的水土流失产生，同时也极易产生水土流失灾害等严重隐患，破坏生态环境，给当地群众的生活带来不利影响。

　　生产建设项目水土流失防治工作已开展 20 余年，水土保持植物措施作为一项重要的防护措施，在防治生产建设项目水土流失方面发挥了积极的作用，在长期的工作实践中，已形成很多成熟且经检验有效的植物措施配置模式，这些都是生产建设项目水土保持工作的宝贵经验。然而，一直以来，对已有的成果缺乏系统的总结和提炼，生产建设项目水土保持植物措施设计、配置等缺乏行业标尺，致使设计方案与实际落实之间存在诸多矛盾，如植物种选择单一、配置模式简单、针对性不强等，不能完全满足建设项目对植物措施的实际需求。十九大以来，党中央将生态文明建设纳入"五位一体"总体布局，林草植被作为生态环境的重要构建内容，对改善生态环境具有不可替代的作用。作为生态文明建设的重要组成部分，植物措施面临着更高的要求。

　　为了进一步贯彻《中华人民共和国水土保持法》，规范生产建设项目水土保持植物措施的设计、抚育管理，充分考虑植物措施生物、地域的特殊性，总结不同类型区、不同立地类型、不同功能需求条件下的植物措施配置模式，从而更好地指导和推动各行业水土保持植物措施建设，水利部水土保持司提出编写《生产建设项目水土保持植物措施实用手册》的议题，并下发《关于开展〈生产建设项目水土保持植物措施实用手册〉编制工作的函》（水保监便字〔2017〕第 13 号），由水利部沙棘开发管理中心（水利部水土保持植物开发管理中心）牵头组织完成。为此，水利部沙棘开发管理中心（水利部水土保持植物开发管理中心）组织多行业的设计单位和高等院校等 10 余家单位近百位技术人员参加此书的编写，编写人员广泛收集资料，开展实地调查，筛选案例，并进行多次的大纲审查、书稿审查和讨论，经过 3 年多的辛苦努力，使这本手册终于得以与读者见面。

本书总体框架思路、章节安排由水利部沙棘开发管理中心（水利部水土保持植物开发管理中心）负责，编写的大纲经多次审定、讨论；编写工作中，水土保持司多次听取汇报，提出很多宝贵的修改意见；书稿经过多次专家会审阅和修改，并最终定稿。本书共包括 6 章：第 1 章概述部分从生产建设项目与水土保持的特点入手，提出生产建设项目水土保持植物措施的特点、作用及适用范围，由孙中峰、杨文姬、乔锋、李婧、李晶、林田苗、梁月、王明刚、张宇星、胡志远、张芳、周利军、张渤洋、李想、孙晶辉、马馨蕊、乌云珠拉、刘卉芳、李云霞、殷小琳、姚赫等编写完成；第 2 章为"生产建设项目立地条件类型划分"，在《全国水土保持区划（2015—2030）》《中国植物区划》的基础上，结合植物特性及生产建设项目植物措施特点划分为立地类型亚区、立地类型小区、立地类型组，第 3 章为"生产建设项目水土保持植物措施配置"，针对每种立地类型提出配置模式，这两章按照 8 大类型区划分，其中东北黑土区相关内容由贾洪纪、史彦林、严尔梅、李日新、郝燕芳、高德武、詹敏等编写完成，北方风沙区相关内容由周波、王云琦、杨靖文、张志强、孙浩峰、田赟、张晓虹、张守红、吕文强、陈立欣、王彬、王百田、张建军、杨海龙、肖辉杰、王冬梅、程金花、史常青、齐实等编写完成，北方土石山区相关内容由白占雄、朱正清、宋珺、王鑫、王冠琪、王洪松、刘立斌、王之龙、张茂增、李海蓉、孙健、张春晖、杨柳等编写完成，西北黄土高原区相关内容由韩小杰、孙浩峰、张晓虹、马世军、周波、王余彦、杨靖文、梁超、王志雄、吕文强、闵惠娟、韩悦、位丽换、王宇楠等编写完成，南方红壤区相关内容由孙厚才、郑国权、李启聪、张长伟、陈知送、牛俊、王力、邱佩、杨贺菲、杨柳、林晓纯、韩培、孙昆、王志刚等编写完成，西南紫色土区相关内容由熊峰、孙源、朱永刚、周述明、吴得荣、吴文佑、吴军、张君、周福仁、李春、卢自恒等编写完成，西南岩溶区相关内容由宋维峰、马建刚、尤代强、魏智、咸建华、陈治成、刘洪延、李荣、陈春仙等编写完成，青藏高原区相关内容由喻武、乔锋、杨东升、何财基、潘刚、万丹等编写完成；第 4 章为"生产建设项目水土保持植物措施建设与管理"，主要涉及植物措施建设、抚育管理和竣工验收相关内容，由乌云珠拉、杨文姬、乔锋等编写完成；第5章为"生产建设项目常用水土保持植物"，提出生产建设项目常用植物名录，由李婧、杨文姬、周利军等编写完成；第6章为"生产建设项目水土保持植物措施设计应用案例"，提出诸多应用案例，书中已注明提供单位，编写人员不再赘述。

值此书出版之际，全体编写人员向支持本书编写工作的水利部水土保持司以及相关单位致以诚挚的谢意，对书中资料、图片的作者表示感谢。本书在编写过程中，引用了大量的科技成果、论文、专著和相关教材，因篇幅所限，未能一一在参考文献中列出，谨向文献的作者致以深切的谢意。还要特别感谢尹伟伦院士百忙之中为本书作序，谨此致以崇高的敬意！

本书内容源于实践，重于实践，对从事生产建设项目水土保持植物措施相关的设计、施工、监测、监理、验收等技术人员来说，可在实际操作中借鉴使用。由于编写者水平有限，书中可能存在问题和不足，望广大同仁不吝批评指正。

编者

2021 年 8 月

目 录

第 1 章

概　　述

2015 年 5 月 5 日，中共中央、国务院印发《关于加快推进生态文明建设的意见》，明确了节约优先、保护优先、自然恢复为主的基本方针，并明确了森林覆盖率、草原综合植被度等主要指标。林草植被是构建生态环境的重要内容，对改善生态环境具有不可替代的作用。水土保持林草措施又称植物措施，与水土保持农业措施、水土保持工程措施组成了一个有机的综合防治体系，是防治水土流失最常用的措施，也是水土保持中最有效和最根本的方法，被广泛应用于控制土壤侵蚀（包含风蚀、水蚀、重力侵蚀及混合类侵蚀）和提高边坡稳定性。水土保持林草措施包括水蚀、风蚀等地区经营的天然林、水土保持林、农田防护林、固沙造林、经济林等，而以防治水土流失为主要功能的水土保持林又可分为水源涵养林、梁峁防护林、坡地防护林、侵蚀沟防护林、梯田防护林、护牧林、薪炭林、道路防护林、护岸护滩林、封山育林、林粮间作等，还包括封山育草、人工或飞播种草、天然草地改良与合理放牧等。一般认为，林草措施还对水土保持起三方面的作用：水文效应、土壤生态效应和力学效应。水文效应包括植物地上部分截留降雨、削弱径流，延长水分入渗时间，减少产流等；土壤生态效应包括减少表土产沙，改善土壤结构，提高土壤抗冲性和抗蚀性等；力学效应包括植物根系增加土壤抗剪强度，改善坡面浅层土体应力，有效降低坡面土体应力的集中，锚固表层土壤，降低岸坡土体孔隙压力，提高边坡稳定性等。

生产建设项目中的林草措施在《生产建设项目水土保持技术标准》（GB 50433—2018）中称作"植被建设工程"，为水土保持八大工程中的一种，在《水利水电工程水土保持技术规范》（SL 575—2012）和《水土保持工程设计规范》（GB 51018—2014）中被称为"植被恢复与建设工程"。生产建设项目水土保持植物措施一般认为是工程绿化，从欧洲的奥地利到北美的美国，再到拉美的哥伦比亚、厄瓜多尔、巴拉圭，以及亚洲的日本、泰国、尼泊尔，在这些国家的治山政策中，林草措施占据了很大的比例。林草不仅可以绿化、美化荒山，还是防灾治灾、涵养水源、保护和改善生活环境与自然环境的重要手段。在生产建设项目上，水土保持措施分为植物措施、工程措施和临时措施。植物措施包括植被防护工程、植被恢复工程和绿化美化工程，具有施工简单、造价低、长效等特点，同时具有保持水土、美化环境、增加植物多样性等作用。因此，编制生产建设项目水土保持方案时，在保证水土流失防治目标的前提下，在立地条件许可的情况下，应坚持植物措施优先。

1.1 生产建设项目与水土保持

1.1.1 生产建设项目类型与特点

在我国，生产建设项目通常是指按固定资产投资管理形式进行投资并形成固定资产的全过程。生产建设项目分为生产性建设项目和非生产性建设项目，前者是指固定资产的形成是直接为物质生产服务的项目，如矿山、工业企业等；后者是指固定资产的形成是直接服务于社会而不直接为物质生产服务的项目，如公路、水利工程、学校、医院等。

根据水土流失发生时期不同，生产建设项目可划分为建设类项目和建设生产类项目。建设类项目的水土流失主要发生在建设期，基本建设竣工后，在运营期基本没有开挖地表、取土（石、料）、弃土（石、渣）等生产活动，如公路、铁路、机场、港口码头、水利工程、电力工程（水电、核电、风电、输变电）、通信工程、输油输气管道、国防工程、城镇建设等。建设生产类项目的水土流失发生在建设期和运营期，基本建设竣工后，在运营期仍有开挖地表、取土（石、料）、弃土（石、渣）等生产活动，如各类采矿、火电工程、生态移民、荒地开发、林木采伐等。

根据水土流失发生范围不同，生产建设项目可划分为线型生产建设项目和点型生产建设项目。线型生产建设项目的布局空间跨度较大，呈线状分布，如公路、铁路、输电工程、管道工程等。点型生产建设项目的布局相对集中，呈点状分布，如机场、港口码头、城镇建设、水利枢纽、电厂、各类采矿、生态移民、荒地开发、林木采伐等。

1.1.2 生产建设项目水土保持

1. 生产建设项目水土流失特点

《生产建设项目水土保持设计指南》（中国水土保持学会水土保持规划设计专业委员会，2011）一书将生产建设项目水土流失定义为：在工程项目建设和生产运行过程中，由于开挖、填筑、堆垫、弃土（石、渣）、排放废渣（尾矿、尾砂、矸石、灰渣等）等活动，扰动、挖损、占压土地，导致地貌、土壤、植被损坏，在水力、风力、重力及冻融等外营力作用下造成的岩土、废弃物的混合搬运、迁移和沉积，导致了水土资源的破坏和损失，最终使土地生产力下降甚至完全丧失，属于人为流失的范畴。

与传统意义上的水土流失相比，生产建设项目水土流失在流失源、流失方式及流失量等方面均有自身的特点。

（1）流失源组成复杂，多种形式并存。生产建设项目扰动后的再塑地貌和原地貌相比发生了很大的变化，地面组成物质并不一定是土壤及其母质。生产建设项目在建设和生产运行中会产生大量的弃土弃渣，其物质组成成分除表层土壤外，还有母质、风化壳及碎屑、基岩、建设垃圾与生活垃圾、植物残体等废弃物，如矿山类弃渣包括矸石、毛石、尾矿、尾砂及其他固体废弃物，火电类项目还有粉煤灰、炉渣等工业固体废弃物，有色金属工程、化工企业等在生产过程中还会排放有害固体废弃物。

由于不同生产建设项目的性质、工程设计、特别是开挖、堆垫、爆破、钻凿、机械运输和碾压等施工组织以及后期运行方式变化多样，导致对地表的扰动及再塑过程复杂多样，不仅使水土流失的物质组成发生变化，还使原来的主要侵蚀营力及其组合发生变化，从而导致水土流失形式多样，常常出现原地面水蚀、风蚀、重力侵蚀等侵蚀形式时空交错和复合，这种变化同时又受到区域气候和地貌类型的影响，使生产建设项目水土流失形式变得更为复杂。

我国不同地域水土流失类型差别很大，例如：南北方广大的水蚀地区，以水力侵蚀为主，或水力与重力侵蚀复合，而水蚀和风蚀交错区则是水蚀和风蚀耦合，侵蚀情况变得复杂；北方内陆干旱平原和戈壁区域则是以风力侵蚀为主；冻融区及冰川侵蚀区主要以冻融和冰川侵蚀为主，形成更为严重的重力侵蚀和复合侵蚀。如西气东输工程在新疆地段的水土流失以风力侵蚀和冻融侵蚀为主，在黄土高原地区则水蚀、风蚀、重力侵蚀并存，到了中原及南方地区又以水蚀为主。又如在北方丘陵沟壑区公路施工过程中，路基修筑中的削坡、开挖断面及对弃渣的堆置往往使单一的水蚀类型变成风水蚀复合侵蚀，若边坡或堆渣处置不当，还可能发生重力侵蚀；对于火力发电厂的干灰场来说，堆灰使得该区原有的水蚀方式变为以风蚀为主，或是风水蚀复合侵蚀；平原区高填路基施工后，使原来轻微的面蚀变为细沟侵蚀。

（2）流失强度大，时空分布无规律性。生产建设项目一般要经历建设期（施工准备期、施工期）和生产（运行）期等阶段。建设类项目水土流失主要集中在建设期，建设生产类项目在生产运行期也会产生一定的水土流失。在建设期内进行采、挖、填、弃、平等施工活动，使地表土壤原来的覆盖物遭受严重破坏，改变了土壤及其母质的物理结构，同时，开挖边坡打破了荷载平衡，甚至使地下岩层应力释放和结构崩解，而松散的弃土弃渣稳定性差且抗蚀力弱。因此，建设区域内的水土流失强度往往会高出原地面侵蚀强度的数倍，甚至更高。特别是在集中进行"五通一平"时，或是在建筑、厂房等基础设施建设期，机械化程度高，施工进度比较快，采、挖、填、弃、平等工序往往集中在短时间内进行，对原地貌的扰动强度大，水土保持设施破坏严重，水土流失强度在短时间内成倍增加，可以说，建设期造成的水土流失历时短、强度大。进入运行期后，随着再塑地表松散层的沉降和固结，以及采取了有效的水土保持措施，水土流失强度逐步变小，进入一个相对缓慢的阶段。

（3）危害具有潜在性，能够更加直观地感受到。生产建设项目对地表进行的大范围及深度的开挖、扰动、取料、弃渣等生产活动不可避免地造成水土流失，进而使可利用土地资源不断减少，使土地可利用价值和生产力大大降低。同时，建设施工扰动破坏了原有的地质结构，弃渣堆体形成的不稳定的流失源，在诱发营力的作用下，极易形成突发性的水土流失或地质灾害。这种危害可能是直接的，也可能是间接的，且并非全部立即显现出来，往往是在多种侵蚀营力共同作用下，首先显现出其中一种或者几种所造成的危害，经过一段时间后，其余侵蚀营力造成的危害才慢慢显现出来。水土流失危害存在潜伏期，并很难预测，若生产建设过程中不能采取有效的水土保持措施，潜在的危害将在某一条件下发生突变，从而造成灾害性人为水土流失事件。

与传统流失形式相比，生产建设项目水土流失往往使人们能够更加直观地感受到。人们可以直接看到坡面大范围的植被破坏、弃土区域大量的土石方弃渣、土石渣大量流入江河等现象。

（4）生产建设项目所造成的人为水土流失是完全可控的。人为水土流失很大程度上受生产技术能力、社会经济环境的制约，如果能够从建设选址、建设准备、施工工艺与方法、建设管理水平、措施布局与设计、后期验收与维护等方面做好工作，生产建设项目所造成的人为水土流失完全可以得到有效防治，实际产生的流失量甚至可能小于原地貌流失量。

2. 生产建设项目水土保持措施总体布置

生产建设项目水土保持措施包括拦渣工程、斜坡防护工程、土地整治工程、防洪排导工程、降水蓄渗工程、临时防护工程、植被建设工程和防风固沙工程，其适用条件和设计要求执行《生产建设项目水土保持技术标准》（GB 50433—2018）。从传统水土保持措施类型及效能的持久性来说又可以分为三大类：工程措施、植物措施和临时防护措施。

生产建设项目过程一般分为施工准备期、土建施工期、施工后期、生产运行期 4 个阶段。

（1）施工准备期。生产建设项目的开工时间，各个行业的时间节点不同，如火电项目以浇筑主厂房第一罐混凝土视为开工建设，高速公路将开工令下达之日视为开工。在开工之前，几乎所有的生产建设项目都已经进行了土石方的挖、填、堆、平等施工作业。而水土保持定义的开工建设时间为生产建设项目开始对原地貌进行集中扰动，从这个时间至具体生产建设项目行业开工之间的时期，为施工准备期。

施工准备期主要是以平整场地、清理地表、附属工程建设等为主，土石方挖填量较大。水土保持防护主要是以表土剥离、堆土临时防护、土石方挖填临时防护、施工区域红线管理等为主，主要措施为工程措施和临时措施。

（2）土建施工期。土建施工期主要是指生产建设项目建设的全过程，包括土建施工、设备安装与调试等。在这一阶段，所有重大的土石方工程基本全部开工进行，如场地挖填、隧道开凿、路基填筑、管道开挖等，会产生挖方边坡、填方边坡等水土流失明显的区域，这是水土流失产生的主要时期，要求建设安全、生态为一体的防治措施体系。

该时期以工程措施、临时措施为主，辅之以适宜的植物措施。工程措施以拦渣、斜坡防护、防洪排导、降雨蓄渗为主，以保证主体工程建设安全、生态的防护体系；临时措施以土石方运移与堆存过程中的苫盖、拦挡、洒水、外围排水等为主；植物措施主要是以施工区域绿化美化、临时堆土的防护等为主。

（3）施工后期。施工后期主要是指土建施工结束后，大的挖填方已经结束，取弃土行为已经终止，工程建设到了设备安装调试等土方工程少的时期。这时应以植物措施为主，辅之以必要的工程措施与临时措施。这个时期，按照"三同时"原则，工程措施与主体工程已经同步建成，并基本发挥作用，土建施工行为结束，是进行植物措施的重要阶段。此阶段的植物措施包括各个区域的绿化美化、施工迹地的植被恢复、取弃土场土地整理后的植被建设等。

（4）生产运行期。生产运行期是指建设生产类项目在建设结束后，由于生产运行中会产生部分废弃物，如煤矿的矸石、露天矿的矿层上覆物、电厂灰渣等，导致废弃物集中堆存的行为持续性发生。这个时期，主要是防治废弃物因堆放、运移等产生的水土流失，防治措施以临时措施、植物措施与工程措施相互协调为主。

1.2 生产建设项目水土保持植物措施

1.2.1 水土保持植物措施的内涵与作用

1. 水土保持植物措施的内涵

水土保持植物措施也称林草措施，《中国大百科全书》"水土保持"条目中将之定义为：在荒山、荒坡、荒沟、沙荒地、荒滩和退耕的陡坡农地上，采取造林、种草或封山育林、育草的办法，增加地面植被，保护土壤不受暴雨冲刷。在水土流失严重的地区，"三料"（燃料、饲料、肥料）俱缺，人民生活十分贫困，林草措施又是解决"三料"、促进林牧副业与商品经济发展的重要物质基础。

我国自然界的水土资源流失现象，有着比水土资源保护更为久远的历史。在漫长的传统农业生产发展历史中，有相当长的时间，水土资源流失现象并未引起人们的重视，直到水土资源流失已发展到足以威胁人们的农业生产，甚至威胁人们的生命安全时，人们才展开征服水土资源流失的斗争。早在远古时代，黄河流域就有"鲧禹治水"的传说，《礼记·郊特牲》中记载了中国远古时期的蜡祭祝辞，祝辞中提到"土反其宅，水归其壑，昆虫毋作，草木归其泽"。著名农业教育家、生物学家和农史学家辛树帜先生认为，该祝辞反映了水、土、昆虫、草木资源平衡和水土保持的观念。这是我国历史上出现的最早的关于水土保持的记载。

据现有史料记载，我国的水土流失治理可以追溯至西周初期（公元前 16—11 世纪）。商代采用区田法来防止坡地水土流失，此法颇像今日干旱地区农民使用的套种法和坑田法。西周初期，我国中原地区的农业生产已有了一定程度的发展，当时治理水土流失以平原和低湿地为主，主要是进行平整土地、防止冲刷，使溪流、河川的泥沙量减少，流水变清，对各种不同的土地规定了不同的用途。《逸周书》《孟子》《荀子》《周礼》中均有对山林、沼泽设官禁令进行保护的论述。如《荀子》中提到：认真执行池、沼、渊、川泽的禁令，会使鱼鳖的出产量增多，百姓吃用不完；采伐和养护安排适当时，山林不会遭到破坏，百姓的木材也会充裕。西周和春秋时代是我国农田建设和水土保持的初创阶段，在技术力量低下和地广人稀的环境中，人们既没有必要也没有可能同时耕种大量的土地，只是将山林、荒地、沼泽、低湿地、盐碱地等许多难以治理的土地安排不同的用途并加以保护，防止水土流失和水旱灾害。

我国历史上的水土保持措施主要包括耕作措施、工程措施和植物措施（林草措施）。

在耕作措施中具有代表性的是区田法。相传该方法是由商代伊尹所创，其优点是可以集中施肥和灌水、保持水土，现代应用的"掏钵种""坑田""聚肥改土耕作法"等均源于此。

在水土保持工程措施中具有代表性的是"沟洫治黄"，指采用疏导的方法，开挖灌排渠道，分洪治沙。乾隆八年，御史胡定总结民间经验，在《条奏河防事宜》中提出了"于涧口筑坝堰，水发，沙滞涧中"的治理措施，是现代淤地坝的雏形。

水土保持植物措施是我国水土流失治理三大措施之一。在三大措施中，工程措施的主要目的是保证主体工程的安全，耕作措施的主要目的是保证作物的产量，植物措施则是为了恢复与重建生态环境。植物措施的发展已经有 2000 多年的历史，早期的植物措施主要有封山育林、植树造林及陂塘、坝堰、堤岸防护林。封山育林起始于西周，秦以后的历代封建王朝大都颁行过"禁山泽"的法令。中国古代的《逸周书》《管子》《淮南子》等著作都提倡植树造林。植树造林最早记载于战国时《管子》，如"行其山泽，观其桑麻，计其六畜之产，而贫富之国可知也"。由此可知，古代人民已开始重视对土地的合理利用和造林种草的合理布局。早在 2000 多年前，《管子·度地》中就曾提及工程与生物相结合的护堤措施，是我国最早的有关营造防护林的记载。西周《吕刑》一书中记载了"平治水土"；东汉王充《论衡》一书中总结了"地性生草，山性生木"的合理利用土地的经验；北魏的《齐民要术》系统地总结了中国传统的植树造林经验，提到栽后抚育管理方面有"近上三寸土不筑，取其柔润也。时时灌溉，常令润泽，每浇水尽，即以燥土覆之，覆则保泽，不然则乾涸"之说；明朝万历年间，著名水利专家徐贞明曾提出"治水先治源"的理论。这些记载都提出要重视林草措施的布设。近代以来，中国森林资源不断遭到严重破坏，自然灾害频繁发生，水土流失日益加重，至 1949 年，中国森林覆盖率只有 8.6%。但经过 60 多年的植树造林，至 2019 年，全国的森林覆盖率已达到了 22.96%。

国外也较为重视林草措施在水土保持中发挥的作用。1860 年，法国为了防治频繁的水灾，制定了《山区造林法》；1884 年，奥地利颁布了《荒溪治理法》，在山区建立森林工程措施体系；1917 年，苏联开始以治理水土流失为目的而进行防护林建设；1934 年，美国颁布了《营造防护林带计划》，从 1935 年开始植树造林，至 1943 年共营造了近 3 万 km 的防护林，起到了很好的水土保持作用；1953 年，日本通过了《治山治水决议案》，大力营造保安林，至 20 世纪 80 年代，全国 69% 森林覆盖率中有 30% 为水源涵养林和其他水土保持林。

随着社会经济的快速发展，水土保持植物措施体系不断完善，特别是对生产建设项目进行水土保持监管以来，生产建设项目的水土保持植物措施与传统治理措施中植物措施的内涵有所增加，领域也有所扩大，增加了绿化美化、生态调节、稳定安全等内容。

2. 水土保持植物措施的作用

（1）传统水土保持植物措施的种类与作用。传统的水土保持植物措施是指以控制水土流失、保护和合理利用水土资源、改良土壤、维持和提高土地生产潜力为主要目的而进行的造林种草措施，也称为水土保持林草措施。作为水土保持三大措施之一的植物措施，一直备受水土保持工作的重视。特别是近年来生态文明建设作为国家"五位一体"总体布局的重要内容，植被建设成为其中的重要内容与抓手。由于植物措施在治理水土流失上具有立体、多点、防侵蚀的特点，因此具有强大的防止水土流失的功能。同工程措施与耕作措施相比，它能治根治本，对地表的破坏小，所以水土流失治理中对植物措施的需求也最大。

一般认为，植物措施对水土保持起到三方面作用：水文效应、土壤生态效应和力学效应。水文效应体现为植物地上部分能够截留降雨，减少降雨对土壤的击溅，减少土壤表层板结，植物的枯枝落叶层能蓄积水分，削弱径流，延长水分入渗时间，减小产流；土壤生态效应体现为植物能够减少表层产沙，改善土壤结构，提高土壤抗冲性和抗蚀性；力学效应体现为植物根系增加土壤抗剪强度，改善坡面浅层土体应力，有效降低坡面土体应力的集中，锚固表层土壤，降低岸坡土体孔隙水压力，提高边坡稳定性。植物根系固持水土的力学效应主要体现为植物浅根的加筋作用和深根的锚固作用。浅根的加筋作用是指植物根系在土壤中错综盘结，使岸坡土体在根系延伸范围内成为土与根的复合材料，根系可视为三维加筋材料，增加了土体的黏聚力，同时根系的张拉限制了土体的侧向变形。深根的锚固作用是指植物粗深根系穿过坡体浅层的松散风化层，锚固到深处较稳定的土层上，类似于锚杆系统。在植被覆盖的边坡上，相互缠绕的侧向根系形成具有一定抗拉强度的根网，将根系和土壤固结为一个整体，同时垂直根系将浅层根系土层锚固到深处较稳定的土层上，从而增加了土体的稳定性。

（2）生产建设项目水土保持植物措施的种类与作用。生产建设项目水土保持植物措施是指在生产建设项目区域及影响区域内以控制水土流失、保护和合理利用水土资源、改良土壤、维持和提高土地生产潜力为主要目的所进行的造林种草措施，也称为水土保持林草措施。传统的植物措施种类主要包括造林、种草、封山育林育草等，而在生产建设项目中还应包含工程绿化的相关内容。生产建设项目植物措施的作用如下。

1）绿化美化。绿色植物，维系着生态平衡，使万物充满生机。植物美可以分为单体美和群体美。单体美主要有形体姿态、色彩光泽、韵味联想芳香及自然衍生美等，可以通过种植合适的植物引来鸟类、蜜蜂、蝴蝶，植物美又可以通过植物树冠、树干、叶、花、果、刺、毛、根等表现出来。群体美主要是通过植物物种搭配，利用不同物种形态、高度的不同，增强空间立体感，根据植物不同季节、不同品种的颜色搭配，协调植物群体一年四季的色彩，丰富观赏视觉效果。同时植物还能创造意境美，植物的象征意义、意境美对环境有很大作用。如："岁寒三友"（松、竹、梅）、"玉、堂、春、富、贵"（玉兰、海棠、迎春、牡丹、桂花）等植物能起到烘托环境意境的作用。

2）安全保障。植物措施具有路标、防眩、防噪声、吸尘、事故缓冲等作用。植物措施的配置在线性工程（如高速公路）中具有视线诱导功能，能够对公路的轮廓、线形、分流或合流进行指示诱导，在白天、黑夜或下雪天诱导驾驶员的视线，标明道路轮廓，保证行车安全。同时，植物措施可阻挡行驶车辆的眩光对驾驶员视力的影响，保障行车安全。在隧道口等明暗过渡路段栽植高大树木，可以缓解光线急剧变化给驾驶员视线带来的不适，提高行车安全性。发生交通事故时，公路两侧栽植的乔、灌木对车辆具有缓冲作用，可以减少事故的危害性，减少生命财产损失。

3）保护生物多样性。多种多样的生物资源是地球上生命赖以生存的基础，更是人类生存的基础。生物在自然界中是一个复杂的斑块镶嵌体，而斑块的镶嵌在各种不同尺度下以极其多样化的形式表现出来。在水土流失地区，生物量及生物多样性明显降低，通过水土保持植物措施，营造水土保持林或种植草被植物，由于树种选择及布设的针对性，使得水土保持造林相比一般的造林效果更好，生物多样性得以更好地保护和发展。

4）固土保肥。水土保持植物措施的固土保肥功能，是指地被物层和枯落物层截留降雨，降低雨水对土壤表层的冲刷，减少地表径流侵蚀。同时，植物根系固定土壤，减少土壤肥力的损失，达到改善土壤结构的作用。水土保持植物措施固土保肥功能还体现在减少土壤侵蚀、保持土壤肥力、防沙治沙、防灾减灾和改良土壤等方面。林木的根系可以改善土壤结构、孔隙度和通透性等物理性状，有助于土壤形成团粒结构。在养分循环过程中，可增强土壤的有机质、营养物质和土壤碳库的积累，提高土壤肥力。

5）蓄水调水。水土保持植物措施通过对水分的吸收、蒸腾、滞流以及林地的渗透、储蓄，对地区的水分运动产生重大影响，可以调节降水、蒸发、径流和土壤水分的增减，进而影响其他生态系统的水分运动和陆地水系的水量、水质变化。如通过林冠层和枯落物层对降水的截留，实现对降水的再分配，从而降低降雨雨滴的动能，减少或消灭雨滴对土壤的分散力，防止地表土壤被侵蚀；水土保持植物措施还具有改良土壤理化性质的作用，使林地土壤具有较高的入渗及持水能力。

6）防风固沙。植被在风蚀中的作用主要是由于改变了植被附近风速的分布，在植被带背面形成了明显的弱风区。植被能改变气流结构和降低风速主要是因为植被本身具有透风性，其稀疏、通风和紧密结构可有效降低风速及风的能量，减少风对土壤的侵蚀，具有明显的水土保持效益。

7）净化大气。水土保持林具有多方面净化空气的功能。首先，通过植物的阻挡、过滤和吸收作用，可以降低大气中有害气体和放射性物质的浓度，植物还可以分泌挥发性物质，起到杀菌和抑制细菌的作用，从而减少空气中的细菌。水土流失地区由于缺少地被植物，大气中的灰尘及各种颗粒物增多，水土保持林就相当于天然的吸尘器，通过滞留、附着、黏附等方法减少大气中的粉尘和微粒（PM2.5 等），对于当下易发的雾霾天气具有良好的改善作用。

8）固碳释氧。水土保持植物措施的固碳释氧功能是指水土保持林通过植被、土壤动物和微生物来固定碳素、释放氧气。森林生态系统每年的碳固定量约占整个陆地生物碳固定量的 2/3，营造水土保持林在调节水土流失地区碳平衡、减缓大气中二氧化碳等温室气体浓度上升及维护局部气候等方面具有不可替代的作用。

9）培根固土。植物根系对土壤的加强作用是防治重力侵蚀最有效的途径，它能加强土壤的聚合力，通过土壤中根系的束缚作用来增强根际土层的强度，提高土层对滑移的抵抗力。同时，根据机械力学机制不同，植物根系的土壤加强作用又可以分为侧根的斜向土壤加强作用和垂直根垂向土壤加强作用。斜向加强作用是加强根际土层的平面内的抗张强度，并通过侧根牵引阻力的形式抵制土层的滑动机械效应；而垂向加强作用主要是垂直根的机械锚固作用，并防止整个上层土壤因受重力而产生的滑动。斜向支撑在防治重力侵蚀中也具有重要作用，如生长在斜坡上的乔木，通过树干和粗大树根支撑顺坡下滑的浅层土壤，使树桩上侧的土层下滑受到阻力并堆积，从而阻止土层下滑。

1.2.2 生产建设项目植物措施种类与适用范围

生产建设项目植物措施种类繁多，目前可栽植的林草种类均可作为生产建设项目的植物措施实施。但生产建设项目植物措施受其周边环境、立地条件和后期管理的限制较多，在选择植物措施种类时，适应性、综合性与抗逆性被认为是应当遵循的法则，应因地制宜，选择有土壤改良作用、生长迅速、萌芽能力强等特点的植物。

总体上，植物措施划分为三大类：乔木、灌木及藤本植物、草。根据植物的不同特性，又有多种分类措施，如：按生长时间分可分为一年生和多年生植物；按根系分可分为深根系植物和浅根系植物；按冬季是否落叶分可分为常绿植物和非常绿植物等。

生产建设项目植物措施从周边环境、立地条件及建设要求的角度可分为生态恢复型、功能型和美观型三类。

1. 生态恢复型植物措施

生态恢复型植物措施是对生产建设项目施工过程中所产生的扰动面进行植被恢复，在地表形成植物群落，减弱降雨侵蚀能量，通过对水分的吸收、蒸腾、滞流以及林地的渗透、储蓄，可以调节降水、蒸发、径流和土壤水分的增减，减少侵蚀产沙。同时通过植物根系固定土壤，减少土壤肥力的损失，从而改善土壤结构、改良土壤、提高土地肥力。

生态恢复型植物措施根据生态环境和土壤条件可分为耐旱型、耐水湿型、耐瘠薄型、耐盐碱型、耐沙化（石漠化）型、抗风型。

（1）耐旱型。耐旱型植物对降雨或人工管护要求较低，适用于挖填边坡、废弃土石存放地等保水、蓄水作用低的区块，或者受阳光直射、蒸发量大的区块。

（2）耐水湿型。耐水湿型植物适宜生长在潮湿环境中，根系不怕水泡，适用于近河（湖、库）岸、地下水位高，或者可能遭受间歇性水淹的区块。

（3）耐瘠薄型。耐瘠薄型植物对土壤肥力要求较低，经过种植后还能在一定程度上改善土壤肥力，适用于荒地或受扰动后的施工区（表层土受到破坏，深层生土被翻到表层），其立地土壤中有机质少、肥力瘠薄。

（4）耐盐碱型。耐盐碱型植物为根系较浅，有一定抗盐碱能力的植物。耐盐碱型植物适用于自然环境中土壤盐碱含量较高的地块。

（5）耐沙化（石漠化）型。耐沙化（石漠化）型植物一般也具有抗旱、耐贫瘠的特点，这类植物根系较深，能在沙化或者石漠化区域成活。耐沙化（石漠化）型植物适用于风沙区和石漠化地区，即地表土壤土质含量低、以沙或石为主的区块。

（6）抗风型。抗风型植物是指能抵抗较大风力的植物。一般在近海或开阔地种植的乔木要求具有抗风性。

2. 功能型植物措施

功能型植物措施根据周边环境和立地类型可分为滞尘型植物、防辐射型植物、防噪声型植物等。

（1）滞尘型植物。滞尘型植物可通过滞留、附着、黏附等方法减少大气中的粉尘和微粒（PM2.5等），改善雾霾天气。适用于公路两侧行道树、火电厂主厂房等在运行过程中易产生粉尘、微粒的区域以及化工厂等有较强污染源项目的生产区、生活区和办公区周边区域。

（2）防辐射型植物。防辐射型植物通过阻隔作用，一定程度上减少核辐射、电磁辐射等对人体有害的辐射。适用于产生辐射的厂矿周边。

（3）防噪声型植物。防噪声型植物一般为高大乔木，可形成屏障，通过茂盛的枝干吸收噪声并阻隔噪声外传，减低厂矿周边的噪声污染。适用于工业厂矿生产区与生活区、办公区隔离地带和厂矿围墙边沿区域。

3. 美观型植物措施

美观型植物措施以观赏性植物为主，指其茎、叶、花、果具有视觉景观效果，或者选择合理的植物种类，结合"乔＋灌＋草"的搭配，通过合理配置植物营造出层次丰富、色彩斑斓、风景优美的景观。美观型植物措施适用于各类生产建设项目的办公区、生活区、休闲区等区域。

第 2 章

生产建设项目立地条件类型划分

2.1 概述

2.1.1 立地类型划分的目的

立地类型划分就是通过外业调查和研究，根据立地条件的异同划分立地类型，使不同的立地类型具有不同的生态特性。对于造林而言，立地类型划分的主要目的为根据造林地立地类型选择适生的树种，确定造林的林种，采取相应的造林方法，预测用工与投资。所以划分立地类型，对造林规划设计、投资预算及施工都有重大意义。对于生产建设项目而言，立地类型划分的主要目的为选取正确的植物措施类型、适宜的配置模式、适生的植物、合适的建植技术。同时，还可以利用立地类型对林地进行质量评价，不同的立地类型对森林树木来说，具有不同的生产力，可以预估林地或森林的价值和效益。

2.1.2 立地类型划分的原则

立地类型划分遵从以下原则。

（1）科学性原则。立地类型划分中，对于生产建设项目的功能需求和微立地类型应充分论证、分类，坚持综合因素与主导因素统一分析研究，充分兼顾生产建设项目的需求、特点以及植物的生物、生态学特性。通过对综合因素的研究，从中找出起主导作用的因素——主导因子，并进行分析研究，作为划分立地类型的依据，提供科学的参考。

（2）差异性原则。在立地类型划分中，首先要根据划分目的选取主导因子，按照因子主次逐级、多级序依次排序，划分出不同的立地类型。既要全面反映自然规律，又要在不同立地类型之间尽量做到差异明显、区分清晰，以便在应用中能够进行准确的对位选择。

（3）简单性原则。立地分类的目的是为了反映自然规律，服务于生产。立地分类的因子和立地类型，不仅能反映立地分异规律，而且直观、明了、简要，一般技术人员能够掌握与应用。

（4）可操作性原则。以防治分区的微立地类型或要求为基本划分思路，打破不同生产建设项目类型的局限，满足各类生产建设项目植物措施配置需求。基于此，要求我们在划分时坚持同一种立地类型（如填方边坡）进行统一分类的原则，以满足实际应用中操作性更强的需求。

2.1.3　立地类型划分依据

生产建设项目立地类型划分的依据主要包括如下方面。

（1）全国水土保持区划。

（2）全国植物区划。

（3）各类生产建设项目主体工程可研报告或初设报告中关于功能区要求的内容。

（4）各类生产建设项目区实地调查资料。

2.1.4　生产建设项目立地条件类型划分方法

影响植物生长的因素主要包括气候带、土壤、水分、地形、坡度等，这些因素都会直接影响植物种类的选择和模式配置。影响生产建设项目植物措施配置的主要因素包括防治区的功能需求、后期管护条件、投资预算、微立地类型、气候带等。单纯进行植物措施配置与进行生产建设项目植物措施配置所考虑的外在因素会有所不同，一些看似影响植物生长的主导因子具体到生产建设项目中时，由于人为因素的干预，主次排序也会发生变化。综合考虑这两方面的因素，生产建设项目立地类型划分将采用立地条件类型区—立地类型亚区—立地类型小区—立地类型组—立地类型的层次展开。其中，立地条件类型区执行《全国水土保持区划》；立地类型亚区以植物的区域分布和特点为主导因子进行划分；立地类型小区根据生产建设项目的人为再造微地形为主导因子进行划分，如平地、挖方边坡、填方边坡等；立地类型组则更进一步考虑生产建设项目不同防治分区的需求来划分为不同的功能区，如平地区划分为美化区、功能区、恢复区，挖方边坡和填方边坡划分为土质边坡、土石边坡和岩质边坡；立地类型则进一步细化生产建设项目需求，如将美化区细分为灌溉美化区、无灌溉美化区；功能区细分为滞尘区、防辐射区、防噪声区；恢复区细分为一般恢复区、高标恢复区；土质边坡根据坡度和坡向细分为土质阳缓坡、土质阳陡坡、土质阴缓坡、土质阴陡坡等。具体表述如下。

（1）立地条件类型亚区。依据《全国水土保持区划》的一级区划分，将全国生产建设项目立地条件类型区划分为 8 个区。以《全国水土保持区划》二级区和三级区划分全国水土保持区域为基础，充分利用植物措施分布特点进行立地亚区的划分。

（2）立地类型小区划分。按生产建设项目植物措施实施地块的地形地貌类型因子，将立地类型小区划分为平地和坡地，其中坡地有挖方边坡和填方边坡，平地代号为1、挖方边坡代号为2、填方边坡代号为3。

（3）立地类型组划分。以功能分区与基质情况进行立地类型组的划分。生产建设项目植物措施实施地块为平地时，其立地类型组划分按植物措施的功能进行，划分的结果和代号分别是：美化区（A）、功能区（B）、恢复区（C）。

生产建设项目植物措施实施地块为坡地时，其立地类型组划分按边坡基质进行，划分的结果和代号分别是：土质边坡（D）、土石混合边坡（E）、格状框条边坡（F）。

（4）立地类型条件划分。在立地类型组基础上，以功能、坡度及坡长因素再进一步细分为不同的立地类型。

1）美化区（A）：主要是生产建设项目的办公美化区（a）和生活美化区（b）。

2）功能区（B）：主要是生产建设项目的生产区域，分为滞尘区（a）、防辐射区（b）、防噪声区（c）。

3）恢复区（C）：按绿化级别要求可划分为一般恢复区（a）和高标恢复区（b）。

4）土质边坡（D）：按边坡坡度进行划分，如坡度小于1∶1.5（33.7°）为a，坡度不小于1∶1.5（33.7°）为b。

5）土石混合边坡（E）：按边坡坡度进行划分，如坡度小于1∶1.5（33.7°）为a，坡度不小于1∶1.5（33.7°）为b。

6）格状框条边坡（F）：属于工程护坡类，采取的护坡工程有不同的选择，但植物选择差别不大，因此坡度不分级，代号为a。

另外，土壤水分是该区植物生长的限制性因子，灌溉条件决定着物种的选择和模式配置，因此划分为有灌溉和无灌溉两种情况，其代号分别是①、②。

通过上述三级划分，划出不同立地类型。如：代码为Ⅰ-1-1-A-a-①的立地类型代表东北黑土区（Ⅰ）大小兴安岭山地亚区（1）平地区（1）美化区（A）的办公美化区（a），有灌溉条件（①）；代码为Ⅲ-1-1-A-b-②的立地类型代表北方土石山区（Ⅲ）冀北高原山地亚区（1）平地区（1）美化区（A）的生活美化区（b），无灌溉条件（②）。

2.2　立地条件类型划分

依据《全国水土保持区划》的一级区划分，全国生产建设项目立地条件类型区划分为8个区；综合《全国水土保持区划》二级区和三级区划分、全国植被区划和生态功能区划等，按照自然环境差异大、植物配置物种不同的原则，进行亚区划分，共划分为48个亚区；全国生产建设项目水土保持植物措施立地条件类型区划分详见表2-1。

表2-1　　　全国生产建设项目水土保持植物措施立地条件类型区划分表

分区	亚区	包含的行政区
东北黑土区（Ⅰ）	大兴安岭东北部山地丘陵亚区（Ⅰ-1）	内蒙古自治区鄂伦春自治旗、莫力达瓦达斡尔族自治旗、阿荣旗、牙克石市、根河市、扎兰屯市、额尔古纳市； 黑龙江省呼玛县、漠河县、塔河县
	小兴安岭及长白山西麓低山丘陵亚区（Ⅰ-2）	黑龙江省黑河市、伊春市、鸡西市、七台河市、牡丹江市、鹤岗市、佳木斯市的全部，哈尔滨市通河县、木兰县、尚志市、方正县、延寿县、五常市、依兰县，绥化市绥棱县、庆安县； 吉林省吉林市、辽源市、通化市、白山市、延边朝鲜族自治州的全部，长春市双阳区、九台区、榆树市，四平市伊通满族自治县； 辽宁省抚顺市、本溪市、丹东市

分区	亚区	包 含 的 行 政 区
东北 黑土区 （Ⅰ）	东部平原亚区 （Ⅰ-3）	黑龙江省哈尔滨市道里区、南岗区、道外区、平房区、松北区、香坊区、呼兰区、阿城区、双城区、宾县、巴彦县，齐齐哈尔市、大庆市的全部，绥化市北林区、望奎县、兰西县、青冈县、庆安县、明水县、绥棱县、海伦市； 吉林省吉林市白城市、松原市的全部，长春市南关区、宽城区、朝阳区、二道区、绿园区、农安县、德惠市，四平市铁西区、铁东区、梨树县、双辽市、公主岭市； 辽宁省沈阳市沈河区、和平区、大东区、皇姑区、铁西区、苏家屯区、浑南区、沈北新区、于洪区、辽中区、新民市、康平县、法库县，鞍山市台安县，锦州市黑山县，盘锦市双台子区、兴隆台区、大洼区、盘山县，铁岭市调兵山市、昌图县
	呼伦贝尔丘陵 平原亚区 （Ⅰ-4）	呼伦贝尔市海拉尔区、扎赉诺尔区、鄂温克族自治旗、陈巴尔虎旗、新巴尔虎左旗、新巴尔虎右旗、满洲里市
北方 风沙区 （Ⅱ）	浑善达克沙地 亚区（Ⅱ-1）	内蒙古自治区锡林郭勒盟的锡林浩特市、苏尼特右旗、苏尼特左旗、阿巴嘎旗、镶黄旗、正镶白旗、正蓝旗、多伦县，二连浩特市以及赤峰市的克什克腾旗
	科尔沁及辽西 沙地亚区 （Ⅱ-2）	辽宁省阜新市彰武县； 内蒙古自治区通辽市的科尔沁左翼右旗、开鲁县、科尔沁区、科尔沁左翼中旗，赤峰市的阿鲁科尔沁旗、巴林右旗、巴林左旗、林西县、克什克腾旗、翁牛特旗、敖汉旗，兴安盟的科尔沁右翼中旗，通辽市的扎鲁特旗、奈曼旗、库伦旗
	阿拉善高原 山地亚区 （Ⅱ-3）	内蒙古自治区阿拉善盟阿拉善左旗、阿拉善右旗、额济纳旗
	河西走廊亚区 （Ⅱ-4）	甘肃省酒泉市肃州区、瓜州县、玉门市、敦煌市、金塔县、肃北蒙古族自治县（马鬃山），嘉峪关市，金昌市金川区、永昌县，武威市凉州区、民勤县、古浪县，张掖市甘州区、临泽县、高台县、山丹县、肃南裕固族自治县（明花乡）
	北疆山地 盆地亚区 （Ⅱ-5）	新疆维吾尔自治区乌鲁木齐市天山区、沙依巴克区、新市区、水磨沟区、头屯河区、达坂城区、米东区、乌鲁木齐县，克拉玛依市独山子区、克拉玛依区、白碱滩区、乌尔禾区以及昌吉市、阜康市、呼图壁县、玛纳斯县、吉木萨尔县、奇台县、木垒哈萨克自治县、博乐市、精河县、温泉县、奎屯市、乌苏市、沙湾县、石河子市、五家渠市、塔城市、额敏县、托里县、裕民县、和布克赛尔蒙古自治县、阿勒泰市、布尔津县、富蕴县、福海县、哈巴河县、青河县、吉木乃县、伊宁市、伊宁县、察布查尔锡伯自治县、霍城县、巩留县、新源县、昭苏县、特克斯县、尼勒克县、吐鲁番市、鄯善县、托克逊县、哈密市、巴里坤哈萨克自治县、伊吾县
	南疆山地 盆地亚区 （Ⅱ-6）	新疆维吾尔自治区库尔勒市、轮台县、尉犁县、和静县、焉耆回族自治县、和硕县、博湖县、阿克苏市、温宿县、库车县、沙雅县、新和县、拜城县、乌什县、阿瓦提县、柯坪县、阿拉尔市、若羌县、且末县、和田市、和田县、墨玉县、皮山县、洛浦县、策勒县、于田县、民丰县、英吉沙县、泽普县、莎车县、叶城县、麦盖提县、塔什库尔干塔吉克自治县、喀什市、疏附县、疏勒县、岳普湖县、伽师县、巴楚县、图木舒克市、阿图什市、乌恰县、阿克陶县、阿合奇县

分区	亚区	包 含 的 行 政 区
北方土石山区（Ⅲ）	冀北高原山地亚区（Ⅲ-1）	河北省张家口市的张北县、康保县、沽源县、尚义县、赤城县、桥西区、桥东区、宣化区、下花园区、崇礼区、怀安县、万全区、阳原县、蔚县、涿鹿县、怀来县，承德市丰宁满族自治县、围场满族蒙古族自治县
	太行山、燕山山地亚区（Ⅲ-2）	河北省承德市的双滦区、鹰手营子矿区、双桥区、隆化县、承德县、兴隆县、平泉市、宽城满族自治县、滦平县，唐山市的遵化市、迁安市、迁西县、滦县，秦皇岛市的青龙满族自治县、卢龙县，石家庄市的井陉县、平山县、灵寿县、鹿泉区、行唐县、赞皇县、元氏县，邯郸市的涉县、武安市、磁县，保定市的阜平县、易县、涞源县、涞水县、顺平县、曲阳县、唐县、徐水区、满城区，邢台市的沙河市、邢台县、临城县、内丘县； 北京市的延庆区、怀柔区、门头沟区、房山区、石景山区； 天津市的蓟州区； 辽宁省阜新市的海州区、新邱区、太平区、清河门区、细河区、阜新蒙古族自治县，锦州市的太和区、古塔区、凌河区、北镇市、义县、凌海市，朝阳市的龙城区、双塔区、凌源市、北票市、建平县、朝阳县、喀喇沁左翼蒙古族自治县，葫芦岛市的龙岗区、连山区、南票区、建昌县、绥中县、兴城市； 内蒙古自治区赤峰市的松山区、红山区、元宝山区、喀喇沁旗、宁城县； 山西省太原市的阳曲县，运城市的芮城县、平陆县、垣曲县，晋城市的城区、阳城县、泽州县、高平市、陵川县、沁水县，临汾市的浮山县、古县、霍州市、安泽县，长治市潞州区、长子县、沁源县、壶关县、平顺县、上党区、屯留区、潞城区、黎城县、襄垣县、沁县、武乡县，晋中市的灵石县、榆社县、左权县、和顺县、昔阳县、寿阳县，阳泉市的城区、矿区、郊区、平定县、盂县，忻州市的五台县、繁峙县、定襄县、代县，大同市的灵丘县、广灵县； 河南省安阳市的林州市、安阳县，鹤壁市的山城区、鹤山区、淇滨区、淇县，焦作市的中站区、马村区、山阳区、解放区、孟州市、沁阳市、博爱县、修武县，济源市，新乡市的卫辉市、辉县市
	华北平原亚区（Ⅲ-3）	位于黄河、淮河、海河下游区域，包括北京市、天津市、河北省、山东省的平原区（空间分布广，不一一列出县名）
	鲁中南中低山山地亚区（Ⅲ-4）	山东省济南市的历城区、天桥区、市中区、槐荫区、历下区、长清区、平阴县、章丘区、莱芜区、钢城区，滨州市的邹平市，淄博市的张店区、淄川区、博山区、临淄区、周村区、桓台县、沂源县，潍坊市的临朐县、青州市、昌乐县、安丘市，济宁市的市中区、任城区、汶上县、泗水县、微山县、兖州市、曲阜市、邹城市，泰安市的泰山区、岱岳区、肥城市、宁阳县、新泰市，枣庄市的山亭区、市中区、薛城区、峄城区、台儿庄区、滕州市，临沂市的兰山区、罗庄区、河东区、沂水县、蒙阴县、沂南县、费县、平邑县、郯城县、兰陵县、临沭县
	胶东低山丘陵亚区（Ⅲ-5）	山东省日照市的东港区、五莲县、莒县，临沂市的莒南县，潍坊市的诸城市、高密市，青岛市的黄岛区、市南区、市北区、李沧区、崂山区、城阳区、平度市、莱西市、即墨区、胶州市，烟台市的芝罘区、福山区、莱山区、牟平区、长岛县、蓬莱市、莱阳市、龙口市、栖霞市、招远市、海阳市、莱州市，威海市的环翠区、荣成市、文登区、乳山市

分区	亚区	包 含 的 行 政 区
北方土石山区（Ⅲ）	豫西黄土丘陵亚区（Ⅲ-6）	河南省郑州市荥阳市，三门峡市的湖滨区、渑池县、义马市、陕州区，洛阳市的西工区、老城区、瀍河回族区、涧西区、吉利区、洛龙区、孟津县、偃师市、伊川县，新安县
	伏牛山山地丘陵亚区（Ⅲ-7）	河南省洛阳市的栾川县，三门峡市的卢氏县，平顶山市的新华区、卫东区、湛河区、石龙区
西北黄土高原区（Ⅳ）	阴山山地丘陵立地亚区（Ⅳ-1）	呼和浩特市新城区、回民区、玉泉区、赛罕区、土默特左旗、托克托县、武川县，包头市东河区、昆都仑区、青山区、石拐区、九原区、土默特右旗、固阳县，巴彦淖尔市临河区、五原县、磴口县、乌拉特前旗、杭锦后旗，乌兰察布市卓资县、凉城县
	鄂乌高原丘陵立地亚区（Ⅳ-2）	内蒙古自治区鄂尔多斯市鄂托克前旗、鄂托克旗、杭锦旗、乌审旗，乌海市海勃湾区、海南区、乌达区
	宁中北丘陵平原立地亚区（Ⅳ-3）	宁夏回族自治区银川市兴庆区、西夏区、金凤区、永宁县、贺兰县、灵武市，吴忠市红寺堡区、利通区、青铜峡市、盐池县，中卫市沙坡头区、中宁县，石嘴山市大武口区、惠农区、平罗县
	晋陕甘高塬沟壑立地亚区（Ⅳ-4）	山西省隰县、大宁县、蒲县、吉县、乡宁县、汾西县； 陕西省铜川市王益区、铜川市印台区、宜君县、铜川市耀州区（含铜川新区）、甘泉县、富县、宜川县、黄龙县、黄陵县、洛川县、永寿县、彬县、长武县、旬邑县、淳化县、合阳县、澄城县、白水县、韩城市； 甘肃省的平凉市崆峒区、泾川县、灵台县、崇信县，庆阳市西峰区、正宁县、宁县、镇原县、合水县
	宁青甘山地丘陵沟壑立地亚区（Ⅳ-5）	宁夏回族自治区的固原市原州区、西吉县、隆德县、泾源县、彭阳县、同心县、海原县； 青海省的西宁市城东区、西宁市城中区、西宁市城西区、西宁市城北区、湟中县、湟源县、大通回族土族自治县、平安县、民和回族自治县、乐都县、互助土族自治县、化隆回族自治县、循化撒拉族自治县、同仁县、尖扎县、贵德县、门源回族自治县； 甘肃省的兰州市城关区、七里河区、安宁区、西固区、红古区、榆中县、皋兰县、永登县，白银市白银区、平川区、靖远县、景泰县、会宁县，定西市安定区、临洮县、渭源县、漳县、通渭县、陇西县，天水市秦州区、麦积区、清水县、甘谷县、武山县、张家川回族自治县、秦安县，临夏回族自治州临夏市、临夏县、康乐县、广河县、和政县、积石山保安族东乡族撒拉族自治县、永靖县、东乡族自治县，平凉市华亭县、庄浪县、静宁县，庆阳市环县、庆城县、华池县，甘肃省直辖行政单位太子山天然林保护区
	晋陕蒙丘陵沟壑立地亚区（Ⅳ-6）	陕西省的榆林市榆阳区、横山县、靖边县、定边县、府谷县、神木县、佳县、米脂县、绥德县、吴堡县、子洲县、清涧县，延安市宝塔区、延长县、安塞县、志丹县、吴起县、子长县、延川县； 山西省的忻州市神池县、五寨县、偏关县、河曲县、保德县、岢岚县、静乐县，太原市娄烦县、古交市，吕梁市离石区、岚县、交城县、交口县、兴县、临县、方山县、柳林县、中阳县、石楼县，临汾市永和县； 内蒙古自治区的鄂尔多斯东胜区、达拉特旗、准格尔旗、伊金霍洛旗，呼和浩特市和林格尔县、清水河县
	汾河中游丘陵沟壑立地亚区（Ⅳ-7）	山西省临汾市尧都区、安泽县、霍州市、洪洞县、古县、浮山县，晋中市榆次区、祁县、太谷县、平遥县、介休市、灵石县，太原市小店区、迎泽区、杏花岭区、尖草坪区、万柏林区、晋源区、阳曲县、清徐县，吕梁市文水县、汾阳市、孝义市

分区	亚区	包 含 的 行 政 区
西北黄土高原区（Ⅳ）	关中平原立地亚区（Ⅳ-8）	陕西省西安市的未央区、莲湖区、新城区、碑林区、雁塔区、灞桥区、临潼区、阎良区、高陵县，宝鸡市的金台区、渭滨区，咸阳市的杨凌区、秦都区、渭城区、武功县、兴平市、三原县，渭南市的临渭区、大荔县
	晋南、晋东南丘陵立地亚区（Ⅳ-9）	山西省晋城市城区、沁水县、阳城县、泽州县、高平市，临汾市翼城县、曲沃县、襄汾县、侯马市，运城市盐湖区、绛县、垣曲县、夏县、平陆县、河津市、芮城县、临猗县、万荣县、闻喜县、稷山县、新绛县、永济市
	秦岭北麓—渭河中低山阶地立地亚区（Ⅳ-10）	陕西省西安市新城区、碑林区、莲湖区、灞桥区、阎良区、未央区、雁塔区、临潼区、长安区、蓝田县、周至县、户县、高陵县，咸阳市秦都区、渭城区、杨凌区、三原县、泾阳县、礼泉县、乾县、兴平市、武功县，渭南市临渭区、华县、潼关县、华阴市、大荔县、蒲城县、富平县，宝鸡市金台区、陈仓区、渭滨区、陇县、千阳县、麟游县、岐山县、凤翔县、眉县、扶风县，商洛市洛南县
南方红壤区（Ⅴ）	长江中下游平原亚区（Ⅴ-1）	湖北省孝感市、潜江市、荆州市、宜昌市、黄冈市、咸宁市、武汉市、荆门市、鄂州市、天门市、仙桃市，湖南省岳阳市、常德市、益阳市； 江西省南昌市、宜春市、九江市、上饶市、景德镇市、鹰潭市、抚州市； 安徽省芜湖市、马鞍山市、安庆市、巢湖市、池州市、宣城市； 江苏省镇江市、泰州市、扬州市、南通市、苏州市、无锡市、常州市、盐城市、淮安市、南京市； 上海市黄浦区、卢湾区、徐汇区、长宁区、静安区、普陀区、闸北区、虹口区、杨浦区、奉贤县、南汇县、浦东新区、宝山区、金山区、闵行区、松江区、青浦区、嘉定区； 浙江省嘉兴市、宁波市、绍兴市、杭州市、湖州市等全部或部分（所辖县不一一列出）
	江汉丘陵平原亚区（Ⅴ-2）	湖北省武汉市江岸区、江汉区、硚口区、汉阳区、武昌区、青山区、洪山区、东西湖区、汉南区、蔡甸区、江夏区、黄陂区、新洲区，黄石市黄石港区、西塞山区、下陆区、铁山区，宜昌市猇亭区、枝江市，鄂州市梁子湖区、鄂城区、华容区，荆门市掇刀区、沙洋县，孝感市孝南区、孝昌县、云梦县、应城市、汉川市，荆州市沙市区、荆州区、江陵县、监利县、洪湖市，省直辖县级行政单元仙桃市、潜江市、天门市
	大别山—桐柏山低山丘陵亚区（Ⅴ-3）	河南省南阳市桐柏县全部，驻马店市泌阳县、确山县的部分，河南省信阳市的新县、浉河区、平桥区、罗山县、光山县、商城县、固始县； 湖北省孝感市的大悟县、孝昌县，黄冈市的红安县、罗田县、英山县、麻城市、浠水县、蕲春县，武汉市的黄陂区； 安徽省安庆市的太湖县、潜山县、桐城市、岳西县，六安市的舒城县、金寨县、霍山县
	江南与南岭山地丘陵亚区（Ⅴ-4）	江西省南昌市东湖区、西湖区、青云谱区、湾里区、青山湖区、南昌县、新建县、安义县、进贤县，九江市庐山区、九江市浔阳区、共青城市、九江县、永修县、德安县、星子县、都昌县、湖口县、彭泽县，鹰潭市月湖区、余江县、东乡县、余干县、鄱阳县、万年县、武宁县、修水县、瑞昌市、奉新县、宜丰县、靖安县、铜鼓县，萍乡市安源区、萍乡市湘东区、上栗县、芦溪县，新余市渝水区、分宜县，宜春市袁州区、万载县、上高县、丰城市、樟树市、高安市，抚州市临川区、南城县、黎川县、南丰县、崇仁县、乐安县、宜黄县、金溪县、资溪县，吉安市吉州区、吉安市青原区、吉安县、吉水县、峡江县、新干县、永丰县、泰和县、安福县，赣州市章贡区、赣县、信丰县、宁都县、于都县、兴国县、会昌县、石城县、瑞金市、南康市、广昌县、万安县、大余县、上犹县、崇义县、莲花县、遂川县、井冈山市、永新县、安远县、龙南县、定南县、全南县、寻乌县；

续表

分区	亚区	包 含 的 行 政 区
南方红壤区（V）	江南与南岭山地丘陵亚区（V-4）	湖北省通城县、崇阳县、通山县、咸宁市咸安区、嘉鱼县、赤壁市、阳新县、大冶市； 湖南省长沙市芙蓉区、天心区、岳麓区、开福区、雨花区、长沙县、望城区、宁乡县、浏阳市，株洲市荷塘区、芦淞区、石峰区、天元区、株洲县、攸县、茶陵县、醴陵市，湘潭市雨湖区、岳塘区、湘潭县、湘乡市、韶山市，衡阳市珠晖区、雁峰区、石鼓区、蒸湘区、南岳区、衡阳县、衡南县、衡山县、衡东县、祁东县、耒阳市、常宁市、平江县、桃江县、安化县，郴州市苏仙区、永兴县、安仁县，娄底市娄星区、双峰县、新化县、冷水江市、涟源市，邵阳市双清区、大祥区、北塔区、邵东县、新邵县、邵阳县、隆回县、新宁县、武冈市，永州市冷水滩区、祁阳县、东安县、零陵区，怀化市鹤城区、中方县、沅陵县、辰溪县、溆浦县、会同县、麻阳苗族自治县、芷江侗族自治县、靖州苗族侗族自治县、通道侗族自治县、新晃侗族自治县、洪江市、洞口县、绥宁县、城步苗族自治县、桃源县、泸溪县、宜章县，郴州市北湖区、桂阳县、嘉禾县、临武县、汝城县、桂东县、资兴市、炎陵县、双牌县、道县、江永县、宁远县、蓝山县、新田县、江华瑶族自治县； 广东省韶关市武江区、浈江区、曲江区、始兴县、仁化县、翁源县、乳源瑶族自治县、乐昌市、南雄市，清远市清城区、清新区、佛冈县、阳山县、连山壮族瑶族自治县、连南瑶族自治县、英德市、连州市，惠州市博罗县、龙门县，梅州市梅江区、梅县、大埔县、丰顺县、五华县、兴宁市、平远县、蕉岭县，汕尾市陆河县，揭阳市揭西县，河源市源城区、紫金县、龙川县、连平县、和平县、东源县、新丰县，肇庆市端州区、鼎湖区、四会市、广宁县、怀集县、封开县、德庆县，广州市从化区，阳江市江城区、阳东区、阳西县、阳春市，茂名市信宜市、茂南区、电白区、高州市、化州市，云浮市云城区、云安区、新兴县、郁南县、罗定市，湛江市赤坎区、霞山区、麻章区、坡头区、吴川市、廉江市； 广西壮族自治区桂林市秀峰区、叠彩区、象山区、七星区、雁山区、阳朔县、临桂区、永福县、灵川县、龙胜各族自治县、恭城瑶族自治县、全州县、兴安县、资源县、灌阳县、荔浦县、平乐县来宾市金秀瑶族自治县，贺州市八步区、富川瑶族自治县、昭平县、钟山县、平桂管理区，梧州市万秀区、龙圩区、长洲区、苍梧县、藤县、蒙山县、岑溪市，贵港市、桂平市、平南县，玉林市容县、兴业县、北流市
	浙皖赣低山丘陵亚区（V-5）	安徽省黄山市屯溪区、黄山区、徽州区、歙县、休宁县、黟县、祁门县，池州市贵池区、东至县、石台县、青阳县、南陵县、繁昌县，宣城市宣州区、广德县、泾县、绩溪县、旌德县、宁国市； 浙江省桐庐县、淳安县、建德市、富阳市、临安市，杭州市余杭区、西湖区、拱墅区、下城区、江干区、上城区、萧山区、滨江区，湖州市吴兴区、德清县、长兴县、安吉县、开化县，绍兴市越城区、绍兴县、上虞市、新昌县、诸暨市、嵊州市，金华市婺城区、金东区、浦江县、兰溪市、义乌市、东阳市、永康市，衢州市柯城区、衢江区、常山县、龙游县、江山市； 江西省上饶市信州区、上饶县、广丰县、玉山县、铅山县、横峰县、弋阳县、婺源县、德兴市、贵溪市，景德镇市昌江区、珠山区、浮梁县、乐平市
	桂中低山丘陵亚区（V-6）	广西壮族自治区贵港市港南区、港北区、覃塘区，来宾市兴宾区、合山市、武宣县、象州县，南宁市横县、武鸣县、上林县、宾阳县，柳州市城中区、鱼峰区、柳南区、柳北区、柳江县、柳城县、鹿寨县

分区	亚区	包 含 的 行 政 区
南方红壤区（V）	浙闽山丘平原亚区（V-7）	浙江省杭州市临安区、富阳区、萧山区、桐庐县、建德市、淳安县，湖州市安吉县、衢州市柯城区、衢江区、江山市、开化县、常山县，绍兴市诸暨市、嵊州市、新昌县、柯桥区、上虞区、越城区，宁波市鄞州区、奉化区、余姚市、宁海县，金华市婺城区、金东区、兰溪市、义乌市、东阳市、永康市、武义县、浦江县、磐安县，丽水市莲都区、青田县、缙云县、遂昌县、松阳县、云和县、庆元县、景宁畲族自治县、龙泉市； 福建省南平市建阳区、延平区、顺昌县、浦城县、光泽县、松溪县、政和县、邵武市、武夷山市、建瓯市，三明市梅列区、三元区、明溪县、清流县、宁化县、大田县、尤溪县、沙县、将乐县、泰宁县、建宁县，龙岩市漳平市部分，宁德市古田县、屏南县、寿宁县、周宁县，福州市闽清县、闽侯县、永泰县部分，泉州市安溪县、永春县、德化县，漳州市平和县、南靖县、华安县、长泰县
	粤桂闽丘陵平原亚区（V-8）	福建省宁德市、福州市、莆田市、泉州市、漳州市、厦门市； 广东省阳江市、汕头市、揭阳市、汕尾市、潮州市的全部或部分； 广西壮族自治区南宁市、桂林市、梧州市、玉林市、贵港市、钦州市、柳州市、防城港市、百色市、河池市、贺州市（不一一列出县区）
	珠江三角洲丘陵平原台地亚区（V-9）	广东省广州市越秀区、海珠区、荔湾区、天河区、白云区、黄埔区、南沙区、番禺区、花都区、增城区，佛山市禅城区、顺德区、南海区、三水区、高明区，东莞市，江门市蓬江区、江海区、新会区、台山市、开平市、鹤山市、恩平市，珠海市香洲区、斗门区、金湾区，中山市，清远市清城区、佛冈县，肇庆市端州区、鼎湖区、四会市、高要区，惠州市惠城区、惠阳区、博罗县部分； 深圳市罗湖区、福田区、南山区、宝安区、龙岗区、盐田区、龙华区、坪山区、光明区以及大鹏新区
	海南中北部与雷州半岛山地丘陵亚区（V-10）	海南省海口市秀英区、龙华区、琼山区、美兰区，儋州市，定安县，屯昌县，澄迈县，临高县，文昌市，琼海市，白沙黎族自治县，昌江黎族自治县，琼中黎族苗族自治县，洋浦经济开发区； 广东省湛江市遂溪县、徐闻县、雷州市
	海南南部低山地亚区（V-11）	海南省三亚市崖州区、天涯区、吉阳区、海棠区，五指山市，三沙市西沙区、南沙区，乐东黎族自治县，陵水黎族自治县，保亭黎族苗族自治县，万宁市，东方市
西南紫色土区（VI）	秦巴山、武陵山山地丘陵立地亚区（VI-1）	河南省南阳市卧龙区、西陕县、内乡县、淅川县； 湖北省十堰市茅箭区、十堰市张湾区、郧县、郧西县、丹江口市、竹山县、竹溪县、房县、谷城县、南漳县、保康县，宜昌市夷陵区、远安县、兴山县、秭归县、当阳市、神农架林区、荆门市东宝区、巴东县、长阳土家族自治县、五峰土家族自治县、宜昌市西陵区、宜昌市伍家岗区、宜昌市点军区、宜都市、恩施市、利川市、建始县、宣恩县、来凤县、鹤峰县、咸丰县； 陕西省商洛市商州区、丹凤县、商南县、山阳县、凤县、太白县、留坝县、佛坪县、略阳县、勉县、汉中市汉台区、城固县、洋县、西乡县、宁陕县、石泉县、汉阴县、安康市汉滨区、旬阳县、白河县、镇安县、柞水县、宁强县、镇巴县、南郑县、平利县、镇坪县、紫阳县、岚皋县； 甘肃省陇南市武都区、成县、文县、宕昌县、康县、西和县、礼县、徽县、两当县、舟曲县、迭部县、莲花山风景林保护区、临潭县、卓尼县、岷县； 四川省阿坝藏族羌族自治州九寨县、广元市利州区、广元市朝天区、青川县、旺苍县、南江县、通江县、万源市； 重庆市城口县、巫山县、巫溪县、奉节县、云阳县、重庆市黔江区、武隆县、石柱土家族自治县、酉阳土家族苗族自治县、彭水苗族土家族自治县、秀山土家族苗族自治县； 湖南省常德市石门县，张家界市永定区、武陵源区、慈利县、桑植县、花垣县，湘西土家族苗族自治州永顺县、吉首市、凤凰县、古丈县、龙山县

分区	亚区	包 含 的 行 政 区
西南 紫色土区 （Ⅵ）	川渝山地丘陵 立地亚区 （Ⅵ-2）	四川省成都市锦江区、青羊区、金牛区、武侯区、成华区、龙泉驿区、青白江区、新都区、温江区、双流区、郫都区、金堂县、大邑县、蒲江县、新津县、都江堰市、彭州市、邛崃市、崇州市、简阳市，绵阳市涪城区、游仙区、安州区、江油市、三台县、梓潼县、盐亭县、平武县、北川羌族自治县，德阳市旌阳区、罗江区、中江县、广汉市、什邡市、绵竹市，南充市顺庆区、高坪区、嘉陵区、阆中市、营山县、南部县、西充县、仪陇县、蓬安县，遂宁市船山区、安居区、射洪市、蓬溪县、大英县，广安市广安区、前锋区、岳池县、武胜县、邻水县、华蓥市，巴中市巴州区、恩阳区、平昌县，广元市昭化区、剑阁县、苍溪县，达州市通川区、达川区、大竹县、开江县、宣汉县、渠县，雅安市雨城区、名山区、荥经县、汉源县、石棉县、天全县、芦山县、宝兴县，乐山市市中区、五通桥区、沙湾区、金口河区、峨眉山市、犍为县、井研县、夹江县、沐川县、峨边彝族自治县、马边彝族自治县，宜宾市翠屏区、南溪区、叙州区、江安县、长宁县、高县、屏山县，眉山市东坡区、彭山区、仁寿县、洪雅县、丹棱县、青神县，资阳市雁江区、安岳县、乐至县，泸州市江阳区、纳溪区、龙马潭区、泸县、合江县，自贡市自流井区、贡井区、大安区、沿滩区、荣县、富顺县，内江市市中区、东兴区、威远县、资中县、隆昌市，阿坝藏族羌族自治州汶川县、茂县； 重庆市万州区、涪陵区、渝中区、大渡口区、江北区、沙坪坝区、九龙坡区、北碚区、南岸区、渝北区、巴南区、长寿区、梁平区、丰都县、垫江县、忠县、开州区、南川区、綦江区、大足区、荣昌区、璧山区、江津区、永川区、潼南区、铜梁区、合川区
西南 岩溶区 （Ⅶ）	黔中山地亚区 （Ⅶ-1）	贵州省贵阳市南明区、云岩区、花溪区、乌当区、白云区、观山湖区、开阳县、息烽县、修文县、清镇市，遵义市红花岗区、汇川区、遵义县、绥阳县、凤冈县、湄潭县、余庆县、正安县、道真仡佬族苗族自治县、务川仡佬族苗族自治县，安顺市西秀区、平坝县、普定县、镇宁布依族苗族自治县、紫云苗族布依族自治县，黔南布依族苗族自治州都匀市、福泉市、贵定县、瓮安县、长顺县、龙里县、惠水县，铜仁市碧江区、万山区、江口县、石阡县、思南县、德江县、玉屏侗族自治县、印江土家族苗族自治县、沿河土家族自治县、松桃苗族自治县，黔东南苗族侗族自治州凯里市、黄平县、施秉县、三穗县、镇远县、岑巩县、麻江县
	滇黔川高原 山地亚区 （Ⅶ-2）	云南省昆明市宜良县、石林彝族自治县，曲靖市麒麟区、马龙县、陆良县、师宗县、罗平县、富源县、沾益县、宣威市，玉溪市红塔区、江川县、华宁县、通海县、澄江县、峨山彝族自治县，红河哈尼族彝族自治州个旧市、开远市、蒙自市、建水县、石屏县、弥勒市、泸西县，昭通市镇雄县、彝良县、威信县； 四川省泸州市叙永县、古蔺县，宜宾市珙县、筠连县、兴文县，攀枝花市西区、东区、仁和区、米易县、盐边县，凉山彝族自治州西昌市、盐源县、德昌县、普格县、金阳县、昭觉县、喜德县、冕宁县、越西县、甘洛县、美姑县、布拖县、雷波县、宁南县、会东县、会理县； 贵州省六盘水市钟山区、六枝特区、水城县、盘县，遵义市桐梓县、习水县、赤水市、仁怀市，安顺市关岭布依族苗族自治县，黔西南布依族苗族自治州兴仁县、晴隆县、贞丰县、普安县，毕节市七星关区、威宁彝族回族苗族自治县、赫章县、大方县、黔西县、金沙县、织金县、纳雍县
	滇北干热河 谷亚区 （Ⅶ-3）	云南省昆明市的东川区，昭通市巧家县

分区	亚区	包含的行政区
青藏高原区（Ⅷ）	雅鲁藏布河谷及藏南山地亚区（Ⅷ-1）	西藏自治区拉萨市城关区、林周县、尼木县、曲水县、堆龙德庆县、达孜县、墨竹工卡县，日喀则市南木林县、江孜县、萨迦县、拉孜县、白朗县、仁布县、昂仁县、谢通门县、萨嘎县、定日县、康马县、定结县、亚东县、吉隆县、聂拉木县、岗巴县，山南市隆子县、错那县、措美县、洛扎县、浪卡子县、乃东县、扎囊县、贡嘎县、桑日县、琼结县、曲松县、加查县，林芝市林芝县、米林县、墨脱县、波密县、朗县、工布江达县、察隅县
	藏东—川西高山峡谷亚区（Ⅷ-2）	西藏自治区昌都市昌都县、江达县、贡觉县、类乌齐县、丁青县、察雅县、八宿县、左贡县、芒康县、洛隆县、边坝县，那曲市比如县、索县、嘉黎县，阿坝藏族羌族自治州理县、松潘县、黑水县、马尔康市、壤塘县、金川县、小金县； 四川省甘孜彝族自治州康定县、九龙县、雅江县、道孚县、甘孜县、德格县、色达县、理塘县、稻城县、泸定县、丹巴县、炉霍县、新龙县、白玉县、巴塘县、乡城县、德荣县，凉山彝族自治州木里藏族自治县； 云南怒江傈僳族自治州福贡县、贡山独龙族怒族自治县，迪庆藏族自治州香格里拉县、德钦县、维西傈僳族自治县
	若尔盖—江河源高原山地亚区（Ⅷ-3）	青海省海南藏族自治州同德县、兴海县、贵南县，果洛藏族自治州玛沁县、甘德县、达日县、久治县、玛多县、班玛县，玉树藏族自治州称多县、曲麻莱县、玉树县、杂多县、治多县、囊谦县，海西蒙古族藏族自治州格尔木市（唐古拉山乡部分），黄南藏族自治州泽库县、河南蒙古族自治县，那曲市那曲县、聂荣县、巴青县； 甘肃省甘南藏族自治州合作市、玛曲县、碌曲县、夏河县，武威市天祝藏族自治县，酒泉市阿克塞哈萨克族自治县、肃北蒙古族自治县，张掖市中牧山丹马场、肃南裕固族自治县、民乐县
	羌塘—藏西南高原亚区（Ⅷ-4）	安多县、申扎县、班戈县、尼玛县、当雄县、日土县、革吉县、改则县、仲巴县、普兰县、札达县、噶尔县、措勤县

按生产建设项目地形特点可划分为平地区、挖方边坡、填方边坡三种立地类型小区，在此基础上根据功能和基质等因素再进一步细分为不同的立地类型，详见本章各亚区内的划分附表。

2.3 各分区概况及亚区划分

2.3.1 东北黑土区（Ⅰ）

东北黑土区包括黑龙江、吉林、辽宁和内蒙古4省（自治区）共244个县（市、区、旗），土地总面积约109万 km²。东北黑土区主要分布有大小兴安岭、长白山、呼伦贝尔高原、三江平原及松嫩平原。主要河流涉及黑龙江、松花江等。该区属温带季风气候区，大部分地区年均降水量为300～800mm。土壤类型以黑土、黑钙土、灰色森林土、暗棕壤、棕色针叶林土为主。主要植被类型包括落叶针叶林、落叶针阔混交林和草原植被，林草覆盖率为55.27%。

该区生产建设项目常用植物包括乔木：落叶松、山槐树、山皂角、红叶李、色木槭、糖槭、稠李、花楸、东北杏、黄檗；灌木：小檗、忍冬、鸡树条荚蒾、暖木条荚蒾、锦鸡、松东锦鸡、木绣球、水腊、金露梅、银露梅、绣线菊、东北山梅花、刺玫、悬钩子（仅用于大小兴安岭）、蒙古锦鸡；藤本：五味子地锦、山葡萄；草本：马蔺、酸模、紫花苜蓿、早熟禾。

东北黑土区划分为大兴安岭东北部山地丘陵亚区（Ⅰ-1）、小兴安岭及长白山西麓低山丘陵亚区（Ⅰ-2）、东部平原亚区（Ⅰ-3）、呼伦贝尔丘陵平原亚区（Ⅰ-4）等4个亚区，共8个立地类型小区，20个立地类型组，43个立地类型。

2.3.1.1　大兴安岭东北部山地丘陵亚区（Ⅰ-1）

该区包括内蒙古自治区呼伦贝尔盟的鄂伦春自治旗、莫力达瓦达斡尔族自治旗、阿荣旗、牙克石市、根河市、扎兰屯市、额尔古纳市，黑龙江省大兴安岭地区的呼玛县、漠河县、塔河县全部。

该区属寒温带大陆性季风气候，冬季漫长，多西北风，气候寒冷干燥；夏季短促，多东南风，气候温凉湿润。多年平均气温-0.8~5.5℃，年降水量400~520mm。土壤主要为棕色针叶林土、暗棕壤、沼泽土和草甸土；土壤侵蚀以水力侵蚀、冻融侵蚀为主。海拔高度约600~1000m，有些山峰接近1400m。

植被为森林植被类型，典型的植被类型是以兴安落叶松为主组成的明亮针叶林。海拔600m以下的谷地是含蒙古栎的兴安落叶松林，其他树种有黑桦、山杨、紫椴、水曲柳、黄檗等，林下灌木有二色胡枝子、榛子、毛榛等；海拔600~1000m为杜鹃—兴安落叶松林，局部有樟子松林，林下灌丛有兴安杜鹃—杜香、越橘、笃斯越橘等；海拔1100~1400m为藓类—兴安落叶松林，含有偃松、红皮云杉、岳桦等少量乔木树种。

大兴安岭东北部山地丘陵亚区共划分为2个立地类型小区，5个立地类型组，11个立地类型。划分结果详见表2-2。

表2-2　　　　　　　　大兴安岭东北部山地丘陵亚区立地类型划分表

立地类型小区	立地类型组	立地类型	立地类型代码
平地区 （Ⅰ-1-1）	美化区（A）	美化区（a）	Ⅰ-1-1-A-a
	功能区（B）	滞尘区（a）	Ⅰ-1-1-B-a
		防辐射区（b）	Ⅰ-1-1-B-b
		防噪声区（c）	Ⅰ-1-1-B-c
	恢复区（C）	一般恢复区（a）	Ⅰ-1-1-C-a
		高标恢复区（b）	Ⅰ-1-1-C-b
坡地区 （Ⅰ-1-2）	土质边坡（D）	坡长<3m（a）	Ⅰ-1-2-D-a
		坡长>3m（b）	Ⅰ-1-2-D-b
	土石混合边坡（E）	坡长<3m（a）	Ⅰ-1-2-E-a
		缓坡，坡长>3m（b）	Ⅰ-1-2-E-b
		陡坡，坡长>3m（c）	Ⅰ-1-2-E-c

2.3.1.2 小兴安岭及长白山西麓低山丘陵亚区（Ⅰ-2）

小兴安岭及长白山西麓低山丘陵亚区涉及黑龙江省黑河市、伊春市、鸡西市、七台河市、牡丹江市、鹤岗市、佳木斯市的全部，哈尔滨市通河县、木兰县、尚志市、方正县、延寿县、五常市、依兰县，绥化市绥棱县、庆安县；吉林省吉林市、辽源市、通化市、白山市、延边朝鲜族自治州的全部，长春市双阳区、九台区、榆树市，四平市伊通满族自治县；辽宁省抚顺市、本溪市、丹东市。

该区属温带大陆性季风气候，四季分明，冬季严寒、干燥而漫长，夏季温热而短暂。多年平均气温−1.5～8.4℃。多年平均降雨量480～1000mm。土壤主要为黑土、暗棕壤、草甸土、白浆土等。

本区包含小兴安岭、完达山、长白山、老爷岭、张广才岭等山脉，植被类型为红松、紫椴、枫桦等为主的针阔混交林。小兴安岭原有的地带性植被是以红松为优势的温带针阔混交林，素有"红松的故乡"之称，长白山地南部（千山山脉）则以夏绿阔叶林为主。自然植被中乔木主要有红松、杉松、赤松、枫桦、长白落叶松、鱼鳞云杉、冷杉、樟子松、蒙古栎、辽东栎、白桦、黑桦、紫椴、糠椴、黄檗、水曲柳、核桃楸、山杨等；灌木有胡枝子、绣线菊、榛子、兴安杜鹃等；草本植物有草木犀、地榆、宽叶山蒿、蚊子草、羊须草、修氏苔草、大叶樟等。

小兴安岭及长白山西麓低山丘陵亚区共划分为2个立地类型小区，5个立地类型组，11个立地类型。划分结果详见表2-3。

表2-3　　　　小兴安岭及长白山西麓低山丘陵亚区立地类型划分表

立地类型小区	立地类型组	立地类型	立地类型代码
平地区 （Ⅰ-2-1）	美化区（A）	美化区（a）	Ⅰ-2-1-A-a
	功能区（B）	滞尘区（a）	Ⅰ-2-1-B-a
		防辐射区（b）	Ⅰ-2-1-B-b
		防噪声区（c）	Ⅰ-2-1-B-c
	恢复区（C）	一般恢复区（a）	Ⅰ-2-1-C-a
		高标恢复区（b）	Ⅰ-2-1-C-b
坡地区 （Ⅰ-2-2）	土质边坡（D）	坡长<3m（a）	Ⅰ-2-2-D-a
		坡长>3m（b）	Ⅰ-2-2-D-b
	土石混合边坡（E）	坡长<3m（a）	Ⅰ-2-2-E-a
		缓坡，坡长>3m（b）	Ⅰ-2-2-E-b
		陡坡，坡长>3m（c）	Ⅰ-2-2-E-c

2.3.1.3 东部平原亚区（Ⅰ-3）

东部平原亚区包括黑龙江省哈尔滨市道里区、南岗区、道外区、平房区、松北区、香坊区、呼兰区、阿城区、双城区、宾县、巴彦县，齐齐哈尔市、大庆市的全部，绥化市北林区、望奎县、兰西县、青冈县、庆安县、明水县、绥棱县、海伦市；吉林省吉林市白城市、松原市的全部，长春市南关区、宽城区、朝阳区、二道区、绿园区、农安县、德惠市，四平市铁西区、铁东区、梨树县、双辽市、公主岭市；辽宁省沈阳市沈河区、和平区、大东区、皇姑区、铁西区、苏家屯区、浑南区、沈北新区、于洪区、辽中区、新民市、康平县、法库县，鞍山市台安县，锦州市黑山县，盘锦市双台子区、兴隆台区、大洼区、盘山县，铁岭市调兵山市、昌图县。

该区属温带大陆性季风气候，四季分明，雨热同期，冬季严寒漫长，春季干旱多风，夏季温暖短促，秋季晴朗温差大。该区多年平均气温 0.7～9℃，多年平均降水量 350～700mm。土壤类型为黑土、黑钙土、草甸土、风沙土和沼泽土，主要地貌类型为岗阜状高平原、剥蚀高平原、冲洪积高平原和冲洪积平原。

该区东南部长白山一带分布着以红松为建群种的森林类型，间有云杉、冷杉等针叶树种和白桦等阔叶树种。低平地以羊草草原、禾草盐生草甸草原为主。天然植被树种有白桦、黑桦、蒙古栎、家榆、山杨、旱柳、沙柳、锦鸡儿等，草种有草木犀、羊草、沙蓬、大叶樟、芨芨草、大针茅等。

东部平原亚区共 2 个立地类型小区，5 个立地类型组，10 个立地类型。划分结果详见表 2－4。

表 2－4　　　　　　　　　　　东部平原亚区立地类型划分表

立地类型小区	立地类型组	立地类型	立地类型代码
平地区 （Ⅰ－3－1）	美化区（A）	美化区（a）	Ⅰ－3－1－A－a
	功能区（B）	滞尘区（a）	Ⅰ－3－1－B－a
		防辐射区（b）	Ⅰ－3－1－B－b
		防噪声区（c）	Ⅰ－3－1－B－c
	恢复区（C）	一般恢复区（a）	Ⅰ－3－1－C－a
		高标恢复区（b）	Ⅰ－3－1－C－b
坡地区 （Ⅰ－3－2）	土质边坡（D）	缓坡（a）	Ⅰ－3－2－D－a
		陡坡（b）	Ⅰ－3－2－D－b
	土石混合边坡（E）	缓坡（a）	Ⅰ－3－2－E－a
		陡坡（b）	Ⅰ－3－2－E－b

2.3.1.4　呼伦贝尔丘陵平原亚区（Ⅰ－4）

呼伦贝尔丘陵平原亚区包括内蒙古自治区呼伦贝尔市海拉尔区、扎赉诺尔区、鄂温克族自治旗、陈巴尔虎旗、新巴尔虎左旗、新巴尔虎右旗、满洲里市。

该区多年平均气温 －3～2℃，多年平均降水量 280～400mm，从东向西逐渐减少。地貌类型为中低山丘陵和高平原，土壤类型以黑钙土、栗钙土、草甸土和风沙土为主。

该区植被类型以高原典型草原、桦林草原为主，天然植被中乔木有樟子松、白桦、山杨；灌木有小叶锦鸡儿、黄柳、绣线菊、山玫瑰、差巴嘎蒿、木岩黄芪等；草本植物有大针茅、克氏针茅、冰草、羊草、沙蓬、冷蒿、狼针草等。

呼伦贝尔丘陵平原亚区共 2 个立地类型小区，5 个立地类型组，11 个立地类型。划分结果详见表 2－5。

表2-5　　　　　　　　　　　呼伦贝尔丘陵平原亚区立地类型划分表

立地类型小区	立地类型组	立地类型	立地类型代码
平地区 （Ⅰ-4-1）	美化区（A）	美化区（a）	Ⅰ-4-1-A-a
	功能区（B）	滞尘区（a）	Ⅰ-4-1-B-a
		防辐射区（b）	Ⅰ-4-1-B-b
		防噪声区（c）	Ⅰ-4-1-B-c
	恢复区（C）	一般恢复区（a）	Ⅰ-4-1-C-a
		高标恢复区（b）	Ⅰ-4-1-C-b
坡地区 （Ⅰ-4-2）	土质边坡（D）	坡长<3m（a）	Ⅰ-4-2-D-a
		坡长>3m（b）	Ⅰ-4-2-D-b
	土石混合边坡（E）	坡长<3m（a）	Ⅰ-4-2-E-a
		缓坡，坡长>3m（b）	Ⅰ-4-2-E-b
		陡坡，坡长>3m（c）	Ⅰ-4-2-E-c

2.3.2　北方风沙区（Ⅱ）

北方风沙区包括甘肃、内蒙古、河北和新疆4省（自治区）共145个县（市、区、旗），土地总面积约239万km²。区内分布有内蒙古高原、阿尔泰山、准噶尔盆地、天山、塔里木盆地、昆仑山、阿尔金山，有塔克拉玛干、古尔班通古特、巴丹吉林、腾格里、库姆塔格、库布齐、乌兰布和沙漠及浑善达克沙地，沙漠戈壁广布。属温带干旱半干旱气候区，大部分地区年均降水量25～350mm。土壤类型以栗钙土、灰钙土、风沙土和棕漠土为主。北方风沙区由于土壤、水热条件差，主要植被类型为荒漠草原、典型草原以及疏林灌木草原等，荒漠、戈壁区鲜有植被分布，全区平均林草覆盖率31.02%。

该区生产建设项目常用植物包括乔木：樟子松、油松、杜松、新疆杨、刺槐、旱柳、丝绵木、蒙古栎、榆树、胡杨、柽柳、国槐、龙爪柳、侧柏、云杉；灌木及藤本植物：沙枣、沙荆、沙拐枣、连翘、珍珠梅、白刺、花棒、麻黄、柠条、狭叶锦鸡儿；草本植物：点地梅、锁阳、马齿苋、拂子茅、无芒隐子、车前、蒙古冰草、沙蒿、披碱草。

北方风沙区划分为浑善达克沙地亚区（Ⅱ-1）、科尔沁及辽西沙地亚区（Ⅱ-2）、阿拉善高原山地亚区（Ⅱ-3）、河西走廊亚区（Ⅱ-4）、北疆山地盆地亚区（Ⅱ-5）、南疆山地盆地亚区（Ⅱ-6）6个亚区，共16个立地类型小区，45个立地类型组，152个立地类型。

2.3.2.1　浑善达克沙地亚区（Ⅱ-1）

浑善达克沙地亚区包括内蒙古自治区锡林郭勒盟的锡林浩特市、苏尼特右旗、苏尼特左旗、阿巴嘎旗、镶黄旗、正镶白旗、正蓝旗、多伦县，二连浩特市以及赤峰市的克什克腾旗，共11个旗县（包括市）。

浑善达克沙地属半干旱区，寒冷、干旱、风大。水分条件东西部相差较大，中西部地区常年干旱少雨，水量较少，东部地区地跨半湿润气候带，水资源相对丰富。年均气温0～3℃，因受东南季风的影响，降雨量自东南向西北递减，东南部年降水350～400mm，西北部100～200mm；年蒸发量为2000～2700mm。

浑善达克沙地土壤类型以栗钙土为主，其次为棕钙土。因地理位置、气候环境等因素的影响，土壤的形成发育具有明显的地带性分异规律。东部为草甸栗钙土和暗栗钙土，向西逐渐演变为淡栗钙土，到西北部则过渡为棕钙土。

浑善达克沙地亚区乔木树种主要有云杉、樟子松、桧柏、兴安落叶松、国槐、金叶复叶槭、油松、水曲柳、龙爪槐、白榆、金叶榆、旱柳、五角枫、紫叶李、香花槐、火炬树、圆柏、皂荚、洋白蜡、白杆、丝棉木、垂柳、山桃；灌木树种有沙地柏、丁香、紫丁香、胡枝子、杨柴、黄柳、沙柳、白柠条、花棒、红瑞木、卫矛、水蜡、珍珠绣线菊、金山绣线菊、榆叶梅、锦带花、荆条、紫穗槐、多花木兰、锦鸡儿；草本植物有羊草、草坪草、八宝、玉簪、萱草、射干、鸢尾、狐尾草、波斯菊、马唐、马齿苋、蚂蚱腿子。

该亚区共3个立地类型小区，9个立地类型组，13个立地类型。详见表2-6。

表 2-6　　　　　　　　　　　浑善达克沙地亚区立地类型划分表

立地类型小区	立地类型组	立地类型	立地类型代码
平地区 （Ⅱ-1-1）	美化区（A）	办公美化区（a）	Ⅱ-1-1-A-a
		生活美化区（b）	Ⅱ-1-1-A-b
	功能区（B）	滞尘区（a）	Ⅱ-1-1-B-a
		防辐射区（b）	Ⅱ-1-1-B-b
		防噪声区（c）	Ⅱ-1-1-B-c
	恢复区（C）	一般恢复区（a）	Ⅱ-1-1-C-a
		高标恢复区（b）	Ⅱ-1-1-C-b
挖方边坡区 （Ⅱ-1-2）	土质边坡（D）		Ⅱ-1-2-D
	土石混合边坡（E）		Ⅱ-1-2-E
	石质边坡（F）		Ⅱ-1-2-F
填方边坡区 （Ⅱ-1-3）	土质边坡（D）		Ⅱ-1-3-D
	土石混合边坡（E）		Ⅱ-1-3-E
	石质边坡（F）		Ⅱ-1-3-F

2.3.2.2　科尔沁及辽西沙地亚区（Ⅱ-2）

科尔沁及辽西沙地亚区包括辽宁省阜新市彰武县；内蒙古自治区通辽市的科尔沁左翼右旗、开鲁县、科尔沁区、科尔沁左翼中旗，赤峰市的阿鲁科尔沁旗、巴林右旗、巴林左旗、林西县、克什克腾旗、翁牛特旗、敖汉旗；兴安盟的科尔沁右翼中旗；通辽市的扎鲁特旗、奈曼旗、库伦旗。

该区属半干旱区，气候冬季寒冷，夏季炎热，春季风大。年均降水量360mm，年际变化较大，年内分配不均，多集中在6—8月。该区域沙质荒漠化具有明显的区域性，区域内呈现半固定流沙、固定沙丘相间分布的地貌景观。土壤类型主要有风沙土、草甸土、碱土、沼泽土。

该区乔木树种主要有火炬树、樟子松、臭椿、白榆等；灌木树种有荆条、蚂蚱腿子、薄皮木、酸枣、黄刺玫、沙参、胡枝子；草本植物有波斯菊、高羊茅、马唐、狗尾草、紫花苜蓿。

科尔沁及辽西沙地亚区共3个立地类型小区，9个立地类型组，13个立地类型。划分结果详见表2-7。

表2-7 科尔沁及辽西沙地亚区立地类型划分表

立地类型小区	立地类型组	立地类型	立地类型代码
平地区 （Ⅱ-2-1）	美化区（A）	办公美化区（a）	Ⅱ-2-1-A-a
		生活美化区（b）	Ⅱ-2-1-A-b
	功能区（B）	滞尘区（a）	Ⅱ-2-1-B-a
		防辐射区（b）	Ⅱ-2-1-B-b
		防噪声区（c）	Ⅱ-2-1-B-c
	恢复区（C）	一般恢复区（a）	Ⅱ-2-1-C-a
		高标恢复区（b）	Ⅱ-2-1-C-b
挖方边坡区 （Ⅱ-2-2）	土质边坡（D）		Ⅱ-2-2-D
	土石混合边坡（E）		Ⅱ-2-2-E
	石质边坡（F）		Ⅱ-2-2-F
填方边坡区 （Ⅱ-2-3）	土质边坡（D）		Ⅱ-2-3-D
	土石混合边坡（E）		Ⅱ-2-3-E
	石质边坡（F）		Ⅱ-2-3-F

2.3.2.3 阿拉善高原山地亚区（Ⅱ-3）

阿拉善高原山地亚区包括内蒙古自治区阿拉善盟阿拉善左旗、阿拉善右旗、额济纳旗。

该区属暖温带干旱荒漠草原及干旱荒漠区，地貌有高平原、荒漠戈壁、干燥剥蚀丘陵与中低山地，海拔850～1500m，年平均气温7.4～8.8℃，年降水量40～240mm。土壤为灰漠土、灰棕漠土、风沙土，局部有盐碱土、草甸土。

该区自然植被有沙蒿、梭梭、沙拐枣、沙生针茅、骆驼刺、芨芨草、冰草、蒿类等。乔木树种主要有刺槐、旱柳、柽柳、国槐、油松、侧柏、云杉、新疆杨、榆树、杜松、樟子松、落叶松等；灌木树种有花棒、柠条、山杏、沙棘、梭梭、杨柴、沙拐枣、沙冬青、丁香、连翘、文冠果、杜松、樟子松等；草本植物有早熟禾、野牛草、沙打旺、北芸香、紫花苜蓿、大苞鸢尾、沙葱、羊草、披碱草、冰草、黑麦草等。

该亚区共3个立地类型小区，9个立地类型组，14个立地类型。划分结果详见表2-8。

2.3.2.4 河西走廊亚区（Ⅱ-4）

河西走廊亚区包括甘肃省酒泉市肃州区、瓜州县、玉门市、敦煌市、金塔县、肃北蒙古族自治县（马鬃山），嘉峪关市，金昌市金川区、永昌县，武威市凉州区、民勤县、古浪县，张掖市甘州区、临泽县、高台县、山丹县、肃南裕固族自治县（明花乡）。

该区属温带大陆性干旱气候，具有光照丰富、热量较高、温差大、干燥少雨、多风沙的特征。河西走廊地区主要分为干旱区和极干旱区。

表 2－8　　　　　　　　　　　阿拉善高原山地亚区立地类型划分表

立地类型小区	立地类型组	立地类型	立地类型代码
平地区 （Ⅱ-3-1）	美化区（A）	办公美化区（a）	Ⅱ-3-1-A-a
		生活美化区（b）	Ⅱ-3-1-A-b
	功能区（B）	滞尘区（a）	Ⅱ-3-1-B-a
		防辐射区（b）	Ⅱ-3-1-B-b
		防噪声区（c）	Ⅱ-3-1-B-c
	恢复区（C）	一般恢复区（a）	Ⅱ-3-1-C-a
		高标恢复区（b）	Ⅱ-3-1-C-b
挖方边坡区 （Ⅱ-3-2）	土质边坡（D）		Ⅱ-3-2-D
	土石混合边坡（E）		Ⅱ-3-2-E
	石质边坡（F）		Ⅱ-3-2-F
填方边坡区 （Ⅱ-3-3）	土质边坡（D）	缓坡（a）	Ⅱ-3-3-D-a
		陡坡（b）	Ⅱ-3-3-D-b
	土石混合边坡（E）		Ⅱ-3-3-E
	石质边坡（F）		Ⅱ-3-3-F

　　干旱区属于半荒漠地带，地貌类型多样，高原、山地、沙漠、戈壁广泛分布。乔木林主要分布在山地，荒漠、半荒漠天然灌丛广泛分布。大部分地区年降雨量 $100\sim250\text{mm}$，降水主要集中在夏季。极干旱区处于欧亚大陆深处，降水稀少，蒸发量大。该区大部分地区年降雨量不足 100mm，降水主要集中在夏季。

　　该亚区乔木树种主要有新疆杨、垂柳、旱柳、榆树、沙枣、国槐、白蜡、刺槐、青海云杉、油松、丁香、侧柏、樟子松、胡杨；灌木树种有榆叶梅、珍珠梅、黄刺玫、玫瑰、月季、芍药、牡丹、大丽花、八宝景天、黄杨、金叶女贞、大叶黄杨、小叶黄杨、紫叶小檗、柽柳、花棒、梭梭、沙拐枣、柠条锦鸡儿；草本植物有羊茅、冰草、紫花苜蓿、早熟禾、三叶草、波斯菊、沙蒿、碱蓬草、沙芥。

　　该亚区共 2 个立地类型小区，4 个立地类型组，6 个立地类型。划分结果详见表 2-9。

表 2－9　　　　　　　　　　　河西走廊亚区立地类型划分表

立地类型小区	立地类型组	立地类型	立地类型代码
平地区 （Ⅱ-4-1）	绿洲平原区 A	绿化区（a）	Ⅱ-4-1-A-a
		防护区（b）	Ⅱ-4-1-A-b
	荒漠戈壁区 B	绿化区（a）	Ⅱ-4-1-B-a
		防护区（b）	Ⅱ-4-1-B-b
坡地区 （Ⅱ-4-2）	挖方边坡区（C）	防护区（b）	Ⅱ-4-2-C-b
	填方边坡区（D）	防护区（b）	Ⅱ-4-2-D-b

2.3.2.5　北疆山地盆地亚区（Ⅱ-5）

　　北疆山地盆地亚区包括新疆维吾尔自治区乌鲁木齐市天山区、沙依巴克区、新市区、水磨沟区、头屯河区、达坂城区、米东区、乌鲁木齐县，克拉玛依市独山子区、克拉玛依区、白碱滩区、乌尔禾区、昌吉市、阜康市、呼图壁县、玛纳斯县、吉木萨尔县、奇台县、木垒哈萨克自治县、博乐市、精河县、温泉县、奎屯市、乌苏市、沙湾县、石河子市、五家渠市、塔城市、额敏县、托里县、裕民县、和布克赛尔蒙古自治县、阿勒泰市、布尔津县、富蕴县、福海县、哈巴河县、青河县、吉木乃县、伊宁市、伊宁县、察布查尔锡伯自治县、霍城县、巩留县、新源县、昭苏县、特克斯县、尼勒克县、吐鲁番市、鄯善县、托克逊县、哈密市、巴里坤哈萨克自治县、伊吾县。

该区属温带大陆性干旱气候，区内包括准噶尔盆地、天山北麓、伊犁河谷、吐哈盆地。气候冬冷夏热，气温年、日温差较大，年均气温−4～9℃，不小于10℃积温3000～3600℃，全年无霜期140～185d；日照充足，降水量少，为150～200mm。土壤主要有棕钙土、栗钙土、风沙土等。

该区植被类型主要有荒漠草原和荒漠植被，局部有森林、草甸等，人工植被可供选择的树、草种较少，在自然条件下生长差，需补充灌溉。

北疆山地盆地亚区共3个立地类型小区，8个立地类型组，13个立地类型。划分结果详见表2−10。

表 2−10　　　　　　　　　　北疆山地盆地亚区立地类型划分表

立地类型小区	立地类型组	立地类型	立地类型代码
平地区 （Ⅱ−5−1）	美化区（A）	办公美化区（a）	Ⅱ−5−1−A−a
		生活美化区（b）	Ⅱ−5−1−A−b
	功能区（B）	滞尘区（a）	Ⅱ−5−1−B−a
		防噪声区（c）	Ⅱ−5−1−B−c
	恢复区（C）	一般恢复区（a）	Ⅱ−5−1−C−a
		高标恢复区（b）	Ⅱ−5−1−C−b
挖方边坡区 （Ⅱ−5−2）	土质边坡（D）	坡度≥1:2.75（20°）（a）	Ⅱ−5−2−D−a
		坡度<1:2.75（20°）（b）	Ⅱ−5−2−D−b
	格状框条边坡（F）	不分级（a）	Ⅱ−5−2−F−a
填方边坡区 （Ⅱ−5−3）	土质边坡（D）	坡度≥1:2.75（20°）（a）	Ⅱ−5−3−D−a
		坡度<1:2.75（20°）（b）	Ⅱ−5−3−D−b
	土石混合边坡（E）	坡度≥1:2.75（20°）（a）	Ⅱ−5−3−E−a
	格状框条边坡（F）	不分级（a）	Ⅱ−5−3−F−a

2.3.2.6　南疆山地盆地亚区（Ⅱ−6）

南疆山地盆地亚区包括新疆维吾尔自治区库尔勒市、轮台县、尉犁县、和静县、焉耆回族自治县、和硕县、博湖县、阿克苏市、温宿县、库车县、沙雅县、新和县、拜城县、乌什县、阿瓦提县、柯坪县、阿拉尔市、若羌县、且末县、和田市、和田县、墨玉县、皮山县、洛浦县、策勒县、于田县、民丰县、英吉沙县、泽普县、莎车县、叶城县、麦盖提县、塔什库尔干塔吉克自治县、喀什市、疏附县、疏勒县、岳普湖县、伽师县、巴楚县、图木舒克市、阿图什市、乌恰县、阿克陶县、阿合奇县。

该区属温带大陆性干旱气候，气温温差较大，年均气温7～14℃，不小于10℃积温4000～4700℃，全年无霜期180～220d；日照时间充足，降水量25～100mm。土壤主要有棕漠土、盐渍土等。

该区植被类型主要以荒漠植被为主，自然植被主要有红柳、白刺、沙枣、梭梭、沙拐枣、锦鸡儿、枸杞、骆驼刺、罗布麻、甘草、沙棘、麻黄、菟丝子、沙冬青、苦豆子、骆驼蓬、败酱草、猪毛菜、蓝刺头、苦马豆、牛皮消、河西菊胖姑娘、碱蓬、大花蒿、粉苞苣、刺沙蓬、驼绒藜、灰绿藜、雾冰藜等灌木、草种；人工植被可供选择的树、草种少；生产建设项目绿化植被主要有圆柏、刺槐、胡杨、榆树、钻天杨、侧柏、樟子松、龙爪槐、榆叶梅、紫丁香、沙棘、柠条、黄刺玫、枸杞、月季、牵牛花、地锦、黄杨等。

南疆山地盆地亚区共1个立地类型小区，3个立地类型组，5个立地类型。划分结果详见表2-11。

表2-11 南疆山地盆地亚区立地类型划分表

立地类型小区	立地类型组	立地类型	立地类型代码
平地区 （Ⅱ-6-1）	美化区（A）	办公美化区（a）	Ⅱ-6-1-A-a
		生活美化区（b）	Ⅱ-6-1-A-b
	功能区（B）	滞尘区（a）	Ⅱ-6-1-B-a
		防噪声区（c）	Ⅱ-6-1-B-c
	恢复区（C）	高标恢复区（b）	Ⅱ-6-1-C-b

2.3.3 北方土石山区（Ⅲ）

北方土石山区包括河北、辽宁、山西、河南、山东、江苏、安徽、北京、天津和内蒙古10省（直辖市、自治区）共662个县（市、区、旗），土地总面积约81万km²，共划分为7个亚区，16个三级。北方土石山区主要包括辽河平原、燕山太行山、胶东低山丘陵、沂蒙山泰山以及淮河以北的黄淮海平原等。属温带半干旱、暖温带半干旱及半湿润气候区，大部分地区年均降水量400～800mm。主要土壤类型包括褐土、棕壤和栗钙土等。植被类型主要为温带落叶阔叶林、针阔混交林，林草覆盖率24.22%。

该区生产建设项目常用植物包括乔木：油松、小叶杨、火炬松、栓皮栎、泡桐、榆树、黑松、杨树、赤松、蒙古栎、五角枫、黑杨、辽东栎、山杨、毛白杨、红楠、核桃楸、水曲柳、柿树、栾树、桧柏、麻栎、华山松、鹅耳栎；灌木与藤本：酸枣、沙地柏、小叶黄杨、黄栌、大叶女贞、大叶黄杨、榆叶梅、八宝景天、紫花地丁、小红柳、小叶锦鸡儿、文冠果、黄刺玫、小叶丁香、紫叶矮樱、金银木、卫矛、木槿、迎春、小叶鼠李、杞柳、狼牙刺、火棘、杜鹃、爬山虎、扶芳藤、蔷薇、葛藤；草本：狗牙根、白羊草、针茅、高羊茅、早熟禾、结缕草、小冠花、黑麦草、禾草、黄花蒿、大籽蒿、艾蒿、紫羊茅、苍耳、刺菜、波斯菊、萱草、无芒雀麦、薰衣草、芦苇、碱蓬、野古草、白茅、虎尾草、狐尾三叶草、柳叶马鞭草、麦冬。

北方土石山区划分为冀北高原山地亚区（Ⅲ-1）和太行山、燕山山地亚区（Ⅲ-2）及华北平原亚区（Ⅲ-3）、鲁中南中低山山地亚区（Ⅲ-4）、胶东低山丘陵亚区（Ⅲ-5）、豫西黄土丘陵亚区（Ⅲ-6）、伏牛山山地丘陵亚区（Ⅲ-7）等7个亚区，14个立地类型小区，27个立地类型组，40个立地类型。

2.3.3.1 冀北高原山地亚区（Ⅲ-1）

该区包括河北省张家口市的张北县、康保县、沽源县、尚义县、赤城县、桥西区、桥东区、宣化区、下花园区、崇礼区、怀安县、万全区、阳原县、蔚县、涿鹿县、怀来县；承德市丰宁满族自治县、围场满族蒙古族自治县。

该区山地面积较大，海拔20～2292m；多年平均降水量400～600mm；多年平均气温7℃。该区土壤主要以褐土、棕壤、潮土、栗褐土、粗骨土为主。植被类型以温带落叶阔叶林、温带落叶灌丛为主，林草覆盖率68%。

该区主要乔木树种有油松、落叶松、云杉、侧柏、辽东栎、蒙古栎、白桦、山杨；主要灌木树种有荆条、山杏、胡枝子、虎榛子、绣线菊；主要草本植物有克氏针茅、白羊草、万年蒿、黄背草、灰灰菜、车前子等。该区山高坡陡，土层瘠薄，坡耕地和稀疏灌草地水土流失严重。

冀北高原山地亚区共2个立地类型小区，3个立地类型组，6个立地类型。划分结果详见表2-12。

表2-12　　　　　　　　　　　　冀北高原山地亚区立地类型划分表

立地类型小区	立地类型组	立地类型	立地类型代码
平地区 （Ⅲ-1-1）	美化区（A）	办公美化区（a）	Ⅲ-1-1-A-a
		生活美化区（b）	Ⅲ-1-1-A-b
	恢复区（C）	一般恢复区（a）	Ⅲ-1-1-C-a
		高标恢复区（b）	Ⅲ-1-1-C-b
坡地区 （Ⅲ-1-2）	恢复区（C）	一般恢复区（a）	Ⅲ-1-2-C-a
		高标恢复区（b）	Ⅲ-1-2-C-b

2.3.3.2 太行山、燕山山地亚区（Ⅲ-2）

该区包括河北省承德市的双滦区、鹰手营子矿区、双桥区、隆化县、承德县、兴隆县、平泉市、宽城满族自治县、滦平县，唐山市的遵化市、迁安市、迁西县、滦县，秦皇岛市的青龙满族自治县、卢龙县，石家庄市的井陉县、平山县、灵寿县、鹿泉区、行唐县、赞皇县、元氏县，邯郸市的涉县、武安市、磁县，保定市的阜平县、易县、涞源县、涞水县、顺平县、曲阳县、唐县、徐水区、满城区，邢台市的沙河市、邢台县、临城县、内丘县；北京市的延庆区、怀柔区、门头沟区、房山区、石景山区；天津市的蓟州区；辽宁省阜新市的海州区、新邱区、太平区、清河门区、细河区、阜新蒙古族自治县，锦州市的太和区、古塔区、凌河区、北镇市、义县、凌海市，朝阳市的龙城区、双塔区、凌源市、北票市、建平县、朝阳县、喀喇沁左翼蒙古族自治县，葫芦岛市的龙岗区、连山区、南票区、建昌县、绥中县、兴城市；内蒙古自治区赤峰市的松山区、红山区、元宝山区、喀喇沁旗、宁城县；山西省太原市的阳曲县，运城市的芮城县、平陆县、垣曲县，晋城市的城区、阳城县、泽州县、高平市、陵川县、沁水县，临汾市的浮山县、古县、霍州市、安泽县，长治市潞州区、长子县、沁源县、壶关县、平顺县、上党区、屯留区、潞城区、黎城县、襄垣县、沁县、武乡县，晋中市的灵石县、榆社县、左权县、和顺县、昔阳县、寿阳县，阳泉市的城区、矿区、郊区、平定县、盂县，忻州市的五台县、繁峙县、定襄县、代县，大同市的灵丘县、广灵县；河南省安阳市的林州市、安阳县，鹤壁市的山城区、鹤山区、淇滨区、淇县，焦作市的中站区、马村区、山阳区、解放区、孟州市、沁阳市、博爱县、修武县，济源市，新乡市的卫辉市、辉县市。

太行山山地亚区西接黄土高原，东邻华北平原，北达燕山山地，南至黄河。该区以中低山山地为主，海拔200～1400m，平均海拔800m。该区属暖温带半湿润区向暖温带半干旱区的过渡带，多年平均气温8.8℃，不小于10℃积温2000～4500℃，多年平均降水量400～600mm。土壤类型以褐土、黄绵土为主，局部有山地棕壤，土层较薄。植被类型以温带落叶阔叶林、温带落叶灌丛、温带草丛为主，林草覆盖率38.74%。

该区主要乔木树种有油松、落叶松、云杉、侧柏、樟子松、杜松、黑杨、旱柳、小叶杨、辽东栎、栓皮栎、泡桐、榆、椿、山杨、刺槐、火炬松等；主要灌木树种有山杏、紫穗槐、沙棘、黄栌、文冠果、沙地柏、红叶小檗、大叶黄杨、柠条、连翘、丁香、黄刺玫等；主要草本植物有野苜蓿、沙打旺、无芒雀麦、紫花苜蓿、披碱草、薰衣草、狗尾草、结缕草、波斯菊、早熟禾、白羊草、针茅、冰草、萱草等。

太行山、燕山山地亚区共2个立地类型小区，3个立地类型组，6个立地类型。划分结果详见表2-13。

表2-13　　　　　　　　　太行山、燕山山地亚区立地类型划分表

立地类型小区	立地类型组	立地类型	立地类型代码
平地区 （Ⅲ-2-1）	美化区（A）	办公美化区（a）	Ⅲ-2-1-A-a
		生活美化区（b）	Ⅲ-2-1-A-b
	恢复区（C）	一般恢复区（a）	Ⅲ-2-1-C-a
		高标恢复区（b）	Ⅲ-2-1-C-b
坡地区 （Ⅲ-2-2）	恢复区（C）	一般恢复区（a）	Ⅲ-2-2-C-a
		高标恢复区（b）	Ⅲ-2-2-C-b

2.3.3.3　华北平原亚区（Ⅲ-3）

该区包括太行山以东，燕山以南，泰山—沂蒙山以西，淮河以北的黄河、淮河、海河下游广大平原地区。该区地形平坦，兼有低缓岗地分布，海拔10～100m，平均海拔约30m。属暖温带半湿润区，多年平均气温12.8℃，多年平均降水量400～1000mm。该区土层较厚，土壤类型以潮土、褐土为主。

该区植被类型属温带落叶阔叶林，林草覆盖率3.24%。主要乔木树种有旱柳、刺槐、油松、侧柏、白蜡、毛白杨、臭椿、榆、桑、小叶杨、火炬松、金枝槐、合欢、海棠、元宝枫等；主要灌木树种有小叶丁香、紫叶矮樱、金银木、黄栌、连翘、金叶榆、沙地柏、卫矛、曼陀罗、柽柳、黄刺玫、紫穗槐、木槿、迎春、胡枝子、三裂绣线菊、柠条等；主要草本植物有芦苇、鸢尾、碱蓬、野古草、白茅、小冠花、狗尾草、虎尾草、狼尾草、狐尾三叶草、柳叶马鞭草、黑麦草、高羊茅、狗牙根等。

华北平原亚区共2个立地类型小区，3个立地类型组，4个立地类型。划分结果详见

表 2 – 14。

表 2 – 14 华北平原亚区立地类型划分表

立地类型小区	立地类型组	立地类型	立地类型代码
平地区 （Ⅲ-3-1）	美化区（A）	办公美化区（a）	Ⅲ-3-1-A-a
		生活美化区（b）	Ⅲ-3-1-A-b
	恢复区（C）	一般恢复区（a）	Ⅲ-3-1-C-a
坡地区 （Ⅲ-3-2）	恢复区（C）	高标恢复区（b）	Ⅲ-3-2-C-b

2.3.3.4 鲁中南中低山山地亚区（Ⅲ-4）

该区包括山东省济南市的历城区、天桥区、市中区、槐荫区、历下区、长清区、平阴县、章丘区、莱芜区、钢城区，滨州市的邹平市，淄博市的张店区、淄川区、博山区、临淄区、周村区、桓台县、沂源县，潍坊市的临朐县、青州市、昌乐县、安丘市，济宁市的市中区、任城区、汶上县、泗水县、微山县、兖州市、曲阜市、邹城市，泰安市的泰山区、岱岳区、肥城市、宁阳县、新泰市，枣庄市的山亭区、市中区、薛城区、峄城区、台儿庄区、滕州市，临沂市的兰山区、罗庄区、河东区、沂水县、蒙阴县、沂南县、费县、平邑县、郯城县、兰陵县、临沭县。

该区位于鲁中南，东临黄海，西至泗河、南四湖，北临黄河、小清河、胶莱河，南至古泊善后河。该区地貌类型以低山丘陵为主，区内北部为鲁中低山丘陵区，南部为鲁南丘陵河谷平原区，山地、丘陵和平原相间分布，平均海拔150m。该区属暖温带半湿润季风区，多年平均年降水量600～900mm。该区土壤类型主要有棕壤、褐土、粗骨土、潮土和砂姜黑土，以粗骨土、棕壤、褐土面积居多。

该区主要植被类型以暖温带落叶阔叶林为主，林草覆盖率11%，天然植被中主要乔木树种有油松、赤松、侧柏、刺槐、旱柳、麻栎、栓皮栎等；灌木树种有黄栌、荆条、连翘等；草本植物有狗尾草、白羊草、黄背草、隐子草、羊胡子草等。

鲁中南中低山山地亚区共2个立地类型小区，3个立地类型组，6个立地类型。划分结果详见表2–15。

表 2 – 15 鲁中南中低山山地亚区立地类型划分表

立地类型小区	立地类型组	立地类型	立地类型代码
平地区 （Ⅲ-4-1）	美化区（A）	办公美化区（a）	Ⅲ-4-1-A-a
		生活美化区（b）	Ⅲ-4-1-A-b
	恢复区（C）	一般恢复区（a）	Ⅲ-4-1-C-a
		高标恢复区（b）	Ⅲ-4-1-C-b
坡地区 （Ⅲ-4-2）	恢复区（C）	一般恢复区（a）	Ⅲ-4-2-C-a
		高标恢复区（b）	Ⅲ-4-2-C-b

2.3.3.5 胶东低山丘陵亚区（Ⅲ-5）

该区包括山东省日照市的东港区、五莲县、莒县，临沂市的莒南县，潍坊市的诸城市、高密市，青岛市的黄岛区、市南区、市北区、李沧区、崂山区、城阳区、平度市、莱西市、即墨区、胶州市，烟台市的芝罘区、福山区、莱山区、牟平区、长岛县、蓬莱市、莱阳市、龙口市、栖霞市、招远市、海阳市、莱州市，威海市的环翠区、荣成市、文登区、乳山市。

该区位于胶东半岛，胶莱河以东，南临五莲山，伸入渤海、黄海间。该区地貌类型以丘陵为主，区内东北高，西南低，平均海拔 80m，最高峰为崂山主峰崂顶。该区属暖温带半湿润季风区，多年平均年降水量 600～800mm。土壤类型主要有棕壤、粗骨土、潮土，植被类型主要以温带落叶阔叶林为主，林草覆盖率 14%。

该区主要乔木树种有黑松、赤松、日本落叶松、旱柳、麻栎等；灌木树种有野山茶、榛子、酸枣、荆条等；草本植物有翅碱蓬、獐牙、白羊草、黄背草等。

胶东低山丘陵亚区共 2 个立地类型小区，3 个立地类型组，6 个立地类型。划分结果详见表 2-16。

表 2-16　　　　　　　　　　　胶东低山丘陵亚区立地类型划分表

立地类型小区	立地类型组	立地类型	立地类型代码
平地区 （Ⅲ-5-1）	美化区（A）	办公美化区（a）	Ⅲ-5-1-A-a
		生活美化区（b）	Ⅲ-5-1-A-b
	恢复区（C）	一般恢复区（a）	Ⅲ-5-1-C-a
		高标恢复区（b）	Ⅲ-5-1-C-b
坡地区 （Ⅲ-5-2）	恢复区（C）	一般恢复区（a）	Ⅲ-5-2-C-a
		高标恢复区（b）	Ⅲ-5-2-C-b

2.3.3.6 豫西黄土丘陵亚区（Ⅲ-6）

该区包括河南省郑州市荥阳市，三门峡市的湖滨区、渑池县、义马市、陕州区，洛阳市的西工区、老城区、瀍河回族区、涧西区、吉利区、洛龙区、孟津县、偃师市、伊川县、新安县。

该区位于伏牛山以北，黄河以南，郑州—嵩县一线以西的黄土丘陵地区。该区西南高，东北低，地貌类型以山地丘陵为主，平均海拔 670m。该区属暖温带半湿润季风区，多年平均年降水量 500～700mm。土壤类型主要有红黏土、棕壤、褐土、粗骨土和黄棕壤。

该区植被类型主要以温带落叶阔叶林为主，林草覆盖率 43%。主要乔木树种有油松、柯楠树、栎等；灌木树种有黄栌、荆条、茭蒿、鼠李等；草本植物有禾草、狼牙刺、狗牙根等。

该亚区共 2 个立地类型小区，3 个立地类型组，6 个立地类型。划分结果详见表 2-17。

表 2-17　　　　　　　　　　　豫西黄土丘陵亚区立地类型划分表

立地类型小区	立地类型组	立地类型	立地类型代码
平地区 （Ⅲ-6-1）	美化区（A）	办公美化区（a）	Ⅲ-6-1-A-a
		生活美化区（b）	Ⅲ-6-1-A-b

立地类型小区	立地类型组	立地类型	立地类型代码
平地区 （Ⅲ-6-1）	恢复区（C）	一般恢复区（a）	Ⅲ-6-1-C-a
		高标恢复区（b）	Ⅲ-6-1-C-b
坡地区 （Ⅲ-6-2）	恢复区（C）	一般恢复区（a）	Ⅲ-6-2-C-a
		高标恢复区（b）	Ⅲ-6-2-C-b

2.3.3.7 伏牛山山地丘陵亚区（Ⅲ-7）

该区包括河南省洛阳市的栾川县，三门峡市的卢氏县，平顶山市的新华区、卫东区、湛河区、石龙区。

该区位于秦岭以东，大别山以西的江淮分水岭一带低山丘陵地区，地貌类型以低山丘陵为主，平均海拔270m，山脉主要有外方山和伏牛山。该区属暖温带半湿润季风区，多年平均年降水量600～1000mm。该区土壤类型主要有褐土、黄褐土和潮土。

该区植被类型以温带落叶阔叶林为主，林草覆盖率26%。区内天然林有麻栎、栓皮栎、杨、化香、鹅耳枥、铁木、桦木、栗、槭等落叶阔叶林及油松、华山松、铁杉等针叶林。中山区多分布以华山松为主的针叶林、华山松与红桦或锐齿栎、槲栎混交的针阔混交林和以锐齿栎、槲栎等栎类为主的落叶阔叶林；低山区则分布有旱生灌丛和草本植物，灌木树种以黄栌、连翘、二色胡枝子、荆条、酸枣等为主，草本植物以黄背草、白羊草、臭草、狗牙根等为主。

伏牛山山地丘陵亚区共2个立地类型小区，3个立地类型组，6个立地类型。划分结果详见表2-18。

表2-18　　　　　　　伏牛山山地丘陵亚区立地类型划分表

立地类型小区	立地类型组	立地类型	立地类型代码
平地区 （Ⅲ-7-1）	美化区（A）	办公美化区（a）	Ⅲ-7-1-A-a
		生活美化区（b）	Ⅲ-7-1-A-b
	恢复区（C）	一般恢复区（a）	Ⅲ-7-1-C-a
		高标恢复区（b）	Ⅲ-7-1-C-b
坡地区 （Ⅲ-7-2）	恢复区（C）	一般恢复区（a）	Ⅲ-7-2-C-a
		高标恢复区（b）	Ⅲ-7-2-C-b

2.3.4 西北黄土高原区（Ⅳ）

西北黄土高原区包括山西、陕西、甘肃、青海、内蒙古和宁夏6省（自治区）共271个县（市、区、旗），土地总面积约56万km²。西北黄土高原区主要分布有鄂尔多斯高原、陕北高原、陇中高原等。主要河流涉及黄河干流、汾河、无定河、渭河、泾河、洛河、洮河、湟水河等。该区属暖温带半湿润半干旱气候区，大部分地区年均降水量250～700mm。主要土壤类型有黄绵土、褐土、垆土、棕壤、栗钙土和风沙土。

该区植被类型主要为暖温带落叶阔叶林和森林草原，林草覆盖率45.29%。该区生产建设项目常用植物有樟子松、国槐、紫叶李、白榆、云杉、白蜡、新疆杨、圆柏、刺槐、垂柳、梧桐、水曲柳、复叶槭、臭椿、旱柳、山桃、山杏、海棠、核桃、桑树、丁香、木槿、紫叶小檗、紫穗槐、月季、金叶女贞、蔷薇、柠条、梭梭、沙拐枣、玫瑰、红瑞木、冬青、黄杨、牡丹、红柳、沙棘、木地肤、紫薇、黄柳、地锦、山荞麦、山葡萄、沙蒿、鸢尾、绣线菊、狗尾草、鼠尾草、猪毛菜、狼尾草、白蒿、骆驼蓬、早熟禾、大翅蓟、冰草、藜、千屈菜、蒲公英、燕麦草、金盏菊、紫花苜蓿、红豆草、三叶草等。

西北黄土高原区划分为阴山山地丘陵立地亚区（Ⅳ-1）、鄂乌高原丘陵立地亚区（Ⅳ-2）、宁中北丘陵平原立地亚区（Ⅳ-3）、晋陕甘高塬沟壑立地亚区（Ⅳ-4）、宁青甘山地丘陵沟壑立地亚区（Ⅳ-5）、晋陕蒙丘陵沟壑立地亚区（Ⅳ-6）、汾河中游丘陵沟壑立地亚区（Ⅳ-7）、关中平原立地亚区（Ⅳ-8）、晋南、晋东南丘陵立地亚区（Ⅳ-9）、秦岭北麓—渭河中低山阶地立地亚区（Ⅳ-10），共 10 个立地亚区，30 个立地类型小区，74 个立地类型组，146 个立地类型。

2.3.4.1　阴山山地丘陵立地亚区（Ⅳ-1）

阴山山地丘陵立地亚区位于阴山以南，黄河以北，西起狼山，东至岱海盆地，包括河套平原和土默川平原。该区包括内蒙古自治区 21 个县（旗、区），土地总面积 4.51 万 km^2，具体包括呼和浩特市新城区、回民区、玉泉区、赛罕区、土默特左旗、托克托县、武川县、包头市东河区、昆都仑区、青山区、石拐区、九原区、土默特右旗、固阳县，巴彦淖尔市临河区、五原县、磴口县、乌拉特前旗、杭锦后旗，乌兰察布市卓资县、凉城县。

该区地貌类型以平原和山地为主，主要地貌特征是山高、坡陡、谷深，海拔 500～2500m，分布着许多受到隔离的玄武岩台地，还套着大大小小的湖泊盆地。该区属中温带大陆性季风气候，多年平均气温 7.3～8.7℃，年降水量 303.1～395.7mm，年蒸发量 1883～2265mm。土壤以栗钙土、灰褐土、潮土、盐土和灌淤土为主，表层土壤深厚。

该区植被类型主要有温带丛生禾草草原植被、温带落叶灌丛植被和禾草、杂类草盐生草甸植被。乔木主要有油松、白桦、山杨、云杉、杜松；灌木主要有侧柏、蒙古扁桃、虎榛子、锦鸡儿、小叶鼠李、黄刺玫；草本植物主要有铁杆蒿、禾草、白羊草、贝加尔针茅、沙蒿、沙蓬、针茅等。

阴山山地丘陵立地亚区共 3 个立地类型小区，7 个立地类型组，13 个立地类型。划分结果详见表 2-19。

表 2-19　　　　　　　　　阴山山地丘陵立地亚区立地类型划分表

立地类型小区	立地类型组	立地类型	立地类型代码
平地区 （Ⅳ-1-1）	美化区（A）	美化区（a）	Ⅳ-1-1-A-a
	功能区（B）	滞尘区（a）	Ⅳ-1-1-B-a
		防噪声区（c）	Ⅳ-1-1-B-c
	恢复区（C）	一般恢复区（a）	Ⅳ-1-1-C-a
		高标恢复区（b）	Ⅳ-1-1-C-b

立地类型小区	立地类型组	立地类型	立地类型代码
挖方边坡区 （Ⅳ-1-2）	土质边坡（D）	坡度<1:2.75（20°）(a)	Ⅳ-1-2-D-a
		坡度≥1:1（45°）(b)	Ⅳ-1-2-D-b
	土石混合边坡（E）	坡度<1:1（45°）(a)	Ⅳ-1-2-E-a
		坡度≥1:1（45°）(b)	Ⅳ-1-2-E-b
填方边坡区 （Ⅳ-1-3）	土质边坡（D）	坡度<1:1（45°）(a)	Ⅳ-1-3-D-a
		坡度≥1:1（45°）(b)	Ⅳ-1-3-D-b
	土石混合边坡（E）	坡度<1:1（45°）(a)	Ⅳ-1-3-E-a
		坡度≥1:1（45°）(b)	Ⅳ-1-3-E-b

2.3.4.2 鄂乌高原丘陵立地亚区（Ⅳ-2）

鄂乌高原丘陵立地亚区位于鄂尔多斯高原西部，贺兰山山脉北端东麓、乌兰布和沙漠东南边缘，西、北临黄河，毛乌素沙地和库布齐沙漠分布其中。该区包括内蒙古自治区7个旗（区），土地总面积6.47万km²，具体包括内蒙古自治区鄂尔多斯市鄂托克前旗、鄂托克旗、杭锦旗、乌审旗，乌海市海勃湾区、海南区、乌达区。

该区地貌类型以风积地貌为主，总体特征是低山宽谷、间有滩地，风沙区沙丘密布。海拔500~2000m。该区属典型的大陆性气候，多年平均气温7.9~9.1℃，多年平均降水量165.4~254.4mm、蒸发量2908mm，全年无霜期164d。土壤类型以风沙土为主，另有棕钙土、潮土、栗钙土和灰钙土分布。

该区植被类型以干旱草原和荒漠草原植被为主，有温带丛生矮禾草植被、矮半灌木荒漠草原植被和半灌木、矮灌木荒漠植被等。乔木主要有胡杨、四合木、黑桦；灌木主要有杜松、沙枣、沙柳、沙棘、酸枣、枸杞、锦鸡儿、沙樱桃；草本植物主要有沙蒿、短花针茅、芨芨草、盐爪爪、铁线莲、沙冬青、猪毛菜、针茅、沙竹、沙米、隐子草、甘草、麻黄、蒙古黄芪、长芒草、白羊草、短花针茅、茭蒿、铁杆蒿和百里香等。

鄂乌高原丘陵立地亚区共3个立地类型小区，7个立地类型组，13个立地类型。划分结果详见表2-20。

表2-20 鄂乌高原丘陵立地亚区立地类型划分表

立地类型小区	立地类型组	立地类型	立地类型代码
平地区 （Ⅳ-2-1）	美化区（A）	美化区（a）	Ⅳ-2-1-A-a
	功能区（B）	滞尘区（a）	Ⅳ-2-1-B-a
		防噪声区（c）	Ⅳ-2-1-B-c
	恢复区（C）	一般恢复区（a）	Ⅳ-2-1-C-a
		高标恢复区（b）	Ⅳ-2-1-C-b
挖方边坡区 （Ⅳ-2-2）	土质边坡（D）	坡度<1:2.75（20°）(a)	Ⅳ-2-2-D-a
		坡度≥1:2.75（20°）(b)	Ⅳ-2-2-D-b
	土石混合边坡（E）	坡度<1:2.75（20°）(a)	Ⅳ-2-2-E-a
		坡度≥1:2.75（20°）(b)	Ⅳ-2-2-E-b

立地类型小区	立地类型组	立地类型	立地类型代码
填方边坡区 （Ⅳ-2-3）	土质边坡（D）	坡度<1∶2.75（20°）（a）	Ⅳ-2-3-D-a
		坡度≥1∶2.75（20°）（b）	Ⅳ-2-3-D-b
	土石混合边坡（E）	坡度<1∶2.75（20°）（a）	Ⅳ-2-3-E-a
		坡度≥1∶2.75（20°）（b）	Ⅳ-2-3-E-b

2.3.4.3　宁中北丘陵平原立地亚区（Ⅳ-3）

宁中北丘陵平原立地亚区位于宁夏中北部地区，该区包括宁夏回族自治区15个县（区），土地总面积3.18万km²，具体包括宁夏回族自治区银川市兴庆区、西夏区、金凤区、永宁县、贺兰县、灵武市，吴忠市红寺堡区、利通区、青铜峡市、盐池县，中卫市沙坡头区、中宁县，石嘴山市大武口区、惠农区、平罗县。

该区地貌类型主要为黄土丘陵及平原，总体特征是丘陵起伏，沟道呈宽浅型，沟道比降缓。海拔1000～2500m。该区属典型的大陆性气候，多年平均气温7.7～9.2℃，多年平均降水量200～300mm、蒸发量1800mm。土壤类型以黄绵土、灰褐土、风沙土为主。

该区植被类型由森林草原带向典型草原带过渡，大体可分为干草原植被、草地草原植被、山地森林植被。乔木主要有青海云杉、山杨、白桦、油松、杜松、白蜡、臭椿；灌木主要有蒙古扁桃、沙冬青、羽叶丁香、四合木、柠条、沙棘、虎榛子、红柳、沙柳、山桃；草本植物主要有长芝草、黄芪、油蒿、野大豆、沙蒿、沙蓬、茭蒿、百里香、铁杆蒿、赖草、蒲公英、香青。

宁中北丘陵平原立地亚区共3个立地类型小区，7个立地类型组，13个立地类型。划分结果详见表2-21。

表2-21　　　　　　　　宁中北丘陵平原立地亚区立地类型划分表

立地类型小区	立地类型组	立地类型	立地类型代码
平地区 （Ⅳ-3-1）	美化区（A）	美化区（a）	Ⅳ-3-1-A-a
	功能区（B）	滞尘区（a）	Ⅳ-3-1-B-a
		防噪声区（c）	Ⅳ-3-1-B-c
	恢复区（C）	一般恢复区（a）	Ⅳ-3-1-C-a
		高标恢复区（b）	Ⅳ-3-1-C-b
挖方边坡区 （Ⅳ-3-2）	土质边坡（D）	坡度<1∶2.75（20°）（a）	Ⅳ-3-2-D-a
		坡度≥1∶2.75（20°）（b）	Ⅳ-3-2-D-b
	土石混合边坡（E）	坡度<1∶2.75（20°）（a）	Ⅳ-3-2-E-a
		坡度≥1∶2.75（20°）（b）	Ⅳ-3-2-E-b
填方边坡区 （Ⅳ-3-3）	土质边坡（D）	坡度<1∶2.75（20°）（a）	Ⅳ-3-3-D-a
		坡度≥1∶2.75（20°）（b）	Ⅳ-3-3-D-b
	土石混合边坡（E）	坡度<1∶2.75（20°）（a）	Ⅳ-3-3-E-a
		坡度≥1∶2.75（20°）（b）	Ⅳ-3-3-E-b

2.3.4.4 晋陕甘高塬沟壑立地亚区（Ⅳ-4）

该亚区包括山西省隰县、大宁县、蒲县、吉县、乡宁县、汾西县；陕西省铜川市王益区、铜川市印台区、宜君县、铜川市耀州区（含铜川新区）、甘泉县、富县、宜川县、黄龙县、黄陵县、洛川县、永寿县、彬县、长武县、旬邑县、淳化县、合阳县、澄城县、白水县、韩城市；甘肃省的平凉市崆峒区、泾川县、灵台县、崇信县、庆阳市西峰区、正宁县、宁县、镇原县、合水县。

晋陕甘高塬沟壑立地亚区地面全部为第四系黄土覆盖，土层深厚。受黄河流域水系长期侵蚀，分割成塬、梁、峁与川、沟等地貌形态，塬面侵蚀较轻，沟蚀严重，塬边沟头溯源侵蚀强烈，沟壁泻溜、崩塌、滑坡等重力侵蚀活跃。该区属温带半干旱半湿润气候，年降水量350~700mm。该区属中温带落叶阔叶林地带，喜暖的亚洲中部草原成分在植被组成中起主导作用，植被覆盖度30%~60%。由于长期不合理的开垦放牧，天然植被破坏严重，仅在部分区域残留着小片的天然次生林和草本原生植被。土壤主要为黑垆土、黄绵土、山地灰褐土。

该区植被类型多样，可选择的绿化树、草种丰富，在自然条件下生长良好。

晋陕甘高塬沟壑立地亚区共3个立地类型小区，8个立地类型组，12个立地类型。划分结果详见表2-22。

表2-22 晋陕甘高塬沟壑立地亚区立地类型划分表

立地类型小区	立地类型组	立地类型	立地类型代码
平地区 （Ⅳ-4-1）	美化区（A）	办公美化区（a）	Ⅳ-4-1-A-a
		生活美化区（b）	Ⅳ-4-1-A-b
	功能区（B）	滞尘区（a）	Ⅳ-4-1-B-a
		防噪声区（c）	Ⅳ-4-1-B-c
	恢复区（C）	一般恢复区（a）	Ⅳ-4-1-C-a
		高标恢复区（b）	Ⅳ-4-1-C-b
挖方边坡区 （Ⅳ-4-2）	土质边坡（D）	坡度≥1:2.75（20°）（b）	Ⅳ-4-2-D-b
	格状框条边坡（F）	坡度<1:1.5（33.7°）（a）	Ⅳ-4-2-F-a
		坡度≥1:1.5（33.7°）（b）	Ⅳ-4-2-F-b
填方边坡区 （Ⅳ-4-3）	土质边坡（D）	坡度≥1:2.75（20°）（b）	Ⅳ-4-3-D-b
	土石混合边坡（E）	坡度≥1:2.75（20°）（b）	Ⅳ-4-3-E-b
	格状框条边坡（F）	坡度≥1:1.5（33.7°）（b）	Ⅳ-4-3-F-b

2.3.4.5 宁青甘山地丘陵沟壑立地亚区（Ⅳ-5）

宁青甘山地丘陵沟壑立地亚区海拔在1500~2500m，地貌类型是以黄土梁、峁为主的丘陵沟壑，间有河谷盆地。土壤侵蚀以面蚀、沟蚀为主，现代侵蚀沟活跃，陷穴、滑坡等重力侵蚀现象也较频繁。该区属温带半干旱气候，年降水量180~900mm。属森林草原—半干旱草原植被带，大部分地区植被稀疏，部分石质山地残存小面积以针叶林为主的森林带等，植被覆盖度10%~70%。

该区主要乔木树种有青杆、油松、山杨、桦木、榆、柳等；灌木有沙棘、文冠果、柠条、蔷薇等；草本植物有蒿类、菊科、豆科、禾本科等，植物资源较丰富。土壤有黄绵土、黑垆土、灰褐土、褐土、灰钙土、棕钙土和山地栗钙土等。

宁青甘山地丘陵沟壑立地亚区共3个立地类型小区，8个立地类型组，12个立地类型。划分结果详见表2-23。

表2-23   宁青甘山地丘陵沟壑立地亚区立地类型划分表

立地类型小区	立地类型组	立地类型	立地类型代码
平地区 （Ⅳ-5-1）	美化区（A）	办公美化区（a）	Ⅳ-5-1-A-a
		生活美化区（b）	Ⅳ-5-1-A-b
	功能区（B）	滞尘区（a）	Ⅳ-5-1-B-a
		防噪声区（c）	Ⅳ-5-1-B-c
	恢复区（C）	一般恢复区（a）	Ⅳ-5-1-C-a
挖方边坡区 （Ⅳ-5-2）	土质边坡（D）	坡度<1:2.75（20°）（a）	Ⅳ-5-2-D-a
		坡度≥1:2.75（20°）（b）	Ⅳ-5-2-D-b
	格状框条边坡（F）	坡度≥1:2.75（20°）（b）	Ⅳ-5-2-F-b
填方边坡区 （Ⅳ-5-3）	土质边坡（D）	坡度<1:2.75（20°）（a）	Ⅳ-5-3-D-a
		坡度≥1:2.75（20°）（b）	Ⅳ-5-3-D-b
	土石混合边坡（E）	坡度≥1:2.75（20°）（b）	Ⅳ-5-3-E-b
	格状框条边坡（F）	坡度≥1:2.75（20°）（b）	Ⅳ-5-3-F-b

2.3.4.6 晋陕蒙丘陵沟壑立地亚区（Ⅳ-6）

晋陕蒙丘陵沟壑立地亚区位于包头—呼和浩特一线以南，毛乌素沙地以东，崂山—白干山一线以北，吕梁山以西。该区包括山西省、内蒙古自治区和陕西省的45个县（市、区、旗），土地总面积12.66万km²，具体包括陕西省的榆林市榆阳区、横山县、靖边县、定边县、府谷县、神木县、佳县、米脂县、绥德县、吴堡县、子洲县、清涧县，延安市宝塔区、延长县、安塞县、志丹县、吴起县、子长县、延川县；山西省的忻州市神池县、五寨县、偏关县、河曲县、保德县、岢岚县、静乐县，太原市娄烦县、古交市，吕梁市离石区、岚县、交城县、交口县、兴县、临县、方山县、柳林县、中阳县、石楼县，临汾市永和县；内蒙古自治区的鄂尔多斯东胜区、达拉特旗、准格尔旗、伊金霍洛旗，呼和浩特市和林格尔县、清水河县。

该区地貌类型主要为黄土丘陵沟壑，总体特征是丘陵起伏，地形破碎，沟道形状大部分呈V形，切割较深，海拔1000~1500m；该区属半干旱大陆性季风气候，多年平均气温6.3℃，不小于10℃积温2800~3500℃，多年平均降水量350~500mm，蒸发量1780mm，全年无霜期165d以上，多年平均最大冻土深150cm。土壤类型以黄绵土、栗褐土、褐土、棕壤和风沙土为主，土层深厚。

该区植被类型主要为温带落叶阔叶林和温带草原。乔木主要有油松、辽东栎、华北落叶松、白桦、侧柏、山杨、榆；灌木主要有沙棘、虎榛子、黄刺玫、柠条、荆条、酸枣、黄刺玫、黄蔷薇、绣线菊、柄扁桃、胡枝子、忍冬、乌柳、白刺；草本植物主要有唐松草、苔草、林地早熟禾、针茅、白羊草、长芒草、克氏针茅、黄背草、狗尾草、沙蒿、地椒、百里香、蒿类。

晋陕蒙丘陵沟壑立地亚区共3个立地类型小区，7个立地类型组，13个立地类型。划分结果详见表2-24。

表2-24 晋陕蒙丘陵沟壑立地亚区立地类型划分表

立地类型小区	立地类型组	立地类型	立地类型代码
平地区 （Ⅳ-6-1）	美化区（A）	美化区（a）	Ⅳ-6-1-A-a
	功能区（B）	滞尘区（a）	Ⅳ-6-1-B-a
		防噪声区（c）	Ⅳ-6-1-B-c
	恢复区（C）	一般恢复区（a）	Ⅳ-6-1-C-a
		高标恢复区（b）	Ⅳ-6-1-C-b
挖方边坡区 （Ⅳ-6-2）	土质边坡（D）	坡度<1∶2.75（20°）（a）	Ⅳ-6-2-D-a
		坡度≥1∶2.75（20°）（b）	Ⅳ-6-2-D-b
	土石混合边坡（E）	坡度<1∶2.75（20°）（a）	Ⅳ-6-2-E-a
		坡度≥1∶2.75（20°）（b）	Ⅳ-6-2-E-b
填方边坡区 （Ⅳ-6-3）	石质边坡（F）	坡度<1∶2.75（20°）（a）	Ⅳ-6-3-F-a
		坡度≥1∶2.75（20°）（b）	Ⅳ-6-3-F-b
	土石混合边坡（E）	坡度<1∶2.75（20°）（a）	Ⅳ-6-3-E-a
		坡度≥1∶2.75（20°）（b）	Ⅳ-6-3-E-b

2.3.4.7 汾河中游丘陵沟壑立地亚区（Ⅳ-7）

汾河中游丘陵沟壑立地亚区位于汾河中游两岸，该区包括山西省23个县（市、区），土地总面积2.14万km²，具体包括山西省临汾市尧都区、安泽县、霍州市、洪洞县、古县、浮山县，晋中市榆次区、祁县、太谷县、平遥县、介休市、灵石县，太原市小店区、迎泽区、杏花岭区、尖草坪区、万柏林区、晋源区、阳曲县、清徐县，吕梁市文水县、汾阳市、孝义市。

该区地貌类型主要为土石山地貌，区内梁峁丘陵沟壑纵横，海拔600～2400m；属暖温带大陆性季风气候，多年平均气温7～12.1℃，不小于10℃积温3000～3500℃；多年平均降水量400～600mm，蒸发量1780mm，无霜期185d以上。土壤类型主要包括石灰性褐土、褐土和潮褐土。

该区植被类型主要为温带落叶阔叶林，乔木主要有辽东栎、槲栎、油松、白桦、黑桦、侧柏、山杏、山杨、榆树、柳树；灌木主要有沙棘、胡枝子、绣线菊、虎榛子、黄栌、黄蔷薇、荆条；草本植物主要有白羊草、黄背草、油芒草、野古草、苔草、蒿类。

汾河中游丘陵沟壑立地亚区共3个立地类型小区，7个立地类型组，13个立地类型。划分结果详见表2-25。

2.3.4.8 关中平原立地亚区（Ⅳ-8）

关中平原立地亚区位于渭河两岸，该区包括陕西省19个县（区），具体包括陕西省西安市的未央区、莲湖区、新城区、碑林区、雁塔区、灞桥区、临潼区、阎良区、高陵县，宝鸡市的金台区、渭滨区，咸阳市的杨凌区、秦都区、渭城区、武功县、兴平市、三原县，渭南市的临渭区、大荔县。

表 2－25　　　　　　　　　汾河中游丘陵沟壑立地亚区立地类型划分表

立地类型小区	立地类型组	立地类型	立地类型代码
平地区 （Ⅳ－7－1）	美化区（A）	美化区（a）	Ⅳ－7－1－A－a
	功能区（B）	滞尘区（a）	Ⅳ－7－1－B－a
		防噪声区（c）	Ⅳ－7－1－B－c
	恢复区（C）	一般恢复区（a）	Ⅳ－7－1－C－a
		高标恢复区（b）	Ⅳ－7－1－C－b
挖方边坡区 （Ⅳ－7－2）	土质边坡（D）	坡度＜1∶2.75（20°）（a）	Ⅳ－7－2－D－a
		坡度≥1∶2.75（20°）（b）	Ⅳ－7－2－D－b
	土石混合边坡（E）	坡度＜1∶2.75（20°）（a）	Ⅳ－7－2－E－a
		坡度≥1∶2.75（20°）（b）	Ⅳ－7－2－E－b
填方边坡区 （Ⅳ－7－3）	石质边坡（F）	坡度＜1∶2.75（20°）（a）	Ⅳ－7－3－F－a
		坡度≥1∶2.75（20°）（b）	Ⅳ－7－3－F－b
	土石混合边坡（E）	坡度＜1∶2.75（20°）（a）	Ⅳ－7－3－E－a
		坡度≥1∶2.75（20°）（b）	Ⅳ－7－3－E－b

该区介于秦岭和渭北北山之间，地貌类型主要包括冲积平原、黄土台塬和洪积平原，海拔 323～800m；属暖温带半湿润气候区，多年平均气温 12～13.6℃，不小于 10℃ 积温 2150～4656.2℃；多年平均降水量 550～660mm、蒸发量 168～1703.7mm，无霜期 211d，多年平均最大冻土深度约 100cm。土壤类型主要有褐土、棕壤、黄绵土、垆土等。

该区植被类型主要为温带落叶阔叶林。乔木主要有油松、侧柏、华山松、白皮松、冷杉、槲栎、红桦、白桦、刺槐；灌木主要有秦岭小檗、胡颓子、密枝杜鹃、短梗胡枝子、绣线菊、二色胡枝子；草本植物主要有蒿类、苜蓿、蒲公英、披碱草、雀麦、黄背草。

关中平原立地亚区共 3 个立地类型小区，7 个立地类型组，13 个立地类型。划分结果详见表 2－26。

表 2－26　　　　　　　　　关中平原立地亚区立地类型划分表

立地类型小区	立地类型组	立地类型	立地类型代码
平地区 （Ⅳ－8－1）	美化区（A）	美化区（a）	Ⅳ－8－1－A－a
	功能区（B）	滞尘区（a）	Ⅳ－8－1－B－a
		防噪声区（c）	Ⅳ－8－1－B－c
	恢复区（C）	一般恢复区（a）	Ⅳ－8－1－C－a
		高标恢复区（b）	Ⅳ－8－1－C－b
挖方边坡区 （Ⅳ－8－2）	土质边坡（D）	坡度＜1∶2.75（20°）（a）	Ⅳ－8－2－D－a
		坡度≥1∶2.75（20°）（b）	Ⅳ－8－2－D－b
	土石混合边坡（E）	坡度＜1∶2.75（20°）（a）	Ⅳ－8－2－E－a
		坡度≥1∶2.75（20°）（b）	Ⅳ－8－2－E－b

立地类型小区	立地类型组	立地类型	立地类型代码
填方边坡区 （Ⅳ-8-3）	石质边坡（F）	坡度＜1：2.75（20°）（a）	Ⅳ-8-3-F-a
		坡度≥1：2.75（20°）（b）	Ⅳ-8-3-F-b
	土石混合边坡（E）	坡度＜1：2.75（20°）（a）	Ⅳ-8-3-E-a
		坡度≥1：2.75（20°）（b）	Ⅳ-8-3-E-b

2.3.4.9 晋南、晋东南丘陵立地亚区（Ⅳ-9）

晋南、晋东南丘陵立地亚区位于山西省西南部，西、南以黄河为界，包括太岳山以南及晋城盆地周边区域。该区包括山西省22个县（区），土地总面积2.48万km²，具体包括晋城市城区、沁水县、阳城县、泽州县、高平市、临汾市翼城县、曲沃县、襄汾县、侯马市，运城市盐湖区、绛县、垣曲县、夏县、平陆县、河津市、芮城县、临猗县、万荣县、闻喜县、稷山县、新绛县、永济市。

该区地貌类型为平缓构造上覆盖黄土并被切割而成的黄土高原与丘陵，地貌单元主要为冲积平原和土石山，海拔400～2400m；属温带半干旱区大陆性气候，多年平均气温9～12℃；多年平均降水量500～600mm、蒸发量1850mm。土壤类型以褐土、黄绵土、褐土为主，地形平坦，土层深厚。

该区植被类型以暖温带植被类型为主，广泛分布着落叶阔叶、针阔混交林。乔木主要有油松、侧柏、杨、榆、槐、领春木、连香树、漆树、杜仲、红豆杉；灌木主要有沙棘、胡枝子、绣线菊、樱桃、黄栌、黄蔷薇、荆条、扁桃木、丁香、山桃；草本植物主要有苜蓿、蒲公英、披碱草、雀麦、苔草、远志、地黄、蒿类。

晋南、晋东南丘陵立地亚区共3个立地类型小区，7个立地类型组，13个立地类型。划分结果详见表2-27。

表2-27 晋南、晋东南丘陵立地亚区立地类型划分表

立地类型小区	立地类型组	立地类型	立地类型代码
平地区 （Ⅳ-9-1）	美化区（A）	美化区（a）	Ⅳ-9-1-A-a
	功能区（B）	滞尘区（a）	Ⅳ-9-1-B-a
		防噪声区（c）	Ⅳ-9-1-B-c
	恢复区（C）	一般恢复区（a）	Ⅳ-9-1-C-a
		高标恢复区（b）	Ⅳ-9-1-C-b
挖方边坡区 （Ⅳ-9-2）	土质边坡（D）	坡度＜1：2.75（20°）（a）	Ⅳ-9-2-D-a
		坡度≥1：2.75（20°）（b）	Ⅳ-9-2-D-b
	土石混合边坡（E）	坡度＜1：2.75（20°）（a）	Ⅳ-9-2-E-a
		坡度≥1：2.75（20°）（b）	Ⅳ-9-2-E-b
填方边坡区 （Ⅳ-9-3）	石质边坡（F）	坡度＜1：2.75（20°）（a）	Ⅳ-9-3-F-a
		坡度≥1：2.75（20°）（b）	Ⅳ-9-3-F-b
	土石混合边坡（E）	坡度＜1：2.75（20°）（a）	Ⅳ-9-3-E-a
		坡度≥1：2.75（20°）（b）	Ⅳ-9-3-E-b

2.3.4.10　秦岭北麓—渭河中低山阶地立地亚区（Ⅳ-10）

秦岭北麓—渭河中低山阶地立地亚区位于渭河两岸、秦岭分水岭以北、渭北高原沟壑区以南，该区包括陕西省 40 个县（区），土地总面积 3.90 万 km²，具体包括西安市新城区、碑林区、莲湖区、灞桥区、阎良区、未央区、雁塔区、临潼区、长安区、蓝田县、周至县、户县、高陵县、咸阳市秦都区、渭城区、杨凌区、三原县、泾阳县、礼泉县、乾县、兴平市、武功县，渭南市临渭区、华县、潼关县、华阴市、大荔县、蒲城县、富平县、宝鸡市金台区、陈仓区、渭滨区、陇县、千阳县、麟游县、岐山县、凤翔县、眉县、扶风县，商洛市洛南县。

该区地貌类型以山地、平原、黄土台塬为主，秦岭北麓山高坡陡，沟谷深切，土层薄。渭河两岸的阶地地势平坦，阶地两侧区域由断续的黄土塬组成，塬面狭窄，塬沟相间，间有梁状丘陵，塬边沟壑多，海拔 350～1300m。该区属暖温带半湿润气候，多年平均气温 9.4～14.8℃，多年平均降水量 451.7～775.25mm、蒸发量 168～1703.7mm。土壤类型主要有褐土、棕壤、黄绵土、垆土等。

该区植被类型主要为温带落叶阔叶林。乔木主要有油松、侧柏、华山松、白皮松、冷杉、槲栎、红桦、白桦、刺槐；灌木主要有秦岭小檗、胡颓子、密枝杜鹃、短梗胡枝子、绣线菊、二色胡枝子；草本植物主要有蒿类、苜蓿、蒲公英、披碱草、雀麦、黄背草。

秦岭北麓—渭河中低山阶地立地亚区共 3 个立地类型小区，7 个立地类型组，13 个立地类型。划分结果详见表 2-28。

表 2-28　　　　　　秦岭北麓—渭河中低山阶地立地亚区立地类型划分表

立地类型小区	立地类型组	立地类型	立地类型代码
平地区 （Ⅳ-10-1）	美化区（A）	美化区（a）	Ⅳ-10-1-A-a
	功能区（B）	滞尘区（a）	Ⅳ-10-1-B-a
		防噪声区（c）	Ⅳ-10-1-B-c
	恢复区（C）	一般恢复区（a）	Ⅳ-10-1-C-a
		高标恢复区（b）	Ⅳ-10-1-C-b
挖方边坡区 （Ⅳ-10-2）	土质边坡（D）	坡度<1:2.75（20°）（a）	Ⅳ-10-2-D-a
		坡度≥1:2.75（20°）（b）	Ⅳ-10-2-D-b
	土石混合边坡（E）	坡度<1:2.75（20°）（a）	Ⅳ-10-2-E-a
		坡度≥1:2.75（20°）（b）	Ⅳ-10-2-E-b
填方边坡区 （Ⅳ-10-3）	石质边坡（F）	坡度<1:2.75（20°）（a）	Ⅳ-10-3-F-a
		坡度≥1:2.75（20°）（b）	Ⅳ-10-3-F-b
	土石混合边坡（E）	坡度<1:2.75（20°）（a）	Ⅳ-10-3-E-a
		坡度≥1:2.75（20°）（b）	Ⅳ-10-3-E-b

2.3.5　南方红壤区（Ⅴ）

南方红壤区，即南方山地丘陵区，包括江苏、安徽、河南、湖北、浙江、江西、湖南、广西、福建、广东、海南、上海、香港、澳门和台湾 15 省（自治区、直辖市、特别行政区）共 888 个县（市、区）。南方红壤区主要包括大别山、桐柏山、江南丘陵、淮阳丘陵、浙闽山地丘陵、南岭山地丘陵及长江中下游平原、东南沿海平原等。主要河流湖泊涉及淮河部分支流，长江中下游及汉江、湘江、赣江等重要支流，珠江中下游及桂江、东江、北江等重要支流，钱塘江、韩江、闽江等东南沿海诸河，以及洞庭湖、鄱阳湖、太湖、巢湖等。该区属亚热带、热带湿润气候区，大部分地区年均降水量 800～2000mm。土壤类型主要包括棕壤、黄红壤和红壤等。主要植被类型为常绿针叶林、阔叶林、针阔混交林以及热带季雨林，林草覆盖率 45.16％。

该区生产建设项目常用植物包括乔木：秋枫、马占相思、土蜜树、南洋楹、青梅、黄槐决明、腊肠树、降香黄檀、红花羊蹄甲、羊蹄甲、宫粉羊蹄甲、枫香树、米老排、樟树、火力楠、小叶榕、高山榕、串钱柳、蒲桃、水翁、桂花粉单竹、团花、黄皮、木荷、蒲葵、杜果、辐叶鹅掌柴、盆架树、麻楝、人面子、玉兰、广玉兰、槭树、水杉、雪松、马尾松、合欢、山槐、杨、柳、柏、杉、银杏、竹等；灌木：望江南、野牡丹、狭叶山黄麻、石斑木、马缨丹、小蜡、朱槿、假鹰爪、黄金榕、勒杜鹃、苏铁、灰莉、红背桂、假连翘、基及树、鹅掌藤、檵木、朱缨花、九里香、虎尾兰、艳山姜、紫穗槐、女贞、冬春、杜鹃、山茶、夹竹桃、胡枝子、荆条等；藤本植物：炮仗花、使君子、玉叶金花、薜荔、地锦、蔷薇、凌霄、紫藤、金银花、葡萄、铁线莲、月季等；草本植物：须芒草、地毯草、两耳草、类芦、五节芒、珍珠茅、蜈蚣草、芒萁、红裂稃草、疏穗画眉草、白花鬼针草、海芋、银纹沿阶草、牛筋草、蔓花生、水鬼蕉、万年青、吊竹梅、龟背竹、香膏萼距花、大花美人蕉、大叶油草、狗牙根、结缕草、三叶草、芦苇、蒲草、麦冬等。

南方红壤区划分为长江中下游平原亚区（Ⅴ-1）、江汉丘陵平原亚区（Ⅴ-2）、大别山—桐柏山低山丘陵亚区（Ⅴ-3）、江南与南岭山地丘陵亚区（Ⅴ-4）、浙皖赣低山丘陵亚区（Ⅴ-5）、桂中低山丘陵亚区（Ⅴ-6）、浙闽山丘平原亚区（Ⅴ-7）、粤桂闽丘陵平原亚区（Ⅴ-8）、珠江三角洲丘陵平原台地亚区（Ⅴ-9）、海南中北部与雷州半岛山地丘陵亚区（Ⅴ-10）、海南南部低山地亚区（Ⅴ-11）11 个立地类型亚区，28 个立地类型小区，83 个立地类型组，186 个立地类型。

2.3.5.1 长江中下游平原亚区（Ⅴ-1）

长江中下游平原亚区包括湖北省孝感市、潜江市、荆州市、宜昌市、黄冈市、咸宁市、武汉市、荆门市、鄂州市、天门市、仙桃市；湖南省岳阳市、常德市、益阳市；江西省南昌市、宜春市、九江市、上饶市、景德镇市、鹰潭市、抚州市；安徽省芜湖市、马鞍山市、安庆市、巢湖市、池州市、宣城市；江苏省镇江市、泰州市、扬州市、南通市、苏州市、无锡市、常州市、盐城市、淮安市、南京市；上海市黄浦区、卢湾区、徐汇区、长宁区、静安区、普陀区、闸北区、虹口区、杨浦区、奉贤县、南汇县、浦东新区、宝山区、金山区、闵行区、松江区、青浦区、嘉定区；浙江省嘉兴市、宁波市、绍兴市、杭州市、湖州市等全部或部分，所辖县不一一列出。

该区地貌类型以冲积平原、洪积、湖积平原、海积平原为主。属北亚热带、中亚热带、暖温带湿润季风气候，多年平均气温 15.5～18℃，不小于 10℃积温 4200～5800℃，年降水量 586～1310mm，主要集中在 5—10 月，年蒸发量 697～1323mm，无霜期 180～

290d，最大冻土深度 12.1cm。土壤以水稻土、潮土和黄褐土为主。

该区植被类型主要有北亚热带落叶阔叶林、落叶阔叶—常绿阔叶混交林、常绿阔叶林。乔木主要有意杨、香樟、槭树、广玉兰、水杉、黑松、合欢、马尾松、杉木、白栎、茅栗、麻栎、野漆树、化香、黄檀、苦槠、小红栲、紫楠、栓皮栎、枹树、黄连木、山槐、枫香；灌木主要有朱瑾、龙柏、冬青、锦绣杜鹃、胡枝子、珊瑚木、狭叶山胡椒、山茶、夹竹桃；草本植物主要有麦冬、大米草、芦苇、蒲草、白茅草、黄被草、扒根草、狗牙根、结缕草、李氏木、鸭跖草、蒿属、白三叶等。

长江中下游平原亚区共 3 个立地类型小区，7 个立地类型组，7 个立地类型。划分结果详见表 2 - 29。

表 2 - 29　　　　　　　　　　长江中下游平原亚区立地类型划分表

立地类型小区	立地类型组	立地类型	立地类型代码
平地区 （Ⅴ-1-1）	美化区（A）	办公美化区（a）	Ⅴ-1-1-A-a
		生活美化区（b）	Ⅴ-1-1-C-b
	功能区（B）	滞尘区（a）	Ⅴ-1-1-B-a
		防噪声区（c）	Ⅴ-1-1-B-c
	恢复区（C）	一般恢复区（a）	Ⅴ-1-1-C-a
挖方边坡区 （Ⅴ-1-2）	土质边坡（D）	坡度＜1∶1.5（33.7°）（a）	Ⅴ-1-2-D-a
	土石混合边坡（E）		Ⅴ-1-2-E-a
填方边坡区 （Ⅴ-1-3）	土质边坡（D）	坡度＜1∶1.5（33.7°）（a）	Ⅴ-1-3-D-a
	土石混合边坡（E）		Ⅴ-1-3-E-a

2.3.5.2　江汉丘陵平原亚区（Ⅴ-2）

江汉丘陵平原亚区包括湖北省武汉市江岸区、江汉区、硚口区、汉阳区、武昌区、青山区、洪山区、东西湖区、汉南区、蔡甸区、江夏区、黄陂区、新洲区，黄石市黄石港区、西塞山区、下陆区、铁山区，宜昌市猇亭区、枝江市，鄂州市梁子湖区、鄂城区、华容区，荆门市掇刀区、沙洋县，孝感市孝南区、孝昌县、云梦县、应城市、汉川市，荆州市沙市区、荆州区、江陵县、监利县、洪湖市，省直辖县级行政单元仙桃市、潜江市、天门市。

该区主要地貌有冲积平原、洪积平原，以冲积平原为主。属北亚热带季风气候，雨量充沛，气候温和，光照充足，无霜期 256d，多年平均气温 16.2℃，多年平均日照时间 1967.0h，不小于 10℃积温 4700～5600℃；多年平均降水量 1136mm，多集中在 5—9 月。河流以长江及汉江、泾河、天门河等长江支流为主。土壤类型以水稻土、黄棕壤土、潮土为主，以水稻土分布最为广泛；植被类型以亚热带常绿阔叶、落叶阔叶混交林为主，林草覆盖率 4.8%。乔木主要有白栎、樟树、女贞、柏木、马尾松、杉木；灌木主要有构树、牡荆、小果蔷薇、白檀、金樱子、野蔷薇、苏槐蓝；草本植物主要有狗尾草、狗牙根、芦苇、双穗雀稗、白茅。

江汉丘陵平原亚区共 3 个立地类型小区，7 个立地类型组，7 个立地类型。划分结果详见表 2 - 30。

表 2-30　　　　　　　　　　　江汉丘陵平原亚区立地类型划分表

立地类型小区	立地类型组	立地类型	立地类型代码
平地区 （Ⅴ-2-1）	美化区（A）	办公美化区（a）	Ⅴ-2-1-A-a
		生活美化区（b）	Ⅴ-2-1-A-b
	功能区（B）	滞尘区（a）	Ⅴ-2-1-B-a
		防噪声区（c）	Ⅴ-2-1-B-c
	恢复区（C）	一般恢复区（a）	Ⅴ-2-1-C-a
挖方边坡区 （Ⅴ-2-2）	土质边坡（D）	坡度＜1∶1.5（33.7°）（a）	Ⅴ-2-2-D-a
	土石混合边坡（E）		Ⅴ-2-2-E-a
填方边坡区 （Ⅴ-2-3）	土质边坡（D）	坡度＜1∶1.5（33.7°）（a）	Ⅴ-2-3-D-a
	土石混合边坡（E）		Ⅴ-2-3-E-a

2.3.5.3　大别山—桐柏山低山丘陵亚区（Ⅴ-3）

大别山—桐柏山低山丘陵亚区包括河南省南阳市桐柏县全部，驻马店市泌阳县、确山县的部分，信阳市的新县、浉河区、平桥区、罗山县、光山县、商城县、固始县；湖北省孝感市的大悟县、孝昌县，黄冈市的红安县、罗田县、英山县、麻城市、浠水县、蕲春县，武汉市的黄陂区；安徽省安庆市的太湖县、潜山县、桐城市、岳西县，六安市的舒城县、金寨县、霍山县。

该区地貌类型以低山丘陵为主。属北亚热带湿润季风区，多年平均气温 15～17℃，多年平均年降水量 800～1400mm，主要集中在 5—10 月，多年平均蒸发量 1320mm，不小于 10℃年均积温 4500～5500℃，年均日照时数 1800～2200h，无霜期 220～280d。土壤以水稻土、黄鹤土、砂姜黑土、黄棕壤、棕壤、黄壤、褐土、黄沙土和粗骨土为主。植被类型以北亚热带常绿落叶阔叶混交林为主，林草覆盖率 33%。乔木主要有马尾松、栓皮栎、刺槐、侧柏、银杏、香果树、白栎、杉木、麻栎、青冈、化香、台湾松、毛竹、枫香等；灌木主要有黄荆、连翘、映山红、胡枝子、酸枣、君迁子、白檀、荆条、杜鹃等；草本植物主要有狗牙根、白茅、苔草、羊胡子草、蛇莓、刺芒野古草等。

大别山—桐柏山低山丘陵亚区共 3 个立地类型小区，7 个立地类型组，7 个立地类型。划分结果详见表 2-31。

表 2-31　　　　　　　　　大别山—桐柏山低山丘陵亚区立地类型划分表

立地类型小区	立地类型组	立地类型	立地类型代码
平地区 （Ⅴ-3-1）	美化区（A）	办公美化区（a）	Ⅴ-3-1-A-a
		生活美化区（b）	Ⅴ-3-1-A-b
	功能区（B）	滞尘区（a）	Ⅴ-3-1-B-a
		防噪声区（c）	Ⅴ-3-1-B-c
	恢复区（C）	一般恢复区（a）	Ⅴ-3-1-C-a
挖方边坡区 （Ⅴ-3-2）	土质边坡（D）	坡度＜1∶1.5（33.7°）（a）	Ⅴ-3-2-D-a
	土石混合边坡（E）		Ⅴ-3-2-E-a

立地类型小区	立地类型组	立地类型	立地类型代码
填方边坡区 （Ⅴ-3-3）	土质边坡（D）	坡度<1:1.5（33.7°）（a）	Ⅴ-3-3-D-a
	土石混合边坡（E）		Ⅴ-3-3-E-a

2.3.5.4　江南与南岭山地丘陵亚区（Ⅴ-4）

江南与南岭山地丘陵亚区包括江西省、湖北省、湖南省、广东省、广西壮族自治区等地的山地丘陵区。

该区地貌类型以丘陵和山地为主。属中亚热带和亚热带湿润季风气候，多年平均气温16～20℃，年降水量1255.3～2066mm。土壤以水稻土、红壤、黄壤为主，主要土类分布还有暗棕壤、新积土、紫色土和潮土。

该区植被类型为常绿阔叶林、针叶林。乔木主要有苦槠、丝栗栲、钩栲、甜槠、青冈栎、乌桕、光叶海桐、楠木、木荷、马尾松、台湾松、白栎、杉木、毛竹、钩栗、大叶青冈、冬青、山槐、椴树、黑壳楠、黑山松、樟树、梓、茅栗；灌木主要有白檀、海棠、野山楂、红果钓樟、麻叶绣球、杜鹃、映山红、黄栀子、桃金娘、米碎花、檵木、胡枝子、叶海棠、裂叶秋海棠、乌饭树、黄瑞木；草本植物主要有白纸扇、蛇根草、芒萁、满天星、南天竹、芒草、乌药、蕨类、芒、五节芒、金芒、野古草、狗牙根、白茅、金茅等。

江南与南岭山地丘陵亚区共3个立地类型小区，7个立地类型组，7个立地类型。划分结果详见表2-32。

表2-32　　　　　　　　江南与南岭山地丘陵亚区立地类型划分表

立地类型小区	立地类型组	立地类型	立地类型代码
平地区 （Ⅴ-4-1）	美化区（A）	办公美化区（a）	Ⅴ-4-1-A-a
		生活美化区（b）	Ⅴ-4-1-A-b
	功能区（B）	滞尘区（a）	Ⅴ-4-1-B-a
		防噪声区（c）	Ⅴ-4-1-B-b
	恢复区（C）	一般恢复区（a）	Ⅴ-4-1-C-a
挖方边坡区 （Ⅴ-4-2）	土质边坡（D）	坡度<1:1.5（33.7°）（a）	Ⅴ-4-2-D-a
	土石混合边坡（E）		Ⅴ-4-2-E-a
填方边坡区 （Ⅴ-4-3）	土质边坡（D）	坡度<1:1.5（33.7°）（a）	Ⅴ-4-3-D-a
	土石混合边坡（E）		Ⅴ-4-3-E-a

2.3.5.5　浙皖赣低山丘陵亚区（Ⅴ-5）

浙皖赣低山丘陵亚区包括安徽省黄山市屯溪区、黄山区、徽州区、歙县、休宁县、黟县、祁门县、池州市贵池区、东至县、石台县、青阳县、南陵县、繁昌县，宣城市宣州区、广德县、泾县、绩溪县、旌德县、宁国市；浙江省桐庐县、淳安县、建德市、富阳市、临安市、杭州市余杭区、西湖区、拱墅区、下城区、江干区、上城区、萧山区、滨江区、湖州市吴兴区、德清县、长兴县、安吉县、开化县、绍兴市越城区、绍兴县、上虞市、新昌县、诸暨市、嵊州市，金华市婺城区、金东区、浦江县、兰溪市、义乌市、东阳市、永康市，衢州市柯城区、衢江区、常山县、龙游县、江山市；江西省上饶市信州区、上饶县、广丰县、玉山县、铅山县、横峰县、弋阳县、婺源县、德兴市、贵溪市，景德镇市昌江区、珠山区、浮梁县、乐平市。

该区地貌类型以低山丘陵为主，主要地貌有土石山、丘陵和剥蚀地貌、冲湖积平原等，以土石山为主。属亚热带季风气候，多年平均气温 16～17℃，年降水量 1447mm。土壤以水稻土、暗棕壤、粗骨土和石灰岩土为主。

该区植被类型为中亚热带常绿阔叶林，主要植被为常绿阔叶次生林、松灌残次林、灌木小竹丛、草灌丛及人工林，林草覆盖率 55.7%。乔木主要有甜槠、苦槠、青冈栎、枫香、木荷、楠木、马尾松、毛竹、青竹、白栎、短柄枹树、栓皮栎、麻栎、冬青、南天竹、毛瑞香、云实、黄杨；灌木主要有檵木、杉木、福建柏、胡枝子、映山红；草本植物主要有狗牙根、高羊茅、黑麦草、麦冬、刺芒野古草、金茅、黄背草、地锦等。

浙皖赣低山丘陵亚区共 3 个立地类型小区，7 个立地类型组，7 个立地类型。划分结果详见表 2-33。

表 2-33 　　　　　　　　　　浙皖赣低山丘陵亚区立地类型划分表

立地类型小区	立地类型组	立地类型	立地类型代码
平地区 （Ⅴ-5-1）	美化区（A）	办公美化区（a）	Ⅴ-5-1-A-a
		生活美化区（b）	Ⅴ-5-1-A-b
	功能区（B）	滞尘区（a）	Ⅴ-5-1-B-a
		防噪声区（c）	Ⅴ-5-1-B-c
	恢复区（C）	一般恢复区（a）	Ⅴ-5-1-A-a
挖方边坡区 （Ⅴ-5-2）	土质边坡（D）	坡度<1:1.5（33.7°）（a）	Ⅴ-5-2-D-a
	土石混合边坡（E）		Ⅴ-5-2-E-a
填方边坡区 （Ⅴ-5-3）	土质边坡（D）	坡度<1:1.5（33.7°）（a）	Ⅴ-5-3-D-a
	土石混合边坡（E）		Ⅴ-5-3-E-a

2.3.5.6　桂中低山丘陵亚区（Ⅴ-6）

桂中低山丘陵亚区包括广西壮族自治区贵港市港南区、港北区、覃塘区，来宾市兴宾区、合山市、武宣县，象州县，南宁市横县、武鸣县、上林县、宾阳县，柳州市城中区、鱼峰区、柳南区、柳北区、柳江县、柳城县、鹿寨县。

该区地貌类型以冲积平原、丘陵及小起伏山地为主。属中亚热带季风气候和南亚热带季风雨林气候，多年平均气温 20～22℃，不小于 10℃积温 6700～7500℃，年降水量 1600～1800mm，多年平均蒸发量 1543mm，无霜期 330d 以上。土壤类型多样，赤红壤稍占优势，红壤次之，粗骨土、水稻土、石灰土均较多分布。植被类型以中亚热带植被区系为主，同时具有向南亚热带过渡的特征，林草覆盖率约 42.9%。乔木主要有翠柏、青冈栎、短叶黄杉、广东松、椰榆、朴树、青檀、黄连、余甘子、乌桕、香槐、南酸枣、栾树、榕树；灌木主要有南天竹、桃金娘、胡枝子、假木豆、檵木、黄荆条、接骨木；草本植物主要有龙顺腾、绣线菊、纽黄茅、类芦等。

桂中低山丘陵亚区共 3 个立地类型小区，5 个立地类型组，5 个立地类型。划分结果详见表 2-34。

表 2-34　　　　　　　　　　　桂中低山丘陵亚区立地类型划分表

立地类型小区	立地类型组	立地类型	立地类型代码
平地区 （V-6-1）	美化区（A）	办公美化区（a）	V-6-1-A-a
		生活美化区（b）	V-6-1-A-b
	功能区（B）	滞尘区（a）	V-6-1-B-a
		防噪声区（c）	V-6-1-B-c
	恢复区（C）	一般恢复区（a）	V-6-1-C-a
挖方边坡区 （V-6-2）	土质边坡（D）	坡度<1:1.5（33.7°）（a）	V-6-2-D-a
	土石混合边坡（E）		V-6-2-E-a
填方边坡区 （V-6-3）	土质边坡（D）	坡度<1:1.5（33.7°）（a）	V-6-3-D-a
	土石混合边坡（E）		V-6-3-E-a

2.3.5.7　浙闽山丘平原亚区（V-7）

浙闽山丘平原亚区包括浙江省杭州市临安区、富阳区、萧山区、桐庐县、建德市、淳安县，湖州市安吉县，衢州市柯城区、衢江区、江山市、开化县、常山县，绍兴市诸暨市、嵊州市、新昌县、柯桥区、上虞区、越城区，宁波市鄞州区、奉化区、余姚市、宁海县，金华市婺城区、金东区、兰溪市、义乌市、东阳市、永康市、武义县、浦江县、磐安县，丽水市莲都区、青田县、缙云县、遂昌县、松阳县、云和县、庆元县、景宁畲族自治县、龙泉市；福建省南平市建阳区、延平区、顺昌县、浦城县、光泽县、松溪县、政和县、邵武市、武夷山市、建瓯市，三明市梅列区、三元区、明溪县、清流县、宁化县、大田县、尤溪县、沙县、将乐县、泰宁县、建宁县，龙岩市漳平市部分，宁德市古田县、屏南县、寿宁县、周宁县，福州市闽清县、闽侯县、永泰县部分，泉州市安溪县、永春县、德化县，漳州市平和县、南靖县、华安县、长泰县。该区属亚热带季风区，温暖湿润，雨量充沛，四季分明。多年年均气温 11.5~17.5℃，多年平均降雨量 1460~1885mm，降雨集中在 4—10 月。土壤有红壤、黄壤、紫色土、潮土、水稻土等。

该区属亚热带季风常绿阔叶林区，建群种以壳斗科的常绿种类为主，米槠、丝栗栲、栲树、南岭栲、钩栗等居乔木上层。其次有樟科、木兰科、杜英科、山茶科、茜草科等多居林层的中下层。乔木主要有甜槠、木荷、杜英、青栲、柳杉、马尾松、毛竹等；灌木有刺槐、油茶等。

浙闽山丘平原亚区共 2 个立地类型小区，6 个立地类型组，14 个立地类型。划分结果详见表 2-35。

2.3.5.8　粤桂闽丘陵平原亚区（V-8）

粤桂闽丘陵平原亚区包括福建省宁德市、福州市、莆田市、泉州市、漳州市、厦门市；广东省阳江市、汕头市、揭阳市、汕尾市、潮州市的全部或部分；广西壮族自治区南宁市、桂林市、梧州市、玉林市、贵港市、钦州市、柳州市、防城港市、百色市、河池市、贺州市（不一一列出县区）。该区属亚热带海洋性季风气候区，具有由亚热带向热带过渡的特点。多年平均气温 22.1℃，年平均降雨量 2170.9mm，降雨集中在 4—9 月，多年均蒸发量 1694.9mm。土壤有砖红壤、赤红壤，非地带性土壤有水稻土、紫色土、潮土、沼泽土等。

表 2-35　　　　　　　　　　　浙闽山丘平原亚区立地类型划分表

立地类型小区	立地类型组	立地类型	立地类型代码
平地区 （V-7-1）	美化区（A）	办公美化区（a）	V-7-1-A-a
		生活美化区（b）	V-7-1-A-b
	功能区（B）	滞尘区（a）	V-7-1-B-a
		抗污染区（b）	V-7-1-B-b
		防噪声区（c）	V-7-1-B-c
	恢复区（C）	一般恢复区（a）	V-7-1-C-a
		高标恢复区（b）	V-7-1-C-b
坡地区 （V-7-2）	美化区（A）	办公美化区（a）	V-7-2-A-a
		生活美化区（b）	V-7-2-A-b
	功能区（B）	滞尘区（a）	V-7-2-B-a
		抗污染区（b）	V-7-2-B-b
		防噪声区（c）	V-7-2-B-c
	恢复区（C）	一般恢复区（a）	V-7-2-C-a
		高标恢复区（b）	V-7-2-C-b

该区属亚热带常绿阔叶林区，乔木主要有木麻黄、马尾松、南亚松、桉树、国外松、相思树、竹类、龙眼、大叶相思、小叶榕、大叶榕、橡皮树、白玉兰，以及其他各种阔叶树；灌木主要有桃金娘、夹竹桃、岗松、野牡丹、五叶金花、酸藤子、越南悬钩子、海滩涂红树林；草本植物主要有假俭草、狗牙根、百喜草等。

粤桂闽丘陵平原亚区共 2 个立地类型小区，5 个立地类型组，15 个立地类型。划分结果详见表 2-36。

表 2-36　　　　　　　　　　　粤桂闽丘陵平原亚区立地类型划分表

立地类型小区	立地类型组	立地类型	立地类型代码
平地区 （V-8-1）	美化区（A）	办公美化区（a）	V-8-1-A-a
		生活美化区（b）	V-8-1-A-b
	功能区（B）	滞尘区（a）	V-8-1-B-a
		抗污染区（b）	V-8-1-B-b
		防噪声区（c）	V-8-1-B-c
	恢复区（C）	一般恢复区（a）	V-8-1-C-a
		高标恢复区（b）	V-8-1-C-b
		生态排水沟（c）	V-8-1-C-c
		生态砖植草绿化（d）	V-8-1-C-d

续表

立地类型小区	立地类型组	立地类型	立地类型代码
坡地区 （V-8-2）	美化区（A）	办公美化区（a）	V-8-2-A-a
		生活美化区（b）	V-8-2-A-b
		植被混凝土生态护坡（c）	V-8-2-A-c
		砌石草皮护坡（d）	V-8-2-A-d
		浆砌片石骨架植草护坡（e）	V-8-2-A-e
	恢复区（C）	一般恢复区（a）	V-8-2-C-a

2.3.5.9　珠江三角洲丘陵平原台地亚区（V-9）

珠江三角洲丘陵平原台地亚区包括广东省广州市越秀区、海珠区、荔湾区、天河区、白云区、黄埔区、南沙区、番禺区、花都区、增城区，佛山市禅城区、顺德区、南海区、三水区、高明区，东莞市，江门市蓬江区、江海区、新会区、台山市、开平市、鹤山市、恩平市，珠海市香洲区、斗门区、金湾区，中山市，清远市清城区、佛冈县，肇庆市端州区、鼎湖区、四会市、高要区，惠州市惠城区、惠阳区、博罗县部分；深圳市罗湖区、福田区、南山区、宝安区、龙岗区、盐田区、龙华区、坪山区、光明区以及大鹏新区。该区属亚热带季风气候，年平均气温 20～23℃，多年平均降雨量 2400～2600mm，每年 4—9 月为雨季，年均蒸发量 890～1120mm。土壤主要为赤红壤，有红壤和砖红壤分布，亦有黄壤分布，非地带性土壤主要有潮沙泥土、基水土（堆叠土）和水稻土。

该区属亚热带常绿阔叶林区的南亚热带季风常绿阔叶林地带，为珠江三角洲栽培蒲桃、黄桐林区。地带性植被类型为季风常绿阔叶林，组成成分以热带、亚热带种类为主，其中樟科、壳斗科、桃金娘科、桑科、大戟科、蝶形花科、梧桐科、芸香科、金缕梅科、山茶科、棕榈科、茜草科等为主要组成科属。乔木种类主要有尾叶桉、窿缘桉、柠檬桉、台湾相思、大叶相思、马占相思、马尾松、湿地松、樟树、黄桐、麻竹、箣竹、苦楝、荔枝等；灌木种类主要有桃金娘、盐肤木、木蜡树、红背山麻杆、马樱丹等；草本植物主要有芒萁、芒、类芦、象草、蔓生锈竹、狗牙根、蔬菜类、水稻等。

珠江三角洲丘陵平原台地亚区共 2 个立地类型小区，6 个立地类型组，14 个立地类型。划分结果详见表 2-37。

表 2-37　　　　　珠江三角洲丘陵平原台地亚区立地类型划分表

立地类型小区	立地类型组	立地类型	立地类型代码
平地区 （V-9-1）	美化区（A）	办公美化区（a）	V-9-1-A-a
		生活美化区（b）	V-9-1-A-b
	功能区（B）	滞尘区（a）	V-9-1-B-a
		抗污染区（b）	V-9-1-B-b
		防噪声区（c）	V-9-1-B-c
	恢复区（C）	一般恢复区（a）	V-9-1-C-a
		高标恢复区（b）	V-9-1-C-b

立地类型小区	立地类型组	立地类型	立地类型代码
坡地区 （V-9-2）	美化区（A）	办公美化区（a）	V-9-2-A-a
		生活美化区（b）	V-9-2-A-b
	功能区（B）	滞尘区（a）	V-9-2-B-a
		抗污染区（b）	V-9-2-B-b
		防噪声区（c）	V-9-2-B-c
	恢复区（C）	一般恢复区（a）	V-9-2-C-a
		高标恢复区（b）	V-9-2-C-b

2.3.5.10 海南中北部与雷州半岛山地丘陵亚区（V-10）

海南中北部与雷州半岛山地丘陵亚区包括海南省海口市秀英区、龙华区、琼山区、美兰区，儋州市，定安县，屯昌县，澄迈县，临高县，文昌市，琼海市，白沙黎族自治县，昌江黎族自治县，琼中黎族苗族自治县，洋浦经济开发区；广东省湛江市遂溪县、徐闻县、雷州市。

该区属亚热带海洋性季风气候、热带海洋性季风气候，年平均气温 23.9～24.3℃，年平均降雨量 1886～2073mm，年平均蒸发量 1846～1892mm。土壤类型主要砖红壤、水稻土和沙壤土等。

该区属热带季雨林和热带雨林区，乔木主要有椰子、大王椰子、假槟榔、木棉、大花第仑桃、龙眼、荔枝、马尾松等；灌木主要有三角梅、栀子花、龙船花、石楠、海桐等；草本植物有含羞草、细叶结缕草、地毯草、露兜草、亮叶朱焦、长春花、白花葱兰、假花生、韭兰、蜘蛛兰、文殊兰等。

海南中北部与雷州半岛山地丘陵亚区共2个立地类型小区，6个立地类型组，14个立地类型。划分结果详见表2-38。

表 2-38　海南中北部与雷州半岛山地丘陵亚区立地类型划分表

立地类型小区	立地类型组	立地类型	立地类型代码
平地区 （V-10-1）	美化区（A）	办公美化区（a）	V-10-1-A-a
		生活美化区（b）	V-10-1-A-b
	功能区（B）	滞尘区（a）	V-10-1-B-a
		抗污染区（b）	V-10-1-B-b
		防噪声区（c）	V-10-1-B-c
	恢复区（C）	一般恢复区（a）	V-10-1-C-a
		高标恢复区（b）	V-10-1-C-b
坡地区 （V-10-2）	美化区（A）	办公美化区（a）	V-10-2-A-a
		生活美化区（b）	V-10-2-A-b
	功能区（B）	滞尘区（a）	V-10-2-B-a
		抗污染区（b）	V-10-2-B-b
		防噪声区（c）	V-10-2-B-c

续表

立地类型小区	立地类型组	立地类型	立地类型代码
坡地区 （Ⅴ-10-2）	恢复区（C）	一般恢复区（a）	Ⅴ-10-2-C-a
		高标恢复区（b）	Ⅴ-10-2-C-b

2.3.5.11　海南南部低山地亚区（Ⅴ-11）

海南南部低山地亚区包括海南省三亚市崖州区、天涯区、吉阳区、海棠区，五指山市，三沙市西沙区、南沙区，乐东黎族自治县，陵水黎族自治县，保亭黎族苗族自治县，万宁市，东方市。

该区属热带海洋性季风气候，年平均气温 25.6℃。年平均降雨量 1220.2～1674.7mm，降水集中在 5—10 月，年平均蒸发量 1846～1892mm。该区土壤侵蚀以水力侵蚀为主。土壤类型主要沼泽土、水稻土、和潮土等。

该区属热带季雨林和热带雨林区，乔木主要有椰子、棕榈、榕树、凤凰木、鸡蛋树等；灌木主要有黄蝉、扶桑、变叶木等；草本植物有玉簪、白花葱兰、假花生、韭兰、蜘蛛兰、文殊兰等。

海南南部低山地亚区共 2 个立地类型小区，6 个立地类型组，14 个立地类型。划分结果详见表 2-39。

表 2-39　　　　　　　　　　海南南部低山地亚区立地类型划分表

立地类型小区	立地类型组	立地类型	立地类型代码
平地区 （Ⅴ-11-1）	美化区（A）	办公美化区（a）	Ⅴ-11-1-A-a
		生活美化区（b）	Ⅴ-11-1-A-b
	功能区（B）	滞尘区（a）	Ⅴ-11-1-B-a
		抗污染区（b）	Ⅴ-11-1-B-b
		防噪声区（c）	Ⅴ-11-1-B-c
	恢复区（C）	一般恢复区（a）	Ⅴ-11-1-C-a
		高标恢复区（b）	Ⅴ-11-1-C-b
坡地区 （Ⅴ-11-2）	美化区（A）	办公美化区（a）	Ⅴ-11-2-A-a
		生活美化区（b）	Ⅴ-11-2-A-b
	功能区（B）	滞尘区（a）	Ⅴ-11-2-B-a
		抗污染区（b）	Ⅴ-11-2-B-b
		防噪声区（c）	Ⅴ-11-2-B-c
	恢复区（C）	一般恢复区（a）	Ⅴ-11-2-C-a
		高标恢复区（b）	Ⅴ-11-2-C-b

2.3.6　西南紫色土区（Ⅵ）

西南紫色土区即四川盆地及周围山地丘陵区，位于秦岭以南、青藏高原以东、云贵高原以北、武陵山以西地区，包括四川、甘肃、湖北、陕西、湖南、河南和重庆 7 省（直辖市）共 257 个县（市、区），土地总面积约 51 万 km²，主要分布有横断山山地、云贵高原等，涉及长江上游干流，以及岷江、沱江、嘉陵江、汉江、丹江、清江、澧水等河流。海拔 300～2500m，平均海拔约 800m。

西南紫色土区属亚热带季风型大陆气候，区域气候整体表现差异显著，东部和西部、南部和北部气候以及气候的垂直变化大，气候类型多。四川盆地属于亚热带湿润气候区，西北山地大部分属于中亚热带半湿润气候区。

该区生产建设项目常用植物有：乔木：龙柏、云杉、榕树、黄葛兰、桢楠、乐昌含笑、柠檬桉、菩提、樱花、梧桐树、楝、山黄麻、杜仲；灌木：腊梅、贴梗海棠、垂丝海棠、石榴、八角金盘、马桑、黄金串钱柳、栀子、仙羽蔓绿绒、铁线莲、十大功劳、木兰、鹅掌柴、日本珊瑚树、金叶连翘、接骨木、白刺花、无花果；藤本植物：藤本月季、油麻藤、木香、葡萄、紫藤、金银花、三角梅、猕猴桃、鸡血藤、地瓜藤、蔓长春、素方花、绿萝；草本植物：芒草、芭茅、皇竹草、荩草、碎米莎草、紫鸭跖草、求米草、三叶鬼针草、矮牵牛、美人蕉、旱金莲、苇状羊茅、粉黛乱子草、菖蒲、花叶芦竹、黑藻、蒲苇、苦草等。

西南紫色土区划分为秦巴山、武陵山山地丘陵立地亚区（Ⅵ-1），川渝山地丘陵立地亚区（Ⅵ-2）2 个立地类型亚区，6 个立地类型小区，16 个立地类型组，34 个立地类型。

2.3.6.1 秦巴山、武陵山山地丘陵立地亚区（Ⅵ-1）

秦巴山山地位于黄土高原以南，青藏高原以东，四川盆地以北，南阳盆地以西；武陵山山地丘陵位于四川盆地以东，云贵高原以北，云梦平原以西，大巴山以南。该区包括陕西、甘肃、湖北、湖南、河南、四川和重庆 6 省 1 直辖市）共 111 个县（市、区），具体为河南省南阳市卧龙区、西陕县、内乡县、淅川县；湖北省十堰市茅箭区、十堰市张湾区、郧县、郧西县、丹江口市、竹山县、竹溪县、房县、谷城县、南漳、保康县、宜昌市夷陵区、远安县、兴山县、秭归县、当阳市、神农架林区、荆门市东宝区、巴东县、长阳土家族自治县、五峰土家族自治县、宜昌市西陵区、宜昌市伍家岗区、宜昌市点军区、宜都市、恩施市、利川市、建始县、宜恩县、来凤县、鹤峰县、咸丰县；陕西省商洛市商州区、丹凤县、商南县、山阳县、凤县、太白县、留坝县、佛坪县、略阳县、勉县、汉中市汉台区、城固县、洋县、西乡县、宁陕县、石泉县、汉阴县、安康市汉滨区、旬阳县、白河县、镇安县、柞水县、宁强县、镇巴县、南郑县、平利县、镇坪县、紫阳县、岚皋县；甘肃省陇南市武都区、成县、文县、宕昌县、康县、西和县、礼县、徽县、两当县、舟曲县、迭部县、莲花山风景林保护区、临潭县、卓尼县、岷县；四川省阿坝藏族羌族自治州九寨县、广元市利州区及朝天区、青川县、旺苍县、南江县、通江县、万源市；重庆市城口县、巫山县、巫溪县、奉节县、云阳县、重庆市黔江区、武隆县、石柱土家族自治县、酉阳土家族苗族自治县、彭水苗族土家族自治县、秀山土家族苗族自治县；湖南省常德市石门县，张家界市永定区、武陵源区、慈利县、桑植县、花垣县，湘西土家族苗族自治州永顺县、吉首市、凤凰县、古丈县、龙山县。总面积约 30.10 万 km²。

该区海拔为 500～2500m，以山地为主，间有盆地，山高坡陡，全区山地占 91.79%，丘陵 4.13%，平原 3.63%，其他地貌类型 0.45%。本区属于北亚热带湿润气候，区内多年平均气温 10.4℃，多年平均年降水量 600～1300mm，降雨时空分布不均，旱涝灾害频繁。土壤类型以棕壤、黄棕壤、黄壤、紫色土和褐色土为主。

植被类型以北亚热带常绿、落叶阔叶混交林为主。天然乔木主要有栎树、杨树、柏树、松树、杉树、刺槐、桦木、云杉、马尾松、云杉、岷江冷杉、红杉、华山松、油松、侧柏、榆树、硬叶柳、巴山松、乌桕、厚朴、圆柏、青冈、珙桐、樟树等；天然灌木主要有山苍子、金银花、薄荷荆条、紫穗槐、盐肤木、胡枝子、火棘、黄毛杜鹃、百里香、杜鹃等；天然草本植物主要有珠芽蓼、绣线菊、蒿类、苔草、龙须草、狗尾草、狗牙根、苜蓿、黑麦草、野燕麦、毛竹等；经济树种主要有桑、茶、花椒、柑橘、油桐、核桃、板栗、猕猴桃、黄连木、漆树、柿子、银杏等。林草覆盖率72.12%，整体植被较好，生物资源丰富。

秦巴山、武陵山山地丘陵立地亚区共3个立地类型小区，8个立地类型组，17个立地类型。划分结果详见表2-40。

表 2-40　　　　　　　　秦巴山、武陵山山地丘陵立地亚区立地类型划分表

立地类型小区	立地类型组	立地类型	立地类型代码
平地区 （Ⅵ-1-1）	美化区（A）	办公美化区（a）	Ⅵ-1-1-A-a
		生活美化区（b）	Ⅵ-1-1-A-b
	功能区（B）	滞尘区（a）	Ⅵ-1-1-B-a
		防辐射区（b）	Ⅵ-1-1-B-b
		防噪声区（c）	Ⅵ-1-1-B-c
	恢复区（C）	一般恢复区（a）	Ⅵ-1-1-C-a
		高标恢复区（b）	Ⅵ-1-1-C-b
挖方边坡区 （Ⅵ-1-2）	土质边坡（D）	坡度缓于1：1（a）	Ⅵ-1-2-D-a
		坡度陡于1：1（b）	Ⅵ-1-2-D-b
	土石混合边坡（E）	坡度缓于1：1（a）	Ⅵ-1-2-E-a
		坡度陡于1：1（b）	Ⅵ-1-2-E-b
	石质边坡（F）	坡度缓于1：1（a）	Ⅵ-1-2-F-a
		坡度陡于1：1（b）	Ⅵ-1-2-F-b
填方边坡区 （Ⅵ-1-3）	土质边坡（D）	坡度缓于1：1.8（a）	Ⅵ-1-3-D-a
		坡度陡于1：1.8（b）	Ⅵ-1-3-D-b
	土石混合边坡（E）	坡度缓于1：1.8（a）	Ⅵ-1-3-E-a
		坡度陡于1：1.8（b）	Ⅵ-1-3-E-b

2.3.6.2　川渝山地丘陵立地亚区（Ⅵ-2）

川渝山地丘陵区包括四川省和重庆市共148个县（市、区），具体为四川省成都市锦江区、青羊区、金牛区、武侯区、成华区、龙泉驿区、青白江区、新都区、温江区、双流区、郫都区、金堂县、大邑县、蒲江县、新津县、都江堰市、彭州市、邛崃市、崇州市、

简阳市，绵阳市涪城区、游仙区、安州区、江油市、三台县、梓潼县、盐亭县、平武县、北川羌族自治县、德阳市旌阳区、罗江区、中江县、广汉市、什邡市、绵竹市，南充市顺庆区、高坪区、嘉陵区、阆中市、营山县、南部县、西充县、仪陇县、蓬安县，遂宁市船山区、安居区、射洪市、蓬溪县、大英县，广安市广安区、前锋区、岳池县、武胜县、邻水县、华蓥市，巴中市巴州区、恩阳区、平昌县，广元市昭化区、剑阁县、苍溪县，达州市通川区、达川区、大竹县、开江县、宣汉县、渠县，雅安市雨城区、名山区、荥经县、汉源县、石棉县、天全县、芦山县、宝兴县，乐山市市中区、五通桥区、沙湾区、金口河区、峨眉山市、犍为县、井研县、夹江县、沐川县、峨边彝族自治县、马边彝族自治县，宜宾市翠屏区、南溪区、叙州区、江安县、长宁县、高县、屏山县，眉山市东坡区、彭山区、仁寿县、洪雅县、丹棱县、青神县，资阳市雁江区、安岳县、乐至县，泸州市江阳区、纳溪区、龙马潭区、泸县、合江县，自贡市自流井区、贡井区、大安区、沿滩区、荣县、富顺县，内江市市中区、东兴区、威远县、资中县、隆昌市，阿坝藏族羌族自治州汶川县、茂县；重庆市万州区、涪陵区、渝中区、大渡口区、江北区、沙坪坝区、九龙坡区、北碚区、南岸、渝北区、巴南区、长寿区、梁平区、丰都县、垫江县、忠县、开州区、南川区、綦江区、大足区、荣昌区、璧山区、江津区、永川区、潼南区、铜梁区、合州区。

该区海拔为300～1000m，地势低缓，全区山地占57.08％，丘陵33.27％，平原（盆地和坝地）8.39％，其他1.26％。气候类型为中亚热带湿润气候，区内多年平均气温14.8℃，降水量800～1400mm。土壤类型以紫色土为主，其次是水稻土和黄壤。

该区植被类型以中亚热带常绿阔叶林、竹林为主。天然乔木有红桦、红杉、冷杉、栓皮栎、巴山松、巴山冷杉、马尾松、青冈、马尾松、杉树、柏树、桉树、香樟、楠木、麻栎、栲等；天然灌木有杜鹃、野牡丹、金银花、车桑子、狼牙刺、黄荆、山茶、铃木、山苍子等；天然草本植物有野燕麦、狗尾草、野菊、芒草、白茅、巴茅、蕨类、木竹等；经济树种有橘、梨、桃、枇杷、核桃、油桐、桑、花椒、荔枝、杜仲等。林草覆盖率40.02％。

川渝山地丘陵立地亚区共3个立地类型小区，8个立地类型组，17个立地类型。划分结果详见表2-41。

表2-41　　　　　　　　　　川渝山地丘陵立地亚区立地类型划分表

立地类型小区	立地类型组	立地类型	立地类型代码
平地区 （Ⅵ-2-1）	美化区（A）	办公美化区（a）	Ⅵ-2-1-A-a
		生活美化区（b）	Ⅵ-2-1-A-b
	功能区（B）	滞尘区（a）	Ⅵ-2-1-B-a
		防辐射区（b）	Ⅵ-2-1-B-b
		防噪声区（c）	Ⅵ-2-1-B-c
	恢复区（C）	一般恢复区（a）	Ⅵ-2-1-C-a
		高标恢复区（b）	Ⅵ-2-1-C-b

立地类型小区	立地类型组	立地类型	立地类型代码
挖方边坡区 （Ⅶ-2-2）	土质边坡（D）	坡度缓于 1:1（a）	Ⅶ-2-2-D-a
		坡度陡于 1:1（b）	Ⅶ-2-2-D-b
	土石混合边坡（E）	坡度缓于 1:1（a）	Ⅶ-2-2-E-a
		坡度陡于 1:1（b）	Ⅶ-2-2-E-b
	石质边坡（F）	坡度缓于 1:1（a）	Ⅶ-2-2-F-a
		坡度陡于 1:1（b）	Ⅶ-2-2-F-b
填方边坡区 （Ⅶ-2-3）	土质边坡（D）	坡度缓于 1:1.8（a）	Ⅶ-2-3-D-a
		坡度陡于 1:1.8（b）	Ⅶ-2-3-D-b
	土石混合边坡（E）	坡度缓于 1:1.8（a）	Ⅶ-2-3-E-a
		坡度陡于 1:1.8（b）	Ⅶ-2-3-E-b

2.3.7　西南岩溶区（Ⅶ）

西南岩溶区包括四川、贵州、云南和广西 4 省（自治区）共 273 个县（市、区），土地总面积约 70 万 km²。西南岩溶区主要分布有横断山山地、云贵高原、桂西山地丘陵等。主要河流涉及澜沧江、怒江、元江、金沙江、雅砻江、乌江、赤水河、南北盘江、红水河、左江、右江等。属亚热带和热带湿润气候区，大部分地区年均降水量 800～1600mm。土壤类型主要分布有黄壤、黄棕壤、红壤和赤红壤。植被类型以亚热带和热带常绿阔叶、针叶林、针阔混交林为主，林草覆盖率 57.80%。区内耕地总面积 1327.8 万 hm²，其中坡耕地 722.0 万 hm²。

该区生产建设项目常用植物有：乔木：旱冬瓜、银合欢、日本樱花、柳杉、柏木、鸡爪槭、青冈栎、滇朴、冲天柏、楠木、水杉、凤凰木、铁木、女贞、天竺桂、南洋杉、木莲、银木荷、苏铁等；灌木：车桑子、马桑、伞房决明、木豆、悬钩子、山毛豆、余甘子、光叶子花、清香木、仙人掌、杨梅、斑鸠菊、黄花槐、膏桐、黄荆、江边刺葵、桂花、花椒、冬青卫矛、南天竹、山茶、毛叶丁香等；草本植物：剑麻、芨芨草、野菊花、拟金茅、结缕草、千根草、红花酢浆草、香根草、万寿菊、知风草、草果、画眉草、地石榴、紫娇花、龙须草等。

西南岩溶区划分为黔中山地亚区（Ⅶ-1）、滇黔川高原山地亚区（Ⅶ-2）、滇北干热河谷亚区（Ⅶ-3）共 3 个立体类型亚区，6 个立地类型小区，5 个立地类型组，48 个立地类型。

2.3.7.1　黔中山地亚区（Ⅶ-1）

黔中山地亚区包括贵阳市南明区、云岩区、花溪区、乌当区、白云区、观山湖区、开阳县、息烽县、修文县、清镇市，遵义市红花岗区、汇川区、遵义县、绥阳县、凤冈县、湄潭县、余庆县、正安县、道真仡佬族苗族自治县、务川仡佬族苗族自治县，安顺市西秀区、平坝县、普定县、镇宁布依族苗族自治县、紫云苗族布依族自治县，黔南布依族苗族自治州都匀市、福泉市、贵定县、瓮安县、长顺县、龙里县、惠水县，铜仁市碧江区、万山区、江口县、石阡县、思南县、德江县、玉屏侗族自治县、印江土家族苗族自治县、沿河土家族自治县、松桃苗族自治县，黔东南苗族侗族自治州凯里市、黄平县、施秉县、三穗县、镇远县、岑巩县、麻江县。

该区属中亚热带湿润季风气候，夏无酷暑，冬无严寒，阳光充足，雨水充沛，空气不干燥，四季无风沙。多年平均气温 13～19.6℃。多年平均降水量 1000～1500mm。该区主要土壤为红壤、黄壤、黄棕壤、石灰土、水稻土、紫色土。

该区地带性植被以中亚热带湿润性常绿阔叶林为主，其次为中亚热带针叶林、中亚热带灌丛、竹林等，植物资源十分丰富。主要乔木树种有马尾松、柏树、侧柏、西南槐树、润楠、滇柏、云贵鹅耳枥、香叶树、花椒、香樟、泡桐、小叶榕、女贞、各种栎树、各类杉木等；灌木有车桑子、丝梅，腊梅，羊蹄甲等，藤本植物有崖樱桃、野牡丹、翅荚木、映山红等；草本植物有狗牙根、紫羊茅、鸢尾、美人蕉、朱蕉、美女樱、细叶美女樱，竹类植物有楠竹、慈竹、凤尾竹、苦竹、水竹、斑竹、贵州悬竹等。

黔中山地亚区共 2 个立地类型小区，5 个立地类型组，10 个立地类型。划分结果详见表 2-42。

表 2-42   黔中山地亚区立地类型划分表

立地类型小区	立地类型组	立地类型	立地类型代码
平地区 （Ⅶ-1-1）	美化区（A）	美化区（a）	Ⅶ-1-1-A-a
	功能区（B）	滞尘区（a）	Ⅶ-1-1-B-a
		防噪声区（b）	Ⅶ-1-1-B-b
		停车及植草步道（c）	Ⅶ-1-1-B-c
	恢复区（C）	一般恢复区（a）	Ⅶ-1-1-C-a
		高标恢复区（b）	Ⅶ-1-1-C-b
坡地区 （Ⅶ-1-2）	土质边坡（D）	缓坡（a）	Ⅶ-1-2-D-a
		陡坡（b）	Ⅶ-1-2-D-b
	石质边坡（F）	缓坡（a）	Ⅶ-1-2-F-a
		陡坡（b）	Ⅶ-1-2-F-b

2.3.7.2 滇黔川高原山地亚区（Ⅶ-2）

滇黔川高原山地亚区包括云南省昆明市宜良县、石林彝族自治县，曲靖市麒麟区、马龙县、陆良县、师宗县、罗平县、富源县、沾益县、宣威市，玉溪市红塔区、江川县、华宁县、通海县、澄江县、峨山彝族自治县，红河哈尼族彝族自治州个旧市、开远市、蒙自市、建水县、石屏县、弥勒市、泸西县，昭通市镇雄县、彝良县、威信县；四川省泸州市叙永县、古蔺县，宜宾市珙县、筠连县、兴文县，攀枝花市西区、东区、仁和区、米易县、盐边县，凉山彝族自治州西昌市、盐源县、德昌县、普格县、金阳县、昭觉县、喜德县、冕宁县、越西县、甘洛县、美姑县、布拖县、雷波县、宁南县、会东县、会理县；贵州省六盘水市钟山区、六枝特区、水城县、盘县，遵义市桐梓县、习水县、赤水市、仁怀市，安顺市关岭布依族苗族自治县，黔西南布依族苗族自治州兴仁县、晴隆县、贞丰县、普安县，毕节市七星关区、威宁彝族回族苗族自治县、赫章县、大方县、黔西县、金沙县、织金县、纳雍县。本地区海拔 100～4000m，绝大部分开发建设项目位于 500～

2500m，少部分分布于 2500～3000m。该区域海拔分为 500～1500m（中海拔）和 1500m 以上（高海拔）两个区间。

该区主要属亚热带低纬度高原山地季风气候，具有冬无严寒、夏无酷暑、四季如春、干湿分明的特点。多年平均气温 10～24.2℃。多年平均降雨量 600～1760mm。主要土壤为红壤、赤红壤、黄壤、黄棕壤、水稻土、紫色土。

该区南亚热带季风常绿阔叶林、亚热带常绿阔叶林、云南松林、硬叶常绿阔叶林、针阔混交林均有分布，植物资源十分丰富。主要乔木树种有云南松、华山松、油杉、杉木、黄杉、栎类、桤木、油杉、山毛榉、樟树、槭树、榉树、飘耳木、珙桐树、马尾松、湿地松、火炬松、柏木、樱桃等；灌木有铁篱笆、白栎、盐肤木、马桑、山茶、盐肤木、蔷薇、南烛、乌饭、杜鹃、山刺槐、火把果、耐冬果、苦刺、杨梅、小叶鸡脚黄连；草本植物有天麻、白茅、莠竹、水竹叶、细柄草、野苦草、地瓜藤、狗尾草、白健杆、金茅、蜈蚣草、菅草等；竹类植物有毛竹、罗汉竹、刺竹、慈竹、黄竹、筇竹、方竹等。

滇黔川高原山地亚区共 2 个立地类型小区，5 个立地类型组，19 个立地类型。划分结果详见表 2－43。

表 2－43　　　　　　　　　　滇黔川高原山地亚区立地类型划分表

立地类型小区	立地类型组	立地类型	立地类型代码
平地区 （Ⅶ-2-1）	美化区（A）	低海拔（a）	Ⅶ-2-1-A-a
		高海拔（b）	Ⅶ-2-1-A-b
	功能区（B）	低海拔滞尘区（a）	Ⅶ-2-1-B-a
		高海拔滞尘区（b）	Ⅶ-2-1-B-b
		低海拔防噪声区（c）	Ⅶ-2-1-B-c
		高海拔防噪声区（d）	Ⅶ-2-1-B-d
		停车及植草步道（e）	Ⅶ-2-1-B-e
	恢复区（C）	低海拔一般恢复区（a）	Ⅶ-2-1-C-a
		高海拔一般恢复区（b）	Ⅶ-2-1-C-b
		低海拔高标恢复区（c）	Ⅶ-2-1-C-c
		高海拔高标恢复区（d）	Ⅶ-2-1-C-d
坡地区 （Ⅶ-2-2）	土质边坡（D）	低海拔缓坡（≤20°）（a）	Ⅶ-2-2-D-a
		高海拔缓坡（≤20°）（b）	Ⅶ-2-2-D-b
		低海拔陡坡（>20°）（c）	Ⅶ-2-2-D-c
		高海拔陡坡（>20°）（d）	Ⅶ-2-2-D-d
	石质边坡（F）	低海拔缓坡（≤20°）（a）	Ⅶ-2-2-F-a
		高海拔缓坡（≤20°）（b）	Ⅶ-2-2-F-b
		低海拔陡坡（>20°）（c）	Ⅶ-2-2-F-c
		高海拔陡坡（>20°）（d）	Ⅶ-2-2-F-d

2.3.7.3　滇北干热河谷亚区（Ⅶ-3）

滇北干热河谷亚区包括云南省昆明市的东川区，昭通市的巧家县。该区光热资源丰富，气候炎热少雨，水土流失严重，高差大，将海拔分为低海拔（1800m以下）和高海拔（1800m以上）两个部分。

该区属亚热带与温带共存的高原立体气候，夏季受东南海洋季风控制，雨热同季，冬春受极地大陆季风控制，干凉同季，加之境内海拔、土壤、植被等方面的差异，形成了典型的立体气候。区内多年平均气温14.9～21℃。多年平均降雨量730～1300mm。主要土壤为红壤、燥红壤、黄棕壤、棕壤、暗棕壤、亚高山草甸土。

该区主要植被为亚热带常绿阔叶林带，但是干热河谷地带处于植物带的边缘，造成其植被覆盖面积稀少的现状。主要乔木树种有苏铁、攀枝花、银木荷、华山松、酸角、银荆树、云南松、圆柏、清香木、苦楝、相思树、麻黄、刺槐、旱冬瓜等；主要灌木有大花六道木、江边刺葵、尖叶木犀榄、杜鹃、车桑子、夹竹桃、卫矛、山毛豆、余甘子、东川小檗、火棘、悬钩子、马桑、盐肤木、膏桐、仙人掌等；主要草本植物有白三叶、紫娇花、小琴丝竹、扭黄茅、紫花地丁、高羊茅、龙须草、狗牙根、风毛菊、芨芨草、知风草、剑麻、狭叶凤尾蕨、鸭茅草等。

滇北干热河谷亚区共2个立地类型小区，5个立地类型组，19个立地类型。划分结果详见表2-44。

表2-44　　　　　　　　　　滇北干热河谷亚区立地类型划分表

立地类型小区	立地类型组	立地类型	立地类型代码
平地区 （Ⅶ-3-1）	美化区（A）	低海拔（a）	Ⅶ-3-1-A-a
		高海拔（b）	Ⅶ-3-1-A-b
	功能区（B）	低海拔滞尘区（a）	Ⅶ-3-1-B-a
		高海拔滞尘区（b）	Ⅶ-3-1-B-b
		低海拔防噪声区（c）	Ⅶ-3-1-B-c
		高海拔防噪声区（d）	Ⅶ-3-1-B-d
		停车及植草步道（e）	Ⅶ-3-1-B-e
	恢复区（C）	低海拔一般恢复区（a）	Ⅶ-3-1-C-a
		高海拔一般恢复区（b）	Ⅶ-3-1-C-b
		低海拔高标恢复区（c）	Ⅶ-3-1-C-c
		高海拔高标恢复区（d）	Ⅶ-3-1-C-d
坡地区 （Ⅶ-3-2）	土质边坡（D）	低海拔缓坡（≤20°）（a）	Ⅶ-3-2-D-a
		高海拔缓坡（>20°）（b）	Ⅶ-3-2-D-b
		低海拔陡坡（≤20°）（c）	Ⅶ-3-2-D-c
		高海拔陡坡（>20°）（d）	Ⅶ-3-2-D-d
	石质边坡（F）	低海拔缓坡（≤20°）（a）	Ⅶ-3-2-F-a
		高海拔缓坡（>20°）（b）	Ⅶ-3-2-F-b
		低海拔陡坡（≤20°）（c）	Ⅶ-3-2-F-c
		高海拔陡坡（>20°）（d）	Ⅶ-3-2-F-d

2.3.8　青藏高原区（Ⅷ）

青藏高原平均海拔超过 4km，有着"世界屋脊""地球第三极""亚洲水塔""东亚气候启动器"的称号。高原气候独特，生态良好但极为脆弱，易破坏难恢复。青藏高原区包括西藏、甘肃、青海、四川和云南 5 省（自治区）共 144 个县（市、区），土地总面积约 219 万 km²，主要包括祁连山、唐古拉山、巴颜喀拉山、横断山脉、喜马拉雅山、柴达木盆地、羌塘高原、青海高原、藏南谷地等典型的地形地貌。高原东南部峡谷纵横交错，山高坡陡，降水充沛，侵蚀动力强劲，植被恢复环境相对较好；西北部寒冷干燥，地势高，地形平坦，多发育冻土，环境恶劣，植被恢复困难。主要河流包括黄河、怒江、澜沧江、金沙江、雅鲁藏布江。青藏高原区气候整体寒冷干燥，从东往西由温带湿润区过渡到寒带干旱区。冬季多大风，夏季温凉多雨，冰雹多。太阳辐射强烈，干湿分明，蒸发随地域空间差异变化明显。气温随海拔和纬度的升高而降低，气温日较差、年较差均很大，高原大部分地区年均降水量 50～800mm，年平均气温由东南的 20℃，向西北递减至 −6℃以下。土壤类型以高山草甸土、草原土和漠土为主。植被类型主要包括温带高寒草原、草甸和疏林灌木草原，林草覆盖率 58.24%。

该区生产建设项目常用植物包括乔木：高山松、华山松、雪松、青海云杉、川西云杉、朝鲜落叶松、大果圆柏、侧柏、藏川杨、银白杨、昌都杨、北京杨、左旋柳、旱柳、乌柳、竹柳、榆树、紫叶李；灌木：冬青卫矛、石楠、鸡爪槭、金边卵叶女贞、大叶女贞、金露梅、砂生槐、白刺花、红叶小檗、拉萨小檗、刺茶藨子、二色锦鸡儿、香柏、沙棘、江孜沙棘、柳叶沙棘、小叶野丁香、匍匐栒子、光核桃、粉枝莓、牛奶子、裂叶蒙桑、多蕊金丝桃、绢毛蔷薇；藤本植物：西藏铁线莲、西藏素方花；草本植物：沙蒿、铁杆蒿、早熟禾、藏北蒿草、紫羊茅、高羊茅、黑麦草、固沙草、披碱草、紫花苜蓿。

青藏高原地域辽阔，地形起伏，海拔落差巨大，为 900～8844m，人类主要居住在 900～5000m 处。区域气候整体高寒，降水变异明显，温度日变化和年变化均很大，日照时间长、强度大。气候类型变化多样，几乎涵盖了所有气候类型。植被类型也丰富多样，囊括了热带雨林、温带针叶林、干凉河谷稀疏灌丛、高寒草甸等多种植被类型。但由于青藏高原很多区域并不适合人类居住，人口密度极低，多属于无人区或是人为干扰较弱的区域。青藏高原的生产建设远滞后于中东部地带，且类型较为单一，多为矿山开发、线性工程建设，比如川藏铁路、地区间的公路建设、城镇建设。同时，由于高原自然环境的特殊性，生态环境异常脆弱，易破坏难恢复。在实际生产建设过程中所采取的植物恢复措施也十分单一，效果有待检验，因而所取得的成果可复制性差。因此本书针对青藏高原开展立地类型分区和相应植被的恢复对策仅限于生产建设较多、恢复环境相对良好的地方，还有诸多地方需要完善。鉴于此，本书将青藏高原区划分为雅鲁藏布河谷及藏南山地亚区（Ⅷ-1）、藏东—川西高山峡谷亚区（Ⅷ-2）、若尔盖—江河源高原山地亚区（Ⅷ-3）和羌塘—藏西南高原亚区（Ⅷ-4）4 个亚区。

2.3.8.1　雅鲁藏布河谷及藏南山地亚区（Ⅷ-1）

雅鲁藏布河谷及藏南山地亚区包括拉萨市城关区、林周县、尼木县、曲水县、堆龙德庆县、达孜县、墨竹工卡县，日喀则市南木林县、江孜县、萨迦县、拉孜县、白朗县、仁布县、昂仁县、谢通门县、萨嘎县、定日县、康马县、定结县、亚东县、吉隆县、聂拉木县、岗巴县，山南市隆子县、错那县、措美县、洛扎县、浪卡子县、乃东县、扎囊县、贡嘎县、桑日县、琼结县、曲松县、加查县，林芝市林芝县、米林县、墨脱县、波密县、朗县、工布江达县、察隅县。

该区气候、植被、土壤类型复杂多样，地貌特别，高山峡谷纵横交错，山地垂直差异明显。主要有亚热带季风气候、温带湿润季风气候、高原温带大陆性季风气候、高原温带半干旱季风气候、温带高原山地气和亚寒带高原气候等多种气候类型。本区季节现象明显，夏季温凉湿润，部分区域冬季严寒干燥多大风，太阳辐射时间长、强度大，温度年变化和日变化均很大，多年平均气温 2.2～22.6℃，最冷月温度能低至零下20 多摄氏度，最高温能达到 35℃ 左右。区域降水地域差异明显，整体东南多，西北少，从 300～2500mm 不等，但多集中在 4—10 月，能占到全年的 80% 以上土壤类型也极其丰富，主要有暗棕壤、亚高山草甸土、山地黄棕壤、漂灰暗棕壤、淋溶褐土等。

该区植被类型更为复杂多样，有热带雨林、亚热带阔叶林、亚高山暗针叶林、高寒灌丛、高山草甸等多种植被类型。植物种类丰富，主要有林芝云杉、云南松、高山松、华山松、川滇高山栎、急尖长苞冷杉、藏川杨、北京杨、旱柳、左旋柳、白皮桦、光核桃、核桃、大果圆柏、榆树、紫叶李、蔷薇、醉鱼草、枸子、砂槐、锦鸡儿、高山杜鹃、沙蒿、铁杆蒿、早熟禾、藏北蒿草、紫羊茅、高羊茅、黑麦草、固沙草、披碱草、紫花苜蓿等。

雅鲁藏布河谷及藏南山地亚区共 2 个立地类型小区，5 个立地类型组，7 个立地类型。划分结果详见表 2-45。

表 2-45　　　　　　　　雅鲁藏布河谷及藏南山地亚区立地类型划分表

立地类型小区	立地类型组	立地类型	立地类型代码
平地区 （Ⅷ-1-1）	美化区（A）	办公美化区（a）	Ⅷ-1-1-A-a
		生活美化区（b）	Ⅷ-1-1-A-b
	功能区（B）	防尘/防噪（a/c）	Ⅷ-1-1-B-a/c
	恢复区（C）	一般恢复区（a）	Ⅷ-1-1-C-a
坡地区 （Ⅷ-1-2）	石质边坡（F）	缓坡（a）	Ⅷ-1-2-F-a
		陡坡（b）	Ⅷ-1-2-F-b
	土质边坡（D）	陡坡（b）	Ⅷ-1-2-D-b

2.3.8.2　藏东—川西高山峡谷亚区（Ⅷ-2）

藏东—川西高山峡谷亚区包括西藏自治区昌都市昌都县、江达县、贡觉县、类乌齐县、丁青县、察雅县、八宿县、左贡县、芒康县、洛隆县、边坝县，那曲市比如县、索县、嘉黎县，阿坝藏族羌族自治州理县、松潘县、黑水县、马尔康县、壤塘县、金川县、小金县；四川省甘孜彝族自治州康定县、九龙县、雅江县、道孚县、甘孜县、德格县、色达县、理塘县、稻城县、泸定县，凉山彝族自治州丹巴县、炉霍县、新龙县、白玉县、巴塘县、乡城县、德荣县，木里藏族自治县，怒江傈僳族自治州福贡县、贡山独龙族怒族自治县，迪庆藏族自治州香格里拉县、德钦县、维西傈僳族自治县。

该区气候整体寒冷干燥，日照时间长，强度大，干湿季明显，降水较少，夏季温凉、冬季严寒。气候类型复杂多样，主要有高原型大陆性季风气候、高原寒温带季风性气候、高原温带半干旱季风型气候、寒温带山地季风性气候等气候类型和高原温带半湿润季风型气候等，年均气温 0~16.0℃，最冷能接近−40℃，最热能到 35℃以上。土壤类型也极其丰富，主要有棕壤、黄棕壤、高寒草甸土等。

该区植被类型垂直地带差异明显，有极高海拔的高山草甸、横断山区干凉河谷的稀疏灌丛、亚高山暗针叶林等植被类型。植被种类繁多，主要植物种有川西云杉、藏川杨、川滇高山栎、冷杉、高山松、油松、大果红松、白刺花、黄花木、锦鸡儿、小檗、铺地柏等。

藏东—川西高山峡谷亚区共 2 个立地类型小区，4 个立地类型组，6 个立地类型。划分结果详见表 2-46。

表 2-46　　　　　　　　　　　藏东—川西高山峡谷亚区立地类型划分表

立地类型小区	立地类型组	立地类型	立地类型代码
平地区 （Ⅷ-2-1）	恢复区（C）	一般恢复区（a）	Ⅷ-2-1-C-a
		高标恢复区（b）	Ⅷ-2-1-C-b
	美化区（A）	办公美化区（a）	Ⅷ-2-1-A-a
坡地区 （Ⅷ-2-2）	石质边坡（F）	陡坡（b）	Ⅷ-2-2-F-b
	土质边坡（D）	缓坡（a）	Ⅷ-2-2-D-a
		陡坡（b）	Ⅷ-2-2-D-b

2.3.8.3　若尔盖—江河源高原山地亚区（Ⅷ-3）

若尔盖—江河源高原山地亚区包括同德县、兴海县、贵南县，果洛藏族自治州玛沁县、甘德县、达日县、久治县、玛多县、班玛县，玉树藏族自治州称多县、曲麻莱县、玉树县、杂多县、治多县、囊谦县，海西蒙古族藏族自治州格尔木市（唐古拉山乡部分）、黄南藏族自治州泽库县、河南蒙古族自治县，那曲市那曲县、聂荣县、巴青县；甘肃省甘南藏族自治州合作市、玛曲县、碌曲县、夏河县，武威市天祝藏族自治县，酒泉市阿克塞哈萨克族自治县、肃北蒙古族自治县，张掖市中牧山丹马场、肃南裕固族自治县、民乐县。

该区域整体海拔超过 4km，气候寒冷，夏季温凉短暂，冬季严寒漫长，降水稀少，日照时间长。多属于高原亚寒带季风半湿润气候、高原寒温带湿润季风气候和高原大陆性气候，年平均气温−3~3.0℃，最冷可达−40℃左右，降水大多在 400~600mm 左右。由于整体气温偏低，空气湿度相对较大，全年日照时长多在 2800h 左右。土壤多发育高寒草甸土和冻土。

该区植被除受小地形影响比较剧烈的封闭、半封闭山谷地带外，植被相对单一，多以高寒草甸为主，植物种种类有：铺地柏、锦鸡儿等小灌木和蒺藜、早熟禾、藏北嵩草、紫羊茅、固沙草、紫花针茅等草本植物。

若尔盖—江河源高原山地亚区共 2 个立地类型小区，3 个立地类型组，3 个立地类型。

划分结果详见表 2-47。

表 2-47 若尔盖—江河源高原山地亚区立地类型划分表

立地类型小区	立地类型组	立地类型	立地类型代码
平地区 （Ⅷ-3-1）	恢复区（C）	一般恢复区（a）	Ⅷ-3-1-C-a
	美化区（A）	生活美化区（b）	Ⅷ-3-1-A-b
坡地区 （Ⅷ-3-2）	土质边坡（D）	缓坡地（a）	Ⅷ-3-2-D-a

2.3.8.4 羌塘—藏西南高原亚区（Ⅷ-4）

羌塘—藏西南高原亚区包括安多县、申扎县、班戈县、尼玛县、当雄县、日土县、革吉县、改则县、仲巴县、普兰县、札达县、噶尔县、措勤县。

该区域海拔极高，大多在 4500m 左右，以亚寒带半干旱季风气候为主。气候寒冷干燥，降水稀少，冬季漫长，多大风，夏季短暂。降水大多在 100～300mm，多年平均气温在 0℃左右，全年日照时间在 3000h 左右。土壤以高寒草甸土、冻土为主。

该区植被类型，除少数受微环境影响的区域外都比较单一，多以高山草甸为主，主要植物有班公柳、早熟禾、黄芪、藏北蒿草、固沙草、紫羊茅等。

羌塘—藏西南高原亚区共 1 个立地类型小区，1 个立地类型组，2 个立地类型。划分结果详见表 2-48。

表 2-48 羌塘—藏西南高原亚区立地类型划分表

立地类型小区	立地类型组	立地类型	立地类型代码
平地区 （Ⅷ-4-1）	生态恢复（C）	重点恢复区（b）	Ⅷ-4-1-C-b
		一般恢复区（a）	Ⅷ-4-1-C-a

第 3 章

生产建设项目水土保持植物措施配置

3.1 概述

3.1.1 生产建设项目水土保持植物措施建设原则

结合生产建设项目的要求，生产建设项目水土保持植物措施与传统的林草措施相比，既有相似性，也有自身的特点。在植物措施建设中，应遵循以下原则。

（1）坚持适地适树、科学配置原则。虽然存在人为再塑的微地貌特征，生产建设项目植物措施中人为干预的因素较大，但在植物种选择与配置方面仍应坚持适地适树原则，尽量避免建植不同区域或气候带的植物种。

（2）坚持效果优先、经济可行原则。检验植物措施建设是否成功的一项最主要指标是植物措施的效果能否长期、持续地发挥，而要持续发挥植物措施的效果，前期的建植和后期的管护缺一不可。因此，选择经济可行的配置模式尤为重要。

（3）坚持效益最大化原则。植物措施作为生产建设项目三大措施之一，在生态效益、经济效益、景观效益等方面均发挥着积极的作用，成功的植物措施配置模式应充分考虑植物的特点和生产建设项目的特点，实现效益最大化。

3.1.2 配置模式选择

生产建设项目植物措施配置模式应坚持以下原则。

（1）水土保持功能优先原则。在选择植物措施配置模式时，应优先考虑植物措施的水土保持功能，充分论证在一种配置模式下如何更大效率地发挥水土保持功能。

（2）立地类型相适应原则。根据生产建设项目特点及目标立地类型的需求，选择与特殊功能需求相适应的植物措施配置模式，达到植物措施发挥水土保持功能的同时最大限度地兼顾生产建设项目需求的目的。

（3）与周边植被相协调原则。植物措施具有长期性、永久性特点，最终会成为所在地区生态环境和植物环境中的一部分，因此在配置时应充分考虑周边植被特点，选择与周边植被协调统一的配置模式。

（4）复合搭配原则。复合、多样的植物群落对维护生态系统稳定性、生物多样性都有明显的促进作用。生产建设项目植物措施配置中应当坚持复合、多层次搭配的理念，克服人工植被措施单一的缺点。

3.1.3 植物种选择

树种选择的适当与否，是关乎水土保持措施成败的关键因子之一。根据生产建设项目的行业特征，结合区域水土保持功能定位，通过合理配置乔、灌、草品种进行植物措施设计是促进区域生态文明的有效手段之一，是维护和改善项目区域生态环境的重要环节。合理的植物措施配置可保证生产建设项目水土保持植物措施实施以后，其水土保持功能满足标准规范要求，增强植物的景观效应和生态功能，实现生产建设项目工程建设和生态文明建设双赢。因此，生产建设项目水土保持植物措施配置植物种应遵循以下原则。

（1）与自然景观相协调原则。树立人与自然和谐相处的理念，尊重自然规律，注重与周边景观相协调；结合主体工程功能要求、植物生长习性和立地条件进行植物措施设计，形成稳定的植物群落，起到保持水土的作用。

（2）乡土植物为主原则。乡土树种最适宜当地的土壤和气候条件，易形成稳定的植物群落，以最快的速度获得最佳的生态环境效益，最能体现地方风格，具有较强的抗逆性，有利于形成自然或半自然的环境。植物选择中充分保留和利用现状树木、地被、草本及其他植物，尤其是对大树、珍贵树种的原地利用。优先选用乡土树种，科学合理地引进外地树种，把握好乡土植物和惯用植物品种的使用。

（3）适地适树适草原则。根据所在地区的地带性气候、土壤特征等自然条件，宜林则林、宜草则草，使立地条件与植物的生态特性相协调，根据不同的立地条件类型合理安排养护方式，以取得良好的效果。

（4）物种多样性原则。以乔木为主体，采取乔、灌、草搭配的复层植被结构组合，可构建稳定的生态植物群落，充分利用空间资源，发挥最大的生态效益。

采用常绿树种与落叶树种相结合的搭配形式，不仅可以创造四季有绿的景观效果，还能因季相变化给人以时光流逝的动感。南方地区气候条件好，可以以常绿树种为主；反之，北方可以以落叶树为主。速生树种生长量大，绿量见效快，长寿树生长缓慢，短期内达不到绿化效果，可结合景观树配置，以取得较为丰富的立体复层的生态效益。

（5）植物特性与主体工程功能需求相结合原则。生产建设项目涉及的行业众多，有些生产项目需要存放毒害产品，有些生产建设项目会产生或排放污染气体，有些生产建设项目在某些生产环节会产生毒废气体，还有些生产建设项目在投运后噪声明显。对于这些特殊行业或特殊生态条件要求的区域，可结合分区特点选择能够改善项目区生态环境的植物。

（6）景观多样性原则。景观多样性应体现在植物花果季相变化、形色声味多维效果、植物层间搭配等多个方面。

1）季相变化。植物配置时可综合考虑各季度观赏特色，选择不同季节的开花、结果、变色的植物，避免单调、造作和雷同，达到三季有花、四季有绿的效果，形成建设区同区不同趣的特色景观。

2）多维效果。可运用各类植物的形、色、味、声的差异，构成多维和谐美妙的生态环境。

3）层间搭配。植物设计应注重植物层间的合理搭配，科学利用植物间的相互关系和空间分布，形成高低错落、疏密有致的复层植物群落。尽量做到绿地分布均匀、合理，形成综合绿地系统，加强生态系统的稳定性和自身维护能力。

（7）生态安全原则。对于生态脆弱区的生产建设项目，水土保持方案中植物措施的物种选择，应当加强对项目所在地生态安全的考虑，防治措施的布局应与区域的生态系统相协调，引进的外来树种、草种要避免对当地原有树种、草种造成不利影响，以免产生生物入侵等不良后果。植物生长过程是动态变化的，植物配置的多样性是决定这个过程稳定程度的重要因素，所以，植物措施设计要控制其稳定性，综合考虑植物习性、种类以及观赏效果，营造稳定的植物群落结构，兼顾远、中、近期的植物效益，保持一个稳定的植被建设和恢复效果，确立长效保障机制，以保证生态安全。

3.2　东北黑土区植物措施配置模式

东北黑土区划分为大兴安岭东北部山地丘陵亚区（Ⅰ-1）、小兴安岭及长白山西麓低山丘陵亚区（Ⅰ-2）、东部平原亚区（Ⅰ-3）、呼伦贝尔丘陵平原亚区（Ⅰ-4）4 个亚区。大兴安岭东北部山地丘陵亚区共有 11 种植物措施配置模式，小兴安岭及长白山西麓低山丘陵亚区共有 11 种植物措施配置模式，东部平原亚区共有 10 种植物措施配置模式，呼伦贝尔丘陵平原亚区共有 11 种植物措施配置模式。

植物配置模式、种植方式及种植效果见表 3-1～表 3-4。

表3-1　大兴安岭东北部山地丘陵亚区（I-1）植物配置模式、种植方式及种植效果

立地类型划分					植物种	常用配置	规格	整地方式	种植密度	设计图	效果图
模式代号	立地类型小区	立地类型组	立地类型	配置模式				种植方式			
I-1-1-A-a-1	平地区	美化区	美化区	乔木+灌木+草园林式	乔木：樟子松、鱼鳞云杉、兴安落叶松、白桦等；灌木：丁香、垂柳等；草本：早熟禾、三叶草等	1. 兴安落叶松+丁香+早熟禾；2. 樟榆+垂柳+早熟禾	园林大苗，I级苗，无病虫害，各系发达，常绿树种带土球，园林绿化苗木按设计要求确定。草种籽粒饱满，发芽率≥95%	覆腐殖质土厚度30～50cm，全面整地，施肥，灌溉	乔灌林化种植按园林化种植确定，草坪草播种量40～80kg/hm²		
I-1-1-B-a-2	平地区	功能区	滞尘区	乔木+灌木+草	乔木：樟子松、白桦等；灌木：丁香等；草本：早熟禾等	樟子松+丁香+早熟禾	I级大苗，无病虫害，根系发达，草种籽粒饱满，发芽率≥95%	全面整地施肥	乔木株行距2m×2m，灌木1m×1m，草播种量40～60kg/hm²		
I-1-1-B-b-3	平地区	功能区	防辐射区	乔木	樟子松、甜杨等	纯林	I级大苗，无球，带土球，无病虫害，根系发达	穴状整地	株行距3m×3m		

续表

立地类型划分		植物种	常用配置	规格	整地方式	种植密度	设计图	效果图
模式代号	I-1-1-B-c-4	乔木：樟子松，甜杨等；灌木：丁香等	1.小叶杨+丁香；2.樟子松+丁香	I级苗，无病虫害，各类根系发达	穴状整地 40cm×40cm，灌木 30cm×30cm	乔木株行距 2m×2m，灌木株行距 1m×1m		
立地类型小区	平地区							
立地类型组	功能区							
立地类型	防噪声区							
配置模式	乔木+灌木							
模式代号	I-1-1-C-a-5	羊草，野牛草	混播	草种籽粒饱满，发芽率≥95%	全面整地	40~60kg/hm²		
立地类型小区	平地区							
立地类型组	恢复区							
立地类型	一般恢复区							
配置模式	草							
模式代号	I-1-1-C-b-6	乔木：兴安落叶松等；灌木：沙棘，胡枝子，蓝靛果忍冬等；草：羊草，野牛草，早熟禾	1.樟子松+蓝靛果忍冬+野牛草；2.兴安落叶松纯林	I级苗，草种籽粒饱满，发芽率≥95%	全面整地，施肥	乔木株行距 1.5m×2m，灌木株行距 1m，草籽 40~60kg/hm²		
立地类型小区	平地区							
立地类型组	恢复区							
立地类型	高标准恢复区							
配置模式	乔木+灌木+草							

续表

| 立地类型划分 | | | | | 植物种 | 常用配置 | 种 植 方 式 | | | 设计图 | 效果图 |
模式代号	立地类型小区	立地类型组	立地类型	配置模式			规格	整地方式	种植密度		
Ⅰ-1-2-D-a-7	坡地区	土质边坡	坡长<3m	草	野牛草和早熟禾、紫花苜蓿和草木犀	混播	草种籽粒饱满，发芽率≥90%	全面整地	40～60kg/hm²		
Ⅰ-1-2-D-b-8	坡地区	土质边坡	缓坡，坡长>3m	灌木+草	灌木：沙棘、胡枝子等；草：紫花苜蓿和野牛草、草木犀和早熟禾	1. 沙棘+野牛草；2. 丁香+紫花苜蓿	Ⅰ级苗，草种籽粒饱满、发芽率≥90%	灌木采用鱼鳞坑或水平阶整地	灌木株行距1m×1m，草籽40～60kg/hm²		
Ⅰ-1-2-E-a-9	坡地区	土石混合边坡	坡长<3m	草	野牛草和早熟禾、紫花苜蓿和草木犀	混播	草种籽粒饱满，发芽率≥90%	全面整地	40～60kg/hm²		

续表

立地类型划分		植物种	常用配置	种植方式			设计图	效果图
				规格	整地方式	种植密度		
模式代号	I-1-2-E-b-10	灌木：沙棘、胡枝子等；草：紫花苜蓿、野牛草和野早熟禾	1.胡枝子＋紫花苜蓿；2.沙棘＋野牛草	I 级苗，草种籽粒饱满，发芽率≥90%	覆土10～30cm，灌木采用水平阶或鱼鳞坑整地	灌木株行距1m×1m，40～60kg/hm²		
立地类型小区	坡地区							
立地类型组	土石混合边坡							
立地类型	缓坡，坡长>3m							
配置模式	灌＋草							
模式代号	I-1-2-E-c-11	草本：早熟禾、野牛草	混播	I 级苗，草种籽粒饱满，发芽率≥90%	全面整地	40～60kg/hm²		
立地类型小区	坡地区							
立地类型组	土石混合边坡							
立地类型	陡坡，坡长>3m							
配置模式	浆砌石骨架植草							

表3-2　小兴安岭及长白山西麓低山丘陵亚区（Ⅰ-2）植物配置模式、种植方式及种植效果

立地类型划分	植物种	常用配置	种植方式			设计图	效果图
			规格	整地方式	种植密度		
模式代号 Ⅰ-2-1-A-a-1 **立地类型小区** 平地区 **立地类型组** 美化区 **立地类型** 美化区 **配置模式** 乔木+灌木+草园林式	乔木：樟子松，长白落叶松，青杄，五角枫，白桦，侧柏，茶条槭，黑松，红松，三角枫，花楸等；灌木：丁香，垂榆，黄刺玫，腊梅，东北连翘，绣线菊，草本：早熟禾，野牛草等	1. 云杉+丁香+早熟禾；2. 圆柏+红端木+早熟禾；3. 茶条槭+榆叶梅+早熟禾；4. 红松+绣线菊+早熟禾	园林Ⅰ级苗，无病虫害和各类根系发达，常绿树种带土球，种苗木按园林设计要求确定。草种籽饱满，发芽率≥95%	覆腐殖质厚30~50cm，全面整地，施肥，灌溉	乔灌株行距按园林化种植确定，草坪草播种量40~80kg/hm²	平面图 剖面图	（效果图）
模式代号 Ⅰ-2-1-B-a-2 **立地类型小区** 平地区 **立地类型组** 功能区 **立地类型** 滞尘区 **配置模式** 乔木+灌木+草	乔木：樟子松，糖槭，蒙古栎，新疆杨等；灌木：丁香，金露梅等；草本：白三叶草等	1. 樟子松+丁香+白三叶；2. 糖槭+丁香+白三叶	Ⅰ级苗，无病虫害和各类根系发达，草种籽饱满，发芽率≥95%	全面整地，施肥	乔木株行距2m×2m，灌木1m×1m，草播种量40~60kg/hm²	平面图 断面图	（效果图）
模式代号 Ⅰ-2-1-B-b-3 **立地类型小区** 平地区 **立地类型组** 功能区 **立地类型** 防辐射区 **配置模式** 乔木	樟子松，侧柏，色木槭，稠李，山槐等	纯林	Ⅰ级苗，带土球，无病虫害和各类根系发达	穴状整地	株行距3m×3m	平面图 剖面图	（效果图）

续表

立地类型划分		植物种	常用配置	种植方式			设计图	效果图
				规格	整地方式	种植密度		
模式代号	I-2-1-B-c-4	乔木：火炬树、樟子松、山皂角等；灌木：榆叶梅、细叶小檗等	1. 火炬树+榆叶梅；2. 山皂角+细叶小檗	Ⅰ级苗，无病虫害和各类损伤，根系发达	穴状整地，乔木40cm×40cm×30cm，灌木30cm×30cm	乔木株行距2m×2m，灌木株行距1m×1m		
立地类型小区	平地区							
立地类型组	功能区							
立地类型	防噪声区							
配置模式	乔木+灌木							
模式代号	I-2-1-C-a-5	紫花苜蓿和草木犀、野牛草和早熟禾	混播	草种籽粒饱满，发芽率≥95%	全面整地	40~60kg/hm²		
立地类型小区	平地区							
立地类型组	恢复区							
立地类型	一般恢复区							
配置模式	草							
模式代号	I-2-1-C-b-6	乔木：樟子松、兴安落叶松、长白落叶松、黄波萝、蒙古栎等；灌木：紫穗槐、胡枝子等；草：白三叶、早熟禾、野牛草、酸模叶蓼、草木犀	1. 樟子松+紫穗槐+早熟禾；2. 兴安落叶松纯林	Ⅰ级苗，草种籽粒饱满，发芽率≥95%	全面整地，施肥	乔木1.5m×2m，灌木1m×1m，行距草籽40~60kg/hm²		
立地类型小区	平地区							
立地类型组	恢复区							
立地类型	高标准恢复区							
配置模式	乔木+灌木+草							

续表

立地类型划分						植物种	常用配置	种植方式			设计图	效果图
模式代号	立地类型区	立地类型小区	立地类型组	立地类型	配置模式			规格	整地方式	种植密度		
I-2-2-D-a-7	坡地区	土质边坡	坡长<3m	草		野牛草和早熟禾、草木犀和紫花苜蓿	混播	草种籽粒饱满，发芽率≥90%	全面整地	40~60kg/hm²		
I-2-2-D-b-8	坡地区	土质边坡	缓坡，坡长>3m	灌木+草		灌木：紫穗槐、丁香、胡枝子等；草本：紫花苜蓿和草木犀、野牛草和早熟禾	1.紫穗槐+野牛草；2.丁香+紫花苜蓿	I级苗，草种籽粒饱满，发芽率≥90%	灌木采用水平阶或鱼鳞坑整地	灌木株行距1m×1m，草籽40~60kg/hm²	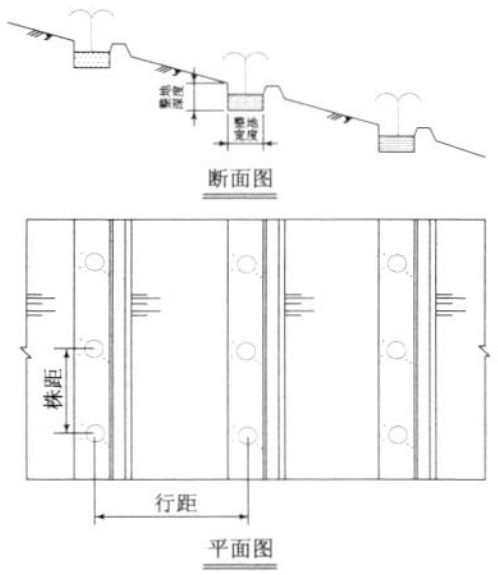	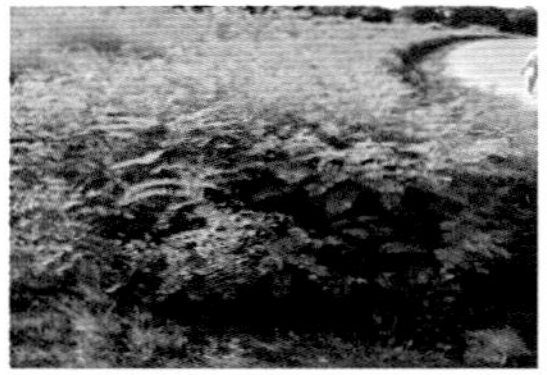
I-2-2-E-a-9	坡地区	土石混合边坡	坡长<3m	草		紫花苜蓿和草木犀、野牛草和早熟禾	混播	草种籽粒饱满，发芽率≥90%	覆土10~30cm，全面整地	40~60kg/hm²		

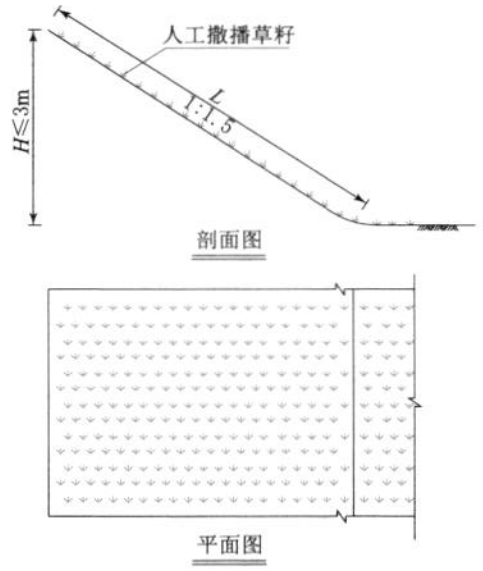

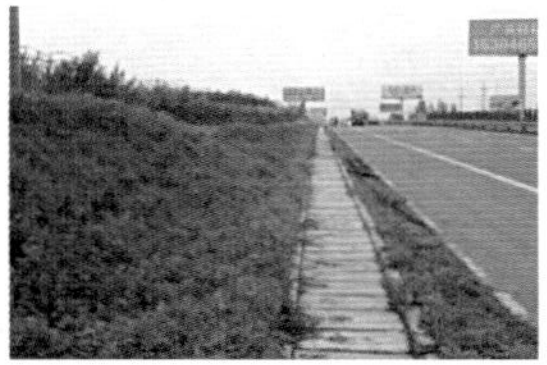

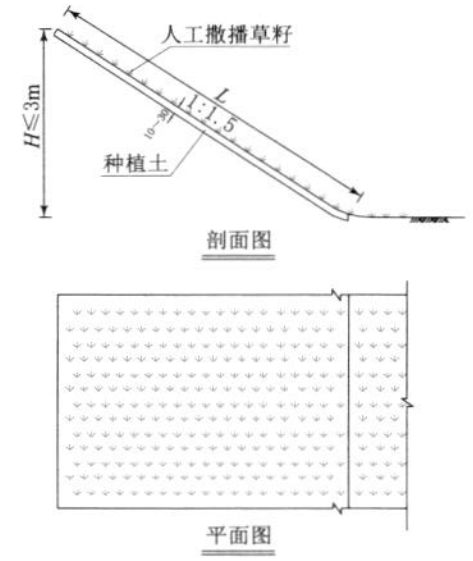

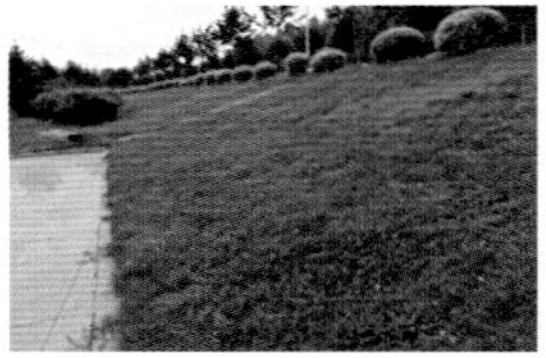

75

续表

立地类型划分				植物种	常用配置	种植方式			设计图	效果图
						规格	整地方式	种植密度		
模式代号 I-2-2- E-b-10	立地类型小区	立地类型组	立地类型	配置模式						
	坡地区	土石混合边坡	缓坡，坡长>3m	灌木+草	灌木：沙棘，紫穗槐，胡枝子等；草本：紫木犀，苜蓿和草和早熟禾	1. 胡枝子+紫花苜蓿；2. 沙棘+野牛草；3. 紫穗槐+紫木犀草本	I级苗，草种种籽粒饱满，发芽率≥90%	覆土10～30cm，灌木水平阶采用鱼鳞坑或整地	灌木株行距1m×1m，40～60kg/hm²		
模式代号 I-2-2- E-c-11	坡地区	土石质混合边坡	陡坡，坡长>3m	浆砌石骨架植草	草本：早熟禾和野牛草，草木犀和紫花苜蓿	混播	I级苗，草种种籽粒饱满，发芽率≥90%	覆土10～30cm，全面整地	40～60kg/hm²		

表3-3　东部平原亚区（Ⅰ-3）植物配置模式、种植方式及种植效果

立地类型划分		植物种	常用配置	种植方式			设计图	效果图
				规格	整地方式	种植密度		
模式代号 Ⅰ-3-1-A-a-1		乔木：银中杨、糖槭、五角枫、紫叶稠李、侧柏、辽东栎、日本落叶松等；灌木：丁香、垂红瑞木、爬地柏等；草本：紫羊茅、剪股、黑麦草、早熟禾、颖等	1. 银中杨+白蜡+爬地柏+三叶；2. 云杉+早熟禾；3. 辽东栎+红瑞木+早熟禾	园林大苗，Ⅰ级苗；无病虫害，各类根系发达，常绿树种带土球。苗木按园林设计要求定。草种籽粒饱满，发芽率≥95%	覆腐殖质土厚度30～50cm，全面整地，施肥，整地灌溉	乔灌株行距按园林化种植确定，草坪草播种量40～80kg/hm²		
立地类型小区	平地区							
立地类型组	美化区							
立地类型	美化区							
配置模式	乔木+灌木+草园林式							
模式代号 Ⅰ-3-1-B-a-2		乔木：银中杨、小黑杨、榆树等；灌木：丁香、铺地柏、水腊等；草本：白三叶呼等	银中杨+丁香+白三叶	Ⅰ级苗、无病虫害、各类根系发达，草种籽粒饱满，发芽率≥95%	全面整地，施肥	乔木株行距2m×2m，灌木1m×1m，草播种量40～60kg/hm²		
立地类型小区	平地区							
立地类型组	功能区							
立地类型	滞尘区							
配置模式	乔木+灌木+草							
模式代号 Ⅰ-3-1-B-b-3		樟子松、侧柏、色木槭、火炬树等	纯林	Ⅰ级苗、带土球、无病虫害、各类根系发达	穴状整地	株行距3m×3m		
立地类型小区	平地区							
立地类型组	功能区							
立地类型	防辐射区							
配置模式	乔木							

续表

立地类型划分		植物种	常用配置	种植方式			设计图	效果图
				规格	整地方式	种植密度		
模式代号	I-3-1-B-c-4	乔木：青杨、小黑杨、樟子松等；灌木：榆叶梅、绣线菊等	1. 樟子松+丁香；2. 小黑杨+榆叶梅	I级苗，无病虫害，各类防护根系发达	穴状整地，乔木40cm×40cm，灌木30cm×30cm	乔木株行距2m×2m，灌木株行距1m×1m		
立地类型小区	平地区							
立地类型组	功能区							
立地类型	防噪声区							
配置模式	乔木+灌木							
模式代号	I-3-1-C-a-5	紫花苜蓿、沙打旺和草木犀、羊草、碱草、冰草	混播	草种籽粒饱满，发芽率≥95%	全面整地	40~60kg/hm²		
立地类型小区	平地区							
立地类型组	恢复区							
立地类型	一般恢复区							
配置模式	草							
模式代号	I-3-1-C-b-6	灌木：沙棘、紫穗槐、锦鸡儿、铺地柏、柽柳等；草种：紫花苜蓿、酸模叶蓼、草木犀	1. 锦鸡儿+羊草；2. 铺地柏+草木犀	I级苗，草种籽粒饱满，发芽率≥95%	全面整地，施肥	灌木株行距1m×1m。草籽40~60kg/hm²		
立地类型小区	平地区							
立地类型组	恢复区							
立地类型	高标准恢复区							
配置模式	灌木+草							

续表

立地类型划分					植物种	常用配置	种植方式			设计图	效果图
模式代号	立地类型小区	立地类型组	立地类型	配置模式			规格	整地方式	种植密度		
I-3-2-D-a-7	坡地区	土质边坡	缓坡	草	紫花苜蓿和草和木犀、羊草和冰草	混播	草种籽粒饱满，发芽率≥90%	全面整地	40~60kg/hm²		
I-3-2-D-b-8	坡地区	土质边坡	陡坡	灌木+草	灌木：胡枝子、锦鸡儿、紫穗槐等；草：紫花苜蓿、木犀草和草和冰草	1.胡枝子+草木犀；2.紫穗槐+紫花苜蓿；3.锦鸡儿+草木犀	I级苗、草种籽粒饱满，发芽率≥90%	灌木采用鱼鳞坑整地或水平阶整地	灌木株行距1m×1m，草籽40~60kg/hm²		
I-3-2-E-a-9	坡地区	土石混合边坡	缓坡	草	紫花苜蓿、草木犀	混播	草种籽粒饱满，发芽率≥90%	全面整地	40~60kg/hm²		

续表

立地类型划分		常用配置	种植方式			设计图	效果图
			规格	整地方式	种植密度		
模式代号	I-3-2-E-b-10						
立地类型小区	坡地区						
立地类型组	土石质边坡	混播	I级苗，草种籽饱满，发芽率≥90%	全面整地	40~60kg/hm²		
立地类型	陡坡						
配置模式	浆砌石骨架植草						

表 3-4 　呼伦贝尔丘陵平原亚区（I-4）植物配置模式、种植方式及种植效果

立地类型划分		植物种	常用配置	种植方式			设计图	效果图
				规格	整地方式	种植密度		
模式代号	I-4-1-A-a-1	乔木：樟子松、山桃、白桦、垂杨等；灌木：垂榆、细叶小檗、爬地柏；草本：紫羊茅、高羊茅等	1. 云杉+垂榆+紫羊茅；2. 樟子松+细叶小檗+紫羊茅	园林大苗、I级苗，无病虫害和各类根系发达，常绿树种苗木按设计要求确定，带土球。草种籽饱满，发芽率≥95%	覆腐殖质土厚度30~50cm，全面整地，施肥，灌溉	乔灌木行距按园林化种植确定，草坪草播种量40~80kg/hm²		
立地类型小区	平地区							
立地类型组	美化区							
立地类型	美化区							
配置模式	乔木+灌木+草园林式							

续表

立地类型划分					植物种	常用配置	规格	种植方式		设计图	效果图
								整地方式	种植密度		
模式代号 I-4-1-B-a-2	立地类型小区 平地区	立地类型组 功能区	立地类型 滞尘区	配置模式 乔木+灌木+草	乔木：山杨，樟子松等；灌木：丁香，兴安柳等；草本：早熟禾等	樟子松+兴安柳+早熟禾	I级苗，无病虫害各类系伤。草种籽粒饱满，发芽率≥95%	全面整地施肥	乔木株行距2m×2m，灌木1m×1m，草播种量40~60kg/hm²		
模式代号 I-4-1-B-b-3	立地类型小区 平地区	立地类型组 功能区	立地类型 防辐射区	配置模式 乔木	樟子松，侧柏，山杨等	纯林	I级大苗带土球，无病虫害和根系各根发达	穴状整地	株行距3m×3m		
模式代号 I-4-1-B-c-4	立地类型小区 平地区	立地类型组 功能区	立地类型 防噪声区	配置模式 乔木+灌木	乔木：白榆，樟子松等；灌木：细叶榆叶梅，细叶小檗等	白榆+细叶小檗	I级苗，无病虫害各类系伤，根系发达	穴状整地，乔木40cm×40cm，灌木30cm×30cm	乔木株行距2m×2m，灌木株行距1m×1m		

续表

立地类型划分		植物种	常用配置	规格	种植方式		设计图	效果图
					整地方式	种植密度		
模式代号	I-4-1-C-a-5	紫花苜蓿和羊草、木犀、冰草	禾本科类混播	草种籽粒饱满，发芽率≥95%	全面整地	40~60kg/hm²		
立地类型小区	平地区							
立地类型组	恢复区							
立地类型	一般恢复区							
配置模式	草							
模式代号	I-4-1-C-b-6	乔木：樟子松、山兴杨落叶松、兴安等；灌木：胡枝子、锦鸡儿等；草本：紫花苜蓿和草和冰草、木犀、羊草	1. 兴安落叶松纯林；2. 蒙古栎+胡枝子+紫花苜蓿；3. 樟子松纯林	Ⅰ级苗，草种籽粒饱满，发芽率≥95%	全面整地，施肥	乔木株行距1.5m×2m，灌木株行距1m×1m。籽40~60kg/hm²		
立地类型小区	平地区							
立地类型组	恢复区							
立地类型	高标准恢复区							
配置模式	乔木+灌木+草							
模式代号	I-4-2-D-a-7	紫花苜蓿和草和木犀、冰草、羊草	混播	草种籽粒饱满，发芽率≥90%	全面整地	40~60kg/hm²		
立地类型小区	坡地区							
立地类型组	土质边坡							
立地类型	坡长<3m							
配置模式	草							

续表

立地类型划分		植物种	常用配置	种植方式			设计图	效果图
				规格	整地方式	种植密度		
模式代号	I-4-2-D-b-8	灌木：胡枝子等；草本：紫花苜蓿、羊草和冰草	胡枝子+草木犀	I级苗，草种籽饱满，发芽率≥90%	灌木采用鱼鳞坑或水平阶整地	灌木株行距1m×1m，草籽40~60kg/hm²		
立地类型小区	坡地区							
立地类型组	土质边坡							
立地类型	缓坡，坡长>3m							
配置模式	灌木+草							
模式代号	I-4-2-E-a-9	紫花苜蓿、羊草和冰草	混播	草种籽粒饱满，发芽率≥90%	全面整地	40~60kg/hm²		
立地类型小区	坡地区							
立地类型组	土石混合边坡							
立地类型	坡长<3m							
配置模式	草							

续表

| 立地类型划分 | 模式代号 | 立地类型小区 | 立地类型组 | 立地类型 | 配置模式 | 植物种 | 常用配置 | 规格 | 种植方式 | | 设计图 | 效果图 |
									整地方式	种植密度		
	I－4－2－E－b－10	坡地区	土石混合边坡	缓坡，坡长>3m	灌木＋草	灌木：沙棘，胡枝子等；草本：紫花苜蓿和草木犀、冰草	1. 胡枝子＋紫花苜蓿 2. 沙棘＋草木犀	I级苗，草种籽粒饱满，发芽率≥90%	覆土10～30cm，灌木采用水平阶坑或鱼鳞整地	灌木株行距1m×1m，40～60kg/hm²		
	I－4－2－E－c－11	坡地区	土石质混合边坡	陡坡，坡长>3m	浆砌石骨架植草	草本：紫花苜蓿和草木犀、冰草	混播	I级苗，草种籽粒饱满，发芽率≥90%	全面整地	40～60kg/hm²		

3.3 北方风沙区植物措施配置模式

北方风沙区划分为浑善达克沙地亚区（Ⅱ-1）、科尔沁及辽西沙地亚区（Ⅱ-2）、阿拉善高原山地亚区（Ⅱ-3）、河西走廊亚区（Ⅱ-4）、北疆山地盆地亚区（Ⅱ-5）、南疆山地盆地亚区（Ⅱ-6）6个亚区。浑善达克沙地亚区共有13种植物措施配置模式，科尔沁及辽西沙地亚区共有13种植物措施配置模式，阿拉善高原山地亚区共有14种植物措施配置模式，河西走廊亚区共有6种植物措施配置模式，北疆山地盆地亚区共有13种植物措施配置模式，南疆山地盆地亚区共有5种植物措施配置模式。

植物配置模式、种植方式及种植效果见表3-5～表3-10。

表 3-5　浑善达克沙地亚区（Ⅱ-1）植物配置模式、种植方式及种植效果

立地类型划分		植物种	常用配置	规格	种植方式		设计图	效果图
					整地方式	种植密度		
模式代号	Ⅱ-1-1-A-a-1	乔木：云杉、樟子松、侧柏、圆柏等；灌木：小蘖、黄刺玫、细叶丁香、小叶忍冬、叉子圆柏等；草本：羊草等	1.(云杉、侧柏、旱柳)+(紫丁香、黄刺玫)+小蘖、细叶丁香；2.(樟子松、白榆、槐、山刺玫)+(小叶忍冬、叉子圆柏)+羊草	园林大苗，Ⅰ级苗，无病虫害和各类根系发达、常绿树种带土球。苗木按园林设计要求确定。草种籽粒饱满，发芽率≥95%	原生土壤，全面整地，施肥、灌溉	乔灌株行距按园林化种植确定。草坪草播种量10～15g/m²	剖面图　平面图　5m	
立地类型小区	平地区							
立地类型组	美化区							
立地类型	办公美化区							
配置模式	乔木+灌木+草园林式							
模式代号	Ⅱ-1-1-A-b-2	乔木：云杉、樟子松、侧柏、圆柏等；灌木：小蘖、黄刺玫、细叶丁香、小叶忍冬、叉子圆柏等；草本：羊草等	1.(云杉、侧柏、旱柳)+(紫丁香、黄刺玫)+小蘖、细叶丁香；2.(樟子松、白榆、槐、山刺玫)+(小叶忍冬、叉子圆柏)+羊草	园林大苗，Ⅰ级苗，无病虫害和各类根系发达、常绿树种带土球。苗木按园林设计要求确定。草种籽粒饱满，发芽率≥95%	原生土壤，全面整地，施肥、灌溉	乔灌株行距按园林化种植确定。草坪草播种量10～15g/m²	剖面图　平面图　5m	
立地类型小区	平地区							
立地类型组	美化区							
立地类型	生活美化区							
配置模式	乔木+灌木+草园林式							
模式代号	Ⅱ-1-1-B-a-3	乔木：云杉、侧柏、新疆杨等；灌木：沙柳、柠条、沙棘等；草本：羊草等	1.(云杉、侧柏、旱柳)+(紫丁香、沙棘)+羊草；2.(樟子松、白榆、柠条)+羊草；3.(新疆杨、沙棘、圆柏)+(紫丁香、沙柳)	园林大苗，Ⅰ级苗，无病虫害和各类根系发达、常绿树种带土球。苗木按园林设计要求确定。草种籽粒饱满，发芽率≥95%	原生土壤，全面整地，施肥、灌溉	乔灌株行距按园林化种植确定。草坪草播种量10～15g/m²	剖面图　平面图　5m	
立地类型小区	平地区							
立地类型组	功能区							
立地类型	滞尘区							
配置模式	乔木+灌木+草园林式							

续表

立地类型划分					植物种	常用配置	种植方式 规格	种植方式 整地方式	种植方式 种植密度	设计图	效果图
模式代号	立地类型小区	立地类型组	立地类型	配置模式							
II-1-1-B-b-4	平地区	功能区	防辐射区	乔木+灌木+草	乔木：侧柏、樟子松、云杉、旱柳、沙枣、圆柏等；灌木：柠条等；草本：羊草等	1.（侧柏、樟子松、云杉）+旱柳、沙枣+羊草；2.旱柳+柠条+青杆+圆柏	园林大苗，I级苗，无病虫害，各类根系发达，常绿树种带土球。苗木按园林设计要求确定。草种籽粒饱满，发芽率≥95%	原生土壤，全面整地，施肥，灌溉	乔灌株行距按园林化种植确定，草坪草播种量10～15g/m²		
II-1-1-B-c-5	平地区	功能区	防噪声区	乔木+灌木+草	乔木：侧柏、樟子松、云杉、圆柏等；灌木：紫丁香等；草本：羊草等	1.（侧柏、樟子松、云杉）+紫丁香+羊草；2.（旱柳、青杆、圆柏）+沙枣	园林大苗，I级苗，无病虫害，各类根系发达，常绿树种带土球。苗木按园林设计要求确定。草种籽粒饱满，发芽率≥95%	原生土壤，全面整地，施肥，灌溉	乔灌株行距按园林化种植确定，草坪草播种量10～15g/m²		
II-1-1-C-a-6	平地区	恢复区	一般恢复区	灌木+草	灌木：沙柳、柠条、沙枣、沙棘、杨柴、沙拐枣、叉子圆柏等；草本：沙打旺、披碱草、羊草、蒙古冰草、紫花苜蓿等	1.（沙柳、柠条）+（沙棘、花棒、羊草）；2.（沙拐枣、花棒、叉子圆柏）+（蒙古冰草、紫花苜蓿）	园林大苗，I级苗，无病虫害，各类根系发达，常绿树种带土球。苗木按园林设计要求确定。草种籽粒饱满，发芽率≥95%	原生土壤，全面整地，施肥，灌溉	灌木株行距按园林化种植确定，草坪草播种量5～10g/m²		

续表

立地类型划分					植物种	常用配置	种植方式 规格	种植方式 整地方式	种植方式 种植密度	设计图	效果图
模式代号	立地类型小区	立地类型组	立地类型	配置模式							
Ⅱ-1-1-C-b-7	平地区	恢复区	高标恢复区	乔木+灌木+草	乔木：侧柏、旱柳、新疆杨、樟子松、圆柏等；灌木：沙柳、沙棘、柠条、沙拐枣、叉子圆柏等；草本：羊草、披碱草、蒙古冰草、紫花苜蓿等	1.（侧柏、旱柳、新疆杨）+（沙柳、柠条）+羊草；（沙拐枣）+披碱草；2.（樟子松）+（沙棘）+（沙拐枣、叉子圆柏）圆柏+（沙棘、沙拐枣）+披碱草、紫花苜蓿	园林大苗，无Ⅰ级苗；病虫害，无类伤；发达，各根系；常绿树种带土球；苗木按园林设计要求种籽定，饱满，粒芽率≥95%	原生土壤，全面整地，施肥，灌溉	乔灌林行距按园林化种植确定，草坪播种量5～10g/m²	平面图 剖面图	
Ⅱ-1-2-D-8	挖方边坡区	土质边坡	土质边坡	灌木+草	灌木：沙棘、柠条、叉子圆柏、花棒、草本等；披碱草等	1.（杨柴、柠条）+羊草；打旺+披碱草；2.（沙棘）+（沙打旺、叉子圆柏）花棒+蒙古冰草、紫花苜蓿；3.（＞10°）蒙古冰草+羊草+披碱草	园林大苗，无Ⅰ级苗；病虫害，无类伤；发达，各根系；常绿树种带土球；苗木按园林设计要求种籽定，饱满，粒芽率≥95%	原生土壤，全面整地，施肥，灌溉	灌林行距按园林化种植确定，草坪播种量5～10g/m²	平面图 剖面图	
Ⅱ-1-2-E-9	挖方边坡区	生态（恢复）区	土石混合边坡	灌木+草	灌木：杨柴、花棒等；草本：羊草、蒙古冰草、披碱草等	1.羊草；2.花棒+蒙古冰草、紫花苜蓿；3.（＞10°）蒙古冰草+羊草+披碱草	园林大苗，无Ⅰ级苗；病虫害，无类伤；发达，各根系；常绿树种带土球；苗木按园林设计要求种籽定，饱满，粒芽率≥95%	原生土壤，全面整地，施肥，灌溉	灌木林行距按园林化种植确定，草坪播种量5～10g/m²	平面图 剖面图	

续表

立地类型划分		植物种	常用配置	种植方式			设计图	效果图
				规格	整地方式	种植密度		
模式代号	Ⅱ-1-2-F-10	灌木：杨柴、花棒等；草本：羊草、碱草、披碱草、蒙古冰草、紫花苜蓿等	1.蒙古冰草+羊草+碱草+披碱草；2.花棒+羊草	园林大苗，无病虫害，Ⅰ级苗、无各类损伤，根系发达，常绿树种带土球；按园林设计要求确定，草种籽粒饱满，发芽率≥95%	原生土壤、全面整地，施肥、灌溉	灌木株行距按园林化种植确定，草坪播种量5~10g/m²		
立地类型小区	挖方边坡区							
立地类型组	生态（恢复）区							
立地类型	石质边坡							
配置模式	灌木+草							
模式代号	Ⅱ-1-3-D-11	灌木：柠条、叉子圆柏、沙打旺、花棒等；草本：披碱草、羊草、蒙古冰草等	1.柠条+沙打旺+羊草+披碱草；2.沙棘、花棒+叉子圆柏+蒙古冰草+紫花苜蓿；3.蒙古冰草+羊草+披碱草	园林大苗，无病虫害，Ⅰ级苗、无各类损伤，根系发达，常绿树种带土球；按园林设计要求确定，草种籽粒饱满，发芽率≥95%	原生土壤、全面整地，施肥、灌溉	灌木株行距按园林化种植确定，草坪播种量5~10g/m²		
立地类型小区	填方边坡区							
立地类型组	生态（恢复）区							
立地类型	土质边坡							
配置模式	灌木+草							
模式代号	Ⅱ-1-3-E-12	灌木：杨柴、花棒等；草本：羊草、碱草、披碱草、蒙古冰草、紫花苜蓿等	1.杨柴+羊草、蒙古冰草；2.花棒+蒙古冰草、紫花苜蓿；3.蒙古冰草+羊草+碱草	园林大苗，无病虫害，Ⅰ级苗、无各类损伤，根系发达，常绿树种带土球；按园林设计要求确定，草种籽粒饱满，发芽率≥95%	原生土壤、全面整地，施肥、灌溉	灌木株行距按园林化种植确定，草坪播种量5~10g/m²		
立地类型小区	填方边坡区							
立地类型组	生态（恢复）区							
立地类型	土石混合边坡							
配置模式	灌木+草							

续表

立地类型划分					植物种	常用配置	种植方式			设计图	效果图
模式代号	立地类型小区	立地类型组	立地类型	配置模式			规格	整地方式	种植密度		
Ⅱ-1-3-F-13	填方边坡区	生态（恢复）区	石质边坡	灌木+草	灌木：杨柴、花棒等；草本：羊草、碱草、披碱草、蒙古冰草、紫花苜蓿等	蒙古冰草+羊草+披碱草	园林大苗，Ⅰ级苗，无病虫害和各类损伤，根系发达，常绿树种带土球。按园林设计确定。草种籽粒饱满，发芽率≥95%	原生土壤，全面整地，施肥、灌溉	灌木行株距按园林化种植确定，草坪绿化，草坪播种量5~10g/m²		

表3-6　科尔沁及辽西沙地亚区（Ⅱ-2）植物配置模式、种植方式及种植效果

立地类型划分					植物种	常用配置	种植方式			设计图	效果图
模式代号	立地类型小区	立地类型组	立地类型	配置模式			规格	整地方式	种植密度		
Ⅱ-2-1-A-a-1	平地区	美化区	办公美化区	乔木+灌木+草+园林式	乔木：云杉、樟子松、桧柏；灌木：火炬树、丁香、沙地柏；草本：羊草、草坪草等	1. 金银木+丁香+紫草坪；2. 云杉+火炬树+地丁香；3. 云杉、桧柏+丁香+羊草	苗木规格：人工植苗；2年生苗，栽植工程苗；造林季节：春季、雨季	穴状整地	乔灌株行距按园林化种植确定，乔木每穴1株，草坪种植量15~20g/m²		
Ⅱ-2-1-A-b-2	平地区	美化区	生活美化区	乔木+灌木+园林式	乔木：兴安落叶松；灌木：胡枝子	兴安落叶松、胡枝子	苗木规格；2年生苗，栽植工程苗；造林季节：春季、雨季	穴状整地	乔灌株行距按园林化种植确定，草坪种植量15~20g/m²		

续表

立地类型划分					植物种	常用配置	种植方式 规格	种植方式 整地方式	种植方式 种植密度
模式代号	立地类型小区	立地类型组	立地类型	配置模式					
Ⅱ-2-1-B-a-3	平地区	功能区	潜生区	乔木+灌木+草园林式	乔木：樟子松；杨类；灌木：黄柳、沙柳、花棒、白柠条、紫穗条；草：羊草、草坪草等	樟子松+杨、黄柳、沙柳、紫穗条、白柠条、花棒	樟子松：3年生容器苗，苗高20cm。营造防护林时，株行距为3m×5m；花棒选取1年生苗，苗高70~80cm	原生土壤，全面整地，施肥、灌溉	乔灌株行距按园林化种植确定。乔木每穴1株，草播种量15~20g/m²
Ⅱ-2-1-B-b-4	平地区	功能区	防辐射区	乔木+灌木+草园林式	乔木：云杉、油松、水曲柳、龙爪柳、金叶榆、五角枫；灌木：红瑞木、紫丁香、珍珠梅、金山绣线菊；草：八宝景天、玉簪、金山绣线菊、射干	云杉、油松、龙爪柳、曲榆、金叶榆、五角枫+红瑞木、紫丁香、珍珠梅、金山绣线菊、八宝景天、玉簪、草坪、射干、山绣线菊	苗木规格：1年生Ⅰ级苗。人工栽植。造林季节：雨季	原生土壤，全面整地，灌溉	乔灌株行距按园林化种植确定。乔木每穴1株，草坪草15~20g/m²
Ⅱ-2-1-B-c-5	平地区	功能区	防噪声区	乔木+灌木+草园林式	乔木：国槐、香花槐、五角枫、火炬树、云杉、新疆杨；灌木：榆叶梅、鸢尾；草：草坪草等	1. 国槐、五角枫、火炬树、云杉+草坪；2. 新疆杨+榆叶梅	苗木规格：1年生Ⅰ级苗。人工栽植。造林季节：春季或雨季	原生土壤，全面灌溉	乔灌株行距种植确定。乔木每穴1株，草坪草15~20g/m²

续表

立地类型划分					植物种	常用配置	种植方式			设计图	效果图
							规格	整地方式	种植密度		
模式代号	立地类型小区	立地类型组	立地类型	配置模式							
II－2－1－C－a－6	平地区	恢复区	一般恢复区	乔木＋灌木＋草园林式	乔木：国槐、油松、皂荚、五角枫；灌木：紫丁香、山桃；草本：鸢尾、草坪草等	国槐、油松、圆柏、皂荚、五角枫，灌木＋紫丁香、山桃＋草坪	苗木规格：2年生I级苗；人工栽植；造林季节：春季、秋季	原生土壤，全面整地，灌溉	乔灌株行距按园林化种植确定，乔木每穴1株，草坪草种植量15～20g/m²	乔木栽植图	
II－2－1－C－b－7	平地区	恢复区	高标恢复区	乔木＋灌木＋草园林式	乔木：洋白蜡、国槐、油松、丝棉木；灌木：红瑞木、锦带花；山桃；草本：草坪草	洋白蜡、国槐、油松、丝棉木、垂柳、红瑞木＋灌木、山桃、锦带花＋草坪	苗木规格：2年生I级苗；人工栽植；造林季节：春季、秋季	原生土壤，全面整地，施肥灌溉	乔灌株行距按园林化种植确定，乔木每穴1株，草坪草种植量15～20g/m²	乔木栽植图	

续表

立地类型划分		植物种	常用配置	种植方式			设计图	效果图
				规格	整地方式	种植密度		
模式代号	Ⅱ-2-2-D-8							
立地类型小区	挖方边坡区	紫花苜蓿＋披碱草；草木犀、蚂蚱腿子、紫穗槐、沙打旺、薄皮木、酸枣、沙参、黄刺玫＋委陵菜、灰菜、苦荬菜、野菊花	1. 坡度0°～10°：紫花苜蓿＋披碱草；2. 坡度10°～20°：披碱草＋冰草（草）；3. 荆条、蚂蚱腿子、薄皮木、酸枣、沙参、黄刺玫＋委陵菜、灰菜、苦荬菜、野菊花	苗木规格：1年生Ⅰ级苗、人工栽植；工程喷播；造林季节：春季或雨季	穴状（鱼鳞坑）整地	紫花苜蓿＋披碱草40%：60%比例；披碱草/冰草＋草1:1比例喷播		
立地类型组	生态（恢复）区							
立地类型	土质边坡							
配置模式	草本覆盖							
模式代号	Ⅱ-2-2-E-9							
立地类型小区	挖方边坡区	乔木：樟子松、新疆杨、白榆；灌木：火炬树/黄栌、紫穗槐、锦鸡儿、狐尾草、马兰、波斯菊；马齿苋/蚂蚱腿子、薄皮木、沙参、黄刺玫＋委陵菜、灰菜、苦荬菜、野菊花	1. 樟子松、新疆杨、白榆＋火炬树、荆条、薄皮木、酸枣、沙参、黄刺玫＋委陵菜、灰菜、苦荬菜、野菊花	苗木规格：营养苗、2年生苗；人工栽植；工程喷播；造林季节：春季、雨季	原生土壤、整地；全面施肥、灌溉	乔灌株行距：园林确定；种植草坪草、草坪草种植量15～20g/m²		
立地类型组	生态（恢复）区							
立地类型	土石混合边坡							
配置模式	乔木＋灌木＋草园林式							

续表

立地类型划分		植物种	常用配置	种植方式			设计图	效果图
				规格	整地方式	种植密度		
模式代号	II-2-2-F-10	灌木：荆条、蚂蚱腿子、酸枣、薄皮木、黄刺玫、沙参、胡枝子、大花溲疏；草本：波斯菊、高羊茅、马唐、狗尾草、紫花苜蓿	1. 坡度 0°~5°：乔木+灌木：白榆+横子松+荆条、蚂蚱腿子、薄皮枣、酸皮木、黄刺玫。2. 坡度 5°~10°：乔木+灌木：白榆+横子松+荆条、蚂蚱腿子、薄皮枣、酸皮木、沙参、黄刺玫。3. 坡度 10°~15°：乔木+灌木：白榆+荆条、火炬树+薄皮枣、酸皮木、沙参。4. 坡度 15°~20°：乔木+草：白榆+臭椿+狗尾草、黄栌+铁线莲、灌木+胡枝子、大花溲疏、薄皮木+委陵菜。5. 坡度>20°：乔木+灌木+草：火炬树+黄刺玫、胡枝子、紫穗槐、薄皮木+波斯菊、高羊茅、马唐、狗尾草、紫花苜蓿	苗木规格：3 年生 I 级苗；工程苗：栽植苗；重要地段严重枯障；设置沙障：造林季节：春季或雨季	原生土壤，全面整地，施肥，灌溉	乔灌株行距按园林化确定；种植草坪草，种植量 15~20g/m²	灌木栽植横图	
立地类型小区	挖方边坡区							
立地类型组	生态（恢复）区							
立地类型	石质边坡							
配置模式	灌木+草园林式							

续表

立地类型划分		植物种	常用配置	种植方式			设计图	效果图
				规格	整地方式	种植密度		
模式代号	II-2-3-D-11	草本：紫花苜蓿、碱草、披碱草、草木犀	1. 坡度 0°～5°：撒播草籽：紫花苜蓿+披碱草 60%比例喷播（下同）； 2. 坡度 5°～10°：撒碱草：紫花苜蓿+披碱草：草籽+草木犀 1:1比例喷播（下同）； 3. 坡度 10°～15°：撒播+披碱草+草木犀 4. 坡度 15°～20°：撒播、披碱草+草木犀 5. 坡度 >20°：撒播、披碱草+草木犀	苗木规格：2年I级苗；工程苗；人工植苗；栽植；造林季节：春季、秋季	原生土壤，全面整地，施肥，灌溉	紫花苜蓿 15kg/hm²，碱草 22.5kg/hm²，草木犀 18.75kg/hm²		
立地类型小区	填方边坡区							
立地类型组	土质边坡							
立地类型	土质边坡							
配置模式	草本覆盖							

续表

立地类型划分	植物种	常用配置	种植方式			设计图	效果图
			规格	整地方式	种植密度		
模式代号　Ⅱ-2-3-E-12							
立地类型小区　填方边坡区	乔木：樟子松、火炬树、新疆杨、臭椿、白榆、黄栌；灌木：榆叶梅、多花荆条、紫穗槐、北京锦鸡儿；草本：狐尾菊、马唐、蚂蚱腿子、薄皮木、沙参、黄刺玫、委陵菜、苦荬菜、野菊花	1. 坡度5°~10°：撒播碱草+羊草籽；坡喷播1:1；坡度10°~15°：乔木+灌木+火炬树+荆条，薄皮木、酸枣、黄刺玫、蚂蚱腿子、沙参、委陵菜、苦荬菜、野菊花 3. 坡度15°~20°：乔木+草+灌，木铁线莲、胡枝子、大花疏，薄皮木+委陵菜 4. 坡度>20°：乔木+草+灌，木臭椿、沙棘+荆条，胡枝子、紫穗槐、多花锦鸡儿+波斯菊、马唐、斯菊、马齿苋	苗木规格：1年生Ⅰ级苗，人工栽植；工程苗：造林季节：春季	原生土壤，整地，全面整地，施肥、灌溉	乔灌株行距按园林化种植确定，草坪种植量15~20g/m²	剖面图 M7.5水泥砂浆 坡面喷混植生 坡度55° 种植土 基岩 250 600 060	
立地类型组　土石混合坡							
立地类型　土石混合边坡							
配置模式　乔木+灌木+草园林式							

续表

立地类型划分		植物种	常用配置	种植方式			设计图	效果图
				规格	整地方式	种植密度		
模式代号	II-2-3-F-13							
立地类型小区	填方边坡区							
立地类型组	格状框条边坡	乔木：樟子松、火炬树、新疆杨、臭椿、黄栌； 灌木：榆叶梅、多花胡/紫穗槐、北京锦鸡儿； 草本：狐尾草、波斯菊、马蔺、蚂蚱腿子、薄皮木、酸枣、沙参、黄栌、玫、委陵菜、苦菜、野菊花、紫花苜蓿	1. 坡度0°～5°：乔木+灌木：白榆、荆条、樟子松、蚂蚱腿子、薄皮木、黄刺玫、酸枣； 2. 坡度5°～10°：乔木+草：白榆、樟子松、荆条、蚂蚱腿子、黄刺玫、沙参+委陵菜； 3. 坡度10°～15°：乔木+草+灌木：白榆、火炬树、荆条、薄皮木、酸枣、沙参、黄栌、灰菜+委陵菜； 4. 坡度15°～20°：乔木+草：白榆、臭椿、铁线连、蚂蚱腿子、胡枝子、大花、薄皮菜+疏、委陵菜； 5. 坡度>20°：乔木+灌木：火炬树、薄皮木、胡枝子+黄刺玫、紫穗槐+紫花苜蓿	苗木规格：3年生I级苗；人工栽植，工程地段设置重沙障；造林季节：春季或雨季	原生土壤，全面整地，施肥，灌溉	乔灌株行距按园林化种植确定，草坪种植定量15～20g/m²		
立地类型	格状框条边坡							
配置模式	乔木+灌木+草园林式							

设计图注记：0.3～0.4m；0.3～0.4m；沟距2～4m；剖面图

表3-7　　阿拉善高原山地亚区（Ⅱ-3）植物配置模式、种植方式及种植效果

立地类型划分		植物种	常用配置	种植方式			设计图	效果图
				规格	整地方式	种植密度		
模式代号	Ⅱ-3-1-A-a-1	灌木：丁香；草本：早熟禾、野牛草为主	丁香+早熟禾+野牛草	1年生裸根苗	带状整地	灌木5株/穴，株行距为2m×2m，苗木定植穴挖为30cm见方，早熟禾苗撒播量0.5～0.8kg，野牛草苗撒播量1～1.5kg	灌草模式	
立地类型小区	平地区							
立地类型组	美化区							
立地类型	办公美化区							
配置模式	灌+草							
模式代号	Ⅱ-3-1-A-b-2	乔木：杜松、落叶松、云杉、圆柏、国槐、旱柳等；灌木：丁香、连翘等；草：早熟禾、冰草、披碱草	杜松+山杏、丁松+连翘+早熟禾、冰草、披碱草	1年生裸根苗	带状整地	乔木每穴1株，灌木每穴5株，株行距为2m×2m，苗木定植穴开挖规格见方为30cm，草为0.5～0.8kg，冰草和披碱草撒播量30kg	乔灌草模式	
立地类型小区	平地区							
立地类型组	美化区							
立地类型	生活美化区							
配置模式	乔木+灌木+草							
模式代号	Ⅱ-3-1-B-a-3	乔木：杜松、国槐、樟子松、新疆杨；灌木：杜松、樟子松、文冠果	1. 杜松、樟子松+杜松、樟子松；2. 国槐、新疆杨+文冠果	园林大苗，Ⅰ级苗，无病虫害和各类损伤，根系发达、常绿，苗木带土球。苗木按园林设计要求确定种植。草籽粒饱满，发芽率≥95%	块状整地	乔木每穴1株，蒙古扁桃300～525kg/hm²，山杏166株/hm²，文冠果110株/hm²	乔灌模式	
立地类型小区	平地区							
立地类型组	功能区							
立地类型	滞尘区							
配置模式	乔木+灌木							

续表

立地类型划分				植物种	常用配置	规格	种植方式		设计图	效果图
							整地方式	种植密度		
模式代号	立地类型小区	立地类型组	立地类型	配置模式							

模式代号	立地类型小区	立地类型组	立地类型	配置模式	植物种	常用配置	规格	整地方式	种植密度	设计图	效果图
II-3-1-B-b-4	平地区	功能区	防辐射区	乔木+灌木+草	乔木:油松、云杉、新疆杨、侧柏、云杉、榆树等;灌木:丁香、连翘等;草本:早熟禾、野牛草	1.油松、云杉+丁香+早熟禾;2.云杉、新疆杨+榆树+连翘+早熟禾、野牛草	1年生裸根苗	块状整地	乔木每穴1株,灌木、草每穴5株,株行距为2m×2m,苗木定植穴开挖规格为30cm见方。早熟禾亩撒播量0.5~0.8kg,野牛草亩撒播量1~1.5kg	乔灌草模式	
II-3-1-B-c-5	平地区	功能区	防噪声区	灌木+草	灌木:柠条、梭梭、花棒、沙拐枣、沙冬青;草本:黑麦草、冰草	1.柠条、梭梭、花棒+黑麦草+冰草;2.花棒、沙拐枣、沙冬青+黑麦草+冰草	园林大苗、I级苗,无病虫害和各类伤,根系发达,常绿树种带土球。园林苗木按设计要求确定,草种籽粒饱满,发芽率≥95%	带状整地	柠条5株/穴,沙棘扦插繁殖,8株雄株配植1株雌株,杨柴撒播量7.5~12kg/亩,梭梭播量3kg/亩,花棒撒播量9~12kg/亩,沙拐枣1株/穴,黑麦草撒播量1.8~2.3kg/亩,冰草撒播量30kg/亩	灌草模式	
II-3-1-C-a-6	平地区	恢复区	一般恢复区	乔木+灌木	乔木:国槐;灌木:柠条、梭梭、花棒等	国槐+柠条、梭梭、花棒	园林大苗、I级苗,无病虫害和各类伤发达,树种带土球。园林苗木按设计要求确定,草种籽粒饱满,发芽率≥95%	全面整地	国槐为纯林,构成国槐、花棒、梭梭和柠条采用行间混交的混交方式,混交比例为1:1	乔灌模式	

续表

立地类型划分					植物种	常用配置	种植方式			设计图	效果图
模式代号	立地类型小区	立地类型组	立地类型	配置模式			规格	整地方式	种植密度		
Ⅱ-3-1-C-b-7	平地区	恢复区	高标恢复区	灌木＋草	灌木：柠条；草本：黑麦草、冰草	柠条＋黑麦草、冰草	园林大苗，Ⅰ级苗，无病虫害，各类伤发达，常绿树种带土球。苗木按园林设计要求。草种籽定，粒饱满，发芽率≥95%	带状整地	柠条每穴5株，黑麦草苗撒播1.8～2.3kg，冰草苗撒播量30kg		
Ⅱ-3-2-D-8	挖方边坡区	土质边坡区	土质边坡	灌木＋草	灌木：柠条、山杏、梭梭、杨柴、沙拐枣、沙打旺、北芸香；草本：沙打旺、紫花苜蓿、大包鸢尾、沙葱	1.柠条、山杏、沙棘、梭梭＋沙打旺、北芸香；2.杨柴、沙拐枣、沙冬青＋紫花苜蓿、大包鸢尾、沙葱	园林大苗，Ⅰ级苗，无病虫害，各类伤发达，常绿树种带土球。苗木按园林设计要求。草种籽定，粒饱满，发芽率≥95%	水平阶整地	柠条5株/穴，山杏166株/hm²，沙棘、沙拐枣扦插繁殖，杨柴配置1株雄株1株雌株。梭梭7.5～12kg/苗，杨柴3kg/苗，沙冬青9～12kg/苗，沙打旺1株，紫花苜蓿3kg/hm²，沙葱播3.8kg/hm²		
Ⅱ-3-2-E-9	挖方边坡区	土石混合边坡区	土石混合边坡	乔木＋灌木	乔木：旱柳；灌木：花棒	旱柳＋花棒	园林大苗，Ⅰ级苗，无病虫害，各类伤发达，常绿树种带土球。苗木按园林设计要求。草种籽定，粒饱满，发芽率≥95%	水平阶整地	旱柳为纯林构造，每穴一株，花棒状带纯林，播撒量为9～12kg/hm²		

续表

立地类型划分				植物种	常用配置	种植方式			设计图	效果图
						规格	整地方式	种植密度		
模式代号										
Ⅱ-3-2-F-10										
立地类型小区	挖方边坡区			乔木:刺槐;灌木:早熟禾、野牛草	刺槐+早熟禾、野牛草	园林Ⅰ级苗,无病虫害和各系根系绿化达,常绿树苗木按园林设计要求种苗定球。种籽粒饱满,发芽率≥95%	水平阶	刺槐为1株/穴,早熟禾0.5~0.8kg/hm²,野牛草播撒量1~1.5kg/hm²	乔草模式	
立地类型组	格状框条边坡									
立地类型	格状框条边坡									
配置模式	乔木+草									
模式代号										
Ⅱ-3-3-D-a-11										
立地类型小区	填方边坡区			乔木:柽柳;灌木:柠条、白刺、沙棘等;草本:羊草、冰草、披碱草、紫花苜蓿等	1.柽柳+柠条、白刺+羊草、披碱草;2.柽柳+冰草、紫花苜蓿	园林Ⅰ级苗,无病虫害和各系根系绿化达,常绿树苗木按园林设计要求种苗定球。种籽粒饱满,发芽率≥95%	水平阶 整地	柽柳1株/穴,柠条和白刺5株/穴,沙棘扦插雄株,8株雌株配植1株雄株。草籽撒播量:羊草3~4kg/hm²,披碱草30kg/hm²,冰草30kg/hm²,紫花苜蓿3kg/hm²	乔灌草模式	
立地类型组	土质边坡区									
立地类型	缓坡									
配置模式	乔木+灌木+草									
模式代号										
Ⅱ-3-3-D-b-12										
立地类型小区	填方边坡区			灌木:柠条、沙棘、梭梭、花棒、沙芸青等;草本:沙打旺、紫花苜蓿、沙葱等	1.柠条、沙棘、梭梭+沙打旺、北芸香、沙芸花;2.杨柴、沙拐枣、沙芸青香、大包花苜蓿尾、沙葱	园林Ⅰ级苗,无病虫害和各系根系绿化达,常绿树苗木按园林设计要求种苗定球。种籽粒饱满,发芽率≥95%	水平阶 整地	柠条5株/穴,山杏166株/hm²,沙棘,梭梭繁殖,8扦插雄株株,株雌株配植1株雄株。杨柴种子撒播量7.5~12kg/亩,梭梭3kg/亩,花棒9~12kg/亩,沙拐枣1株/穴,沙打旺5.68kg/hm²,紫花苜蓿3kg/hm²,沙葱播3.8kg/hm²	灌草模式	
立地类型组	土质边坡区									
立地类型	陡坡									
配置模式	灌木+草									

续表

立地类型划分					植物种	常用配置	种植方式			设计图	效果图
模式代号	立地类型小区	立地类型组	立地类型	配置模式			规格	整地方式	种植密度		
Ⅱ-3-3-E-13	填方边坡区	土石混合边坡区	土石混合边坡	乔木+灌木	乔木:旱柳;灌木:花棒	旱柳+花棒	园林Ⅰ级苗,无病虫害和各类伤,根系发达,常绿树种带土球。种苗按园林设计要求确定。籽种饱满,发芽率≥95%	水平阶整地	旱柳为纯林构造,1株为纯林,花棒为穴状栽植,带状播撒量为9~12kg/hm²		
Ⅱ-3-3-F-14	填方边坡区	格状框条边坡	格状框条边坡	乔木+草	乔木:刺槐;草本:旱熟禾、野牛草	刺槐+旱熟禾、野牛草	园林Ⅰ级苗,无病虫害和各类伤,根系发达,常绿树种带土球。种苗按园林设计要求确定。籽种饱满,发芽率≥95%	水平阶整地	刺槐为1株/穴,旱熟禾0.5~0.8kg/hm²,野牛草播撒量1~1.5kg/hm²		

表 3-8 河西走廊亚区(Ⅱ-4)植物配置模式、种植方式及种植效果

立地类型划分					植物种	常用配置	种植方式			设计图	效果图
模式代号	立地类型小区	立地类型组	立地类型	配置模式			规格	整地方式	种植密度		
Ⅱ-4-1-A-a-1(1)	平地区	美化区	办公美化区	乔木+孤植	乔木:新疆杨、垂柳、旱柳、榆树、枣树、国槐、白蜡	1.垂柳孤植;2.旱柳孤植;3.国槐孤植;4.枣树孤植	园林Ⅰ级苗,无病虫害,根系发达,常绿树种带土球。种苗按园林设计要求为移植苗	原生土壤,穴状整地,施肥、灌溉	株行距按道路区和园区需求确定		

续表

立地类型划分		植物种	常用配置	种植方式			设计图	效果图
				规格	整地方式	种植密度		
模式代号	II-4-1-A-a-1(2)	乔木：国槐、垂柳、旱柳、青海云杉、油松、白蜡、丁香、新疆杨；草本：羊茅、冰草、紫花苜蓿、早熟禾	1.国槐+油松+羊茅；2.旱柳+青海云杉+冰草；3.垂柳+紫花苜蓿	园林I级苗，无病虫害和各类损伤；根系发达，常绿树种带土球。苗木按园林设计要求确定。花卉种籽粒饱满，芽率≥95%	原生土壤，状整地，穴施肥、灌溉	株行距按道路、园区和需求确定	剖面图（5m）；平面图	
立地类型小区	平地区							
立地类型组	美化区							
立地类型	办公美化区							
配置模式	乔木+草地园林绿化							
模式代号	II-4-1-A-a-1(3)	乔木：青海云杉、油松、侧柏、旱柳、杏、国槐、梨、苹果、山桃、文冠果；灌木：榆叶梅、珍珠梅、黄刺玫、玫瑰、月季、波斯菊、大丽花、宝菜天、芍药、八宝景天	1.垂柳+月季+波斯菊；2.杜梨+玫瑰+大丽花；3.侧柏+榆叶梅+牡丹	园林I级苗，无病虫害和各类损伤；根系树种发达，常绿树带土球。苗木按园林设计要求确定。花卉种籽粒饱满，发芽率≥95%	原生土壤，状整地，穴施肥、灌溉	株行距按道路、园区和需求确定	剖面图（3m）；平面图	
立地类型小区	平地区							
立地类型组	美化区							
立地类型	办公美化区							
配置模式	乔木+灌木+园林绿化							
模式代号	II-4-1-A-a-1(4)	乔木：垂柳、旱柳、榆树、油松、海云杉、国槐、侧柏、黄杨、金叶女贞、小叶黄杨；草本：羊茅、冰草、黄刺梅、紫花苜蓿	1.旱柳+金叶女贞+羊茅；2.国槐+小叶黄杨+紫花苜蓿；3.青海云杉+榆叶梅+羊茅	园林I级苗，无病虫害和各类损伤；根系发达，常绿树种带土球。苗木按园林设计要求确定。花卉种籽粒饱满，发芽率≥95%	原生土壤，状整地，穴施肥、灌溉	株行距按道路、园区和需求确定	剖面图（5m）；平面图	
立地类型小区	平地区							
立地类型组	美化区							
立地类型	办公美化区							
配置模式	乔木+灌木+草地园林绿化							

续表

立地类型划分	植物种	常用配置	规格	种植方式		设计图	效果图
				整地方式	种植密度		
模式代号 II-4-1-A-a-1 (5)	乔木：垂柳、榆树、樟子松、新疆杨、青海云杉、白蜡；灌木：国槐、丁香；草本：羊茅、三叶草、紫花苜蓿、冰草	1. 新疆杨+国槐+青海云杉+三叶草；2. 国槐+丁香+羊茅	园林I级大苗，无病虫害，各根系发达，常绿树种带土球；苗木按园林设计要求确定，草种籽粒饱满，发芽率≥95%	原生土壤，全面整地，施肥、灌溉	株行距按道路和园区需求确定		
立地类型小区 平地区							
立地类型组 美化区							
立地类型 办公美化区							
配置模式 乔木+草+道路绿化							
模式代号 II-4-1-A-a-1 (6)	乔木：侧柏、金叶女贞、大叶黄杨、紫叶小檗、榆叶梅；草本花卉：羊茅、冰草、三叶草、紫花苜蓿、波斯菊、月季	1. 侧柏+小叶黄杨+波斯菊；2. 金叶女贞+紫叶小檗+三叶草；3. 小叶黄杨+榆叶梅+月季	园林I级大苗，无病虫害，各根系发达，常绿树种带土球；苗木按园林设计要求确定，草种籽粒饱满，发芽率≥95%	原生土壤，全面整地，施肥、灌溉	株行距按道路和园区需求确定		
立地类型小区 平地区							
立地类型组 美化区							
立地类型 办公美化区							
配置模式 乔木+灌木+草+道路绿化							
模式代号 II-4-1-A-b-2 (1)	灌木：柽柳、梭梭、沙拐枣、柠条锦鸡儿	1. 梭梭纯林；2. 沙拐枣纯林；3. 梭梭+花棒；4. 花棒+柽柳；5. 梭梭+花棒+沙拐枣	移植苗，I级苗，无病虫害和各发育，根系发达，苗高≥200cm，8分枝以上	原生土壤，全面整地，施肥、灌溉	株行距确定		
立地类型小区 平地区							
立地类型组 美化区							
立地类型 办公美化区							
配置模式 灌木+防风固沙							

续表

立地类型划分		植物种	常用配置	规格	种植方式		设计图	效果图
					整地方式	种植密度		
模式代号	Ⅱ-4-1-A-b-2（2）							
立地类型小区	平地区	乔木：樟子松、新疆杨、沙枣、刺槐；灌木：柽柳、梭梭	1. 新疆杨＋柽柳；2. 新疆杨＋樟子松＋刺槐；3. 樟子松＋梭梭	乔木移植苗，Ⅰ级苗，无病虫害，各系根和发达，常绿树种带土球；灌木移植苗，Ⅰ级苗，根系发达，苗高≥200cm，8分枝以上	原生土壤，全面整地，施肥、灌溉	株行距按需求确定		
立地类型组	美化区							
立地类型	办公美化区							
配置模式	乔木＋灌木＋绿洲防护							
模式代号	Ⅱ-4-1-A-b-2（3）							
立地类型小区	平地区	乔木：樟子松、新疆杨、国槐、青海云杉、刺槐、沙枣	1. 新疆杨＋国槐＋樟子松＋沙枣；2. 新疆杨＋樟子松＋刺槐；3. 樟子松＋青海云杉	移植苗，Ⅰ级苗，无病虫害，各根系和绿发达，常绿树种带土球	原生土壤，全面整地，施肥、灌溉	株行距按需求确定		
立地类型组	美化区							
立地类型	生活美化区							
配置模式	乔木＋道路防护							
模式代号	Ⅱ-4-1-B-a-3（1）							
立地类型小区	平地区	草本：沙蒿、碱草、沙芥、冰草	撒播草籽	草种籽粒饱满，发芽率≥95%	全面整地	撒播量按需求确定		
立地类型组	功能区							
立地类型	潜尘区							
配置模式	自然恢复							

续表

立地类型划分 模式代号	立地类型小区	立地类型组	立地类型	配置模式	植物种	常用配置	种植方式 规格	整地方式	种植密度	设计图	效果图
Ⅱ-4-1-B-a-3 (2)	平地区	功能区	潜尘区	乔木+草+园林绿化	乔木：旱柳、垂柳、榆树、青松、油松、侧柏、国槐；草本：羊茅、冰草、紫花苜蓿	1. 旱柳+青海云杉+青羊茅；2. 国槐+油松+紫花苜蓿；3. 垂柳+侧柏+羊茅	园林大苗、Ⅰ级苗，无病虫害和各类损伤，根系发达，常绿树种带土球。种苗按园林设计要求确定，草种籽粒饱满，发芽率≥95%	覆土50cm，全面整地，施肥、灌溉	株行距按道路和园区路需求确定		
Ⅱ-4-1-B-a-3 (3)	平地区	功能区	潜尘区	灌木+小乔+园林绿化	灌木：侧柏、金叶黄杨、小叶黄杨、紫叶梅；草本花卉：冰草、苜蓿、三叶草、波斯菊、月季	1. 侧柏+小叶黄杨+波斯菊；2. 金叶小檗+紫叶梅+三叶草；3. 小叶黄杨+榆叶梅+月季	移植苗、Ⅰ级苗，无病虫害和各类损伤，苗高≥200cm，8分枝以上。草种种籽粒饱满，发芽率≥95%	覆土50cm，全面整地，施肥、灌溉	株行距按道路和园区路需求确定		
Ⅱ-4-1-B-b-4 (1)	平地区	功能区	防辐射区	乔木+道路防护	乔木：樟子松、新疆杨、刺槐、胡杨、沙枣	1. 胡杨+新疆杨；2. 樟子松+樟子松；3. 樟子松+刺槐	移植苗、Ⅰ级苗，无病虫害和各类损伤，发达，常绿树种带土球	覆土50cm，穴状整地	株行距按道路路需求确定		

续表

立地类型划分	植物种	常用配置	种植方式 规格	种植方式 整地方式	种植方式 种植密度	设计图	效果图
模式代号 II-4-1-B-b-4(2) 立地类型小区 平地区 立地类型组 功能区 立地类型 防辐射区 配置模式 灌木+道路防护	灌木：柽柳、花棒、梭梭、沙拐枣、柠条锦鸡儿	1. 柽柳； 2. 梭梭； 3. 梭梭+柽柳； 4. 花棒+梭梭+沙拐枣	移植苗，I级苗，无病虫害，各类根系发达，苗高≥200cm，8分枝以上	覆土30cm，穴状整地	株行距按道路需求确定	剖面图　平面图	
模式代号 II-4-1-B-b-4(3) 立地类型小区 平地区 立地类型组 功能区 立地类型 防辐射区 配置模式 自然恢复	草本：沙蒿、沙芥、碱蓬草、冰草	撒播草籽	草种籽粒饱满，发芽率≥95%	全面整地	撒播量按需求确定	 剖面图　平面图	
模式代号 II-4-2-C-b-5 立地类型小区 挖方边坡 立地类型组 恢复区 立地类型 高标恢复区 配置模式 自然恢复	草本：沙蒿、沙芥、碱蓬草、冰草	撒播草籽	草种籽粒饱满，发芽率≥95%	全面整地	撒播量按需求确定	剖面图　平面图	

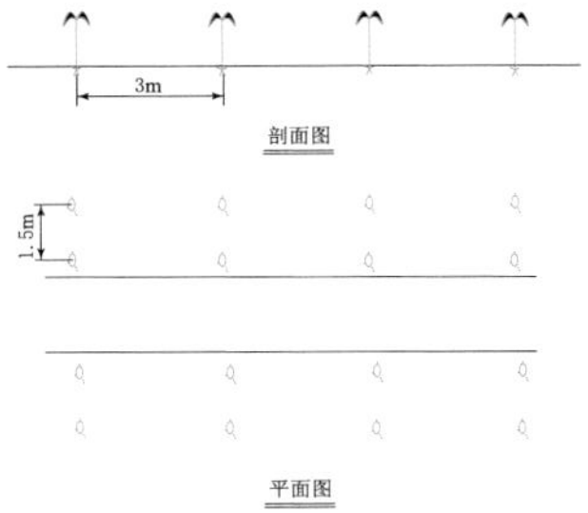

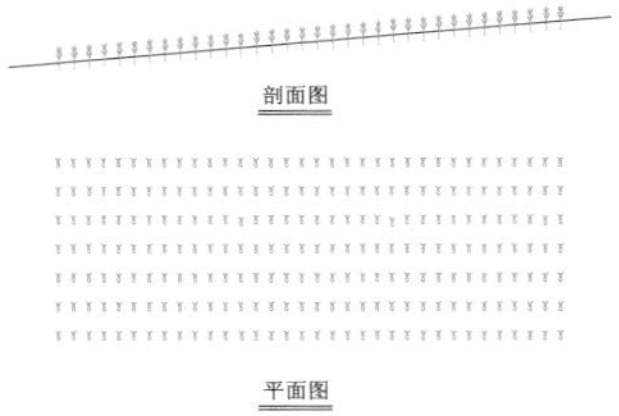

107

续表

立地类型划分					植物种	常用配置	种植方式			设计图	效果图
							规格	整地方式	种植密度		
模式代号	立地类型小区	立地类型组	立地类型	配置模式							
II-4-3-D-b-6	填方边坡	土质边坡	陡坡	自然恢复	草本：沙蒿、碱蓬草、沙芥、冰草	撒播草籽	草种籽粒饱满，发芽率≥95%	全面整地	撒播量按需求确定		

表 3-9　北疆山地盆地亚区（II-5）植物配置模式、种植方式及种植效果

立地类型划分					植物种	常用配置	种植方式			设计图	效果图
							规格	整地方式	种植密度		
模式代号	立地类型小区	立地类型组	立地类型	配置模式							
II-5-1-A-a-1（1）	平地区	美化区	办公美化区	乔木+灌木+花+草园林景观式	圆冠榆、国槐、丁香、金叶榆、红瑞木、宽叶费菜、菖蒲、月季、波斯菊、金盏菊、草地早熟禾	园林造景，以草坪等距栽植四周等距栽植树木，或中间以一定形式散植树木，小灌木并点缀花	园林大苗，无病虫害，各类发育，根系发达。带土球乔木胸径≥5cm，树高≥3.0m；灌木地径≥2cm。草种籽粒饱满，发芽率≥95%	换土，全面整地，施足基肥，首次浇透水	周边乔木株距3~5m，草种播种量15~20g/m²		

续表

立地类型划分				植物种	常用配置	种植方式			设计图	效果图
						规格	整地方式	种植密度		
模式代号	II-5-1-A-a-1 (2)			油松、榆树、黄金榆、紫叶李、垂柳、多年生黑麦草、三叶草	以草坪为背景，中间或孤植，或群栽园林景观树种	园林大苗，无病虫害，各类系发达，带土球，乔木胸径≥5cm，树高≥3.0m；灌木地径≥2cm。草种籽粒饱满，发芽率≥95%	全面换土，施基肥，足量整地，首次浇透水	黑麦草播种量2~3g/m²，三叶草1g/m²		
立地类型小区	平地区									
立地类型组	美化区									
立地类型	办公美化区									
配置模式	大片绿地景观树种+草坪									
模式代号	II-5-1-A-a-1 (3)			榆树、紫叶李、草地早熟禾、三叶草	榆树、紫叶李、三叶草、草地早熟禾	园林大苗，无病虫害，各类系发达，带土球，乔木胸径≥5cm，树高≥3.0m；灌木地径≥2cm。草种籽粒饱满，发芽率≥95%	全面换土，施基肥，足量整地，首次浇透水	乔木株距3~5m。草地早熟禾播种量15~20g/m²，三叶草1g/m²		
立地类型小区	平地区									
立地类型组	美化区									
立地类型	办公美化区									
配置模式	路边绿地景观树种+草坪									
模式代号	II-5-1-A-a-1 (4)			榆树、紫叶李、紫穗槐、草地早熟禾、三叶草	外围绿篱宽1.5~2.0m，内侧种植草坪，中间栽植一行树种	园林大苗，无病虫害，各类系发达，带土球，乔木胸径≥5cm，树高≥3.0m；灌木地径≥2cm。草种籽粒饱满，发芽率≥95%	全面换土，施基肥，足量整地，首次浇透水	乔木散植绿篱树株距0.5m。草地早熟禾播种量15~20g/m²，三叶草1g/m²		
立地类型小区	平地区									
立地类型组	美化区									
立地类型	办公美化区									
配置模式	路边绿地绿篱+树+草坪									

续表

立地类型划分					植物种	常用配置	规格	种植方式		设计图	效果图
模式代号	立地类型小区	立地类型组	立地类型	配置模式				整地方式	种植密度		
Ⅱ-5-1-A-b-2 (1)	平地区	美化区	生活美化区	乔木+灌木+花+草园林景观式	榆、国槐、白蜡、红皮云杉、丁香、金叶榆、玫瑰、金叶女贞、红端木、宽叶苔菜、月季、碧冬茄、波斯菊、金盏菊、草地早熟禾	园林造景，主题明显，层次分明，配置假山、花坛、走廊等，地面中以一定形式间以零散栽植树木、小灌木花卉，点缀	园林大苗，无病虫害，各系发达，根带土球，乔木胸径≥5cm，树高≥3.0m；灌木地径≥1.5cm。花、草种子饱满，发芽率≥95%	换土、整地、施基肥，足面浇次透水	乔木散植，绿篱树株距0.5m。草地旱熟禾播种量15～20g/m²，三叶草1g/m²		
Ⅱ-5-1-A-b-2 (2)	平地区	美化区	生活美化区	绿篱+景观树种+花卉+草坪	云杉、榆树、紫叶李、白蜡、金叶榆、黄杨、圆柏、垂柳、穗槐、玫瑰、多年生黑麦草、三叶草	常见于生活区道路两侧，楼房前空后侧绿篱地，宽1.0m，内侧种植草坪，中间零散栽植园林景观树种，花卉	园林大苗，无病虫害，各系发达，根带土球，乔木胸径≥5cm，树高≥3.0m；灌木地径≥2cm。草种种子粒饱满，发芽率≥95%	换土、整地、施基肥，足面浇次透水	黑麦草播种量2～3g/m²，三叶草1g/m²		
Ⅱ-5-1-A-b-2 (3)	平地区	美化区	生活美化区	花卉+景观树种+草坪	榆树、白蜡、紫叶李、黄金槐、梓树、月季、多年生黑麦草、三叶草	常见于生活区道路两侧，楼房前空后侧花卉地，外侧带宽0.6m，内侧种植草坪，中间零散栽植园林景观树种	园林大苗，无病虫害，各系发达，根带土球，乔木胸径≥5cm，树高≥3.3m；灌木地径≥2cm。月季根系地径≥0.8cm，完整。草种子粒饱满，发芽率≥95%	换土、整地、施基肥，足面浇次透水	月季株距0.5m，千屈菜株距0.3m。黑麦草播种量2～3g/m²，三叶草1g/m²		

续表

立地类型划分	植物种	常用配置	规格	整地方式	种植方式	种植密度	设计图	效果图
模式代号 Ⅱ-5-1-A-b-2（4） 立地类型小区 平地区 立地类型组 美化区 立地类型 生活美化区 配置模式 花地	千屈菜、波斯菊、月季、天人菊	空地纯栽或（种）一种或多种花卉形成绿地	木本花卉根系完整，无病虫害，各类伤，地径≥0.8cm。草花种子籽粒饱满，发芽率≥95%	换土，整地，面足基肥，依次浇透水	全施首	株距 0.3～0.6m		
模式代号 Ⅱ-5-1-B-a-3（1） 立地类型小区 平地区 立地类型组 功能区 立地类型 潜生区 配置模式 绿篱+乔灌树种+花卉+草坪	榆树、白蜡、沙枣、新疆杨、红柳、扁穗冰草	一般在厂区周边乔灌木混栽、地面种植草坪	树木根系完整，无病虫害，各类伤，乔木胸径≥5cm，树高≥3.0m，灌木地径≥2cm，草种籽粒饱满，发芽率≥95%	换土，整地，面足基肥，依次浇透水	全施首	乔木株距3～5m，灌木株距1.5m。扁穗冰草播种量2～3g/m²		
模式代号 Ⅱ-5-1-B-a-3（2） 立地类型小区 平地区 立地类型组 功能区 立地类型 潜生区 配置模式 乔木带	榆树、白蜡、新疆杨	一般在厂区周边栽植，一种或多种混栽，带宽10～50m	树木根系完整，无病虫害，各类伤，乔木胸径≥5cm，树高≥3.0m	换土，整地，状足基肥，依次浇透水	全穴或施首	株距3m，行距4～5m		

续表

立地类型划分		植物种	常用配置	规格	种植方式			设计图	效果图
					整地方式	种植密度			
模式代号	Ⅱ-5-1-B-a-3（3）	紫穗槐	一般在厂区边缘带状栽植宽5~20m	根系完整，无病虫害，各类地径≥1.5cm	换土、全面整地，施足基肥，首次浇透水	株距1.0m		剖面图／平面图	
立地类型小区	平地区								
立地类型组	功能区								
立地类型	潜生区								
配置模式	灌木片状布设								
模式代号	Ⅱ-5-1-B-a-3（4）	红柳、梭梭	一般在厂区边缘带状栽植宽10~100m	根系完整，无病虫害，各类地径≥1.5cm	穴状整地	株距2.0m		剖面图／平面图	
立地类型小区	平地区								
立地类型组	功能区								
立地类型	潜生区								
配置模式	灌木带状布设								
模式代号	Ⅱ-5-1-B-c-4（1）	裂叶榆、紫叶李、梓树、夏橡、桑树	一般在生活区、厂区边缘栽植，一种或多种混栽，带宽5~20m	树木根系完整，无病虫害，各类乔木胸伤，径≥5cm，树高≥3.0m	换土、全面整地或穴状整地，施足基肥，首次浇透水	株距3~4m，行距4~5m		剖面图／平面图	
立地类型小区	平地区								
立地类型组	功能区								
立地类型	防噪声区								
配置模式	乔木林带								

续表

立地类型划分				植物种	常用配置	种植方式			设计图	效果图
						规格	整地方式	种植密度		
模式代号	Ⅱ-5-1-B-c-4 (2)			榆树、桑树、白蜡、红柳、紫叶李、黑麦草	一般在厂区、生活区房屋周边，乔木、灌木混栽，地面种植草坪	树木根系完整，无病虫害，各类乔木胸径≥5cm；树高≥3.0m；灌木地径≥2cm。草种籽粒饱满，发芽率≥95%	换土，全面整地，施足基肥，依次浇透水	乔木株距5~8m，灌木株距2~3m。黑麦草播种量2~3g/m²		
立地类型小区	平地区									
立地类型组	功能区									
立地类型	防噪声区									
配置模式	乔+灌+花+草园林景观式									
模式代号	Ⅱ-5-1-C-a-5 (1)			早熟禾、黑麦草、野燕麦、木犀、狗尾草	人工全面撒播	草种籽粒饱满，发芽率≥95%	全面整地	播种量30~100kg/hm²		
立地类型小区	平地区									
立地类型组	恢复区									
立地类型	一般恢复区									
配置模式	人工撒播草种									
模式代号	Ⅱ-5-1-C-a-5 (2)			驼绒藜、冷蒿、白高蒿、小蓬草、冰草、沙拐枣	不再扰动，自然恢复					
立地类型小区	平地区									
立地类型组	恢复区									
立地类型	一般恢复区									
配置模式	自然植被恢复									

续表

立地类型划分		植物种	常用配置	规格	种植方式		设计图	效果图
					整地方式	种植密度		
模式代号	II-5-1-C-b-6(1)	苹果、山楂、杏	栽植果树，地面恢复自然植被	两年生嫁接苗，地径≥1.5cm，苗高≥1.2m，根系完整，无病虫害及各类伤	穴状整地	株距4m，行距5~6m	平面图　剖面图	
立地类型小区	平地区							
立地类型组	恢复区							
立地类型	高标恢复区							
配置模式	果树+草							
模式代号	II-5-1-C-b-6(2)	红豆草、草木樨、薯草	播种牧草或草本花卉	草种籽粒饱满，发芽率≥95%	全面整地	播种量50~100kg/hm²	平面图　剖面图	
立地类型小区	平地区							
立地类型组	恢复区							
立地类型	高标恢复区							
配置模式	草							
模式代号	II-5-1-C-b-6(3)	针茅、早熟禾、燕麦草、臭蒿、蒲公英、冰草、狗尾草、狼尾草、碱蓬、红豆草、大翅蓟、蓬子草	封禁保护、灌溉，促进自然植被恢复				平面图　剖面图	
立地类型小区	平地区							
立地类型组	恢复区							
立地类型	高标恢复区							
配置模式	人工促进自然植被恢复							

续表

立地类型划分					植物种	常用配置	种植方式			设计图	效果图
模式代号	立地类型小区	立地类型组	立地类型	配置模式			规格	整地方式	种植密度		
II-5-2-D-a-7	挖方边坡区	土质边坡	坡度≥1:2.75 (20°)	坡脚浆砌石挡墙+自然坡面恢复	蒲公英、节节草、冰草、骆驼蓬、小冬草、灰菜、猪毛菜	坡脚浆砌石挡墙防护,坡面封禁保护,促进自然植被恢复					
II-5-2-D-b-8	挖方边坡区	土质边坡	坡度<1:2.75 (20°)	花灌+草	骆驼蓬、茵陈、蒲公英、节节草、冰草、灰灰菜、小蓬草、草木犀、猪毛菜、紫花苜蓿、花绣线菊、野菊、紫花地粉、蒙古黄耆、艾高、佛甲草、三叶草、等麻	坡面种植草本和花灌,封禁保护,促进自然植被恢复	草种籽粒饱满,发芽率≥95%	条状整地	花灌株行距0.8mm×0.8m,草播种量30.50kg/hm²		
II-5-2-F-a-9 (1)	挖方边坡区	格状框条边坡	不分级	菱形框条内种草	燕麦草、臭蒿、蒲公英、冰草、大翅蓟、蓬子草	封禁保护,促进植被恢复	草种籽粒饱满,发芽率≥95%	框格整地	播种量30～100kg/hm²		

续表

立地类型划分		植物种	常用配置	种植方式			设计图	效果图
				规格	整地方式	种植密度		
模式代号	Ⅱ-5-2-F-a-9(2)	早熟禾、燕麦草、冰草、狗尾草、碱蓬、蓬子草	封禁保护，促进植被恢复	草种籽粒饱满，发芽率≥95%	框格整地	播种量30～100kg/hm²	剖面图　平面图	
立地类型小区	挖方边坡区							
立地类型组	格状框条边坡							
立地类型	不分级							
配置模式	折线形框条内种草							
模式代号	Ⅱ-5-2-F-a-9(3)	燕麦草、蒲公英、臭蒿、冰草、狗尾草、狼尾草、碱蓬、大翅蓟、蓬子草	封禁保护，促进自然植被恢复				剖面图　平面图	
立地类型小区	挖方边坡区							
立地类型组	格状框条边坡							
立地类型	不分级							
配置模式	拱形骨架+自然植被恢复							
模式代号	Ⅱ-5-2-F-a-9(4)	针茅、蒲公英、臭蒿、冰草、狗尾草、狼尾草、碱蓬、大翅蓟、蓬子草	封禁保护，灌溉，促进自然植被恢复				剖面图　平面图	
立地类型小区	挖方边坡区							
立地类型组	格状框条边坡							
立地类型	不分级							
配置模式	方形框格+自然植被恢复							

续表

立地类型划分					植物种	常用配置	种植方式			设计图	效果图
模式代号	立地类型小区	立地类型组	立地类型	配置模式			规格	整地方式	种植密度		
II-5-3-D-a-10	填方边坡区	土质边坡	≥1:2.75 (20°)	坡面分级+设置排水+自然植被恢复	针茅、早熟禾、燕麦草、蒲公英、狗尾草、冰草、骆驼蓬、臭尾草、红豆草、碱蓬、大翅蓟、野菊花	封禁保护，促进自然植被恢复					
II-5-3-D-b-11 (1)	填方边坡区	土质边坡	<1:2.75 (20°)	花灌木	玫瑰	边坡栽植玫瑰	2年生嫁接苗或扦插根，地径≥1.2cm，根系完整、无各类病虫害及损伤	穴状整地	株距1.5m		
II-5-3-D-b-11 (2)	填方边坡区	土质边坡	<1:2.75 (20°)	自然植被恢复	骆驼蓬、茵陈、蒲公英、节节草、冰草、天门冬、草木犀、小蓬草、灰菊菜、猪毛菜、野菊花、百脉根、粉花绣线菊、艾蒿、蒙古黄耆、荨麻等	不再扰动破坏，促进自然植被恢复					

续表

立地类型划分		植物种	常用配置	种植方式			设计图	效果图
				规格	整地方式	种植密度		
模式代号	Ⅱ-5-3-D-b-11 (3)	新疆杨、榆树、固槐、针茅、旱熟禾、蒲公英、冰草、臭草、狗尾草、高碱蓬、大翅蓟	坡面自然植被恢复，坡脚栽植行道树	行道树胸径≥3cm，根系完好，全株无病虫害及各伤，带土球	穴状整地	株距4~6m		
立地类型小区	填方边坡区							
立地类型组	土质边坡							
立地类型	坡度<1:2.75 (20°)							
配置模式	自然植被恢复+坡脚行道树							
模式代号	Ⅱ-5-3-E-a-12	针茅、旱熟禾、蒲公英、燕麦草、冰草、狗尾草、臭草、碱蓬、红豆草、狼毒草、大翅蓟、蓬子草	封禁保护，促进自然植被恢复					
立地类型小区	填方边坡区							
立地类型组	土石混合边坡							
立地类型	坡度≥1:2.75 (20°)							
配置模式	混凝土框条固定坡面或角线+自然植被恢复							
模式代号	Ⅱ-5-3-F-a-13	针茅、旱熟禾、蒲公英、燕麦草、冰草、狗尾草、臭草、碱蓬、红豆草、狼毒草、大翅蓟、蓬子草	封禁保护，促进自然植被恢复					
立地类型小区	填方边坡区							
立地类型组	格状框条边坡							
立地类型	不分等级							
配置模式	拱形骨架+自然植被恢复							

表3-10   南疆山地盆地亚区（Ⅱ-6）植物配置模式、种植方式及种植效果

立地类型划分					植物种	常用配置	规格	种植方式		种植密度	设计图	效果图
模式代号	立地类型小区	立地类型组	立地类型	配置模式				整地方式	种植方式			
Ⅱ-6-1-A-a-1（1）	平地区	美化区	办公美化区	乔木＋灌木＋草	旱柳、白榆、樟子松、丁香、杏、紫花苜蓿、鼠尾草、冰草、狗尾草、小蓬草、红豆草、野豌豆、碱蒿、乳苣、小藜、大蓟翘	播种多种草种形成草地，中间栽植乔、灌木	园林大苗，无病虫害，各类根系发达、带土球。乔木胸径≥3cm，树高≥2.0m，灌木地径≥1.5cm。草种籽粒饱满，发芽率≥95%	换土，面整地，足基肥，次浇透水	全施	树种株距4～6m，草种播种量30～100kg/hm²		
Ⅱ-6-1-A-a-1（2）	平地区	美化区	办公美化区	花木＋草	月季、鼠尾草、冰草、羊茅、旱熟禾	地面种草并中间栽植花木	2年生扦插苗、无病虫害，各类根系完整，草种籽粒饱满，发芽率≥95%	换土，面整地，足基肥，次浇透水	全施	月季株距2～3m，草种播种量20～30kg/hm²		
Ⅱ-6-1-A-b-2	平地区	美化区	生活美化区	乔木＋灌木＋草	旱柳、白榆、鼠尾草、狗尾草、红草、小蓬草、野豌豆、豆草、碱蒿、乳苣、小藜、大蓟翘	播种多种草种形成草地，中间栽植乔、灌木	园林大苗，无病虫害，各类根系发达、带土球。乔木胸径≥3cm，树高≥2.0m，灌木地径≥1.5cm。草种籽粒饱满，发芽率≥95%	换土，面整地，足基肥，次浇透水	全施	树种株距4～6m，草种播种量30～100kg/hm²		

续表

立地类型划分					植物物种	常用配置	种植方式			设计图	效果图
模式代号	立地类型小区	立地类型组	立地类型	配置模式			规格	整地方式	种植密度		
Ⅱ－6－1－B－a－3	平地区	功能区	潜生区	乔木＋草	榆树、白蜡、紫花苜蓿、冰草、狗尾草、红豆草、小蓬豆、野豌豆、碱蓬、乳苣、小藜蒿、大蓟翘	地面种植草坪，中间栽植高大乔木	树木根系完整，无病虫害，各类胸径乔木胸径≥3cm，树高≥2.0m，草种籽粒饱满，发芽率≥95%	换土，全面整地，施足基肥，首次浇透水	乔木株距4～6m，草种播种量30～100kg/hm²	剖面图　10m　平面图　6m	
Ⅱ－6－1－B－c－4	平地区	功能区	防噪声区	乔木＋草	旱柳、紫花苜蓿、鼠尾草、狗尾草、小蓬草、野豌豆、红豆草、碱蓬、乳苣、小藜蒿、大蓟翘	地面种植草坪，中间成植乔木	树木根系完整，无病虫害，各类胸径乔木胸径≥3cm，树高≥2.0m，草种籽粒饱满，发芽率≥95%	换土，全面整地，施足基肥，首次浇透水	乔木株距4～6m，草种播种量30～100kg/hm²	剖面图　10m　平面图　6m	
Ⅱ－6－1－C－b－5	平地区	恢复区	高标恢复区	乔木＋灌木＋草	旱柳、白蜡、紫花苜蓿、鼠尾草、小蓬草、狗尾草、红豆草、野豌豆、碱蓬、乳苣、小藜蒿、大蓟翘	播种多种草地，种形成草地，中间栽植乔、灌木	园林大苗，无病虫害，各类根系发达，带土球。乔木胸径≥3cm，树高≥2.0m；灌木地径≥1.5cm。草种籽粒饱满，发芽率≥95%	园林大苗，无病虫害，各类根系发达，带土球。乔木胸径≥3cm，树高≥2.0m；灌木地径≥1.5cm。草种发芽率>95%	树种株距4～6m，草种播种量30～100kg/hm²	剖面图　10m　平面图　6m	

3.4 北方土石山区植物措施配置模式

北方土石山区划分为：冀北高原山地亚区（Ⅲ-1）和太行山、燕山山地亚区（Ⅲ-2）及华北平原亚区（Ⅲ-3）、鲁中南中低山山地亚区（Ⅲ-4）、胶东低山丘亚区（Ⅲ-5）、豫西黄土丘陵亚区（Ⅲ-6）、伏牛山山地丘陵亚区（Ⅲ-7）7个亚区。冀北高原山地亚区共有6种植物配置模式，太行山、燕山山地亚区共有6种植物配置模式，华北平原亚区共有4种植物配置模式，鲁中南中低山山地亚区共有6种植物配置模式，胶东低山丘亚区共有6种植物配置模式，豫西黄土丘陵亚区共有6种植物配置模式，伏牛山山地丘陵亚区共有6种植物配置模式。

该亚区根据立地类型设立，植物配置模式、种植方式及种植效果详见表3-11～表3-17。

表 3-11　冀北高原山地亚区（Ⅲ-1）植物配置模式、种植方式及种植效果

立地类型划分					植物种	常用配置	种植方式			设计图	效果图
							规格	整地方式	种植密度		
模式代号	Ⅲ-1-1-A-1				乔木：雪松、龙爪槐、国槐、垂柳、金叶榆、五角枫、山楂等；灌木：白玉兰、金银木、花石榴、独干紫薇、大叶黄杨球、金叶女贞球、紫叶小檗球、金枝槐、紫叶李、碧桃、迎春、连翘、红瑞木、西府海棠、鸢尾、荷兰菊、花卉；草本：瞿麦、金叶苔草、狗尾草、野牛草、白三叶、黑麦草、高羊茅、早熟禾；藤本：爬山虎、紫藤、蔷薇	依据地形、地貌条件乔灌草配置，疏密相间，曲折有致，高低错落、色调相宜，常绿树与落叶树搭配	园林Ⅰ级大苗，无病虫害和各类伤，根系发达，常绿树种带土球，种苗木按园林设计要求确定，草种籽粒饱满，发芽率≥95%	原生土壤，全面整地，施肥、灌溉	乔灌林化种植按园林确定，草坪草播种量15～20g/m²		
立地类型小区	平地区										
立地类型组	美化区										
立地类型	办公、生活美化区										
配置模式	乔木+灌木+草+花卉										
模式代号	Ⅲ-1-1-C-a-2				乔木：樟子松、油松、白榆、云杉、杨、旱柳等；灌木：沙棘、榆叶梅、铺地柏、丁香等；草本：羊草、黄花高、大羊高、艾高、紫羊茅、苜蓿	1. 樟子松+苜蓿2. 苹果+农田	3年以上Ⅰ级苗健壮苗木，无病虫害和各类伤，根系发达，草籽粒饱满，发芽率≥95%	全面整地，穴状整地	乔木株行距2～3m，3年以上健壮苗木撒播混合草籽50～100kg/hm²		
立地类型小区	平地区										
立地类型组	恢复区										
立地类型	一般恢复区										
配置模式	乔木+草或经济林+农田										

续表

立地类型划分		植物种	常用配置	规格	种植方式		设计图	效果图
					整地方式	种植密度		
模式代号	Ⅲ-1-1-C-b-3	乔木：国槐、白蜡、泡桐、垂柳、樟子松、侧柏、毛白杨、旱柳、树等；灌木：小叶梅、大叶黄杨球、木槿、榆叶梅、连翘、爬地柏、紫穗槐、金银木、柽柳、丁香、珍珠梅等；草：马蔺、草、高羊茅、早熟禾、狗牙根、结缕草等	1. 毛白杨+丁香（山杏）+紫穗槐+高羊茅、早熟禾、狗牙根 2. 国槐+紫穗槐+高羊茅、早熟禾、狗牙根	3年以上Ⅰ级壮苗，无病虫害，各根系和草籽粒发达、饱满，草籽发芽率≥95%	全面整地，穴状整地	乔木株行距2～3m，3年以上健壮苗；灌木株行距0.5～1.0m；撒播混合草籽50～100kg/hm²		
立地类型小区	平地区							
立地类型组	恢复区							
立地类型	高标准恢复区							
配置模式	乔木+灌木+草							
模式代号	Ⅲ-1-2-C-a-4	乔木：油松、侧柏、白杨、旱柳、银国槐等；灌木：紫穗槐、京桃、山杏、沙棘、小叶锦鸡儿、紫穗槐等；草：黄羊草、紫羊茅、针茅、羊茅、早熟禾、结缕草等	1. 油松（侧柏）+苜蓿 2. 油松（侧柏）+刺槐+沙打旺、狗牙根+苜蓿 3. 刺槐+紫穗槐+沙打旺、狗牙根+苜蓿 4. 山杏+苜蓿	3年以上健壮苗，Ⅰ级壮苗，无病虫害和各根系，草籽发达、粒饱满，草籽发芽率≥95%	全面整地，穴状整地	乔木株行距2m×3m或3m×4m，3年以上健壮苗；灌木株行距0.5～1.0m；撒播混合草籽50～100kg/hm²		
立地类型小区	坡地区							
立地类型组	恢复区							
立地类型	一般恢复区							
配置模式	乔木+灌木+草							

续表

立地类型划分					植物种	常用配置	种植方式			设计图	效果图
模式代号	立地类型小区	立地类型组	立地类型	配置模式			规格	整地方式	种植密度		
Ⅲ-1-2-C-b-5(1)	坡地区	恢复区	高标准恢复区	拱形骨架植灌草配置	灌木：紫穗槐、荆条、连翘等；草本：高羊茅、早熟禾	1. 骨架护坡+紫穗槐+早熟禾；2. 正六边形混凝土空心块+紫穗槐+早熟禾	1年生苗，每穴2~3株，无病虫害；和各类草籽，饱满粒，发芽率≥95%	全面整地	灌木株行距0.5~1.0m，草坪草播种量6~10g/m²		
Ⅲ-1-2-C-b-5(2)	坡地区	恢复区	高标准恢复区	植生袋植灌草	灌木：紫穗槐、荆条、连翘、蔷薇等；草本：高羊茅、早熟禾、白三叶等；花卉：小冠花、波斯菊、萱草	1. 紫穗槐+连翘+早熟禾；2. 荆条+高羊茅	1年生苗，无病虫害和各类草籽，粒饱满，发芽率≥95%	全面整地	灌木按需求设置，草播种量6~10g/m²		

表 3-12　大行山、燕山山地亚区（Ⅲ-2）植物配置模式、种植方式及种植效果

立地类型划分					植物种	常用配置	种　植　方　式			设计图	效果图
							规格	整地方式	种植密度		
模式代号	Ⅲ-2-1-A-1				乔木：雪松、龙爪槐、国槐、垂柳、金叶槐、山楂、五角枫、白玉兰等；灌木、独干紫薇、大叶黄杨球、紫叶小檗球、紫叶女贞球、木槿、金叶槐、紫叶李、木槿、碧桃、迎春、红叶石榴、连翘、榆叶梅、瑞香、紫丁香、西府海棠、花卉：麦冬、鸢尾、荷兰菊、金叶菰、瞿麦草；草坪草、野牛草、白三叶、黑麦草、高羊茅；藤木、爬山虎、早熟禾、蔷薇、紫藤	依据地形、地貌条件乔灌草配置，疏密相间，高低错落、色调相宜，常绿树与落叶树搭配	园林Ⅰ级大苗、无病虫害和各类损伤，常绿树根系发达，带土球；种植苗木按园林设计要求确定。草种发芽率≥95%	原土壤、全面整地，施肥、灌溉	乔灌林化种植按园林种植确定，草坪草播种量15～20g/m²		
立地类型小区	平地区										
立地类型组	美化区										
立地类型	办公、生活美化区										
配置模式	乔木+灌木+草+花卉										
模式代号	Ⅲ-2-1-C-a-2				乔木：油松、侧柏、杨树等；灌木：刺槐、荆条、酸枣、胡枝子等；山杏；绣线菊；草本：沙打旺、狗牙根、苜蓿、无芒雀麦	1. 油松（侧柏）+苜蓿；2. 油松（侧柏）+刺槐+沙打旺、狗牙根；3. 沙打旺、狗牙根+紫穗槐+苜蓿；4. 山杏+苜蓿	3年以上健壮苗、Ⅰ级健壮苗，无病虫害和各类损伤，草种种籽发达，饱满，发芽率≥95%	全面整地、穴状整地	乔灌株行距2m×3m或3m×4m，3年以上健壮苗木；灌木株行距0.5～1.0m；撒播混合草籽50～100kg/hm²		
立地类型小区	平地区										
立地类型组	恢复区										
立地类型	一般恢复区										
配置模式	乔木+灌木+草或灌+草										

续表

立地类型划分		植物种	常用配置	种植方式			设计图	效果图
				规格	整地方式	种植密度		
模式代号	Ⅲ-2-1-C-b-3	乔木：国槐、白蜡、泡桐、垂柳、毛白杨、侧柏、樟子松等；灌木：榆叶梅、小叶黄杨球、木槿、大叶女贞、爬地柏、连翘、紫穗槐、金银木、珍珠梅、丁香等；草本：马蔺草、高羊茅、早熟禾、狗牙根等	1. 毛白杨＋丁香（山杏）；2. 国槐＋高羊茅、早熟禾、狗牙根	3 年以上健壮苗木，Ⅰ级苗，无病虫害和各类根系发伤，草种籽达、饱满，发芽率≥95%	全面整地，穴状整地	乔木株行距 2～3m，3 年以上健壮苗木；灌木株行距 0.5～1.0m；撒播混合草籽 50～100kg/hm²		
立地类型小区	平地区							
立地类型组	恢复区							
立地类型	高标准恢复区							
配置模式	乔木＋灌木＋草							
模式代号	Ⅲ-2-2-C-a-4	乔木：油松、侧柏、白杨、白榆、小叶杨、刺槐、银白杨、小叶槐、国槐等；灌木：山杏、沙柏、柠条、紫穗槐、铺地柏、小叶锦鸡儿、紫穗槐等；草本：羊草、黑麦草、苜蓿、苍耳、白茅、高羊茅、针茅、紫花苜蓿、熟禾、狗牙根、结缕草等	1. 油松（侧柏）＋苜蓿；2. 油松（侧柏）＋刺槐＋沙打旺、狗牙根；3. 紫穗槐＋沙打旺、狗牙根；4. 山杏＋苜蓿	3 年以上健壮苗木，Ⅰ级苗，无病虫害和各类根系发伤，草籽饱满、饱满，发芽率≥95%	全面整地，穴状整地	乔木株行距 2m×3m 或 3m×4m，3 年以上健壮苗木；灌木株行距 0.5～1.0m；撒播混合草籽 50～100kg/hm²		
立地类型小区	坡地区							
立地类型组	恢复区							
立地类型	一般恢复区							
配置模式	乔木＋灌木＋草							

续表

立地类型划分		Ⅲ-2-2-C-b-5 (1)	Ⅲ-2-2-C-b-5 (2)
模式代号		Ⅲ-2-2-C-b-5 (1)	Ⅲ-2-2-C-b-5 (2)
立地类型小区		坡地区	坡地区
立地类型组		恢复区	恢复区
立地类型		高标准恢复区	高标准恢复区
配置模式		拱形骨架植灌草配置	植生袋植灌草
植物种		灌木:紫穗槐、连翘、荆条、蔷薇等;草禾:高羊茅、早熟禾	灌木:紫穗槐、连翘、荆条、蔷薇等;草禾:高羊茅、白三叶等;花卉:波斯菊、小冠花、萱草
常用配置		1.骨架护坡+紫穗槐+早熟禾; 2.正六边形空心块混凝土空心块+紫穗槐+早熟禾	1.紫穗槐+早熟禾连翘+早熟禾; 2.荆条+高羊茅
种植方式	规格	1年生苗,每穴2～3株,无病虫害和各类草籽,饱满粒,发芽率≥95%	1年生苗,无病虫害和各类草籽,饱满粒,发芽率≥95%
	整地方式	全面整地	全面整地
	种植密度	灌木株行距0.5～1.0m,草坪草播种量6～10g/m²	灌木按设置要求布置,草播种量6～10g/m²
设计图			
效果图			

表3-13　华北平原亚区（Ⅲ-3）植物配置模式、种植方式及种植效果

立地类型划分		植物种	常用配置	规格	整地方式	种植密度	设计图	效果图
模式代号	Ⅲ-3-1-A-1	乔木：雪松、银杏、国槐、龙爪槐、垂柳、山楂、五角枫、白玉兰等；灌木：金银木、大叶黄杨球、紫叶小檗球、金枝槐、金叶女贞、碧桃、紫叶李、红叶桃、迎春、榆叶梅、连翘、西府海棠、丁香、荷花、鸢尾、瞿麦、金叶苔、野牛草、狗尾草、白三叶、高羊茅、黑麦草；藤本：爬山虎、早熟禾、紫藤、蔷薇等	依据地形、地貌条件乔灌草配置，疏密相同，曲折有致、色调高低错落，常绿树与落叶树搭配	园林大苗、Ⅰ级苗，无病虫害，各类根系发达，常绿树带土球，落叶树苗木按园林设计要求种定，饱满，粒种子发芽率≥95%	原生土壤，全面整地，施肥，灌溉	乔灌林绿化种植按园林确定，草坪草播种量15~20g/m²		
立地类型小区	平地区							
立地类型组	美化区							
立地类型	办公、生活美化区							
配置模式	乔木+灌木+草+花卉							
模式代号	Ⅲ-3-1-C-a-2	乔木：杨树、泡桐、刺槐、榆等；灌木：杏果、桃槐、金银木、柠条、丁香、连翘等；草本：野古草、小冠花、虎尾草、狐尾三叶草、狗尾草、柳叶马鞭草、狼尾草、黑麦草、羊草、高羊茅等	1．杨树（泡桐）+农作物；2．苹果、杏果（桃树）+农作物；3．泡桐+杨树+黑麦草、高羊茅	乔木：胸径6~7cm；灌木：2年苗龄草种，种子籽粒饱满，发芽率≥95%	全面整地，穴状整地	株行距4.0m×3.0m，或2.0m×3.0m，草种量60~100kg/hm²		
立地类型小区	平地区							
立地类型组	恢复区							
立地类型	一般恢复区							
配置模式	农林复合或乔木+草或灌木+草							

续表

立地类型划分		植物种	常用配置	种植方式			设计图	效果图
				规格	整地方式	种植密度		
模式代号	Ⅲ-3-2-C-b-3 (1)	灌木：紫穗槐、荆条、连翘等；草本：高羊茅、早熟禾	1. 骨架护坡＋紫穗槐＋早熟禾；2. 正六边空心块混凝土＋紫穗槐＋早熟禾	1年生苗，每穴2~3株，无病虫害和各草种籽。粒饱满。芽率≥95%	全面整地	灌木株行距0.5~1.0m，草坪草播种量6~10g/m²		
立地类型小区	坡地区							
立地类型组	恢复区							
立地类型	高标准恢复区							
配置模式	拱形骨架植灌草配置							
模式代号	Ⅲ-3-2-C-b-3 (2)	灌木：紫穗槐、荆条、连翘、蔷薇等；草本：高羊茅、早熟禾、白三叶等；花卉：小冠花、波斯菊、萱草	1. 紫穗槐＋连翘＋早熟禾；2. 荆条＋高羊茅	1年生苗，无病虫害，各草类籽。粒饱满。芽率≥95%	全面整地	灌木按需求设置，草播种量6~10g/m²		
立地类型小区	坡地区							
立地类型组	恢复区							
立地类型	高标准恢复区							
配置模式	植生袋植灌草							

表 3—14　鲁中南中低山山地亚区（Ⅲ—4）植物配置模式、种植方式及种植效果

立地类型划分		常用配置	植物种	种植方式			设计图	效果图
				规格	整地方式	种植密度		

模式代号 Ⅲ—4—1—A—1

- 立地类型小区：平地区
- 立地类型组：美化区
- 立地类型：办公、生活美化区
- 配置模式：乔木＋灌木＋草＋花卉
- 植物种——乔木：国槐、圆柏、龙柏、刺槐、合欢、五角枫、侧柏、垂柳、杨树柳等；灌木：大叶黄杨、小叶黄杨、金叶女贞、丁香、紫叶小檗、大叶榉、紫荆、贴梗海棠、锦带花、连翘等；花卉：麦冬、荷兰菊、鸢尾、瞿麦、金叶藓；草本：高羊茅等
- 常用配置：依据地形、地貌条件乔灌草配置，疏密相间，高低调配相致，常绿落叶、错落有致，常绿树种与落叶树种搭配
- 规格：园林大级苗，Ⅰ级苗，无病虫害，根系发达，常绿树种带土球；园林按园林设计要求确定；草坪草种子发芽率饱满，粒发芽率≥95%
- 整地方式：原生土壤，全面整地，施肥、灌溉
- 种植密度：乔灌株行距按园林化种植确定；草坪草播种量 15～20g/m²

模式代号 Ⅲ—4—1—C—a—2

- 立地类型小区：平地区
- 立地类型组：恢复区
- 立地类型：一般恢复区
- 配置模式：乔木＋灌木＋草
- 植物种——乔木：杨树、松柏、旱柳等；灌木：荆条、紫穗槐等；草本：高羊茅、早熟禾等
- 常用配置：1.杨树＋紫穗槐＋早熟禾；2.侧柏＋荆条＋高羊茅
- 规格：1～2年生健壮苗木，乔木胸径≥3cm，苗木＞1.2m，无病虫害，籽粒饱满，发芽率≥95%
- 整地方式：全面整地，穴状整地
- 种植密度：乔木株行距 2m×3m 或 3m×4m，灌木株行距 0.5～1m，撒播草籽 50～100kg/hm²

模式代号 Ⅲ—4—1—C—b—3

- 立地类型小区：平地区
- 立地类型组：恢复区
- 立地类型：高标准恢复区
- 配置模式：乔灌草立体混交
- 植物种——乔木：油松、赤松、侧柏、黑松、泡桐等；灌木：刺槐、臭椿、胡枝子、酸枣、三裂绣线菊、柽柳、杞柳、穗槐、火炬树等；草本：高羊茅、早熟禾等
- 常用配置：1.油松＋三裂绣线菊＋早熟禾；2.泡桐＋紫穗槐＋早熟禾
- 规格：3年以上健壮苗木，乔木胸径≥5cm，苗木＞1.2m，无病虫害，籽粒饱满，发芽率≥95%
- 整地方式：全面整地，穴状整地
- 种植密度：乔木株行距 2～3m，3年以上健壮苗木株行距 0.5～1.0m，草籽 50～100kg/hm²

续表

立地类型划分					植物种	常用配置	种植方式			设计图	效果图
模式代号	立地类型小区	立地类型组	立地类型	配置模式			规格	整地方式	种植密度		
III-4-2-C-a-4	坡地区	恢复区	一般恢复区	灌木+草	灌木：紫穗槐、荆条、连翘等；草：高羊茅、早熟禾等	1. 紫穗槐+早熟禾；2. 连翘+早熟禾	1~2m生健壮苗木、乔木胸径3~5cm、苗高>1.2m，各类无虫害伤、根系发达，常绿树种带土球，种草籽粒饱满、发芽率≥95%	水平阶状整地，穴状鱼鳞坑	灌木株行距0.5~1m，草坪草播种量6~10g/m²		
III-4-2-C-b-5（1）	坡地区	恢复区	高标准恢复区	拱形骨架配置灌草配置	灌木：紫穗槐、荆条、蔷薇等；草：高羊茅、早熟禾	1. 骨架护坡+紫穗槐+早熟禾；2. 正六边形混凝土空心块+紫穗槐+早熟禾	1年生苗，每穴2~3株，各类无病虫害，种草籽粒饱满、发芽率≥95%	全面整地	灌木株行距0.5~1.0m，草坪草播种量6~10g/m²		
III-4-2-C-b-5（2）	坡地区	恢复区	高标准恢复区	植生袋植灌草	灌木：紫穗槐、荆条等；草：高羊茅、白三叶等；叶草花卉：小冠花、波斯菊、萱草	1. 紫穗槐+连翘+早熟禾；2. 荆条+高羊茅	1年生苗，各类无虫害伤，种草籽粒饱满、发芽率≥95%	全面整地	灌木按需设置，播种量6~10g/m²		

表 3 - 15　胶东低山丘陵亚区（Ⅲ-5）植物配置模式、种植方式及种植效果

立地类型划分		植物种	常用配置	种植方式			设计图	效果图
				规格	整地方式	种植密度		
模式代号	Ⅲ-5-1-A-1	乔木：白蜡、国槐、圆柏、龙柏、刺槐、五角枫、合欢、垂柳、杨、侧柏等；灌木：柽柳、紫叶小檗、大叶黄杨、金叶女贞、丁香、紫叶李、贴梗海棠、紫薇、锦带花、连翘等；花卉：麦冬、鸢尾、萱草；草本：高羊茅、早熟禾等	依据地形、地貌条件和各灌乔草配置，疏密相间，曲折有致，高低错落；色调相宜；常绿树与落叶树搭配	园林大级苗，Ⅰ苗，无病虫害；各类根系苗木种带土球，常绿园林苗木按园林设计要求确定，草籽饱满，发芽率≥95%	原生土壤，全面整地，施肥，灌溉	乔灌株行距按园林绿化种植确定，草坪草15～20g/m²播种量		
立地类型小区	平地区							
立地类型组	美化区							
立地类型	办公、生活美化区							
配置模式	乔木+灌木+草+花卉							
模式代号	Ⅲ-5-1-C-a-2	乔木：刺槐、赤松、黑松、核桃楸、曲柳等；灌木：荆条、连翘等；草本：高羊茅等	1. 刺槐+连翘+早熟禾；2. 侧柏+荆条+高羊茅	1～2年生健壮苗木，乔木胸径≥3cm，苗高>1.2m。病虫害各类种和草种，籽粒饱满，发芽率≥95%	全面整地，穴状整地	乔木株行距2m×3m或3m×4m，灌木0.5～1m；播草籽50～100kg/hm²		
立地类型小区	平地区							
立地类型组	恢复区							
立地类型	一般恢复区							
配置模式	乔木+灌木+草							
模式代号	Ⅲ-5-1-C-b-3	乔木：油松、赤松、黑松、侧柏、臭椿、杨、泡桐等；灌木：酸枣、杞柳、穗槐、火炬树等；草本：菊、紫穗槐；草本：高羊茅、早熟禾等	1. 油松、侧柏+裂绣线菊+早熟禾；2. 泡桐+紫穗槐+早熟禾	3年以上健壮苗木，乔木胸径≥5cm，苗高>1.2m。无病虫害和各类种，籽粒饱满，发芽率≥95%	全面整地，穴状整地	乔木株行距2～3m，3年以上健壮苗木；灌木株行距0.5～1.0m；草播50～100kg/hm²撒播		
立地类型小区	平地区							
立地类型组	恢复区							
立地类型	高标恢复区							
配置模式	乔灌草立体混交							

续表

立地类型划分					植物种	常用配置	种植方式			设计图	效果图
							规格	整地方式	种植密度		
模式代号	立地类型小区	立地类型组	立地类型	配置模式							
Ⅲ-5-2-C-a-4	坡地区	恢复区	一般恢复区	灌木+草	灌木：紫穗槐、连翘；草本：高羊茅等	1.紫穗槐+早熟禾；2.连翘+早熟禾	1~2m生健壮苗木，乔木胸径3~5cm、苗高>1.2m，无病虫害，各系发达，常绿树种带土球；种子饱满，草种籽粒饱满发芽率≥95%	水平阶、穴状整地、鱼鳞坑	灌木株行距0.5~1m，草坪草播种量6~10g/m²		
Ⅲ-5-2-C-b-5(1)	坡地区	恢复区	高标准恢复区	拱形骨架植灌草配置	灌木：紫穗槐、蔷薇等；草本：高羊茅、早熟禾等	1.骨架护坡+紫穗槐+早熟禾；2.正六边形空块混凝土+紫穗槐+早熟禾	1年生苗，每穴2~3株，无病虫害，各类草种籽粒饱满发芽率≥95%	全面整地	灌木株距0.5~1.0m，草播种量10g/m²		
Ⅲ-5-2-C-b-5(2)	坡地区	恢复区	高标准恢复区	植生袋植灌草	灌木：紫穗槐、连翘、蔷薇等；草本：高羊茅、白三叶等；叶草：花卉：小冠花、波斯菊、萱草	连翘+早熟禾；荆条+高羊茅	1年生苗，无病虫害，各类草籽粒饱满发芽率≥95%	全面整地	灌木按需求设置，草播种量6~10g/m²		

表 3-16　豫西黄土丘陵亚区（Ⅲ-6）植物配置模式、种植方式及种植效果

立地类型划分		植物种	常用配置	种植方式			设计图	效果图
				规格	整地方式	种植密度		
模式代号	Ⅲ-6-1-A-1	乔木：雪松、桧柏、石楠、刺槐、红叶李、樱花；草本：可采用铺草皮；灌木：黄杨球、火棘球、棣棠、金叶女贞、紫叶小檗、河北杨、黄栌等；花卉：百日红、黄菊、月季、波斯菊；石竹、麦冬、白三叶等	1. 雪松+黄杨球+麦冬、红叶李+白三叶 2. 红叶李+白三叶	园林Ⅰ级苗，大苗，无病虫害和各类苗木伤；根系发达，带土球；种植苗木按设计要求确定；草种籽粒饱满，发芽率≥95%	原生土壤，全面整地，施肥、灌溉	乔灌林按园林化种植确定，草坪草播种量15～20g/m²		
立地类型小区	平地区							
立地类型组	美化区							
立地类型	办公、生活美化区							
配置模式	乔木+灌木+草							
模式代号	Ⅲ-6-1-C-a-2	乔木：小叶杨、河北杨、桧柏、栓皮栎等；草：大叶女贞、楸树、条橡等	1. 耕地+杨树 2. 耕地+旱柳	1～2m生健壮苗木，乔木径≥3cm；1.2m高苗，无病虫害各类伤；根系发达，常绿树种，带土球；种草种籽发芽率≥95%	全面整地，穴状整地	乔木株行距3～4m		
立地类型小区	平地区							
立地类型组	恢复区							
立地类型	一般恢复区							
配置模式	农田+防护林							
模式代号	Ⅲ-6-1-C-b-3	乔木：栓皮松、侧柏、白皮松、油松、杨树、条橡等；灌木：黄栌、杜鹃、胡枝子、火棘、樱槐、紫穗槐、狼牙刺、杨树等；草：黄麦草、小叶黄、狗牙根、黑麦草、禾草、针茅等	1. 侧柏+紫穗槐+狗牙根 2. 油松+胡枝子+黑麦草 3. 杨树+小叶黄+黑麦草	3年以上健壮苗木，乔木胸径≥5cm；无病虫害各类伤；根系发达，常绿树种，带土球；种草种籽粒饱满，发芽率≥95%	全面整地，穴状整地	乔木株行距2～3m，灌木株行距0.5～1.0m，草籽播种量5～10g/m²		
立地类型小区	平地区							
立地类型组	恢复区							
立地类型	高标准恢复区							
配置模式	乔木+灌木+草立体混交							

续表

立地类型划分		植物种	常用配置	种植方式			设计图	效果图
				规格	整地方式	种植密度		
模式代号	Ⅲ-6-2-C-a-4	灌木：紫穗槐、胡枝子等；酸枣草本：禾草、狗牙根、针茅、苜蓿等	1. 紫穗槐+黑麦草；2. 胡枝子+狗牙根	1~2m生健壮苗木，乔木胸径3~5cm苗>1.2m，无病虫害，各系发达，常绿树种带土球，草种种子饱满，粒发芽率≥95%	水平阶状整地穴状鱼鳞坑	灌木株行距0.5~0.8m，草坪草播种量6~10g/m²		
立地类型小区	坡地区							
立地类型组	恢复区							
立地类型	一般恢复区							
配置模式	乔木+灌木+草							
模式代号	Ⅲ-6-2-C-b-5 (1)	灌木：紫穗槐、荆条、蔷薇等；草本：高羊茅、早熟禾	1. 骨架护坡+紫穗槐+早熟禾；2. 正六边形混凝土空心块+紫穗槐+早熟禾	1年生苗，每穴2~3株，无病虫害，各草种种子饱满，粒发芽率≥95%	全面整地	灌木株行距0.5~1.0m，草坪草播种量6~10g/m²		
立地类型小区	坡地区							
立地类型组	恢复区							
立地类型	高标准恢复区							
配置模式	拱形骨架植灌草配置							
模式代号	Ⅲ-6-2-C-b-5 (2)	灌木：紫穗槐、荆条、蔷薇等；草本：高羊茅、早熟禾；叶卉：花卉：波斯菊、小冠花、萱草	1. 紫穗槐+连翘+羊三草；2. 荆条+高羊茅	1年生苗和各草种子，无病虫害，粒饱满，发芽率≥95%	全面整地	灌木按设置，求播种量草，6~10g/m²		
立地类型小区	坡地区							
立地类型组	恢复区							
立地类型	高标准恢复区							
配置模式	植生袋植灌草							

表 3-17　伏牛山山地丘陵亚区（Ⅲ-7）植物配置模式、种植方式及种植效果

立地类型划分					植物种	常用配置	规格	种植方式		设计图	效果图
模式代号	立地类型小区	立地类型组	立地类型	配置模式				整地方式	种植密度		
Ⅲ-7-1-A-1	平地区	美化区	办公生活美化区	乔木+灌木+草	乔木：桧柏、石楠、雪松、刺槐、红叶李、棕榈、樱花等；灌木：火棘球、黄杨球、棣棠、黄栌等；草本：铺地柏；绿篱：金叶女贞、月季、花卉、波斯菊等；石竹、麦冬；草坪：白三叶等	1.雪松+麦冬、杨球+黄杨球；2.红叶李+棣棠+白三叶	园林Ⅰ级苗；无病虫害和各类根系发达，常绿苗木带土球；苗木按设计要求确定，草种籽粒饱满，发芽率≥95%	原生土壤、全面整地、施肥、灌溉	乔灌株行距按园林化种植确定，草坪草15~20g/m²		
Ⅲ-7-1-C-a-2	平地区	恢复区	一般恢复区	农田+防护林	乔木：桧柏、小叶杨、河北杨、栓皮栎、旱柳等	1.耕地+杨树；2.耕地+旱柳	1~2m生健壮苗木，乔木胸径≥3cm，苗高>1.2m，无病虫害和各类根系发达，常绿树种带土球，草种籽粒饱满，发芽率≥95%	全面整地、穴状整地	乔木株行距3~4m		
Ⅲ-7-1-C-b-3	平地区	恢复区	高标准恢复区	乔木+灌木+草立体混交	乔木：桧柏、侧柏、白皮松、油松、大叶女贞、杨树、楸树、茶条槭等；灌木：火棘、槐、杜鹃、胡枝子、狼牙刺、小叶黄杨等；草本：黑麦草、狗牙根、禾草、针茅等	1.侧柏+紫穗槐+狗牙根；2.油松+胡枝子+黑麦草；3.杨树+小叶黄杨+黑麦草	3年以上生健壮苗木，乔木胸径≥5cm，无病虫害和各类根系发达，常绿树种带土球，草种籽粒饱满，发芽率≥95%	全面整地、穴状整地	乔木株行距2~3m，灌木株行距0.5~1.0m，草籽播种量5~10g/m²		

续表

| 立地类型划分 | | | | | 常用配置 | 植物种 | 规格 | 种植方式 | | 设计图 | 效果图 |
模式代号	立地类型小区	立地类型组	立地类型	配置模式				整地方式	种植密度		
Ⅲ-7-2-C-a-4	坡地区	恢复区	一般恢复区	乔木+灌木+草	1. 紫穗槐+黑麦草+胡枝子+狗牙根	灌木:紫穗槐、胡枝子等;草本:酸枣、针茅、狗牙根、苜蓿等	1~2m生健壮苗木,乔木胸径3~5cm,苗高>1.2m,各类无虫害伤,根系发达,常绿树种带土球,草种籽粒饱满,发芽率≥95%	水平阶、状整地、穴状、鱼鳞坑	灌木株行距0.5~0.8m,草坪草播种量6~10g/m²		
Ⅲ-7-2-C-b-5(1)	坡地区	恢复区	高标准恢复区	拱形骨架植灌草配置	1. 骨架护坡+紫穗槐+早熟禾; 2. 正六边形混凝土空心块+紫穗槐+早熟禾	灌木:紫穗槐、连翘等;荆条、蔷薇等;草本:高羊茅、早熟禾	1年生苗,每穴2~3株,无病虫害和各类草种,籽粒饱满,发芽率≥95%	全面整地	灌木株行距0.5~1.0m,草坪草播种量6~10g/m²		
Ⅲ-7-2-C-b-5(2)	坡地区	恢复区	高标准恢复区	植生袋植灌草	1. 紫穗槐+连翘; 2. 荆条+高羊茅	灌木:紫穗槐、连翘等;荆条、蔷薇等;草本:高羊茅、白三叶等花卉:小冠花、波斯菊、萱草	1年生苗,无虫害和各类草种,籽粒饱满,发芽率≥95%	全面整地	灌木按需设置,草播种量6~10g/m²		

3.5　西北黄土高原区植物措施配置模式

西北黄土高原区划分为阴山山地丘陵立地亚区（Ⅳ-1）、鄂乌高原丘陵立地亚区（Ⅳ-2）、宁中北丘陵平原立地亚区（Ⅳ-3）、晋陕甘高塬沟壑立地亚区（Ⅳ-4）、宁青甘山地丘陵沟壑立地亚区（Ⅳ-5）、晋陕蒙丘陵沟壑立地亚区（Ⅳ-6）、汾河中游丘陵沟壑立地亚区（Ⅳ-7）、关中平原立地亚区（Ⅳ-8）以及晋南、晋东南丘陵立地亚区（Ⅳ-9）、秦岭北麓—渭河中低山阶地立地亚区（Ⅳ-10）共 10 个立地亚区。阴山山地丘陵立地亚区共有 13 种植物措施配置模式，鄂乌高原丘陵立地亚区共有 13 种植物措施配置模式，宁中北丘陵平原立地亚区共有 13 种植物措施配置模式，晋陕甘高塬沟壑立地亚区共有 12 种植物措施配置模式，宁青甘山地丘陵沟壑立地亚区共有 12 种植物措施配置模式，晋陕蒙丘陵沟壑立地亚区共有 13 种植物措施配置模式，汾河中游丘陵沟壑立地亚区共有 13 种植物措施配置模式，关中平原立地亚区共有 13 种植物措施配置模式，晋南、晋东南丘陵立地亚区共有 13 种植物措施配置模式，秦岭北麓—渭河中低山阶地立地亚区共有 13 种植物措施配置模式。

植物配置模式、种植方式及种植效果见表 3-18～表 3-27。

表3-18　阴山山地丘陵立地亚区（Ⅳ-1）植物配置模式、种植方式及种植效果

立地类型划分					植物种	常用配置	规格	种植方式		设计图	效果图
模式代号	立地类型小区	立地类型组	立地类型	配置模式				整地方式	种植密度		
Ⅳ-1-1-A-a-1(1)	平地区	美化区	办公美化区	乔木+灌木+草园林景观式	乔木：国槐、油松、龙爪槐、李子等；灌木：丁香、红端木、紫叶小檗、紫穗槐；草本：月季、鸢尾、草坪草等	采用规则式和自然式配置各类乔木、灌木、草，如：国槐+紫穗槐+鸢尾	园林大苗，Ⅰ级苗，无病虫害，根系发达各类常绿树种和带土球；苗木按园林设计要求种植确定，草种籽粒饱满，发芽率≥95%	原生土壤、全面整地，施肥、灌溉	乔灌株行距按园林化种植确定，草坪草播种量15～20g/m²	剖面图 平面图	
Ⅳ-1-1-A-a-1(2)	平地区	美化区	办公美化区	乔木+灌木+草景观配置	乔木：国槐、圆柏、龙爪槐、李子等；灌木：紫叶小檗、黄杨、女贞、月季；草本：鸢尾、草坪草等	路边条状绿植地、路口中间种植绿篱，其上配置各类乔、灌木，如：圆柏+丁香+草坪草	园林大苗，Ⅰ级苗，无病虫害，根系发达土球，乔木胸径3～5cm；常绿树种苗高＞150cm，带土球≥2.5m；灌木地径≥1.5cm，草种籽粒饱满，发芽率≥95%	全面整地，施肥、灌溉	乔木株行距4～6m，绿篱株距（0.3～1）m×（0.3～1）m，草坪草播种量15～20g/m²	剖面图 平面图	
Ⅳ-1-1-A-a-1(3)	平地区	美化区	生活美化区	乔木+灌木+草景观配置	乔木：国槐、草柳、圆柏、油松、紫叶李等；灌木：紫叶小檗、金叶女贞、黄杨、紫薇、牡丹等；草本：月季、草坪草等	小区绿地，因绿地形状各异配置各类乔灌草，路边栽植大苗，下层植草，如：国槐+三叶杨+三叶草	园林大苗，Ⅰ级苗，无病虫害，根系发达，乔木胸径3～5cm；常绿树种苗高＞150cm，带土球≥2.5m；灌木地径≥1.5cm，草种籽粒饱满，发芽率≥95%	全面整地，施肥、灌溉	乔木株距4～6m，绿篱株距0.3m×0.3m，三叶草播种量5g/m²	剖面图 平面图	

续表

立地类型划分		植物种	常用配置	规格	种植方式		设计图	效果图
					整地方式	种植密度		
模式代号	IV-1-1-B-a-2	乔木：油松、白皮松、华北落叶松、侧柏等；灌木：紫穗槐、紫叶小檗、黄杨、金叶女贞、蔷薇等	路边绿地，根据空间位置选择枝叶繁茂的乔灌木种植，乔木＋灌木如：白蜡＋黄杨	园林大苗，无病虫害和各类伤，根系发达，乔木胸径≥4cm；灌木冠幅≥20cm，高≥40cm	全面整地，施肥、灌溉	乔木株距4~6m，绿篱株行距0.3m×0.3m	平面图　剖面图	
立地类型小区	平地区							
立地类型组	功能区							
立地类型	滞尘区							
配置模式	乔木＋灌木							
模式代号	IV-1-1-B-b-3	乔木：油松、华北落叶松、新疆杨、白榆等；灌木：旱柳、胡枝子、虎榛子、侧柏、山杏等	穿越城镇、农田高速公路两侧种植乔灌，或单行乔木、中央隔离带栽植侧柏	园林大苗，无病虫害各类伤，根系发达，带土球，乔木胸径≥5cm，绿篱高≥3.0m，常绿乔木高＞3.0m；乔木苗高＞150cm；绿篱高＞60cm；桎柳地径≥0.5cm	全面整地，施基肥、浇透水一次，常绿干旱时补灌	乔木株距4~6m，桎柳株距1m，绿篱株距0.5m，篱树株距0.5m	平面图　剖面图	
立地类型小区	平地区							
立地类型组	功能区							
立地类型	防噪声区							
配置模式	乔木＋灌木							
模式代号	IV-1-1-C-a-4	羊草、冰草、狗尾草等	厂区预留地，雨季撒播冰草、自然恢复狗尾草等	草种籽粒饱满，发芽率≥95%	全面整地	播种量37.5kg/hm²	平面图　剖面图	
立地类型小区	平地区							
立地类型组	恢复区							
立地类型	一般恢复区							
配置模式	草							

续表

立地类型划分			植物物种	常用配置	种植方式			设计图	效果图
					规格	整地方式	种植密度		
模式代号	IV-1-1-C-b-5 (1)		苹果、杜仲、山杏、构杞、沙棘等经济树种	沟道渣场平台部分复垦种植山杏、沙棘等作物；部分种植苹果等经济树种	I级苗，乔木胸径≥4cm，树高≥3.0m；常绿乔木苗高>120cm	全面整地，施基肥，首次浇透水	株行距 3m×4m		
立地类型小区	平地区								
立地类型组	恢复区								
立地类型	高标准恢复区								
配置模式	复垦种植作物，种植乔木								
模式代号	IV-1-1-C-b-5 (2)		农作物	沟道渣场平台复垦、种植各类农作物	农作物种子籽粒饱满，发芽率高	全面整地，施基肥，首次浇透水	根据当地类型农作物确定相应种植密度		
立地类型小区	平地区								
立地类型组	恢复区								
立地类型	高标准恢复区								
配置模式	复垦种植农作物								
模式代号	IV-1-2-D-b-6 (1)		华北落叶松、侧柏、沙棘、旱柳	坡面种植落叶、常绿乔木，灌木，空地自然恢复复植被	园林大苗，无病虫害，根系发达，常绿乔木苗高>150cm带土球；侧柏、旱柳等苗高40~150cm，地径0.4~2cm	穴状整地	株行距 2m×3m		
立地类型小区	挖方边坡区								
立地类型组	土质边坡区								
立地类型	坡度≥1:1（45°），坡长>3m								
配置模式	乔灌混交护坡								

续表

立地类型划分		植物物种	常用配置	种植方式			设计图	效果图
				规格	整地方式	种植密度		
模式代号	IV-1-2-D-b-6(2)	油松、紫穗槐、柠条、苜蓿、打草等	坡面种植油松、紫穗槐、红豆草、苜蓿、还有少量柠条,沙打旺,自然恢复及沙棘、苜蓿、草本,马道排水沟外侧种植白榆,坡脚种植旱柳	I级苗,无病虫害,根系发达。乔木胸径≥3cm,树高≥2.0m;灌木1年生,I级苗,地径≥0.5cm;草本种籽饱满,发芽率≥95%	乔灌穴状整地	灌木株行距0.8m×0.8m,株距2m,脚株距4m,马道苜蓿等草本37.5~50kg/hm²		
立地类型小区	挖方边坡区							
立地类型组	土质边坡							
立地类型	坡度≥1:1(45°),坡长<3m							
配置模式	削坡开级+乔灌草防护							
模式代号	IV-1-2-D-a-7(1)	华北落叶松、紫穗槐、柠条、苜蓿、沙打旺、踏郎棒、花棒、藜等	削坡种植华北落叶松、紫穗槐,马道面撒播苜蓿、沙棘,坡面自然恢复及沙打旺,踏郎棒、花棒等种植草本、羊草	I级苗,无病虫害,根系发达。乔木胸径≥3cm,树高≥2.0m;绿化苗木苗高≥150cm;带土球,草本种籽饱满,发芽率≥95%	马道穴状整地	株距4m,苜蓿等草本37.5~50kg/hm²		
立地类型小区	挖方边坡区							
立地类型组	土质边坡							
立地类型	坡度<1:1(20°),坡长>3m							
配置模式	削坡开级+乔木草防护							
模式代号	IV-1-2-D-a-7(2)	山杏、沙枣	路堑暂削坡开级,马道栽植山杏、沙枣	I级苗,无病虫害,根系发达。苗高100~150cm,地径1~2cm	马道上穴定植浇水	株距2m		
立地类型小区	挖方边坡区							
立地类型组	土质边坡							
立地类型	坡度<1:1(20°),坡长<3m							
配置模式	削坡开级+乔木防护							

续表

立地类型划分		植物种	常用配置	种植方式			设计图	效果图
				规格	整地方式	种植密度		
模式代号	IV-1-2-E-a-8	金叶女贞、黄杨、紫穗槐、冬青等	园林造景，采用规则方式配置灌木	Ⅰ级苗，无病虫害；根系发达。带土球，地径≥1.5cm	全面整地，施肥、灌溉	株行距按设计图园林种植方案确定	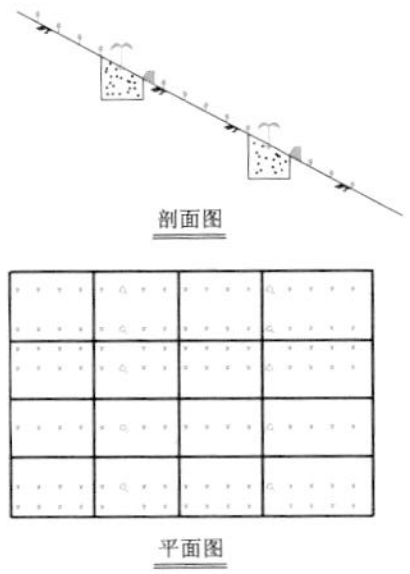	
立地类型区	挖方边坡区							
立地类型组	土石混合边坡							
立地类型	坡度<1:2.75(20°)，坡长>3m							
配置模式	周边混凝土框条固定+灌木园林景观式配置护坡							
模式代号	IV-1-2-E-b-9	华北落叶松、侧柏、紫穗槐、山杏、羊草	取土场边坡；削坡开级；工程骨架内种植草本植物和少量乔木	乔木胸径1.5～2cm，树高1.2～1.5m；草种籽粒饱满，发芽率≥95%	骨架内全面整地	草播种量5～10g/m²，株距不等	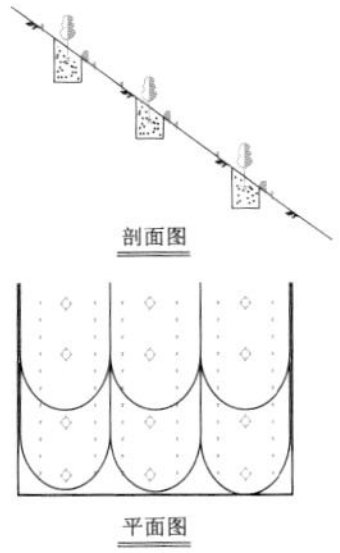	
立地类型区	挖方边坡区							
立地类型组	土石混合边坡							
立地类型	坡度≥1:1(45°)，坡长>3m							
配置模式	削坡开级+拱形骨架+乔草防护							

143

续表

立地类型划分		植物种	常用配置	种植方式			设计图	效果图
				规格	整地方式	种植密度		
模式代号	IV-1-3-D-a-10(1)	紫穗槐、柠条、地锦等	坡面种植紫穗槐、柠条、沙棘、苜蓿，坡下种五叶地锦、羊草	I级苗，无病虫害，根系发达。紫穗槐1年生，地径≥0.5cm；地锦用插条，1~2年生质化壮枝；草籽饱满，种子发芽率≥95%	穴状整地，施基肥	紫穗槐株行距0.8m×1m，五叶地锦株距0.8m，苜蓿草37.5kg/hm²		
立地类型小区	填方边坡区							
立地类型组	土质边坡							
立地类型	坡度<1:1(45°)，坡长>3m							
配置模式	灌木+草							
模式代号	IV-1-3-D-a-10(2)	油松、刺槐、白榆、冰草等	渣场边坡种植油松、刺槐、白榆，空地自然恢复各类杂草	I级苗，无病虫害，根系发达，苗高>100cm，常绿树种带土球	穴状整地，施基肥	株行距2m×3m		
立地类型小区	填方区							
立地类型组	土质边坡							
立地类型	坡度<1:1(45°)，坡长<3m							
配置模式	乔木+草							
模式代号	IV-1-3-D-b-11(1)	侧柏、紫穗槐、冰草等	边坡种植侧柏、紫穗槐，空地自然恢复各类杂草	I级苗，无病虫害，侧柏苗高100~150cm，地径1~2cm；灌I级苗，地径≥0.5cm	骨架内全面整地	灌木株行距0.8m×0.8m，乔木株距2~3m		
立地类型小区	填方边坡区							
立地类型组	土质边坡							
立地类型	坡度≥1:1(45°)，坡长>3m							
配置模式	拱形骨架+乔灌配置							

续表

立地类型划分		常用配置	种植方式			设计图	效果图
			规格	整地方式	种植密度		
模式代号	IV-1-3-D-b-11(2)	拱形骨架内栽植乔灌，株间空地自然恢复各类杂草	乔木等苗高150cm～地径1～2cm；灌木1年生I级苗，地径≥0.5cm	骨架内全面整地	灌木株距0.8m，行距0.8m，乔木株距2m×2m		
立地类型小区	填方边坡区						
立地类型组	土质边坡						
立地类型	坡度≥1:1(45°)，坡长<3m						
配置模式	拱形骨架+乔灌草配置						
植物种	侧柏、旱柳、紫穗槐、沙棘、冰草、沙打旺、花棒、踏郎等						
模式代号	IV-1-3-E-a-12	坡脚种植旱柳，拱形骨架内坡面上部种植侧柏，下部种植槐，高羊茅、苜蓿、黑麦草等	I级苗，无病虫害，根系发达乔木胸径≥3cm，树高≥2.0m；灌木1年生I级苗，地径≥0.5cm；草种籽粒饱满，发芽率≥95%	骨架内全面整地	乔木株距4～6m，灌木株行距0.8m×0.8m，坪草播种量15g/m²		
立地类型小区	填方边坡区						
立地类型组	土石混合边坡						
立地类型	坡度<1:1(45°)，坡长>3m						
配置模式	拱形骨架+乔灌草配置						
植物种	侧柏、旱柳、槐、紫穗槐、高羊茅、苜蓿、黑麦草						
模式代号	IV-1-3-E-b-13(1)	坡脚浆砌石挡墙，坡面种草防护	草种籽粒饱满，发芽率≥95%	坡面带状整地	草播种量5～10g/m²		
立地类型小区	填方边坡区						
立地类型组	土石混合边坡						
立地类型	坡度≥1:1(45°)，坡长<3m						
配置模式	坡脚浆砌石挡墙+种草防护						
植物种	羊草、黑麦草、冰草等						

续表

立地类型划分		植物种	常用配置	规格	种植方式		设计图	效果图
					整地方式	种植密度		
模式代号	IV-1-3-E-b-13(2)	羊草、黑麦草、冰草等	形骨架内种上和上部坡面种植草,坡脚种植刺槐、臭椿等	乔木I级苗,无病虫害,根系发达,胸径2~3cm,树高≥1.5m;草籽粒饱满,发芽率≥95%	坡面带状整地	乔木株距4~6m,草播种量5~10g/m²		
立地类型小区	填方边坡区							
立地类型组	土石混合边坡							
立地类型	坡度≥1:1(45°),坡长<3m							
配置模式	拱形骨架+种草防护							

表 3 - 19　鄂乌高原丘陵立地亚区（IV-2）植物配置模式、种植方式及效果

立地类型划分		植物种	常用配置	规格	种植方式		设计图	效果图
					整地方式	种植密度		
模式代号	IV-2-1-A-a-1(1)	乔木:油松、国槐、龙爪槐、李子等;灌木:丁香、红瑞木、紫穗槐、紫叶小檗、冬青、月季;草本:草坪草、鸢尾等	采用规则和自然式配置方式,乔灌草各类。如:国槐+紫穗槐+鸢尾,草坪草+鸢尾等	园林大I级苗,无病虫害,根系发伤、各绿树类,常绿带土球。乔木苗木按设计要求种植,草种籽粒饱满,发芽率≥95%	原生土壤,全面整地,施肥、灌溉	乔灌株行距按园林化种植确定,草坪草播种量15~20g/m²		
立地类型小区	平地区							
立地类型组	美化区							
立地类型	办公美化区							
配置模式	乔木+灌木+草园林景观式							

续表

立地类型划分		植物种	常用配置	种植方式			设计图	效果图
				规格	整地方式	种植密度		
模式代号	IV-2-1-A-a-1(2)							
立地类型小区	平地区	乔木：国槐、圆柏、龙爪槐、李子等；灌木：金叶女贞、黄杨等；紫叶小檗、月季、草本：紫叶、鸢尾、草坪草等	路边条状绿地、绿篱、路边栽植绿篱、中间种植草有各类乔灌木，其上配置如：圆柏＋丁香＋草坪草	园林大苗，I级苗，无病虫害；根系发达，带土球，乔木胸径3～5cm，树高＞2.5m；常绿树种苗高＞150cm，带土坨；灌木地径≥1.5cm，草种籽粒饱满，发芽率≥95%	全面整地，灌溉施肥、灌溉	乔木株距4～6m，绿篱株行距（0.3～1）m×（0.3～1）m，草坪草15～20g/m²	剖面图 / 平面图	
立地类型组	美化区							
立地类型	办公美化区							
配置模式	乔木＋灌木＋草景观配置							
模式代号	IV-2-1-A-a-1(3)							
立地类型小区	平地区	乔木：国槐、油松、草柳、圆柏、紫叶李等；灌木：黄杨、紫薇、牡丹等；紫叶小檗、金叶女贞、草本：三叶草等	小区绿地因绿地地形状大小配置植不同植被，路边栽植绿篱，下层植草本，其上配置有各类乔灌，如：圆柏＋黄杨＋三叶草	园林大苗，I级苗，无病虫害；根系发达，带土球，乔木胸径3～5cm，绿高＞2.5m；常绿高＞树种苗高150cm，带土灌木地径≥1.5cm，草种籽粒饱满，发芽率≥95%	全面整地，灌溉施肥、灌溉	乔木株距4～6m，株行距0.3m×0.3m，叶草5g/m²	剖面图 / 平面图	
立地类型组	美化区							
立地类型	生活美化区							
配置模式	乔木＋灌木＋草景观配置							
模式代号	IV-2-1-B-a-2							
立地类型小区	平地区	乔木：油松、华北落叶松、白榆等；侧柏、灌木；白蜡、紫穗槐、黄杨、紫叶小檗、紫薇、女贞、蔷薇等	路边绿地，根据绿地位置选择枝皮种植的乔灌种植，如：白蜡＋黄杨	园林大苗，无病虫害和各类苗；根系发达，乔木胸径≥4cm，乔木高≥2m；灌木冠幅0.2m，≥0.4m	全面整地，灌溉施肥、灌溉	乔木株距4～6m，株行距0.3m×0.3m	4m 平面图	
立地类型组	功能区							
立地类型	潜生区							
配置模式	乔木＋灌木							

续表

立地类型划分		植物种	常用配置	种植方式			设计图	效果图
				规格	整地方式	种植密度		
模式代号	IV-2-1-B-c-3	乔木：油松、华北落叶松、新疆杨、白榆等；灌木：山杏、胡枝、侧柏、草柳、虎榛子等	穿越城镇的高速公路两侧种植乔木、灌木，或单种植乔木、中央隔离带栽植侧柏	园林大苗，无病虫害和各类系伤；乔木：根系发达、土球，胸径≥5cm；树高≥3.0m；常绿高≥150cm；绿篱苗高>60cm；径≥0.5cm	全面整地，施基肥，首次浇透水，干旱季节补灌	乔木株距4~6m，径柳株距1m，绿篱树株距0.5m		
立地类型小区	平地区							
立地类型组	功能区							
立地类型	防噪声区							
配置模式	乔木＋灌木							
模式代号	IV-2-1-C-a-4	羊草、冰草、狗尾草等	厂区预留地、雨季撒播，自然恢复狗尾草等	草种籽粒饱满，发芽率≥95%	全面整地	播种量 37.5kg/hm²		
立地类型小区	平地区							
立地类型组	恢复区							
立地类型	一般恢复区							
配置模式	草							
模式代号	IV-2-1-C-b-5 (1)	苹果、杜仲、山杏、沙棘等经济树种	沟道渣场平台部分种植山杏等作物，沙棘等部分种植苹果经济树种	I级苗，乔木胸径≥4cm，树高≥3.0m；常绿乔木苗高>120cm	全面整地，施基肥，首次浇透水	株行距 3m×4m		
立地类型小区	平地区							
立地类型组	恢复区							
立地类型	高标准恢复区							
配置模式	复垦种植作物、种植乔木							

续表

立地类型划分					植物种	常用配置	种植方式			设计图	效果图
模式代号	立地类型小区	立地类型组	立地类型	配置模式			规格	整地方式	种植密度		
Ⅳ-2-1-C-b-5 (2)	平地区	恢复区	高标准恢复区	复垦种植农作物	农作物	沟道渣场平台复垦种植各类农作物	农作物种子籽粒饱满,发芽率高	全面整地,施基肥,首次浇透水	根据当地类型确定相应的种植密度	剖面图　平面图	
Ⅳ-2-2-D-b-6 (1)	挖方边坡区	土质边坡	坡度≥1:2.75(20°),坡长>3m	乔木+灌木混交护坡	华北落叶松、侧柏、沙枣、旱柳	坡面种植落叶松和常绿乔木、灌木,空地自然恢复植被	园林大苗,无病虫害,根系发达。常绿乔木苗高>150cm;侧柏带土球;旱柳等苗木高40~150cm,地径0.4~2cm	穴状整地	株行距 2m×3m	剖面图　平面图　3.5m	
Ⅳ-2-2-D-b-6 (2)	挖方边坡区	土质边坡	坡度≥1:2.75(20°),坡长<3m	削坡开级+乔灌草防护	油松、紫穗槐、柠条、苜蓿、打碗花、羊草	坡面种植油松、紫穗槐,苜蓿、红豆草和少量柠条、沙棘及丰富草本,自然恢复沙枣、沙棘等草本,马道排水沟外侧种植白榆,坡脚种植旱柳	Ⅰ级苗,无病虫害。乔木根系发达,胸径≥3cm,树高≥2.0m;灌木1年生Ⅰ级苗,地径≥0.5cm;草籽饱满,发芽率≥95%	乔灌穴状整地	灌木株距0.8m×行距0.8m,马道2m,坡脚株距4m,株距≥2.0m,苜蓿等草本37.5~50kg/hm²	剖面图　平面图　6m	

续表

立地类型划分		植物种	常用配置	种植方式			设计图	效果图
				规格	整地方式	种植密度		
模式代号	IV-2-2-D-a-7(1)	华北落叶松、槐、苜蓿、柠条、沙打旺、沙棘、踏郎、羊草、穗草、藜等	削坡开级，马道种植华北落叶松、槐，坡面撒播种植苜蓿、山杏、柠条、自然恢复植被沙打旺、沙棘、花棒、踏郎、羊草等草本	Ⅰ级苗，无病虫害，根系发达。刺槐胸径≥3cm，树高≥2.0m；常绿乔木苗高>150cm，带土球；草种籽粒饱满，发芽率≥95%	马道穴状整地	株距 4m×3m，苜蓿等草本 37.5～50kg/hm²	（剖面图／平面图）	
立地类型小区	挖方边坡区							
立地类型组	土质边坡							
立地类型	坡度<1:2.75（20°），坡长>3m							
配置模式	削坡开级+乔木草防护							
模式代号	IV-2-2-D-a-7(2)	山杏、沙枣	路堑削坡开级，马道栽植山杏、沙枣	Ⅰ级苗，无病虫害，根系发达。苗高 100～150cm，地径 1～2cm	马道上穴状整地，浇定植水	株距 2m	（剖面图／平面图）	
立地类型小区	挖方边坡区							
立地类型组	土质边坡							
立地类型	坡度<1:2.75（20°），坡长<3m							
配置模式	削坡开级+乔木防护							

续表

立地类型划分			植物种	常用配置	种植方式			设计图	效果图
					规格	整地方式	种植密度		
模式代号	IV-2-2-E-a-8		金叶女贞、黄杨、冬青等	园林造景,采用规则方式配置灌木	I级苗;无病虫害;根系发达;带土球,球径≥1.5cm	全面整地,施肥、灌溉	株行距按园林设计方案种植确定		
立地类型小区	挖方边坡区								
立地类型组	土石混合边坡								
立地类型	坡度<1:2.75(20°),坡长>3m								
配置模式	周边混凝土框条固定+灌木景观式配置模式								
模式代号	IV-2-2-E-b-9		华北落叶松、侧柏、紫穗槐、柠条、山杏、草羊草	取土场边坡,削坡开级;工程骨架内种植草本植物和少量乔木	乔木胸径1.5~2cm,树高1.2~1.5m;草种籽粒饱满,发芽率≥95%	骨架内全面整地	草播种量5~10g/m²,株距不等		
立地类型小区	挖方边坡区								
立地类型组	土质边坡								
立地类型	坡度≥1:2.75(20°),坡长>3m								
配置模式	削坡开级+拱形+骨架+乔草防护								

151

续表

立地类型划分					植物种	常用配置	种植方式			设计图	效果图
							规格	整地方式	种植密度		
模式代号	立地类型小区	立地类型组	立地类型	配置模式							
IV-2-3-D-a-10 (1)	填方边坡区	土质边坡	坡度 <1:2.75 (20°)，坡长 >3m	灌木+草	紫穗槐、柠条、五叶地锦、羊草等	坡面种植紫穗槐、柠条、沙棘、首蓿等，坡下种五叶地锦、羊草	I级苗，无病虫害，根系发达；地径≥0.5cm；地锦穗槐1年生，紫穗槐1~2年生健壮木质化枝；草类种籽粒饱满，发芽率≥95%	穴状整地，施基肥	紫穗槐株行距0.8m×0.8m，五叶地锦株距1m，首蓿37.5kg/hm²		
IV-2-3-D-a-10 (2)	填方边坡区	土质边坡	坡度 <1:2.75 (20°)，坡长 <3m	乔+草	油松、剌槐、白榆、冰草等	渣场边坡种植油松、剌槐、白榆，空地自然恢复各类杂草	I级苗，无病虫害，根系发达，苗高常>100cm；绿树种带土球	穴状整地，施基肥	株行距 2m×3m		
IV-2-3-D-b-11 (1)	填方边坡区	土质边坡	坡度 ≥1:2.75 (20°)，坡长 >3m	拱形骨架+乔灌配置	侧柏、紫穗槐等	边坡种植侧柏、紫穗槐，空地自然恢复各类杂草	I级苗，无病虫害，根系发达，侧柏苗高~150cm，地径1~2cm；灌木1年生I级苗，地径≥0.5cm	骨架内全面整地	灌木株行距0.8m×0.8m，乔木株距2~3m		

续表

立地类型划分					植物种	常用配置	规格	整地方式	种植密度	设计图	效果图
模式代号	立地类型小区	立地类型组	立地类型	配置模式				种植方式			
IV-2-3-D-b-11(2)	填方边坡区	土质边坡	坡度≥1:2.75(20°),坡长<3m	拱形骨架+乔灌草配置	侧柏、旱柳、紫穗槐、沙棘、沙旺、冰草、踏郎等	拱形骨架内栽植乔灌,株间空地自然恢复各类杂草	乔木等苗高100~150cm,地径1~2cm;灌木1年生I级苗,地径≥0.5cm	骨架内全面整地	灌木株距0.8m×0.8m,乔木株行距2m×2m	剖面图 / 平面图	
IV-2-3-D-b-11(3)	填方边坡区	土质边坡	坡度≥1:2.75(20°),坡长>3m	拱形骨架+乔灌草配置	侧柏、旱柳、紫穗槐、苜蓿、高羊茅、黑麦草等	坡脚种植柳、坡面拱形骨架植乔穗槐,上部种植乔木,下部种植高羊茅、黑麦草等	I级苗,无病虫害,根系发达;乔木胸径≥3cm,树高≥2.0m;草1年生I级苗,地径≥0.5cm;草种籽粒饱满,发芽率≥95%	骨架内全面整地	乔木株距4~6m,灌木株行距0.8m×0.8m;坪草播种量15g/m²	剖面图 / 平面图	
IV-2-3-E-a-12	填方边坡区	土石混合边坡	坡度<1:2.75(20°),坡长<3m	坡脚浆砌石挡墙+种草防护	羊草、黑麦草、冰草等	坡脚浆砌石挡墙,坡面种草防护	草种籽粒饱满,发芽率≥95%	坡面带状整地	草播种量5~10g/m²	剖面图 / 平面图	

续表

立地类型划分		植物种	常用配置	种植方式			设计图	效果图
				规格	整地方式	种植密度		
模式代号	IV-2-3-E-b-13	羊草、黑麦草、冰草等	坡面下部拱形骨架内种草，坡面上部坡脚植柳、刺槐、臭椿	乔木I级苗，无病虫害；根系发达，胸径2～3cm，树高1.5～2.0m；草种籽粒饱满，发芽率≥95%	坡面带状整地	乔木株距4～6m，草播量10g/m²		
立地类型小区	填方边坡区							
立地类型组	土石混合边坡							
立地类型	坡度≥1:2.75(20°)，坡长<3m							
配置模式	拱形骨架+种草防护							

表 3-20　宁中北丘陵平原立地亚区（IV-3）植物配置模式、种植方式及种植效果

立地类型划分		植物种	常用配置	种植方式			设计图	效果图
				规格	整地方式	种植密度		
模式代号	IV-3-1-A-a-1(1)	乔木：油松、国槐、龙爪槐、白榆等；灌木：丁香、木槿、红瑞木、紫叶小檗、冬青等；草本：长芝草、油蒿、鸢尾、草坪草等	采用规则式和自然式配置方式，配置各类乔、灌、草。如：国槐+紫穗槐+紫藤+鸢尾	园林大苗，I级苗，无病虫害；根系发达，常绿树种带土球，苗木按园林设计要求确定；草种籽粒饱满，发芽率≥95%	原生土壤，全面施肥，整地，灌溉	乔灌株行距按园林化种植确定；草坪草，播种量15～20g/m²		
立地类型小区	平地区							
立地类型组	美化区							
立地类型	办公美化区							
配置模式	乔木+灌木+草园林景观式							

续表

立地类型划分		植物种	常用配置	种植方式			设计图	效果图
				规格	整地方式	种植密度		
模式代号	IV-3-1-A-a-1(2)	乔木：国槐、圆柏、龙爪槐、白桦等；灌木：紫叶小檗、黄杨、胡枝子等；草本：长芝草、草坪草、鸢尾等	路边条状绿地、路边种植绿篱、中间配植各种绿草，其上配置各类乔灌，如：白桦+黄杨+草坪草	园林大苗、I级苗、无病虫害、根系发达、带土球；乔木胸径3～5cm；高≥2.5m；常绿树种苗高高>150cm，带土坨；灌木地径≥1.5cm，带土坨；草种种粒饱满、发芽率≥95%	全面整地、施肥、灌溉	乔木株距4～6m，绿篱株行距（0.3～1）m×（0.3～1）m，草坪草15～20g/m²	剖面图 / 平面图	
立地类型小区	平地区							
立地类型组	美化区							
立地类型	办公美化区							
配置模式	乔木+灌木+草景观							
模式代号	IV-3-1-A-a-1(3)	乔木：国槐、圆柏、旱柳、油松、紫叶李等；灌木：紫叶小檗、金叶女贞、牡丹等；草本：三叶草等	小区绿地因地形状大小配置各异。路边栽植绿篱，下层植草，其上配置各类乔灌，如：圆柏+三叶草	园林大苗、I级苗、无病虫害、根系发达、带土球；乔木胸径3～5cm；高≥2.5m；绿化树种苗高高>150cm，带土坨；灌木地径≥1.5cm，带土坨；草种种粒饱满、发芽率≥95%	全面整地、灌溉、施肥	乔木株距4～6m，绿篱株行距0.3m×0.3m；叶草草坪草5g/m²	剖面图 / 平面图	
立地类型小区	平地区							
立地类型组	美化区							
立地类型	生活美化区							
配置模式	乔木+灌木+草景观配置							
模式代号	IV-3-1-B-a-2	乔木：油松、杜松、华北落叶松、白榆、毛白杨等；灌木：柠条、沙棘、冬青、胡枝子、侧柏、紫穗槐、黄杨等	路边绿地、根据空间位置选择枝叶繁茂的乔灌种植，乔木+灌木，如：杜松+黄杨	园林大苗、无病虫害、各类发达、根系乔木径≥4cm；灌木冠幅>0.2m、高>0.4m	全面整地、施肥、灌溉	乔木株距4～6m，绿篱株行距0.3m×0.3m	剖面图 / 平面图	
立地类型小区	平地区							
立地类型组	功能区							
立地类型	潜蚀区							
配置模式	乔木+灌木							

续表

立地类型划分		植物种	常用配置	规格	种植方式		设计图	效果图
					整地方式	种植密度		
模式代号	IV-3-1-B-c-3	乔木：油松、杜松、华北落叶松、白榆、毛白杨等；灌木：沙棘、柠条、冬青、侧柏、黄杨等	穿越城镇、高速公路农田两侧常绿乔灌木，或单行乔木、中央隔离带栽植侧柏	园林大苗，无病虫害和各类伤，根系发达，带土球。乔木胸径≥5cm，高≥3.0m；常绿乔木苗高>150cm；绿篱苗高>60cm；桧柏地径≥0.5cm	全面整地，施基肥，苗首次浇水，透水，干旱时节草补灌	乔木株距4~6m，株距1m，绿篱株距0.5m		
立地类型小区	平地区							
立地类型组	功能区							
立地类型	防噪声区							
配置模式	乔木+灌木							
模式代号	IV-3-1-C-a-4	羊草、狗尾草、长芝草、沙蒿、苜蓿草等	厂区预留地，雨季撒播，苜蓿、自然恢复狗牙根、芝草、复长尾草等	草种籽粒饱满，发芽率≥95%	全面整地	播种量37.5kg/hm²		
立地类型小区	平地区							
立地类型组	恢复区							
立地类型	一般恢复区							
配置模式	草							
模式代号	IV-3-1-C-b-5(1)	山桃、山杏、桑树、枸杞、沙棘等经济树种	沟道渣场平台部分复垦种植山杏、桑等作物，沙棘等分种植枸杞等经济树种	I级苗，乔木胸径≥4cm，树高≥3.0m；常绿乔木苗高>120cm	全面整地，施基肥，苗首次浇水透水	株行距3m×4m		
立地类型小区	平地区							
立地类型组	恢复区							
立地类型	高标准恢复区							
配置模式	复垦种植、种植乔木							

续表

立地类型划分		植物物种	常用配置	种植方式			设计图	效果图
				规格	整地方式	种植密度		
模式代号	IV-3-1-C-b-5(2)	农作物	沟道渣场平台复垦,种植各类农作物	农作物种子籽粒饱满,发芽率高	全面整地,施基肥,首次浇透水	根据当地农作物类型确定相应种植密度	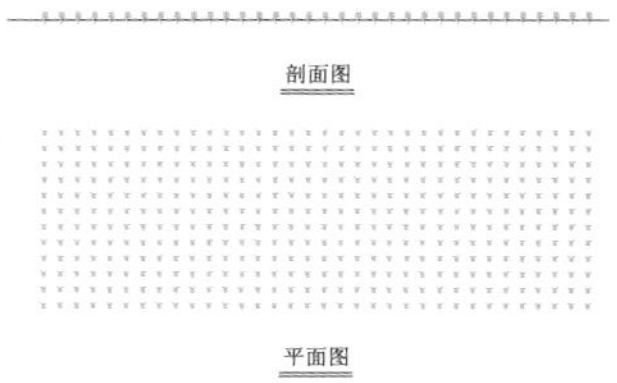 剖面图 平面图	
立地类型小区	平地区							
立地类型组	恢复区							
立地类型	高标准恢复区							
配置模式	复垦种植农作物							
模式代号	IV-3-2-D-b-6(1)	华北落叶松、侧柏、白桦、旱柳	坡面种植落叶乔木和常绿灌木,空地自然恢复植被	园林大苗,无病虫害,根系发达常绿乔木苗高>150cm;带土球;侧柏旱柳等苗木高40~150cm,地径0.4~2cm	穴状整地	株行距2m×3m	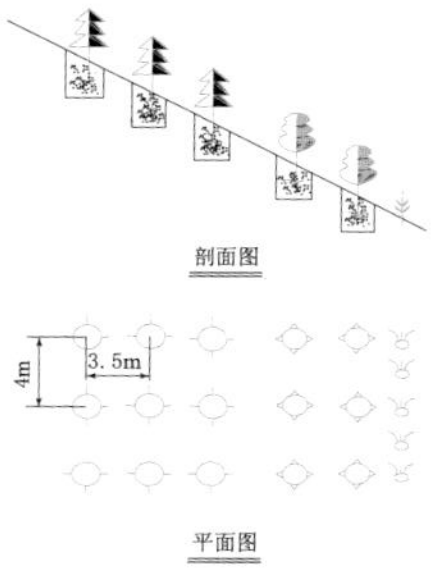 剖面图 3.5m 平面图	
立地类型小区	挖方边坡区							
立地类型组	土质边坡区							
立地类型	坡度≥1:2.75(20°),坡长>3m							
配置模式	乔木混交护坡							
模式代号	IV-3-2-D-b-6(2)	油松、紫穗槐、柠条、打旺、苜蓿、羊草	坡面种植油松、紫穗槐、红豆草、柠条,还有少量打旺,沙棘自然恢复,沙枣、沙棘、草本等灌木,马道排水沟外侧种植白榆,坡脚种植旱柳	I级苗,无病虫害,根系发达乔灌高≥3cm,树木1年生I级苗,树高≥2.0m;灌木地径≥0.5cm,草种籽粒饱满,发芽率≥95%	乔灌穴状整地	灌木株行距0.8m×0.8m,马道株距2m,坡脚株距4m,苜蓿等草本37.5~50kg/hm²	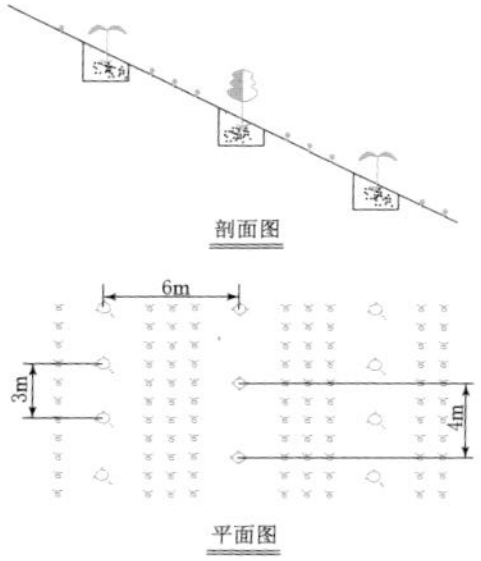 6m 剖面图 6m 平面图	
立地类型小区	挖方边坡区							
立地类型组	土质边坡区							
立地类型	坡度≥1:2.75(20°),坡长<3m							
配置模式	削坡开级+乔灌草防护							

续表

立地类型划分		植物种	常用配置	种植方式			设计图	效果图
				规格	整地方式	种植密度		
模式代号	IV-3-2-7(1) D-a-7(1)	华北落叶松、紫穗槐、紫花苜蓿、羊草、柠条、沙棘、沙东青、胡枝子等	削坡开级，马道种植华北落叶松、紫穗槐，坡面撒播种植苜蓿山杏、柠条、沙棘复枝子等，及自然恢复沙东青、胡枝子等羊草等草本	I级苗；无病虫害；根系发达；刺槐胸径≥3cm，树高≥2.0m；绿乔木苗高>150cm；带土球；草种籽粒饱满，发芽率≥95%	马道穴状整地	株距 4m×3m，苜蓿等草本 37.5~50kg/hm²		
立地类型小区	挖方区							
立地类型组	土质边坡							
立地类型	坡度<1:2.75(20°)，坡长>3m							
配置模式	削坡开级+乔木防护							
模式代号	IV-3-2- D-a-7(2)	山杏、山桃	路堑削坡开级，马道栽植山杏、山桃	I级苗；无病虫害；根系发达；苗高100~150cm，地径1~2cm	马道上穴浇水整地植水	株距 2m		
立地类型小区	挖方边坡区							
立地类型组	土质边坡							
立地类型	坡度<1:2.75(20°)，坡长<3m							
配置模式	削坡开级+乔木防护							
模式代号	IV-3-2- E-a-8	金叶女贞、黄杨、冬青等	园林造景，采用规则方式配置灌木	I级苗；无病虫害；根系发达；地、带土球，地径≥1.5cm	全面整地、施肥、灌溉	株行距按设计图园林设计案种植确定		
立地类型小区	挖方边坡区							
立地类型组	土石混合边坡							
立地类型	坡度<1:2.75(20°)，坡长>3m							
配置模式	周边混凝土框条固定+灌木园林景观式配置护坡							

续表

立地类型划分					植物种	常用配置	种植方式			设计图	效果图
模式代号	立地类型小区	立地类型组	立地类型	配置模式			规格	整地方式	种植密度		
IV-3-2-E-b-9	挖方边坡区	土石混合边坡	坡度≥1:2.75（20°），坡长>3m	削坡开级+拱形骨架+乔草防护	华北落叶松、侧柏、紫穗槐、杏、柠条、羊草	取土场边坡、工程削坡开级骨架内种植草本植物和少量乔木	乔木胸径1.5～2cm，树高1.2～1.5m；草种籽粒饱满，发芽率≥95%	骨架内全面整地	草播种量5～10g/m²，株距不等		
IV-3-3-D-a-10（1）	填方边坡区	土质边坡	坡度<1:2.75（20°），坡长>3m	灌木+草	紫穗槐、柠条、沙棘、五叶地锦、苜蓿、羊草等	坡面种植紫穗槐、柠条、沙棘、苜蓿、坡下种五叶地锦、羊草	I级苗，无病虫害，根系发达。紫穗槐1年生、地径≥0.5cm，锦用插条，1～2年生枝条健壮质化籽粒饱满，发芽率≥95%	穴状整地，施基肥	紫穗槐株行距0.8m×0.8m，五叶地锦株距1m。苜蓿37.5kg/hm²		
IV-3-3-D-a-10（2）	填方边坡区	土质边坡	坡度<1:2.75（20°），坡长<3m	乔木+草	油松、刺槐、白榆、长芝草等	渣场边坡种植油松、刺槐、白榆，空地自然恢复各类杂草	I级苗，根系发达，无病虫害，苗高>100cm，常绿树种带土球	穴状整地，施基肥	株行距2m×3m		

续表

立地类型划分					植物种	常用配置	规格	种植方式		设计图	效果图
模式代号	立地类型小区	立地类型组	立地类型	配置模式				整地方式	种植密度		
Ⅳ-3-3-D-a-10（3）	填方边坡区	土质边坡	坡度 <1:2.75（20°），坡长 >3m	拱形骨架+乔灌配置	侧柏、柠条、长芝草等	边坡种植侧柏、柠条、沙棘，空地自然恢复各类杂草	I级苗，无病虫害，根系发达，沙棘苗高100~150cm，地径1~2cm；灌木1年生I级苗，地径≥0.5cm	骨架内全面整地	灌木株行距0.8m×0.8m，乔木株距2~3m	剖面图 平面图	
Ⅳ-3-3-D-a-10（4）	填方边坡区	土质边坡	坡度 <1:2.75（20°），坡长 <3m	拱形骨架+乔灌草配置	侧柏、旱柳、紫穗槐、长芝草、沙棘、沙东青、胡枝子、苜蓿等	拱形骨架内栽植乔灌，株间空地自然恢复各类杂草	乔木等苗高100~150cm，地径1~2cm；灌木1年生I级苗，地径≥0.5cm	骨架内全面整地	灌木株行距0.8m×0.8m，乔木株距2m×2m	剖面图 平面图	
Ⅳ-3-3-D-b-11	填方边坡区	土质边坡	坡度 >1:2.75（20°），坡长 >3m	拱形骨架+乔灌草配置	侧柏、旱柳、紫穗槐、苜蓿、黑麦草、高羊茅等	坡脚种植侧柏，面拱形骨架内上部种植槐，下部种植紫穗，苜蓿、黑麦草、高羊茅等	I级苗，无病虫害，根系发达，乔木胸径≥3cm，树高≥2.0m；灌木1年生I级苗，地径≥0.5cm；草种籽粒饱满，发芽率≥95%	骨架内全面整地	乔木株行距4~6m，灌木0.8m×0.8m，草坪草播种量15g/m²	剖面图 平面图	

续表

模式代号	立地类型小区	立地类型组	立地类型	配置模式	植物种	常用配置	规格	整地方式	种植密度	设计图	效果图
Ⅳ-3-3-E-a-12	填方边坡区	土石混合边坡	坡度<1:2.75(20°),坡长<3m	坡脚浆砌石挡墙+种草防护	长芝草、羊草、黑麦草、冰草等	坡脚浆砌石挡墙,坡面种草防护	草种籽粒饱满,发芽率≥95%	坡面带状整地	草播种量5～10g/m²	剖面图 / 平面图	
Ⅳ-3-3-E-b-13	填方边坡区	土石混合边坡	坡度<1:2.75(20°),坡长<3m	拱形骨架+种草防护	长芝草、羊草、黑麦草、冰草等	坡面下部拱形骨架,坡面上部和坡脚种草,内种植槐、刺槐、沙棘	乔木Ⅰ级苗,无病虫害;根系发达,胸径2～3cm,高1.5～2.0m;草种籽粒饱满,发芽率≥95%	坡面带状整地	乔木株距4～6m,草播种量5～10g/m²	剖面图 / 平面图	

表3-21 晋陕甘高原沟壑立地亚区（IV-4）植物配置模式、种植方式及种植效果

立地类型划分		植物种	常用配置	种植方式			设计图	效果图
				规格	整地方式	种植密度		
模式代号	IV-4-1-A-a-1（1）	乔木：雪松、油松、侧柏、爬山虎、国槐、刺槐、紫叶李、垂柳等；灌木：丁香、木槿、红瑞木、冬青、紫叶小檗等；草本：月季、鸢尾、草坪草等	园林造景，采用规则和自然式，配置各类乔灌草	园林大苗，I级苗，无病虫害，根系发达，常绿类种带土球，苗木按园林设计要求确定。草种籽粒饱满，发芽率≥95%	原生土壤，全面整地，施肥、灌溉	乔灌株行距按园林化种植确定，草坪草播种量15～20g/m²	剖面图 平面图	
立地类型小区	平地区							
立地类型组	美化区							
立地类型	办公美化区							
配置模式	乔木+灌木+草园林景观式							
模式代号	IV-4-1-A-a-1（2）	乔木：国槐、龙爪槐、圆柏、紫叶李子等；灌木：紫叶小檗、黄杨、女贞、金叶女贞等；草本：月季、鸢尾、草坪草等	路边为林带绿地；路边绿篱、中间种植绿篱草，其上配置有各类乔灌	园林大苗，I级苗，无病虫害，根系发达，带土球，乔木树高≥2.5m，常绿树种苗高带土地径≥1.5cm；灌木高≥150cm，草种籽粒饱满，发芽率≥95%	全面整地，灌溉，施肥	乔木株距4～6m，绿篱（0.3～1）m×（0.3～1）m，草坪草15～20g/m²	剖面图 平面图	
立地类型小区	平地区							
立地类型组	美化区							
立地类型	办公美化区							
配置模式	乔木+灌木+草景观配置							
模式代号	IV-4-1-A-b-2	乔木：国槐、油松、圆柏、紫叶李等；灌木：紫叶小檗、金叶女贞、紫薇、黄杨、壮丹等；草本：三叶草等	小区绿地，因绿地地形状大小配置各异。小路边栽植绿篱，下层植草；其上配置各类乔灌	园林大苗，I级苗，无病虫害，根系发达，带土球，乔木树高3～5cm，胸径≥2.5m，常绿树种苗高≥150cm，灌木带土地径≥1.5cm；草种籽粒饱满，发芽率≥95%	全面整地，灌溉，施肥	乔木株距4～6m，株行距0.3m×0.3m，三叶草5g/m²	剖面图 平面图	
立地类型小区	平地区							
立地类型组	美化区							
立地类型	生活美化区							
配置模式	乔木+灌木+草景观配置							

续表

立地类型划分		常用配置	种植方式			设计图	效果图
			规格	整地方式	种植密度		
模式代号	Ⅳ-4-1-B-a-3 (1)	路边绿地，根据空间位置选择枝叶繁茂的乔灌木种植	园林苗木，无病虫害；根系发达，乔木胸径≥4cm；灌木冠幅≥0.2m，高≥0.4m	全面整地，灌溉施肥	乔木株距4~6m，绿篱株×株距0.3m×0.3m	剖面图／平面图	
立地类型小区	平地区						
立地类型组	功能区						
立地类型	潜尘区						
配置模式	乔木+灌木						
植物种	乔木：白蜡、紫叶李子、紫叶小檗、黄杨、蔷薇等						
模式代号	Ⅳ-4-1-B-a-3 (2)	路边绿地灌木搭配，草灌纯栽或植绿篱	园林苗木，无病虫害；根系发达，带土球，灌木地径≥1.5cm；草种籽粒饱满，种发芽率≥95%	绿地内全面整地，灌溉施肥	灌木绿篱株行距0.5m，鸢尾等草花0.4m×0.4m，草坪草15~20g/m²	剖面图／平面图	
立地类型小区	平地区						
立地类型组	功能区						
立地类型	潜尘区						
配置模式	灌木+草						
植物种	灌木：金叶女贞、月季、冬青、鸢尾、萱草、草坪草等						
模式代号	Ⅳ-4-1-B-c-4	在办公区及生活区建筑旁、道路边，种植乔灌草	园林苗木，无病虫害；根系发达，带土球，乔木地径≥1.5cm，灌木地径≥1.5cm；草种籽粒饱满，种发芽率≥95%	全面整地，灌溉施肥	乔木株距4~6m，灌木行距，绿篱株×株距0.5m×0.5m，草坪草15~20g/m²	剖面图／平面图	
立地类型小区	平地区						
立地类型组	功能区						
立地类型	防噪声区						
配置模式	乔木+灌木+草						
植物种	乔木：槐树、柳树、白蜡、紫叶小李子等；灌木：紫叶小檗、女贞、冬青、蔷薇等；草本：草坪草等						

续表

立地类型划分					植物种	常用配置	种植方式			设计图	效果图
							规格	整地方式	种植密度		
模式代号	立地类型小区	立地类型组	立地类型	配置模式							
IV-4-1-C-a-5	平地区	恢复区	一般恢复区	草	冰草、狗尾草等	厂区预留地、雨季撒播恢复，冰草、自然恢复狗尾草等	草种籽粒饱满，发芽率≥95%	全面整地	播种量 37.5kg/hm²		
IV-4-1-C-b-6(1)	平地区	恢复区	高标准恢复区	复垦种植、种植乔木	玉米等作物及刺槐、油松、椿树等	沟道渣场平台部分复垦种植玉米等作物，部分种植刺槐、油松、椿树等	I 级苗；乔木胸径≥4cm，树高≥3.0m；常绿乔木苗高>120cm	全面整地，首施基肥，次浇透水	株行距 3m ×4m		
IV-4-1-C-b-6(2)	平地区	恢复区	高标准恢复区	复垦种植农作物	农作物	沟道渣场平台复垦，种植各类农作物	农作物种子籽粒饱满，发芽率高	全面整地，首施基肥，次浇透水	根据当地类型农作物相应确定的种植密度		

续表

立地类型划分					植物种	常用配置	种植方式			设计图	效果图
							规格	整地方式	种植密度		
模式代号	立地类型小区	立地类型组	立地类型	配置模式							
IV-4-2-D-b-7 (1)	挖方边坡区	土质边坡	坡度 ≥1:2.75 (20°)	乔木混交护坡	圆柏、刺槐、臭椿	坡面种植落叶和常绿乔木、空行自然恢复植被	园林大苗，无病虫害，根系发达，常绿乔木苗高>150cm，刺槐等苗高40~150cm，地径0.4~2cm	穴状整地	株行距 2m×3m		
IV-4-2-D-b-7 (2)	挖方边坡区	土质边坡	坡度 ≥1:2.75 (20°)	削坡开级+乔灌草防护	紫穗槐、柽柳、冰草	坡面种植紫穗槐、苜蓿草、沙打旺、红豆草，有少量柠条及酸枣、榆树等灌木，冰草等草本，马道排水沟外侧种植刺槐、榆树、椿树，坡脚种植刺槐	I级苗，无病虫害，根系发达，乔木树木胸径≥3cm，高≥2.0m；灌木1年生I级苗、地径≥0.5cm；草种子颗粒饱满，发芽率≥95%	乔灌穴状整地	灌木株行距0.8m×0.8m，株距2m，马道脚株本4m，苜蓿等草本37.5~50kg/hm²		
IV-4-2-D-b-7 (3)	挖方边坡区	土质边坡	坡度 ≥1:2.75 (20°)	削坡开级+乔草防护	刺槐、云杉、苜蓿、冰草、虎尾、地肤、苍耳、藜等	削坡马道种植刺槐、云杉，面撒播苜蓿，坡脚种植虎尾、地肤、苍耳、藜及冰草等草本	I级苗，无病虫害，根系发达，常绿乔木胸径≥3cm，树木高≥150cm；带土球刺槐等苗高满，草种种子颗粒饱，发芽率≥95%	马道穴状整地	株距4m×3m，苜蓿等草本37.5~50kg/hm²		

续表

立地类型划分			植物种	常用配置	规格	种植方式 整地方式	种植密度	设计图	效果图
模式代号	IV-4-2-D-b-7 (4)		刺槐	路堑削坡开级，马道栽植刺槐	I级苗，无病虫害，根系发达，苗高100~150cm，地径1~2cm	马道上穴状整地，浇定植水	株距2m		
立地类型小区	挖方边坡区								
立地类型组	土质边坡								
立地类型	坡度≥1:2.75 (20°)								
配置模式	削坡开级+乔木防护								
模式代号	IV-4-2-F-a-8		金叶女贞、黄杨、冬青等	园林造景，采用规则方式配置灌木	I级苗，无病虫害，根系发达，带土球，土径≥1.5cm	全面整地，施肥、灌溉	株行距按园林设计图案种植确定		
立地类型小区	挖方边坡区								
立地类型组	格状框条边坡								
立地类型	坡度<1:1.5 (33.7°)								
配置模式	周边混凝土框条固定+灌木园林景观式配置护坡								
模式代号	IV-4-2-F-b-9		刺槐、紫穗槐、苜蓿、冰草、虎尾草等	取土场坡边坡，削坡开级，工程骨架内种植草本植物和少量乔木	乔木胸径≥1.5~2cm，树高≥1.2~1.5m；草籽饱满，发芽率≥95%	骨架内全面整地	草播种量5~10g/m²，株距不等		
立地类型小区	挖方边坡区								
立地类型组	格状框条边坡								
立地类型	坡度≥1:1.5 (33.7°)								
配置模式	削坡开级+拱形骨架+乔草防护								

续表

立地类型划分		植物种	常用配置	种植方式			设计图	效果图
				规格	整地方式	种植密度		
模式代号	Ⅳ-4-3-D-b-10	紫穗槐、五叶地锦、苜蓿、冰草等	坡面种植紫穗槐、苜蓿、人冰草、自然草本等，坡下种五叶地锦	Ⅰ级苗，无病虫害，根系发达。紫穗槐1年生，地径≥0.5cm；锦用插条，1~2年生健壮木质化枝条，种子饱满，发芽率≥95%	穴状整地，施基肥	紫穗槐株行距0.8m×0.8m，五叶地锦株距1m，苜蓿37.5kg/hm²	剖面图 平面图	
立地类型小区	填方边坡区							
立地类型组	土质边坡							
立地类型	坡度 ≥1:2.75 (20°)							
配置模式	灌木+草							
模式代号	Ⅳ-4-3-E-b-11	油松、刺槐、榆树、冰草等	渣场边坡种植油松、刺槐、榆树，空地自然恢复复杂草类	Ⅰ级苗，无病虫害，根系发达。绿篱树苗高>100cm，常种树带土球	穴状整地，施基肥	株行距2m×3m	剖面图 平面图	
立地类型小区	填方边坡区							
立地类型组	土石混合边坡							
立地类型	坡度 ≥1:2.75 (20°)							
配置模式	乔木+草							
模式代号	Ⅳ-4-3-F-b-12 (1)	刺槐、紫穗槐、冰草等	西平铁路路边坡种植刺槐、紫穗槐，空地自然恢复复杂草	Ⅰ级苗，无病虫害，根系发达。刺槐苗高100~150cm，地径1~2cm；灌木1年生Ⅰ级苗，地径≥0.5cm	骨架内全面整地	灌木株行距0.8m×0.8m，乔木株距2~3m	剖面图 平面图	
立地类型小区	填方边坡区							
立地类型组	格状框条边坡							
立地类型	坡度 ≥1:1.5 (33.7°)							
配置模式	拱形骨架+乔灌配置							

续表

模式代号 Ⅳ-4-3-F-b-12 (2)

立地类型划分	植物种	常用配置	规格	种植方式		设计图	效果图
				整地方式	种植密度		
立地类型小区：填方边坡区 立地类型组：格状框条边坡 立地类型：坡度≥1:1.5(33.7°) 配置模式：拱形骨架+乔灌草配置	臭椿、刺槐、杨树、槐、冰草、苜蓿、春麦草、紫穗槐等	拱形骨架内栽植乔灌，株间空地自然恢复各类杂草	乔木等苗高100~150cm，地径1~2cm；灌木1年生Ⅰ级苗，地径≥0.5cm	骨架内全面整地	灌木株距0.8m，乔木株行距2m×2m		

模式代号 Ⅳ-4-3-F-b-12 (3)

立地类型划分	植物种	常用配置	规格	种植方式		设计图	效果图
				整地方式	种植密度		
立地类型小区：填方边坡区 立地类型组：格状框条边坡 立地类型：坡度≥1:1.5(33.7°) 配置模式：拱形骨架+乔灌草配置	刺槐、旱柳、槐、紫穗槐、苜蓿、高羊茅、黑麦草等	坡脚种植刺槐、旱柳，坡面拱形骨架内上部种植槐、下部种植紫穗槐，高羊茅、苜蓿、黑麦草等	Ⅰ级苗，无病虫害，根系发达。乔木胸径≥3cm，树高≥2.0m，灌木1年生Ⅰ级苗，地径≥0.5cm；草种籽粒饱满，发芽率≥95%	骨架内全面整地	乔木株距4~6m，灌木株行距0.8m×0.8m，坪草播种量15g/m²		

模式代号 Ⅳ-4-3-F-b-12 (4)

立地类型划分	植物种	常用配置	规格	种植方式		设计图	效果图
				整地方式	种植密度		
立地类型小区：填方边坡区 立地类型组：格状框条边坡 立地类型：坡度≥1:1.5(33.7°) 配置模式：坡脚浆砌石挡墙+种草防护	黑麦草等	坡脚浆砌石挡墙，坡面种草防护	草种籽粒饱满，发芽率≥95%	坡面带状整地	草播种量5~10g/m²		

续表

立地类型划分		植物种	常用配置	种植方式			设计图	效果图
				规格	整地方式	种植密度		
模式代号	IV-4-3-F-b-12 (5)	黑麦草等	形骨架内和坡面上部坡面种植草，坡脚种柳，刺槐，臭椿	乔木I级苗，无病虫害，根系发达，胸径2～3cm，树高1.5～2.0m；草种籽粒饱满，发芽率≥95%	坡面带状整地	乔木株距4～6m，草播种量5～10g/m²		
立地类型小区	填方边坡区							
立地类型组	格状框条边坡							
立地类型	坡度≥1:1.5 (33.7°)							
配置模式	拱形骨架+种草防护							

表3-22　宁青甘山地丘陵沟壑立地亚区（IV-5）植物配置模式、种植方式及种植效果

立地类型划分		植物种	常用配置	种植方式			设计图	效果图
				规格	整地方式	种植密度		
模式代号	IV-5-1-A-a-1 (1)	乔木：云杉，臭椿，紫叶李，栾树，山桃等；常绿：侧柏，圆柏等；灌木：丁香，冬青，女贞，樱桃，紫薇等；草本：三叶草等	园林造景，以草坪为底，采用规则和自然式，配置各类乔灌	园林大苗，无病虫害，各系无伤；根系发达，带土球，乔木胸径≥5cm，树高≥3.0m；灌木地径≥2cm，草种籽粒饱满发芽率≥95%	原生土壤和全面整地，施肥，灌溉	乔灌株行距按园林定，三叶草播种量5g/m²		
立地类型小区	平地区							
立地类型组	美化区							
立地类型	办公美化区							
配置模式	乔木+灌木+草园林景观式							

续表

立地类型划分		植物种	常用配置	种植方式			设计图	效果图
				规格	整地方式	种植密度		
模式代号	IV-5-1-A-a-1(2)			园林大苗，无病虫害，根系发达。乔木胸径3~5cm，树高>2.5m；常绿树种苗高>150cm，带土球。灌土球径≥1.5m。草种种籽粒饱满，发芽率≥95%	全面换土整地、施肥、灌溉	云杉株距5m，绿篱株行距0.5m×0.5m；三叶草5g/m²		
立地类型小区	平地区	乔木：旱柳、杨树、云杉；灌木：构杞、小榆树等；草本：百日菊、三叶草等	路边条状绿植地；路边绿植地，绿篱1.5m宽，中间种植三叶草，其上配置乔木和草，常绿乔木苗高>150cm，带土球。围墙边种花；围墙大乔植大乔木					
立地类型组	美化区							
立地类型	办公美化区							
配置模式	乔木+灌木+草景观配置							
模式代号	IV-5-1-A-b-2			园林大苗，I级苗，无病虫害，乔木无病虫害发达，常绿树种带土球。草种种籽粒饱满，发芽率≥95%	全面换土整地、施肥、灌溉	乔木和花灌木设计按要求布置。绿篱行距(0.3~0.5)m×(0.3~0.5)m，草坪草20g/m²		
立地类型小区	平地区	乔木：旱柳、云杉、侧柏等；灌木：丁香、榆叶梅、黄刺玫、碧桃、紫叶小檗、黄杨等；草本：草地早熟禾、多年生黑麦草、高羊茅等	生活区道路两侧、楼前屋后空地，外侧绿篱宽1.0m，内侧种植园林草坪，其上配置各观树种、花卉					
立地类型组	美化区							
立地类型	生活美化区							
配置模式	乔木+灌木+草景观配置							
模式代号	IV-5-1-B-a-1(1)			园林大苗，无病虫害各系发达，乔木胸径≥5cm，树高>3.0m；常绿苗高>150cm，带土球；灌木地径≥1.5cm；景天用分株苗；草种种籽粒饱满，发芽率≥95%	全面换土整地、灌溉	乔木株距4~6m，绿篱株行距0.5m，景天0.5m；0.3m×0.3m；草坪草15~20g/m²		
立地类型小区	平地区	乔木：刺柳、刺槐、旱柳；灌木：构杞、小榆树等；草本：冰草、高羊茅等	路边绿地，根据种植位置乔灌草搭配					
立地类型组	功能区							
立地类型	潜生区							
配置模式	乔木+灌木+草							

续表

立地类型划分					植物种	常用配置	种植方式			设计图	效果图
模式代号	立地类型小区	立地类型组	立地类型	配置模式			规格	整地方式	种植密度		
IV-5-1-B-a-3 (2)	平地区	功能区	滞尘区	乔木＋灌木	杨树、柳树、小榆树	路边绿地乔灌搭配，或单纯栽植绿篱或乔木	园林大苗，无病虫害，各类根系发达，带土球；乔木胸径≥5cm，高≥3.0m；灌木地径≥1.5cm	绿地内全面整地，施肥，带换土整地，灌溉	乔木株距4～6m，绿篱株行距0.5m×0.5m		
IV-5-1-B-a-3 (3)	平地区	功能区	滞尘区	草	三叶草	撒播三叶草	草种籽粒饱满，发芽率≥95%	全面整地，施基肥	三叶草 5g/m²		
IV-5-1-B-c-4 (1)	平地区	功能区	防噪声区	乔木＋灌	云杉、刺槐、旱柳、桧柳、侧柏、榆	穿越城镇、农田高速公路两侧种植乔灌，或中央隔离带栽植侧柏	园林大苗，无病虫害，各类根系发达，带土球；乔木胸径≥5cm，树高≥3.0m；绿篱苗高>150cm；桧柳苗高>60cm，地径≥0.5cm	全面整地，施基肥，改水灌透，常干旱时节补灌	乔木株距4～6m，桧柳株距1m，篱树株距0.5m		

续表

立地类型划分		植物种	常用配置	种植方式			设计图	效果图
				规格	整地方式	种植密度		
模式代号	IV-5-1-B-c-4(2)	圆柏、刺槐、榆树、旱柳	穿越城镇、高速公路两侧种植单行绿乔；农田两侧常落叶乔木与搭配；中央隔离带栽植圆柏	园林大苗，无病虫害，茎和各类伤，根系发达，带土球。乔木胸径≥5cm，树高≥3.0m；常绿乔木苗高>150cm	全面整地，施基肥，首次浇透水，干旱时节补灌	乔木株距4~6m	剖面图 平面图	
立地类型小区	平地区							
立地类型组	功能区							
立地类型	防噪声带							
配置模式	常绿乔木+落叶乔木							
模式代号	IV-5-1-C-a-5(1)	洋芋、葵花、冰草、凤毛菊、茵陈蒿、苦苣菜	渣场平台复垦种植洋芋、葵花，自然恢复冰草、凤毛菊、茵陈蒿、苦苣菜等	农作物种子籽粒饱满，芽发芽率高	全面整地，施基肥，首次浇透水次浇透水	根据当地类型相应的农作物确定种植密度	剖面图 平面图	
立地类型小区	平地区							
立地类型组	恢复区							
立地类型	一般恢复区							
配置模式	复垦种植经济作物							
模式代号	IV-5-1-C-a-5(2)	冰草、羊草、骆驼蓬、茵陈蒿等	渣场平台散播冰草、自然恢复羊草、骆驼蓬、茵陈蒿等	草种籽粒饱满，发芽率≥95%	全面整地	播种量37.5kg/hm²	剖面图 平面图	
立地类型小区	平地区							
立地类型组	恢复区							
立地类型	一般恢复区							
配置模式	草							

续表

立地类型划分		植物种	常用配置	种植方式		种植密度	设计图	效果图
				规格	整地方式			
模式代号	IV-5-2-D-b-6	柠条、冰草	坡面种植柠条,空地自然恢复冰草等	灌木1年生Ⅰ级苗,地径≥0.5cm	穴状整地	株行距 0.4m×0.4m		
立地类型小区	挖方边坡区							
立地类型组	土质边坡							
立地类型	坡度≥1:2.75 (20°)							
配置模式	灌草护坡							
模式代号	IV-5-2-F-b-7 (1)	紫穗槐、柽柳、冰草	拱形骨架内种植柠条、紫穗槐,空地自然恢复冰草等	灌木1年生Ⅰ级苗,地径≥0.5cm	骨架内全面整地,定植浇水	株行距 0.4m×0.4m		
立地类型小区	挖方边坡区							
立地类型组	格状框条边坡							
立地类型	坡度≥1:2.75 (20°)							
配置模式	灌木+草							
模式代号	IV-5-2-F-b-7 (2)	柠条、冰草、蒿草等	拱形骨架内种植柠条、株间种植自然恢复冰草、蒿草等	灌木1年生Ⅰ级苗,地径≥0.5cm	骨架内穴状整地,定植浇水	株行距 0.4m×0.4m		
立地类型小区	挖方边坡区							
立地类型组	格状框条边坡							
立地类型	坡度≥1:2.75 (20°)							
配置模式	灌木							

续表

立地类型划分					植物种	常用配置	种植方式			设计图	效果图
							规格	整地方式	种植密度		
模式代号	立地类型小区	立地类型组	立地类型	配置模式							
IV-5-2-F-b-7 (3)	挖方边坡区	格状框条边坡	坡度 ≥1:2.75 (20°)	乔木+灌木+草	紫穗槐、柽柳、沙棘、地锦、小榆树、自然恢复冰草、蒿草、复叶鹅绒藤等	工程骨架内种植柽柳、紫穗槐、沙棘、小榆树	灌木1年生I级苗，地径≥0.5cm	骨架内全面整地，定植浇水	株行距 0.4m×0.4m		
IV-5-2-F-b-7 (4)	挖方边坡区	格状框条边坡	坡度 ≥1:2.75 (20°)	草	草坪草、苜蓿、冰草等	边坡工程骨架内植生袋、自然降水	草种籽粒饱满，发芽率≥95%	骨架内植生袋	15~20g/m²		
IV-5-2-F-b-7 (5)	挖方边坡区	格状框条边坡	坡度 ≥1:2.75 (20°)	灌木	四翅滨藜	工程骨架内种植四翅滨藜	灌木1年生I级苗，地径≥0.5cm	骨架内穴状整地，定植浇水	株行距 0.4m×0.4m		

续表

立地类型划分				常用配置	种植方式			设计图	效果图
					规格	整地方式	种植密度		
模式代号	IV-5-2-D-a-8								
立地类型小区	挖方边坡区								
立地类型组	土质边坡								
立地类型	坡度<1:2.75(20°)			撒播三叶草	草种籽粒饱满，发芽率≥95%	全面整地，施基肥	三叶草 5g/m²		
配置模式	坡面种草	植物种	三叶草						
模式代号	IV-5-3-D-a-9								
立地类型小区	填方边坡区								
立地类型组	土质边坡			园林造景，采用园林规则式和自然式配置各类乔、灌、木和草本植物	园林大苗，无病虫害；根系发达，带土球苗。灌木苗，地径≥1.5cm。草本植物1年生苗	原生土壤，全面整地，施肥、灌溉	株行距按园林设计图案种植确定		
立地类型	坡度<1:2.75(20°)								
配置模式	灌木+草园林景观式	植物种	红瑞木、金叶女贞、紫叶李、黄杨、紫叶小檗、月季、鸢尾等						
模式代号	IV-5-3-D-b-10(1)								
立地类型小区	填方边坡区								
立地类型组	土质边坡			坡下种五叶地锦，坡面自然侵入草本	插条，1~2年生健壮木质化枝	穴状整地，施基肥	株距0.5m		
立地类型	坡度≥1:2.75(20°)								
配置模式	藤本植物+草	植物种	五叶地锦、冰草						

续表

立地类型划分		植物种	常用配置	种植方式			设计图	效果图
				规格	整地方式	种植密度		
模式代号	IV-5-3-D-b-10(2)	柠条、柽柳、冰草、麻黄	穴状栽植柠条、柽柳，株间当地空地种天然草灌冰草、麻黄等	灌木1年生 I 级苗，地径≥0.5cm	穴状整地	株行距 150cm×200cm		
立地类型小区	填方边坡区							
立地类型组	土质边坡							
立地类型	坡度≥1:2.75 (20°)							
配置模式	灌木配置							
模式代号	IV-5-3-E-b-11	云杉、燕麦	排水沟两侧渣场坡面撒播燕麦，水平阶种高种常绿乔木	园林大苗，无病虫害；根系发达，带球；苗高≥120cm；燕麦种籽粒饱满，发芽率≥95%	云杉穴状栽植，有灌溉条件	云杉株行距 2m×5m，燕麦 50kg/hm²		
立地类型小区	填方边坡区							
立地类型组	土石混合边坡							
立地类型	坡度≥1:2.75 (20°)							
配置模式	乔木+草							
模式代号	IV-5-3-F-b-12(1)	柠条、苜蓿	工程骨架内种植柠条，株间空地种植苜蓿	灌木1年生 I 级苗，地径 0.5cm；苜蓿种籽粒饱满，发芽率≥95%	骨架内全面整地	株行距 0.8m×0.8m，苜蓿 37.5kg/hm²		
立地类型小区	填方边坡区							
立地类型组	格状框条边坡							
立地类型	坡度≥1:2.75 (20°)							
配置模式	灌木+草							

续表

立地类型划分					植物种	常用配置	种植方式			设计图	效果图
							规格	整地方式	种植密度		
模式代号	立地类型小区	立地类型组	立地类型	配置模式							
IV-5-3-F-b-12 (2)	填方边坡区	格状框条边坡	坡度 ≥1:2.75 (20°)	乔木+灌木	臭椿、紫穗槐、榆树	坡脚浆砌石护坡；坡面工程骨架内种植臭椿、榆树，下部种植紫穗槐	I级苗，无病虫害，根系发达。乔木胸径≥3cm，树高≥2.0m；灌木1年生I级苗，地径≥0.5cm	骨架内全面整地	乔木株距4~6m，株行距×0.8m，灌木0.8m		
IV-5-3-F-b-12 (3)	填方边坡区	格状框条边坡	坡度 ≥1:2.75 (20°)	灌木	紫穗槐	坡面拱形骨架内种植紫穗槐	I级苗，无病虫害，根系发达。1年生I级苗，地径≥0.5cm	骨架内全面整地	灌木株行距0.4m×0.4m		
IV-5-3-F-b-12 (4)	填方边坡区	格状框条边坡	坡度 ≥1:2.75 (20°)	挂网种草	紫花苜蓿、各类草坪草	坡面挂网喷播种草	草种籽粒饱满，发芽率≥95%	全面整地	37.5kg/hm²		

续表

立地类型划分					植物种	常用配置	种植方式			设计图	效果图
模式代号	立地类型小区	立地类型组	立地类型	配置模式			规格	整地方式	种植密度		
IV-5-3-F-b-12(5)	填方边坡区	格状框条边坡	坡度≥1:2.75(20°)	灌木+草	紫穗槐、苜蓿	工程菱形骨架内种植紫穗槐，株间空地种植苜蓿	灌木1年生Ⅰ级苗，地径0.5cm；草籽粒饱满，发芽率≥95%	骨架内全面整地	株行距0.8m×0.8m，苜蓿37.5kg/hm²		
IV-5-3-F-b-12(6)	填方边坡区	格状框条边坡	坡度≥1:2.75(20°)	灌木-草	柠条、苜蓿	工程骨架内种植柠条，株间空地种植苜蓿	灌木1年生Ⅰ级苗，地径≥0.5cm；草籽粒饱满，发芽率≥95%	骨架内全面整地	株行距0.8m×0.8m，苜蓿37.5kg/hm²		

表3-23 晋陕蒙丘陵沟壑立地亚区（IV-6）植物配置模式、种植方式及种植效果

立地类型划分		植物种	常用配置	种植方式			设计图	效果图
				规格	整地方式	种植密度		
模式代号	IV-6-1-A-a-1(1)	乔木：国槐、油松、龙爪槐、李子等；灌木：丁香、红瑞木、紫叶小檗等；草本：月季、鸢尾、草坪草等	采用规则式和自然式配置各类乔、灌、草，如：国槐+紫穗槐+紫叶李+鸢尾+草坪草	园林大苗，I级苗；无病虫害；根系发达，常绿树苗带土球；落叶树苗按园林设计要求确定。草种籽粒饱满，发芽率≥95%	原生土壤，全面整地，灌溉；全面施肥	乔灌株行距按园林化种植确定，草坪草播种量15～20g/m²	剖面图 平面图	
立地类型小区	平地区							
立地类型组	美化区							
立地类型	办公美化区							
配置模式	乔木+灌木+草园林景观式							
模式代号	IV-6-1-A-a-1(2)	乔木：国槐、龙爪槐、李子等；灌木：圆柏、紫叶小檗、黄杨、女贞、丁香等；草本：月季、鸢尾、草坪草等	路边条状绿地、路边配植绿篱、中间种植路边乔灌有各类，如：圆柏+丁香+草坪草	园林大苗，I级苗；无病虫害；根系发达带土球，带土球乔木胸径3～5cm，常绿树高>150cm，带冠土坨≥1.5m；草种籽粒饱满，发芽率≥95%	全面整地，灌溉；施肥	乔木株距4～6m，行距株距（0.3～1）m×（0.3～1）m，草坪草15～20g/m²，绿篱0.3	剖面图 平面图	
立地类型小区	平地区							
立地类型组	美化区							
立地类型	办公美化区							
配置模式	乔木+灌木+草林景观式							
模式代号	IV-6-1-A-a-1(3)	乔木：国槐、旱柳、油松、圆柏等；灌木：紫薇、黄杨、金叶女贞、丹叶等；草本：三叶草等	小区绿地，因地形状大小配置各类，下层种植草本，其基上配置各类乔灌，如：圆柏+黄杨+三叶草	园林大苗，I级苗；无病虫害；根系发达带土球乔木高3～5cm，树高>2.5m，常绿树高>150cm，带土坨≥1.5m；草种籽粒饱满，发芽率≥95%	全面整地，灌溉；施肥	乔木株距4～6m，行距株距×0.3m，绿篱0.3m，三叶草5g/m²	剖面图 平面图	
立地类型小区	平地区							
立地类型组	美化区							
立地类型	生活美化区							
配置模式	乔木+灌木+草园林景观配置							

续表

立地类型划分					植物种	常用配置	种植方式			设计图	效果图
模式代号	立地类型小区	立地类型组	立地类型	配置模式			规格	整地方式	种植密度		
IV-6-1-B-a-2	平地区	功能区	滞尘区	乔木+灌木	乔木：油松、华北落叶松、白榆等；灌木：侧柏、紫穗槐、黄杨、紫叶小檗、女贞、蔷薇、金叶等	路边绿化位置，根据空间位置选择枝叶繁茂的乔灌种植+如：黄杨	园林大苗，无病虫害、各类根系无伤；乔木胸径≥4cm；灌木冠幅≥0.2cm，高≥0.4cm	全面整地，施肥、灌溉	乔木株距4~6m，绿篱株行距0.3m×0.3m	剖面图／平面图	
IV-6-1-B-c-3	平地区	功能区	防噪声区	乔木+灌木	乔木：油松、华北落叶松、新疆杨、白榆等；灌木：山杏、胡枝子、虎榛子等	穿越城镇高速公路两侧种植乔灌，农田高速公路两侧乔木、或草行乔灌、中央隔离带栽植侧柏	园林大苗，无病虫害和各类根系发达，带土球乔木胸径≥5cm；高≥3.0m；绿篱苗高>150cm；乔木苗高>60cm，绿柳地径≥0.5cm	全面整地，施基肥、浇透水，首次干草补灌时节	乔木株距4~6m，檉柳株距1m，绿篱树株距0.5m	剖面图／平面图	
IV-6-1-C-a-4	平地区	恢复区	一般恢复区	草	羊草、冰草、狗尾草等	厂区预留地，雨季撒播冰草、自然恢复狗尾草等	草种籽粒饱满，发芽率≥95%	全面整地	播种量37.5kg/hm²	剖面图／平面图	

续表

立地类型划分		植物种	常用配置	种植方式			设计图	效果图
				规格	整地方式	种植密度		
模式代号	IV-6-1-C-b-5 (1)	苹果、杜仲、山杏、枸杞、沙棘等经济树种	沟道渣场平台复垦种植山杏、沙棘等部分种植苹果等经济树种	I级苗,乔木胸径≥4cm,树高≥3.0m;常绿乔木苗高>120cm	全面整地,施基肥,首次浇透水	株行距 3m×4m		
立地类型小区	平地区							
立地类型组	恢复区							
立地类型	高标准恢复区							
配置模式	复垦种植作物、种植乔木							
模式代号	IV-6-1-C-b-5 (2)	农作物	沟道渣场平台复垦种植各类农作物	农作物种子籽粒饱满,发芽率高	全面整地,施基肥,首次浇透水	根据当地农作物类型确定相应的种植密度		
立地类型小区	平地区							
立地类型组	恢复区							
立地类型	高标准恢复区							
配置模式	复垦种植农作物							
模式代号	IV-6-2-D-b-6 (1)	华北落叶松、侧柏、沙棘、旱柳	坡面种植落叶和常绿乔木、灌木,恢复地表自然植被	园林大苗,无病虫伤和根系发达,常绿乔木苗高>150cm,带土球;侧柏、旱柳等苗高 40~150cm,地径 0.4~2cm	穴状整地	株行距 2m×3m		
立地类型小区	挖方边坡							
立地类型组	土质边坡							
立地类型	坡度≥1:2.75 (20°),坡长>3m							
配置模式	乔灌混交护坡							

续表

立地类型划分		植物种	常用配置	种植方法			设计图	效果图
				规格	整地方式	种植密度		
模式代号	IV-6-2-D-b-6 (2)	油松、柠条、紫穗槐、沙棘、苜蓿、打旺、羊草	坡面种植油松、紫穗槐、苜蓿、红豆草，还有少量沙棘、柠条、打旺，自然恢复沙棘及羊草等草本，马道侧种植白榆坡脚种植旱柳	I级苗，无病虫害。根系发达乔木胸径≥3cm，树高≥2.0m；木1年生I级苗，地径≥0.5cm。草种种籽粒饱满，发芽率≥95%	乔灌穴状整地	灌木株距 0.8m×行距 0.8m，马道株距 2m，脚距 4m，苜蓿等草本 37.5~50kg/hm²		
立地类型小区	挖方边坡							
立地类型组	土质边坡							
立地类型	坡度 ≥1:2.75 (20°)，坡长 <3m							
配置模式	削坡开级+乔灌草防护							
模式代号	IV-5-2-D-a-7 (1)	华北落叶松、紫穗槐、苜蓿、柠条、沙打旺、踏郎、花棒、藜等	削坡开级，马道种植华北落叶松、紫穗槐、坡面撒播植山杏、自然恢复沙棘、打旺、踏郎及花棒、羊草等草本	I级苗，无病虫害。根系发达乔木刺槐胸径≥3cm，树高≥2.0m；绿乔木苗高≥150cm，带土球草种种籽粒饱满，发芽率≥95%	马道上穴状整地	株距 4m×苜蓿 3m，草本 37.5~50kg/hm²		
立地类型小区	挖方边坡							
立地类型组	土质边坡							
立地类型	坡度 <1:2.75 (20°)，坡长 >3m							
配置模式	削坡开级+乔灌草防护							
模式代号	IV-6-2-D-a-7 (2)	山杏、沙枣	路堑削坡开级，马道栽植山杏、沙枣	I级苗，无病虫害。根系发达苗高 100~150cm，地径 1~2cm	马道上穴状整地定植水	株距 2m		
立地类型小区	挖方边坡							
立地类型组	土质边坡							
立地类型	坡度 <1:2.75 (20°)，坡长 <3m							
配置模式	削坡开级+乔木防护							

续表

立地类型划分					植物种	常用配置	种植方式			设计图	效果图
模式代号	立地类型小区	立地类型组	立地类型	配置模式			规格	整地方式	种植密度		
IV-6-2-E-a-8	挖方边坡	土石混合边坡	坡度≥1:2.75（20°），坡长>3m	周边混凝土框条固定+灌木园林景观式配置护坡	金叶女贞、黄杨、冬青等	园林造景，采用规则方式配置灌木	I级苗，无病虫害，根系发达，带土球。地径≥1.5cm	全面整地，施肥、灌溉	株行距按设计图案种植确定	剖面图 平面图	
IV-6-2-E-b-9	挖方边坡	土石混合边坡	坡度≥1:2.75（20°），坡长>3m	削坡开级+拱形骨架+乔木防护	华北落叶松、侧柏、紫穗槐、山杏、柠条、羊草	取土场边坡。工程开级+工程骨架内种植草本植物和少量乔木	乔木胸径1.5~2cm，树高1.2~1.5m；草种籽粒饱满，发芽率≥95%	骨架内全面整地	草播种量5~10g/m²，株距不等	剖面图 平面图	

续表

立地类型划分					植物种	常用配置	种植方式			设计图	效果图
模式代号	立地类型小区	立地类型组	立地类型	配置模式			规格	整地方式	种植密度		
IV-6-3-F-a-10（1）	填方边坡	石质边坡	坡度 <1:2.75（20°），坡长 >3m	灌木＋草	紫穗槐、柠条、五叶地锦、苜蓿、羊草等	坡面种植紫穗槐、柠条、沙棘、苜蓿等，坡下种五叶地锦、羊草	I 级苗，无病虫害；根系发达紫穗槐 1 年生，地径≥0.5cm；绿化用苗用插条，1～2 年生健壮木质，粒饱满，发芽率≥95%	穴状整地，施基肥	紫穗槐株行距 0.8m×1m；地锦株距 0.8m，五叶地锦苜蓿 37.5kg/hm²		
IV-6-3-F-a-10（2）	填方边坡	石质边坡	坡度 <1:2.75（20°），坡长 <3m	乔木＋草	油松、刺槐、白榆、冰草等	渣场边坡种植油松、白榆、刺槐，空地自然恢复各类杂草	I 级苗，无病虫害，根系发达，苗高 >100cm，常绿树种带土球	穴状整地，施基肥	株行距 2m×3m		
IV-6-3-F-b-11（1）	填方边坡	石质边坡	坡度 ≥1:2.75（20°），坡长 >3m	拱型骨架＋乔灌配置	侧柏、紫穗槐、冰草等	边坡种植侧柏、紫穗槐，空地自然恢复各类杂草	I 级苗，无病虫害，根系发达；侧柏苗高 100～150cm，地径 1～2cm；灌木 1 年生 I 级苗，地径≥0.5cm	骨架内全面整地	灌木株距 0.8m，乔木株行距 0.8m，株距 2～3m		

设计图栏：剖面图、平面图

效果图栏：

续表

立地类型划分		植物种	常用配置	规格	种植方式		设计图	效果图
					整地方式	种植密度		
模式代号	IV-6-3-F-b-11 (2)	侧柏、旱柳、紫穗槐、沙草、冰草、打旺、花棒、踏郎等	拱形骨架内栽植乔灌,株行距恢复同空地自然各类杂草	乔木等苗,高150cm,地径1~2cm;灌木1年生苗,I级苗,地径≥0.5cm	骨架内全面整地	灌木株行距0.8m,乔木株距2m×2m		
立地类型小区	填方边坡							
立地类型组	石质边坡							
立地类型	坡度≥1:2.75(20°),坡长<3m							
配置模式	拱形骨架+乔灌草配置							
模式代号	IV-6-3-F-b-11 (3)	侧柏、旱柳、紫穗槐、苜蓿、高羊茅、黑麦草等	坡脚种植侧柏、旱柳,坡面拱形骨架内上部种植紫穗槐,下部种植苜蓿、高羊茅、黑麦草等	I级苗;无病虫害;根系发达;乔木胸径≥3cm,树高≥2.0m;灌木1年生苗,I级苗,地径≥0.5cm;草种籽粒饱满,发芽率≥95%	骨架内全面整地	乔木株距4~6m,灌木株行距0.8m×0.8m,草播种量15g/m²		
立地类型小区	填方边坡							
立地类型组	石质边坡							
立地类型	坡度≥1:2.75(20°),坡长>3m							
配置模式	拱形骨架+乔灌草配置							
模式代号	IV-6-3-F-a-12	羊草、黑麦草、冰草等	坡脚浆砌石挡墙、坡面种草防护	草种籽粒饱满,发芽率≥95%	坡面带状整地	草播种量5~10g/m²		
立地类型小区	填方边坡							
立地类型组	土石混合边坡							
立地类型	坡度<1:2.75(20°),坡长<3m							
配置模式	坡脚浆砌石挡墙+种草防护							

续表

立地类型划分		植物种	常用配置	规格	种植方式		设计图	效果图
					整地方式	种植密度		
模式代号	Ⅳ-6-3-F-b-13	羊草、黑麦草、冰草等	坡面下部拱形骨架内和坡面上部坡脚种植柳、刺槐、臭椿	乔木Ⅰ级苗，无病虫害，根系发达，胸径2~3cm，树高1.5~2.0m；草种籽粒饱满，发芽率≥95%	坡面带状整地	乔木株距4~6m，草播种量5~10g/m²	剖面图／平面图	
立地类型小区	坡方边坡							
立地类型组	土石混合边坡							
立地类型	坡度≥1:2.75（20°），坡长<3m							
配置模式	拱形骨架+种草防护							

表3-24　汾河中游丘陵沟壑立地亚区（Ⅳ-7）植物配置模式、种植方式及种植效果

立地类型划分		植物种	常用配置	规格	种植方式		设计图	效果图
					整地方式	种植密度		
模式代号	Ⅳ-7-1-A-a-1（1）	乔木：油松、樟子松、刺槐、白榆等；灌木：丁香、红端木、紫叶小檗、冬青等；草本：月季、草坪草、鸢尾等	采用规则配置和自然式配置各类方式。乔-灌-草。如：国槐+紫穗槐+鸢尾	园林大苗Ⅰ级苗，无病虫害和各根系发达，常绿树种带土球。苗木按园林设计要求种定。草种籽粒饱满，发芽率≥95%	原生土壤，全面整地，施肥、灌溉	乔灌株行距按园林化种植确定，草坪草播种量15~20g/m²	剖面图／平面图　5m	
立地类型小区	平地区							
立地类型组	美化区							
立地类型	办公美化区							
配置模式	乔木+灌木+草园林景观式							

续表

立地类型划分				植物种	常用配置	种植方式			设计图	效果图
						规格	整地方式	种植密度		
模式代号	IV-7-1-A-a-1(2)			乔木：油松、樟子松、刺槐、白榆等；灌木：紫叶小檗、黄杨、月季、女贞等；草本：鸢尾、紫羊草等	路边条状绿植地、路边栽植绿篱、中间种植等；其上配置有各类乔灌，如：圆柏+丁香+草坪草	园林大苗，I级苗，无病虫害，根系发达，带土球，乔木胸径≥3～5cm，树高≥2.5m；常绿树种苗高＞150cm，带土坨；灌木地径≥1.5cm。草种籽粒饱满，发芽率≥95%	全面整地，灌溉	乔木株距4～6m，绿篱株行距（0.3～1）m×（0.3～1）m，草坪草15～20g/m²	剖面图 平面图	
立地类型小区	平地区									
立地类型组	美化区									
立地类型	办公美化区									
配置模式	乔木+灌木+草景观配置									
模式代号	IV-7-1-A-a-1(3)			乔木：油松、樟子松、刺槐、旱柳、白榆、油松、紫穗槐等；灌木：紫叶小檗、金叶女贞、黄杨、牡丹等；草本：三叶草等	小区绿地因绿地形状大小配置各异。路边栽植绿篱，下层植草，其上配置有各类乔灌，如：圆柏+黄杨+三叶草	园林大苗，I级苗，无病虫害，根系发达，带土球，乔木胸径≥3～5cm，树高≥2.5m；常绿树种苗高＞150cm，带土坨；灌木地径≥1.5cm。草种籽粒饱满，发芽率≥95%	全面整地，施肥，灌溉	乔木株距4～6m，绿篱0.3m×0.3m，三叶草5g/m²	剖面图 平面图	
立地类型小区	平地区									
立地类型组	美化区									
立地类型	生活美化区									
配置模式	乔木+灌木+草景观配置									
模式代号	IV-7-1-B-a-2			乔木：油松、刺槐、侧柏、白榆等；灌木：紫叶小檗、黄杨、金叶女贞、蔷薇等	路边绿地，根据空间位置选择枝叶繁茂的乔木种植，如：白蜡+黄杨	园林大苗，无病虫害，根系发达，乔木胸径≥4cm，灌木冠幅≥0.2m，高≥0.4m	全面整地，施肥，灌溉	乔木株距4～6m，绿篱0.3m×0.3m	剖面图 平面图	
立地类型小区	平地区									
立地类型组	功能区									
立地类型	潜生区									
配置模式	乔木+灌木草景观									

续表

立地类型划分					植物种	常用配置	规格	种植方式		设计图	效果图
模式代号	立地类型小区	立地类型组	立地类型	配置模式				整地方式	种植密度		
IV-7-1-B-c-3	平地区	功能区	防噪声区	乔木+灌木	乔木：油松、华北落叶松、新疆杨、白榆等；灌木：山杏、胡枝子、虎榛子等	穿越城镇、农田高速公路两侧种植乔灌，或单行乔木；中央隔离带栽植侧柏	园林大苗，无病虫害和各类伤；根系发达，带土球。乔木胸径≥5cm，乔木高≥3.0m；常绿乔木苗高150cm；绿篱高≥60cm；桧柏地径≥0.5cm	全面整地，施基肥，首次浇透水，干旱时节补灌	乔木株距4～6m，径柳株距1m，绿篱树株距0.5m		
IV-7-1-C-a-4	平地区	恢复区	一般恢复区	草	羊草、冰草、狗尾草等	厂区预留地，雨季撒播冰草、自然恢复狗尾草等	草种籽粒饱满，发芽率≥95%	全面整地	播种量37.5kg/hm²		
IV-7-1-C-b-5(1)	平地区	恢复区	高标准恢复区	复垦种植作物，种植乔木	苹果、山杏、沙枣、沙棘、核桃等经济树种	沟道渣场平台部分复垦种植山杏等作物，部分种植苹果、沙枣、核桃等经济树种	I级苗，乔木胸径≥4cm，树高≥3.0m，绿乔木苗高>120cm	全面整地，施基肥，首次浇透水	株行距3m×4m		

续表

立地类型划分					植物种	常用配置	种植方式			设计图	效果图
							规格	整地方式	种植密度		
模式代号	立地类型小区	立地类型组	立地类型	配置模式							
IV-7-1-C-b-5 (2)	平地区	恢复区	高标准恢复区	复垦种植农作物	农作物	沟道渣场平台复垦，种植各类农作物	农作物种子籽粒饱满，发芽率高	全面整地，施基肥，首次浇透水	根据当地类型的农作物确定相应种植密度	剖面图／平面图	
IV-7-2-D-b-6 (1)	挖方边坡区	土质边坡	坡度≥1∶2.75（20°），坡长>3m	乔灌混交护坡	华北落叶松、侧柏、沙棘、旱柳	坡面种植绿叶和常绿乔木、灌木，空地自然恢复植被	园林大苗，无病虫害，根系发达常绿乔木苗高>150cm，带土球；侧柏、旱柳等苗高40～150cm，地径0.4～2cm	穴状整地	株行距2m×3m	剖面图／平面图	
IV-7-2-D-b-6 (2)	挖方边坡区	土质边坡	坡度≥1∶2.75（20°），坡长<3m	削坡开级＋乔灌草防护	油松、紫穗槐、柠条、沙棘、首蓿、打瓜、羊草	坡面种植油松、紫穗槐、红豆草，还有少量打瓜、柠条、沙棘及沙枣、首蓿等草本，马道排水沟内侧种植白榆、坡脚种植旱柳	I级苗，无病虫害，根系发达乔木胸径≥3cm，树高≥2.0m；灌木1年生；I级苗，地径≥0.5cm；草种籽粒饱满，发芽率≥95%	乔灌穴状整地	灌木株行距0.8m，马道株距2m，株距0.8m，脚距4m，首蓿等草本37.5～50kg/hm²	剖面图／平面图	

续表

立地类型划分					植物种	常用配置	种植方式			设计图	效果图
模式代号	立地类型小区	立地类型组	立地类型	配置模式			规格	整地方式	种植密度		
Ⅳ-7-2-D-a-7(1)	挖方边坡区	土质边坡	坡度<1：2.75(20°)，坡长>3m	削坡开级+乔木防护	华北落叶松、紫穗槐、柠条、沙打旺、苜蓿、花棒、羊草、踏郎、藜等	削坡开级、马道种植华北落叶松、坡面撒播苜蓿、羊草等草本，坡脚栽植山杏，自然恢复灌木、沙棘、柠条、沙打旺、花棒、踏郎及藜等草本	Ⅰ级苗，无病虫害，根系发达。刺槐胸径≥3cm；树高≥2.0m；绿乔木苗高>150cm，带土球；草种籽粒饱满，发芽率≥95%	马道上穴状整地	株距4m×3m；苜蓿草本37.5~50kg/hm²		
Ⅳ-7-2-D-a-7(2)	挖方边坡区	土质边坡	坡度<1：2.75(20°)，坡长<3m	削坡开级+乔木防护	山杏、沙枣	路堑削坡开级、马道栽植山杏、沙枣	Ⅰ级苗，无病虫害，根系发达。苗高100~150cm，地径1~2cm	马道上穴状整地、浇定植水	株距2m		
Ⅳ-7-2-E-a-8	挖方边坡区	土石混合边坡	坡度<1：2.75(20°)，坡长>3m	周边混凝土框条固定+灌木园林景观式配置护坡	金叶女贞、黄杨、冬青等	园林造景，采用规则方式配置灌木	Ⅰ级苗，无病虫害，根系发达。带土球，地径≥1.5cm	全面整地，施肥、灌溉	株行距按园林设计图案种植确定		

续表

立地类型划分					植物种	常用配置	规格	种植方式		设计图	效果图
								整地方式	种植密度		
模式代号	立地类型小区	立地类型组	立地类型	配置模式							
IV-7-2-E-b-9	挖方边坡区	土石混合边坡	坡度≥1:2.75(20°)，坡长>3m	削坡开级+拱形骨架+乔草防护	华北落叶松、侧柏、紫穗槐、柠条、山杏、羊草	取土场边坡、工程削坡开级、工程骨架内种植草本植物和少量乔木	乔木胸径1.5~2cm，树高1.2~1.5m；草种粒粒饱满，发芽率≥95%	骨架内全面整地	草播种量5~10g/m²，株距不等		
IV-7-3-F-a-10(1)	填方边坡区	石质边坡	坡度<1:2.75(20°)，坡长>3m	灌木+草	紫穗槐、柠条、沙棘、五叶地锦、黄芪、羊草、无芒雀麦等	坡面种植紫穗槐、柠条、沙棘、首蓿、五叶地锦等，坡下种羊草、黄芪、无芒雀麦	I级苗，无病虫害，根系发达，紫穗槐1年生，地径≥0.5cm；地锦用插条，1~2年生健壮枝；草种籽粒饱满，发芽率≥95%	穴状整地，施基肥	紫穗槐株行距0.8m×0.8m，五叶地锦株距1m，首蓿37.5kg/hm²		
IV-7-3-F-a-10(2)	填方边坡区	石质边坡	坡度<1:2.75(20°)，坡长<3m	乔木+草	油松、刺槐、白榆、冰草等	渣场边坡种植油松、刺槐、白榆，空地自然恢复各类杂草	I级苗，无病虫害，根系发达，苗高常>100cm，绿树种带土球	穴状整地，施基肥	株行距2m×3m		

续表

立地类型划分			植物种	常用配置	规格	种植方式		设计图	效果图
						整地方式	种植密度		
模式代号 IV-7-3-F-b-11 (1)			侧柏、紫穗槐、冰草等	边坡种植侧柏、紫穗槐，空地自然恢复各类杂草	I级苗，无病虫害，根系发达，侧柏苗高100~150cm，地径1~2cm；紫穗槐1年生I级苗，地径≥0.5cm	骨架内全面整地	灌木株距0.8m×行距0.8m，乔木株距2~3m	剖面图 平面图	
立地类型小区	填方边坡区								
立地类型组	石质边坡								
立地类型	坡度≥1:2.75 (20°)，坡长>3m								
配置模式	拱形骨架+乔灌配置								
模式代号 IV-7-3-F-b-11 (2)			侧柏、旱柳、紫穗槐、沙棘、冰草、花棒、沙打旺、踏即等	拱形骨架内栽植乔灌，间空地自然恢复各类杂草	乔木等苗，高100~150cm，地径1~2cm；灌木1年生I级苗，地径≥0.5cm	骨架内全面整地	灌木株距0.8m×行距0.8m，乔木株距2m×2m	剖面图 平面图	
立地类型小区	填方边坡区								
立地类型组	石质边坡								
立地类型	坡度≥1:2.75 (20°)，坡长<3m								
配置模式	拱形骨架+乔灌草配置								
模式代号 IV-7-3-F-b-11 (3)			侧柏、旱柳、槐、苜蓿草、黑麦草、高羊茅、无芒雀麦等	坡脚种植侧柏、旱柳，面拱形骨架内种植乔灌，上部种植槐，下部种植苜蓿、高羊茅、黑麦草等	I级苗，无病虫害，根系发达，乔木胸径≥3cm，乔木高≥2.0m；灌木1年生I级苗，地径≥0.5cm；草种籽粒饱满，发芽率≥95%	骨架内全面整地	乔木株距4~6m，株行距0.8m，灌木0.8m，坪草播种种量15g/m²	剖面图 平面图	
立地类型小区	填方边坡区								
立地类型组	石质边坡								
立地类型	坡度≥1:2.75 (20°)，坡长>3m								
配置模式	拱形骨架+乔灌草配置								

续表

立地类型划分		植物种	常用配置	种植方式			设计图	效果图
				规格	整地方式	种植密度		
模式代号	IV-7-3-F-a-12	羊草、黑麦草、黄芪、冰草、无芒雀麦等	坡脚浆砌石挡墙；坡面种草防护	草种籽粒饱满、发芽率≥95%	坡面带状整地	草播种量5~10g/m²	剖面图　平面图	
立地类型小区	填方边坡区							
立地类型组	土石混合边坡							
立地类型	坡度<1:2.75(20°)，坡长<3m							
配置模式	坡脚浆砌石挡墙+种草防护							
模式代号	IV-7-3-F-b-13	羊草、黑麦草、黄芪、冰草、无芒雀麦等	坡面下部拱形骨架内和上部坡面种草；坡脚种植槐、刺柳、臭椿等	乔木I级苗，无病虫害；根系发达，胸径2~3cm，高1.5~2.0m；草种籽粒饱满，发芽率≥95%	坡面带状整地	乔木株距4~6m，草播种量5~10g/m²	剖面图　平面图	
立地类型小区	填方边坡区							
立地类型组	土石混合边坡							
立地类型	坡度≥1:2.75(20°)，坡长<3m							
配置模式	拱形骨架+种草防护							

表3-25　关中平原立地亚区（Ⅳ-8）植物配置模式、种植方式及种植效果

立地类型划分	植物种	常用配置	种植方式 规格	种植方式 整地方式	种植方式 种植密度	设计图	效果图
模式代号：Ⅳ-8-1-A-ε-1 (1)　立地类型小区：平地区　立地类型组：美化区　立地类型：办公美化区　配置模式：乔木+灌木+草园林景观式	乔木：油松、国槐、龙爪槐、白杆等；灌木：木槿、丁香、红瑞木、冬青、紫穗槐等；草本：紫叶小檗、月季、鸢尾、草坪草等	采用规则式和自然式配置方式，乔、灌、草各类搭配，如：国槐+紫穗槐+鸢尾	园林Ⅰ级大苗，无病虫害，根系发达，常绿树种带土球。种植苗木按园林设计要求确定，饱满，种籽发芽率≥95%	原生土壤，全面整地，施肥，灌溉	乔灌株行距按园林化种植确定，草坪草播种量15～20g/m²	剖面图／平面图	
模式代号：Ⅳ-8-1-A-a-1 (2)　立地类型小区：平地区　立地类型组：美化区　立地类型：办公美化区　配置模式：乔木+灌木+草景观配置	乔木：圆柏、油松、龙爪槐、紫叶李等；灌木：紫叶梁、黄杨、金叶女贞、月季等；草本：三叶草、鸢尾、草坪草等	路边条状绿地、路边植绿篱、中间种植草有各类乔灌木，其上配乔灌草，如：圆柏+丁香+草坪草	园林Ⅰ级大苗，无病虫害，根系发达，乔木胸径3～5cm，带土球，树高≥2.5m，树种带土坨≥150cm，灌木带土坨≥1.5cm，草种种籽饱满，发芽率≥95%	全面整地，施肥，灌溉	乔木株距4～6m，绿篱株行距（0.3～1）m×（0.3～1）m，草坪草量15～20g/m²	剖面图／平面图	
模式代号：Ⅳ-8-1-A-a-1 (3)　立地类型小区：平地区　立地类型组：美化区　立地类型：生活美化区　配置模式：乔木+灌木+草景观配置	乔木：国槐、旱柳、油松、紫叶李等；灌木：紫薇、紫叶杨、黄杨、壮贞、金叶女贞、紫叶李等；草本：三叶草、丹草等	小区绿地，因绿地形状大小配置各异，路边植绿篱，下层植草，其上配乔灌木，如各有乔灌木，如：圆柏+黄杨+三叶草	园林Ⅰ级大苗，无病虫害，根系发达，乔木胸径3～5cm，带土球，树高≥2.5m，树种带土坨≥150cm，灌木带土坨≥1.5cm，草种种籽饱满，发芽率≥95%	全面整地，施肥，灌溉	乔木株距4～6m，绿篱株行距0.3m×0.3m，三叶草5g/m²	平面图	

续表

模式代号	立地类型小区	立地类型组	立地类型	配置模式	植物种	常用配置	规格	整地方式	种植密度	设计图	效果图
IV-8-1-B-a-2	平地区	功能区	潜尘区	乔木+灌木	乔木：油松、白皮华北落叶松、侧柏、榆等；灌木：紫穗槐、黄杨、紫叶小叶金叶女贞、蔷薇等	路边绿地，根据绿地空间位置繁茂选择枝叶繁种植的乔灌种植+如：白蜡+黄杨	园林大苗，无病虫害和根系发达，乔木胸径≥4cm；灌木冠幅≥0.2m，高≥0.4m	全面整地，灌溉施肥、灌溉	乔木株距4~6m，株行距×0.3m 绿篱0.3m	剖面图 平面图	
IV-8-1-B-c-3	平地区	功能区	防噪声区	乔木+灌木	乔木：油松、白皮华北落叶松、新疆杨、白榆等；灌木：侧柏、旱柳、胡枝子、紫丁香等	穿越城镇、农田高速公路两侧或单行乔灌、中央隔离带栽植侧柏	园林大苗，无病虫害各系发达，带土球。乔木胸径≥5cm；常绿高≥3.0m；乔木苗高150cm；绿篱苗高>60cm；桧柳地径>0.5cm	全面整地，首次施基肥、浇透水，干旱时节补灌	乔木株距4~6m，株距1m，篱树株距0.5m 绿柳	剖面图 平面图	
IV-8-1-C-a-4	平地区	恢复区	一般恢复区	草	羊草、冰草、草木犀、老芒麦、无芒雀麦等	厂区预留地，雨季撒播草、冰草、自然恢复狗尾草等	草种籽粒饱满，发芽率≥95%	全面整地	播种量 37.5kg/hm²	剖面图 平面图	

续表

立地类型划分		植物种	常用配置	种植方式			设计图	效果图
				规格	整地方式	种植密度		
模式代号	IV-8-1-C-b-5 (1)	苹果、山杏、核桃、沙棘、山楂、板栗、枣等经济树种	沟道渣场平台部分植山杏等经济树种,部分沙地种植苹果、山楂、核桃、板栗、枣等经济树种	I 级苗、乔木胸径≥4cm,树高≥3.0m;常绿乔木苗高>120cm	全面整地,施基肥,首次浇透水	株行距 3m×4m		
立地类型小区	平地区							
立地类型组	恢复区							
立地类型	高标准恢复区							
配置模式	复垦种植作物、种植乔木							
模式代号	IV-8-1-C-b-5 (2)	农作物	沟道渣场平台复垦,种植各类农作物	农作物种子籽粒饱满,发芽率高	全面整地,施基肥,首次浇透水	根据当地农作物类型确定相应种植密度		
立地类型小区	平地区							
立地类型组	恢复区							
立地类型	高标准恢复区							
配置模式	复垦种植农作物							
模式代号	IV-8-2-D-b-6 (1)	华北落叶松、侧柏、沙棘、旱柳	坡面种植落叶乔木和常绿灌木,地自然恢复植被	园林大苗,无病虫害。根系发达,常绿乔木苗带土球>150cm;侧柏、旱柳等苗高150cm,地径0.4~2cm	穴状整地	株行距 2m×3m		
立地类型小区	挖方边坡区							
立地类型组	土质边坡							
立地类型	坡度≥1:2.75(20°),坡长>3m							
配置模式	乔木灌木混交护坡							

续表

立地类型划分					植物种	常用配置	种植方式			设计图	效果图
模式代号	立地类型小区	立地类型组	立地类型	配置模式			规格	整地方式	种植密度		
IV-8-2-D-b-6 (2)	挖方边坡区	土质边坡	坡度≥1:2.75 (20°)，坡长<3m	削坡开级+乔灌草防护	油松、紫穗槐、紫丁香、旱柳、沙打旺、首蓿、羊草、老芒麦	坡面种植油松、紫穗槐、紫丁香、首蓿、旱草、红豆草，还有少量柠条、沙打旺、自然恢复沙棘、沙棘等草本，马道排水沟外侧种植白榆坡脚种植旱柳	I级苗，无病虫害，根系发达；乔木胸径≥3cm，树高≥2.0m；灌木1年生I级苗，地径≥0.5cm；草种籽饱满，发芽率≥95%	乔灌穴状整地	灌木株行距0.8m，马道坡脚株距2m，株距0.8m，首蓿等草本37.5~50kg/hm²		
IV-8-2-D-a-7 (1)	挖方边坡区	土质边坡	坡度<1:2.75 (20°)，坡长>3m	削坡开级+乔灌草防护	华北落叶松、紫穗槐、柠条、首蓿、羊草、沙打旺等	削坡种植华北落叶松、紫穗槐，马道撒播首蓿，坡面播种羊草，坡脚种植山杏、柠条，自然恢复沙棘、蒿郎及花棒、踏郎等羊草草本	I级苗，无病虫害，根系发达；乔木胸径≥3cm，树高≥2.0m；常绿乔木苗高≥150cm，刺槐带土球；草种籽饱满，发芽率≥95%	马道上穴状整地	株距3m，首蓿4m，草本37.5~50kg/hm²		
IV-8-2-D-a-7 (2)	挖方边坡区	土质边坡	坡度<1:2.75 (20°)，坡长<3m	削坡开级+乔木防护	山杏、沙枣	路堑削坡开级、马道栽植山杏、沙枣	I级苗，无病虫害，根系发达；苗高100~150cm，地径1~2cm	马道上整地，浇定植水	株距2m		

续表

立地类型划分					植物种	常用配置	种植方式：规格	种植方式：整地方式	种植方式：种植密度	设计图	效果图
模式代号	IV-8-2-E-a-8				金叶女贞、黄杨、冬青等	园林造景，采用规则方式配置灌木	Ⅰ级苗，无病虫害，根系发达，带土球。地径≥1.5cm	全面整地，施肥，灌溉	株行距按设计图，园林设计案种植确定		
立地类型小区	挖方边坡区										
立地类型组	土石混合边坡										
立地类型	坡度<1:2.75（20°），坡长>3m										
配置模式	周边混凝土框格条苜蓿+灌木园林景观式配置护坡										
模式代号	IV-8-2-E-b-9				华北落叶松、侧柏、紫穗槐、柠条、山杏、羊草	取土场边坡、工程削坡开级、骨架内种植草本植物和少量乔木	乔木胸径1.5~2cm，树高1.2~1.5m；草种，籽粒饱满，发芽率≥95%	骨架内全面整地	草播种量5~10g/m²，株距不等		
立地类型小区	挖方边坡区										
立地类型组	土石混合边坡										
立地类型	坡度≥1:2.75（20°），坡长>3m										
配置模式	削坡开级+拱形骨架+乔草防护										
模式代号	IV-8-3-F-a-10（1）				紫穗槐、柠条、沙棘、五叶地锦、苜蓿、老芒草、无芒雀麦等	坡面种植紫穗槐、柠条、沙棘等，坡下种五叶地锦、苜蓿、老芒草、无芒雀麦	Ⅰ级苗，无病虫害，根系健；紫穗槐1年生，地径≥0.5cm，锦鸡儿插条，1~2年生木苗质化；草籽，粒饱满，发芽率≥95%	穴状整地，施基肥	紫穗槐株行距0.8m×0.8m，五叶地锦株距1m，苜蓿37.5kg/hm²		
立地类型小区	填方边坡区										
立地类型组	石质边坡										
立地类型	坡度<1:2.75（20°），坡长>3m										
配置模式	灌木-草										

续表

立地类型划分					植物种	常用配置	种植方式			设计图	效果图
模式代号	立地类型小区	立地类型组	立地类型	配置模式			规格	整地方式	种植密度		
IV-8-3-F-a-10 (2)	填方边坡区	石质边坡	坡度<1:2.75 (20°)、坡长<3m	乔木+草	油松、刺槐、白榆、冰草等	渣场边坡种植油松、刺槐、白榆，空地自然恢复各类杂草	I级苗，无病虫害，根系发达，苗高>100cm。常绿树种带土球	穴状整地，施基肥	株行距2m×3m		
IV-8-3-F-b-11 (1)	填方边坡区	石质边坡	坡度≥1:2.75 (20°)、坡长>3m	拱形骨架+乔灌配置	侧柏、紫穗槐、冰草等	边坡种植侧柏、紫穗槐，空地自然恢复各类杂草	I级苗，无病虫害，根系发达，侧柏苗高100~150cm，地径1~2cm；灌木1年生I级苗，地径≥0.5cm	骨架内全面整地	灌木株行距0.8m×0.8m，乔木株距2~3m		
IV-8-3-F-b-11 (2)	填方边坡区	石质边坡	坡度≥1:2.75 (20°)、坡长<3m	拱形骨架+乔灌草配置	沙棘、旱柳、紫穗槐、冰草、沙打旺、老芒草、无芒雀麦等	拱形骨架内栽植乔灌，株间空地自然恢复各类杂草	乔木等苗高100~150cm，地径1~2cm；灌木1年生I级苗，地径≥0.5cm	骨架内全面整地	灌木株行距0.8m×0.8m，乔木株距2m×2m		

续表

立地类型划分		植物种	常用配置	种植方式			设计图	效果图
				规格	整地方式	种植密度		
模式代号	IV-8-3-F-b-11(3)	侧柏、刺槐、旱柳、紫穗槐、高羊茅、苜蓿、黑麦草、老芒麦、无芒雀麦	坡脚种植旱柳,坡面内拱形骨架内上部种植紫穗槐、刺槐,下部种植苜蓿、高羊茅、黑麦草等	I 级苗,无病虫害,根系发达。乔木胸径≥3cm,树高≥2.0m;灌木 I 级生 1 年生苗,地径≥0.5cm;草种籽粒饱满,发芽率≥95%	骨架内全面整地	乔木株距4~6m,灌木株行距0.8m×0.8m,坪草播种量15g/m²	剖面图 平面图	
立地类型小区	填方边坡区							
立地类型组	石质边坡							
立地类型	坡度≥1:2.75(20°),长>3m							
配置模式	拱形骨架+乔灌草配置							
模式代号	IV-8-3-F-a-12	羊草、黑麦草、冰草、草木犀、老芒麦、无芒雀麦、麦宾草等	坡面下部拱形骨架,骨架内坡面种草,坡脚浆砌石挡墙草防护	草种籽粒饱满,发芽率≥95%	坡面带状整地	草播种量5~10g/m²	剖面图 平面图	
立地类型小区	填方边坡区							
立地类型组	土石混合边坡							
立地类型	坡度<1:2.75(20°),坡长<3m							
配置模式	坡脚浆砌石挡墙+种草防护							
模式代号	IV-8-3-F-b-13	羊草、黑麦草、冰草、草木犀、老芒麦、无芒雀麦、麦宾草等	坡面拱形骨架内和上部坡面种草,坡脚种植刺槐、臭椿、旱柳等	乔木无病虫害,根系发达、无 I 级苗,胸径2~3cm,高1.5~2.0m,草种籽粒饱满,发芽率≥95%	坡面带状整地	乔木株距4~6m,草播种量5~10g/m²	剖面图 平面图	
立地类型小区	填方边坡区							
立地类型组	土石混合边坡							
立地类型	坡度<1:2.75(20°),坡长<3m							
配置模式	拱形骨架+种草防护							

表3-26 晋南、晋东南丘陵立地亚区（Ⅳ-9）植物配种模式、种植方式及种植效果

立地类型划分					植物种	常用配置	规格	种植方式		设计图	效果图
模式代号	立地类型小区	立地类型组	立地类型	配置模式				整地方式	种植密度		
Ⅳ-9-1 A-a-1(1)	平地区	美化区	办公美化区	乔木+灌木草景观观式	乔木：油松、国槐、龙爪槐、李子等；灌木：丁香、木槿、红瑞木、紫叶小檗、冬青、月季；草本：鸢尾、草坪草等	采用规则式和自然式配置方式。乔、灌、草，如：国槐+紫穗槐+鸢尾+草坪草等	园林大苗，Ⅰ级苗，无病虫害和各类根系发达，常带土球。种植苗木按园林设计要求确定草种籽粒饱满，发芽率≥95%	原生土壤，全面整地，施肥，灌溉	乔灌株行距按园林化种植确定，草坪草量15～20g/m²	平面图 剖面图	
Ⅳ-9-1 A-a-1(2)	平地区	美化区	办公美化区	乔木+灌木草景观配置	乔木：国槐、圆柏、龙爪槐、李子等；灌木：紫叶李、黄杨、紫薇、女贞、月季等；草本：鸢尾、草坪草等	路边条状绿地、路边绿篱、中间种植草，其上配置。灌木有如：圆柏+丁香+草坪草等	园林大苗，Ⅰ级苗，无病虫害，根系发达，带土球，乔木胸径3～5cm；高绿树种高＞2.5m；常绿树苗高＞150cm；灌木地径＞1.5cm；草坪草籽粒饱满≥95%	全面整地，施肥，灌溉	乔木株距4～6m，绿篱株行距（0.3～1）m×（0.3～1）m，草坪草15～20g/m²	平面图 剖面图	
Ⅳ-9-1 A-a-1(3)	平地区	美化区	生活美化区	乔木+灌木草景观配置	乔木：国槐、圆柏、油松、紫叶杨等；灌木：紫薇、紫叶小檗、金叶女贞、丹桂等；草本：三叶草等	小区绿地，因小区地形植物各异大。路边绿篱、下层植草，其上配置。有各类绿树如：圆柏+黄杨+三叶草	园林大苗，Ⅰ级苗，无病虫害，根系发达，带土球，乔木胸径3～5cm，高≥2.5m；常绿树种苗高＞150cm，灌木地径1.5cm；草种籽粒饱满发芽率≥95%	全面整地，施肥，灌溉	乔木株距4～6m，绿篱株行距0.3m×0.3m；三叶草5g/m²	平面图 剖面图	

续表

立地类型划分		植物种	常用配置	种植方式			设计图	效果图
				规格	整地方式	种植密度		
模式代号	IV-9-1-B-a-2	乔木：油松、华北落叶松、白榆、侧柏等；灌木：紫穗槐、黄杨、紫薇、紫叶小檗、女贞、蔷薇等	路边绿地，根据空间位置选择枝叶繁茂的乔灌种植，如：白蜡+黄杨	园林大苗，无病虫害和各系根发达，乔木胸径≥4cm，灌木冠幅≥0.2m，高≥0.4m	全面整地，施肥、灌溉	乔木株距4~6m，绿篱株行距0.3m×0.3m		
立地类型小区	平地区							
立地类型组	功能区							
立地类型	滞尘区							
配置模式	乔木+灌木							
模式代号	IV-9-1-B-c-3	乔木：油松、新疆杨、华北落叶松、白榆、山杏、山桃、侧柏、旱柳、连翘等；灌木：	穿越城镇、农田高速公路两侧或单行乔灌木、中央隔离带栽植侧柏	园林大苗和各根系根发达，带土球≥5cm，乔木高≥3.0m；常绿乔木高≥150cm，乔木苗高≥绿篱苗高>60cm，径柳地径≥0.5cm	全面整地，施基肥，首次浇透水，干旱时节补灌	乔木株距4~6m，径距1m，绿篱株距0.5m，径树株距0.5m		
立地类型小区	平地区							
立地类型组	功能区							
立地类型	防噪声区							
配置模式	乔木+灌木							
模式代号	IV-9-1-C-a-4	羊草、冰草、狗尾草等	厂区预留地，雨季撒播冰草、狗尾草恢复自然	草种籽粒饱满，发芽率≥95%	全面整地	播种量37.5kg/hm²		
立地类型小区	平地区							
立地类型组	恢复区							
立地类型	一般恢复区							
配置模式	草							

续表

立地类型划分					植物种	常用配置	种植方式			设计图	效果图
模式代号	立地类型小区	立地类型组	立地类型	配置模式			规格	整地方式	种植密度		
IV-9-1-C-b-5 (1)	平地区	恢复区	高标准恢复区	复垦种植作物,种植乔木	苹果、山杏、沙棘、桑树、核桃等经济树种	沟道渣场平台部分复垦山杏、沙棘等植物,部分种植苹果、山杏等经济树种	I级苗,乔木胸径≥4cm,树高常>3.0m;绿果苗高>120cm	全面整地,施基肥,首次浇透水	株行距 3m×4m		
IV-9-1-C-b-5 (2)	平地区	恢复区	高标准恢复区	复垦种植农作物	农作物	沟道渣场平台复垦,种植各类农作物	农作物种子籽粒饱满,芽发率高	全面整地,施基肥,首次浇透水	根据当地类型应的农作物确定相应种植密度		
IV-9-2-D-b-6 (1)	挖方边坡区	土质边坡区	坡度≥1:2.75(20°),坡长>3m	乔灌混交护坡	华北落叶松、侧柏、沙枣、山桃、连翘	坡面种植乔木和灌木,空地自然恢复植被	同林大苗,无病虫害,根系发达。常绿乔木苗高>150cm,侧带乔木苗高150cm,地径0.4~2cm;旱柳等	穴状整地	株行距 2m×3m		

续表

立地类型划分				植物种	常用配置	种植方式			设计图	效果图
						规格	整地方式	种植密度		
模式代号	Ⅳ-9-2-D-b-6 (2)			油松、紫穗槐、沙打旺、连翘、山桃、苜蓿、柠条、羊草	坡面种植油松、紫穗槐、红豆草、苜蓿、柠条，还有沙打旺、自然恢复及山桃、连翘等；沙枣、等灌木及羊草；马道排水沟外侧种植白榆；坡脚种植旱柳	Ⅰ级苗，无病虫害，根系发达，乔木胸径≥3cm，树高≥2.0m；灌木1年生苗，地径≥0.5cm；草种种子饱满，发芽率≥95%	乔灌穴状整地	灌木株行距0.8m×0.8m，马道坡脚株距2m，苜蓿等草本37.5~50kg/hm²		
立地类型小区	挖方边坡区									
立地类型组	土质边坡									
立地类型	坡度≥1:2.75(20°)，坡长<3m									
配置模式	削坡开级+乔灌草防护									
模式代号	Ⅳ-9-2-D-a-7 (1)			华北落叶松、紫穗槐、苜蓿、柠条、连翘、山桃、沙打旺、花棒、藜等	削坡开级，马道种植华北落叶松、紫穗槐、苜蓿，坡面撒播植山杏、柠条，恢复自然沙打旺，沙棘、踏郎及花棒、藜等羊草等草本	Ⅰ级苗，无病虫害，根系发达，乔木胸径≥3cm，树高≥2.0m，常绿乔木苗高≥150cm；带土球种子饱满，发芽率≥95%	马道上穴状整地	株距4m×3m，苜蓿等草本37.5~50kg/hm²		
立地类型小区	挖方边坡区									
立地类型组	土质边坡									
立地类型	坡度<1:2.75(20°)，坡长>3m									
配置模式	削坡开级+乔草防护									
模式代号	Ⅳ-9-2-D-a-7 (2)			山杏、沙枣	路堑削坡开级，马道栽植山杏、沙枣	Ⅰ级苗，无病虫害，根系发达，苗高100~150cm，地径1~2cm	马道上穴状整地；浇水	株距2m		
立地类型小区	挖方边坡区									
立地类型组	土质边坡									
立地类型	坡度<1:2.75(20°)，坡长<3m									
配置模式	削坡开级+乔木防护									

续表

立地类型划分					植物种	常用配置	种 植 方 式			设计图	效果图
							规格	整地方式	种植密度		
模式代号	IV-9-2-E-a-8				金叶女贞、黄杨、冬青等	园林造景，采用规则方式配置灌木	I级苗，无病虫害，根系发达，带土球。地径≥1.5cm	全面整地，施肥、灌溉	株行距按设计图园林图案种植确定	 剖面图 平面图	
立地类型小区	挖方边坡区										
立地类型组	土石混合边坡										
立地类型	坡度<1:2.75（20°），坡长>3m										
配置模式	周边混凝土框条固定+灌木园林景观式配置护坡										
模式代号	IV-9-2-E-b-9				华北落叶松、侧柏、紫穗槐、山杏、柠条、连翘、山桃、羊草	取土场边坡、削坡开级工程骨架内种植草本植物和少量乔木	乔木胸径1.5~2cm，树高1.2~1.5m；草种籽粒饱满、发芽率≥95%	骨架内全面整地	草播种量5~10g/m²，株距不等	 剖面图 平面图	
立地类型小区	挖方边坡区										
立地类型组	土石混合边坡										
立地类型	坡度≥1:2.75（20°），坡长>3m										
配置模式	削坡开级+拱形骨架+乔草防护										

续表

立地类型划分		植物种	常用配置	种植方式			设计图	效果图
				规格	整地方式	种植密度		
模式代号	Ⅳ-9-3-F-a-10 (1)	紫穗槐、柠条、沙棘、五叶地锦、苜蓿、羊草等	坡面种植紫穗槐、柠条、沙棘、五叶地锦等，坡下种苜蓿、羊草	Ⅰ级苗，无病虫害，根系发达。紫穗槐1年生，地径≥0.5cm；紫穗槐用插条，1~2年生枝条健壮；草质种籽粒饱满，发芽率≥95%	穴状整地，施基肥	紫穗槐株行距0.8m×0.8m，五叶地锦株距1m，苜蓿、羊草37.5kg/hm²	剖面图　平面图	效果图
立地类型小区	填方边坡区							
立地类型组	石质边坡							
立地类型	坡度<1:2.75 (20°)，坡长>3m							
配置模式	灌木+草							
模式代号	Ⅳ-9-3-F-a-10 (2)	油松、刺槐、白榆、山桃、连翘、冰草等	渣场边坡种植油松、刺槐、白榆，空地自然恢复各类杂草	Ⅰ级苗，根系发达，无病虫害，苗高>100cm；常绿树种带土球	穴状整地，施基肥	株行距2m×3m	剖面图　平面图	效果图
立地类型小区	填方边坡区							
立地类型组	石质边坡							
立地类型	坡度<1:2.75 (20°)，坡长<3m							
配置模式	乔木+草							
模式代号	Ⅳ-9-3-F-b-11 (1)	侧柏、紫穗槐、连翘、山桃、草等	边坡种植侧柏、紫穗槐，山桃等，空地恢复各类杂草	Ⅰ级苗，无病虫害，根系发达。侧柏苗高100~150cm，地径1~2cm；灌木Ⅰ级苗，地径≥0.5cm	骨架内全面整地	灌木株行距0.8m×0.8m，乔木株距2~3m	剖面图　平面图	效果图
立地类型小区	填方边坡区							
立地类型组	石质边坡							
立地类型	坡度≥1:2.75 (20°)，坡长>3m							
配置模式	拱型骨架+乔灌配置							

续表

立地类型划分					植物种	常用配置	种植方式			设计图	效果图
模式代号	立地类型小区	立地类型组	立地类型	配置模式			规格	整地方式	种植密度		
Ⅳ-9-3-F-b-11(2)	填方边坡区	石质边坡	坡度≥1:2.75(20°),坡长<3m	拱形骨架+乔灌草配置	侧柏、旱柳、山桃、紫穗槐、连翘、沙打旺、冰草、花棒、踏郎等	拱形骨架内栽植乔灌木,株间空地自然恢复同复各类杂草	乔木等苗,高100~150cm,地径1~2cm;灌木1年生Ⅰ级苗,地径≥0.5cm	骨架内全面整地	灌木株距0.8m,乔木株行距2m×2m		
Ⅳ-9-3-F-b-11(3)	填方边坡区	石质边坡	坡度≥1:2.75(20°),坡长>3m	拱形骨架+乔灌草配置	侧柏、旱柳、紫穗槐、高羊茅、黑麦草等	坡脚种植柳,坡面拱形骨架种植侧柏,上部种植槐、下部种植苜蓿、高羊茅、黑麦草等	Ⅰ级苗,无病虫害,根系发达乔木树径≥3cm,树高≥2.0m;灌木1年生Ⅰ级苗,地径≥0.5cm;草种籽粒饱满≥95%草种籽粒发芽率≥95%	骨架内全面整地	乔木株距4~6m,灌木株行距0.8m×0.8m,草坪播种种量15g/m²		
Ⅳ-9-3-E-a-12	填方边坡区	土石混合边坡	坡度<1:2.75(20°),坡长<3m	坡脚浆砌石挡墙+种草防护	羊草、黑麦草、冰草等	坡脚浆砌石挡墙、坡面种草防护	草种籽粒饱满≥95%草种籽粒发芽率≥95%	坡面带状整地	草籽种量5~10g/m²		

续表

立地类型划分		植物种	常用配置	种植方式			设计图	效果图
				规格	整地方式	种植密度		
模式代号	IV-9-3-E-b-13	羊草、黑麦草、冰草等	坡面下部拱形内种植和坡脚旱生草，上部骨架坡面种植刺槐、臭椿	乔木 I 级苗；无病虫害；根系发达，胸径 2～3cm；树高 1.5～2.0m；草种籽粒饱满，发芽率≥95%	坡面带状整地	乔木株距 4～6m，草播种量 10g/m²		
立地类型小区	填方边坡区							
立地类型组	土石混合边坡							
立地类型	坡度<1：2.75（20°），坡长<3m							
配置模式	拱形骨架+种草防护							

表 3－27　秦岭北麓—渭河中低山阶地立地亚区（IV－10）植物配置模式、种植方式及种植效果

立地类型划分		植物种	常用配置	种植方式			设计图	效果图
				规格	整地方式	种植密度		
模式代号	IV-10-1-A-a-1(1)	乔木：油松、国槐、龙爪槐、冷杉、云杉、泡桐等；灌木：丁香、红瑞木、紫叶小檗、冬青、紫穗槐等；草本：月季、草坪草等	采用规则和自然式配置方式，各类乔、灌、草如：国槐+紫穗槐+鸢尾	园林大苗 I 级；无病虫害；各类苗木根系发达，常绿树带土球；苗木按园林设计要求确定，草种籽粒饱满，发芽率≥95%	原生土壤，全面整地，施肥、灌溉	乔灌林行距按园林种植确定，草坪草播种量 15～20g/m²		
立地类型小区	平地区							
立地类型组	美化区							
立地类型	办公美化区							
配置模式	乔木+灌木+草园林景观式							

续表

立地类型划分					植物种	常用配置	种植方式			设计图	效果图
模式代号	立地类型小区	立地类型组	立地类型	配置模式			规格	整地方式	种植密度		
IV-10-1-A-a-1(2)	平地区	美化区	办公美化区	乔木+灌木+草景观配置	乔木：国槐、松、油松、龙爪槐、冷杉、泡桐、云杉等；灌木：紫叶李、黄杨、金叶女贞、月季、蔷薇；草本：鸢尾、草坪草等	路边条状绿地，路边栽植绿篱、中间种植。其上配置乔木，其各有各类灌，如：圆柏+丁香+坪草	园林大苗，Ⅰ级苗、无病虫害，根系发达，带土球。乔木胸径3～5cm，树高≥2.5m；常绿树种苗高＞150cm，带土坨；灌木地径≥1.5cm。草种籽粒饱满，发芽率≥95%	全面整地，施肥、灌溉	乔木株距4～6m，绿篱行距（0.3～1）m×（0.3～1）m，草坪草15～20g/m²		
IV-10-1-A-a-1(3)	平地区	美化区	生活美化区	乔木+灌木+草景观配置	乔木：圆柏、油松、紫叶李等；灌木：紫薇、黄杨、杜仲、金叶女贞等；草本：三叶草等	小区绿地，因绿地地形状大小配置各异。路边栽植绿篱，下层植草。其上配置乔木，有各类乔灌，如：圆柏+黄杨+三叶草	园林大苗，无病虫害，Ⅰ级苗、根系发达，带土球。乔木胸径3～5cm，树高≥2.5m；常绿树种苗高＞150cm，带土坨；灌木地径≥1.5cm。草种籽粒饱满，发芽率≥95%	全面整地，施肥、灌溉	乔木株距4～6m，绿篱株行距0.3m×0.3m，叶草5g/m²		
IV-10-1-B-a-2	平地区	功能区	滞尘区	乔木+灌木	乔木：油松、白榆、白蜡、华北落叶松等；灌木：侧柏、紫穗槐、黄杨、紫叶小檗、金叶女贞、蔷薇等	路边绿地，根据空间位置配置枝叶繁茂的乔灌种植，选择乔灌种植，如：白蜡+黄杨	园林大苗，无病虫害和各类伤，根系发达，乔木胸径≥4cm；灌木冠幅≥0.2m，高≥0.4m	全面整地，施肥、灌溉	乔木株距4～6m，绿篱株行距0.3m×0.3m		

续表

立地类型划分		植物种	常用配置	种植方式			设计图	效果图
				规格	整地方式	种植密度		
模式代号	IV-11-1-B-c-3	乔木：油松、华北落叶松、新疆杨、白榆等；灌木：山杏、胡枝子、虎榛子等侧柏、旱柳	穿越城镇、农田高速公路两侧种植乔灌，或单行乔木，中央隔离带栽植侧柏	园林大苗，无病虫害和各类根系发达、带土球；乔木胸径≥5cm，树高≥3.0m；常绿乔木苗高＞150cm；绿篱苗高＞60cm；柽柳地径≥0.5cm	全面整地，施基肥，首次浇透水，干旱时节补灌	乔木株距4～6m、柽柳株距1m，绿篱树株距0.5m		
立地类型小区	平地区							
立地类型组	功能区							
立地类型	防噪声区							
配置模式	乔木+灌木							
模式代号	IV-10-1-C-a-4	羊草、冰草、狗尾草等	厂区预留地、雨季撒播冰草、自然恢复狗尾草等	草种籽粒饱满，发芽率≥95%	全面整地	播种量37.5kg/hm²		
立地类型小区	平地区							
立地类型组	恢复区							
立地类型	一般恢复区							
配置模式	草							
模式代号	IV-10-1-C-b-5（1）	苹果、杜仲、沙棘、花椒、山楂等经济树种 枸杞、山杏、沙棘、石榴、板栗	沟道扬渣平台部分复垦种植山杏、沙棘等作物，部分种植苹果等经济树种	I级苗，乔木胸径≥4cm，树高≥3.0m；常绿乔木苗高＞120cm	全面整地，施基肥，首次浇透水	株行距3m×4m		
立地类型小区	平地区							
立地类型组	恢复区							
立地类型	高标准恢复区							
配置模式	复垦种植作物、种植乔木							

续表

立地类型划分		植物种	常用配置	种植方式			设计图	效果图
				规格	整地方式	种植密度		
模式代号	IV-10-1-C-b-5 (2)	农作物	沟道渣场平台复垦，种植各类农作物	农作物种子籽粒饱满，发芽率高	全面整地，施基肥，首次浇透水	根据当地类型农作物相应的确定种植密度		
立地类型小区	平地区							
立地类型组	恢复区							
立地类型	高标准恢复区							
配置模式	复垦种植农作物							
模式代号	IV-10-2-D-b-6 (1)	华北落叶松、侧柏、沙枣、旱柳	坡面种植落叶松和常绿乔木、灌木，空地自然恢复植被	园林大苗，无病虫害，根系发达 常绿乔木苗高>150cm，带土球；侧柏、旱柳等苗木高40～150cm，地径0.4～2cm	穴状整地	株行距 2m×3m		
立地类型小区	挖方边坡区							
立地类型组	土质边坡							
立地类型	坡度≥1:2.75(20°)，坡长>3m							
配置模式	乔灌混交护坡							
模式代号	IV-10-2-D-b-6 (2)	油松、紫穗槐、柠条、沙旺、首蓿、羊草	坡面种植油松、紫穗槐、首蓿、柠条、沙旺、羊草等，马道排水沟内外侧种植白榆，坡脚种植旱柳	I级苗，无病虫害，根系发达 乔木胸径≥3cm，树高≥2.0m；灌木1年生I级苗，高≥0.5cm；草种籽粒饱满，发芽率≥95%	乔灌穴状整地	灌木株行距 0.8m×0.8m，马道株距2m，胸径4m，首蓿等灌草木37.5～50kg/hm²		
立地类型小区	挖方边坡区							
立地类型组	土质边坡							
立地类型	坡度≥1:2.75(20°)，坡长<3m							
配置模式	削坡开级+乔灌草防护							

续表

立地类型划分		植物种	常用配置	种植方式 规格	种植方式 整地方式	种植方式 种植密度	设计图	效果图
模式代号	IV-10-2-D-a-7 (1)	华北落叶松、紫穗槐、苜蓿、柠条、沙打旺、沙棘、踏郎、藜等	削坡开级、马道种植华北落叶松、紫穗撒播苜蓿、山杏、坡面坡脚种植恢复自然沙打旺、沙棘、踏郎及花棒、羊草等草本	I级苗、无病虫害、根系发达。则槐胸径≥3cm、树高≥2.0m；绿乔木苗高>150cm，土球；草种饱满、发芽率≥95%	马道穴状整地	株距4m×3m，苜蓿等草本37.5~50kg/hm²	剖面图　平面图	
立地类型小区	挖方边坡区							
立地类型组	土质边坡							
立地类型	坡度<1:2.75(20°)、坡长>3m							
配置模式	削坡开级+乔草防护							
模式代号	IV-10-2-D-a-7 (2)	山杏、沙枣	路堑削坡开级、马道栽植山杏、沙枣	I级苗、无病虫害、根系发达。苗高100~150cm，土球径1~2cm	马道上穴定整、浇水植水	株距2m	剖面图　平面图	
立地类型小区	挖方边坡区							
立地类型组	土质边坡							
立地类型	坡度<1:2.75(20°)、坡长<3m							
配置模式	削坡开级+乔木防护							
模式代号	IV-10-2-E-a-8	金叶女贞、黄杨、冬青等	园林造景、采用规则方式配置灌木	I级苗、无病虫害、根系发达。带土球、地径≥1.5cm	全面整地、施肥、灌溉	株行距按园林设计图案种植确定	剖面图　平面图	
立地类型小区	挖方边坡区							
立地类型组	土石混合边坡							
立地类型	坡度<1:2.75(20°)、坡长>3m							
配置模式	周边混凝土框条固定、灌木园林景观式配置护坡							

续表

立地类型划分		植物种	常用配置	种植方式			设计图	效果图
				规格	整地方式	种植密度		
模式代号	IV-10-2-E-b-9	华北落叶松、侧柏、紫穗槐、柠条、山杏、羊草	取土场边坡,削坡开级,工程骨架内种植草本植物和少量乔木	乔木胸径1.5~2cm,树高1.2~1.5m;草种籽粒饱满,发芽率≥95%	骨架内全面整地	草播种量5~10g/m²,株距不等		
立地类型小区	挖方边坡区							
立地类型组	土石混合边坡							
立地类型	坡度≥1:2.75(20°),坡长>3m							
配置模式	削坡开级+拱形骨架+乔草防护							
模式代号	IV-10-3-F-a-10(1)	紫穗槐、柠条、沙棘、五叶地锦、苜蓿、羊草等	坡面种植紫穗槐、柠条、沙棘、苜蓿、五叶地锦等,坡下种五叶地锦、羊草类	I级苗,无病虫害,根系紫穗槐1年生,地径0.5cm;地锦用插条,壮枝1~2年生质化枝;草种籽粒饱满,发芽率≥95%	穴状整地,施基肥	紫穗槐株行距0.8m×0.8m,五叶地锦株距1m,苜蓿37.5kg/hm²		
立地类型小区	填方边坡区							
立地类型组	石质边坡							
立地类型	坡度<1:2.75(20°),坡长>3m							
配置模式	灌木+草							
模式代号	IV-10-3-F-a-10(2)	油松、刺槐、白榆、冰草等	渣场边坡种植油松、刺槐、白榆,空地自然恢复草类	I级苗,无病虫害,根系发达,苗高>100cm,常绿树种带土球	穴状整地,施基肥	株行距2m×3m		
立地类型小区	填方边坡区							
立地类型组	石质边坡							
立地类型	坡度<1:2.75(20°),坡长<3m							
配置模式	乔木+草							

续表

立地类型划分					植物种	常用配置	种植方式			设计图	效果图
模式代号	立地类型小区	立地类型组	立地类型	配置模式			规格	整地方式	种植密度		
IV－10－3－F－b－11（1）	填方边坡区	石质边坡	坡度≥1∶2.75（20°），坡长>3m	拱形骨架＋乔灌配置	侧柏、紫穗槐、冰草等	边坡种植侧柏、紫穗槐，空地自然恢复各类杂草	I级苗，无病虫害，根系发达。侧柏植苗高100~150cm，地径1~2cm；灌木1年生I级苗，地径≥0.5cm	骨架内全面整地	灌木株行距0.8m×乔木株距2~3m		
IV－10－3－F－b－11（2）	填方边坡区	石质边坡	坡度≥1∶2.75（20°），坡长<3m	拱形骨架＋乔灌草配置	侧柏、旱柳、紫穗槐、沙棘、冰草、苜蓿、沙打旺、踏郎等	拱形骨架内栽植乔灌，株间空地自然恢复各类杂草	乔木等苗高100~150cm，径1~2cm；灌木1年生I级苗，地径≥0.5cm	骨架内全面整地	灌木株行距0.8m，乔木株距2m×2m		
IV－10－3－F－b－11（3）	填方边坡区	石质边坡	坡度≥1∶2.75（20°），坡长>3m	拱形骨架＋乔灌草配置	侧柏、旱柳、紫穗槐、高羊茅、苜蓿、黑麦草、虎耳草、披碱草等	坡脚种植侧柏、旱柳，面拱形骨架植植槐，上部种植乔木，下部高羊茅、苜蓿、黑麦草等	I级苗，无病虫害，根系发达。高灌乔木胸径≥3cm，树径≥2.0m；乔木1年生I级苗，地径≥0.5cm。草种籽粒饱满，发芽率≥95%	骨架内全面整地	乔木株距4~6m，灌木0.8m，草株行距×0.8m，坪草播种量15g/m²		

续表

立地类型划分		植物种	常用配置	种植方式			设计图	效果图
				规格	整地方式	种植密度		
模式代号	IV-10-3-E-a-12	羊草、黑麦草、冰草、虎耳草、披碱草等	坡脚浆砌石挡墙，坡面种草防护	草种籽粒饱满，发芽率≥95%	坡面带状整地	草播种量 5~10g/m²	剖面图 平面图	
立地类型小区	填方边坡区							
立地类型组	土石混合边坡							
立地类型	坡度<1:2.75(20°)，坡长<3m							
配置模式	坡脚浆砌石挡墙+种草防护							
模式代号	IV-10-3-E-b-13	羊草、黑麦草、冰草、虎耳草、披碱草等	坡面下部拱形骨架，骨架内坡面种草，坡面上部坡脚旱种植刺槐、臭椿、柳	乔木I级苗，无病虫害，根系发达，胸径2~3cm，树高1.5~2.0m; 草种籽粒饱满，发芽率≥95%	坡面带状整地	乔木株距4~6m，草播种量5~10g/m²	剖面图 平面图	
立地类型小区	填方边坡区							
立地类型组	土石混合边坡							
立地类型	坡度≥1:2.75(20°)，坡长<3m							
配置模式	拱形骨架+种草防护							

3.6　南方红壤区植物措施配置模式

南方红壤区划分为长江中下游平原亚区（V-1）、江汉丘陵平原亚区（V-2）、大别山—桐柏山低山丘陵亚区（V-3）、江南与南岭山地丘陵亚区（V-4）、浙皖赣低山丘陵亚区（V-5）、桂中低山丘陵亚区（V-6）、浙闽山丘平原亚区（V-7）、粤桂闽丘陵平原亚区（V-8）、珠江三角洲丘陵平原台地亚区（V-9）、海南中北部与雷州半岛山地丘陵亚区（V-10）、海南南部低山地亚区（V-11）11个立地类型亚区。长江中下游平原立地亚区共有5种植物措施配置模式，江汉丘陵平原立地亚区共有5种植物措施配置模式，大别山—桐柏山低山丘陵立地亚区共有5种植物措施配置模式，江南与南岭山地丘陵立地亚区共有5种植物措施配置模式，浙皖赣低山丘陵立地亚区共有5种植物措施配置模式，桂中低山丘陵立地亚区共有5种植物措施配置模式，浙闽山丘平原立地亚区共有14种植物措施配置模式，粤桂闽丘陵平原立地亚区共有15种植物措施配置模式，珠江三角洲丘陵平原台地立地亚区共有14种植物措施配置模式，海南中北部与雷州半岛山地丘陵立地亚区共有14种植物措施配置模式，海南南部低山地立地亚区共有14种植物措施配置模式。

植物配置模式、种植方式及种植效果见表 3-28～表 3-38。

表 3 - 28　　长江中下游平原亚区（Ⅴ-1）植物配置模式、种植方式及种植效果

立地类型划分		植物种	常用配置	种植方式			设计图	效果图
				规格	整地方式	种植密度		
模式代号	Ⅴ-1-1-A-a/b-1							
立地类型小区	平地区	乔木：刺槐、泡桐、火炬松、白玉兰、罗汉松、侧柏、紫叶李、樱花、紫薇、香樟、台湾相思、桂花等；灌木：山茶、雀舌黄、南天竹、绣球、金银花、麻叶绣球、金丝桃、栀子花、紫穗槐等；草本：狗牙根、二月蓝（诸葛菜）、三叶草等	1.垂柳槐+紫穗槐+狗牙根；2.樱花+雀舌黄杨+二月蓝；3.香樟+栀子花+三叶草	园林大苗Ⅰ级苗，无病虫害，和各类根系发达，常绿树种带土球，苗木按园林设计要求确定，草种籽粒饱满，发芽率≥95%	原生土壤，全面整地，施肥、灌溉	乔灌株行距按园林化种植确定，行距3～4m，灌木每公顷10000～13000株，草坪草播种量15～20g/m²		
立地类型组	美化区							
立地类型	办公美化区、生活美化区							
配置模式	乔木+灌木+草							
模式代号	Ⅴ-1-1-B-a/c-2							
立地类型小区	平地区	乔木：黄金树、华山松、湿地松、龙柳杉、栓皮栎、米柳、青冈、铜钱树等；灌木：紫薇、木槿、麻叶绣球、金银花、竹柏、石榴、大功劳、雪柳、海十；草本：狗尾草、爬山虎、爬山虎、络石草等	1.水杉+狗尾巴草；2.米水青冈+紫薇；爬山虎+络石；+百喜草	园林大苗Ⅰ级苗，无病虫害，和各类根系发达，常绿树种带土球，苗木按园林设计要求确定，草种籽粒饱满，发芽率≥95%	原生土壤，全面整地，施肥、灌溉	乔灌株行距按园林化种植确定，行距3～4m，灌木每公顷10000～13000株，草坪草播种量15～20g/m²		
立地类型组	功能区							
立地类型	滞尘区、防噪声区							
配置模式	乔木+灌木+草							

续表

立地类型划分		植物种	常用配置	规格	种植方式		设计图	效果图
					整地方式	种植密度		
模式代号	V-1-1-C-a-3	乔木：紫叶李、台湾相思、马尾松、垂柳、香樟、桂花、刺柏、罗汉松等；灌木：女贞、紫玉兰、棣棠、水杨梅、栀子花、胡枝子、多花紫薇等；草本：狗牙根、蒲公英（诸葛菜）、马齿苋、沿阶草等	1. 马尾松+木槿+百喜草；2. 梧桐+狗尾巴草+紫薇	园林Ⅰ级苗，无病虫害和各类损伤，根系发达，常绿树种带土球，苗木按园林设计要求确定。草种籽粒饱满，发芽率≥95%	原生土壤、全面整地、施肥、灌溉	乔灌林化种植按园林确定，草坪草播种量15～20g/m²		
立地类型小区	平地区							
立地类型组	恢复区							
立地类型	一般恢复区							
配置模式	乔木+灌木+草							
模式代号	V-1-2-D/E-a-4	乔木：刺槐、泡桐、火炬松、侧柏、罗汉松、白玉兰、青冈栎、紫柳、樱花、桂花、台湾相思、香樟等；灌木：山茶、南天竺、雀舌黄杨、夹竹桃、麻叶绣球、金银花、金丝桃、紫穗槐等；草本：狗牙根、二月蓝（诸葛菜）、三叶草等	1. 垂柳+紫穗槐+狗牙根；2. 樱花+雀舌黄杨+二月蓝；3. 香樟+栀子花+三叶草	Ⅱ级苗，苗木色泽正常，充分木质化，无损伤，二级或三级草种发芽率≥60%	原生土壤、全面整地、施肥、灌溉	乔灌株行距按园林化种植确定，行距3～4m，每公顷10000～13000株；草坪草播种量15～20g/m²		
立地类型小区	挖方边坡区							
立地类型组	土质边坡、土石混合边坡							
立地类型	坡度<1:15(33.7°)							
配置模式	乔木+灌木+草							

续表

立地类型划分					种植方式			设计图	效果图
模式代号	立地类型小区	立地类型组	立地类型	配置模式	规格	整地方式	种植密度		
V-1-3-D/E-a-5	填方边坡区	土质边坡、土石混合边坡	坡度<1:15（33.7°）	乔木+灌木+草	园林大苗、I级、II级苗、无病虫害各类，根系发达，常绿树种土球、园林种苗带土球。园林苗木按设计要求确定草种籽粒饱满。发芽率≥85%	原生土壤、全面整地、施肥、灌溉	乔灌株行距按园林化种植确定，行距3~4m，灌木每公顷10000~13000株；草坪草播种量15~20g/m²		

植物种：乔木：罗汉松、白玉兰、垂柳、青冈栎、柏、碧桃、刺槐、樱、马尾松、棕榈、李、桂花、紫叶李、香樟、桂花；灌木：紫薇、木槿、金钟花、紫荆、山合欢、腊梅、山茶、海仙花、紫绣球、山矾、南天竺；草本：三叶草、葱兰、狗牙根、爬山虎、紫藤、白花、银青藤、凌霄、常春藤等

常用配置：1.紫穗槐+三叶草 2.桂花+紫薇+爬山虎 3.栀子花+葱兰

表3-29　江汉丘陵平原亚区（V-2）植物配置模式、种植方式及种植效果

立地类型划分					种植方式			设计图	效果图
模式代号	立地类型小区	立地类型组	立地类型	配置模式	规格	整地方式	种植密度		
V-2-1-A-3	平地区	美化区	办公美化区、生活美化区	乔木+灌木+草	园林大苗、I级苗、无病虫害，各类根、根系发达，常绿树种土球、苗木按园林设计要求确定草种籽粒饱满，芽率≥90%	原生土壤、全面整地、施肥、灌溉	乔灌株行距按园林化种植确定、草坪草播种量15~20g/m²		

植物种：乔木：樱花、紫叶李、台湾相思、香樟、桂花等；灌木：山茶、南天竺、雀舌黄杨、夹竹桃、腊梅等；草本：海仙花、三叶草、葱兰等

常用配置：1.樱花+山茶+葱兰 2.桂花+麻叶绣球+三叶草

续表

立地类型划分					植物种	常用配置	规格	种植方式		设计图	效果图
模式代号	立地类型小区	立地类型组	立地类型	配置模式				整地方式	种植密度		
V-2-1-B-a/c-2	平地区	功能区	滞尘降噪声区	乔木+灌木+草	乔木：雪松、香樟树、广玉兰、银杏等；灌木：红花月季、法国冬青、小叶黄杨、红叶石楠等；草本：天堂草、马尼拉草等	1. 广玉兰、银杏+红叶石楠+金叶女贞+马尼拉草皮	园林大苗、Ⅰ、Ⅱ级苗，无病虫害，根系发达，常绿树种带土球，种苗按园林设计要求确定，饱满，粒籽满，芽率≥80%	原生土壤，整地，全面施肥，灌溉	乔灌林株距按园林化种植确定，草坪草播种量15～20g/m²	剖面图 平面图	
V-2-1-C-a-3	平地区	恢复区	一般恢复区	乔木+灌木+草	乔木：大叶相思、五角枫、杜鹃、桂榈等；灌木：湿地松、九里香、虎尾姜等；草本：狗牙根、红豆草、紫云英、爬山虎等	1. 湿地松+狗牙根；2. 杜鹃、桂花+结缕草、爬山虎	园林大苗，I级苗，无病虫害，根系发育，常绿树种带土球，种苗按园林设计要求确定，饱满，粒籽满，芽率≥95%	原生土壤，整地，全面施肥，灌溉	乔灌林行距按园林化种植确定，草坪草播种量15～20g/m²	剖面图 平面图	
V-2-2-D/E-a-4	挖方边坡	土质边坡、土石混合边坡	坡度<1:1.5(33.7°)	乔木+灌木+草	乔木：枫香、杜仲、樟树、乳源木莲、樱花、台湾相思、苦槠等；灌木：紫薇、金钟花、珊瑚树、朴树、山合欢等；草本：沙打旺、香根草、百喜草、假俭草等	1. 台湾相思、马尾松+紫薇、木槿+百喜草、香根草；2. 常绿百喜草、假俭草	园林大苗，I级苗，无病虫害，根系发达，常绿树种带土球，种苗按园林设计要求确定，饱满，粒籽满，芽率≥95%	原生土壤，整地，全面施肥，灌溉	乔灌林行距按园林化种植确定，草坪草播种量15～20g/m²	剖面图 平面图	

续表

立地类型划分				配置模式	植物种	常用配置	规格	种植方式		设计图	效果图
模式代号	立地类型小区	立地类型组	立地类型					整地方式	种植密度		
V-2-3-D/E-a-5	填方边坡区	土质边坡、土石混合边坡	坡度<1:1.5（33.7°）	灌木+草	灌木：紫薇、木槿、金钟花、山合欢、紫荆、山梅、南天竺、常绿球；草：三叶草、狗牙根、白花葱兰、紫藤、凌霄、爬山虎、银背藤、春藤等	白三叶+黑麦草多年生	园林大苗，I级、II级苗，无病虫害，各类根系发达，常绿树种，带土球。苗木按设计要求种植。草种籽粒饱满，发芽率≥85%	原生土壤，整地，全面施肥，灌溉	乔灌株行距按园林化种植确定，草坪草播种量15～20g/m²	（设计图：剖面图、平面图）	（效果图）

表3-30 大别山—桐柏山低山丘陵亚区（V-3）植物配置模式、种植方式及种植效果

立地类型划分				配置模式	植物种	常用配置	规格	种植方式		设计图	效果图
模式代号	立地类型小区	立地类型组	立地类型					整地方式	种植密度		
V-3-1-A-a/b-1	平地区	美化区	办公美化区、生产美化区	乔木+灌木+草	乔木：山杨、山槐、青杆、山桐子、漆树、光皮桦、毛白杨等；灌木：金叶女贞、金叶小蘖、紫穗槐、毛刺；草本：狗尾巴草、百喜草、假俭草、香根草等	1. 山楂+紫叶桃+百喜草；2. 漆树、毛皮桦、金叶女贞、紫叶小蘖、金冠柏、小叶女贞、沙打旺	园林大苗，I级，无病虫害，根系发达，常绿树，苗木按设计要求确定，草种籽粒饱满，发芽率≥95%	原生土壤，全面整地，施肥，灌溉	乔灌株行距按园林化种植确定，草坪草播种量15～20g/m²	（设计图：剖面图、平面图）	（效果图）

续表

立地类型划分					植物种	常用配置	规格	种植方式		设计图	效果图
模式代号	立地类型小区	立地类型组	立地类型	配置模式				整地方式	种植密度		
V-3-1-B-a/c-2	平地区	功能区	滞尘区、防噪声区	乔木+灌木+草	乔木：白玉兰、女贞、秋枫、海桐、山茶、夹竹桃、悬铃木等；灌木：红叶石楠、黄花柳、卫矛、黄杨、鸡爪槭；地被、草本：三角枫、红豆草、紫云英等	白玉兰、秋枫、女贞+红叶黄杨+铺地柏+二月兰、紫云英	园林Ⅰ级苗木，无病虫害，各根系发达，常绿树种带土球。苗木按设计要求确定。草种籽粒饱满，发芽率≥95%	原生土壤、全面整地、施肥、灌溉	乔灌株行距按园林化种植确定，草坪草播种量15～20g/m²		
V-3-1-C-a-3	平地区	恢复区	一般恢复区	乔木+灌木+草	乔木：杨树、旱柳、刺槐、白榆、桑树、山杏、板栗、苹果等；灌木：胡枝子、狼牙刺、榛子等；地被、草本：三叶草、二月兰、狗牙根（诸葛菜）、葱兰等	1. 桑树+柿树+葱兰；2. 板栗、苹果+狼牙刺、胡枝子、榛子+虎耳草、三叶兰、狗牙根（诸葛菜）	园林Ⅰ级苗木，无病虫害，各根系发达，常绿树种带土球。苗木按园林设计要求确定。草种籽粒饱满，发芽率≥95%	原生土壤、全面整地、施肥、灌溉	乔灌株行距按园林化种植确定，草坪草播种量15～20g/m²		
V-3-2-D/E-a-4	挖方边坡区	土质边坡、土石混合边坡	坡度<1:1.5（33.7°）	乔木+灌木+草	乔木：水松、水杉、银杏、大别山五针松、金刚栗、山毛榉等；灌木：紫穗槐、柽柳、沙棘、胡枝子、荆条、狼牙刺等；地被、草本：二月兰（诸葛菜）、马蹄金、蒲公英、沿阶草等	1. 大别山五针松+沙棘、柽柳、沙棘柳+二月蓝（诸葛菜）、蒲公英、沿阶草	苗木按设计要求确定。草种籽粒饱满，发芽率≥85%	原生土壤、全面整地、施肥、灌溉	乔灌株行距按园林化种植确定，草坪草播种量15～20g/m²		

续表

立地类型划分		植物种	常用配置	种植方式			设计图	效果图
				规格	整地方式	种植密度		
模式代号	V-3-3-D/E-a-5	乔木:水杉、水松、银杏、大别山五针松、马尾松、金刚栗、山毛榉松;灌木:连翘、胡枝子、金银花、牵牛花;草本:含羞草、牵牛花、爬山虎、络石等	1. 大别山+大别山五针松+连翘+枝子+牵牛花;2. 常用凌霄、牵牛花、爬山虎、络石等	苗木按园林设计要求确定;草种籽粒饱满、发芽率≥85%	原生土壤、全面整地、灌溉、施肥	乔灌株行距按园林化种植确定、草坪草15~20g/m²播种量		
立地类型小区	填方边坡区							
立地类型组	土质边坡、土石混合边坡							
立地类型	坡度<1:1.5(33.7°)							
配置模式	乔木+灌木+草							

表3-31 江南与南岭山地丘陵亚区(V-4)植物配置模式、种植方式及种植效果

立地类型划分		植物种	常用配置	种植方式			设计图	效果图
				规格	整地方式	种植密度		
模式代号	V-4-1-A-a/b-1	乔木:香樟、雪松、广玉兰、金桂、银杏、合欢、红枫、苏铁、红白玉兰、金森女贞、红叶石楠、红枫等;灌木:小叶月季、红国冬青、紫薇、杜鹃、小檗、红叶小檗、紫叶小劳等;草本:天堂草、马尼拉草、狗牙根等	1. 香樟+金森女贞+广玉兰;2. 红叶石楠+紫薇	园林Ⅰ级大苗;无病虫害、各类根系发达、常绿树种带土球、苗木按园林设计要求确定;草种籽粒饱满、发芽率≥95%	原生土壤、全面整地、灌溉、施肥	乔灌株行距按园林化种植确定、草坪草15~20g/m²播种量		
立地类型小区	平地区							
立地类型组	美化区							
立地类型	办公美化区、生活美化区							
配置模式	乔木+灌木+草							

续表

立地类型划分					植物种	常用配置	种植方式			设计图	效果图
模式代号	立地类型小区	立地类型组	立地类型	配置模式			规格	整地方式	种植密度		
V-4-1-B-a/c-2	平地区	功能区	滞尘区、防噪声区	乔木+灌木+草	乔木：樟树、杜英、广玉兰、圆柏等；灌木：红叶石楠、大叶黄杨、金森女贞、红叶李、金叶月季等；草本：结缕草、狗牙根等	樟树、杜英、广玉兰+红叶石楠+大叶黄杨、金森女贞、红叶李、金叶月季+狗牙根、结缕草	园林I级大苗；无病虫害和各类伤；根系发达，常绿树种带土球，苗木按园林设计要求确定；草种籽粒饱满，发芽率≥95%	原生土壤，全面整地，施肥，灌溉	乔灌株行距按园林化种植确定，草坪草播种量15～20g/m²		
V-4-1-C-a-3	平地区	恢复区	一般恢复区	乔木+灌木+草	乔木：马尾松、杉木、水杉、圆柏等；灌木：无患子、杜鹃、胡枝子、野蔷薇、深山含笑、乌饭树、枸骨等；藤本植物：野蔷薇等；草本：结缕草、狗牙根等；藤本物：狗牙根、铁线莲、爬山虎	1. 马尾松、水杉+杜鹃+胡枝子、野蔷薇+结缕草、马尾根。2. 深山含笑、桂花+狗牙根+铁线莲、爬山虎	园林I级大苗；无病虫害和各类伤；根系发达，常绿树种带土球，苗木按园林设计要求确定；草种籽粒饱满，发芽率≥95%	原生土壤，全面整地，施肥，灌溉	乔灌株行距按园林化种植确定，草坪草播种量15～20g/m²		
V-4-2-D/E-a-4	挖方边坡区	土质边坡、土石混合边坡	坡度<1:1.5（33.7°）	乔木+灌木+草	乔木：香樟、银杏、合欢、樱花、红枫、白玉兰、金桂、苏铁、红枫等；灌木：广玉兰、金桂、无患子、深山含笑、白檀、胡枝子、杜鹃、野蔷薇等；草本：结缕草、狗牙根等	1. 樟树、杜英、广玉兰+红叶石楠+大叶黄杨、金森女贞、红叶李、金叶月季+狗牙根、结缕草。2. 常用百草：狗牙根、结缕草+狗牙根皮	园林I级大苗；无病虫害和各类伤；根系发达，常绿树种带土球，苗木按园林设计要求确定；草种籽粒饱满，发芽率≥95%	原生土壤，全面整地，施肥，灌溉	乔灌株行距按园林化种植确定，草坪草播种量15～20g/m²		

续表

立地类型划分		常用配置	植物种	种植方式			设计图	效果图
				规格	整地方式	种植密度		
模式代号	V-4-3-D/E-a-5	1. 无患子、深山含笑、桃树等+结缕草皮；2. 常用百喜草、狗牙根草皮；结缕草皮；3. 百喜草+白三叶；高羊茅+白三叶、多年生黑麦草	灌木：无患子、深山含笑、白檀、杜鹃、乌饭树、枸骨、胡枝子、野蔷薇等；草本：结缕草、狗牙根等	园林I级苗、无病虫害和各类发苗、根系发达、常绿树种苗带土球。苗木按园林设计要求确定。草种籽粒饱满、发芽率≥95%	原生土壤、全面整地、施肥、灌溉	乔灌株行距按园林化种植确定，草坪草播种量15~20g/m²		
立地类型小区	填方边坡区							
立地类型组	土质边坡、土石混合边坡							
立地类型	坡度<1:1.5(33.7°)							
配置模式	灌木+草							

表3-32 浙皖赣低山丘陵亚区（V-5）植物配置模式、种植方式及种植效果

立地类型划分		常用配置	植物种	种植方式			设计图	效果图
				规格	整地方式	种植密度		
模式代号	V-5-1-A-a/b-1	1. 香樟+金森女贞+马尼拉草；2. 广玉兰+红叶石楠+紫薇	乔木：雪松、广玉兰、香樟、合欢、夹竹桃、银杏、樱花、金桂、红枫、枫香、苏铁、红白玉兰等；灌木：金森女贞、红叶石楠、金冬、花月季、法国冬青、紫薇、杜鹃、红继木、小叶十大功劳、紫叶小檗、小叶十大功劳等；草本：天堂草、马尼拉草、狗牙根等	园林I级苗、无病虫害和各类发苗、根系发达、常绿树种苗带土球。苗木按园林设计要求确定。草种籽粒饱满、发芽率≥95%	原生土壤、全面整地、施肥、灌溉	乔灌株行距按园林化种植确定，草坪草播种量15~20g/m²		
立地类型小区	平地区							
立地类型组	美化区							
立地类型	办公美化区、生活美化区							
配置模式	乔木+灌木+草							

续表

立地类型划分					植物种	常用配置	种植方式			设计图	效果图
							规格	整地方式	种植密度		
模式代号	立地类型小区	立地类型组	立地类型	配置模式							
V-5-1-B-a/c-2	平地区	功能区	滞尘区、防噪声区	乔木+灌木+草	乔木:樟树、杜英;广玉兰、雪松、木兰、圆柏、红檵木球、女贞、红枫等;灌木:红叶石楠、大叶黄杨、红叶李、金森女贞、独干金桂;草本:女贞干金桂;狗牙根、结缕草等	樟树、杜英;广玉兰+红叶石楠、大叶黄杨、红叶李、金森女贞+狗牙根草皮	园林Ⅰ级苗、苗木无病虫害、各类害虫伤;根系发达、带土球、常绿树种苗木带土球;苗木按园林设计要求确定;草种籽粒饱满、发芽率≥95%	原生土壤、全面整地、施肥、灌溉	乔灌株行距按园林化种植确定、草坪草播种量15~20g/m²	剖面图　平面图	
V-5-1-C-a-3	平地区	恢复区	一般恢复区	乔木+灌木+草	乔木:樟树、杜英;广玉兰、雪松、木兰、圆柏、红檵木球、女贞、红枫等;灌木:红叶石楠、大叶黄杨、红叶李、金森女贞、独干金桂;草本:女贞干金桂;狗牙根、结缕草等	樟树、杜英;广玉兰+红叶石楠、大叶黄杨、红叶李、金森女贞+狗牙根草皮	园林Ⅰ级苗、苗木无病虫害、各类害虫伤;根系发达、带土球、常绿树种苗木带土球;苗木按园林设计要求确定;草种籽粒饱满、发芽率≥95%	原生土壤、全面整地、施肥、灌溉	乔灌株行距按园林化种植确定、草坪草播种量15~20g/m²	剖面图　平面图	
V-5-2-D/E-a-4	挖方边坡区	土质边坡、土石混合边坡	坡度<1:1.5(33.7°)	乔木+灌木+草	乔木:香樟、黄山栾树、水杉、女贞等;灌木:夹竹桃、红叶石楠球、金森女贞、小叶栀子、珊瑚树、南天竹、龙柏、毛鹃等;草本:大花金鸡菊、黑麦草、红三叶等	1.樟树、杜英+广玉兰+红叶石楠、大叶黄杨、红叶李、金森女贞+狗牙根草皮;2.常用百喜草、狗牙根、结缕草	园林Ⅰ级苗、苗木无病虫害、各类害虫伤;根系发达、常绿树种苗木带土球;苗木按园林设计要求确定;草种籽粒饱满、发芽率≥95%	原生土壤、全面整地、施肥、灌溉	乔灌株行距按园林化种植确定、草坪草播种量15~20g/m²	平面图	

续表

立地类型划分				配置模式	植物种	常用配置	种植方式			设计图	效果图
模式代号	立地类型小区	立地类型组	立地类型				规格	整地方式	种植密度		
V-5-3-D/E-a-5	填方边坡区	土质边坡、土石混合边坡	坡度<1:1.5（33.7°）	灌木+草	灌木：海桐球、夹竹桃、红叶石楠球、金森女贞、珊瑚树、小叶栀子、南天竹、夏龙柏、毛鹃、女鹃等；草本：黑麦草、大花金鸡菊、红三叶等	1. 无患子、深山含笑与结缕草搭配；2. 常用百喜草、狗牙根、结缕草搭配。3. 百喜草+白三叶、高羊茅+白三叶、多年生黑麦草	园林大Ⅰ级苗，无病虫害，各类和根系发达，常绿树种带土球。种苗按园林设计要求确定，草种籽粒饱满，发芽率≥95%	原生土壤，全面整地、施肥、灌溉	乔灌林行株距按园林化种植确定，草坪草15～20g/m²		

表 3-33 桂中低山丘陵亚区（V-6）植物配置模式、种植方式及种植效果

立地类型划分				配置模式	植物种	常用配置	种植方式			设计图	效果图
模式代号	立地类型小区	立地类型组	立地类型				规格	整地方式	种植密度		
V-6-1-A-a/b-1	平地区	美化区	办公美化区、生活美化区	乔木+灌木+草	乔木：小叶榕、广玉兰、香樟等；灌木：金森女贞、红叶石楠、小叶黄杨、紫薇、杜鹃、紫叶小檗、桃等；草本：百喜草（备选大叶油草、假俭草、马尼拉）等	乔木采用羊蹄甲、灌木采用三角梅、黄槐、桃（备选扶桑）；草本采用百喜草（备选大叶油草、假俭草、马尼拉）。绿篱、宿根花卉加以修饰和点缀。在区内道路两侧栽植乔木小叶榕。	园林大Ⅰ级苗，无病虫害，各类和根系发达，常绿树种带土球。种苗按园林设计要求确定，草种籽粒饱满，发芽率≥95%	原生土壤，全面整地、施肥、灌溉	乔灌林行株距按园林化种植确定，草坪草15～20g/m²		

续表

立地类型划分		植物种	常用配置	规格	种植方式		设计图	效果图
					整地方式	种植密度		
模式代号	V-6-1-B-a/c-2	乔木:黄槐、海南蒲桃、香樟等;灌木:杜鹃、大叶野杜丹等;草本:狗牙根和糖蜜草等	马尾松(备选树种为杉木)、灌木金采用桃金娘、野杜丹、狗牙根(备选草为紫花苜蓿)	园林大级苗,Ⅰ级,无病虫害,根系和各类发达、常绿树种采种带土球。苗按设计要求草籽种定,粒饱满。发芽率≥95%	原生土壤,全面整地,施肥,灌溉	乔灌株行距按园林化种植确定,草坪草播种量15~20g/m²	剖面图 平面图	
立地类型小区	平地区							
立地类型组	功能区							
立地类型	滞尘区、防噪声区							
配置模式	乔木+灌木+草							
模式代号	V-6-1-C-a-3	乔木:马尾松、杉木、苦楝;灌木:金娘、桃金娘、扶桑等;草本:狗牙根、紫花苜蓿等	马尾松、苦楝、三角梅、金娘、桑、狗牙根、紫花苜蓿	无病虫害和各类发达、根系常绿树种扶土球。苗木按园林设计要求草种确定,种籽饱满,发芽率≥95%	原生土壤,全面整地,施肥,灌溉	乔灌株行距按园林化种植确定,草坪草播种量15~20g/m²	剖面图 平面图	
立地类型小区	平地区							
立地类型组	恢复区							
立地类型	一般恢复区							
配置模式	乔木+灌木+草							
模式代号	V-6-2-D/E-a-4	乔木:马占相思、甲等;灌木:红花、大红花、三角梅等;木槿草本:香根草、狗牙尾草等	1.坡面采用灌木+草防护,采用三角梅、用百喜草等;2.坡面采用灌木+草防护,采用三角梅、草种采用百喜草	园林大级苗,Ⅰ级,无病虫害和各类发达、根系常绿树种采种带土球。苗按园林设计要求草种定,种籽饱满,粒发芽率≥95%	原生土壤,全面整地,施肥,灌溉	乔灌株行距按园林化种植确定,草坪草播种量15~20g/m²	剖面图 平面图	
立地类型小区	挖方边坡区							
立地类型组	土质边坡、土石混合边坡							
立地类型	坡度<1:1.5(33.7°)							
配置模式	乔木+灌木+草							

续表

立地类型划分					常用配置	植物种	种植方式			设计图	效果图
							规格	整地方式	种植密度		
模式代号	V-6-3-D/E-a-5				坡面采用乔灌木防护；采用马占相思、蟛蜞菊、红花羊蹄甲等；采用大红花、木槿、三角梅、木，草籽采用百喜草、香根草、狗尾草等	灌木：大红花、木槿等；草：三角梅、百喜草、香根草、狗尾草等	园林Ⅰ级苗木，无病虫害和各类伤，根系发达，常绿树种带土球，苗木按园林设计要求确定。草种籽粒饱满，发芽率≥95%	原生土壤，全面整地，施肥，灌溉	乔灌林行株距按园林化种植确定，草坪草播种量15～20g/m²		
立地类型小区	填方边坡区										
立地类型组	土质边坡、土石混合边坡										
立地类型	坡度<1:1.5（33.7°）										
配置模式	灌木+草										

表3-34 浙闽山丘平原亚区（V-7）植物配置模式、种植方式及种植效果

立地类型划分		常用配置	植物种	种植方式			设计图	效果图
				规格	整地方式	种植密度		
模式代号	V-7-1-A-a-1	1. 球花石楠+狗牙根；2. 棕榈树+山毛豆+百喜草；3. 任豆+鸡爪槭+山毛豆+糖蜜草	乔木：棕榈、球花石楠、千香柏、旱冬瓜、云南松、清香木等；灌木：黄栀子、桃金娘、山毛豆、任豆等；草本：海芋、细叶结缕草、银纹沿阶草等	园林Ⅰ级苗木，无病虫害和各类伤，根系发达，常绿树种带土球，苗木按园林设计要求确定。草种籽粒饱满，发芽率≥95%	原生土壤，整地，全面施肥，灌溉	乔灌林行株距按园林化种植确定，草坪草播种量15～20g/m²		
立地类型小区	平地区							
立地类型组	美化区							
立地类型	办公美化区							
配置模式	乔木+灌木+草							

续表

立地类型划分			植物种	常用配置	种植方式			设计图	效果图
					规格	整地方式	种植密度		
模式代号	V-7-1-A-b-2								
立地类型小区	平地区		乔木：尾松、侧柏、黄荆、青菜、梅树、杨梅桑等；灌木：山毛豆、桃金娘等；草本：芒萁、状丰茅、象草、香根草等	1.常绿假丁香+任豆+百喜草；2.木荷+桃金娘；3.黄荆+黄栀子+山毛豆+百喜草	园林大苗，Ⅰ级苗，无病虫害和各类伤；根系发达，常绿树种带土球。苗木按园林设计要求草种子确定。粒饱满，发芽率≥95%	原生土壤，全面整地，施肥，灌溉	乔灌林化种植按园林化种植确定，草坪草播种量 15～20g/m²		
立地类型组	美化区							平面图	
立地类型	生活美化区							剖面图	
配置模式	乔木+灌木+草								
模式代号	V-7-1-B-a-3								
立地类型小区	平地区		乔木：山黄麻、苦楝、昆士兰伞树、盆架树、人面子、黄皮竹等；灌木：苏铁、灰莉、桂花、假连翘、鹅掌藤、红继木等；草本：灰莉、白青针草、海芋、沿阶草、细叶结缕草、牛筋草、狗牙根	1.桂花、红豆树+鹅掌藤、假连翘+翘喜草；2.大叶榕+福建茶+灰莉+蜈蚣草；3.潺槁树+红青桂、福建茶、灰莉+蜈蚣草	园林大苗，Ⅰ级苗，无病虫害和各类伤；根系发达，常绿树种带土球。苗木按园林设计要求草种子确定。粒饱满，发芽率≥95%	原生土壤，全面整地，施肥，灌溉	乔灌林化种植按园林化种植确定，草坪草播种量 15～20g/m²		
立地类型组	功能区							平面图	
立地类型	滞尘区							剖面图	
配置模式	乔木+灌木+草								

续表

立地类型划分		植物种	常用配置	规格	种植方式		设计图	效果图
					整地方式	种植密度		
模式代号	V-7-1-B-b-4							
立地类型小区	平地区	乔木：木荷、苦楝、米老排、小叶榕、大叶榕、高山榕、串钱柳、水翁、黄皮树、构树、潺槁树、桃花心木、小叶黄杨等；灌木：石斑木、夹竹桃、大红花、假连翘、黄金榕、黄金叶、假鹰爪、鹅掌藤、勒杜鹃等；草本：白花鬼针草、海芋、细叶结缕草、沿阶草、银纹沿阶草、狗牙根、牛筋草、蔓花生等	1. 木荷、枫香+美蕊花、细叶结缕草；2. 羊蹄甲、宫粉羊蹄甲+红花+黄金榕、福建茶+大油草；3. 凤凰木、鹅掌藤+假连翘+百喜草	园林I级苗、各类苗，无病虫害；根系发达，常绿树苗带土球。种苗按园林设计要求确定。草种籽粒饱满，发芽率≥95%	原生土壤，全面整地，施肥、灌溉	乔灌株行距按园林化种植确定，草坪量15～20g/m²播种量		
立地类型组	功能区							
立地类型	抗污染区							
配置模式	乔木+灌木+草							
模式代号	V-7-1-B-c-5							
立地类型小区	平地区	乔木：秋枫、台湾相思、土蜜树、南洋楹、青梅、黄槐决明、腊肠树、降香黄檀、银合欢、红花羊蹄甲、宫粉羊蹄甲、木老排、米老排、香樟、小叶榕、夹竹桃、马缨丹等；灌木：石斑木、假鹰爪、大红花、小蜡、黄金榕等；草本：龟背竹、小叶蚌花、大花美人蕉、大叶油草等	1. 重阳木、枫香+夹竹桃、红花桃、灰莉+鸭跖草；2. 台湾相思、马缨丹+红花+黄金榕、福建茶+小蚌花；3. 黄槐决明、腊肠树+鹅掌藤+香蒲、鸢尾草等	园林I级苗、各类苗，无病虫害；根系发达，常绿树苗带土球。种苗按园林设计要求确定。草种籽粒饱满，发芽率≥95%	原生土壤，全面整地，施肥、灌溉	乔灌株行距按园林化种植确定，草坪量15～20g/m²播种量		
立地类型组	功能区							
立地类型	防噪声区							
配置模式	乔木+灌木+草							

续表

立地类型划分					植物种	常用配置	规格	种植方式		设计图	效果图
模式代号	立地类型小区	立地类型组	立地类型	配置模式				整地方式	种植密度		
V-7-1-C-a-6	平地区	恢复区	一般恢复区	乔木+灌木+草	乔木：柽柳、桉树、棕榈、球花石楠、干香柏、云南松、清香木、木荷、黄连木、火棘等；灌木：黄栀子、桃金娘、山毛豆等；草：芒草、勒草、状羊茅、苏丹草、象草、香根草等	1. 凤凰木+鹅掌藤+假连翘+百喜草；2. 木芙蓉+红背桂+茉莉+蟛蜞菊；3. 枫香+勒杜鹃+细叶结缕草	园林Ⅰ级苗，无病虫害和各类损伤；根系发达，常绿树种苗带土球，苗木按园林设计要求确定；草粒饱满，芽率≥95%	原生土壤、整地，全面施肥、灌溉	乔灌林化种植；按园林确定，草坪草播种量 15～20g/m²	剖面图　平面图	
V-7-1-C-b-7	平地区	恢复区	高标准恢复区	乔木+灌木+草	乔木：侧柏、油茶、马尾松、黄荆、香樟、黎蒴、青檀、桑树、池杉、落羽杉、樟树、水翁、湿地松、榕树等；灌木：黄栀子、桃金娘、山毛豆等；草：百喜草、狗牙根、糖蜜草、铁线莲等	1. 榕树+假槟榔+狗牙根；2. 球花石楠+任豆+百喜草；3. 黄荆+黄栀子+山毛豆+百喜草	园林Ⅰ级苗，无病虫害和各类损伤；根系发达，常绿树种苗带土球，苗木按园林设计要求确定；草粒饱满，芽率≥95%	原生土壤、整地，全面施肥、灌溉	乔灌株行距，按园林化种植；确定，草坪草播种量 15～20g/m²	剖面图　平面图	
V-7-2-A-a-8	坡地区	美化区	办公美化区	乔木+灌木+草	乔木：棕榈、石楠、干香柏、云南松、旱冬瓜、木荷、黄连木、清香木等；灌木：黄栀子、桃金娘、山毛豆等；草：海芋、细叶结缕草、银纹沿阶草、沿阶草等	1. 球花石楠+任豆+百喜草；2. 樟树+任豆+百喜草；3. 鸡爪槭+山毛豆+糖蜜草	园林Ⅰ级苗，无病虫害和各类损伤；根系发达，常绿树种苗带土球，苗木按园林设计要求确定；草粒饱满，芽率≥95%	原生土壤、整地，全面施肥、灌溉	乔灌株行距，按园林化种植；确定，草坪草播种量 15～20g/m²	剖面图　平面图	

续表

立地类型划分		植物种	常用配置	种植方式			设计图	效果图
				规格	整地方式	种植密度		
模式代号	V-7-2-A-b-9	乔木：侧柏，马尾松，油茶，青檀，香花槐，青萁，桑葚，杨梅，桑等；灌木：黄栀子，山毛豆，桃金娘，任豆等；草：芒萁，苏丹草，狗牙草，象草，香根草等	1. 常绿假绿豆+丁香+任豆+百喜草；2. 木荷，黄连木+桃金娘，金缨木；3. 黄荆，油茶+黄栀子，山毛豆+百喜草	园林大苗Ⅰ级苗木，无病虫害各类发病，根系和常绿树种发达，苗带土球。园林大苗按设计要求种定。草种籽饱满，粒。发芽率≥95%	原生土壤，全面整地，施肥，灌溉	乔灌株行距按园林绿化种植确定，草坪草播种量15～20g/m²		
立地类型小区	坡地区							
立地类型组	美化区							
立地类型	生活美化区							
配置模式	乔木+灌木+草							
模式代号	V-7-2-B-a-10	乔木：山黄麻，苦楝，蒲葵，杜果，盆架树，木麻黄，青皮竹，勤皮竹等；灌木：苏铁，假连翘，鹅掌藤，红继木，红背桂，福建茶等；草：灰莉，灰鬼针草，海芋，细叶画眉草，沿阶草，银纹草，沿阶草，牛筋草，狗牙根等	1. 山黄麻+鹅掌藤+百喜草；假连翘+百喜草；2. 大叶榕+福建茶+蜈蚣草；灰莉；3. 人面子+红背桂，福建茶+蜈蚣草	园林大苗Ⅰ级苗木，无病虫害各类发病，根系和常绿树种发达，苗带土球。园林大苗按设计要求种定。草种籽饱满，粒。发芽率≥95%	原生土壤，全面整地，施肥，灌溉	乔灌株行距按园林绿化种植确定，草坪草播种量15～20g/m²		
立地类型小区	坡地区							
立地类型组	功能区							
立地类型	滞尘区							
配置模式	乔木+灌木+草							

续表

立地类型划分		植物种	常用配置	规格	种植方式		设计图	效果图
					整地方式	种植密度		
模式代号	V-7-2-B-b-11	乔木：米力楠、米老排、火力楠、苦楝、小叶榕、大叶榕、高山榕、大叶榕、山榕、串钱柳、构树、桑树、水翁、黄梁木、黄皮等；灌木：小叶山楠、马缨丹、小蜡、夹竹桃、大红花、假连翘、爪、黄金榕、勒杜鹃等；草：灰穗画眉草、白花鬼针草、结缕草、海芋、沿阶草、银纹草、狗牙根、牛筋草、蔓花生等	1. 大叶榕＋高山榕＋美蕊花、勒杜鹃＋细叶结缕草；2. 米老排、火力楠＋金榕、马缨＋红继木＋黄金榕＋福建茶＋大叶油草；3. 构树＋夹竹桃、假连翘＋百喜草	园林 I 级苗，无病虫害；苗木各类根系发达，常绿树带土球；种植苗木按园林设计要求种植，草籽饱满，发芽率≥95%	原生土壤、整地，全面施肥，灌溉	乔灌林行株距按园林化种植确定，草坪草播种量15～20g/m²	剖面图 平面图	
立地类型小区	坡地区							
立地类型组	功能区							
立地类型	抗污染区							
配置模式	乔木＋灌木＋草							
模式代号	V-7-2-B-c-12	乔木：秋枫、台湾相思、马占相思、土蜜树、南洋楹、黄槐决明、腊肠树、凤凰木、降香黄檀、银合欢、红花羊蹄甲、羊蹄甲等；灌木：小叶山楠、马缨丹、小蜡、夹竹桃、大红花、假连翘、爪、黄金榕等；草：小叶蚌花、龟背竹、香青藤、大花美人蕉、大叶油草等	1. 土蜜树＋夹竹桃、红背桂、灰莉＋蜈蚣草；2. 台湾相思、马占相思＋红继木、黄金榕、福建茶＋蚌花；3. 青梅＋鹅掌藤、假连翘＋香青藤弯距花	园林 I 级苗，无病虫害；苗木各类根系发达，常绿树带土球；种植苗木按园林设计要求种植，草籽饱满，发芽率≥95%	原生土壤、整地，全面施肥，灌溉	乔灌林行株距按园林化种植确定，草坪草播种量15～20g/m²	剖面图 平面图	
立地类型小区	坡地区							
立地类型组	功能区							
立地类型	防噪声区							
配置模式	乔木＋灌木＋草							

续表

立地类型划分		植物种	常用配置	规格	整地方式	种植密度	设计图	效果图
模式代号	V-7-2-C-a-13	乔木：柽柳、棕榈、球花石楠、香柏、旱冬瓜、云南松、木荷、火棘、清香木、化香树等；灌木：黄栀子、山毛豆、桃金娘、任豆等；草本：芒草、苇状羊茅、苏丹草、狗牙根草、象草、香根草等	1. 云南松+鹅掌藤+百喜草；2. 木芙蓉+红背桂、紫茉莉+狗牙根草；3. 枫香+勒杜鹃+细叶结缕草	园林I级大苗，无病虫害和各类发育伤，根系发达，常绿树种带土球。苗木按园林设计要求确定。草种籽粒饱满，发芽率≥95%	原生土壤，全面整地。施肥、灌溉	乔灌林化园林种植按株行距确定。草坪草播种量15～20g/m²	剖面图 平面图	
立地类型小区	坡地区							
立地类型组	恢复区							
立地类型	一般恢复区							
配置模式	乔木+灌木+草							
模式代号	V-7-2-C-b-14	乔木：侧柏、马尾松、油茶、青檀、香花槐、黄檀、桑树、池杉、楝树、杨梅桑、水杉、湿地松、落羽杉、水翁、樟树、榕树松等；灌木：山毛豆、黄栀子、桃金娘、任豆等；草本：百喜草、假俭草、狗牙根、糖蜜草、铁线莲等	1. 杨梅桑+青檀+百喜草；2. 侧柏+任豆+马尾松+狗牙根；3. 黄荆+黄栀子+油茶+山毛豆+百喜草	园林I级大苗，无病虫害和各类发育伤，根系发达，常绿树种带土球。苗木按园林设计要求确定。草种籽粒饱满，发芽率≥95%	原生土壤，全面整地。施肥、灌溉	乔灌林化园林种植按株行距确定。草坪草播种量15～20g/m²	剖面图 平面图	
立地类型小区	坡地区							
立地类型组	恢复区							
立地类型	高标准恢复区							
配置模式	乔木+灌木+草							

表 3-35　粤桂闽丘陵平原亚区（V-8）植物配置模式、种植方式及种植效果

立地类型划分		常用配置	植物种	种植方式			设计图	效果图
				规格	整地方式	种植密度		
模式代号	V-8-1-A-a-1	1. 樟树+黄连木、红继木、福金榕、大叶茶+水桂翁等、柠檬桉、油茶。2. 格树、桃金娘、映山红、红继木、黄金木等。3. 大叶紫薇+鹅掌藤、假连翘+百喜草	乔木：楠木、木莲、厚朴、大叶榕、檵木、柠檬桉、桂花等。灌木：岗松、桃金娘、映山红、红继木、黄金木等。草本：野古草、鹧鸪草、猪屎豆、狗牙根草等	园林 I 级苗，无各病虫害和伤，根系发达，常绿树种带土球、苗木按园林设计要求确定。粒饱满，发芽率≥95%	原生土壤，全面整地，施肥、灌溉	乔灌株行距按园林化种植确定，草坪草播种量 15～20g/m²	剖面图 / 平面图	
立地类型小区	平地区							
立地类型组	美化区							
立地类型	办公美化区							
配置模式	乔木+灌木+草							
模式代号	V-8-1-A-b-2	1. 火炬树+红继木、黄建茶+大叶油茶、福建柏。2. 格树、大叶榕+鹅掌藤、马褂木、红花桂、红继木+假连翘+百喜草。3. 木荷、重阳木、枫香+白三叶草	乔木：火炬树、楸树、梓树、孔雀树、红豆杉、任豆、苦槠等。灌木：勒杜鹃、野牡丹、龙船花、小驳骨、紫蕨、半边旗、乌毛蕨、蜈蚣草、乌蕨、铁线蕨等	园林 I 级苗，无各病虫害和伤，根系发达，常绿树种带土球、苗木按园林设计要求确定。粒饱满，发芽率≥95%	原生土壤，全面整地，施肥、灌溉	乔灌株行距按园林化种植确定，草坪草播种量 15～20g/m²	剖面图 / 平面图	
立地类型小区	平地区							
立地类型组	美化区							
立地类型	生活美化区							
配置模式	乔木+灌木+草							

续表

立地类型划分		植物种	常用配置	种植方式			设计图	效果图
				规格	整地方式	种植密度		
模式代号	V-8-1-B-a-3	乔木：擢竹、泡桐、杉、落羽杉、山黄麻、阴香、木芙蓉、油茶、大叶紫薇、苦楝、木荷、杨梅、清樾、潺槁树；灌木：桃金娘、映山红、檵木、黄金榕、红背桂、石斑木、美蕊花等；草：吊竹梅、田菁、半边旗、蜈蚣草、鸭嘴草、乌毛蕨等	1. 火炬树+红继木+黄金榕、福建茶+大叶油草 2. 马褂木、桑树+假连翘+鹅掌藤、百喜草 3. 潺槁树+红背桂+福建茶、灰莉+蜈蚣草	园林Ⅰ级大苗，无病虫害和各类发伤，根系发达，常绿树种土球，苗木带土球种植按园林设计要求确定。草种籽粒饱满，发芽率≥95%	原生土壤，全面整地，施肥，灌溉	乔灌株行距按园林化种植确定，草坪草播种量15～20g/m²		
立地类型小区	平地区							
立地类型组	功能区							
立地类型	滞尘区							
配置模式	乔木+灌木+草							
模式代号	V-8-1-B-b-4	乔木：大叶相思、山乌桕、台湾相思、板栗、银桦、红椎、黄连木、南酸枣、九节等；灌木：大红花、野蔷薇、假连翘、缫丝、鹅掌藤、海桐、亚那柱花、白三叶等；草：香根草、大叶细叶结缕草、蔓花生、油草、白三叶、马甲等	1. 南酸枣+红继木+黄金榕、福建茶+大叶油草 2. 重阳木、枫香+假连翘+白三叶草、鹅掌藤 3. 桂花、红豆树+鹅掌藤、马甲结缕草	园林Ⅰ级大苗，无病虫害和各类发伤，根系发达，常绿树种土球，苗木带土球种植按园林设计要求确定。草种籽粒饱满，发芽率≥95%	原生土壤，全面整地，施肥，灌溉	乔灌株行距按园林化种植确定，草坪草播种量15～20g/m²		
立地类型小区	平地区							
立地类型组	功能区							
立地类型	抗污染区							
配置模式	乔木+灌木+草							

续表

立地类型划分		植物种	常用配置	规格	种植方式		设计图	效果图
					整地方式	种植密度		
模式代号	V-8-1-B-c-5	乔木：孔雀豆，红豆树，黎蒴栲，枫杨，苦槠，山苍子，木棣，厚朴，榕树；灌木：夹竹桃，紫薇，小蜡，金银木，灰莉，木槿，野蔷薇，黄桅子等；草本：五节芒，金茅，褐毛金须草，龙鹃鸫草，红裂稃豆，狗牙根等	1. 榕树，大叶榕＋夹竹桃＋茉莉；2. 枫香＋重阳木、掌翘，鹅连翘＋百合；3. 马褂木，勒杜鹃＋建茶，灰莉＋蜈蚣草	园林Ⅰ级大苗，无病虫害，各类发达，根系和常绿树种带土球，苗木按园林设计要求确定。草种籽，粒饱满，发芽率≥95%	原生土壤，整地，全面施肥，灌溉	乔灌林株行距按园林化种植确定，草坪草播种量15～20g/m²		
立地类型小区	平地区							
立地类型组	功能区							
立地类型	防噪声区							
配置模式	乔木＋灌木＋草							
模式代号	V-8-1-C-a-6	乔木：孔雀豆，红豆树，黎蒴栲，枫杨，苦槠，山苍子，木棣，厚朴，榕树；灌木：夹竹桃，紫薇，小蜡，金银木，灰莉，木槿，野蔷薇，黄桅子等；草本：五节芒，金茅，褐毛金须草，龙鹃鸫草，红裂稃豆，狗牙根等	1. 榕树，大叶榕＋鹅连掌翘＋百合；2. 构树＋白三叶草；3. 桂，福建茶，灰莉＋蜈蚣草	园林Ⅰ级大苗，无病虫害，各类发达，根系和常绿树种带土球，苗木按园林设计要求确定。草种籽，粒饱满，发芽率≥95%	原生土壤，整地，全面施肥，灌溉	乔灌林株行距按园林化种植确定，草坪草播种量15～20g/m²		
立地类型小区	平地区							
立地类型组	恢复区							
立地类型	一般恢复区							
配置模式	乔木＋灌木＋草							

续表

立地类型划分		植物物种	常用配置	规格	种植方式		设计图	效果图
					整地方式	种植密度		
模式代号	V-8-1-C-b-7	乔木：苦槠、麻栎、枫杨、山苍子、朴、木莲、楠木、苦楝、榕树等；灌木：金银木、灰莉、大叶醉鱼草、红花檵木、野蔷薇、黄栀子等；草本：大叶油草、细叶结缕草、圭亚那柱花草、白三叶草等	1.马褂木+鹅掌藤+假连翘+百喜草；2.木芙蓉+红背桂、福建茶+细叶结缕草；3.美蕊花、勒杜鹃+微型月季+蜈蚣草	园林I级苗、大苗、无病虫害，各类发育良好、根系发达、常绿树种和带土球苗木按设计要求确定。草种籽粒饱满，发芽率≥95%	原生土壤，全面整地，施肥，灌溉	乔灌株行距按园林化种植确定，草坪种量15~20g/m²		
立地类型小区	平地区							
立地类型组	恢复区							
立地类型	高标准恢复区							
配置模式	乔木+灌木+草							
模式代号	V-8-1-C-c-8	草本：野古草、猪屎豆、白羊草、糖蜜草、鹧鸪草、狗牙根、假俭草、百喜草、香根草、细叶结缕草等	1.草皮排水沟：开挖水沟+水沟底部防渗土工网+铺装三维土工实+植草+覆盖管护；2.生态砖（生态袋）排水沟：开挖水沟+生态固定生态袋（或植草并固定）+生态砖+草+覆盖管护	园林I级苗、大苗、无病虫害，各类发育良好、根系发达、常绿树种和带土球苗木按设计要求确定。草种籽粒饱满，发芽率≥95%	原生土壤，全面整地，施肥，灌溉	乔灌株行距按园林化种植确定，草坪种量15~20g/m²		
立地类型小区	平地区							
立地类型组	恢复区							
立地类型	生态排水沟							
配置模式	工程措施+草种							

续表

立地类型划分					植物种	常用配置	种植方式			设计图	效果图
模式代号	立地类型小区	立地类型组	立地类型	配置模式			规格	整地方式	种植密度		
V-8-1-C-d-9	平地区	恢复型	生态砖植草绿化	乔木＋灌木＋草	草本：野古草、猪屎豆、鹧鸪草、假俭草、白茅、百喜草、糖蜜草、狗牙根、细叶结缕草等	植草砖＋草种	园林大苗，I级苗，无病虫害，各系树种发达、常绿，苗木带土球；园林苗木按设计要求确定；草种籽粒饱满，发芽率≥95%	原生土壤，全面整地，施肥，灌溉	乔灌株行距按园林化种植确定，草坪草播种量15～20g/m²		
V-8-2-A-a-10	坡地区	美化区	办公美化区	乔木＋灌木＋草	乔木：楠木、厚朴、大叶榕、榕树、水翁等；灌木：桃金娘、映山红、红继木、黄金榕等；草本：野古草、猪屎豆、鹧鸪草、狗牙根等	1. 樟树＋红继木、福建茶＋大叶油草 2. 榕树、大叶榕＋扁叶铁线蕨、乌蕨 3. 大叶紫薇、假连翘＋百喜草	园林大苗，I级苗，无病虫害，各系树种发达、常绿，苗木带土球；园林苗木按设计要求确定；草种籽粒饱满，发芽率≥95%	原生土壤，全面整地，施肥，灌溉	乔灌株行距按园林化种植确定，草坪草播种量15～20g/m²		

立地类型划分				植物种	常用配置	规格	种植方式		设计图	效果图
							整地方式	种植密度		
模式代号 V-8-2-A-b-11				乔木：火炬树、木棉、楸树、梓树、栲树、任豆、苦槠等；灌木：孔雀豆、红豆、牡丹、野牡丹、龙船花、小驳骨、紫叶小檗等；草本：半边旗、乌毛蕨、蜈蚣草、铁线蕨、乌蕨等	1. 火炬树+红继木+黄金榕+福建茶+大叶油草；2. 栲树+梓树+大叶女贞+马褂木+乌蕨、桂花、红豆树+鹅掌楸、假连翘+百喜草+三叶草；3. 木荷、重阳木、枫香+白三叶草	园林大级苗，Ⅰ苗，无病虫害和各类损伤；根系发达，常绿树种带土球，苗木按设计要求种定；草籽饱满，芽率≥95%	原生土壤，整地全面，施肥、灌溉	乔灌株行距按园林化种植确定，草坪草种量15~20g/m²	剖面图／平面图	
立地类型小区	坡地区									
立地类型	美化区									
立地类型	生活美化区									
配置模式	乔木+灌木+草									
模式代号 V-8-2-A-c-12				草本：野古草、鹧鸪草、猪屎豆、狗牙根、白羊草、假俭草、白茅、糖蜜草、百喜草、香根草、细叶结缕草等	砂壤土+有机水泥+绿化基质+混凝土绿化添加剂+混合植物绿种	园林大级苗，Ⅰ苗，无病虫害和各类损伤；根系发达，常绿树种带土球，苗木按设计要求种定；草籽饱满，芽率≥95%	原生土壤，整地全面，施肥、灌溉	草坪草种播量15~20g/m²	不含草籽植被混凝土／含草籽植被混凝土／镀锌铁丝网／锚杆／坡面	
立地类型小区	坡地区									
立地类型	美化区									
立地类型	植被混凝土生态护坡									
配置模式	工程措施+草种									

续表

立地类型划分					植物种	常用配置	规格	种植方式		设计图	效果图
								整地方式	种植密度		
模式代号	V-8-2-A-d-13				草本：野古草、鹎鸪草、猪屎豆、狗牙根、白茅、白喜草、糖蜜草、假俭草、百喜草、香缕根草、细叶结缕草等	砌石条带草盖+前施工+铺草皮+无纺布+苗期养护	草种籽粒饱满，发芽率≥95%	原生土壤、全面整地、施肥、灌溉	草坪草播种量15～20g/m²		
立地类型小区	坡地区										
立地类型组	美化区										
立地类型	砌石草皮护坡										
配置模式	工程措施+草种										
模式代号	V-8-2-A-e-14				草本：野古草、鹎鸪草、猪屎豆、狗牙根、白茅、白喜草、糖蜜草、假俭草、百喜草、香缕根草、细叶结缕草等	平整坡面+浆砌片石施工+骨架回填客土+三维植被网+草盖无纺布	草种籽粒饱满，发芽率≥95%	客土土壤、全面整地、施肥、灌溉	草坪草播种量15～20g/m²		
立地类型小区	坡地区										
立地类型组	美化区										
立地类型	浆砌片石骨架植草护坡										
配置模式	工程措施+草种										
模式代号	V-8-2-C-a-15				乔木：南酸枣、梓树、楸树、孔雀豆、任豆等；灌木：山红、石蜡、蔓荆、小驳青等；草本：野古草、鹎鸪草、猪屎豆、狗牙根草等	1. 楸树+假连翘+鹎掌藤+百喜草；2. 构树+映山红+白三叶草；3. 黄连木+红背桂、福建茶、灰莉+蜈蚣草	园林工I级大苗、苗木无病虫害，各类根系发达、常绿树种带土球，苗木按园林设计要求确定，草种籽粒饱满，发芽率≥95%	原生土壤、全面整地、施肥、灌溉	乔灌株行距按园林化种植确定，草坪草播种量15～20g/m²		
立地类型小区	坡地区										
立地类型组	恢复区										
立地类型	一般恢复区										
配置模式	乔木+灌木+草										

表3-36 珠江三角洲丘陵平原台地亚区（V-9）植物配置模式、种植方式及种植效果

立地类型划分					植物种	常用配置	种植方式			设计图	效果图
模式代号	立地类型小区	立地类型组	立地类型	配置模式			规格	整地方式	种植密度		
V-9-1-A-a-1	平地区	美化区	办公美化区	乔木+灌木+草	乔木：秋枫、台湾相思、马占相思、青梅、油楠、腊肠树、黄槐决明、凤凰木等；灌木：望江南海桐、野牡丹、小叶山蚂黄麻、石斑木、缫丝丹、紫藤、万年青、水鬼蕉、吊竹梅等；草本：牛筋草、狗牙根、蔓花生、粉绿狗牙草等	1. 樟树+红继木、黄金榕、福建茶+大叶油草；2. 榕树、大叶榕+肾蕨+鸢尾、马樱丹花、桂花、红豆树+鹅掌翅+假连翘+百喜草等；3. 粉绿草、合果芋	园林Ⅰ级苗、无病虫害和各类发伤、根系发达、常绿树种带土球。苗木按园林设计要求确定草种满、粒饱满，芽率≥95%	原生土壤、全面整地、灌溉施肥、灌溉	乔灌株行距按园林化种植确定，草坪草播种量15～20g/m²		
V-9-1-A-b-2	平地区	美化区	生活美化区	乔木+灌木+草景观配置	乔木：木棉、爪哇木棉、蒲葵、杧果、昆士兰伞树、大盆架树、麻楝、散尾葵、王椰子、假槟榔等；灌木：福建茶、红继木、美蕊花、吊竹梅、小叶龟背竹、大花美人蕉、大叶油草等	1. 羊蹄甲+红继木+大叶油草；2. 木芙蓉+红背桂、灰莉+蜈蚣草；3. 蕊花、美枫香+细叶杜鹃+结缕草	园林Ⅰ级苗、无病虫害和各类发伤、根系发达、常绿树种带土球。苗木按园林设计要求确定草种满、粒饱满，芽率≥95%	原生土壤、全面整地、灌溉施肥、灌溉	乔灌株行距按园林化种植确定，草坪草播种量15～20g/m²		

续表

模式代号	立地类型划分			植物种	常用配置	规格	种植方式		设计图	效果图
							整地方式	种植密度		
V-9-1-B-a-3	立地类型小区	平地区		乔木：印度橡胶榕、水翁、黄槿、蒲葵、波罗蜜、台湾相思、杜英、缘桉等；灌木：仙人掌、桃金娘、老鼠簕、野杜鹃、马缨丹、黑面神、假连翘等；草本：蔓花生、紫茉莉、牛筋草、五节芒、珍珠茅、狼尾草等	1. 羊蹄甲、宫粉羊蹄甲+红继木+黄金榕、大叶油草；2. 杜英、勒杜鹃、野婆福仔树+假连翘+百喜草；3. 勒杜鹃、福建茶、灰莉+蟛蜞草	园林大级苗、I级苗，无病虫害和各类发；根系发达，常绿树种带土球，苗木按园林设计要求定；草种籽粒饱满，发芽率≥95%	原生土壤，全面整地，施肥、灌溉	乔灌林化园林种植，按园定确，草坪草播种量15～20g/m²	剖面图　平面图	
	立地类型组	功能区								
	立地类型	潜生区								
	配置模式	乔木+灌木+草								
V-9-1-B-b-4	立地类型小区	平地区		乔木：杨梅、水杉、池杉、落羽杉、楝树、木麻黄、水翁、湿地松、垂柳、南洋杉、榕树、黄桷、球花石楠、黄栀子、桃金娘等；灌木：山毛豆、任豆等；草本：莠竹茅、苏丹草、香根草、象草等	1. 常绿假丁香+任豆、百喜草；2. 榕树、青檀+假连险+百喜草；3. 黄荆、油茶+黄栀子、山毛豆+百喜草	园林大级苗、I级苗，无病虫害和各类发；根系发达，常绿树种带土球，苗木按园林设计要求定；草种籽粒饱满，发芽率≥95%	原生土壤，全面整地，施肥、灌溉	乔灌林化园林种植，按园定确，草坪草播种量15～20g/m²	剖面图　平面图	
	立地类型组	功能区								
	立地类型	抗污染区								
	配置模式	乔木+灌木+草景观配置								

续表

立地类型划分		植物种	常用配置	规格	整地方式	种植密度	设计图	效果图
模式代号	V-9-1-B-c-5	乔木：柽柳、球花石楠、棕榈、旱柳、冬瓜、南松、黄荷、黄连木、清香木、火棘、化香等；灌木：黄栀子、桃金娘、山毛豆等；草本：假俭草、狗牙根、百喜草、铁线莲、糖蜜草、芒草等	1. 漆稿树+任豆+狗牙根；2. 柽柳、清香木、干香柏+冬瓜+旱糖蜜草；3. 桑树+黄栀子、山毛豆+百喜草	园林大苗，I级苗，无病虫害，各类根系发达，常绿树种带土球。苗木按设计要求确定。草种籽粒饱满，发芽率≥95%	原生土壤，全面整地，施肥、灌溉	乔灌株行距按园林化种植确定，草坪草播种量15～20g/m²		
立地类型小区	平地区							
立地类型组	功能区							
立地类型	防噪声区							
配置模式	乔木+灌木+草							
模式代号	V-9-1-C-a-6	乔木：荷木、山黄麻、朴树、木楝、苦楝、蒲葵、杜果、昆士兰、木麻树、盆架树等；灌木：红背桂、福建茶、檵木、红继木、黄金榕、珍珠草等；草本：假连翘、鹅掌藤、继木藤、芒松茅、蜈蚣草、裂稃草、灰穗画眉草、白花鬼针草等	1. 构树+细叶结缕草；2. 格树、假连翘、大叶榕+百喜草；3. 黄金榕、福建茶+大叶油草	园林大苗，I级苗，无病虫害，各类根系发达，常绿树种带土球。苗木按设计要求确定。草种籽粒饱满，发芽率≥95%	原生土壤，全面整地，施肥、灌溉	乔灌株行距按园林化种植确定，草坪草播种量15～20g/m²		
立地类型小区	平地区							
立地类型组	恢复区							
立地类型	一般恢复区							
配置模式	乔木+灌木+草							

续表

立地类型划分		植物种	常用配置	规格	种植方式		设计图	效果图
					整地方式	种植密度		
模式代号	V-9-1-C-b-7							
立地类型小区	平地区	乔木：木棉、爪哇木棉、蒲葵、杜果、盆架子、麻楝、大王椰、散尾葵、假槟榔等；灌木：假连翘、鹅掌藤、红继木、美蕊花等；草本：万年青、小叶榕、勒杜鹃、台湾草、龟背竹、香青、蔓距花、大花美人蕉、大叶油草等	1. 凤凰木、桂花、红豆树+假连翘、喜花草+百喜草；2. 爪哇木棉+美蕊花、勒杜鹃、合果芋；3. 小叶榕+黄金榕+福建茶+大叶油草	园林大苗、Ⅰ级苗，无病虫害，根系发达、常绿树种和带土球，苗木按园林设计要求确定；草种籽粒饱满，发芽率≥95%	原生土壤、全面整地，施肥、灌溉	乔灌株行距按园林化种植确定，草坪草播种量15~20g/m²	剖面图　平面图	
立地类型组	恢复区							
立地类型	高标准恢复区							
配置模式	乔木+灌木+草							
模式代号	V-9-2-A-a-8							
立地类型小区	坡地区	乔木：秋枫、台湾相思、土蜜树、青梅、腊肠树、黄槐决明、凤凰木等；灌木：望江南、野牡丹、石斑木、马鬼蕉、吊竹梅等；草本：狗牙根、牛筋草、蔓花生、水鬼蕉、万年青、吊竹梅等	1. 樟树+黄槐、福建金榕+大叶油草；2. 榕树+扇叶铁线蕨、乌蔹莓马褂；桂花、红豆树+假连翘、喜花草+百喜草；3. 粉单竹+假俭草+合果芋	园林大苗、Ⅰ级苗，无病虫害，根系发达、常绿树种和带土球，苗木按园林设计要求确定；草种籽粒饱满，发芽率≥95%	原生土壤、全面整地，施肥、灌溉	乔灌株行距按园林化种植确定，草坪草播种量15~20g/m²	剖面图　平面图	
立地类型组	美化区							
立地类型	办公美化区							
配置模式	乔木+灌木+草							

续表

立地类型划分					植物种	常用配置	规格	种植方式		设计图	效果图
模式代号	立地类型小区	立地类型组	立地类型	配置模式				整地方式	种植密度		
V-9-2-A-b-9	坡地区	美化区	生活美化区	乔木+灌木+草	乔木：木棉、爪哇木棉、昆士兰伞树、盆架树、麻楝、大王椰子、散尾葵、假槟榔等；灌木：假连翘、福建茶、鹅掌藤、檵花、红继木、美蕊花等；草本：万年青、吊竹梅、龟背竹、小叶鲜花、大花美人蕉、大叶油草等	1. 羊蹄甲+红继木+大叶油草；2. 木芙蓉+红背桂、灰莉+蜈蚣草；3. 枫香+细叶美蕊花、杜鹃+结缕草	园林大苗，I级，无病虫害和各类伤；根系发达，常绿乔木种带土球。种苗木按园林设计要求确定。草籽饱满，发芽率≥95%	原生土壤，全面整地，施肥、灌溉	乔灌林化种植按园林确定，草坪草播种量15~20g/m²		
V-9-2-B-a-10	坡地区	功能区	滞生区	乔木+灌木+草	乔木：印度橡胶榕、水翁、黄槿、野蜜婆、杜英、波罗蜜、台湾相思、隆缘桉等；灌木：仙人掌、桃金娘、野牡丹、马缨丹、老鼠簕、黑面神、假海桐、连翘等；草本：蔓花生、紫茉莉、五节芒、牛筋草、珍珠茅、狼尾草等	1. 印度橡胶榕+波罗蜜、黄槿+福建茶+大叶油草；2. 杜英、野牡丹+假连翘+百喜草；3. 苦楝+福勒杜鹃、灰莉+建茶+蜈蚣草	园林大苗，I级，无病虫害和各类伤；根系发达，常绿乔木种带土球。种苗木按园林设计要求确定。草籽饱满，发芽率≥95%	原生土壤，全面整地，施肥、灌溉	乔灌株行距按园林绿化种植确定，草坪草播种量15~20g/m²		

续表

立地类型划分					植物种	常用配置	种植方式			设计图	效果图
模式代号	立地类型小区	立地类型组	立地类型	配置模式			规格	整地方式	种植密度		
V-9-2-B-b-11	坡地区	功能区	抗污染区	乔木+灌木+草	乔木：杨梅、杨桑、水杉、池杉、樟树、落羽杉、湿地松、南洋杉、桤木、麻柳、球花石楠等；灌木：黄栀子、桃金娘、山任豆等；草：苏丹草、象状羊茅、香根草等	1.杨梅、黄桑、木麻黄+任豆+草；2.榕树、青檀+假俭草、百喜草；3.黄荆、油茶+黄栀子、山任豆+毛草喜草	园林 I 级苗，大和病虫害，无各类根系发达，常绿树种带土球，苗木按园林设计要求，定植饱满，粒芽率≥95%	原生土壤，全面整地，施肥，灌溉	乔灌株行距按园林化种植确定，草坪草播种量15～20g/m²	剖面图　平面图　5m	
V-9-2-B-c-12	坡地区	功能区	防噪声区	乔木+灌木+草	乔木：柽柳、千香楠、花石楠、千香柏、旱冬瓜、云南松、香樟木、黄连木、火棘等；灌木：黄栀子、桃金娘、山任豆等；草：假俭草、狗牙根、铁线连、百喜草、糖蜜草、芒草等	1.千香柏、花石楠+任豆+草；2.云南松、旱冬瓜+黄香柏、糖蜜草；3.桑树、栀子、山任豆+毛草喜草	园林 I 级苗，大和病虫害，无各类根系发达，常绿树种带土球，苗木按园林设计要求，定植饱满，粒芽率≥95%	原生土壤，全面整地，施肥，灌溉	乔灌株行距按园林化种植确定，草坪草播种量15～20g/m²	剖面图　平面图　5m	
V-9-2-C-a-13	坡地区	恢复区	一般恢复区	乔木+灌木+草	乔木：荷木、朴树、山黄麻、苦楝、蒲葵、盆架树、木棉、麻栎、红背桂等；灌木：假连翘、鹅掌藤、福建茶、继木等；草：珍珠茅、芒草、蜈蚣草、红裂稃草、灰穗画眉草、白羊草、白鬼针草等	1.构树+桃金娘+细叶结缕草；2.麻楝、假苹婆+白花鬼针草、连翘+白花鬼针草；3.朴树、木红继木、福建茶+芒草	园林 I 级苗，大和病虫害，无各类根系发达，常绿树种带土球，苗木按园林设计要求，定植饱满，粒芽率≥95%	原生土壤，全面整地，施肥，灌溉	乔灌株行距按园林化种植确定，草坪草播种量15～20g/m²	剖面图　平面图　5m	

续表

立地类型划分	模式代号	植物种	常用配置	种植方式 规格	种植方式 整地方式	种植方式 种植密度	设计图	效果图
立地类型小区	V-9-2-C-b-14	乔木：台湾相思、尾叶桉、隆缘桉、桐花树、秋茄、海桑、软叶刺葵、源稿树等；灌木：假连翘、鹅掌藤、福建茶、红继木、檵木等；草本：万年青、龟背竹、小叶香青、香菜人、弯距花、大花美人蕉、大叶油草等	1. 台湾相思+鹅掌藤+假连翘+百喜草；2. 银合欢、美蕊花、勒杜鹃+假福建茶、鹅掌藤+合欢木、红继木、檵木+黄金榕、美人蕉半；3. 桐花树+黄金榕、大福建茶+福建叶油草等	园林大I级苗；苗木无病虫害各类，根系发达，常绿树种土球，苗木带土球按园林设计要求种植定，草粒饱满，芽率≥95%	原生土壤，整地，全面施肥，灌溉	乔灌林行距按园林化种植确定，草坪草播种量15～20g/m²	剖面图 平面图	
坡地区								
立地类型组								
恢复区								
立地类型								
高标准恢复区								
配置模式								
乔木+灌木+草景观配置								

表3-37 海南中北部与雷州半岛山地丘陵亚区（V-10）植物配置模式、种植方式及种植效果

立地类型划分	模式代号	植物种	常用配置	种植方式 规格	种植方式 整地方式	种植方式 种植密度	设计图	效果图
立地类型小区	V-10-1-A-a-1	乔木：源稿树、垂叶榕、大叶榕、小叶榕、散尾葵、鱼尾葵、筋仔树、盆架树等；灌木：翅荚决明、望江南、硬毛木蓝、勒杜鹃、檵木、红继木、蜈蚣草、海边月见、红裂草、猪屎豆、墨草等；草本：牛筋草、节芒、紫茉莉、五...	1. 铁刀木+红继木+黄金榕、福建茶+结缕草；2. 大王椰子+勒杜鹃+福建、灰莉、蜈蚣紫、海蚂草；3. 黄槐、海桐、假连翘+桐+百喜草	园林大I级苗；苗木无病虫害各类，根系发达，常绿树种土球，苗木带土球按园林设计要求种植草定，粒饱满，芽率≥95%	原生土壤，整地，全面施肥，灌溉	乔灌林行距按园林化种植确定，草坪草播种量15～20g/m²	剖面图 平面图	
平地区								
立地类型组								
美化区								
立地类型								
办公美化区								
配置模式								
乔木+灌木+草								

续表

立地类型划分		植物种	常用配置	种植方式			设计图	效果图
				规格	整地方式	种植密度		
模式代号	V-10-1-A-b-2	乔木：水翁、野牵果、黄槿、波罗蜜、大王椰子、蒲葵、杜英等；灌木：老鼠筋、黑面神、野杜丹、马缨丹、假连翘等；草本：结缕草、鹅鸪草、红裂稃草、铺地黍、蜈蚣草、海边月见草、猪屎豆等	1. 铁刀木+红继木、黄金榕、福建茶+结缕草；2. 大王椰子+勒杜鹃、福建茶、灰莉+蜈蚣草；3. 黄槐+假连翘、海桐+百喜草	园林I级大苗，无病虫害和各类伤；根系发达、常绿树种苗带土球，苗木按园林设计要求确定；草种籽粒饱满，发芽率≥95%	原生土壤，全面整地，施肥、灌溉	乔灌株行距按园林化种植确定，草坪草播种量15～20g/m²	剖面图　平面图	
立地类型小区	平地区							
立地类型组	美化区							
立地类型	生活美化区							
配置模式	乔木+灌木+草							
模式代号	V-10-1-B-a-3	乔木：印度橡胶榕、水翁、黄槿、波罗蜜、台湾相思、桉树等；灌木：仙人掌、桃金娘、野杜丹、马缨丹、假海桐、连翘等；草本：蔓花生、五节芒、珍珠茅、紫茉莉、牛筋草、狼尾草等	1. 蒲葵+红继木、黄金榕、福建茶+结缕草；2. 杜英、勒野牵果+假连翘、百喜草+喜草；3. 苦楝+勒杜鹃、福建茶、灰莉+蜈蚣草	园林I级大苗，无病虫害和各类伤；根系发达、常绿树种苗带土球，苗木按园林设计要求确定；草种籽粒饱满，发芽率≥95%	原生土壤，全面整地，施肥、灌溉	乔灌株行距按园林化种植确定，草坪草播种量15～20g/m²	剖面图　平面图	
立地类型小区	平地区							
立地类型组	功能区							
立地类型	滞尘区							
配置模式	乔木+灌木+草							

续表

立地类型划分		植物种	常用配置	规格	种植方式		设计图	效果图
					整地方式	种植密度		
模式代号	V-10-1-B-b-4	乔木：秋茄、海杧果、软叶刺葵、银合欢树、垂叶榕、源槁树、小叶榄仁、大叶榕、散尾葵、勒仔树等；灌木：露兜簕、马缨丹、岗松、仙人掌、海桐雌、桃金娘、老鼠簕等；草本：白茅、石珍芒、结缕草、鸭嘴草、蜈蚣草、鹧鸪草、红裂稃草等	1. 小叶榕、大叶榕+翅荚决明、勒杜鹃+紫茉莉；2. 野牵牛、勒仔树+假连翘+结缕草；3. 银合欢+翅荚决明、勒杜鹃+紫茉莉	园林大苗，I级苗，无病虫害和各类损伤、根系发达，常绿树种带土球。苗木按园林设计要求确定。草种籽粒饱满、发芽率≥95%	原生土壤，全面整地，施肥、灌溉	乔灌株行距按园林化种植确定，草坪草播种量 15~20g/m²		
立地类型小区	平地区							
立地类型组	功能区							
立地类型	抗污染区							
配置模式	乔木+灌木+草							
模式代号	V-10-1-B-c-5	乔木：源槁树、垂叶榕、小叶榄仁、大叶榕、散尾葵、勒仔树、榄仁树、盆架树等；灌木：野牡丹、马缨丹、黑面神、海桐、罗汉松、假连翘、石栗、黄金榕等；草本：红裂稃草、蜈蚣草、见血青、猪屎豆、海边月见草、花生、蔓生、紫茉莉等	1. 重阳木、枫香+夹竹桃+紫茉莉；2. 蒲葵、散尾葵+鹅掌藤、假连翘+百喜草；3. 源槁树、福建茶+勒杜鹃、灰莉+蜈蚣草	园林大苗，I级苗，无病虫害和各类损伤、根系发达，常绿树种带土球。苗木按园林设计要求确定。草种籽粒饱满、发芽率≥95%	原生土壤，全面整地，施肥、灌溉	乔灌株行距按园林化种植确定，草坪草播种量 15~20g/m²		
立地类型小区	平地区							
立地类型组	功能区							
立地类型	防噪声区							
配置模式	乔木+灌木+草							

续表

立地类型划分		植物种	常用配置	规格	种植方式		设计图	效果图
					整地方式	种植密度		
模式代号	V-10-1-C-a-6	乔木：杜英、台湾相思、尾叶桉、木麻黄、隆缘桉、桐花果、秋茄、海杧果、银合欢、榕树、合欢等；灌木：海桐、海漆、假连翘、缫丹、假连翘、汉松、石斑木、金缨木、蔓花生、黄槿、翘翘等；草本：杜鹃、望江南、蜈蚣草、红裂稃草、海边月见草、猪屎豆、蔓花生、紫茉莉、五节芒等	1. 杜英、勒杜鹃+假连翘+百喜草；2. 铁刀木+鸭嘴罗汉松、结缕草；3. 大王椰子+勒杜鹃、福建茶、灰莉+蜈蚣草	园林大苗，Ⅰ级苗，无病虫害，各类和根系发达，常绿树种带土球；苗木按设计要求确定，草坪满+粒饱，芽率≥95%	原生土壤，全面整地，施肥、灌溉	乔灌株行距按园林化种植确定，草坪草15～20g/m²播种量		
立地类型小区	平地区							
立地类型组	恢复区							
立地类型	一般恢复区							
配置模式	乔木+灌木+草							
模式代号	V-10-1-C-b-7	乔木：桐花果、秋茄、海杧果、合欢、源榕树、大叶榕、小叶榕、散尾葵、盆架树、馒仁树、石栗等；灌木：木槿、灰莉、杜鹃、望江南、檵木、红继木、黄槿、海边月见、勒杜鹃、蔓花等；草本：草蓝、硬毛草、猪屎豆、紫茉莉、牛筋草、五节、狼尾草、珍珠草、野古草等	1. 杜英、勒杜鹃+假连翘+百喜草；2. 铁刀木+红继木、金榕木、黄金茶、结缕草；3. 勒杜鹃+福建茶、灰莉+蜈蚣草	园林大苗，Ⅰ级苗，无病虫害，各类和根系发达，常绿树种带土球；苗木按设计要求确定，草坪满+粒饱，芽率≥95%	原生土壤，全面整地，施肥、灌溉	乔灌株行距按园林化种植确定，草坪草15～20g/m²播种量		
立地类型小区	平地区							
立地类型组	恢复区							
立地类型	高标准恢复区							
配置模式	乔木+灌木+草							

立地类型划分				配置模式	植物种	常用配置	种植方式			设计图	效果图
模式代号	立地类型小区	立地类型组	立地类型				规格	整地方式	种植密度		
V-10-2-A-a-8	坡地区	美化区	办公美化区	乔木+灌木+草	乔木：落榕树、垂叶榕、大叶榕、小叶榄仁、箭仔树、散尾葵、盆架树等；灌木：翅荚决明、望江南、硬毛木蓝、勒杜鹃、红继木、红绒球等；草本：蜈蚣草、海边月见花、花生、猪屎豆、紫茉莉、五节芒、牛筋草等	1. 铁刀木、红继木+黄金榕、福建茶+结缕草；2. 勒杜鹃、福建茶+蜈蚣草；3. 黄槐+假连翘、海桐+百喜草	园林大苗；Ⅰ级苗，无病虫害和各类伤害，根系发达，常绿树种苗带土球。苗木按园林设计要求确定；草种籽饱满，粒发芽率≥95%	原生土壤，全面整地，施肥、灌溉	乔灌株行距按园林化种植确定，草坪草播种量15~20g/m²		
V-10-2-A-b-9	坡地区	美化区	生活美化区	乔木+灌木+草	乔木：水翁、黄槿、野牡丹、杜英、蒲葵、波罗蜜等；灌木：老鼠簕、黑面神、假海桐、马缨丹、红娘子等；草本：结缕草、铺地蜈蚣草、海边月见草、猪屎豆等	1. 铁刀木、红继木+黄金榕、福建茶+结缕草；2. 波罗蜜、勒杜鹃+福建茶、蜈蚣草；3. 黄槐+假连翘、海桐+百喜草	园林大苗；Ⅰ级苗，无病虫害和各类伤害，根系发达，常绿树种苗带土球。苗木按园林设计要求确定；草种籽饱满，粒发芽率≥95%	原生土壤，全面整地，施肥、灌溉	乔灌株行距按园林化种植确定，草坪草播种量15~20g/m²		

续表

立地类型划分					植物种	常用配置	规格	种植方式		设计图	效果图
模式代号	立地类型小区	立地类型组	立地类型	配置模式				整地方式	种植密度		
V-10-2-B-a-10	坡地区	功能区	滞生区	乔木+灌木+草	乔木：印度橡胶榕、水翁、黄槿、杜果、婆罗蜜、蒲葵、台湾相思、英、细叶榕等；灌木：仙人掌、桃金娘、野杜丹、黑面神、假海棠、马缨丹等；草本：蔓花生、五节芒、珍珠菜、紫茉莉、牛筋草、狼尾草等	1. 蒲葵、散尾葵+黄金榕、继木、福建茶+结缕草；2. 野牵牛+假连翘+百喜草；3. 苦楝+福建茶、勒杜鹃、灰莉+蜈蚣草	园林大苗，I级苗，无病虫害，各类根系和常绿树种发达，土球常带土。苗木按园林种植要求确定。草种籽粒饱满，发芽率≥95%	原生土壤，全面整地、灌溉、施肥	乔灌株行距按园林化种植确定，草坪草15～20g/m²播种量		
V-10-2-B-b-11	坡地区	功能区	抗污染区	乔木+灌木+草	乔木：秋茄、海杧果、软叶刺葵、海红豆、银合欢、银桦树、垂叶榕、小叶榄仁、大叶榕、散尾葵、小叶榕等；灌木：露兜树、马缨丹、岗松、仙人掌、桃金娘、苦郎树等；草本：石珍芒、白茅、鸭嘴草、结缕草、鹧鸪草、蜈蚣草、红裂稃草等	1. 小叶榕、大叶榕+翅荚决明、勒杜鹃+紫茉莉；2. 野牵牛+假连翘+结缕草；3. 银合欢+翅荚决明、勒杜鹃+紫茉莉	园林大苗，I级苗，无病虫害，各类根系和常绿树种发达，土球常带土。苗木按园林种植要求确定。草种籽粒饱满，发芽率≥95%	原生土壤，全面整地、灌溉、施肥	乔灌株行距按园林化种植确定，草坪草15～20g/m²播种量		

立地类型划分				配置模式	植物种	常用配置	种植方式			设计图	效果图
模式代号	立地类型小区	立地类型组	立地类型				规格	整地方式	种植密度		
V-10-2-B-c-12	坡地区	功能区	防噪声区	乔木+灌木+草	乔木：溪稿树、垂叶榕、大叶榕、小叶榕、散尾葵、箭竿树、盆架树、石栗等；灌木：野牡丹、黑面神、假海桐、老鼠勒、石斑木、马缨丹、罗汉松、黄金榕、石见穿等；草本：红裂稃草、猪屎豆、蔓花生、海边月见草、蜈蚣草、紫茉莉等	1. 重阳木、枫香+夹竹桃+紫茉莉；2. 石栗+鹅掌藤、马缨丹+连翘+百喜草；3. 溪稿树、勒杜鹃+福建茶、灰莉+蜈蚣草	园林Ⅰ级苗、无病虫害；各类根系发达、常绿树种；苗木按设计要求带土球。定植草籽粒饱满，芽率≥95%	原生土壤、全面整地、施肥、灌溉	乔灌林化按园林种植确定，草坪草播种量15～20g/m²		
V-10-2-C-a-13	坡地区	恢复区	一般恢复区	乔木+灌木+草	乔木：杜英、台湾相思、尾叶桉、木麻黄、海南蒲桃、秋茄、银合欢、溪稿树、榕树等；灌木：勒杜鹃、假连翘、石斑木、水杨梅、翘摇、望江南等；草本：罗汉松、杜鹃、红裂稃草、海边月见草、蜈蚣草、猪屎豆、蔓花生、五节芒等	1. 杜英、勒杜鹃+假连翘+百喜草；2. 铁刀木+鸭脚木、结缕草；3. 台湾相思+福建茶、灰莉+蜈蚣草	园林Ⅰ级苗、无病虫害；各类根系发达、常绿树种；苗木按设计要求带土球。定植草籽粒饱满，芽率≥95%	原生土壤、全面整地、施肥、灌溉	乔灌林化按园林种植确定，草坪草播种量15～20g/m²		

续表

立地类型划分		植物种	常用配置	规格	种植方式		设计图	效果图
					整地方式	种植密度		
模式代号	V-10-2-C-b-14	乔木：桐花果树、秋茄、海桑树、银合欢、源桷树、垂叶榕、大叶榕、小叶榄仁、散尾葵、盆架仁、橄仁树、石栗等；灌木：木槿、翅荚决明、杜鹃、望江南、硬毛木蓝、勒杜鹃、红继木、勒杜鹃、海边月见草、猪屎豆、蔓花生、紫茉莉、五节芒、牛筋草、珍珠草、狼尾草、野古草等	1. 杜英+野苹果+假连翘、草坪草；2. 铁刀木+红金榕、黄金榕+鸭嘴建茶、结缕草；3. 杜英+勒杜鹃、建茶、灰莉+蟛蜞草	园林大级 I 无病虫害、各类苗和苗、无伤；根系发达、常绿树种带土球。苗木按园林设计要求。草种籽粒饱满、发芽率≥95%	原生土壤、全面整地、施肥、灌溉	乔灌株行距按园林化种植确定、草坪草播种量15～20g/m²	剖面图　平面图	
立地类型小区	坡地区							
立地类型组	恢复区							
立地类型	高标准恢复区							
配置模式	乔木+灌木+草							

表 3-38　海南南部低山地亚区（V-11）植物配置模式、种植方式及种植效果

立地类型划分		植物种	常用配置	规格	种植方式		设计图	效果图
					整地方式	种植密度		
模式代号	V-11-1-A-a-1	乔木：铁刀木、黄槐、腊肠树、凤凰木、新银合欢、酸豆、朴树、石栗等；灌木：露兜树、苦郎树、海橄榄、马缨丹、仙人掌、桃金娘等；草本：海芋、沿阶草、结缕草、银纹沿阶草、细叶结缕草等	1. 铁刀木+红继木、黄金榕+福建茶+结缕草；2. 黄槐+假连翘、海桐+百喜草；3. 大王椰子+福建杜鹃、建茶+灰莉、蟛蜞草	园林大级 I 无病虫害、各类苗和苗、无伤；根系发达、常绿树种带土球。苗木按园林设计要求。草种籽粒饱满、发芽率≥95%	原生土壤、全面整地、施肥、灌溉	乔灌株行距按园林化种植确定、草坪草播种量15～20g/m²	剖面图　平面图	
立地类型小区	平地区							
立地类型组	美化区							
立地类型	办公美化区							
配置模式	乔木+灌木+草							

续表

立地类型划分				植物种	常用配置	种 植 方 式			设计图	效果图
						规格	整地方式	种植密度		
模式代号 V-11-1-A-b-2	立地类型小区 平地区	立地类型组 美化区	立地类型 生活美化区	乔木：野荸荠、黄槿、杜英、波罗蜜、大王椰子、蒲葵等；灌木：苦郎树、露兜树、马缨丹、岗松、海檬雌、人掌、桃金娘等；草本：狼尾草、鹧鸪草、野古草、青香茅、华三芒等	1. 蒲葵、散尾葵+红继木、福建茶+结缕草；2. 杜英、野荸荠+假连仟翘树+百喜草；3. 波罗蜜+勒杜鹃+结缕草、蟛蜞草、缕草	园林大苗，I级苗，无病虫害，各类发育，根系和种土球，常绿树苗带土球。按园林设计要求草种确定，粒饱满，芽率≥95%	原生土壤，全面整地，施肥、灌溉	乔灌株行距按园林化种植确定，草坪草播种量15~20g/m²		
			配置模式 乔木+灌木+草							
模式代号 V-11-1-B-a-3	立地类型小区 平地区	立地类型组 功能区	立地类型 滞生区	乔木：木麻黄、秋茄、软叶刺葵、海南蒲桃、银合欢、垂叶榕、石栗等；灌木：苦郎树、露兜树、马缨丹、岗松、海檬雌、人掌、鼠簕、野杜丹、老鼠等；草本：狼尾草、鹧鸪草、野古草、青香茅、华三芒等	1. 银合欢、海南蒲桃+榕树、鹅掌藤+假连翘+百喜草；2. 杜果、波罗蜜+福建茶+蟛蜞草；3. 野荸荠+红继木、黄槿+福桂、灰莉+蟛蜞草	园林大苗，I级苗，无病虫害，各类发育，根系和种土球，常绿树苗带土球。按园林设计要求草种确定，粒饱满，芽率≥95%	原生土壤，全面整地，施肥、灌溉	乔灌株行距按园林化种植确定，草坪草播种量15~20g/m²		
			配置模式 乔木+灌木+草							

续表

立地类型划分		植物种	常用配置	种植方式			设计图	效果图
				规格	整地方式	种植密度		
模式代号	V-11-1-B-b-4	乔木：铁刀木、黄槐、腊肠树、凤凰木、新银合欢、酸豆、水松、印度橡胶树、水翁、野朴等；灌木：海桐、马缨丹、假连翘、石斑木、黄槿等；草本：紫茉莉、五节芒、牛筋草、狼尾草、鹧鸪草、野古草、青香茅、华三芒等	1. 蒲葵+红花羊蹄甲（散尾葵+黄建茶继木、福建茶+结缕草；2. 海杧果+翅荚决明、黄槿+假连翘杜鹃+紫茉莉；3. 凤凰木、假连翘+桑树+百草草翅	园林大级Ⅰ苗，无病虫害，和根系发达，常绿树种苗带土球，按园林设计要求确定。草种籽粒饱满，发芽率≥95%	原生土壤，全面整地，施肥，灌溉	乔灌株行距按园林化种植确定，草坪草15～20g/m²播种量		
立地类型小区	平地区							
立地类型组	功能区							
立地类型	抗污染区							
配置模式	乔木+灌木+草							
模式代号	V-11-1-B-c-5	乔木：海杧果、银合欢、垂叶榕、散尾葵、大叶仔树、盆架树、石栗、黑黑面神；灌木：海桐、马缨丹、罗汉松、黄金榕、石斑木、灰莉、翅荚决明、硬毛木蓝、红继木、红鹃等；草本：海边月见草、猪屎豆、蔓花生、紫茉莉等	1. 小叶榕、大叶榕+假连翘+百喜草；2. 散尾葵+红继木+黄金榕+小叶榕+蚌花；3. 黄槐决明、腊肠树+福建茶+望江南、勒杜鹃、灰莉+香菖等	园林大级Ⅰ苗，无病虫害，和根系发达，常绿树种苗带土球，按园林设计要求确定。草种籽粒饱满，发芽率≥95%	原生土壤，全面整地，施肥，灌溉	乔灌株行距按园林化种植确定，草坪草15～20g/m²播种量		
立地类型小区	平地区							
立地类型组	功能区							
立地类型	防噪声区							
配置模式	乔木+灌木+草							

续表

立地类型划分		植物种	常用配置	种植方式			设计图	效果图
				规格	整地方式	种植密度		
模式代号 V-11-1-C-a-6	立地类型小区			园林大苗，Ⅰ级苗，无病虫害和各类损伤，根系发达，常绿树种带土球。苗木按园林设计要求确定，草种籽粒饱满，发芽率≥95%	原生土壤，全面整地，施肥，灌溉	乔灌株行距按园林化种植确定，草坪草播种量15~20g/m²		
	平地区							
	立地类型组	恢复区						
	立地类型	一般恢复区						
	配置模式	乔木+灌木+草	乔木：桐花树、秋茄、海杧果、银合欢、垂叶榕、大叶榕、薄叶榕、散尾葵等；灌木：海桐、马缨丹、假连翘、罗汉松、石斑木、黄金榕、木槿等；草本：牛筋草、珍珠茅、狼尾草、野古草、鹧鸪草、青香茅、华三芒等	1. 甜竹、银合欢+鸭结草、结缕草；2. 小叶榕、大叶榕+鹧鸪草、百喜草；石连翘+百喜草；假连翘+马缨丹；3. 铁刀木+马缨丹+紫茉莉			
模式代号 V-11-1-C-b-7	立地类型小区			园林大苗，Ⅰ级苗，无病虫害和各类损伤，根系发达，常绿树种带土球。苗木按园林设计要求确定，草种籽粒饱满，发芽率≥95%	原生土壤，全面整地，施肥，灌溉	乔灌株行距按园林化种植确定，草坪草播种量15~20g/m²		
	平地区							
	立地类型组	恢复区						
	立地类型	高标准恢复区						
	配置模式	乔木+灌木+草	乔木：铁刀木、黄槿、腊肠树、凤凰木、新银合欢、水石榕、印度橡胶树、苹婆等；灌木：露兜树、人掌、海葵、野牡丹、马缨丹、桃金娘、仙鼠簕、岗松、老白簕、石岑竹、鹧鸪草、红裂稃草、蟛蜞草、海边月见草等	1. 杜英、野牡丹+勒仔树+银根连草；2. 波罗蜜、鸭嘴草+结缕草；3. 大王椰子+福建茶、灰莉+蟛蜞草			

续表

立地类型划分	植物种	常用配置	种植方式			设计图	效果图
			规格	整地方式	种植密度		
模式代号 V-11-2-A-a-8 立地类型小区 坡地区 立地类型组 美化区 立地类型 办公美化区 配置模式 乔木+灌木+草	乔木：铁刀木、黄槐、腊肠树、凤凰木、新银合欢、福酸豆、水石榕等；灌木：福建茶、露兜树、马缨丹、海仙人掌、苦郎树、桃金娘等；草本：海芋、沿阶草、细叶结缕草、银纹沿阶草等	1. 铁刀木+红继木+黄金榕+福建茶+结缕草；2. 黄槐+假连翘+海桐+百喜草；3. 大王椰子+勒杜鹃+福建茶+蜈蚣草	园林大级I苗，无病虫害，各类根系和常绿树种，达带土球；苗木按设计要求种植定；草种籽粒饱满，发芽率≥95%	原生土壤，全面整地，施肥、灌溉	乔灌株行距按园林化种植确定，草坪草播种量15～20g/m²	剖面图 5m 平面图	
模式代号 V-11-2-A-b-9 立地类型小区 坡地区 立地类型组 美化区 立地类型 生活美化区 配置模式 乔木+灌木+草	乔木：桐花树、杜英、波罗蜜、大王椰子、蒲葵等；灌木：露兜树、马缨丹、海仙人掌、苦郎树、桃金娘等；草本：野古草、青香茅、华三芒等	1. 蒲葵+散尾葵+红继木+黄金榕+结缕草；2. 杜英+假连翘+野仔椰子+海仙人掌；3. 波罗蜜+勒杜鹃+鸭舌草	园林大级I苗，无病虫害，各类根系和常绿树种，达带土球；苗木按设计要求种植定；草种籽粒饱满，发芽率≥95%	原生土壤，全面整地，施肥、灌溉	乔灌株行距按园林化种植确定，草坪草播种量15～20g/m²	剖面图 5m 平面图	
模式代号 V-11-2-B-a-10 立地类型小区 坡地区 立地类型组 功能区 立地类型 滞尘区 配置模式 乔木+灌木+草	乔木：木麻黄、秋茄、杜英、银合欢、垂叶榕、石栗等；灌木：露兜树、马缨丹、海仙人掌、苦郎树、桃金娘、野牡丹等；草本：狼尾草、野古草、鹅鸽鸪草、华三芒等	1. 银合欢+源稿树+藤绿+假连翘+百喜草；2. 杜英+福建茶+蜈蚣草；3. 黄槿+红继木+海仙人掌+蜈蚣草	园林大级I苗，无病虫害，各类根系和常绿树种，达带土球；苗木按设计要求种植定；草种籽粒饱满，发芽率≥95%	原生土壤，全面整地，施肥、灌溉	乔灌株行距按园林化种植确定，草坪草播种量15～20g/m²	剖面图 5m 平面图	

续表

立地类型划分		植物种	常用配置	种植方式			设计图	效果图
				规格	整地方式	种植密度		
模式代号	V-11-2-B-b-11							
立地类型小区	坡地区	乔木：铁刀木、黄槐、腊肠树、凤凰木、新银合欢、酸豆、水松、印度橡胶树、水石榕、水翁、朴树、杜英、海桐、罗汉松、石斑木、黄槿等；灌木：海桐、假连翘、黄槿、石斑木、金榕、紫茉莉、五节芒、木槿等；草本：牛筋草、紫茉莉、珍珠草、狼尾草、野古草、鹧鸪草、青香茅、华三芒等	1. 黄槐、腊肠树+红花金建茶+福建茶+结缕草；2. 黄槿、海果、假连翘+石斑木、黄槿+勤杜鹃+紫茉莉；3. 酸豆、朴树+假连翘+百喜草	园林大级苗，I级苗，无病虫害，各系根系发达，常绿树种带土球；苗木按园林设计要求确定，草坪种籽粒饱满，发芽率≥95%	原生土壤，全面整地，施肥，灌溉	乔灌株行距按园林化种植确定，草坪草15~20g/m²播种量	剖面图 平面图	
立地类型组	功能区							
立地类型	抗污染区							
配置模式	乔木+灌木+草							
模式代号	V-11-2-B-c-12							
立地类型小区	坡地区	乔木：海杧果、银合欢、源稿树、大叶榕、垂叶榕、散尾葵、盆架树、樱仔树、石栗等；灌木：海杧果、马缨丹、罗汉松、石斑木、假连翘、黄金榕、杜鹃、檵木、灰莉、望江南、硬毛杜鹃、红继木、勒杜鹃等；草本：红裂果、海边月见草、蔓花生、猪屎豆、紫茉莉等	1. 小叶榕、大叶榕+假连翘+百喜草；2. 海杧果、银合欢、福木+红金榕、小叶榕+福建茶+蚌花；3. 黄槐、腊肠树、勒杜鹃、福建茶+香菁萼距花	园林大级苗，I级苗，无病虫害，各系根系发达，常绿树种带土球；苗木按园林设计要求确定，草坪种籽粒饱满，发芽率≥95%	原生土壤，全面整地，施肥，灌溉	乔灌株行距按园林化种植确定，草坪草15~20g/m²播种量	剖面图 平面图	
立地类型组	功能区							
立地类型	防噪声区							
配置模式	乔木+灌木+草							

续表

立地类型划分					植物种	常用配置	规格	种植方式		设计图	效果图
								整地方式	种植密度		
模式代号 V-11-2-C-a-13	立地类型小区 坡地区	立地类型组 恢复区	立地类型 一般恢复区	配置模式 乔木+灌木+草	乔木：桐花树，银合欢，海杧果，榕树，漆槁树，大叶榕，垂叶榕，散尾葵等；灌木：海桐，马缨丹，假连翘，罗汉松，石斑木，黄金榕，木槿等；草本：牛筋草，狼尾草，珍珠茅，野古草，青香茅，鹅鸪草，华三芒等	1. 甜竹，银合欢+结缕草，鸭嘴草；2. 秋茄+假连翘，鹅鸪草，百喜草；3. 榕树+紫马缨丹，茉莉	园林大苗I级，无病虫害，根系发达，常绿树种苗带土球。苗木按园林设计要求确定。草种籽粒饱满，发芽率≥95%	原生土壤，全面整地，施肥，灌溉	乔灌株行距按园林化种植确定，草坪量15～播种量20g/m²		
模式代号 V-11-2-C-b-14	立地类型小区 坡地区	立地类型组 恢复区	立地类型 高标准恢复区	配置模式 乔木+灌木+草景观配置	乔木：铁刀木，黄槐，腊肠树，凤凰木，新银合欢，水松，朴树，印度橡胶榕，水石榕，水翁，野辛婆等；灌木：露兜簕，马缨丹，苦郎树，岗松，仙人掌，桃金娘，老鼠簕等；草本：白茅，鹅鸪草，结缕草，野牡丹，石珍芒，蜈蚣草，红裂稃草，海边月见草等	1. 杜英，野辛婆+假连翘，百喜草；2. 菠萝蜜+鸭嘴草，结缕草；3. 新银合欢+建勤杜鹃，紫灰莉+蜈蚣草	园林大苗I级，无病虫害，根系发达，常绿树种苗带土球。苗木按园林设计要求确定。草种籽粒饱满，发芽率≥95%	原生土壤，全面整地，施肥，灌溉	乔灌株行距按园林化种植确定，草坪量15～播种量20g/m²		

3.7 西南紫色土区植物措施配置模式

西南紫色土区划分为秦巴山、武陵山山地丘陵亚区（Ⅵ-1）和川渝山地丘陵亚区（Ⅵ-2）2个立地类型亚区。秦巴山、武陵山山地丘陵立地亚区共有17种植物措施配置模式，川渝山地丘陵亚区共有17种植物措施配置模式。

植物配置模式、种植方式及种植效果见表3-39、表3-40。

表3-39　秦巴山、武陵山山地丘陵亚区（Ⅵ-1）植物配置模式、种植方式及种植效果

立地类型划分					植物种	常用配置	种植方式			设计图	效果图
模式代号	立地类型小区	立地类型组	立地类型	配置模式			规格	整地方式	种植密度		
Ⅵ-1-1-A-a-1	平地区	美化区	办公美化区	乔灌草相结合的生态复式配置群落	乔木：香樟、小叶榕、枫杨、广玉兰、黄葛兰、樱花、栾树、国槐、银杏、黄葛树、石榴、四季桂、羊蹄甲、天竺桂、羊蹄甲、银杨、垂柳、悬铃木、水杉、乐昌含笑、楠木、桂花、红叶李、羊蹄甲、梧桐等；灌木：龙爪槐、紫薇、蔷薇、红叶石楠、小叶女贞、黄杨、海桐、花叶青木、冬青、小叶女贞、红继木、杜鹃、南天竹、十大功劳、紫树、八角金盘等；草本：结缕草、黑麦草、沿阶草、美人蕉、菊花、一串红、三色堇、花叶鸢尾、狼尾草、鼠尾草等	结合建筑物、规整人行通道配置。1. 行道树配置：银杏、香樟、大叶榕、梧桐+结缕草等；2. 乔木-灌木-地被：栾树+紫薇+四季桂+红花继木+南天竹+一串红+鼠尾草+沿阶草等；3. 零星乔木-草坪+国槐+红叶李+结缕草等；4. 地被、草坪：十大功劳+小叶女贞+杜鹃+虞美人+三色堇等	园林大苗，Ⅰ级苗，无病虫害和各类发生；根系发达，常绿树种带土球。苗木按园林设计要求确定。草种籽粒饱满，发芽率≥95%	覆种植土，全面整地，施肥，灌溉	乔灌林行距按园林化种植确定。草坪草播种量25~30g/m²	平面图	

立地类型划分	植物种	常用配置	规格	整地方式	种植密度	设计图	效果图
模式代号　Ⅵ-1-1-A-b-2							
立地类型小区　平地区	乔木：悬铃木、乐昌含笑、香樟、紫荆、枫杨、桃树、玉兰、黄葛树、楠木、红枫、银杏、桂花、天竺桂、羊蹄甲、垂柳等；灌木：鸡爪槭、贴梗海棠、紫薇、蔷薇、红叶石楠、小叶女贞、黄杨、海桐、花叶青木、南天竹、红继木、杜鹃、十大功劳等；草本：结缕草、黑麦冬、麦冬、沿阶草、美人蕉、美女樱、葱兰、虞美人、波斯菊、仙羽蔓绿绒、菊花、一串红、三色堇、鸡冠花、狼尾草等	1. 行道树配置：银杏、天竺桂、香樟、樱花、格桑花—结缕草等； 2. 乔木—灌木—地被： (1) 大叶女贞+广玉兰+红叶李+杜鹃+美女樱+葱兰+结缕草等； (2) 栾树+腊梅+贴梗海棠+大功劳+花叶青木+三叶草等。 3. 零星乔木： (1) 银杏+结缕草； (2) 香樟+麦冬。 4. 灌木—草坪：贴梗海棠+菊花+鸡冠花+美人蕉+狼尾草等。	园林Ⅰ级苗，无病虫害，根系发达，常绿树种带土球。苗木按园林设计要求确定。草种籽粒饱满，发芽率≥95%	覆种植土，全面整地，施肥，灌溉。	乔灌株行距，按园林化种植确定，草坪量25～30g/m²播种量	平面图	
立地类型组　美化区							
立地类型　生活美化区							
配置模式　乔灌草相结合的生态复式配置群落							

265

续表

立地类型划分		植物种	常用配置	种植方式			设计图	效果图
				规格	整地方式	种植密度		
模式代号	Ⅵ-1-1-B-a-3	选择滞尘力强的植物种。乔木：桂花、马尾松、湿地松、侧柏、龙柏、水杉、毛白杨、银杏、广玉兰、国槐、刺槐、构树、元宝枫、榆树、朴树、悬铃木、泡桐、广玉兰、梧桐等。灌木：夹竹桃、黄花槐、木槿、腊梅、丁香、三角梅、紫薇、胡枝子、多花木蓝、芭茅、黑麦草、三叶草、沿阶草等。草本：麦冬、结缕草、马尼拉草、女贞草等	1. 行道树配置：湿地松、悬铃木、国槐、龙柏、广玉兰—狗牙根—地被。 2. 乔木—灌木—地被： (1) 桂花—小叶女贞、黄杨、马尼拉草—结缕草 (2) 湿地松、红叶小檗—夹竹桃—结缕草 (3) 侧柏—黄杨球、金叶女贞球、红继木球—结缕草—草坪 3. 灌木—草坪	大苗，Ⅰ级苗，无病虫害和各类伤，根系发达，常绿树种带土球。苗木按设计要求生态确定。草种籽粒饱满，发芽率≥95%	覆种植土，全面整地	乔灌木株行距按园林化种植确定，草坪草播种量25~30g/m²		
立地类型小区	平地区							
立地类型组	功能区							
立地类型	潜尘区							
配置模式	乔灌草相结合的生态复式配置群落							

续表

立地类型划分		植物种	常用配置	种植方式			设计图	效果图
				规格	整地方式	种植密度		
模式代号	VI-1-1-B-b-4	乔木：橘树、垂叶榕、广玉兰、铁树、桂花、广玉兰、石榴、刺槐、柳树、白玉兰、悬铃木、侧柏、枫香、五角枫、麻栎树、栾树、香樟、构树、合欢、臭椿、蒲葵、杜仲等；灌木：接骨木、紫穗槐、黄杨、龙爪槐、仙人掌、月季、紫薇、丁香、垂丝海棠、木瓜、腊梅、三角梅、夹竹桃、小叶女贞等；草花：吊兰、蒲公英、鸭拓草、狗牙根、薄荷、结缕草、沿阶草、麦冬、葱兰、葱莲、狗牙根草等；	1. 乔木—草坪：(1) 垂叶榕+广玉兰+狗牙根；(2) 桂花+五角枫+沿阶草等。 2. 乔木+灌木—草坪：(1) 广玉兰+栾树+龙爪槐+腊梅+三角梅+紫薇+吊兰+沿阶草；(2) 栾树+丁香+小叶女贞+麦冬等。 3. 灌木—草坪	大苗，I级苗，无病虫害和各类伤；绿树种土球达，常绿树种苗木按生态设计要求确定。草种籽粒饱满，发芽率≥95%	覆种植土，全面整地	乔灌木株行距按园林化种植确定，草坪草播种量25～30g/m²	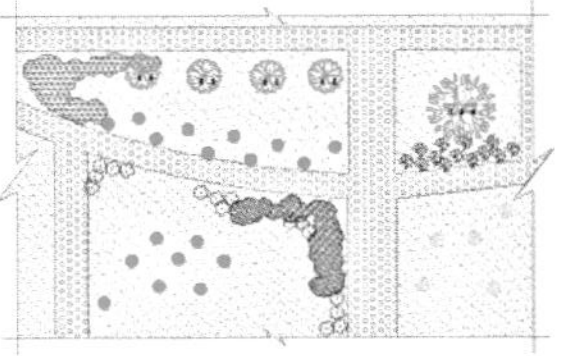 平面图	
立地类型小区	平地区							
立地类型组	功能区							
立地类型	防辐射区							
配置模式	乔灌草相结合的生态复层群落配置模式可有效地抵抗辐射污染							

267

续表

| 立地类型划分 | | | | 配置模式 | 植物种 | 常用配置 | 种植方式 | | | 设计图 | 效果图 |
模式代号	立地类型小区	立地类型组	立地类型				规格	整地方式	种植密度		
VI-1-1-B-c-5	平地区	功能区	防噪声区	乔灌草相结合的生态复式配置群落可有效降低噪声污染	乔木：大叶女贞、广玉兰、雪松、天竺桂、侧柏、小叶榕、构树、朴树、泡桐、悬铃木、柳树、梧桐、合欢、桂花等；灌木：大叶黄杨、海桐、小叶女贞、法国冬青、石楠、忍冬等；草本：麦冬草、结缕草、三叶草、早熟禾草、马尼拉草、黑麦草、细叶沿阶草等	1. 乔木—草坪：（1）香樟＋葛树＋麦冬；（2）杨树＋国槐＋大叶女贞＋榆叶梅＋结缕草等。2. 乔木—灌木—草坪：小叶女贞＋小叶黄杨＋香樟＋合欢＋杨树＋红叶石楠＋三叶草；3. 灌木—草坪：法国冬青＋红叶石楠＋三叶草	大苗，I级苗，无病虫害和各类伤；根系发达，常绿树种按设计要求确定。带土球苗木按设计要求确定。饱满，粒种籽发芽率≥95%	覆种植土，全面整地	乔灌木株行距按园林化种植确定；草坪草播种量25~30g/m²	平面图	
VI-1-1-C-a-6	平地区	恢复区	一般恢复区	乔木＋混播植草配置式	乔木：马尾松、石楠、山合欢、栾树、柳杉、枫香、枫杨、栎树、樟树、楝树、榕树、桑树、女贞、构树、胡枝子、泡桐等；灌木：盐肤木、多花蔷薇、野蔷薇、胡枝子等；草本：紫花苜蓿、紫羊茅、黑麦草、高羊茅、早熟禾、细叶结缕草、狗牙根、芒草、芭茅、草度禾等	1. 乔木—草坪：（1）芭茅＋狗牙根；（2）枫香＋狗牙根＋黑麦草；（3）杨树＋合欢＋紫羊茅＋狗牙根＋白三叶草等。2. 草坪：多花苜蓿＋紫花苜＋高羊茅等。3. 草坪：芭茅＋蒲苇＋狗牙根＋紫茅等	大苗，I级苗和各类苗；无病虫害，根系发达，常绿树种按设计要求确定。带土球苗木按设计要求确定。饱满，粒种籽发芽率≥95%	原生土壤，乔木采取穴状整地，撒播植草取全面整地	乔木株行距生态确定，按植确定，通常5~10m；草坪草播种量25~30g/m²	平面图	

续表

立地类型划分		植物种	常用配置	种植方式			设计图	效果图
				规格	整地方式	种植密度		
模式代号	VI-1-1-C-b-7							
立地类型小区	平地区	乔木：刺槐、桃树、苹果子树、杨树、李树、樱花树、桂花、广玉兰、栾树、国槐、山黄麻、侧柏、合欢、石榴、柳杉、椿树、桑、羊蹄甲、棟树、构树、松、泡桐等；灌木：夹竹桃、枸骨、贴梗海棠、鸡爪槭、黄花槐、紫薇、蔷薇、多花木兰、锦鸡儿、胡枝子、小叶女贞、黄杨、海桐、三角梅、杜鹃、腊梅等；草本：紫麦草、黑麦草、苜蓿、波斯菊、羊茅、白茅、狗牙根、早熟禾、结缕草、芒草、芭茅、蒲苇、葱兰等	在满足生产建设项目一般生态恢复的基础上，兼顾景观规划设计，达到高标准设计恢复。1. 乔木-灌木-地被：(1) 刺槐+桃树+多花木兰+蔷薇+三角梅+波斯菊+狗牙根+羊茅草；(2) 杨树+桂花+羊蹄甲+黄花槐+胡枝子+小叶女贞+紫花苜蓿+黑麦草+羊茅等。2. 等距乔木种-花卉灌木点缀-草坪：(1) 国槐+合欢+棟+波斯菊+三叶草+狗牙根草+黑麦草；(2) 羊蹄甲+结缕草等。3. 点缀-草坪-花卉：薇+多花木兰+桑+马桑+芭茅+草坪；4. 大片草坪：波斯菊+羊茅+黑麦草等	园林大苗，I级苗，无病虫害，根系发达，常绿树种带土球。苗木按园林设计要求确定。草种籽粒饱满；发芽率≥95%	原生土壤，种植乔木采取穴状整地，种植草撒播采取全面整地	乔灌木株行距按生态化种植确定；草坪草播种量25～30g/m²	平面图（浆砌石护坡） 平面图	
立地类型组	恢复区							
立地类型	高标准恢复区							
配置模式	乔灌草结合的生态复式配置群落							

续表

立地类型划分					植物种	常用配置	种植方式			设计图	效果图
							规格	整地方式	种植密度		
模式代号	立地类型小区	立地类型组	立地类型	配置模式							
VI-1-2-D-a-8	挖方边坡区	土质边坡	坡度缓于1:1	乔灌草结合生态复式配置群落	乔木：杨树，刺槐，柳树，樟树，合欢，大叶女贞；灌木：盐肤木，紫穗槐，胡枝子，小叶杨，黄花槐，迎春，海桐，野蔷薇，多花木蓝等；草：马尾松；黑麦草，狗牙根，沿阶草，首蓿，芭茅，白草，三缕缨草，芒草，蒲苇等。	1.乔木—灌木—草坪：（1）柳树+刺根+黄杨+早熟禾+狗牙根+大叶女贞草+马尾松+三叶草等（2）小叶女贞草+马尾松+高羊茅+高羊茅（3）枫杨+黑麦草+胡枝子+小叶三叶草+狗牙根等2.灌木—草坪：（1）女贞+黄杨+小叶女贞草+黑麦草（2）多花木蓝+狗牙根+早熟禾等3.草坪	园林I级大苗，无病虫害，各类根系发达，常绿树种带土球，满。草种籽粒饱满，发芽率≥95%	原生土壤，全面整地，施肥，灌溉	乔木株距4～6m；灌木株行距2～4m；播草籽，种量15～20g/m²		
VI-1-2-D-b-9	挖方边坡区	土质边坡	坡度陡于1:1	灌木+草，草+藤本生态式配置	灌木：多花木蓝，野蔷薇，胡枝子，迎春，石楠，黄杨，小叶女贞，马桑等；草：黑麦草，狗牙根，高羊茅，早熟禾；藤本：爬山虎，葛藤，油麻藤等	1.灌木—草坪：（1）野蔷薇+狗牙根+高羊茅（2）紫穗槐+早熟禾+黑麦草2.灌木—草：（1）黑麦草+油麻藤+狗牙根（2）高羊茅+黑麦草+葛藤3.藤本—灌木—草坪：（1）狗牙根+高羊茅+葛藤（2）小叶女贞+黑草+早熟禾+爬山虎等4.草坪	园林I级大苗，无病虫害，各类根系发达，常绿树种带土球，满。草种籽粒饱满，发芽率≥95%	结合主体工程格梁措施，全面整地，施肥，灌溉	灌木株行距2～4m；播草量15～20g/m²		

续表

立地类型划分					植物种	常用配置	种植方式			设计图	效果图
模式代号	立地类型小区	立地类型组	立地类型	配置模式			规格	整地方式	种植密度		
VI-1-2-E-a-10	挖方边坡区	土石混合边坡	坡度陡于1:1	灌木+草、草+藤本生态式配置	灌木:野蔷薇、多花木蓝、胡枝子、迎春、海桐、石楠、槐、小叶女贞、紫穗槐、黄杨等;草本:高羊茅、黑麦草、狗牙根、苜蓿阶草等;藤本:葛藤、爬山虎、油麻藤等	1.灌木—草坪:(1)野蔷薇+多花木蓝+狗牙根+高羊茅+黑麦草;苜蓿+高羊茅+黑麦草等。2.灌木—草本—藤本:(1)迎春+小叶女贞+胡枝子+狗牙根+爬山虎;(2)野蔷薇+高羊茅+爬山虎	园林大苗,I级苗,无病虫害,各根系发达,常绿树种带土球。苗木按园林设计要求确定草种籽粒饱满,发芽率≥95%	覆土20~30cm,全面整地,施肥,灌溉	灌木株行距2~4m;草籽播种量15~20g/m²		
VI-1-2-E-b-11	挖方边坡区	土石混合边坡	坡度陡于1:1	灌木+草、草+藤本生态式配置	灌木:野蔷薇、多花木蓝、胡枝子、迎春、海桐、石楠、槐、小叶女贞、紫穗槐、黄杨等;草本:高羊茅、黑麦草、狗牙根、苜蓿草、早熟禾;藤本:爬山虎、葛藤、油麻藤等	1.灌木—草坪:(1)野蔷薇+多花木蓝+狗牙根+高羊茅+黑麦草;(2)苜蓿+高羊茅+黑麦草等。2.草本—藤本:(1)黑麦草+狗牙根+葛藤;(2)黑麦草+草熟+油麻藤等。3.草坪:(1)三叶草+羊茅;(2)黑麦草+早熟狗牙根等	苗木按设计要求确定,草种籽粒饱满,发芽率≥95%	结合主体工程框格梁等工程措施采取植生袋绿化技术客土喷播	边坡底部或顶部栽植灌木、藤木,株距0.5m;撒播草籽25g/m²;播种量草籽~20g/m²,草15		

续表

立地类型划分					植物种	常用配置	种植方式			设计图	效果图
模式代号	立地类型小区	立地类型组	立地类型	配置模式			规格	整地方式	种植密度		
Ⅵ-1-2-F-a-12	挖方边坡区	石质边坡	坡度缓于1:1	灌木+草+藤式生态配置	灌木:野蔷薇、胡枝子、迎春、紫穗槐、海桐、石楠、黄杨、小叶女贞、迎春等;草本:黑麦草、狗牙根、三叶草、苜蓿、早熟禾等;藤本:爬山虎、葛藤、油麻藤等	1.灌木—草本—藤本:小叶女贞+高羊茅+油麻藤;(2)迎春+高羊茅+黑麦草+狗牙根等 2.草本—藤本:高羊茅+油麻藤+葛藤;(2)狗牙根+爬山虎早熟禾	灌草种籽饱满,粒发芽率≥95%	结合主体框格工程措施,梁等覆土20cm,全面整地	灌木株行距2~4m;藤距0.5m;灌草籽播种量15~20g/m²		
Ⅵ-2-2-F-b-13	挖方边坡区	石质边坡	坡度陡于1:1	混播灌草籽生态配置	灌木:野蔷薇、胡枝子、迎春、紫穗槐、海桐、石楠、黄杨、小叶女贞、迎春等;草本:黑麦草、狗牙根、三叶草、苜蓿、早熟禾等	喷播绿化措施(包括挂网客土喷播、植被混凝土绿化等) 1.喷播:黑麦草+狗牙根+狗牙根+高羊茅;(2)锦鸡儿+紫花苜蓿+狗牙根+高羊茅 2.草籽喷播:(1)波斯菊+高羊茅黑麦草+狗牙茅等	灌草种籽饱满,粒发芽率≥95%	全面整地	灌草籽播种量25~30g/m²;草籽播种量15~20g/m²		

续表

立地类型划分				
模式代号	VI-1-3-D-a-14			
立地类型小区	填方边坡区			
立地类型组	土质边坡			
立地类型	坡度缓于 1:1.8			
配置模式	乔灌草结合的生态复式配置群落			
植物种	乔木:毛白杨、马尾松、榆麻、栎树、石榴、柳树、山香、合欢、枫杨、侧柏、枫香、楝树、樟树、苦楝、榕树、桑树、黄葛、桉树、构树、泡桐等；灌木:紫穗槐、海桐、小叶女贞、黄杨、蔷薇、迎春、杜鹃等；草本:黑麦草、狗牙根、高羊茅、早熟禾、沿阶草、苜蓿、三叶草等			
常用配置	1.乔木—灌木—草本: (1)柳树+杨树+紫穗槐+狗牙根+早熟禾； (2)大叶女贞+小叶女贞+黄杨+高羊茅+黑麦草等。 2.灌木—草本: (1)女贞+紫穗槐+狗牙根+早熟禾； (2)黄杨+高羊茅+早熟禾等			

种植方式

规格	整地方式	种植密度
园林Ⅰ级苗，无病虫害，和各类根系发达，常绿树带土球。种草种籽饱满，草种籽发芽率≥95%	原生土壤、全面整地、施肥、灌溉	乔木株距4~6m；株行距2~4m；灌木株距2~4m；草籽播种量15~20g/m²

设计图

效果图

立地类型划分				
模式代号	VI-1-3-D-b-15			
立地类型小区	填方边坡区			
立地类型组	土质边坡			
立地类型	坡度陡于 1:1.8			
配置模式	灌木+草、草+藤本、灌木+草+藤本生态式配置			
植物种	灌木:紫穗槐、石楠、小叶女贞、黄杨、多花木蓝、迎春、胡枝子等；草本:黑麦草、狗牙根、高羊茅、早熟禾、沿阶草、苜蓿等；藤本:爬山虎、葛藤、油麻藤等			
常用配置	1.灌木—草本: (1)黄杨+高羊茅+黑麦草； (2)紫穗槐+早熟禾+狗牙根+油麻藤等。 2.草本—藤本: (1)高羊茅+油麻藤+黑麦草； (2)早熟禾+狗牙根+葛藤等。 3.灌木—草本—藤本: 一黑麦草+胡枝子+根+苜蓿+油麻藤等			

种植方式

规格	整地方式	种植密度
园林Ⅰ级苗，无病虫害，和各类根系发达，常绿树带土球。种草种籽饱满，草种籽发芽率≥95%	结合主体工程措施，格架等全面整地、施肥、灌溉	灌木株行距2~4m；草籽播种量15~20g/m²

设计图

效果图

续表

立地类型划分		植物种	常用配置	种植方式			设计图	效果图
				规格	整地方式	种植密度		
模式代号	VI-1-3-E-a-16	灌木：野蔷薇、胡枝子、迎春、紫穗槐、海桐、石楠、小叶女贞、黄杨等；草本：黑麦草、狗牙根、三叶草、早熟禾、羊茅、苜蓿等	1.灌木+草木：(1)紫穗槐+狗牙根+早熟禾；(2)黄杨+高羊茅+小叶女贞+黑麦草。2.草木+藤本：(1)高羊茅+葛藤+黑麦草+油麻藤；(2)狗牙根+爬山虎+早熟禾等	园林Ⅰ级大苗，无病虫害，根系发达，常绿乔木带土球。种苗按园林设计要求定植；草籽饱满，粒发芽率≥95%	覆土厚度30cm以上，施肥，整地，灌溉	灌木株行距2~4m；草籽播种量15~20g/m²		
立地类型小区	填方边坡区							
立地类型组	土石混合边坡							
立地类型	边坡缓于 1:1.8							
配置模式	灌木+草、草木+藤木生态式配置							
模式代号	VI-1-3-E-b-17	灌木：野蔷薇、胡枝子、迎春、紫穗槐、海桐、石楠、小叶女贞、黄杨等；草本：黑麦草、狗牙根、三叶草、早熟禾、羊茅、苜蓿等	喷播绿化措施(包括三维植被网喷播绿化、工格植被混凝土绿化等)。1.灌草籽喷播：(1)野蔷薇+高羊茅+狗牙根；(2)多花木蓝+锦鸡儿+高羊茅+苜蓿+狗牙根等。2.草籽喷播：(1)早熟禾+波斯菊+高羊茅；(2)黑麦草+狗牙根等	灌草种子饱满，粒发芽率≥95%	全面整地	灌草籽撒播种量25~30g/m²；草籽播种量15~20g/m²		
立地类型小区	填方边坡区							
立地类型组	土石混合边坡							
立地类型	坡度陡于 1:1.8							
配置模式	灌木+草生态式配置							

表3-40 川渝山地丘陵立地亚区（Ⅵ-2）植物配置模式、种植方式及种植效果

立地类型划分					植物种	常用配置	种植方式			设计图	效果图
							规格	整地方式	种植密度		
模式代号	立地类型小区	立地类型组	立地类型	配置模式							
Ⅵ-2-1-A-a-1	平地区	美化区	办公美化区	乔灌草相结合的生态复式配置群落	乔木：香樟、小叶榕、枫杨、黄葛、广玉兰、红枫、樱树、银杏、黄葛树、国槐、石榴、红叶李、四季桂、天竺葵、羊蹄甲、红继木、垂柳、悬铃木、合欢、水杉、楠木、乐昌含笑等。 灌木：龙爪、蔷薇、紫薇、红叶石楠、黄杨、小叶女贞、三角梅、海桐、花叶青木、冬青、南天竹、十大功劳、杜鹃、八角金盘等。 草本：结缕草、麦冬、黑麦草、沿阶草、美人蕉、一串红、菊花、虞美人、色堇、鸡冠花、狼尾草、鼠尾草、烟草、粉黛乱子草等	结合建筑物，规整人行道配置： 1. 行道树配置：银杏—国槐、香樟—大叶榕—结缕草等。 2. 乔木—灌木—地被； 3. 零星乔木—草坪； 4. 灌木—草坪； 5. 花卉、草坪。	园林Ⅰ级苗，无病虫害和各类伤；根系发达、常绿树种带土球；苗木按园林设计要求确定。草种籽粒饱满、发芽率≥95%	覆种植土、全面整地、施肥、灌溉	乔灌株行距按园林化种植确定。草坪草播种量25～30g/m²		

续表

立地类型划分	植物种	常用配置	种植方式 规格	种植方式 整地方式	种植方式 种植密度	设计图	效果图
模式代号 VI-2-1-A-b-2 立地类型小区 平地区 立地类型组 美化区 立地类型 生活美化区 配置模式 乔灌草相结合的生态复层配置群落	乔木：乐昌含笑，香樟，紫荆，桃树，苹果树，枫杨，广玉兰，黄葛，红枫，樱花，黄桂花，银杏，固槐，天竺桂，花榈甲，合欢，红叶李，羊石榴，垂柳等。 灌木：鸡爪槭，贴便海棠，龙爪槐，紫薇，红叶石楠，小叶女贞，黄杨，海桐，梅花，红继木，花叶青，南天竹，杜鹃，紫树，红叶，大十功劳等； 草本：结缕草，麦冬，黑麦草，三叶草，沿阶草，美女樱，人葱兰，虞美，仙人蕉，菊花，波斯绒，红，三色堇，蔓绿一串，冠花，鸡尾草，狼尾草等	1. 行道树配置：银杏，固槐，香樟，大叶榕—结缕草等。 2. 乔木—灌木—地被： (1) 桨树+广玉兰+小叶龙爪槐+女贞+南天竹+麦冬； (2) 樱花+红叶李+沿阶草等； 紫薇+石榴+广玉兰+金叶黄杨球+红继木+结缕草等。 (3) 固槐+紫星乔木—草坪。 3. 零星乔木—草坪。 4. 灌木—草坪	园林I级苗；无病虫害和各类根系发达，常绿树种带土球；苗木按园林设计要求种定。草种籽粒饱满，发芽率≥95%。	覆种植土，全面整地	乔灌木株行距按园林化种植确定，草坪草播种量25~30g/m²	 平面图	

续表

立地类型划分	植物种	常用配置	种植方式 规格	整地方式	种植密度	设计图	效果图
模式代号 VI-2-1-B-a-3	选择滞尘力强的植物种 乔木：毛白杨、国槐、刺槐、国槐、银杏、元宝枫、构树、榆树、泡桐、悬铃木、广玉兰、朴树、梧桐等；灌木：腊梅、丁香、紫薇等；草本：麦冬、马尼拉草、白三叶草、芦苇、黑麦草、沿阶草等	1. 行道树配置：银杏、国槐、龙柏、毛白杨—结缕草。 2. 乔木—灌木—地被： （1）栾树—广玉兰—腊梅—小叶女贞、黄杨；红叶小檗—麦冬。 （2）毛白杨—元宝枫—紫薇、石楠—结缕草； （3）龙柏—黄杨球—金叶女贞球—结缕草； （4）悬铃木—紫薇、女贞、红继木、杜鹃、小叶小檗；红叶石楠、紫叶小檗等。 3. 乔木—草坪。 4. 灌木—草坪。	大苗，I级苗，无病虫害和各种绿树种发达、根系发达、常绿树种苗木按设计要求确定。草籽饱满，发芽率≥95%	覆种植土，全面整地	乔灌木株行距按园林化种植确定；草坪种播种量25~30g/m²	（平面图：人行道路、公路、公路、人行道路）	
立地类型小区 平地区							
立地类型组 功能区							
立地类型 滞尘区							
配置模式 乔灌草相结合的生态复式配置群落							

续表

立地类型划分	植物种	常用配置	种植方式			设计图	效果图
			规格	整地方式	种植密度		
模式代号：VI-2-1-B-b-4 立地类型小区：平地区 立地类型组：功能区 立地类型：防辐射区 配置模式：乔灌草相结合的生态复式配置群落 可有效抵抗辐射污染	乔木：橘树、桂花、垂叶榕、广玉兰、石榴、国槐、柳树、基茶、木香、白玉兰、侧柏、五角枫、香樟、麻栎、栎树、合欢、臭椿、蒲葵、杜仲等； 灌木：接骨木、紫穗槐、黄杨、龙爪槐、仙人掌、月季、紫薇、丁香、垂丝海棠、木瓜、腊梅、三角枫、夹竹桃、小叶女贞等； 草本：吊兰、菊花、鸭跖草、蒲公英、沿阶草、狗牙根、结缕草、麦冬葱等	1. 乔木—草坪： (1) 垂叶榕+结缕草+广玉兰； (2) 桂花+沿阶草等。 2. 乔木—灌木—草坪： (1) 广玉兰+龙爪槐+栎树+国槐+腊梅+紫薇+葱兰+狗牙根； (2) 栎树+丁香+小叶女贞+麦冬等； 3. 灌木—草坪： (1) 紫穗槐+结缕草； (2) 夹竹桃+丁香+腊梅+麦冬等	大苗，无病虫害和各类病伤；常绿树根系发达，种带土球；苗木按生态设计要求确定。草种籽粒饱满，发芽率≥95%	覆种植土，全面整地	乔灌木株行距按园林化种植确定，草坪草播种量25～30g/m²	 平面图	

续表

立地类型划分 模式代号	植物种	常用配置	种植方式			设计图	效果图
			规格	整地方式	种植密度		
模式代号：Ⅵ-2-1-B-c-5	乔木：大叶女贞、雪松、乐昌含笑、白玉兰、广玉兰、天竺桂、小叶榕、云杉、侧柏、毛白杨、刺槐、国槐、构树、元宝枫、榆树、悬铃木、泡桐、梧桐、臭椿、合欢、桂花、紫叶李、桂花树等； 灌木：紫薇、海桐、法国冬青、小叶女贞、红叶小檗、鸭脚木、红叶石楠、三角梅、忍冬； 草本：冬麦、结缕草、马尼拉草、黑麦草、沿阶草、早熟禾等	1．乔木—草坪： (1) 大叶女贞+麦冬； (2) 广玉兰+天竺桂+国槐+结缕草； (3) 梧桐+马尼拉草； (4) 杨树+合欢+紫叶李+波斯菊等。 2．乔木—灌木—草坪： (1) 乐昌含笑+天竺桂+合欢+大叶黄杨+红叶小檗+结缕草； (2) 小叶榕+红叶石楠+榆树+元宝枫+鸭脚木+麦冬。 3．灌木—草坪： (1) 法国冬青+大叶三角梅+红叶小檗+三叶草+早熟禾； (2) 小叶女贞+黑麦草+三叶草+早熟禾； (3) 紫薇+贴梗海棠+狗牙根+波斯菊+黑麦草等	大苗，Ⅰ级苗，无病虫害，根系发达，常绿树种带土球。苗木按设计要求种定。草籽粒饱满，芽率≥95%	覆种植土，全面整地	乔灌木株行距按园林化种植确定，草坪草播种量25～30g/m²	 平面图	
立地类型小区：平地区							
立地类型组：功能区							
立地类型：防噪声区							
配置模式：乔灌草相结合的生态复合群落配置可有效降低噪声污染							

续表

立地类型划分		植物种	常用配置	种植方式			设计图	效果图
				规格	整地方式	种植密度		
模式代号	VI-2-1-C-a-6	乔木：刺槐、杨树、樱花树、栾树、石楠、柳树、山黄麻、侧柏、油桐、麻栎、合欢、杨、杨、枫香、枫木、楝、樟树、楠木、桦树、榕树、桑树、葛藤、柠檬桉、女贞、马尾松、泡桐等；草本：紫花苜蓿、黑麦草、三叶草、高羊茅、狗牙根、细羊茅、白茅、早熟禾、紫羊茅、狗牙根、结缕草、蒲苇、芭茅、芦苇草等	乔木—草坪：(1) 合欢+狗牙根、茅+芒草+芭茅；(2) 桉树+结缕草、三叶草+黑麦草；(3) 杨树+狗牙根+构树、欢+狗牙根+榉树、黄麦草；(4) 枫香+檫+山麻、黄羊茅+细羊茅+早熟禾等	大苗，无病虫害和各类伤，根系发达，常绿树种带土球。苗木按设计要求确定。草种籽粒饱满，发芽率≥95%	原生土壤，种植乔木采取穴状整地；撒播植草采取全面整地	乔木株行距按生态化种植确定，通常5～10m；草坪草播种量25～30g/m²	平面图（2m）	
立地类型小区	平地区							
立地类型组	恢复区							
立地类型	一般恢复区							
配置模式	乔木+混播植草生态式配置							

续表

立地类型划分					植物种	常用配置	种植方式			设计图	效果图
模式代号	立地类型小区	立地类型组	立地类型	配置模式			规格	整地方式	种植密度		
VI-2-1-C-b-7	平地区	恢复区	高标准恢复区	乔灌草结合的生态复式配置群落	乔木：刺槐、桃树、苹果树、樱花树、桂花树、广玉兰、石榴、柳树、国槐、山黄麻、合欢、油桐、羊蹄甲、桐、栎树、樟树、构树、枫树、桑树、泡桐、马尾松；灌木：夹竹桃、枸骨、贴梗海棠、鸡爪槭、紫薇、多花蔷薇、蓝、锦鸡儿、马桑、火棘、枝子、小叶女贞、黄杨、海桐、杜鹃、三角梅、腊梅、紫荆；草：紫草、黑麦草、波斯菊、白茅、狗牙根、蒲苇、羊茅、熟羊茅、结缕草、芒草、兰等	在满足生产建设项目一般生态恢复的基础上，兼顾高标准景观规划设计，达到高标准恢复。1. 乔木—灌木—地被：(1) 刺槐+桃树+蔷薇+多花木蓝+波斯菊+黑麦草+狗牙根；(2) 杨树+桂花+胡枝子+泡桐+小叶女贞+白麦草+紫花苜蓿；(3) 合欢+麻栎+胡枝子+早熟禾+狗牙根牙根植+一花。2. 灌木—草坪+点缀：(1) 国槐+合欢+黑麦草+波斯菊+狗牙根+结缕草；(2) 羊蹄甲+侧柏+马尾松+锦鸡儿+鸡爪枫+马桑+紫花苜蓿+黑麦草+白茅；3. 灌木—花+点缀、草坪；(1) 夹竹桃+腊梅+结缕草；(2) 紫薇+葱兰+波斯菊；(3) 三角梅+黑麦草+羊茅+蔷薇+羊茅木蓝等。4. 大片草坪：(1) 三叶草+紫花苜蓿；(2) 结缕草；(3) 波斯菊+黑麦草+羊茅；(4) 蒲苇+芒草等	园林I级苗，无病虫害，各系根和发达，常绿苗带土球。种苗按园林设计要求定，饱满粒发芽率≥95%	原生土壤，种植乔木采取穴状整地，撒播植草采取全面整地	乔灌木株行距按绿化种植确定。草坪草播种量25～30g/m²	平面图	

281

续表

立地类型划分					植物种	常用配置	规格	种植方式		种植密度	设计图	效果图
模式代号	立地类型小区	立地类型组	立地类型	配置模式				整地方式				
VI-2-2-D-a-8	挖方边坡区	土质边坡	坡度缓于 1:1	乔灌草结合的生态复式配置群落	乔木：杨树、刺槐、柳树、大叶女贞、马尾松等；灌木：紫穗槐、石楠、小叶女贞、黄杨、迎春、蓝花、多花蔷薇等；草本：狗牙根、高羊茅、早熟禾、三叶草、沿阶草、苜蓿等	1. 乔木—灌木—草坪：(1) 柳树+杨树+槐树+紫穗禾；(2) 大叶女贞+黄杨+高羊茅+小叶女贞+三叶草+黑麦草等；(3) 马尾松+三叶草+女贞+黑麦草+狗牙根等　2. 灌木—草坪：(1) 黄杨+小叶女贞+高羊茅+紫穗禾；(2) 黄杨+黑麦穗槐+狗牙根+早熟禾等	园林I级苗，无病虫害，各类根系发达，常绿；种草种籽粒饱满，带土球；发芽率≥95%	原生土壤整地，全面施肥，灌溉		乔木株距4~6m；灌木株行距2~4m，种草籽播种量15~20g/m²		
VI-2-2-D-b-9	挖方边坡区	土质边坡	坡度陡于 1:1	灌+草+藤本生态式配置	灌木：紫穗槐、迎春、小叶女贞、黄杨等；草本：高羊茅、狗牙根、早熟禾等；藤本：爬山虎、葛藤、油麻藤等	1. 灌木—草坪：(1) 黄杨+高羊茅+紫穗禾+早熟禾；2. 草坪—藤本：(1) 黑麻藤+高羊茅+高羊茅+葛藤；(2) 油麻藤+黑麦草+葛藤；3. 灌木—藤本：(1) 马桑+黑麦草+高羊茅+狗牙根；(2) 小叶女贞+高羊茅+虎皮草+黑麦禾等	园林I级苗，无病虫害，各类根系发达，常绿；种草种籽粒饱满，带土球；发芽率≥95%	结合工程措施，全面整地，全面施肥，灌溉；主体梁格施		灌木株行距2~4m，播草籽种量15~20g/m²		

续表

立地类型划分		植物种	常用配置	种植方式			设计图	效果图
				规格	整地方式	种植密度		
模式代号	VI-2-2-E-a-10	灌木：紫穗槐、海桐、石楠、小叶女贞、迎春等；草本：黑麦草、高羊茅、狗牙根、沿阶草等	灌木—草坪： (1) 黑杨+女贞+高羊茅+高羊茅+黑麦草； (2) 紫穗槐+黑麦草等	园林I级苗，大苗，无病虫害，根系发达，各类常绿树种带土球，苗木按设计要求确定；草种籽粒饱满，发芽率≥95%	覆土 20~30cm，全面整地，施肥，灌溉	灌木株行距 2~4m；草籽播种量 15~20g/m²		
立地类型小区	挖方边坡区							
立地类型组	土石混合边坡							
立地类型	坡度缓于 1:1							
配置模式	灌木+草式生态配置							
模式代号	VI-2-2-E-b-11	草本：黑麦草、狗牙根、早熟禾等；藤本：爬山虎、葛藤、油麻藤等；苜蓿、三叶草等	1. 草本—藤本： (1) 黑麦草+羊茅+狗牙根+葛藤； (2) 三叶草+黑麦草+羊茅+油麻藤。 2. 草本： (1) 苜蓿+黑麦草+羊茅+狗牙根； (2) 黑麦草+早熟禾等	草种籽粒饱满，发芽率≥95%	结合工程框格措施等绿化技术，采取生态袋、客土喷播	边坡底部栽植灌木或藤本，株距 0.5m；草籽播种量 15~20g/m²		
立地类型小区	挖方边坡区							
立地类型组	土石混合边坡							
立地类型	坡度陡于 1:1							
配置模式	草+藤本式生态配置							

续表

立地类型划分					植物种	常用配置	种植方式			设计图	效果图
模式代号	立地类型小区	立地类型组	立地类型	配置模式			规格	整地方式	种植密度		
VI-2-2-F-a-12	挖方边坡区	石质边坡	坡度缓于 1:1	灌木+草、藤本式生态配置	灌木：紫穗槐、迎春、石质、小叶女贞、黄杨、盖、野蔷薇等；草本：高羊茅、狗牙根、黑麦草、早熟禾等；藤本：爬山虎、葛藤、油麻藤等	1. 灌木—草本—藤本—藤本：(1) 小叶女贞+高羊茅+黑麦草结合；(2) 黄杨+高羊茅+黑麦草等；2. 草本—藤本：(1) 黑麦草+油麻藤+葛藤+高羊茅；(2) 狗牙根+早熟禾+爬山虎	灌草种籽粒饱满，发芽率≥95%	结合工程框格措施，全面整地覆土 20cm，全面整地	灌木株行距 2~4m；藤本株距 0.5m；草籽撒播种量 15~20g/m²		
VI-2-2-F-b-13	挖方边坡区	石质边坡	坡度陡于 1:1	混播灌草籽生态配置	灌木：紫穗槐、锦鸡儿、胡枝子、马桑、野蔷薇等；草本：波斯菊、高羊茅、狗牙根、紫花苜蓿、早熟禾、老芒麦、结缕草等	喷播绿化措施（包括挂网客土喷播，植被混凝土绿化等）1. 灌草籽撒播：(1) 灌木高羊茅+狗牙根+黑麦草+高羊茅；(2) 多花木蓝+锦鸡儿+高羊茅+狗牙根等；2. 草籽喷播：(1) 狗牙根+黑麦草+早熟禾；(2) 波斯菊+高羊茅等	灌草种籽粒饱满，发芽率≥95%	全面整地	灌草籽播种量 30g/m²；草籽喷播种量 15~20g/m²		

续表

立地类型划分					植物种	常用配置	规格	种植方式		种植密度	设计图	效果图
模式代号	立地类型小区	立地类型组	立地类型	配置模式				整地方式				
VI-2-3-D-a-14	填方边坡区	土质边坡	坡度缓于1:1.8	乔灌草结合的生态复层群落	乔木：杨树、柳树、刺槐、樟树、女贞、大叶榕等；灌木：石楠、紫穗槐、海桐、小叶女贞、黄馨、迎春等；草本：狗牙根、高羊茅、早熟禾、黑麦草、三叶草、苜蓿等	1. 乔木—灌木—草本：(1) 柳树+杨树+紫穗槐+狗牙根+高羊茅+早熟禾+黑麦草；(2) 大叶女贞+黄馨+狗牙根+高羊茅 2. 灌木—草本：(1) 黄馨+小叶女贞+高羊茅+黑麦草；(2) 紫穗槐+狗牙根+早熟禾等	园林大苗，I级；无病虫害，各根系和冠绿树发达，常绿带土球，种草籽粒饱满，种子发芽率≥95%	原生土壤，全面整地，施肥、灌溉		乔木株距4~6m；灌木行距2~4m；草籽播种量15~20g/m²		
VI-2-3-D-b-15	填方边坡区	土质边坡	坡度陡于1:1.8	灌木+草本、灌木+藤本+草本生态措施配置	灌木：紫穗槐、石楠、小叶女贞、黄馨、迎春、多花胡枝子等；草本：狗牙根、高羊茅、早熟禾、黑麦草、苜蓿等；藤本：爬山虎、葛藤、油麻藤等	1. 灌木—草本：(1) 黄馨+高羊茅+狗牙根+黑麦草；(2) 紫穗槐+早熟禾+高羊茅等 2. 灌木—藤本：(1) 油麻藤+葛藤+黑麦草等 3. 灌木—草本—藤本：胡枝子+苜蓿+狗牙根+油麻藤等	园林大苗，I级；无病虫害，各根系和冠绿树发达，常绿带土球，种草籽粒饱满，种子发芽率≥95%	结合工程框格梁等措施，全面整地，施肥、灌溉		灌木株行距2~4m；播草籽量15~20g/m²		

续表

立地类型划分					植物种	常用配置	规格	整地方式	种植密度	设计图	效果图
模式代号	立地类型小区	立地类型组	立地类型	配置模式				种植方式			
VI-2-3-E-a-16	填方边坡区	土石混合边坡	坡度缓于1:1.8	灌木+草生态式配置	灌木:紫穗槐、迎春、石楠、小叶女贞、黄杨等;草本:高羊茅、狗牙根、黑麦草、早熟禾等沿阶草	灌木—草本 (1)黄杨+小叶女贞+高羊茅+黑麦草;(2)紫穗槐+狗牙根+早熟禾等	园林苗木Ⅰ级;无病虫害,各类和根系树发达,常绿土球;种苗带土球;苗木按设计要求确定;草种籽粒饱满,发芽率≥95%	覆土20~30cm,全面整地、施肥、灌溉	灌木株行距2~4m;草籽播种量15~20g/m²		
VI-2-3-E-b-17	填方边坡区	土石混合边坡	坡度陡于1:1.8	灌木+草生态式配置	灌木:紫穗槐、迎春、石楠、小叶女贞、黄杨等;草本:高羊茅、狗牙根、黑麦草、早熟禾等	1.灌木—草本 (1)黄杨+小叶女贞+高羊茅+黑麦草;(2)紫穗槐+狗牙根+早熟禾等 2.草本:羊茅草+狗牙根+高	草种籽粒饱满,发芽率≥95%	结合主体工程框格梁,全面覆土20cm,整地、施肥、灌溉	灌木株行距2~4m;藤本株距0.5m;草籽播种量15~20g/m²		

3.8　西南岩溶区植物措施配置模式

　　西南岩溶区划分为黔中山地亚区（Ⅶ-1）、滇黔川高原山地亚区（Ⅶ-2）、滇北干热河谷亚区（Ⅶ-3）3个亚区。黔中山地亚区推荐有10种植物配置模式，滇黔川高原山地亚区推荐有19种植物配置模式，滇北干热河谷亚区推荐有19种植物配置模式。

　　植物配置模式、种植方式及种植效果见表3-41～表3-43。

表 3 - 41　　黔中山地亚区（Ⅶ-1）植物配置模式、种植方式及种植效果

立地类型划分		植物种	常用配置	规格	整地方式	种植密度	设计图	效果图
				种植方式				
模式代号	Ⅶ-1-1-A-a-1	乔木：苏铁、小叶榕、凤凰木；灌木：红继木、山茶花、紫薇、日本樱花、石楠、红叶石楠；草本：三叶草、麦冬、红花酢浆草、黑麦草、南天竹	1. 凤凰木+红叶石楠+三叶草；2. 小叶榕（女贞）+南天竹+麦冬	乔灌均采用园林用苗，Ⅰ级苗；无病虫害；草本当季散播或播种草皮、播草种籽，草籽种粒饱满，发芽率≥95%。苗木按园林设计要求确定	原生土壤，全面整地，施肥、灌溉	乔灌株行距按园林绿化种植确定。草坪草播种量 20～25g/m²		
立地类型小区	平地区							
立地类型组	美化区							
立地类型	美化区							
配置模式	乔木+灌木+草							
模式代号	Ⅶ-1-1-B-a-2	乔木：天竺桂、柳杉、银木；灌木：杜鹃、红继木、小叶女贞；草本：香根草、狗尾草、万寿菊	1. 天竺桂+杜鹃+狗尾草；2. 柳杉+红继木+万寿菊	乔灌均采用园林大苗，Ⅰ级苗，无病虫害；草种粒饱满，发芽率≥95%。乔木一般不低于 3.0m，灌木不低于 0.5m	局部带状整地，整理翻深度 15cm，乔灌穴状定值，植树穴规格根据苗木根系设计开挖	乔木株行距为乔木壮龄林冠幅的 90%左右，乔灌栽植不少于 2 行。草坪草播种量 20～25g/m²		
立地类型小区	平地区							
立地类型组	功能区							
立地类型	滞尘区							
配置模式	乔木+灌木+草							
模式代号	Ⅶ-1-1-B-c-3	乔木：南洋杉、木莲、小叶榕、杨梅；灌木：桂花、海桐；草本：香根草、狗尾草、万寿菊	1. 木莲+桂花；2. 南洋杉+海桐	乔灌均采用园林大苗，Ⅰ级苗，无病虫害；草种粒饱满，发芽率≥95%。乔木一般不低于 3.0m，灌木不低于 0.5m	原生土壤，全面整地，施肥、灌溉	株行距为乔（灌）木冠幅的 1.1 倍左右。乔灌栽植不少于 2 行		
立地类型小区	平地区							
立地类型组	功能区							
立地类型	防噪声区							
配置模式	乔木+灌木+草园林式							

续表

立地类型划分					植物种	常用配置	种植方式			设计图	效果图
模式代号	立地类型小区	立地类型组	立地类型	配置模式			规格	整地方式	种植密度		
VII-1-1-B-e-4	平地区	功能区	停车及植草步道	乔木+灌木+草园林式	草本：早熟禾、黑麦草、结缕草、普通狗牙根、百慕大	1.早熟禾（百慕大）+黑麦草；2.普通狗牙根+百慕大（结缕草）	草本种籽粒饱满、发芽率≥95%	原生土壤、全面整地、施肥、灌溉	草本混播比例1:1左右，种植深度1.5~2.5cm，种植量15~20g/m²	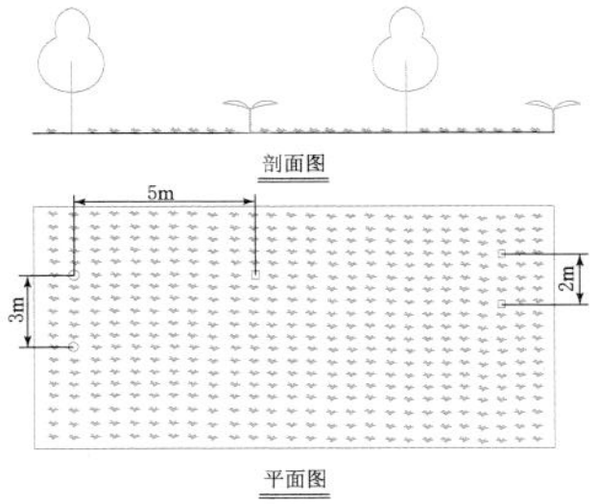 剖面图 平面图 5m 3m	
VII-1-1-C-a-5	平地区	恢复区	一般恢复区	乔木+灌木+草园林式	乔木：柳杉、银荷、木圆柏；灌木：青冈栎、杜鹃、清香木；草本：狗牙根、高羊茅、知风草	1.柳杉+紫叶李+高羊茅；2.青冈栎+清香木+狗牙根	乔灌均采用园林大苗、I级苗、无病虫害；草种籽粒饱满、芽率≥95%	原生土壤、全面整地、施肥、灌溉	乔灌根据设计和苗木规格计算和苗木规格确定，草本15~20g/m²	剖面图 平面图 5m 3m	
VII-1-1-C-b-6	平地区	恢复区	高标准恢复区	乔木+灌木+草	乔木：栓皮栎、柏木、楠木；灌木：掌叶木、夹竹桃；草本：紫羊茅、黑麦草	1.栓皮栎+掌叶木+紫羊茅；2.柏木+紫羊茅	乔灌均采用园林大苗、I级苗、无病虫害；草种籽粒饱满、芽率≥95%	种植方式：原生土壤、全面整地、施肥、灌溉	种植密度：乔灌根据设计和苗木规格确定，草本15~20g/m²	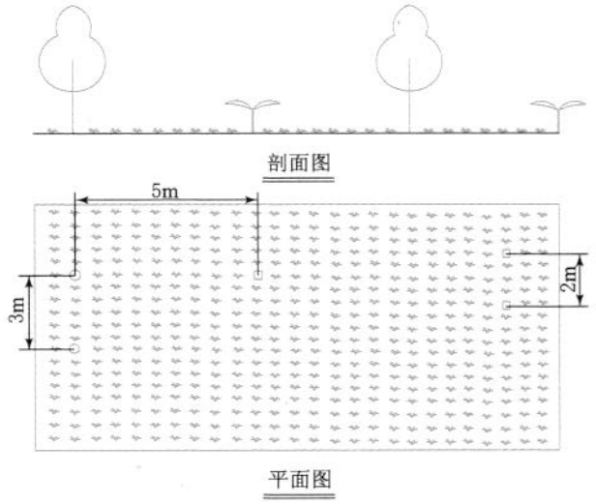 剖面图 平面图 5m 3m	

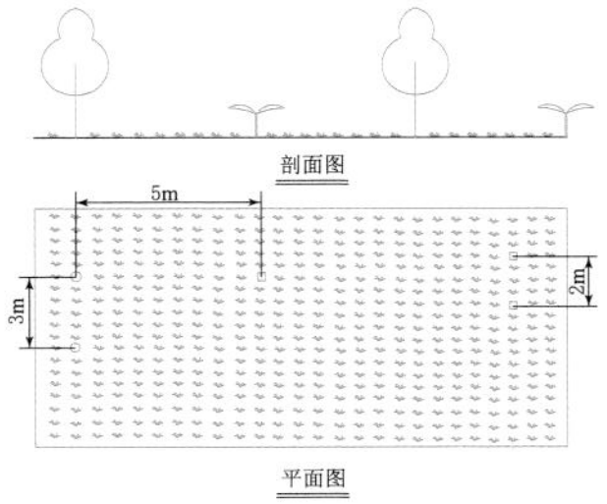

289

续表

立地类型划分					植物种	常用配置	种植方式			设计图	效果图
							规格	整地方式	种植密度		
模式代号	立地类型小区	立地类型组	立地类型	配置模式							
VII-1-2-D-a-7	坡地区	土质边坡	缓坡	乔木+灌木+草、乔草	乔木:柏木、柳杉、银杏;灌木:小叶女贞、山桑、马棘;草本:狗牙根、苜蓿	1.银杏苜蓿+紫花苜蓿;2.柳杉+山毛豆+狗牙根	乔灌均采用园林苗、I级苗;无病虫害;草籽粒饱满、发芽率≥95%	原生土壤、全面整地、施肥、灌溉	乔灌根据设计和苗木规格确定,草本15~20g/m²		
VII-1-2-D-b-8	坡地区	土质边坡	陡坡	工程+植物	乔木:紫穗槐、(金)银冬青、合欢、法国;灌木:山毛豆、马棘、伞房决明;草本:紫花苜蓿、狗牙根、画眉草	1.紫穗槐+马棘+山毛豆;2.银合欢+狗牙根	乔灌采用I、II级苗,无病虫害,也可播种,播种种籽粒饱满、发芽率≥95%	原生土壤、全面整地、施肥、灌溉	乔灌根据设计和苗木规格确定,草本15~20g/m²		
VII-1-2-F-a-9	坡地区	石质边坡	缓坡	工程+植物	乔木:紫穗槐、(金)银冬青、合欢、法国;灌木:山毛豆、马棘、伞房决明;草本:紫花苜蓿、狗牙根、画眉草	1.紫穗槐+马棘+山毛豆;2.银合欢+狗牙根	乔采用I、II级苗,无病虫害,也可播种,播种种籽粒饱满、发芽率≥95%	原生土壤、全面整地、施肥、灌溉	乔灌根据设计和苗木规格确定,草本15~20g/m²		

续表

立地类型划分		植物种	常用配置	种植方式			设计图	效果图
				规格	整地方式	种植密度		
模式代号	Ⅶ-1-2-E-b-10	乔木：刺槐、银合欢；灌木：迎春花、火棘、伞房决明；草本：白三叶、狗牙根、黑麦草、野菊花	1. 银合欢+火棘+迎春花+白三叶+黑麦草；2. 刺槐+伞房决明+狗牙根+野菊花	乔灌采用Ⅰ、Ⅱ级苗，无病虫害；也可播种，播种种籽饱满、发芽率≥95%	原生土壤，全面整地，施肥、灌溉	乔灌根据设计和苗木规格确定，草本15～20g/m²		
立地类型小区	坡地区							
立地类型组	石质边坡							
立地类型	陡坡							
配置模式	工程+植物							

表3-42 滇黔川高原山地亚区（Ⅶ-2）植物配置模式、种植方式及种植效果

立地类型划分		植物种	常用配置	种植方式			设计图	效果图
				规格	整地方式	种植密度		
模式代号	Ⅶ-2-1-A-a-1	乔木：苏铁、广玉兰、鸡爪槭、水杉；灌木：桂花、冬青卫矛、胡颓子、南天竹；草本：雪月菊、多年黑麦草、凤尾竹、斑竹	1. 广玉兰+桂花+黑麦草；2. 水杉+冬青卫矛+凤尾竹	乔灌均采用园林大苗，无病虫害；草种饱满、发芽率≥95%	原生土壤，全面整地，施肥、灌溉	乔灌根据设计和苗木规格确定，草本15～20g/m²		
立地类型小区	平地区							
立地类型组	美化区							
立地类型	低海拔							
配置模式	乔木+灌木+草							

续表

立地类型划分		植物种	常用配置	规格	种植方式		设计图	效果图
					整地方式	种植密度		
模式代号	Ⅶ-2-1-A-b-2	乔木：雪松、柳杉、香樟、滇朴；灌木：毛叶丁香、桂花、金银花、紫薇；草本：黑麦草、剪股颖、孝顺竹、刚竹	1.雪松＋金银花、剪股颖；2.楠木＋毛叶丁香＋黑麦草	乔灌均采用园林Ⅰ级大苗，无病虫害；草种籽粒饱满，发芽率≥95%	原生土壤、整地，全面施肥、灌溉	乔灌根据苗木规格确定，草本15～20g/m²		
立地类型小区	平地区							
立地类型组	美化区							
立地类型	高海拔区							
配置模式	乔木＋灌木＋草							
模式代号	Ⅶ-2-1-B-a-3	乔木：冲天柏、苏木、香樟、冬瓜；灌木：杜鹃、木芙蓉、毛叶丁香、狗尾草、高羊茅、草本：狗尾草、地锦、常春藤	1.冲天柏＋苏木＋木芙蓉＋草羊茅；2.旱冬瓜＋毛叶丁香＋地锦	乔灌均采用园林Ⅰ级大苗，无病虫害；草种籽粒饱满，发芽率≥95%	原生土壤、整地，全面施肥、灌溉	乔灌根据苗木规格确定，草本15～20g/m²		
立地类型小区	平地区							
立地类型组	功能区							
立地类型	低海拔潜尘区							
配置模式	乔木＋灌木＋草							
模式代号	Ⅶ-2-1-B-b-4	乔木：皂荚、马尾松、银荆树；灌木：杜鹃、马桑、夹竹桃、海桐；草本：高羊茅、狗尾草、艾蒿	1.皂荚＋银荆树＋高羊茅；2.马尾松＋银荆树＋艾蒿	乔灌均采用园林Ⅰ级大苗，无病虫害；草种籽粒饱满，发芽率≥95%	原生土壤、整地，全面施肥、灌溉	乔灌根据苗木规格确定，草本15～20g/m²		
立地类型小区	平地区							
立地类型组	功能区							
立地类型	高海拔潜尘区							
配置模式	乔木＋灌木＋草							

续表

立地类型划分					植物种	常用配置	种植方式			设计图	效果图
模式代号	立地类型小区	立地类型组	立地类型	配置模式			规格	整地方式	种植密度		
Ⅶ-2-1-B-c-5	平地区	功能区	低海拔防噪声区	乔木+灌木	乔木：南洋杉、扁柏、海桐；灌木：桂花、女贞、木芙蓉	1. 南洋杉+扁柏+木芙蓉；2. 银木荷+扁柏+海桐	乔灌均采用园林Ⅰ级苗，无病虫害；草种籽粒饱满，发芽率≥95%	原生土壤，整地，全面施肥，灌溉	乔灌根据设计和苗木规格确定，草本15~20g/m²		
Ⅶ-2-1-B-d-6	平地区	功能区	高海拔防噪声区	乔木+灌木	乔木：楠木、滇柏、多花含笑；灌木：夹竹桃、大叶黄杨、卫矛	1. 滇柏+多花含笑+大叶黄杨；2. 楠木+滇柏+夹竹桃	乔灌均采用园林Ⅰ级苗，无病虫害；草种籽粒饱满，发芽率≥95%	原生土壤，整地，全面施肥，灌溉	乔灌根据设计和苗木规格确定，草本15~20g/m²		
Ⅶ-2-1-B-e-7	平地区	功能区	停车及植草步道	草	草本：早熟禾（百慕大）、黑麦草、普通狗牙根、矮生百慕大草（结缕草）	1. 早熟禾（百慕大）+黑麦草+普通狗牙根+矮生百慕大（结缕草）	草种籽粒饱满，发芽率≥95%	原生土壤，整地，全面施肥，灌溉	草本15~20g/m²		

续表

立地类型划分		植物种	常用配置	种植方式			设计图	效果图
				规格	整地方式	种植密度		
模式代号	Ⅶ-2-1-C-a-8	乔木：滇合欢、南酸枣、冲天柏；灌木：火棘、马桑、悬钩子；草本：黑麦草、狗牙根、紫花苜蓿	1. 滇合欢+火棘+狗牙根；2. 南酸枣+马桑+紫花苜蓿	乔灌均采用园林Ⅰ级苗；大苗、无病虫害；草种籽粒饱满、发芽率≥95%	原生土壤、整地、全面施肥、灌溉	乔灌根据苗木规格设计和确定；草本15~20g/m²		
立地类型小区	平地区							
立地类型组	恢复区							
立地类型	低海拔一般恢复区							
配置模式	乔木+灌木+草							
模式代号	Ⅶ-2-1-C-b-9	乔木：滇青冈、华山松；灌木：夹竹桃、车桑子、木豆；草本：狗牙根、百喜草、白三叶	1. 旱冬瓜+车桑子+狗牙根；2. 华山松+木豆+喜草	乔灌均采用园林Ⅰ级苗；大苗、无病虫害；草种籽粒饱满、发芽率≥95%	原生土壤、整地、全面施肥、灌溉	乔灌根据苗木规格设计和确定；草本15~20g/m²		
立地类型小区	平地区							
立地类型组	恢复区							
立地类型	高海拔一般恢复区							
配置模式	乔木+灌木+草							
模式代号	Ⅶ-2-1-C-c-10	乔木：杉木、银杏、楠木；灌木：紫荆、木槿、山茶；草本：百喜草、白三叶、黑麦草、狗牙根	1. 杉木+山茶草；2. 银杏+紫荆+麦草	乔灌均采用园林Ⅰ级苗；大苗、无病虫害；草种籽粒饱满、发芽率≥95%	原生土壤、整地、全面施肥、灌溉	乔灌根据苗木规格设计和确定；草本15~20g/m²		
立地类型小区	平地区							
立地类型组	恢复区							
立地类型	低海拔高标恢复区							
配置模式	乔木+灌木+草							

续表

立地类型划分					植物种	常用配置	种植方式			设计图	效果图
模式代号	立地类型小区	立地类型组	立地类型	配置模式			规格	整地方式	种植密度		
VII-2-1-C-d-11	平地区	恢复区	高海拔高标准恢复区	乔木+灌木+草	乔木：香樟、杜仲、圆柏；灌木：山茶、杜鹃、火棘；草本：矮生百慕大草、百慕大草、波斯菊	1.香樟+波斯菊；2.圆柏+百慕大草、火棘+百慕大草	乔灌均采用园林用苗、Ⅰ级苗，无病虫害；草种籽粒饱满，发芽率≥95%	原生土壤，全面整地，施肥、灌溉	乔灌根据设计和苗木规格确定，草本15~20g/m²		
VII-2-2-D-a-12	坡地区	土质边坡	低海拔缓坡（≤20°）草	草	草本：早熟大草（百慕大草）、黑麦草、普通狗牙根、矮生百慕大草（结缕草）	1.早熟禾（百慕大草）+黑麦草；2.普通狗牙根+矮生百慕大草（结缕草）	草种籽粒饱满，发芽率≥95%	原生土壤，全面整地，施肥、灌溉	草本15~20g/m²		
VII-2-2-D-b-13	土质边坡	植被恢复	高海拔缓坡（≤20°）草		草本：早熟大草（百慕大草）、黑麦草、普通狗牙根、矮生百慕大草（结缕草）	1.早熟禾（百慕大草）+黑麦草；2.普通狗牙根+矮生百慕大草（结缕草）	草种籽粒饱满，发芽率≥95%	原生土壤，全面整地，施肥、灌溉	草本15~20g/m²		

续表

立地类型划分		植物种	常用配置	种植方式			设计图	效果图
				规格	整地方式	种植密度		
模式代号	Ⅶ-2-2-D-d-14	乔木:银合欢、刺槐、马尾松;灌木:车桑子、火棘;草本:黑麦草、百喜草、紫花苜蓿、龙须草	1.银合欢+车桑子+百喜草;2.刺槐+木豆+龙须草	乔灌采用Ⅰ、Ⅱ级苗,无病虫害;也可播种,播种籽粒饱满,发芽率≥95%	原生土壤、全面整地,施肥、灌溉	乔灌根据设计和苗木规格确定,草本15~20g/m²		
立地类型小区	坡地区							
立地类型组	土质边坡							
立地类型	低海拔陡坡(>20°)							
配置模式	工程+植物							
模式代号	Ⅶ-2-2-D-e-15	灌木:紫穗槐、伞房决明、火棘、悬钩子;草本:白三叶、百喜草、狗牙根、龙须草、络石	1.紫穗槐+悬钩子+白三叶+狗牙根;2.伞房决明+火棘+狗牙根+龙须草	灌木采用Ⅰ、Ⅱ级苗,无病虫害;也可播种,种籽粒饱满发芽率≥95%	原生土壤、全面整地,施肥、灌溉	灌木根据设计和苗木规格确定,草本15~20g/m²		
立地类型小区	坡地区							
立地类型组	土质边坡							
立地类型	高海拔陡坡(>20°)							
配置模式	工程+植物							
模式代号	Ⅶ-2-2-F-a-16	灌木:火棘、车桑子、悬钩子、白刺花、木豆;草本:龙须草、千根草、波斯菊	1.车桑子+火棘+龙须草;2.木豆+千根草	灌木采用Ⅰ、Ⅱ级苗,无病虫害;也可播种,播种种籽粒饱满,发芽率≥95%	原生土壤、全面整地,施肥、灌溉	灌木根据设计和苗木规格确定,草本15~20g/m²		
立地类型小区	坡地区							
立地类型组	石质边坡							
立地类型	低海拔缓坡(≤20°)							
配置模式	工程+植物							

续表

立地类型划分		植物种	常用配置	种植方式			设计图	效果图
				规格	整地方式	种植密度		
模式代号	Ⅶ-2-2-F-b-17	灌木:黄花槐、猪屎豆、火棘;草本:狗牙根、百喜草、黑麦草;藤本:五叶地锦、地枇杷	1. 黄花槐+五叶地锦+狗牙根;2. 木豆+狗牙根+百喜草	灌木采用Ⅰ、Ⅱ级苗,无病虫害;也可播种,播种种籽粒饱满,发芽率≥95%	原生土壤,全面整地,施肥,灌溉	灌木根据设计和苗木规格确定,草本15～20g/m²		
立地类型小区	坡地区							
立地类型组	石质边坡							
立地类型	高海拔缓坡(级坡)(>20°)							
配置模式	工程+植物							
模式代号	Ⅶ-2-2-F-c-18	灌木:青刺尖、木豆、火棘、钩子;草本:结缕草、狗牙根、紫花苜蓿;藤本:爬山虎、葛藤、地枇杷	1. 青刺尖+钩子+结缕草;2. 火棘+木豆+葛藤+山虎	灌木采用Ⅰ、Ⅱ级苗,无病虫害;也可播种,播种种籽粒饱满,发芽率≥95%	原生土壤,全面整地,施肥,灌溉	灌木根据设计和苗木规格确定,草本15～20g/m²		
立地类型小区	坡地区							
立地类型组	石质边坡							
立地类型	低海拔陡坡(≤20°)							
配置模式	工程+植物							
模式代号	Ⅶ-2-2-F-d-19	灌木:伞房决明、胡枝子、钩子;草本:千根草、狗牙根、狗尾草;藤本:爬白三叶	1. 伞房决明+钩子+白三叶;2. 胡枝子+千根草+白三叶	灌木采用Ⅰ、Ⅱ级苗,无病虫害;也可播种,播种种籽粒饱满,发芽率≥95%	原生土壤,全面整地,施肥,灌溉	灌木根据设计和苗木规格确定,草本15～20g/m²		
立地类型小区	坡地区							
立地类型组	石质边坡							
立地类型	高海拔陡坡(>20°)							
配置模式	工程+植物							

表3-43　滇北干热河谷亚区（Ⅶ-3）植物配置模式、种植方式及种植效果

立地类型划分		植物种	常用配置	种植方式			设计图	效果图
				规格	整地方式	种植密度		
模式代号	Ⅶ-3-1-A-a-1	乔木：苏铁、多攀枝花、香樟、攀枝花；灌木：光叶子花、大花六道木、江边刺葵；草本：黑麦草、白三叶、紫娇花、小琴丝竹	1. 攀枝花+光叶子花+黑麦草；2. 香樟含笑+多花含笑+江边刺葵+紫娇花	乔灌均采用园林大苗，Ⅰ级苗，无病虫害；草种籽粒饱满，发芽率≥95%	原生土壤，全面整地，施肥，灌溉	乔灌根据设计和苗木规格确定，草本15～20g/m²	剖面图 平面图	
立地类型小区	平地区							
立地类型组	美化区							
立地类型	低海拔							
配置模式	乔木+灌木+草							
模式代号	Ⅶ-3-1-A-b-2	乔木：银杏、银荷木、华山松、清香木、尖叶女贞；灌木：金森女贞、尖叶木犀榄；草本：百喜草、扭黄茅、黑麦草、紫花地丁	1. 银杏+金森女贞+华叶犀榄；2. 尖叶木犀榄+百喜草	乔灌均采用园林大苗，Ⅰ级苗，无病虫害；草种籽粒饱满，发芽率≥95%	原生土壤，全面整地，施肥，灌溉	乔灌根据设计和苗木规格确定，草本15～20g/m²	剖面图 平面图	
立地类型小区	平地区							
立地类型组	美化区							
立地类型	高海拔							
配置模式	乔木+灌木+草							
模式代号	Ⅶ-3-1-B-a-3	乔木：酸角、银荆树、香樟；灌木：江边刺葵、桂花、杜鹃；草本：高羊茅、龙须草	1. 酸角+杜鹃+高羊茅；2. 银荆树+江边刺葵+龙须草	乔灌均采用园林大苗，Ⅰ级苗，无病虫害；草种籽粒饱满，发芽率≥95%	原生土壤，全面整地，施肥，灌溉	乔灌根据设计和苗木规格确定，草本15～20g/m²	剖面图 平面图	
立地类型小区	平地区							
立地类型组	功能区							
立地类型	低海拔滞尘区							
配置模式	乔木+灌木+草							

续表

立地类型划分	植物种	常用配置	规格	种植方式		设计图	效果图
				整地方式	种植密度		
模式代号 Ⅶ-3-1-B-b-4 立地类型小区：平地区 立地类型组：功能区 立地类型：高海拔滞尘区 配置模式：乔木+灌木+草	乔木：香樟、云南松；银荆树；灌木：花椒、桑子；草本：芦苇、香根草、龙须草	1. 银荆树+花椒+芦苇；2. 云南松+桑子+车根草/香根草	乔灌均采用园林Ⅰ级大苗；无病虫害；草种籽饱满，发芽率≥95%	原生土壤，全面整地，施肥，灌溉	乔灌根据设计和苗木规格确定，草本15~20g/m²	剖面图 平面图	
模式代号 Ⅶ-3-1-B-c-5 立地类型小区：平地区 立地类型组：功能区 立地类型：低海拔防噪声区 配置模式：乔木+灌木+草	乔木：楠木、多花含笑；侧柏；灌木：夹竹桃、大叶黄杨；草本：大叶黄杨	1. 滇柏+多花含笑+大叶黄杨；2. 楠木+夹竹桃+狗牙根桃	乔灌均采用园林Ⅰ级大苗；无病虫害；草种籽饱满，发芽率≥95%	原生土壤，全面整地，施肥，灌溉	乔灌根据设计和苗木规格确定，草本15~20g/m²	剖面图 平面图	
模式代号 Ⅶ-3-1-B-d-6 立地类型小区：平地区 立地类型组：功能区 立地类型：高海拔防噪声区 配置模式：乔木+灌木+草	乔木：圆柏、云南樟；清香木；灌木：山毛豆、黄荆条；草本：香根草、剑麻、狗尾草	1. 云南樟+余甘子+香根草；2. 圆柏+剑麻+狗尾草	乔灌均采用园林Ⅰ级大苗；无病虫害；草种籽饱满，发芽率≥95%	原生土壤，全面整地，施肥，灌溉	乔灌根据设计和苗木规格确定，草本15~20g/m²	剖面图 平面图	

续表

立地类型划分					植物种	常用配置	规格	种植方式		设计图	效果图
								整地方式	种植密度		
模式代号	立地类型小区	立地类型组	立地类型	配置模式							
Ⅶ-3-1-C-a-7	平地区	功能区	停车及植草步道	草	草本：早熟禾（百慕大）、黑麦草、普通狗牙根、矮生百慕大草（结缕草）	1.早熟禾（百慕大）+黑麦草；2.普通狗牙根+矮生百慕大草（结缕草）	草种籽粒饱满，发芽率≥95%	原生土壤，全面整地，施肥、灌溉	草本15~20g/m²		
Ⅶ-3-1-C-b-8	平地区	恢复区	低海拔一般恢复区	乔木+灌木+草	乔木：银合欢、云南松、攀枝花、苦楝；灌木：山毛豆、余甘子、车桑子、龙须草；草本：白三叶、风毛菊	1.银合欢+香根草；2.南青松+车桑子+风毛菊	乔灌均采大园林用苗，Ⅰ级苗，无病虫害；草种籽粒饱满，发芽率≥95%	原生土壤，全面整地，施肥、灌溉	乔灌根据设计和苗木规格确定，草本15~20g/m²		
Ⅶ-3-1-C-a-9	平地区	恢复区	高海拔一般恢复区	乔木+灌木+草	乔木：银合欢、藏柏、苦楝；灌木：东川小檗、车桑子、扭黄茅、拟金茅；草本：麦麦草、金茅	1.银合欢+东川小檗+扭黄茅；2.藏柏+车桑子+拟金茅、金茅	乔灌均采大园林用苗，Ⅰ级苗，无病虫害；草种籽粒饱满，发芽率≥95%	原生土壤，全面整地，施肥、灌溉	乔灌根据设计和苗木规格确定，草本15~20g/m²		

续表

立地类型划分 模式代号	立地类型小区	立地类型组	立地类型	配置模式	植物种	常用配置	种植方式 规格	整地方式	种植密度	设计图	效果图
Ⅶ-3-1-C-a-10	平地区	恢复区	低海拔高标准恢复区	乔木+灌木+草	乔木：相思树、攀枝花；灌木：女贞子、余甘子、光叶清香木；草本：百喜草、波斯菊、皮皮草	1.相思树+光叶子花+百喜草；2.攀枝花+女贞+波斯菊	乔灌均采用园林Ⅰ级苗，无病虫害；草种籽粒饱满，发芽率≥95%	原生土壤、整地、全面施肥、灌溉	乔灌根据设计和苗木规格确定、草本15~20g/m²		
Ⅶ-3-1-C-b-11	平地区	恢复区	高海拔高标准恢复区	乔木+灌木+草	乔木：麻黄、云南樟、刺槐；灌木：光叶子花、火棘；草本：知风草、狗牙根、拟金茅	1.云南樟+火棘+知风草；2.山麻黄+清香木+狗牙根	乔灌均采用园林Ⅰ级苗，无病虫害；草种籽粒饱满，发芽率≥95%	原生土壤、整地、全面施肥、灌溉	乔灌根据设计和苗木规格确定、草本15~20g/m²		
Ⅶ-3-2-D-a-12	坡地区	土质边坡	低海拔缓坡	乔木+灌木+草	乔木：苏铁、香樟、多花含笑、攀枝花；灌木：光叶子花、大花六道木、江边刺葵；草本：黑麦草、白三叶、紫娇花、小琴丝竹	1.攀枝花+光叶子花+黑麦草；2.香樟+多花含笑+江边刺葵+紫娇花	乔灌均采用园林Ⅰ级苗，无病虫害；草种籽粒饱满，发芽率≥95%	原生土壤、整地、全面施肥、灌溉	乔灌根据设计和苗木规格确定、草本15~20g/m²		

续表

立地类型划分		植物种	常用配置	规格	整地方式	种植密度	设计图	效果图
模式代号	Ⅶ-3-2-D-a-13	乔木：银杏、银木荷、华山松；灌木：清香木、尖叶木犀榄；草本：百喜草、扭黄茅、黑麦草、紫花地丁	1. 银杏+金森女贞+紫花地丁；2. 华山松+尖叶木犀榄+百喜草	乔灌均采用园林大级Ⅰ苗，无病虫害；草种籽粒饱满，发芽率≥95%	原生土壤、整地，全面施肥、灌溉	乔灌根据设计和苗木规格确定，草本15~20g/m²		
立地类型小区	坡地区							
立地类型组	土质边坡							
立地类型	高海拔缓坡							
配置模式	乔木+草							
模式代号	Ⅶ-3-2-D-b-14	灌木：车桑子、山毛豆、余甘子、悬钩子；草本：龙须草、狗牙根、扭黄茅、斑鸠菊；藤本：葛藤、地石榴	1. 车桑子+山毛豆+龙须草+狗牙根；2. 余甘子+悬钩子+扭黄茅+地石榴	灌木均采用园林大级Ⅰ苗，无病虫害；草种籽粒饱满，发芽率≥95%	原生土壤、整地，全面施肥、灌溉	灌木根据设计和苗木规格确定，草本15~20g/m²		
立地类型小区	坡地区							
立地类型组	土质边坡							
立地类型	低海拔缓陡坡							
配置模式	灌木+草							
模式代号	Ⅶ-3-2-D-a-15	灌木：马桑、盐肤木、花椒；草本：剑麻、孔颖草、扭黄茅、地石榴；藤本：常春藤、野葛	1. 马桑+盐肤木+扭黄茅；2. 花椒+剑麻+香茅+地石榴	灌木均采用园林大级Ⅰ苗，无病虫害；草种籽粒饱满，发芽率≥95%	原生土壤、整地，全面施肥、灌溉	灌木根据设计和苗木规格确定，草本15~20g/m²		
立地类型小区	坡地区							
立地类型组	土质边坡							
立地类型	高海拔陡坡							
配置模式	灌木+草							

续表

立地类型划分					植物种	常用配置	种植方式			设计图	效果图
模式代号	立地类型小区	立地类型组	立地类型	配置模式			规格	整地方式	种植密度		
Ⅶ-3-2-E-a-16	坡地区	石质边坡	低海拔缓坡	乔木+灌木+草	乔木：云南松；灌木：银合欢，刺槐，山毛豆，余甘子，车桑子，斑鸠菊；草本：剑麻，龙须草，扭黄茅	1. 银合欢+车桑子+龙须草+余甘子；2. 云南松+山毛豆+车桑子+扭黄茅	乔灌均采用园林大苗，Ⅰ级苗；无病虫害；草种籽粒饱满，发芽率≥95%	原生土壤，整地；全面施肥，灌溉	乔灌根据设计和苗木规格确定，草本15~20g/m²	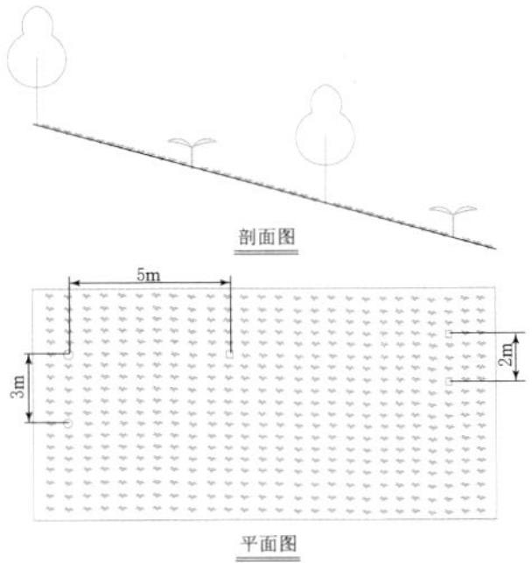 剖面图 平面图 5m 3m	
Ⅶ-3-2-E-b-17	坡地区	石质边坡	高海拔缓坡	乔木+灌木+草	乔木：云南松；灌木：车桑子，黄荆，膏桐；草本：龙须草，孔颖草，戟叶酸模	1. 云南松+车桑子+龙须草；2. 旱冬瓜+黄荆+孔颖草	乔灌均采用园林大苗，Ⅰ级苗；无病虫害；草种籽粒饱满，发芽率≥95%	原生土壤，整地；全面施肥，灌溉	乔灌根据设计和苗木规格确定，草本15~20g/m²	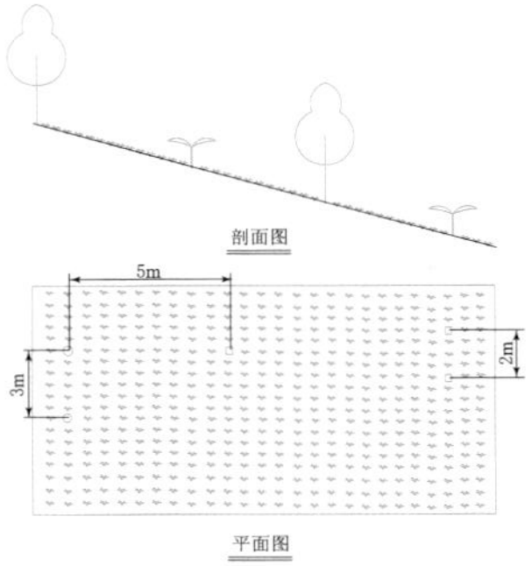 剖面图 平面图 5m 3m	

立地类型划分					植物种	常用配置	种植方式			设计图	效果图
模式代号	立地类型小区	立地类型组	立地类型	配置模式			规格	整地方式	种植密度		
Ⅶ－3－2－E－a－18	坡地区	石质边坡	低海拔陡坡	灌木＋草	灌木：余甘子、马桑、新银合欢、悬钩子、仙人掌；草本：紫羊茅、龙须草、狭叶凤尾蕨、剑麻，紫羊茅；藤本：野葛、地石榴、爬山虎、地石榴	1. 新银合欢＋紫叶凤尾＋狭叶凤尾蕨＋山虎；2. 剑麻＋龙须草＋爬山虎＋葛藤	灌木均采用大园林 I 级苗，无病虫害；草种籽粒饱满，发芽率≥95%	原生土壤，全面整地，施肥，灌溉	灌木根据设计和苗木规格确定，草本15～20g/m²	 剖面图 平面图	
Ⅶ－3－2－E－b－19	坡地区	石质边坡	高海拔陡坡	灌木＋草	灌木：马桑、花椒、仙人掌；草本：黑麦草、剑麻、紫羊茅、鸭茅草、三叶，鸭茅草	1. 马桑＋白三叶＋鸭茅草；2. 仙人掌＋黑麦草＋剑麻＋白三叶	灌木均采用大园林 I 级苗，无病虫害；草种籽粒饱满，发芽率≥95%	原生土壤，全面整地，施肥，灌溉	灌木根据设计和苗木规格确定，草本15～20g/m²	 剖面图 平面图	

3.9 青藏高原区植物措施配置模式

青藏高原区划分为雅鲁藏布河谷及藏南山地亚区（Ⅷ-1）、藏东—川西高山峡谷亚区（Ⅷ-2）、若尔盖—江河源高原山地亚区（Ⅷ-3）和羌塘—藏西南高原亚区（Ⅷ-4）4个亚区。其中雅鲁藏布河谷及藏南山地亚区共有7种植物措施配置模式，藏东—川西高山峡谷亚区共有6种植物措施配置模式，若尔盖—江河源高原山地亚区共有3种植物措施配置模式，羌塘—藏西南高原亚区共有2种植物措施配置模式。

植物配置模式、种植方式及种植效果见表3-44～表3-47。

表 3-44　雅鲁藏布河谷及藏南山地亚区（Ⅷ-1）植物配置模式、种植方式及植被效果

立地类型划分		植物种	常用配置	种植方式			设计图	效果图
				规格	整地方式	种植密度		
模式代号	Ⅷ-1-1-C-a-1	乔木：藏川杨、白杨、红叶杨、大果圆柏、旋柏、青海云杉、高山松、华山松、林芝云杉、北京杨、垂柳、大叶女贞桃、紫叶毛枝榆等；灌木：砂生槐、小叶野丁香、牛奶子、小叶醉鱼草、沙棘、火棘、川滇高山栎、铺地柏子、拉萨小檗等；草：碱草、垂穗披碱草、高山羊茅、紫羊茅、早熟禾等	1. 藏川杨+青海云杉+高羊茅+北京槐+砂生杨+早熟禾；2. 北京槐+砂生槐+早熟禾；3. 沙棘+小叶醉鱼草+紫羊茅；4. 高山松+川滇高山栎+拉萨小檗+早熟禾	园林大苗、Ⅰ级苗，无病虫害和各类伤，根系发达、常绿树种带土球，苗木按园林设计要求确定，草种籽粒饱满，发芽率≥95%	原生土壤或移土栽培，或全面整地，规则坑种排列，施肥、灌溉	乔灌株行距按园林化种植确定，草坪草播种量 15～20g/m²		
立地类型小区	平地区							
立地类型组	恢复区							
立地类型	一般恢复复区							
配置模式	乔木+灌木+草近自然配置							
模式代号	Ⅷ-1-1-A-b-2	乔木：高山松、云芝杉、藏川杨、左旋柳、圆柏、紫叶李等；灌木：德钦刺茶、小叶野丁香、西南野丁香、砂生槐、滇润线菊、冬青卫矛、小叶醉鱼草等；草：紫羊茅、垂穗披碱草、早熟禾、固沙草等	1. 华山松+冬青卫矛+大叶女贞+披碱草；2. 左旋柳+青海云杉+高羊茅+紫羊茅；3. 藏川杨+拉萨小檗+早熟禾	园林大苗、Ⅰ级苗，无病虫害和各类伤，根系发达、常绿树种带土球，苗木按园林设计要求确定，草种籽粒饱满，发芽率≥95%	原生土壤或移土栽培，或全面整地，施肥、灌溉	乔灌株行距按园林化种植确定，草坪草播种量 15～20g/m²		
立地类型小区	平地区							
立地类型组	美化区							
立地类型	共生活美化区							
配置模式	乔木+灌木+草固园林模式配置							

续表

立地类型划分		植物种	常用配置	种植方式			设计图	效果图
				规格	整地方式	种植密度		
模式代号	Ⅷ-1-1-A-a-3	乔木：喜马拉雅雪松、华山松、高山松、林芝云杉、垂柳、大叶女贞、紫叶李、裂叶桑、紫叶晚樱等；灌木：红叶石楠、拉萨小檗、冬青卫矛、牛奶子、火棘、金边卵叶女贞、木瓜海棠；花草：酢浆草、黄菊、波斯菊、紫羊茅、高羊茅、紫穗披碱草等	1.喜马拉雅雪松+雪岭云杉小檗+拉萨碱草；2.林芝云杉+红叶石楠+早熟禾；3.大叶女贞+金火棘+黄花菜	园林大苗，Ⅰ级苗，无病虫害和各系发达、根系树。常绿种苗带土球。苗木按园林设计要求确定。草种籽粒饱满，发芽率≥95%	原生土壤或移土栽培。全面整地，施肥、灌溉	乔灌林行距按园林化种植确定，草坪草15～20g/m²，播种量		
立地类型小区	平地区							
立地类型组	美化区							
立地类型	办公美化区							
配置模式	乔木+灌木+草园林式							
模式代号	Ⅷ-1-1-B-a/c-4	乔木：银白杨、红叶杨、藏川杨、红叶柳、康定柳、大果圆柏等；灌木：香柏、砂生槐、小叶野丁香、砂生槐、金标、德钦香柴、小叶醉鱼草、昆明醉鱼草、变色锦鸡儿等；花草：垂穗披碱草、铁杆蒿、高羊茅、早熟禾、紫羊茅、固沙草等	1.大果圆柏+小叶野丁香+砂生草；2.银白杨+砂生槐+早熟禾；3.藏川杨+砂生槐+垂穗披碱草	园林大苗，Ⅰ级苗，无病虫害和各系发达、根系树。常绿种苗带土球。苗木按园林定设计要求种籽定。草粒饱满，发芽率≥95%	原生土壤或移土栽培。全面整地，施肥、灌溉	乔灌林行距按园林化种植确定，草坪草15～20g/m²，播种量		
立地类型小区	平地区							
立地类型组	功能区							
立地类型	防尘、防旱、休憩区							
配置模式	乔木+灌木+草近自然模式							

续表

立地类型划分					植物种	常用配置	种植方式			设计图	效果图
模式代号	立地类型小区	立地类型组	立地类型	配置模式			规格	整地方式	种植密度		
VIII-1-2-F-a-5	坡地区	石质边坡	缓坡	乔木+灌木+草近自然配置	乔木：藏川杨、银白杨、大果圆柏；灌木：小叶野丁香、香柏、拉萨小檗、蔷薇、雉绦柳、散鳞杜鹃等；草本：垂穗披碱草、铁杆蒿、固沙草、早熟禾等	1. 藏川杨+砂生槐+固沙草；2. 香柏+早熟禾；3. 小叶野丁香+架棚+砂生槐+垂穗披碱草	园林大苗，I级苗，无病虫害，根系发达，常绿树种带土球。园林苗木按园林设计要求确定。草种籽粒饱满，发芽率≥95%	原生土壤或移土栽培；全面整地采用鱼沟或梯田、灌溉。水平沟，施肥	乔灌林化种植按园林确定，草坪草播种量15~20g/m²		
VIII-1-2-F-b-6	坡地区	石质边坡	陡坡	乔木+灌木+草近自然配置	乔木：藏川杨、银白杨、大果圆柏；灌木：小叶野丁香、香柏、西南野槐等；草本：垂穗披碱草、高羊茅、紫羊茅、固沙草、早熟禾等	1. 香柏+早熟禾；2. 小叶野丁香+架棚+砂生槐+固沙草；3. 架棚+铁杆蒿+砂生槐+垂穗披碱草	园林大苗，I级苗，无病虫害，根系发达，常绿树种带土球。园林苗木按园林设计要求确定。草种籽粒饱满，发芽率≥95%	原生土壤或移土栽培；全面整地采用鱼沟或梯田、灌溉。水平沟，施肥	乔灌林化种植按园林确定，草坪草播种量15~20g/m²		

续表

表（续）

立地类型划分	植物种	常用配置	种植方式（规格）	种植方式（整地方式）	种植方式（种植密度）	设计图	效果图
模式代号：Ⅷ-1-2-D-b-7 立地类型小区：坡地区 立地类型组：土质边坡 立地类型：陡坡 配置模式：乔木+灌木+草式或近自然配置	乔木：雪松、高山松、林芝云杉、急尖长苞冷杉、白桦、西藏红杉、血色卫矛等；灌木：川滇高山栎、小叶野丁香、光核桃、大果圆柏、尼泊尔黄花木、川滇绣线菊、铺地柏、金叶莸、多蕊金丝桃、牛奶子、云南锦鸡儿、小檗锦鸡儿、山蚂蝗、鲜卑花、金露梅、高羊茅、沙棘、紫檀、白草、披碱草、早熟禾高等	1. 高山松+华山松+绢毛蔷薇+紫羊茅；2. 雪松+落叶松+钢鲜菊落叶禾+早熟禾；3. 白桦+紫羊茅+高羊茅	园林Ⅰ级苗，无病虫害和各类损伤，根系发达，常绿树种带土球。苗木按园林设计要求种定。草种籽粒饱满，芽率≥95%	原生土栽培或移栽土栽培，全面整地鱼鳞坑、水平沟整地，施肥、灌溉	乔灌株行距按园林化种植确定，草坪草播种量15～20g/m²	剖面图 / 平面图	

藏东—川西高山峡谷亚区（Ⅷ-2）植物配置模式、种植方式及种植效果

表3-45

立地类型划分	植物种	常用配置	种植方式（规格）	种植方式（整地方式）	种植方式（种植密度）	设计图	效果图
模式代号：Ⅷ-2-1-C-a-1 立地类型小区：平地区 立地类型组：恢复区 立地类型：一般恢复区 配置模式：乔木+灌木+草式近自然配置	乔木：高山松、昌都杨、川杨、康定柳、银白杨、乌柳、川西云杉、侧柏、川大果圆柏、大叶女贞等；灌木：裂叶桑、白刺花、藏桃、光核桃、铺地柏、藏刺蔷薇、沙棘、藏锦鸡儿、川梨、拉萨小檗、中华山蓼、紫羊茅；草本：西藏铁线莲、藏白草、紫羊茅、黑麦草、早熟禾等	1. 康定柳+川西云杉+高羊茅；2. 昌都杨+白中华花+早熟禾；3. 沙棘+绢毛蔷薇+藏麦草黑麦草；4. 白刺花+紫羊茅	园林Ⅰ级苗，无病虫害和各类损伤，根系发达，常绿树种带土球。苗木按园林设计要求种定。草种籽粒饱满，芽率≥95%	原生土栽培或移栽土栽，全面整地坑规则排列，施肥、灌溉	乔灌株行距按园林化种植确定，草坪草播种量15～20g/m²	剖面图 / 平面图	

续表

立地类型划分		常用配置	植物种	种植方式			设计图	效果图
				规格	整地方式	种植密度		
模式代号	Ⅷ-2-1-C-b-2	1. 藏川杨+绢毛蔷薇+早熟禾；2. 光核桃+刺茶藨子+白刺花+紫羊茅；3. 大果圆柏+金露梅+拉萨小檗+早熟禾；4. 白刺花+绢毛蔷薇+早熟禾	乔木：银白杨、藏川杨、昌都杨、大果圆柏、侧柏、川滇高山栎、金露梅、拉萨小檗、火棘、绢毛蔷薇等；灌木：中华山蓼、西藏铁线莲、铁杆蒿、沙蒿、紫羊茅、高羊茅、早熟禾等	园林Ⅰ级大苗，无病虫害和各类伤；根系发达，常绿树苗带土球。苗木按园林设计要求确定，草种籽粒饱满，发芽率≥95%	原生土栽培或移土栽培，全面整地，施肥，灌溉	乔灌株行距按园林化种植确定，草坪种草播种量 15～20g/m²		
立地类型小区	平地区							
立地类型组	恢复区							
立地类型	高标准恢复区							
配置模式	乔木+灌木+草近自然配置							
模式代号	Ⅷ-2-1-A-a-3	1. 大叶女贞+冬青卫矛+紫羊茅；2. 垂柳+冬青卫矛+紫羊茅；3. 雪松+冬青卫矛+黑麦草	乔木：雪松、川西云杉、高山松、康定杨、昌都杨、藏川杨、垂柳、大叶女贞、大果圆柏、李树等；灌木：德钦香茶菜、香柏、小叶野丁香、川滇绣线菊、冬青卫矛、生槐、蔷薇等；草本：紫羊茅、早熟禾、固沙草等	园林Ⅰ级大苗，无病虫害和各类伤；根系发达，常绿树苗带土球。苗木按园林设计要求确定，草种籽粒饱满，发芽率≥95%	原生土栽培或移土栽培，全面整地，施肥，灌溉	乔灌株行距按园林化种植确定，草坪种草播种量 15～20g/m²		
立地类型小区	平地区							
立地类型组	美化区							
立地类型	办公美化区							
配置模式	乔木+灌木+草园林模式配置							

续表

立地类型划分			
模式代号	Ⅷ-2-2-F-b-4	模式代号	Ⅷ-2-2-D-a-5
立地类型小区	坡地区	立地类型小区	坡地区
立地类型组	石质边坡	立地类型组	土质边坡
立地类型	陡坡地	立地类型	缓坡地
配置模式	乔木+灌木+草近自然配置	配置模式	乔木+灌木+草近自然配置
植物种	乔木：藏川杨、昌都杨、大果圆柏、侧柏、藏杏、川西云杉；灌木：架棚、甘青锦鸡儿、小叶野丁香、甘蒙锦鸡儿、南野丁香、白刺花、蒙古黄花；草本：紫羊茅、早熟禾、固沙草、紫草等	植物种	乔木：川西云杉、高山松、垂柳、圆柏、核桃等；灌木：光核桃、方枝柏、白刺花、绢毛蔷薇、薰子等；草本：西藏方花、中华铁线莲、紫羊茅、高羊茅、早熟禾等
常用配置	1. 昌都杨+白刺花+早熟禾； 2. 绢毛蔷薇+西南野丁香+紫羊茅； 3. 大果圆柏+蒙古黄花+高羊茅； 4. 白刺花+中华山蓼	常用配置	1. 川西云杉+高山松+绢毛蔷薇+早熟禾； 2. 大果圆柏+金露梅+拉萨小檗+高羊茅； 3. 藏杏+薰子+高羊茅； 4. 拉萨小檗+早熟禾
规格	园林大苗Ⅰ级苗，无病虫害和各类发育；根系发达，常绿树种带土球。园林苗木按设计要求确定。草种籽粒饱满，发芽率≥95%	规格	园林大苗Ⅰ级苗，无病虫害和各类发育；根系发达，常绿树种带土球。园林苗木按设计要求确定。草种籽粒饱满，发芽率≥95%
种植方式 / 整地方式	原生土壤或移土栽培，全面整地采用鱼鳞坑、水平沟或梯田，施肥、灌溉	种植方式 / 整地方式	原生土壤或移土栽培，全面整地采用鱼鳞坑、水平沟或梯田，施肥、灌溉
种植方式 / 种植密度	乔灌株行距按园林化种植确定，草坪草播种量15～20g/m²	种植方式 / 种植密度	乔灌株行距按园林化种植确定，草坪草播种量15～20g/m²
设计图		设计图	
效果图		效果图	

续表

立地类型划分		植物种	常用配置	种植方式			设计图	效果图
				规格	整地方式	种植密度		
模式代号	VIII-2-2-D-b-6	乔木：华山松、青海云杉、川西云杉、高山松、川西圆柏、大果圆柏、海密枝圆柏、沙棘、侧柏、方枝柏等；灌木：光核桃、川滇绣线菊、绢毛蔷薇、铺地柏、绢毛蔷薇、拉萨小檗、牛奶子、黑羊草等；草：沙蒿、紫羊茅、高羊茅、铁杆蒿等	1. 藏川杨+绢毛蔷薇+白刺花+黑麦草等；2. 川西云杉+川滇绣线菊+紫羊茅；3. 方枝柏+高羊茅	园林I级苗，无病虫害，各苗根系发达，常绿树种带土球。苗木按园林设计要求确定，草种籽粒饱满，发芽率≥95%	原生土栽培，或移土整地采用全面鱼鳞坑、水平沟或梯田，施肥，灌溉	乔灌株行距按园林化种植确定，草坪草播种量15~20g/m²		
立地类型小区	坡地区							
立地类型组	土质边坡							
立地类型	陡坡地							
配置模式	乔木+灌木+草+网络工程护坡							

表3-46　若尔盖—江河源高原山地亚区（VIII-3）植物配置模式、种植方式及种植效果

立地类型划分		植物种	常用配置	种植方式			设计图	效果图
				规格	整地方式	种植密度		
模式代号	VIII-3-1-C-a-1	乔木：华山松、云南云杉、川西云杉、青海云杉、大果红皮云杉、鸡桑、山杨、国沙棘；灌木：川滇高山栎、川滇绣线菊、蕨麻、峨眉蔷薇、锦鸡儿、金露梅、鸡骨柴、黄花棘豆、紫花苜蓿等；草：高羊茅、紫羊茅、披碱草、黑麦草等	1. 华山松+川滇高山栎+西康花楸+披碱草；2. 大果红皮云杉+刚毛忍冬+峨眉蔷薇+高山紫菀+毛叶水栒子+鳞皮云杉；3. 鳞皮云杉+峨眉蔷薇+黑麦草	园林I级苗，无病虫害，各苗根系发达，常绿树种带土球。苗木按园林设计要求确定，草种籽粒饱满，发芽率≥95%	原生土栽培，或移土整地或全面规则抗排列，施肥，灌溉	乔灌株行距按园林化种植确定，草坪草播种量15~20g/m²		
立地类型小区	平地区							
立地类型组	恢复区							
立地类型	一般恢复区							
配置模式	乔木+灌木+草近自然配置							

续表

立地类型划分					植物种	常用配置	种植方式			设计图	效果图
模式代号	立地类型小区	立地类型组	立地类型	配置模式			规格	整地方式	种植密度		
Ⅷ-3-1-A-b-2	平地区	美化区	生活美化区	乔木+灌木+草近自然配置	乔木：大果圆柏、侧柏、刺柏、康定柳、箐川杨、山杨、藏川杨、白杨树、中国沙棘树、川滇绣线菊、白刺花、甘青锦鸡儿、二色锦鸡儿、峨眉蔷薇、葡萄枸子、大刺茶藨子、藏沙棘、拉萨小檗等；草本：甘青铁线莲、紫花针茅、紫羊茅、高羊茅等	1. 大果圆柏+川滇绣线菊+峨眉蔷薇+早熟禾；2. 康定柳+二色锦鸡儿+大刺茶藨子+莎草；3. 中国沙棘+白刺花+拉萨小檗+高羊茅	园林Ⅰ级苗，无病虫害、各类伤，根系发达，常绿树种和带土球。苗木按园林设计要求确定。草种籽粒饱满，发芽率≥95%	原生土壤或移土栽培，全面整地，施肥、灌溉	乔灌株行距按园林绿化种植确定，草坪草播种量15～20g/m²		
Ⅷ-3-2-D-a-3	坡地区	土质边坡	缓坡地	乔木+灌木+草近自然配置	乔木：华山松、南方云杉、川西云杉、高山松、青海云杉、果园圆柏、毛樱桃、杏、中国沙棘等；灌木：川滇绣线菊、金露梅、鸡桑、尼泊尔蒿、黄花杜鹃、峨眉蔷薇、鸡桑、蔷薇等；草本：莎草、旱熟禾、紫花针茅、高羊茅、披碱草	1. 川西云杉+川滇绣线菊+金露梅+早熟禾；2. 云南松+川滇绣线菊+尼泊尔蒿针茅；3. 大果圆柏+峨眉蔷薇+拉萨小檗+紫花针茅	园林Ⅰ级苗，无病虫害、各类伤，根系发达，常绿树种和带土球。苗木按园林设计要求确定草种籽粒饱满，发芽率≥95%	原生土壤或移土栽培，全面整地，施肥、灌溉	乔灌株行距按园林绿化种植确定，草坪草播种量15～20g/m²		

表 3-47　羌塘—藏西南高原亚区（Ⅷ-4）植物配置模式、种植方式及种植效果

立地类型划分					植物种	常用配置	规格	种植方式		种植密度	设计图	效果图
模式代号	立地类型小区	立地类型组	立地类型	配置模式				整地方式				
Ⅷ-4-1-C-b-1	平地区	生态恢复	重点恢复区	超高寒灌+草近自然配置	灌木：班公柳、西藏沙棘；草本：紫羊茅、青藏苔草、沙生针茅、帕米尔嵩草、藏北嵩草、固沙草、藏西嵩草、披碱草	1.班公柳＋紫羊茅；2.西藏沙棘＋藏西嵩草	园林大苗，Ⅰ级苗，无病虫害，各类枝干和根系发达，常绿树种，苗木按园林设计要求确定。草籽饱满，发芽率≥95%	原生土壤栽培或移土整地排列，全面规则挖坑，施肥、灌溉		乔灌株行距按园林化种植确定，草坪草播种量15～20g/m²		
Ⅷ-4-1-C-a-2	平地区	生态恢复	一般恢复区	超高寒草甸近自然配置	草本：青藏针茅、沙生针茅、帕米尔嵩草、藏北嵩草、藏西嵩草	藏北嵩草＋帕米尔嵩草＋沙生针茅	园林大苗，Ⅰ级苗，无病虫害，各类枝干和根系发达，常绿树种，苗木带土球，苗木按园林设计要求确定。草粒饱满，发芽率≥95%	原生土壤栽培或移土整地，全面整地，施肥、灌溉		乔灌株行距按园林化种植确定，草坪草播种量15～20g/m²		

3.10 本章附表

图 例 样 式 参 照 表

分区名称	亚区名称	图 例		植物种类
东北黑土区	—			阔叶乔木
	—			针叶乔木
	—			灌木
	—			草本
北方风沙区	浑善达克沙地亚区 （Ⅱ-1）			乔木
				灌木
				草本
	科尔沁及辽西沙地亚区 （Ⅱ-2）			乔木
				灌木
				草本
	阿拉善高原山地亚区 （Ⅱ-3）			乔木
				灌木
				草本

续表

分区名称	亚区名称	图　例	植物种类
北方风沙区	河西走廊亚区 （Ⅱ-4）		乔木
			灌木
			草本
	北疆山地盆地亚区 （Ⅱ-5）		阔叶林
			针叶林
			灌木林
			经果林
			花卉
			草本
	南疆山地盆地亚区 （Ⅱ-6）		阔叶林
			针叶林
			灌木林
			草本

分区名称	亚区名称	图 例	植物种类
北方土石山区	—	等	园林绿化树
	—	生态袋护砌	生态袋
	—		两侧绿化乔木
	—		两侧绿化灌木
	—		针叶乔木
	—		阔叶乔木
	—		灌木
	—		草本
西北黄土高原区	—		软阔叶林
	—		针叶林
	—		灌木林
	—		豆科草
	—		农作物
	—		花卉

续表

分区名称	亚区名称	图　例	植物种类
西北黄土高原区	阴山山地丘陵亚区（Ⅳ-1）		阔叶林
			针叶林
			灌木林
			草本
	鄂乌高原丘陵亚区（Ⅳ-2）		阔叶林
			针叶林
			灌木林
			草本
	宁中北丘陵平原亚区（Ⅳ-3）		阔叶林
			针叶林
			灌木林
			草本
	晋陕甘高塬沟壑亚区（Ⅳ-4）		阔叶林
			针叶林
			灌木林
			草本

分区名称	亚区名称	图　例	植物种类
西北黄土 高原区	宁青甘山地丘陵沟壑亚区 （Ⅳ-5）		阔叶林
			针叶林
			灌木林
			草本
	晋陕蒙丘陵沟壑亚区 （Ⅳ-6）		阔叶林
			针叶林
			灌木林
			草本
	汾河中游丘陵沟壑亚区 （Ⅳ-7）		阔叶林
			针叶林
			灌木林
			草本
	关中平原亚区 （Ⅳ-8）		阔叶林
			针叶林
			灌木林
			草本

分区名称	亚区名称	图　例	植物种类
西北黄土高原区	晋南、晋东南丘陵亚区（Ⅳ-9）		阔叶林
			针叶林
			灌木林
			草本
	秦岭北麓—渭河中低山阶地亚区（Ⅳ-10）		阔叶林
			针叶林
			灌木林
			草本
南方红壤区	—		乔木
	—		灌木林
	—		草本
	—		碎石+草
	—		边坡植草
	—		砌石草皮护坡
西南紫色土区	秦巴山、武陵山山地丘陵亚区（Ⅵ-1）		针叶林
			阔叶林

续表

分区名称	亚区名称	图　例	植物种类
西南紫色土区	秦巴山、武陵山山地丘陵亚区（Ⅵ-1）		灌木林
			果树、经济林
			竹林
			草地
	川渝山地丘陵亚区（Ⅵ-2）		针叶林
			阔叶林
			灌木林
			果树、经济林
			竹林
			草地
西南岩溶区	—		乔木（软阔叶树）
	—		灌木
	—		
	—		草本
	—		
	—		藤本
	—		乔木

续表

分区名称	亚区名称	图　例	植物种类
青藏高原区	雅鲁藏布河谷及 藏南山地亚区 （Ⅷ-1）		乔木
			灌木
			乔木
			灌木 1
			灌木 2
			草坪草
	藏东—川西高山 峡谷亚区 （Ⅷ-2）		草坪草
			灌木
			草坪草

第 4 章

生产建设项目水土保持植物措施建设与管理

4.1 植物措施建设

4.1.1 建设前准备工作

生产建设项目植物措施建设一般采取造林、种草、自然恢复等形式，应在充分分析立地条件、生产建设项目功能需求的基础上，推荐多种植物类型复合配置。生产建设项目植物措施与自然地貌条件下的植被建设相比有以下几个特点：首先，立地类型为人工重塑；其次，人员管护条件较自然地貌优越；最后，选择物种时也更多考虑项目或人类的需求等主观因素。因此，生产建设项目植物措施建设属于人工植被建植行为，各环节人为控制的因素明显。为了保证植物措施建设效果，建设前的准备工作尤其重要。

4.1.1.1 苗木和种子

在进行苗木的筛选和准备时，要根据生产建设项目的实际要求和需求选择适宜、优质的苗木，以保证苗木的成活率和水土保持防护效果。

（1）苗木选用前准备。主要包括以下 8 个方面。

1）苗木应具有较多的侧根和须根，且分布均匀。

2）嫁接苗木的愈合度要好，接口处须愈合牢固。

3）所选苗木芽的发育状况良好。优质的苗木必须在定干部位以上的整形带范围内有 6 个以上充实饱满的叶芽，以保证定干后发出好的枝条。

4）苗木无损伤。要选购无机械损伤的苗木，同时应注意在运输、栽植过程中造成损伤。

5）病虫害防治。要选择有检疫证明、无病虫害的苗木。

6）成熟度。要选择枝条表皮光滑，或带秋梢、成熟度好的苗木。

7）苗木含水量。选择的苗木树皮应新鲜、失水少、无皱皮现象。

8）大苗带胎土。对三年以上的果树大苗，应带胎土起苗（包塑料袋），再进行运输和栽植。

（2）种子选用前准备。在进行种子选用时应选择优质的种子，确保种子质量合格。购买种子时，应核实种子经营者的证照，查看经营范围与其所卖种子是否相符，查看种子的适宜种植区域是否包括本地。还应注意种子的合法性和安全性。查看相关检验证明，确定种子的发芽率、净度、水分、纯度达到国家相应的用种标准。

4.1.1.2　水源和灌溉设施

根据立地条件以及项目区所在地的气候自然条件，再结合水资源情况，配备必要的灌溉设施。灌溉可采用地上固定、地表移动等喷灌方法。灌溉时要结合建设区土层厚度、建植物种的吸水程度、根系深度、建植面的坡度、当地的气候等多种因素来确定灌溉方式。灌溉设备尽量选择节能、节水、传送距离长并均匀的设备。

4.1.1.3　肥料

由于生产建设项目植被建设立地类型均为人为再塑地貌，多数情况下土壤肥力偏低。随着生产建设项目相关技术标准对表土剥离及回覆的要求愈加严格，近年来，在生产建设项目中对土壤耕作层的保护和利用也引起了建设方的重视。尽管如此，很多情况下植物措施实施的效果仍然见效缓慢、成活率低下，其中一个重要的原因就是土壤肥力不能适时跟上，因此在进行植物措施建设之前做好肥料准备对保证后续成活率有重要意义。

肥料是指施于土中或喷洒于作物的地上部分，能直接或间接给植物体养分，改善植物品质改良土壤性状、培肥地力的物质。按化学成分可划分为有机肥、无机肥、有机无机肥三种类型。在进行追肥时，尽量使用有机肥，可减少对土壤及生态环境的污染。

（1）有机肥。有机肥料是指将各种来源于动植物残体或人畜排泄物等的有机物料，就地积制或直接耕埋施用的一类自然肥料，也称作农家肥料。

（2）无机肥。无机肥是指用化学合成方法生产的肥料，包括氮、磷、钾等。无机肥为矿质肥料，它具有成分单纯、含有效成分高、易溶于水、分解快、易被根系吸收等特点，故称"速效性肥料"，通常所说的化肥即是"无机肥料"。

（3）有机无机肥。有机肥料含有大量的有机质，具有明显的改土培肥作用。无机肥料只能给作物提供无机养分，将两者混合就是有机无机肥料，可做到优势互补。

4.1.1.4　道路

绿化区域的交通系统是指绿地中的道路和各种铺装地坪等。苗木的运输、栽植，设备的安装以及解决外购材料等都需要车辆进入，因此一般植物措施实施中都在现有公路的基础上再完善运输道路。生产建设项目植物一般都在主体施工后期完成，各防治分区运输系统较为完善，个别不能满足要求的路段可修建临时运输通道。一般绿化临时运输通道可分为主要道路和次要道路 2 种。

（1）主要道路。单独通往某一固定防治分区，需考虑通行、运输、安全等要素，路面宽 4～8m。

（2）次要道路。互通于各个绿化区域、建（构）筑物等，宽 2～4m。

4.1.2　整地

整地一般在准备实施植物措施分区内的主体工程或主要工程措施完工并验收合格后进行。场地内的垃圾杂物应清理干净，无直径大于 3cm 的砖（石）块、宿根性杂草、树根及其他有害物。种植土层厚度应符合要求，如含有建筑垃圾及其他对植物生长有害的污染物以及强酸性土、盐土、盐碱土、重黏土、沙土时，须采用客土或采取改良土壤的技术措施，在换土深度达 40cm 时施足基肥，肥料以充分腐熟的有机肥为佳。对有病虫害的土壤，还应结合消毒、杀菌、灭除害虫等方法进行处理。整理后的场地应保证排水坡向正确，坡度流畅、圆润，形成自然走水态势，无明显的低洼和积水处，边沿土表应低于路沿石 5cm。

生产建设项目水土保持植物措施实施区整地常采用场地平整、客土回填、深耕施肥的方法。整地方式分为全面整地和局部整地。全面整地是指翻垦场地的全部土壤，主要适用于平坦地区。局部整地是指翻垦场地内部分土壤，包括带状整地和块状整地。

水土保持植物措施中常用的整地方式包括以下几种。

(1) 带状整地。带状整地是指呈长条状翻垦场地区的土壤。在山地，带状整地方法有水平带状、水平阶、水平沟、反坡梯田等；在平坦地段，带状整地方法有犁沟、带状、高垄等。

1) 水平阶整地。该整地方式是指沿等高线将坡面修筑成阶状台面，阶面水平或稍向内倾斜，阶面宽 0.7~1.5m，阶长依地形而定，一般为 4~6m。

2) 水平沟整地。该整地方式是指沿等高线挖沟，沟的断面呈梯形或矩形，水平沟的上口宽 0.5~0.8m，沟底宽 0.3~0.5m，沟深 0.4~0.6m。水平沟整地沟宽且深、容积大，能拦蓄较多的降水。

3) 反坡梯田整地。该整地方式主要用于果树和其他对立地条件要求较高的树种栽植。一般用于坡度较缓、土层较厚的地方，田面宽 2~3m，长 5~6m，田边蓄水埂高 0.3m，顶宽 0.3m。

(2) 块状整地。块状整地是呈块状的翻垦场地的整地方法。山地应用的块状整地方法有穴状和鱼鳞坑；平原应用的块状整地方法则有坑状、高台等。整地区基本上顺着等高线在坡面上连续布设。块状整地适用于地形破碎、土层较薄、不能采取带状整地工程的地方。

1) 穴状整地。该整地方式是指在原地面形成一个坑穴，穴面与原坡面持平或稍向内倾斜，穴径 0.4~0.5m，深 25cm 以上。

2) 鱼鳞坑。该整地方式形成的坑平面呈半圆形，长径 0.8~1.5m，短径 0.5~0.8m，坑深 0.3~0.5m，坑内取土并在下沿做成弧状土埂，高 0.2~0.3m（中部较高，两端较低）。

4.1.3 建植时期

树木的建植季节因树种、地区而异，但原则上应在树木休眠期间进行种植较为合适。因为树木在休眠期间生理活动非常微弱，在移植大树时虽然会对大树造成一定的损害，但是容易恢复。

(1) 春季建植。春季是植树较好的季节，一般所有的树种都可在这个季节栽植，具体时间一般在土壤解冻至树木发芽之前，即 2—4 月都适于植树（南方早，北方迟）。在这个适宜期内种植，应宜早不宜晚，早栽则树苗出芽早、扎根深、易成活。最晚要在芽开始萌动即将要展叶之前种植。寒冷的地区选用春季种植较为适宜。但春季高温、低湿的地区则不宜在春季栽植。种植时间应提前到冬季或雨季。春季造林时间短，可先栽萌动早的树种，如杨、柳、栎类、榆、槐树等，而对根系分生要求较高温度的个别树种（椿树、枣树）可稍晚一点栽植；按先低山，后高山；先阳坡，后阴坡；先轻壤土，后重壤土的顺序安排建植。建植方法可选择容器苗、带土坨移植、裸根苗移植等，在栽植裸根苗前要在水中浸泡根部或蘸泥浆后再进行栽植工作。

（2）夏季（雨季）建植。在冬季干燥多风，雨雪少，而夏季雨量比较集中的地区，可以进行雨季建植。雨季天气炎热多变，时间较短，建植时机难以掌握，过早、过迟或栽后连续多天晴天，都会难以成活，所以在雨季建植时会在连续阴雨天或是在雨透后进行，树种以常绿阔叶树种为主，如油松、侧柏、云南松、桉树、柠条、紫穗槐樟树等。在移植时一定要随挖、随运、随栽，尽量缩短苗木栽植时间。栽植方式可选择带土坨栽植，带土坨苗木在运输过程中能够起到保持水分的作用，也能为栽植后苗木对土壤的适应保留一定的缓冲期。

（3）秋季建植。进入秋季，气温逐渐下降，土壤水分较稳定，苗木落叶，地上部分蒸腾量大大减少，而苗木根系却有一定的活力，栽植后容易恢复活力。适宜在春季比较干旱、秋季土壤湿润、气候温暖、鼠兔牲畜危害较轻的地区栽植适应性强、耐寒性强的落叶树种，一般在树木大多数叶片脱落至土壤完全封冻之前进行，即 10 月下旬至 11 月上旬。如果栽植过晚，土壤冻结，会造成栽植困难，而且根系完成不了生根过程，对植物的成活和生长都不利。秋季栽植萌芽力强的阔叶树种时多采用截干栽植的方法。在风大、多风、风蚀严重的沙区以及冻拔严重、湿润的黏重壤土区，秋季栽植效果较差，不过也可以进行插条造林，但插条时要深埋，以免遭受冬季低温及干旱危害。

（4）冬季建植。在冬季土壤基本不冻结的华南、华中、华东等长江流域地区，可以进行植苗建植。冬季建植实际上是春季建植的提前或秋季建植的延后，树种主要以落叶阔叶树为主。油茶、油桐、栎类等树种也可在立冬前后进行播种建植，冬季不解冻的地区也可以进行插条建植。

建植季节确定后，还要选择适宜的天气。一般来说，雨前雨后、毛毛雨天、阴天都是种植的好天气。要避免在大风天进行建植，大风天气候干燥、蒸发量多、不易成活。

4.1.4　建植方法

4.1.4.1　植苗方法

落叶乔灌木的起苗和栽植应在春季霜冻以后、发芽以前，或在秋季落叶后至霜冻以前进行。常绿乔灌木起苗和栽植应在春季发芽之前进行，或在秋季新梢停止生长后、降霜以前进行。

栽植的苗木宜保持直立，不可倾斜（有特殊设计要求的除外）。规则式栽植要横平竖直，树木应在一条直线上，偏差不得超过树木胸径的一半。行道树相邻两株高低差不得超过 30cm。栽植时宜将苗木的丰满一面或主要观赏面朝主要视线方向。栽植绿篱应按由中心向外的顺序种植；坡式栽植时应由上向下栽植；大型片植或不同色块片植时，宜分区、分块栽植。苗木栽植后，栽植土应低于路缘石或挡土侧石 3～5cm。

树穴、槽的规格应视土质情况和树木根系大小而定。一般树穴直径和深度应较根系和土球直径加大 15~20cm，深度加大 10~15cm。树槽宽度应在土球外两侧各加 10cm，深度加大 10~15cm，如遇土质不好而需进行客土或采取施肥措施的，应适当加大穴槽规格。挖种植穴、槽时应垂直下挖，穴槽壁要平滑，上下口径大小要一致，挖出的表土和底土、好土和坏土应分别放置。穴、槽壁要平滑，底部应留一个土堆或一层活土。挖穴槽应垂直下挖，上下口径大小应一致。在新垫土方地区挖树穴、槽，应将穴、槽底部踏实。在斜坡挖穴、槽应采取鱼鳞坑和水平条的方法。树穴、槽的规格应符合表4-1~表4-4。

表 4-1　　　　　　　　　　　　常绿乔木类种植穴规格　　　　　　　　　　　　单位：cm

树高	土球直径	种植穴深度	种植穴直径
150	40~50	50~60	80~90
150~250	70~80	80~90	100~110
250~400	80~100	90~110	120~130
>400	140 以上	120 以上	180 以上

表 4-2　　　　　　　　　　　　落叶乔木类种植穴规格　　　　　　　　　　　　单位：cm

胸径	种植穴深度	种植穴直径	胸径	种植穴深度	种植穴直径
2~3	30~40	40~60	5~6	60~70	80~90
3~4	40~50	60~70	6~7	70~80	90~100
4~5	50~60	70~80	7~8	80~90	100~110

表 4-3　　　花灌木类种植穴规格　　单位：cm

冠径	种植穴深度	种植穴直径
200	70~90	90~110
100	60~70	70~90

表 4-4　　　绿篱类种植槽规格　　单位：cm

深×宽	种植方式	
	单行	双行
50~80	40×40	40×60
100~120	50×50	50×70
120~150	60×60	60×80

栽植根苗时，应使苗干处于穴中心，栽植深度一般不超过根颈3cm，不能将原来埋入土中的部分露出地面。如穴底施过基肥，则先垫5~10cm 土再栽苗。回填土时先填最初挖出的表土，再填底土。栽裸根苗填土 1/3~1/2 时轻轻提起树苗，可使根系舒展，细土落入空隙中。填土时随填随沿穴边向中心踩实，以防浇水后出现空洞。栽植完成后，立即修畦埂或围堰，然后浇透水，使土壤与根系密接。栽植带土球苗时，在坑槽内用种植土填至土球地面的高度，将土球放置在填土面上，待定向后方可打开土球包装物。取出包装物（如土球的土质松软，土球底部的包装物可不取出），然后从坑槽边缘向土球四周培土，分层捣实，当培土高度到土球深度的 2/3 时，做围堰，浇足水，水分渗透后整平，若泥土下沉，应在三天内补填种植土，再浇水整平。废弃土石存放地、土壤酸碱性过高的地块建议全部采用带土球的苗木栽植方法。

高大苗木栽植后及时立柱支撑。可采取单支柱法、双支柱法或三支柱法，支撑应牢固，一般支柱立于土堰以外，深埋30cm以上，将土夯实，支柱的方向一般迎风。树木绑扎处应垫软物，严禁支柱与树干直接接触，以免磨坏树皮。支柱立好后树木必须保持直立。喜阴植物栽植后应架设遮阴网或遮阴篷。

（1）大树装箱移植。在美化区进行大树移植时必须带土球，以免损伤根部。移植胸径为5~30cm的大树，应该采用大木箱移植法；移植胸径为10~15cm的大树，多采用土球移植法；移植胸径为10~20cm的落叶乔木，可采用露根移植法。为了提高移植的成活率，在移植前应采用一系列措施，如果是常绿阔叶树，应在挖树前两周左右先修剪1/3的枝叶，针对常绿针叶树种，剪去少量不整齐的枝条、枯枝和病枝，方便运输；起苗前应对大树进行包扎，对于树冠大而散的树木，可用草绳将树冠围拢紧；对一些常绿的松柏树，可用草绳扎缚固定根球；树干离地面1m以下部分要用草绳缠绕起来。

起苗时，根据树干的种类、株行距和干径的大小确定在植株根部保留土球的大小，土球大小一般是胸径的8~10倍，在比土球大10cm处画一个正方形，然后沿线外缘挖一个宽60~80cm的沟，沟深应与土台高度相等。挖掘树木时，应随时用箱板进行校正，保证土球尺寸与箱板尺寸完全相符。挖掘时如遇到大的树根，可用手锯或剪子将其切掉。在装木箱、装车、卸车等环节也要格外注意，尽量将对树木的伤害降到最低。

栽植时，栽植坑的直径应比土球宽50~60cm，深20~25cm，并施入腐熟的有机肥。吊树入坑时，先在树干上包好麻包或草袋，然后用钢丝绳兜住木箱底部，将树直立吊入树坑。如果树木的土球较坚硬，可在树木未完全落地时拆除木箱底板；如果土质比较松散，不能先拆除底板，要将木箱放稳后再拆除并向坑内填土，将土回填到坑的1/3高度时再拆除四周箱板，然后再继续填土，最后将土壤踏实。

栽后管理方面，填土后要立即浇水，第一次要浇足、浇透，隔1周后浇第二次水，每次浇完水待水全部透下，应中耕松土1次，深度10cm左右。

（2）冻土球移植。大树移植除了上述装箱移植法以外，还有冻土球移植和裸根苗移植。

在我国北方一些地区，冬季土壤结冰较深，可在土壤冰冻期挖掘土球，该方法的优点是可节省包装和运输的费用。冻土球移植的树种必须耐寒性特别强，特别是根系能耐严寒的乡土树种。若冻前未灌水，土壤干燥，结冰不实，可泼水促冻。

（3）裸根苗移植。生根能力强，移植易成活的落叶大树，可用裸根苗移植，如杨、柳、国槐、刺槐、银杏、合欢等，胸径一般控制在10~20cm，过大则宜带土球。但国槐等生根能力强的树种，即使胸径达40~50cm，仍可用裸根苗移植。裸根移植大树应在秋季落叶至翌年春季萌芽前进行，有些不宜在冰冻期移植，只能在化冻后至萌芽前的时间内移植，要抓住当地最有利的时机。对潜伏芽寿命长、萌芽力强的树种，除地上部分保留一定量的主枝、副主枝外，可对树冠进行重剪，但对慢生树种的修剪不宜过大。挖掘前以树干为中心，以胸径的8~10倍的半径画圆，在圆的外围垂直向下开沟，遇根铲断，达到规定深度后向内掏底，当掏到只剩下中心土柱时，将树干支牢，用四齿锄从土球上缘开始由上向下、由外向里去土，注意尽量少伤须根或不伤须根。当仅剩下根茎部以下30cm范围内的土壤时，去掉中心土柱，锯断主根，拆除支撑，推倒大树，去掉根部全部剩余的土壤，修剪过长和受伤的根系。由于根系完全裸露，为了避免失水干燥，应在根系间夹上苔藓或湿稻草，再用湿的草包兜住整个根系，包扎成球状，根系分散的可包扎成几个球状。栽植穴、坑要比球的幅度大 20～30cm，栽植时要立好支柱。

4.1.4.2 灌木建植方法

起苗前如果圃地土壤干燥，就要提前浇水。人工起苗时，先铲去苗木行间两侧的表土，再在距苗木茎干大于根长的位置用利锹向下切断根系轻轻抖土取出苗木。对于需要带土球的苗木，土球大小依树冠大小而定，树冠越大土球就越大。土球直径一般为 30cm 左右。容器苗木在起苗时要严防袋内土壤散落。栽植方法采用穴植法，裸根苗木采用"三埋两踩一提苗"的栽植技术。栽植时把苗木放入穴中心并扶正，要使苗根展开。填土时，先用表层土埋苗根，当土填到坑深的 2/3 时，把苗木向上略提一下，一则使苗根向下，二则使苗木达到栽植所要求的深度，踩实再填土到穴满，再踩。最后在穴面覆一层松土防止土壤水分蒸发。带土球苗木的栽植方法是：先往穴内回填 1/3 表土后再放入苗木，将土填到苗木根际以上踩实；再填满穴面，再踩；最后在穴面覆一层松土，防止土壤水分蒸发。苗木栽植完后浇一次透水。

4.1.4.3 草本建植方法

（1）常规种草。常规种草时应根据不同的坡下垫面情况和不同的草种，采用不同的种植方法，一般有直播法和植苗法两种。直播法是指采用穴播、沟播、水力播种等方法，将草籽加土拌和后，均匀播种在表土适当翻松。当土质适宜时，可直接植草；若坡面土质不宜直接植草时，应先铺垫土质适宜的种植土层；若在风沙地区可先布置沙障固定流沙，再播种草籽。植苗法是指采用穴植、沟植等方法，苗木可采用裸根苗或带土坨苗。

（2）铺植草皮。铺植草皮具有成坪时间短、护坡见效快、施工季节限制少和后期管理难度大的特点。适用于附近草皮来源较易、保证养护用水持续供给性好的区域。

在生产建设项目植物措施建设中，各类土质边坡平地均可应用此方法，既可用于高陡的上坡上，也可用于严重风化的岩层和成岩作用差的软岩层边坡上。坡高不超过 10m 的稳定边坡也可使用。

（3）植生带植草。植生带是采用专用机械设备，依据特定的生产工艺，把草种、肥料、保水剂等按一定的比例混合后定植在可自然降解的无纺布和其他材料上，并经过机器滚压和针刺，等复合定位工序，形成的一定规格的产品。

植生带植草具有以下特点：植生带置草种和肥料于一体，播种施肥均匀，数量精确；具有保水和避免水流冲失草种的功能，因此，草种出苗率高、出苗整齐，由于采用可自然降解的纸或无纺布等作为底布，对地表吸附作用强，腐烂后可转化成肥料。植生带体积小、重量轻、便于贮藏，运输、搬运轻便灵活；省时、省工、操作简便。

（4）三维植被网。三维植被网是指利用活性植物并结合土工合成材料等工程材料，在坡面构建一个具有自身生长能力的防护系统，通过植物的生长和边坡进行加固的一门新技术。可以根据边坡地形、土质和区域气候特点，在边坡表面覆盖一层土工合成材料，并按一定的配比组合与间距种植多种植物。

三维植被网护坡具有固土性能优良、消能作用明显、网络加筋突出、保温功能良好等特点。三维植被网护坡在我国各地均可应用，但在干旱、半干旱地区应保证养护用水的持续供给。每级坡面高度不超过 10m 的各类稳定土质边坡均可应用。

（5）液压喷播植草。液压喷播植草是指把优选出来的绿化草种、肥料、黏着剂、保水剂、纤维覆盖物、着色剂等与水按一定比例混合成喷浆，通过液压喷播机直接喷射到待绿化区域上的一种植草方法。具有以下特点：施工简单、速度快；施工质量高，草籽喷播均匀，发芽快、整齐一致；防护效果好，正常情况下，喷播一个月后坡面植物覆盖率可达 70％以上，2 个月后可形成防护、绿化功能；适用性广；工程造价低。一般用于土质填方不超过 10m 的稳定边坡，土石混合填方边坡经处理后可用，也可用于土质挖方边坡。

（6）撒播播种。撒草籽前用农药拌种或用杀虫剂、保水剂、抗旱剂对种子进行包衣化处理，以防止种子传播病虫害和避免病虫对种子造成危害。撒播时，经处理的草籽与化肥按 1：0.5 的比例拌和，按 20 倍用种量掺土拌匀。

4.1.4.4　植物措施配比

（1）乔灌草配比。为了营造复合植物群落，提高植物措施防护效果，使生产建设项目植物措施更加稳定且与周边环境协调统一，一般选择乔灌草搭配结构，搭配比例好的乔灌草能够充分利用营养空间，有利于改善土壤环境，更好地发挥生态效益。因此，要求树种搭配合理、结构稳定。在选择混交树种时应遵守以下原则：①在生态学上有互补性的，如浅根系和深根系、喜光和耐阴、针阔混交等；②混交树种有较高的美观、经济、生态价值，即除改良土壤、改善环境外还可以得到经济效益；③混交树种之间不能有相同的病害，尤其不能与主要培育树种的病害相同。

确定混交比例时通常可以考虑以下几点：

1）保证主要树种始终占据优势。主要栽培树种应该占据大部分比例（50％～75％），伴生种的比例可较小（25％～50％），而仅起着改良土壤作用的树种和预防病虫害作用的树种混交比例可以更低。

2）竞争能力强的主要树种，栽植比例可小些。如速生型和喜光型乔木树种，在保存原有效益的基础上可适当降低栽植比例；提高耐阴树种和竞争力弱树种栽植比例。

3）混交比例因立地条件的不同而不同。立地条件好的地方，混交树种的比例不可太大，其伴生树种应多于灌木树种。而在立地条件差的情况下，灌木的栽植比例可大些。

4）混交方法不同，混交比例也不同。单株或行状混交时一般比例较大，群状混交的比例较小。

（2）美观型植物配比。生产建设项目植物措施，可适当建设园林化植被模式，在考虑水土保持功能的前提下，适当与园林绿化结合、统一。园林绿化植树对于一些煤矿的工业场地、厂区、办公区、生活区等需要美化的功能区来说是十分重要的。在整个园林绿化中，乔木和灌木由于寿命长，并具有独特的观赏价值，可作为主要骨架。一般的配置类型有孤植、对植、丛植、群植、带植等多种形式。应根据生产建设项目的功能分区、防护要求、美化目的，采用不同的配置方式和选择不同的树种。

1）孤植。孤植就是单株配置，有时也可 2～3 株（同一树种）紧密配置。孤植树是观赏的主景，应体现其树木的个体美，选择树种时应考虑体形特别巨大、轮廓富于变化、姿态优美、花繁实累、色彩鲜明、具有浓郁的芳香气味等特点，如雪松、罗汉松、白皮松、白玉兰、广玉兰、元宝枫、毛白杨、碧桃、紫叶李、银杏、槐树、香樟等。孤植树要注意树形、高度、姿态等与环境空间的大小、特征相协调，并保持适当的视距，应以草坪、花卉、水面、蓝天等作为背景，形成丰富的层次。

2）对植。对植是指两株或两丛树，按照一定的轴线关系左右对称或均衡的一种配置方法。用于建筑物、道路、广场的出入口，起遮阴和装饰作用；在构图上形成配景或夹景，很少作主景。对植有规则式（同一树种）和自然式（不同树种）之分。

3）丛植（群植、带植）。丛植是指由两株以上至十几株乔灌木树种自然组合在一起的配置形式，其对树种的选择和搭配要求比较细致，以反映树木组成的群体美为主。丛植可作为园林主景或作为建筑物的配景或背景，也可起到分隔景物的功能。单一树种配置的树丛称为单纯树丛，多个树种配置的树丛称为混交树丛。

4.1.4.5 水土保持植物措施栽植方式

水土保持植物措施应在主体工程完成后进行。栽植植物应优先选择符合当地自然条件的适生植物，当选用外界引入植物时，应避免有害物种入侵。

植物配置和栽植密度应满足各种植物的生态习性要求，符合生态及景观等功能要求，应体现整体与局部、统一与变化、主景与配景及季相变化等关系。应充分利用植物的枝、花、叶、果等形态和色彩，合理配置植物，形成多种群落结构和季相变化丰富的植物景观。植物配置应以乔木为主，并以常绿树与落叶树相结合，速生树与慢长树相结合，乔、灌、草相结合，使植物群落具有良好的景观与生态效益。

道路交叉口、出入口、机动车调头区及道路转弯半径范围内栽种植物应采取通透式配置，满足车辆的安全视距。

花景宜以花期长、观赏效果佳的球（宿）根花卉和多年生草本植物及低矮的观花、观叶植物为主。

苗木与地下管线最小水平距离见表4-5。

苗木与地面建筑物、构筑物外缘最小水平距离见表4-6。

表4-5 苗木与地下管线最小水平距离　　单位：m

地下管线	苗木	
	乔木	灌木或绿篱外缘
电力电缆	1.5	0.5
弱电电缆	1.5	0.5
给排水管	1.5	—
排水盲沟	1.0	—
室外消火栓及水泵接合器	1.2	1.2
燃气管道（低中压）	1.2	1.0
热力管	2.0	2.0

表4-6 苗木与地面建筑物、构筑物外缘最小水平距离　　单位：m

地面建筑物、构筑物	苗木	
	乔木	灌木或绿篱外缘
测量水准点	2.0	1.0
挡土墙	1.0	0.5
楼房	5.0	1.5
平房	2.0	—
围墙（高度小于2m）	1.0	0.8
排水明沟	1.0	0.5
电力及弱电设备	2.5	1.0

树木与架空电线的最小水平间距与最小垂直间距见表4-7。

表 4-7　　　　　　　　　树木与架空电线的最小水平间距与最小垂直间距

电线电压/kV	最小水平间距/m	最小垂直间距/m	电线电压/kV	最小水平间距/m	最小垂直间距/m
<1	1.0	1.0	110~220	4.0	3.5
1~10	2.0	1.5	>220	5.0	4.5
10~110	3.0	3.0			

地被植物应根据立地条件及地形起伏情况，因地制宜，选择多年生球（宿）根类、球茎类，自衍力强的 1、2 年生草本，藤本植物和低矮的木本植物。

花坛植物宜选用花朵显露、株高整齐、1、2 年生或多年生草本、球（宿）根花卉及低矮的观叶植物。

草坪宜根据其性质和功能及气候因素、生长条件等，选择适宜的草种和种植类型。

水土保持植物生长所必需的种植土层厚度最小值应大于植物主要根系分布深度，具体见表 4-8。

4.1.4.6　常用植物种植形式

（1）孤植。孤植是利用树冠、树形特别优美的乔木树种，单独种植形成一个空间或图面的主要景物的配置形式。孤植一般为单株，也可以是两株到三株，紧密栽植，组成一个单元，但必须是同一树种，株距不超过 1.5m，孤立树下不得配置灌木。孤植树多为主景树，一般株形高大，树姿优美，枝叶茂

表 4-8　　　　种植土层厚度要求　　　单位：cm

植物类型	栽植土层厚度	必要时设置排水层的厚度
地被、草坪及 1、2 年生草	30	20
小灌木、球（宿）根花卉	40	20
小乔木、大灌木、竹类	60	30
浅根乔木、棕榈类植物	90	40
深根乔木	150	40

密，树冠开阔，生长健壮，开花繁茂，具有观赏价值，无病虫害，多选用当地乡土树种。

孤植树的种植位置主要取决于是否与周围环境整体统一，可以种植在视线开阔的空间。

（2）对植。对植是将数量大致相等的植物在构图轴线两侧栽植，使其互相呼应的种植形式。对植可以是两株树、三株树，或两个树丛、树群。对植多应用于大门两边、建筑物入口、广场或桥头的两旁。对植的形式有两株对植、多株对植和对称对植。

1）两株对植。两株对植是将树种、体量及姿态相似的乔灌木配置在中轴线两侧。要求同一树种，姿态可以不同，但要将构图的中轴线集中，不形成背道而驰的局面，以防影响景观效果。

2）多株对植。多株对植是两株对植的延续和发展，可单行也可多行，可同一种树也可多种树，常用于生产建设项目中的绿篱、行道树、树阵、防护林等的栽植。

3）对称对植。对称对植主要分为以下两种。

a. 规则式对植。将树种相同、体形大小相近、数目相同的乔灌木配植于中轴线两侧，常对植于建筑前和道路两旁。对称式的种植，一般需选用树冠整齐的树种，种植的位置不能妨碍出入交通和其他活动。并且保证树木有足够的生长空间。乔木距离建筑墙面要在 5m 以上，小乔木和灌木至少在 2m 以上。

b. 自然式对植。自然式对植可采用株数不同、树种相同的树种配植，也可以是两边相似而不相同的树种或两种树丛，树种需近似。两株或两个树丛还可以对植在道路两旁形成夹景，这种对植强调一种均衡的协调关系，要求树种统一，但大小、姿态、数量稍有差异。一般而言，栽植时大的应与中轴线的距离近些，小的应远些，且两个栽植点的连线不得与中轴线垂直，形成较为自然的景观。

对植多选用树形整齐优美、生长较慢的树种，以常绿树为主，但很多花色优美的树种也适于对植。

（3）行列栽植。行列栽植（又称列植、带植）是指将乔灌木按一定的株行距成排种植，或在行内株距有变化。行列栽植形成的景观比较整齐、单纯、有气势。行列栽植是规则式绿地中（如工业广场、工矿区、居住区、办公大楼绿化等）应用最多的基本栽植形式。种植行距取决于树种的特点、苗木规格和造景需要，一般乔木为 3～8m，中小乔木为 3～5m，大灌木为 2～3m，小灌木为 1～2m。完全种植乔木，或将乔木与灌木交替种植皆可。

行列栽植宜选用树冠体型比较整齐的树种，如圆形、倒卵形、椭圆形、塔形、圆柱形等，而不宜选用枝叶稀疏、树冠不整的树种。

（4）丛植。丛植通常是由两株到十几株同种或不同种乔木或乔灌木组合种植而成的种植类型。丛植是自然式园林中最常用的方法之一，它以反映树木的群体美为主，这种群体美又要通过个体之间的有机组合与搭配来体现，彼此之间既有统一的联系，又有各自的形态变化。在空间景观构图上，树丛常作局部空间的主景，或配景、障景、隔景等，还兼有分隔空间和遮阴的作用。

树丛常布置在大草坪中央、土丘等地做主景或草坪边缘、水边点缀，也可布置在园林绿地出入口、路叉和道路弯曲的部分。

以遮阴为主要目的的树丛常选用乔木，并多用单一树种，如香樟、朴树、榉树、国槐，树丛下也可适当配置耐阴花灌木。以观赏为目的的树丛，为了延长其观赏期，可以选用几种树种，并注意树丛的季相变化，最好将春季观花、秋季观果的花灌木以及常绿树配合栽种，并可于树丛下配置耐阴地被。

丛植的配置形式有两株丛植、三株丛植、四株丛植、五株丛植等。

1）两株丛植。多采用同一树种，在大小形态和高低上不能完全相同，但也不能相差过大，两树间的距离不大于两树冠平均直径的 1/2。

2）三株丛植。最好选用同种或外观相似的树种，同为乔木或同为灌木，呈不等边三角形种植，大小树靠近，中树远离。如果是两个不同的树种，最好同为常绿树或落叶树，最多只能选用两个不同的树种，树的大小、姿态要有对比和差异。

3）四株丛植。不超过两种树种，同为乔木或同为灌木，树种完全相同时，每树的体型、姿态、大小、高矮应力求不同。呈不等边四角形或不等边三角形种植，任意三株不能种植在一条直线上。3∶1 组合时，最大、最小树与一株中树同组，另一中树做一组。

4）五株丛植。五株配置时，可用一种或两种植物，按 3∶2 和 4∶1 配置。如为同种植物，采用 3∶2 和 4∶1 均可，但不同种的植物宜采用 3∶2。最大株应在大组内，4∶1 配置时，最大或最小株不能单独一组。

（5）群植。群植是较大面积下由多数乔灌木（一般为 20～30 株）混合成群栽植而成的类型。群植可选用同种树种，也可选取多种树种间种。群植树木的平面布局，一般忌成行、成排或等距的呆板排列，常绿、落叶、观叶、观花的树木应用复层混交及小块混交与点状混交相结合的方式。立面构图上林冠线应错落有致，有空间层次感，要高低起伏有变化，要注意四季的季相变化等。

树群的种类分为单纯树群和混交树群两类。单纯树群由一种树木组成，可以应用宿根性花卉作为地被植物。混交树群是树群的主要形式，分为五个部分，即乔木层、亚乔木层、大灌木层、小灌木层及多年生草本植被。每一层都要显露出来，其显露的部分应该是该植物观赏特征突出的部分。乔木层选用的树种，树冠的姿态要特别丰富，使整个树群的天际线富于变化，亚乔木层选用的树种，最好开花繁茂，或是有美丽的叶色，灌木应以花木为主，草本覆盖植物应以多年生野生性花卉为主，树群下的土面不能暴露。高度采光的乔木层应该分布在中央，亚乔木在四周，大灌木、小灌木在外缘。

（6）林带。林带亦称防护林带，指以带状形式营造的具有防护作用的树行。林带可以是单纯林，选择具有观赏价值且生长健壮的地方树种，也可以是混交林，具有多层结构，乔木与灌木、落叶与常绿混交种植。树林常与草地结合，成为"疏林草地"，夏天可蔽阴，冬天有阳光，草坪空地供休憩、活动。

（7）草坪建植。草坪建植是指人工建立草坪的过程，草种选择通常包含主要草种和保护草种。主要草种即为绿化的目标草种，保护草种一般是发芽迅速的草种，其作用是为生长缓慢和柔弱的主要草种遮阴和抵制杂草。

草种分为冷季型草和暖季型草。冷季型草用于绿色期长、管理水平较高的地区，如厂区美化区等；暖季型草用于对绿色期要求不严、管理较粗放的地区，如施工区或预留地等。

水土保持植物措施中常用的草坪建植方法有撒播草籽和铺草皮建植两种。

1）撒播草籽。撒播草籽是直接在坪床上撒播种子，利用草种的有性繁殖的一种建植技术，也是草坪建植中传统的、使用技术简单的一种方法。分为种子单播技术和种子混播技术。撒播草籽要求草籽均匀地覆盖在坪床上，并掺和到 1～1.5cm 的土层中去，大面积播种时可用播种机，小面积时常采用人工撒播。

播种量一般为 40～200kg/hm²。

2）铺草皮建植。铺草皮建植指将生产的优良健壮草皮，按照一定的大小规格，用平板铲铲起，在准备好的草坪床上，重新铺设建植草坪的方法，是最常用的草坪建植方法。铺设草块可采取密铺或间铺的方法。密铺应互相衔接不留缝，间铺间隙应均匀，并填上种植土，草块铺设后应滚压、灌水。

4.2　植物措施抚育管理

4.2.1　灌溉与排水

水分是植物生长发育中不可或缺的一个因素。在干旱、半干旱地区进行植被建设时，合理灌溉对促进植物生长发育有很大的辅助作用。它能提高成活率、保存率，在盐碱程度较大的建植地区，适当的灌溉可以洗盐压碱、改良土壤。

新栽植的苗木应根据不同树种、立地条件以及气候情况，进行适时、适量的灌溉浇水，保持土壤中的有效水分。对水分和空气湿度、温度要求较高的树种（如棕榈科植物），必须防止干旱，并适当对叶片、树干进行喷水。

花卉、地被植物栽植后应将田间持水量保持在 $60\%\sim70\%$，直至出苗或成活，之后应适时、适量浇水。

浇灌时间，夏季以早晚为宜，冬季以中午为宜。是否需要灌溉由林地土壤水分情况和林木对水分的需求量而定。树种、林龄、季节和土壤条件不同，灌溉量也会有所差异。有研究显示，在 4 月、5 月、6 月进行灌溉对促进植物生长发育的作用明显高于 7 月、8 月、9 月。一般要求在灌溉时土壤水分要达到田间持水量的 $60\%\sim80\%$，湿土厚度要达到植物主根分布深度。

灌溉的方法有漫灌、畦灌、沟灌和节水灌溉，其中漫灌功效高，但是要求地势平坦，否则容易引起集水或灌水量不匀等问题。畦灌是指将土地整为畦状，应用方便、灌水均匀、节水但投工较多。沟灌的利弊处于漫灌与畦灌之间，投工量不多，但是要求地势平坦。节水灌溉一般多在干旱半干旱地区使用，是指提高水分利用率、用水量少的一种方法，包括喷灌、微灌和自动化管理。

因地形条件、土壤湿度、立地条件、栽培树种等因素的不同而采取的灌溉方式、灌溉量等都会有所差异。因为灌溉方式对苗木成活率、水土流失等影响较大，所以在选择灌溉方式时要考虑多方因素并慎重选择。

（1）坡地灌溉。生产建设项目常见的植物措施是在坡地上实施，在坡地上进行灌溉时一般选用滴灌灌溉措施。滴灌是指利用塑料管道将水通过直径约 10mm 毛管上的孔口或滴头送到植物根部进行局部灌溉。此种方法省水省工，同时可以结合施肥，将肥效提高一倍以上，提高了种植树苗的成活率和保存率。灌溉时，因为水不在空中运动，既不打湿叶面，也没有有效湿润面积以外的土壤表面蒸发，故直接损耗于蒸发的水量最少。水的利用率可达 95%，容易控制水量，不产生地面径流和土壤深层渗漏。此方法可用于大规模的山地、坡地的植树种草的绿化与保护，在干旱缺水的地方也可用于大田作物灌溉。其不足之处是滴头易结垢和堵塞，因此应对水源进行严格的过滤处理。滴灌系统一般由首部枢纽、管路和滴头组成。

1）首部枢纽。包括水泵（及动力机）、施肥罐、过滤器、控制与测量仪表等。其作用是抽水、施肥、过滤，以一定的压力将一定数量的水送入干管。

2）管路。包括干管、支管、毛管以及必要的调节设备（如压力表、闸阀、流量调节器等）。其作用是将加压水均匀地输送到滴头。

3）滴头。其作用是使水流经过微小的孔道，形成能量损失，减小其压力，使它以点滴的方式滴入土壤中。滴头通常放在土壤表面，亦可以浅埋保护。

（2）平地灌溉。在平地进行灌溉时，可使用的方法很多，如漫灌、沟灌、喷灌等。漫灌是一种粗放的灌溉方式，滴灌、喷灌的方式都比漫灌节水。漫灌要求栽植地平缓，否则会引起因水流不均匀而导致林地水分过多而根系腐坏或者缺水等问题。在种植低矮灌木或者草本的灌溉区，可选取固定式喷灌的方式来提供植物所需水分。固定式喷灌系统动力、水泵固定，输（配）水干管（分干管）及工作支管均埋入地下，喷头可常年安装在与支管连接伸出地面的竖管上，也可按轮灌顺序轮换安装使用。喷灌系统是由水源设施、输配水渠或管道和喷洒机具三部分组成。影响喷灌均匀度的因素主要有喷头结构、工作压力、喷头转速均匀性和风速风向。对于组合喷头来说，还涉及单喷头水量分布、喷头组合喷洒形式、喷头间距等。实施沟灌技术，首先要在行间开挖灌水沟，灌溉水由输水沟或毛渠进入灌水沟后，在流动的过程中，主要借土壤毛细管作用从沟底和沟壁向周围渗透而湿润土壤。这些灌溉方法可以单独使用亦可以按照乔、灌、草的配置等混合使用。

生产建设项目灌溉用水可采取结合主体工程灌溉系统布设统一调配，对于弃渣场、取土场等距离主体工程较远或空间分布分散的区域，可依靠水车拉水灌溉或布设灌溉设施来实现。

（3）节水灌溉。利用人工或机械的方法以不同的灌水形式来补充绿化区域的土壤水分，满足植物的水分需求。生产建设项目水土保持植物措施常用的灌溉方式有喷灌、渗灌等。

喷灌是利用专门的设备将压力水喷洒到空中形成细小水滴，然后均匀地洒落到田间的灌水方法。喷灌显著的优点是灌水均匀、占地少、节省人力、对地形适应性强；主要缺点是受风影响大、设备投资高。喷灌系统的形式有很多，有固定管道式喷灌、半移动式管道喷灌、滚移式喷灌、平移式喷灌和绞盘式喷灌等。

渗灌是一种新型的有效地下灌溉技术，是在满足植物生理生长需求的条件下，将以往对土地的灌溉转变为直接对植物根系进行灌溉，有低压渗灌和重力渗灌两种方式。

有条件的生产建设类项目还可将雨水集蓄工程和节水灌溉措施结合起来，实施雨水集蓄利用。雨水集蓄技术主要由雨水的收集技术、雨水的储蓄技术和雨水的高效集约利用技术组成。在水土保持工程中，雨水收集主要是通过修筑水平梯田、隔坡梯田、水平沟、鱼鳞坑等方式，对地面进行较大的工程处理，以改变原有的地形特征，使降雨就地集中拦蓄入渗，提高水分利用效率；雨水储蓄是通过修筑水窖、水池、涝池等蓄水工程设施，把集流面所汇集的径流拦蓄储存起来加以利用；雨水的高效集约利用就是通过节水灌溉等技术对储蓄的雨水进行综合利用。

4.2.2　施肥

土壤肥力能保证植物的正常生长发育，有些立地由于长期的栽培而变得土壤贫瘠，不能够给植物提供充足的营养物质，所以需要以施肥的方式来补充立地亏损的养分。除了补充人工复合肥外，还可以通过种植豆科植物、栽植混交林、保留枯落物等方法来维持土壤肥力。植物在生长过程当中，从土壤吸取多种化学元素，其中对氮、磷、钾、硫、钙、镁元素的吸收量较多，称之为大量元素，对铜、锰、钴、锌、钼、硼等的吸收量很少，称之为微量元素。

施肥要注意时间和方法。有效的施肥季节为植物生长旺期即春季和初夏。施肥量可根据树种及草本自身的生物学特性、土壤贫瘠程度、树龄和施肥的种类来确定，为了获得施肥量的最佳效果，由于建植地肥力差异很大，由不同树种组成的林分吸收养分总量和对各种营养因素的吸收比例不尽相同，同一树种因龄期不同对养分的要求也有差别，加之植物把吸收的一部分养分以枯落物归还土壤，因而使得施肥量的确定变得相当复杂。施肥有一个最佳施肥量，当施肥超过一定范围后，增加的生长量效益没有增加的肥料成本高，得不偿失，如果过量施肥还会产生毒害，使生长量不增反降。

新栽植苗木应根据生长情况和观赏要求适当追施肥料。肥料应以有机肥为主，有机肥应充分腐熟后使用。化肥以复合肥为主，若施用化肥，应及时浇水。追肥应以"勤施少量"为原则。新栽植苗木长势较差或生长较慢，在生长季节应每月进行一次根部追肥。

在新栽植树木根系损伤尚未愈合时，以及在常绿针叶树幼龄期间，均不宜施用化肥，应采用微量元素根外施肥的技术，喷施时间宜在晴天的清晨和傍晚，追肥浓度必须适宜。

4.2.3　修枝

树木在幼龄阶段，虽然矮小抗性弱，但是生命力却是最旺盛的。这一阶段林木表现为对营养空间的纵向和横向竞争，喜光树种首先是纵向生长，避免上层空间被挤压，之后再迅速扩展水平空间，从而保证最大的营养空间。耐阴树种的竞争力不如喜光树种强，但是耐阴树种个体间也存在着激烈的营养空间竞争。这就要求在进行幼林地抚育管理时，也必须对幼林林木本身进行抚育管理，促进树木生长发育、尽快郁闭。幼林林木抚育包括抹芽接干、修枝抚育、除蘖定株、平茬促干、定干控冠等。

（1）抹芽接干。是指对顶芽死亡和顶端优势弱的树种，保留树干上部 1 个健壮侧芽接干，抹除下面部分或全部侧芽，以培育高干良才的林木抚育措施。它可以实现连续自然接干，控制侧芽萌发成枝的数量和位置，调整树冠结构，提高光合效率，合理分配光合产物，促进树木生长，培育通直、圆满、无节、少节良材。对于许多对生阔叶树种顶芽比侧芽小或死亡、成二叉或假二叉分枝、顶端优势弱、无法直接通过顶芽或侧芽实现接干的情况，必须通过人工抹芽接干的方法来实现。抹芽接干时期宜早不宜晚，一般造林当年就要进行抹芽接干。

（2）修枝抚育。人为除去树干下部的枯枝及部分活枝的抚育措施，称为林木修枝。分为干修、绿修两种。干修是去掉部分枯枝，绿修是指去掉部分活枝。

1）乔灌木修剪。新栽植苗木可在保留自然树形或原有造型的基础上进行修剪，通过修剪调整树形，促进生长与分枝，修剪下来的枝、叶应及时清除。新栽植的乔木应剪除病虫枝、下垂枝、交叉枝、残枝、枯枝以及败叶。孤植树宜保留下枝，保持树冠丰满，其他栽植形式的树木，下枝以下的不定芽应及时抹除。花灌木的修剪应遵循"先下后上，先内后外，去弱留强，去老留新"的原则，修剪要符合其自然形态。新栽植的整形乔、灌木应在原有造型的基础上适当修剪，整形应按设计要求的形状与大小来控制，勤修剪、适时摘心，新生的枝条长度控制在 15cm 以下。对缺枝处或空隙点应进行吊扎，保持树冠丰满匀称。草坪应适时进行修剪，除有特殊要求外，草的高度宜控制在 4～6cm。

2）草坪修剪。新种植的草坪第一次修剪高度宜控制在 2cm 以下，个别草种可更低，这样有利于草的生长和草坪平整度的修复。修剪下来的草屑应及时清除干净。草坪修剪后，若出现明显凹陷应以淡水砂拌有机肥料填平。

剪草频度为：①特级草春夏生长季每 5 天剪一次，秋冬季视生长情况每月剪一至两次；②一级草生长季每 10 天剪一次，秋冬季每月剪一次；③二级草生长季每 20 天剪一次，秋季共剪两次，冬季不剪，开春前重剪一次；④三级草每季剪一次；⑤四级草每年冬季用割灌机彻底剪一次。

机械选用需注意：①特级草坪只能用滚筒剪草机剪，一级、二级草坪用旋刀机剪，三级草坪用气垫机或割灌机剪，四级草坪用割灌机剪，所有草边均用软绳型割灌机或手剪；②在每次剪草前应先测定草坪草的大概高度，并根据所选用的机器调整刀盘高度，一般特级至二级的草，每次剪去的长度应不超过草高的 1/3。

剪草步骤为：①清除草地上的石块、枯枝等杂物；②选择走向，要求与上一次走向有至少 30°以上的交叉，避免重复修剪引起草坪长势偏向一侧；③速度保持不急不缓，路线直，每次往返修剪的截割面应保证有 10cm 左右的重叠；④遇障碍物应绕行，四周不规则草边应沿曲线剪齐，转弯时应调小油门；⑤若草过长应分次剪短，不允许超负荷运作；⑥边角、路基边草坪、树下的草坪用割灌机剪，若花丛、细小灌木周边修剪不允许用割灌机（以免误伤花木），应用手剪修剪；⑦剪完后将草屑清扫干净入袋，清理现场，清洗机械。

剪草质量标准为：①剪割后叶子整体效果平整，无明显起伏和漏剪，剪口平齐；②障碍物处及树头边缘用割灌机式手剪补剪，无明显漏剪痕迹；③四周不规则及转弯位无明显交错痕迹；④将现场清理干净，勿遗漏草屑、杂物。

4.2.4　病虫害防治

病虫害防治应贯彻"预防为主、综合治理"的防治方针，多种防治措施并举，充分利用和保护天敌等生物防治措施。应根据病虫害的发生规律进行防治，一旦发生病虫害，应及时做好病虫害的治理工作。

（1）物理防治。利用热力、低温、电磁波、核辐射等物理手段抑制、钝化和杀死病原物，进行病虫害防治的方法，称为物理防治。目前应用较广的是用热力处理种苗和土壤，以杀死其中的病原菌。在大面积栽植前可焚烧枯枝落叶和荒草进行土壤消毒，清除侵染来源。在林地覆盖白色聚乙烯薄膜，通过日晒，起到土壤消毒的作用，能有效防止病害的发生。

（2）化学防治。植物病虫害的化学防治是指利用化学药物防治植物病害的方法。化学防治利用范围广、收效快、方法简便，特别是在面临病虫害大面积发生的紧急时刻，是唯一有效的措施。在使用化学药剂时一定要注意安全、周到和及时。化学防治效果显著、收效快、使用方便，在园林、经济和森林苗圃中使用较多。但使用不当也可杀伤植物微环境中的有益微生物，污染环境并导致农林产品中有农药残留，对植物产生药害，使病原菌产生抗药性。在条件允许的情况下，积极使用生物防治剂替代（或部分替代）化学防治剂，逐渐减少对杀菌剂的依赖性。

化学防治病虫害应符合下列规定：①农药应选用高效、低毒、低残留的药剂，严禁使用剧毒、高残毒和有关部门规定禁用的农药；②使用农药应严格按照农药的使用说明书使用，控制用药的浓度和用药量，不得任意加大使用浓度，不得随意混合使用农药。防治处于开花期、幼苗期的植物时应适当降低使用浓度。用药宜选无风的晴天，并在上午 11 点前或下午 15 点后，避免在中午前后高温时或潮湿环境下用药，以免产生药害或降低药效；

③应根据药剂本身的特性及虫害的特点，灵活、正确选择农药的使用方法；④使用喷雾器进行喷洒时，应均匀周到，植物表面应充分湿润，喷雾时应顺风或垂直于风向操作，严禁逆风进行喷雾，以免操作人员中毒；⑤农药使用过后，工具应及时洗净，用过的水不得倒在植物根部附近、草坪上及水体中。

栽植中选用健壮无病苗木造林是提高栽植质量的重要保证，带病的苗木不仅本身成活率低，还会把病原带到整个林分当中，引起病害的发生。幼林及成林的抚育管理，不仅有利于增强林木生长态势，提高抗病力，还是病害防治的重要手段。病株要及时清除，弱树、枯枝也要适当处理。因为有些弱寄生的病原物往往先在这类林木上寄生滋养，然后再蔓延开来。

根据主要化学成分的不同，杀菌剂可以分为无机杀菌剂和有机杀菌剂。

1）无机杀菌剂。是一类在化学药剂防治植物病虫害的早期出现的药剂，主要杀菌成分是无机化合物。主要包括以下几种。

a. 波尔多液。用沸水（开水）溶化硫酸铜，用冷水溶化生石灰，待完全溶化后，再将两者同时缓慢倒入备用的容器中，不断搅拌。或将硫酸铜溶液缓慢倒入石灰乳中，边倒边搅拌即成波尔多液。但切不可将石灰乳倒入硫酸铜溶液中，否则质量不好，防效较差。

b. 石硫合剂。首先把硫磺粉用少量水调成糊状的硫磺浆，搅拌越均匀越好。把生石灰放入铁桶中，用少量水将其溶解开（水过多漫过石灰块时石灰溶解反而更慢），调成糊状，倒入铁锅中并加足水量，然后用火加热。接着在石灰乳接近沸腾时，把事先调好的硫磺浆自锅边缓缓倒入锅中，边倒边搅拌，并记下水位线。然后用强火煮沸 40～60 分钟，待药液熬至红褐色、捞出的渣滓呈黄绿色时停火，期间用热开水补足蒸发的水量至水位线。补足水量应在撤火 15 分钟前进行。最后冷却过滤出渣滓，得到红褐色透明的石硫合剂原液，测量并记录原液的浓度（浓度一般为波美 23～28°），如暂不用装入带釉的缸或坛中密封保存，也可以使用塑料桶运输和短时间保存。

2）有机杀菌剂。主要包括以下几种。

a. 代森锰锌。代森锰锌是一种优良的保护性杀菌剂，属低毒农药。由于其杀菌范围广，不易产生抗性，防治效果明显优于其他同类杀菌剂，所以在国际上一直是大吨位用量产品。主要对梨黑星病，柑橘疮痂病，溃疡病，苹果斑点落叶病，葡萄霜霉病，荔枝霜霉病，疫霉病，青椒疫病，黄瓜、香瓜、西瓜霜霉病，番茄疫病，棉花烂铃病，小麦锈病，白粉病，玉米大斑，条斑病，烟草黑胫病，山药炭疽病，褐腐病，根颈腐病，斑点落叶病等有有效的防治作用。

b. 百菌清。百菌清是广谱、保护性杀菌剂。作用机理是能与真菌细胞中的三磷酸甘油醛脱氢酶发生作用，与该酶中含有半胱氨酸的蛋白质相结合，从而破坏该酶活性，使真菌细胞的新陈代谢因受破坏而失去生命力。百菌清没有内吸传导作用，但喷到植物体上后，能在体表上形成良好的黏着性，不易被雨水冲刷掉，因此药效期较长。

c. 甲基硫菌灵。甲基硫菌灵的商品名为甲基托布津，是一种广谱性内吸低毒杀菌剂，具有内吸、预防和治疗作用。它最初是由日本曹达株式会社研制开发出来的，能够有效防治多种作物的病害。

d. 三唑酮。三唑酮是一种高效、低毒、低残留、持效期长、内吸性强的三唑类杀菌剂。被植物的各部分吸收后，能在植物体内传导。对锈病和白粉病具有预防、铲除、治疗等作用；对多种作物的病害均有效；对鱼类及鸟类较安全；对蜜蜂和天敌无害。三唑酮的杀菌机制原理极为复杂，主要是抑制菌体麦角甾醇的生物合成，因而抑制或干扰菌体附着孢及吸器的发育、菌丝的生长和孢子的形成。三唑酮对某些病菌在活体中活性很强，但离体效果很差。对菌丝的活性比对孢子强。三唑酮可以与许多杀菌剂、杀虫剂、除草剂等现混现用。

e. 甲霜灵。新型高效内吸性杀菌剂，可内吸进入植物内，水溶性比一般杀菌剂高得多。对卵菌纲中的霜霉菌和疫霉菌具有选择性特效。应密封包装，不能与食品饲料混放，注意防潮、防日晒。

f. 克菌丹。克菌丹又称开普顿，属于传统多位点有机硫类杀菌剂，以保护作用为主，兼有一定的治疗作用，在全球已有近 50 年的销售历史，用于农药分析标准，是保护性杀菌剂和皂中抑菌剂。用作防霉剂、杀菌剂。

g. 多菌灵。多菌灵又称棉萎灵、苯并咪唑 44 号。多菌灵是一种广谱性杀菌剂，对多种作物由真菌（如半知菌、多子囊菌）引起的病虫害均有防治效果。可用于叶面喷雾、种子处理和土壤处理等。为高效低毒内吸性杀菌剂，有内吸治疗和保护作用。纯品为白色结晶固体，原药为棕色粉末。化学性质稳定，原药在阴凉、干燥处贮存 2～3 年，有效成分不变。使用注意事项：多菌灵可与一般杀菌剂混用，但与杀虫剂、杀螨剂混用时要现混现用，不宜与碱性药剂混用；长期单一使用多菌灵易使病菌产生抗药性，应与其他杀菌剂轮换使用或混合使用；做土壤处理时，有时会被土壤微生物分解，降低药效。

4.2.5　越冬保护

防寒工作宜在 11 月中、下旬进行，12 月上旬前完成。在对苗木冬季防寒的时候，不论采用何种措施，冬季均要经常检查，发现问题及时补救。防寒物的撤除应在春暖后逐步进行，使苗木有一个慢慢适应的过程，以免环境突变导致苗木干枯。具体越冬措施如下。

（1）埋土防寒。对 1～3 年生较小且苗干柔韧的苗木可进行埋土防寒。这种方法简便易行，是防止冻害最有效的办法。埋土的时间要在土壤结冻以前，落叶树需待叶落完后才能埋土。方法是先在苗木行间取土，将土拍碎，垫在苗干基部，然后将苗木压倒，用土将苗干全部埋住，厚度在 15cm 左右，再将土拍实。在苗干基部垫土是为了防止压苗时苗干折断。对埋土防寒的苗木，冬季要经常检查，发现埋苗土上有裂缝时，必须及时添新土埋好，免得透风冻干。待到春季 3 月中旬发芽前陆续去土。

（2）风障防寒。当苗木较大时，已具有了一定的抗寒能力，为防枝叶风干，或保护较珍贵的针阔叶苗木，可扎设风障防寒。风障可设在冬季和春季多风的方向和背阴面，一般在北面和西北面。多用芦苇扎设，障高 1.5m 左右，防风有效距离为风障高的 10 倍。风障防寒常与苗干涂白、根际拥土、苗干包草结合进行，效果更好。

（3）防雪御寒。遭遇较大降雪时应及时清除树冠积雪，清理时不得损伤顶芽及树冠。

（4）涂白、缠薄膜、包草防寒。

这些方法一般多用于大苗，且苗木具有一定抗寒能力。具体方法如下。

1）将苗木全部涂上涂白剂，若是冬季有脱落，可再补涂 1～2 次。

2）将苗木用塑料薄膜带缠绕，或用薄膜将苗全部包住。

3）用麦草将苗木全株包住用草绳扎好。

4.2.6 其他管理

4.2.6.1 植物养护

（1）树干包裹与支撑。树木栽植后应在树干上缠绕草绳、草帘或椰棕、麻布等材料。树干包裹的材料及高度应符合设计要求，当无具体设计要求时，树干包裹材料应选可保湿的材质，树干包裹高度应不低于150cm。树干包裹的材料及高度宜相对统一，保证整体效果美观。

根据立地条件和树干规格，支撑方式一般分为三角支撑、四柱支撑、联排支撑、单柱支撑、扁担支撑和软牵拉；按材料类型分，一般分为木材、竹材、铅丝等。对绿地环境要求较高的树木实施支撑时应采用精致材料，保证整体效果的美观。乔木树高大于800cm、灌木树高大于500cm时应采用软牵拉。支撑高度常绿树应为树高的2/3，落叶树应为树高的1/2左右。树木支撑应符合下列规定：

1）立柱不得损伤土球及根系，立柱位置应距土球外缘10cm，立柱埋入地下应超过100cm。

2）支撑物、牵拉物应与地面连接牢固。

3）连接树木的支撑点应在树木主干上，其连接处应衬软垫，并应绑缚牢固。

4）支撑物、牵拉物的强度应能够保证支撑有效。

5）同规格、同树种的支撑物，牵拉物的长度、支撑角度、绑缚形式，以及支撑材料均宜统一，保证整体效果美观。

6）采用单柱支撑，立柱应朝盛行风向倾斜5°。绑缚材料应在距护树柱顶端20cm处，呈"∞"字形扎缚三道再加上腰扎，保持树木主干直立。

7）采用扁担柱形式支撑，应在土球两侧各打入一根垂直护树柱，并应在主干内侧架一水平横档，分别与树木主干、护树柱绑缚牢固，保持树木主干直立。

8）出现树干下沉、吊桩等应及时调整扎缚高度和松紧度，使树干保持水平和直立。

（2）一年中根据树木生长自然规律和自然环境条件的特点，将养护管理工作阶段分为五个阶段。

1）冬季阶段。12月、1月、2月是树木休眠期，主要养护管理工作包括：①整形修剪，在落叶乔灌木发芽前进行一次整形修剪（不宜冬剪的树种除外）；②防治病虫害；③堆雪，下大雪后及时将雪堆在树根上来增加土壤水分，但不可堆放施过盐水的雪；④要及时清除常绿树和竹子上的积雪，减少危害；⑤检修各种园林机械、专用车辆和工具，保养完备。

2）春季阶段。3月、4月气温、地温逐渐升高，各种树木陆续发芽、展叶、开始生长，主要养护管理工作包括：①修整树木围堰，进行灌溉工作，满足树木生长需要；②施肥，在树木发芽前结合灌溉，施入有机肥料，改善土壤肥力；③病虫害防治；④修剪，在冬季修剪的基础上，进行剥芽去蘗；⑤拆除防寒物；⑥补植缺株。

3）初夏阶段。5月、6月气温高、湿度小，是树木生长的旺季，主要养护管理工作包括：①灌溉，树木抽枝、展叶、开花，需要大量补足水分；②防治病虫害；③追肥，以速效肥料为主，可采用根灌或叶面喷施，注意掌握用量准确；④修剪，对灌木进行花后修剪，并对乔灌木进行剥芽，去除干蘖及根蘖；⑤除草，在绿地和树堰内，及时除去杂草，防止雨季出现草荒。

4）盛夏阶段。7 月、8 月、9 月高温多雨，树木生长由旺盛到逐渐变缓，主要养护工作包括：①病虫害防治；②中耕除草；③汛期排水防涝，组织防汛抢险队，在汛期前对地势低洼和易涝树种做好排涝准备工作；④修剪，对树冠大、根系浅的树种采取疏截结合的方法修剪，增强抗风力配合架空线修剪和绿篱整形修剪；⑤扶直，支撑扶正倾斜树木，并进行支撑。

5）秋季阶段。10 月、11 月气温逐渐降低，树木将休眠越冬，主要养护管理工作包括：①灌冻水，树木大部分落叶，土地封冻前普遍充足灌溉；②防寒，对不耐寒的树种分别采取不同防寒措施，确保树木安全越冬；③施底肥，对珍贵树种、古树名木复壮或重点地块在树木休眠后施入有机肥料；④病虫害防治；⑤补植缺株，以耐寒树种为主；⑥清理枯枝、树叶、干草，做好防火工作。

4.2.6.2　建植地养护

土壤是植物生长发育的基础，是给植物提供水分和养分的基质。松土除草是提高土壤有机质含量、防止土壤肥力流失、改善土壤结构、理化性质、活跃土壤动物的重要措施。

（1）松土除草的作用。松土主要是为了使土壤变得疏松，削减毛细管作用，减少水分蒸发，加强水分保水、透气、通气性，增强土壤动物活动，使之加速有机质的分解。除草的作用主要是减少杂草对水分和光照的竞争，以防对林木的生长发育造成影响。

（2）松土除草的年限、次数和时间。松土和除草一般同时进行，这样有利于人力与物力的节省，但也可按照实际情况单独进行。一般从造林后到郁闭前的这段时间都会进行松土除草工作，但是以经济林来说，在整个栽培期间都需要进行松土除草工作。松土除草的次数因立地条件、林种、林龄、杂草的竞争程度而不同，有些林种在郁闭后不需要再进行松土除草，或者可以适当减少松土除草的次数。一般每年进行 1～3 次。

（3）松土除草的方法。松土除草的方法有人工松土除草、机械松土除草、生物松土除草和化学松土除草。

1）人工松土除草投入的劳动力大，工作效率低，但却是最环保、最安全的松土除草方法；机械松土除草一般适用于地势比较平缓的平原造林地区，工作效率高；生物松土除草是指利用增加土壤动物的方法起到松土培肥的作用，但是在造林面积大的时候，实际操作有一定的难度。生物除草，主要是指在医用植被上养殖牛、羊、鹅、鹿等食草动物，可以起到除草的作用，但是与灌木和草本一起栽培的时候，此方法则不再适用。化学除草已经在山地造林和农业上得到了广泛的使用。具有最快速、劳动力低的特点。但化学除草剂在土壤中可残留 20～30d 以上或数年，对生态环境有一定的危害。林分的配置不同，对化学药剂的选择也会不同，所以在选用化学药剂时要遵循适量使用、选用选择性除草剂等原则，如剂量过大则会伤害林木。

2）化学除草剂的使用方法，一般可分为茎叶处理法、土壤处理法、树干处理法等 3 种，将除草剂直接喷洒在植物茎叶上以致植物死亡的方法为茎叶处理法。该方法一般适宜在温度高和天气晴朗时进行，否则会降低杀草效果。将药剂直接施到土壤上，在地表形成一定厚度的药层，使之直接接触草本种子和幼芽、幼苗，起到杀草作用的方法，称之为土壤处理法。

4.3 植物措施竣工验收

4.3.1 验收依据及标准

生产建设项目水土保持专项验收主要依据包括以下几项。

(1)《建设项目环境保护管理条例》（国务院令第 253 号，1998 年 11 月 29 日）。

(2)《中华人民共和国水土保持法》（1991 年 6 月 29 日颁布，2010 年 12 月 25 日修正）。

(3)《中华人民共和国水土保持法实施条例》（国务院令第 120 号，1993 年 8 月 1 日）。

(4)《全国生态环境保护纲要》（国发〔2000〕38 号）。

(5)《中华人民共和国森林法实施条例》（国务院令第 278 号，2000 年 1 月 29 日）。

(6)《造林技术规程》（GB/T 15776—2016，2016 年 6 月 14 日）。

(7)《水源涵养林建设规范》（GB/T 26903—2011，2011 年 7 月 19 日）。

(8)《退耕还林工程检查验收规则》（GB/T 23231—2009，2009 年 2 月 23 日 ）。

(9)《防沙治沙技术规范》（GB/T 21141—2007，2007 年 5 月 1 日）。

(10)《生产建设项目水土保持设施自主验收规程（试行）》（办水保〔2018〕133 号）。

(11)《水利部关于加强事中事后监管规范生产建设项目水土保持设施自主验收的通知》（水保〔2017〕365 号）。

2011 年 12 月 26 日，水利部发布《水土保持工程施工监理规范》（SL 523—2011）。该文件对生产建设项目水土保持工程的监理工作进行了规范，包括工程措施、植物措施的质量控制及检测的相关内容，并对监理规划、监理大纲、监理实施细则及各类监理报告的编写作出了相应规定。

在进行植物措施验收时，要进行两次检验过程：一是工程验收签证，即建设单位或其委托监理单位在水土保持设施建设过程中组织开展的水土保持设施验收，主要包括分部工程的和单位工程的验收鉴定；二是项目法人自主验收，主要包括植物措施实施完成情况的评价验收。

植物措施施工环节较多，为了保证工作质量，做到预防为主，全面加强质量管理，必须加强施工材料（种植材料、种植土、肥料）的检查验收。另外，必须加强对中间工序的验收，因为有的工序属于隐蔽验收性质，如挖种植穴、换土、施肥等，待工程完工后已无法进行检验。

工程竣工后，施工单位应进行施工资料整理，作出技术总结，提供有关文件，及时向验收部门提请验收，提供有关文件如下：①土壤及水质化验报告；②工程中间验收记录；③设计变更文件；④竣工图及工程预算；⑤外购种苗检验报告；⑥附属设施用材合格证或试验报告；⑦施工总结报告。

乔灌木种植的验收时间原则上定为当年秋季或翌年春季。因为绿化植物种植后须经过缓苗、发芽、长出枝条，经过一个生长周期，达到成活方可验收。对于草坪、地被植物，缓苗时间较短，可根据具体情况确定验收时间。

工程竣工后，各类苗木种植成活率见表 4-9 的规定。

表 4-9　　　　　　　　　　各类苗木的种植成活率

植物类型	成 活 率		备　　注
	栽植季节	非栽植季节	
乔、灌木	>95%	>90%	大树成活率必须>90%
花卉、地被植物	>95%		
竹类植物	>90%		
水生植物	>90%		
攀援植物	>95%		

种植成活率公式为

$$种植成活率 = \frac{成活株数}{实际种植数} \times 100\%$$

草坪验收时覆盖面积应大于 95%。单纯型草坪纯净度应大于 95%，混合草坪中应基本不出现影响景观的双子叶植物和与草坪不协调的禾本植物。

4.3.2　验收内容及方法

生产建设项目水土保持植物措施验收的主要指标包括：林草面积（乔木林面积、灌木林面积、草地面积）、林木密度、草本盖度、生长状况（树高、胸径、树龄）、生物量等。

（1）验收内容。根据生产建设项目水土保持植物措施原始方案（设计图）对植物种类、苗木规格、整地方式、管护方式、生长状况、生长势、保存率、成活率、覆盖率等进行实地验收。

1）植物措施类型与植物种类组成。对照水土保持方案、初步设计、施工图设计、绿化专项设计等不同阶段对植物措施的规划与设计，验收实际完成的植物措施实施效果、地点、类型等是否一致。植物措施类型除植物种类型外，还应包括物种的搭配与选择是否与水土保持理念一致，不同搭配类型实施的位置和分区有无偏差。

2）郁闭度。乔木（含部分灌木）林冠垂直投影面积占样地面积的比例，称为郁闭度，其值以小数计。郁闭度多用外业调查设样地的方法取得，样地面积为 10m×10m 或 30m×30m，不少于 3 块。调查方法可以是线段法，也可以是目估法。

林木郁闭度与水土保持作用关系密切，鉴于本指标具有直观、观测简便的优点，通常用于水土流失预测预报方程中。本指标也与林木密度有关，一般情况下，密度小的林分郁闭度也小，密度大的林分郁闭度也不会低。

3）覆盖度。低矮植被冠层覆盖地表的程度，称为覆盖度，简称盖度，其值以小数计。覆盖度多用于草本植被，其测定方法是在设样地后调查得出的，多用针刺法和方格法。将覆盖面积除以样地面积即可得。测定草地盖度的样地为 1m×1m 或 2m×2m，样地应有 3 块以上，取算术平均值。

4）植被覆盖率。植被覆盖率是指植被（林、灌、草）冠层的枝叶覆盖遮蔽地面面积与区域（或流域）总土地面积的百分比率。覆盖率包括自然（天然）植被覆盖率和人工植被覆盖率，后者又称林草覆盖率。

当区域全部土地为林地或草地时，覆盖率与林地郁闭度和草地盖度概念相当。由于区域内尚有其他用地，严格按以上定义，需要郁闭度和盖度值分别乘以林地、草地面积，得出覆盖遮蔽面积，再除以区域总面积，即得指标值。但实际工作中的采集方法是：把郁闭度（或盖度）不小于0.7的林、草面积全部计入，把其他不小于0.7的林草地按实际郁闭度（或盖度）折成完全覆盖面积，再与郁闭度（或盖度）不小于0.7的面积相加，除以全区（流域）面积得指标值。鉴于以上计算需要调查掌握郁闭度、盖度及分布面积，难以实现，于是出现了第三种方法：将前述林地、草地保存面积［覆盖度（或盖度）＞0.3］除以区域（流域）总面积得出指标值，这个数值显然是近似值。

该指标为计算指标，计算公式为

$$覆盖率 = \frac{\sum(C_i A_i)}{A} \times 100\%$$

式中　C_i——林地、草地郁闭度或盖度；

　　　A_i——相应郁闭度、盖度的面积；

　　　A——区域总面积。

5）林草植被恢复率。林草植被恢复率指在项目建设区内，林草类植被面积占可恢复林草植被（在目前经济、技术条件下适宜于恢复林草植被）面积的百分比。

本指标为计算指标，计算公式为

林草植被恢复率＝植物措施面积/可恢复植被面积（％）

可恢复植被指现有技术和经济可行性条件下的适宜恢复的植被，不含耕地和复耕面积，即不能把作物面积算作植被面积。

6）林草覆盖率。林草类植被面积占项目建设区面积的百分比。

本指标为计算指标，计算公式为

林草覆盖率＝林草面积/建设区面积（％）

林草面积是指生产建设项目的项目建设区内所有人工和天然森林、灌木林和草地的面积总和。其中森林的郁闭度应达到0.2以上（不含0.2）；灌木林和草地的覆盖率应达到0.4以上（不含0.4）。零星植树可根据不同树种的造林密度折合为面积。

（2）验收方法。在进行生产建设项目植被措施验收调查时的常用方法有以下3种。

1）线段法。即用测绳在所选样方内水平拉长，垂直观测树冠在测绳上垂直投影的长度，并用尺测量、计算总投影长度，与测绳总长度之比，用来计算郁闭度。采用此方法时应在不同方向上取3条线段，求其平均值，其计算公式为

$$R_1 = l/L$$

式中　R_1——郁闭度或盖度；

　　　L——测绳长度，cm；

　　　l——投影长度，cm。

2）针刺法。在测定范围内选取$1m^2$的小样方，借助钢卷尺和测绳上每隔10cm的标

记，用粗约 2mm 的细针，顺次在样方内上下左右间隔 10cm 的地方点上点（共 100 点），从草本的上方垂直插下，针与草相接算"有"，如不相接则算"无"，在表上登记，最后计算登记的次数，用以下公式算出盖度为

$$R_2 = (N - n)/N$$

式中　R_2——草或灌木的盖度（小数）；

　　　N——插针的总次数；

　　　n——不相接"无"的次数。

3）方格法。利用预先制成的面积为 1㎡ 的正方形木架，内用绳线分为 100 个 0.01m² 的小方格，将方格木架放置在样方内的草地上，数出草的茎叶所占方格数，即得草地盖度。

4.3.3　验收结论

植物措施验收结论，应包括以下主要内容。

（1）水土保持植物措施设计概况。包括水土保持方案设计或初步设计的植物措施、工程名称、建设内容、工程量、实施时间等。

（2）水土保持植物措施实施情况。总体和分区写实施的水土保持植物措施的名称、工程内容、施工过程、完成的工程量及与方案及设计工程量对比并分析其变化原因、工程实施的时间、施工单位、监理单位等。

（3）质量评估。主要包括 2 个方面。

1）竣工资料检查情况。

2）现场抽查情况：①检查方法和标准；②检查结果；③质量评定；④树、草种适宜性评价；⑤质量综合评价。

（4）水土保持功能评估。主要包括 2 个方面。

1）覆盖率及防护功能。

2）景观效果分析。

（5）综合评价。综合评价包括植物措施是否按方案和设计完成、主要工程量、工程质量、水土保持效果等。

（6）结论与建议。总结验收结论，最后提出存在的问题与建议。

植物措施组现场检查记录表格式见表 4-10 和表 4-11。

表 4-10　　　　　　　　　　　　　　植物措施组现场检查记录表

检查人：　　　　　　　　　　　　记录人：　　　　　　　　　　　　复核人：

日期	分区	位置	措施类型	占地面积 /hm²	措施面积 /hm²	树草种	质量情况	整地情况	无措施面积 /hm²	不宜措施面积 /hm²	复垦面积 /hm²	硬化及建筑物面积 /hm²	其他	备注

日期	分区	位置	措施类型	占地面积/hm²	措施面积/hm²	树草种	质量情况	整地情况	无措施面积/hm²	不宜措施面积/hm²	复垦面积/hm²	硬化及建筑物面积/hm²	其他	备注

注：措施类型指乔木林、灌木林，园林，铺草皮、种草等。

  无措施面积指可恢复植被面积中未布设植物措施面积，含自然恢复面积。

表 4-11　　　　　　　　　　植 被 恢 复 情 况 表

检查人：　　　　　　　　　　　　记录人：　　　　　　　　　　复核人：

防治分区	防治责任范围/hm²	措施面积/hm²			可绿化面积/hm²	林草覆盖率/%	林草植被恢复率/%
		植物措施	自然恢复	合计			

注：林草覆盖率＝（植物措施面积＋自然恢复面积）/防治责任范围

  林草植被恢复率＝植物措施面积/可绿化面积

第5章

生产建设项目常用水土保持植物

5.1 乔木

1. 樟子松（*Pinus sylvestris L. var. mongolica Litv.*）

（1）生物学、生态学特性及自然分布。常绿乔木；树皮红褐色，裂成薄片脱落；小枝暗灰褐色；树冠椭圆形或圆锥形。叶2针一束，蓝绿色，粗硬，通常扭曲，边缘有细锯齿；横切面半圆形，皮下层细胞单层，叶内树脂道边生。球果熟时暗黄褐色，圆锥状卵圆形，基部对称式稍偏斜；种鳞鳞盾扁平或三角状隆起，鳞脐小，常有尖刺。

喜光性强、抗逆性强，能适应土壤水分较少的山脊及向阳山坡，以及较干旱的砂地及石砾砂土地区。多为纯林或针叶松混生。耐寒性强，能忍受-40～-50℃低温；旱生，对土壤水分要求不严。

樟子松主要分布于北纬46°～53°，东经118°～130°的黑龙江大兴安岭海拔400～900m山地及内蒙古海拉尔以西、以南的大兴安岭林区和呼伦贝尔草原沙地。

（2）水土保持功能。根系很发达，属深根性树种，具有耐寒、抗旱、耐瘠薄及抗风等特性，能够防风阻沙、减少风蚀、改良土壤。樟子松对二氧化硫有中等抗性。

（3）主要应用的立地类型。适合栽植于办公美化区、滞尘区、防噪声区。

（4）栽植技术。樟子松常设计为孤植、列植或片植，苗木规格一般为60cm左右或1.5m左右。造林后第1次抚育，主要是扩穴、培土、扶正、补栽苗。第2次抚育以苗为中心，直径达1m左右割草松土，让阳光直照幼苗。幼苗期间应做好病虫害防护工作。

栽植樟子松需与节水、集水整地、覆盖保墒（如地膜、石块、草等覆盖）等实用技术配套。

图5-1 樟子松

（5）现阶段应用情况。通常用于行道绿化、边坡绿化以及荒地先锋树种。

樟子松如图 5-1 所示。

2. 国槐（*Sophora japonica Linn.*）

（1）生物学、生态学特性及自然分布。落叶乔木。干皮暗灰色，小枝绿色，皮孔明显。当年生枝绿色，无毛。奇数羽状复叶；小叶 9～14 片，卵状长圆形，顶端渐尖而有细突尖，基部阔楔形，下面灰白色，疏生短柔毛。圆锥花序顶生；萼钟状；花冠乳白色。荚果肉质，串珠状，无毛，不裂；种子肾形。花果期 6—11 月。

性耐寒，喜阳光，稍耐阴，抗旱。对土壤要求不严，对轻度盐碱地（含盐量 0.15%左右）、中性、石灰性和微酸性土质均能适应。

原产于中国，现广泛栽培于南北各省区，华北和黄土高原地区尤为多见。

（2）水土保持功能。深根性树种，其分泌的汁液有过滤作用，能净化空气，并对苯、醛、酮、醚等致癌物质有一定的吸收能力，对二氧化硫、氯气等有毒气体有较强的抗性，耐烟毒能力强，且国槐生命力强、病虫害少，是厂矿绿化美化的优良树种。

（3）主要应用的立地类型。适合栽植于平地区办公美化区、防噪声区、生活美化区。

（4）栽植技术。园林造景，采用规则和自然式配置方式。应选择半阴坡或地势平坦、排灌条件良好、土质肥沃、土层深厚的壤土或沙壤土。原生土壤，宜全面整地、施肥、灌溉。干旱、瘠薄及低洼积水地生长不良。

（5）现阶段应用情况。适作庭荫树，多用作行道树，配植于公园、建筑四周、街坊住宅区及草坪上。

图 5-2 国槐

国槐如图 5-2 所示。

3. 紫叶李〔*Prunus cerasifera Ehrhar f. atropurpurea (Jacq.) Rehd.*〕

（1）生物学、生态学特性及自然分布。灌木或小乔木；小枝暗红色，无毛；叶片椭圆形，边缘有圆钝锯齿；叶柄长 6～12mm，通常无毛或幼时微被短柔毛，无腺。花 1 朵；花梗长 1～2.2cm；花萼筒钟状；花瓣白色。核果近球形或椭圆形，直径 2～3cm，黄色、红色或黑色，微被蜡粉。花期 4 月，果期 8 月。

喜阳光、温暖湿润气候，有一定的抗旱能力。对土壤适应性强，不耐干旱，较耐水湿，但在肥沃、深厚、排水良好的黏质中性、酸性土壤中生长良好，不耐碱。以沙砾土为佳，黏质土亦能生长，根系较浅，萌生力较强。

生长于山坡林中或多石砾的坡地以及峡谷水边等处，海拔 800～2000m。

（2）水土保持功能。紫叶李适应性较强，根系发达，具有良好的固土功能。同时，叶常年紫红色，为华北庭园常见的观赏树木之一。

（3）主要应用的立地类型。主要适用于平地区办公区、路边绿地，根据空间位置选择枝叶繁茂的乔灌种植。

（4）栽植技术。孤植群植皆宜。乔木胸径不小于 4cm，全面整地、施肥、灌溉，乔木株距 4～6m，绿篱株行距 0.3m ×0.3m。

（5）现阶段应用情况。可用于路边绿地、绿篱。

紫叶李如图 5-3 所示。

图 5-3　紫叶李

4. 白榆（*Ulmus pumila L.*）

（1）生物学、生态学特性及自然分布。即榆树。落叶乔木，树皮暗灰色，不规则深纵裂，粗糙；小枝有散生皮孔。叶长 2～8cm，宽 1.2～3.5cm，基部偏斜或近对称，叶面平滑无毛，边缘具重锯齿或单锯齿。花先于叶开放，在去年生枝的叶腋成簇生状。翅果近圆形，稀倒卵状圆形，长 1.2～2cm。花果期 3—6 月（东北较晚）。

阳性树种，喜光，耐旱，耐寒，耐盐碱，耐瘠薄，生长快，萌芽力强，耐修剪，寿命长。在土壤深厚、肥沃、排水良好的冲积土及黄土高原生长良好。

分布于东北、华北及淮北平原、长江下游等地，海拔 1000～2500m 以下的山坡、山谷、川地、丘陵及沙岗。

（2）水土保持功能。根系发达，具有耐旱，耐寒，耐盐碱，耐瘠薄，抗烟尘及有害气体等污染，抗风力，保土力强。在年降水量不足 200mm 的沙地、滨海盐碱地上能生长固土。

（3）主要应用的立地类型。适合栽植于办公美化区。

（4）栽植技术。全面整地，施足基肥，首次浇透水。周边乔木株距 3～5m，草种播种量 15～20g/m²。

（5）现阶段应用情况。白榆树干通直，树形高大，适应性强，生长快，是城市绿化、行道树、庭荫树、工厂绿化、营造防护林的重要树种。园林造景，以草坪为主，四周等距栽植树木，或中间以一定形式散植树木、花卉、小灌木点缀。

白榆如图 5-4 所示。

5. 云杉（*Picea asperata Mast.*）

（1）生物学、生态学特性及自然分布。乔木，树皮淡灰褐色，裂成不规则鳞片或稍厚的块片脱落。小枝有疏生或密生的短柔毛。球果圆柱状矩圆形；中部种鳞倒卵形；苞鳞三角状匙形；种子倒卵圆形，长约 4mm，连翅长约 1.5cm，种翅淡褐色，倒卵状矩圆形；子叶 6～7 枚。花

图 5-4　白榆

期 4—5 月，球果 9—10 月成熟。

云杉系浅根性树种，稍耐阴，能耐干燥及适应寒冷的环境条件，在气候凉润、土层深厚、排水良好的微酸性棕色森林土地带生长迅速、发育良好。在全光下，天然更新的森林生长旺盛。

我国特有树种，分布于东北的小兴安岭、华北山地、陕西西南部（凤县）、甘肃东部（两当）及白龙江流域、洮河流域、四川岷江流域上游及大小金川流域等海拔 2400～3600m 地带。

（2）水土保持功能。云杉生长快，适应性强，材质优良，树姿端庄，适应性强，抗风力强，耐烟尘，是重要的森林更新和荒山造林树种。其在涵养水源、保持水土、调节气候、稳定江河水流量等方面意义重大。

（3）主要应用类型。适合栽植于我国华北、东北生产建设项目中的办公美化区、生活美化区、滞尘区、防辐射区、防噪声区。

（4）栽植技术。云杉种粒细小，忌旱怕涝，应选择地势平坦、排灌方便、肥沃、疏松的沙质壤土为圃地。播种期以土温在 12℃ 以上为宜，多在 3 月下旬至 4 月上旬。在种子萌发及幼苗阶段要注意经常浇水，保持土壤湿润，并适当遮阴。

（5）现阶段应用情况。园林造景，主题明显，层次分明，配置花坛、假山、走廊等，地面草坪为主，中间以一定形式栽植树木、花卉、小灌木等做点缀。

云杉如图 5-5 所示。

图 5-5　云杉

6. 冷杉 [*Abies fabri* (*Mast.*) *Craib*]

（1）生物学、生态学特性及自然分布。乔木，树皮灰色，裂成不规则的薄片；1 年生枝呈淡褐黄色，2、3 年生枝呈淡褐灰色或褐灰色。叶条形，上面光绿色，下面有两条粉白色气孔带，每带有气孔线 9～13 条。球果卵状圆柱形，基部稍宽，顶端圆或微凹；种子长椭圆形，较种翅长或近等长，种翅黑褐色，楔形。花期 5 月，球果 10 月成熟。

在气候温凉、湿润、年降水量 1500～2000mm、云雾多、空气湿度大、排水良好、腐殖质丰富的酸性棕色森林土和海拔 2000～4000m 地带组成大面积纯林。

我国特有树种，产于四川大渡河流域、青衣江流域、乌边河流域、金沙江下游等地的高山上部。

（2）栽植技术。冷杉常设计为群植或列植，苗木规格一般为 1.0m 左右或 1.5m 左右。造林后第 1 次抚育，主要是保温、保湿、防晒、培土、追肥、扶正、补栽苗。第 2 次抚育将 2～3 年生的原床苗带原生土换床移植，保持土壤湿润，让阳光直照幼苗。冷杉苗封顶休眠期，应搭盖塑料棚，防寒保温，利于安全越冬。栽植冷杉需与覆盖保墒、保温、遮阳、排水良好、移植或断根处理促使根系发育等实用技术配套。

（3）现阶段应用情况。冷杉可作园林树种，也可培育作为圣诞树。通常用于行道绿化。

冷杉如图5-6所示。

7. 白蜡（*Fraxinus chinensis Roxb.*）

（1）生物学、生态学特性及自然分布。落叶乔木，树皮灰褐色，纵裂。羽状复叶，小叶5～7枚，顶生小叶与侧生小叶等大或稍大，叶缘具整齐锯齿。圆锥花序顶生或腋生枝梢；花雌雄异株；雄花密集，花萼小，钟状，无花冠；

图5-6 冷杉

雌花疏离，花萼大，4浅裂，花柱细长，柱头2裂。翅果匙形；宿存萼紧贴于坚果基部，常在一侧开口深裂。花期4—5月，果期7—9月。

白蜡属于阳性树种，喜光，在酸性土、中性土及钙质土上均能生长，耐轻度盐碱，喜湿润、肥沃和砂质及砂壤质土壤。

产于南北各省区。多为人工栽培，也见于海拔800～1600m山地杂木林中。

（2）水土保持功能。白蜡树的枝叶繁茂，根系发达，植株萌发力强，速生耐湿，性耐瘠薄干旱，在轻度盐碱地上也能生长，是防风固沙和护堤护路的优良树种。常用于行道树和工矿区绿化。

（3）主要应用的立地类型。该树种习性喜光，稍耐阴，喜温暖湿润气候。颇耐寒，喜湿耐涝，也耐干旱，对土壤要求不严。在碱性、中性、酸性土壤上均能生长。抗烟尘，对二氧化硫、氯、氟化氢有较强抗性。萌芽、萌蘖力均强，耐修剪，生长较快，寿命较长。

图5-7 白蜡

（4）栽植技术。园林大苗，无病虫害和各类伤，根系发达，带土球。乔木胸径不小于5cm，树高不小于3.0m；花种、草种籽粒饱满，发芽率不小于95%。换土，全面整地，施足基肥，首次浇透水。

（5）现阶段应用情况。常见于生活区道路两侧、楼房前后空地，零散栽植园林景观树种。常见的搭配树（草）种有榆树、白蜡、紫叶李、黄金榆、梓树、月季、千屈菜、多年生黑麦草、三叶草。

白蜡如图5-7所示。

8. 新疆杨（*Populus alba L. var. pyramidalis Bunge*）

（1）生物学、生态学特性及自然分布。乔木。树皮白色至灰白色，平滑，下部常粗糙。萌枝和长枝叶卵圆形，掌状3～5浅裂；短枝叶较小，卵圆形或椭圆状卵形。雄花序长3～6cm；雄蕊8～10cm，花药紫红色；雌花序长5～10cm。蒴果细圆锥形，长约

5mm，2 瓣裂。花期 4—5 月，果期 5 月。

新疆杨喜半阴，喜温暖湿润气候及肥沃的中性及微酸性土壤，耐寒性不强。耐干旱瘠薄及盐碱土。深根性，抗风力强，生长快。

新疆杨主要分布于中国新疆，以南疆地区较多，具体分布在三个自然带：北部暖温带落叶阔叶林区、温带草原区、温带荒漠区。

（2）水土保持功能。新疆杨树干通直，抗风能力强，生长快，可以防风固沙，是良好的西北地区平原沙荒造林树种，也可做绿化树种。耐干旱瘠薄及盐碱土。深根性，抗风力强，生长快，是良好的干旱半干旱区水土保持及荒漠化防治树种。

（3）主要应用的立地类型。适合栽植于高标准恢复区。

（4）栽植技术。树木根系完整，无病虫害和各类伤，乔木胸径不小于 5cm，树高不小于 3.0m；灌木地径不小于 2cm。草种籽粒饱满，发芽率不小于 95%。换土，

图 5-8 新疆杨

全面整地，施足基肥，首次浇透水。乔木株距 3~5m，灌木株距 1.5m。

（5）现阶段应用情况。一般在厂区周边栽植，一种或多种混栽。在草坪和庭院孤植、丛植或栽植于路旁、点缀山石都很合适，也可用作绿篱及基础种植材料。

新疆杨如图 5-8 所示。

9. 圆柏（*Juniperus chinensis L.*）

（1）生物学、生态学特性及自然分布。乔木，胸径达 3.5m；树皮灰褐色，纵裂。叶二型，即刺叶及鳞叶；刺叶生于幼树之上，老龄树则全为鳞叶，壮龄树兼有刺叶与鳞叶；生于 1 年生小枝的一回分枝的鳞叶三叶轮生，直伸而紧密，近披针形。雄球花黄色，椭圆形。球果近圆球形；种子卵圆形；子叶两枚下面有两条白色气孔带。

喜光树种，较耐阴，喜温凉、温暖气候及湿润土壤，在中性、深厚而排水良好处生长最佳。

产于内蒙古乌拉山、河北、山西、山东、江苏、浙江、福建、安徽、江西、河南、陕西南部、甘肃南部、四川、湖北西部、湖南、贵州、广东、广西北部及云南等地。

（2）水土保持功能。圆柏根系发达，细根多，萌芽力和根蘖力强，能够忍受风蚀风埋，能够长期适应干旱的沙土环境，是良好的固沙植物。

（3）主要应用的立地类型。常见于甘肃高塬沟壑区挖方边坡的土质边坡〔坡比不小于 1：1.5（33.7°）〕，坡向为阳坡及半阳坡，无灌溉条件。

（4）栽植技术。园林大苗，无病虫害，根系发达。常绿乔木苗高大于 150cm，带土球；苗木高 40~150cm、地径 0.4~2cm。整地方式为穴状整地，株行距为 2m×3m。

（5）现阶段应用情况。常用于坡面种植落叶和常绿乔木，空地自然恢复植被。常见的搭配树种有刺槐、臭椿。

圆柏如图 5-9 所示。

10. 刺槐 (*Robinia pseudoacacia Linn.*)

（1）生物学、生态学特性及自然分布。落叶乔木；树皮灰褐色至黑褐色，浅裂至深纵裂，稀光滑。小枝灰褐色，具托叶刺，被毛。羽状复叶，小叶 2～12 对，常对生，全缘。总状花序花序腋生，下垂，花多数，芳香；花冠白色。荚果褐色，或具红褐色斑纹；花萼宿存，有种子 2～15 粒；种子褐色至黑褐色。花期 4—6 月，果期 8—9 月。

图 5 - 9 圆柏

在年平均气温 8～14℃、年降雨量 500～900mm 的地方生长良好。抗风性差，在冲风口栽植的刺槐易出现风折、风倒、倾斜或偏冠的现象。有一定的抗旱能力。

原产美国东部，我国于 18 世纪末从欧洲引入青岛栽培，现在全国各地广泛栽植。

（2）水土保持功能。适应性强，为优良固沙保土树种。具有改良土壤的性能，能够提高土壤的保水保肥能力，为保持水土、防风固沙、改良土壤的优良先锋树种。具有根瘤，可改良土壤，增加团粒结构和有机质。

（3）主要应用的立地类型。适合功能区域：生活美化区。

（4）栽植技术。Ⅰ级苗，无病虫害，根系发达。刺槐胸径不小于 3cm，树高不小于 2.0m；常绿乔木苗高大于 150cm，带土球；草种籽粒饱满，发芽率不小于 95%。穴状整地方式，株距 4m×3m，苜蓿等草本 37.5～50kg/hm²。在刺槐育苗中，掌握幼苗耐旱、喜光、忌涝的特点，是保证育苗成活的关键。

图 5 - 10 刺槐

（5）现阶段应用情况。可作为行道树，也可用于庭荫树，是工矿区绿化及荒山荒地绿化的先锋树种。

刺槐如图 5 - 10 所示。

11. 垂柳 (*Salix babylonica L.*)

（1）生物学、生态学特性及自然分布。乔木，树皮灰黑色，不规则开裂；枝细，下垂，淡褐黄色、淡褐色或带紫色，无毛。叶狭披针形或线状披针形，锯齿缘。花序先叶开放，或与叶同时开放；雄花序长 1.5～2（3）cm；腺体 2；雌花序长达 2～3（5）cm；腺体 1。蒴果带绿褐色。花期 3—4 月，果期 4—5 月。

喜光，喜温暖湿润气候及潮湿深厚之酸性及中性土壤。较耐寒，特耐水湿，但亦能生于土层深厚的高燥地区。萌芽力强，根系发达，生长迅速。

产于长江流域与黄河流域，其他各地均栽培，为道旁、水边等绿化树种。耐水湿，也能生于干旱处。

（2）水土保持功能。垂柳生态幅较宽，适生于低湿洼地，如沟边、湖边。根系发达，是良好的固堤护岸树种。

图 5-11 垂柳

（3）主要应用的立地类型。高大落叶乔木，分布广泛，生命力强。在甘肃高塬沟壑区平地区的办公美化区进行乔灌草园林美化配置。

（4）栽植技术。多用插条繁殖，也可用种子繁殖。园林大苗，Ⅰ级苗，无病虫害和各类伤，根系发达，常绿树种带土球。苗木按园林设计要求确定。整地方式为原生土壤，全面整地、施肥、灌溉。乔灌株行距按园林化种植确定，草坪草播种量 $15\sim20g/m^2$。

（5）现阶段应用情况。常用于园林造景，采用规则和自然式配置方式，配置各类乔灌草。

垂柳如图 5-11 所示。

12. 梧桐［*Firmiana simplex（L.）W. Wight*］

（1）生物学、生态学特性及自然分布。落叶乔木；树皮青绿色，平滑。叶心形，掌状 3~5 裂。圆锥花序顶生，花淡黄绿色。蓇葖果膜质，有柄，成熟前开裂成叶状，外面被短茸毛或几无毛，每蓇葖果有种子 2~4 个；种子圆球形，表面有皱纹，直径约 7mm。花期 6 月。

梧桐树喜光、喜温暖湿润气候，耐寒性不强；喜肥沃、湿润、深厚而排水良好的土壤，在酸性、中性及钙质土上均能生长，但不宜在积水洼地或盐碱地栽种，也不耐草荒。

产于我国南北各省，从广东、海南到华北均有栽植，也分布于日本。多为人工栽培。

（2）水土保持功能。耐碱，具有改良土壤、保持水土的作用，是良好的水土保持树种。

（3）主要应用的立地类型。适合栽植于四川盆地区、美化区及恢复区。通常在平原、丘陵及山沟生长较好。

（4）栽植技术。常用播种繁殖，扦插，分根也可。秋季果熟时采收，晒干脱粒后当年秋播，也可干藏或沙藏至翌年春播。条播行距 25cm，覆土厚约 15cm，每亩播种量约 15kg。沙藏种子发芽较整齐；干藏种子常发芽不齐，故在播前最好先用温水浸种进行催芽处理。1 年生苗高可达 50cm 以上，第二年春季分栽培养，3 年生苗木出圃即可定植。整地方式为穴状整地，保证灌溉条件。在梧桐危害期须喷清水冲掉絮状物，消灭若虫和成虫。

（5）现阶段应用情况。作为观赏树种，经常用于园林造景。

梧桐如图 5-12 所示。

13. 水曲柳（*Fraxinus mandschurica Rupr.*）

（1）生物学、生态学特性及自然分布。落

图 5-12 梧桐

叶大乔木；树皮厚，灰褐色，纵裂。羽状复叶，小叶 7～11 枚，纸质。圆锥花序生于去年生枝上，先叶开放，长 15～20cm；雄花与两性花异株，均无花冠也无花萼。翅果大而扁，长 3～3.5cm，宽 6～9mm，翅下延至坚果基部，明显扭曲，脉棱凸起。花期 4 月，果期 8—9 月。

喜光，幼时稍耐阴，耐严寒，适生于湿润、肥沃深厚、排水良好的土壤；稍耐盐碱，不耐水涝。主根浅，侧根发达，萌蘖性强，耐修剪；生长快，寿命长。

产于东北、华北、陕西、甘肃、湖北等省。生长于海拔 700～2100m 的山坡疏林中或河谷平缓山地上。

（2）水土保持功能。水曲柳耐湿，萌蘖力强，适应性强，是优良的景观树种，主要具有保持和改良土壤、涵养水源等水土保持功能，兼具防沙固沙和恢复沙化土地自然植被的功能。

图 5-13　水曲柳

（3）主要应用的立地类型。在新疆北疆平地区生活美化区用于道路绿化，同时要有灌溉条件。适合栽植于鲁中南及胶东山地丘陵区等，常栽植于行道树和生态恢复区。

（4）栽植技术。用 0.3% 高锰酸钾溶液浸种 2～3min，然后用清水洗净，放在 20℃ 左右温水中浸泡 24h 后捞出晾干催芽。应选择排水良好、平坦、土层深厚且土壤肥力较高的沙壤土或壤土，进行作垄，垄的规格为宽 60～70cm，高 20～25cm，秋季翻地 30～40cm，施入地肥——有机肥 7.5×104kg/

hm²。第二年春季作垄，将土充分破碎，清除残根、石块、拌匀有机肥，施入有机肥 7.5×104kg/hm² 作为上层肥。

（5）现阶段应用情况。常用作园林绿化（也可用药），是良好的庭荫树和道路绿化树，秋季叶色变黄，可带来金秋盛意；可用于湖岸绿化和工矿区绿化。

水曲柳如图 5-13 所示。

14. 复叶槭（*Acer negundo L.*）

（1）生物学、生态学特性及自然分布。落叶乔木。树皮黄褐色或灰褐色。羽状复叶，有 3～7（稀 9）枚小叶；小叶纸质，边缘常有 3～5 个粗锯齿，稀全缘。花小，黄绿色，开于叶前，雌雄异株。小坚果凸起，近于长圆形或长圆卵形，无毛。花期 4—5 月，果期 9 月。

适应性强，可耐绝对低温 −45℃，喜光，喜干冷气候，暖湿地区生长不良，耐寒、耐旱、耐干冷、耐轻度盐碱、耐烟尘，生长迅速。

原产北美洲。20 世纪引种于我国，在辽宁、内蒙古、河北、山东、河南、陕西、甘肃、新疆、江苏、浙江、江西、湖北等省区的各主要城市都有栽培。在东北和华北各省市生长较好。

（2）水土保持功能。复叶槭以其生长势强、树冠优美、耐寒、耐旱等特点，广泛用于我国北方林木的防护、用材、绿化。生长迅速，树冠广阔，抗烟尘能力强，夏季遮阴条件良好。

（3）主要应用的立地类型。可作行道树或庭园树，用以绿化城市或厂矿。

（4）栽植技术。复叶槭种子发芽较快，不需沙藏。播种前先用 60℃ 左右的温水浸种，次日捞出换凉水再浸，连续 4 天每日换水一次。翅果吸满水后膨胀，果皮发软，再将其捞出置于 25℃ 左右温暖处，下面垫一层旧麻袋，上面覆一层麻袋进行催芽。每日上午和下午各洒水一次并全面翻动，4～5d 有 30% 发出白芽，此时稍得摊薄晾干表面水分后即可播种。在催芽时不可堆放过厚，一般不超过 20cm，否则可能引起发热使翅果霉烂。

图 5-14 复叶槭

（5）现阶段应用情况。作为行道树或庭园树用作园林绿化、景观配置。配置方式为乔灌草园林造景。常见配置树草种为旱柳、毛白杨、黄金榆、草坪草等。

复叶槭如图 5-14 所示。

15. 臭椿 [*Ailanthus altissima*（*Mill.*）*Swingle*]

（1）生物学、生态学特性及自然分布。落叶乔木。树皮平滑而有直纹。奇数羽状复叶，有小叶 13～27；小叶对生或近对生，纸质，卵状披针形，基部偏斜，齿背有腺体 1个，揉碎后具臭味。花淡绿色；萼片 5；花瓣 5。翅果长椭圆形；种子位于翅的中间，扁圆形。花期 4—5 月，果期 8—10 月。

喜光，不耐阴。适应性强，耐寒、耐旱、耐微碱、不耐水湿。深根性，适生于深厚、肥沃、湿润的砂质土壤。但在重黏土和积水区生长不良。

除黑龙江、吉林、新疆、青海、宁夏、甘肃和海南外，各地均有分布。

（2）水土保持功能。适应性强，萌蘖力强，根系发达，属深根性树种，是水土保持的良好树种。臭椿耐盐碱，也是盐碱地绿化的好树种。生长迅速，容易繁殖，病虫害少，材质优良，用途广泛，同时耐干旱、瘠薄，为中国北部地区黄土丘陵、石质山区主要造林先锋树种。

（3）主要应用的立地类型。除黏土外，各种土壤和中性、酸性及钙质土都能生长，不耐水湿，长期积水会烂根死亡。对烟尘与二氧化硫的抗性较强，病虫害较少。

（4）栽植技术。一般用播种繁殖，早春采用条播。先去掉种翅，用始温 40℃ 的水浸种 24h，捞出后放置在温暖的向阳处混沙催芽，温度 20～25℃ 之间，夜间用草帘保温，约10 天种子有 1/3 裂嘴即可播种。行距 25～30cm，覆土 1～1.5cm，略镇压。当年生苗高60～100cm。最好移植一次，截断主根，促进侧须根生长。

（5）现阶段应用情况。臭椿树干通直高大，春季嫩叶紫红色，秋季红果满树，是良好的观赏树和行道树。可孤植、丛植或与其他树种混栽，适宜于工厂、矿区等绿化用来吸附污染物、净化空气。

臭椿如图 5-15 所示。

16. 旱柳（*Salix matsudana Koidz.*）

（1）生物学、生态学特性及自然分布。乔木。树皮暗灰黑色，有裂沟；枝细长，无毛，幼枝有毛。叶披针形。花序与叶同时开放；雄花序圆柱形，腺体 2；雌花序较雄花序短，腺体 2，背生和腹生。果序长达 2（2.5）cm。花期 4 月，果期 4—5 月。

图 5-15　臭椿

喜光，耐寒，湿地、旱地皆能生长，但在湿润而排水良好的土壤上生长最好；根系发达，抗风能力强，生长快，易繁殖。

产于东北、华北平原、西北黄土高原，西至甘肃、青海，南至淮河流域以及浙江、江苏。为平原地区常见树种。

（2）水土保持功能。旱柳根系发达，可用于建造防护林及沙荒造林，为西北固堤护岸、固沙保土的优良树种，宜作护岸林、防风林和用材林。具有保持水土、涵养水源的功能。

（3）主要应用立地类型。在黄土高原丘陵沟壑区的一般恢复区进行乔草种植。

适合功能区域：滞尘区、生活美化区。

图 5-16　旱柳

（4）栽植技术。主要育苗方式为扦插育苗。于休眠期采种条。可选 1～2 年生枝于秋季采下，经露天沙藏，来春剪穗。先去掉梢部组织不充实、木质化程度稍差的部分，选粗度在 0.6cm 以上的枝段，剪成长 15cm 左右的插穗，上切口距第一个冬芽 1cm，下切口距最下面的芽 1cm 左右，可剪成马耳形。单行或双行扦插均可。单行扦插株距 15～20cm；双行扦插行距为 20cm，株距 10～20cm。

（5）现阶段应用情况。重要的园林及城乡绿化树种，最宜在沿河湖岸边及低湿处、草地上栽植；亦可作行道树、防护林及沙荒造林等用。常用做庭荫树、行道树。栽培在河湖岸边或孤植于草坪上。

旱柳如图 5-16 所示。

17. 山桃［*Amygdalus davidiana*（*Carr.*）*de Vos Henry*］

（1）生物学、生态学特性及自然分布。乔木。树皮暗紫色，光滑。叶片卵状披针形，先端渐尖，基部楔形，两面无毛，叶边具细锐锯齿。花单生，先于叶开放，直径 2～3cm。果实近球形、淡黄色，外面密被短柔毛。花期 3—4 月，果期 7—8 月。

喜光，耐寒，对土壤适应性强，耐干旱、瘠薄，怕涝。

主要分布于我国黄河流域、内蒙古及东北南部，西北也有，多生于向阳的石灰岩山地。也生于山坡、山谷沟底或荒野疏林及灌丛内，海拔800～3200m处。

（2）水土保持功能。山桃为深根性树种，其主根能穿过干燥坚实的土层，甚至能穿透基岩和裂缝而扎根生长，固土性和分枝能力强，抗旱耐寒，又耐盐碱土壤，是重要的造林树种之一。山桃原生于各大山区及半山区，对自然环境适应性很强，一般土质都能生长，对土壤要求不严，因此可作为生产建设项目水土保持造林树种。

（3）主要应用立地类型。在黄土高原丘陵沟壑区填方边坡区的土质边坡用来保持水土。

适合功能区域：生活美化区、办公美化区、一般恢复区。

（4）栽植技术。多采用秋季植苗。山桃造林应适当密植，每亩300穴左右，每穴3～5粒，每0.067km² 播种量2～3.5kg。直播造林播种穴深度以20cm为宜。覆土厚度以10cm为宜，阴山和水分条件好的地块可适当浅一些。植苗造林选用1～2年生壮苗。春季造林要在土壤解冻后抓紧进行，秋季造林在落叶后至上冻前均可进行。

图5-17 山桃

（5）现阶段应用情况。园林中宜成片植于山坡并以苍松翠柏为背景。在庭院、草坪、水际、林缘、建筑物前零星栽植也很合适。另外，山桃在园林绿化中的用途广泛，绿化效果非常好。

山桃如图5-17所示。

18. 山杏 [*Armeniaca sibirica* (L.) Lam.]

（1）生物学、生态学特性及自然分布。灌木或小乔木，高2～5m。叶片卵形或近圆形，长（3）5～10cm，宽（2.5）4～7cm，叶边有细钝锯齿。花单生，直径1.5～2cm，先于叶开放；花梗长1～2mm；花萼紫红色；萼片长圆状椭圆形，先端尖，花后反折；花瓣近圆形或倒卵形，白色或粉红色。果实扁球形，成熟时开裂，味酸涩不可食；核扁球形，易与果肉分离；种仁味苦。花期3—4月，果期6—7月。

适应性强，喜光，根系发达，具有耐寒、耐旱、耐瘠薄的特点。在深厚的黄土或冲积土上生长良好；在低温和盐渍化土壤上生长不良。

产于黑龙江、吉林、辽宁、内蒙古、甘肃、河北、山西等地。生于干燥向阳山坡上、丘陵草原或与落叶乔灌木混生，海拔700～2000m。

（2）水土保持功能。山杏属深根性树种，不仅根系发达、吸收能力强，而且耐旱、耐寒、耐瘠薄、耐盐碱，具有旺盛的生命力，防风固沙和水土保持效果好，是优良的山地绿化造林树种及水土保持树种。

（3）主要应用立地类型。在黄土高原丘陵沟壑区填方边坡区用来防止水土流失。

图 5-18　山杏

（4）栽植技术。山杏春栽或秋栽都可以，如果冬季寒冷，积雪少，最好采用春栽。一般在早春 4 月中旬，土壤解冻 50cm 时即可栽植。栽植密度按行距 3～4m，株距 1.5～2m，每穴可栽 2～4 株。一般选用地径 0.3cm 以上，苗高 35cm 以上的健壮苗木。栽植前将主根重新修剪，露出新茬口，用 3 号 ABT 生根粉浸根，栽时再沾泥浆。有条件的栽后要向坑内灌水。

（5）现阶段应用情况。山杏用途广泛，经济价值高，可绿化荒山、保持水土，也可作沙荒防护林的伴生树种。

山杏如图 5-18 所示。

19. 海棠［*Malus spectabilis（Ait.）Borkh.*］

（1）生物学、生态学特性及自然分布。乔木，高可达 8m。叶片椭圆形至长椭圆形，长 5～8cm，宽 2～3cm，边缘有紧贴细锯齿，有时部分近于全缘，幼嫩时上下两面具稀疏短柔毛，以后脱落，老叶无毛；叶柄长 1.5～2cm，具短柔毛。花序近伞形，有花 4～6 朵，花梗长 2～3cm，具柔毛；花直径 4～5cm；花瓣卵形，长 2～2.5cm，宽 1.5～2cm，基部有短爪，白色，在芽中呈粉红色；雄蕊 20～25 枚，花丝长短不等，长约花瓣之半；花柱 5 根，稀 4 小叶，基部有白色绒毛，比雄蕊稍长。果实近球形，直径 2cm，黄色，萼片宿存，基部不下陷，梗洼隆起；果梗细长，先端肥厚，长 3～4cm。花期 4—5 月，果期 8—9 月。

海棠性喜阳光，不耐阴，忌水湿。海棠花极为耐寒，对严寒及干旱气候有较强的适应性。

产于河北、山东、陕西、江苏、浙江、云南。也生于平原或山地，海拔 50～2000m。

（2）水土保持功能。海棠对二氧化硫、氟化氢、硝酸雾、光气都有明显的抗性，还可以吸附烟尘，把空气中的污浊清除掉，能够改善空气质量、调节环境，适用于城市街道绿地和矿区绿化。

（3）主要应用的立地类型。常生于平原或山地，在新疆北疆平原区的美化区的办公美化区和生活美化区作绿化树种（有灌溉条件保证）。

（4）栽植技术。春季进行一次修剪，剪除枯弱枝条，保持树形疏散，通风透光以播种繁殖为主，也可压条及嫁接。播种，于 10 月采种，带果皮风干，播种时剖开果实，取出种子；也可先取出种子，沙藏过冬，翌年春播。压条多在春季进行，小苗可攀附着地，压入土中，大苗可用高压法。嫁接可用海棠或实生苗作砧木，并于春季切接。

（5）现阶段应用情况。海棠类多用于城市绿化、美化。海棠花常植于人行道两侧、亭台周围、丛林边缘、水滨池畔等。在园林中常与玉兰、牡丹、桂花相配植。

海棠如图 5-19 所示。

图 5-19　海棠

20. 核桃（*Juglans regia L.*）

（1）生物学、生态学特性及自然分布。乔木。奇数羽状复叶，小叶通常 5～9 枚，稀 3 枚，边缘全缘或在幼树上者具稀疏细锯齿，侧生小叶具极短的小叶柄或近无柄，顶生小叶常具长约 3～6cm 的小叶柄。雄性葇荑花序下垂。雄蕊 6～30 枚，花药黄色，无毛。雌性穗状花序通常具 1～3（4）雌花。果实近于球状，直径 4～6cm，无毛；果核稍具皱曲，有 2 条纵棱，顶端具短尖头。花期 5 月，果期 10 月。

喜光，喜温凉气候，较耐干冷，不耐温热，喜深厚、肥沃、阳光充足、排水良好、湿润肥沃的微酸性至弱碱性壤土或黏质壤土，抗旱性较弱，不耐盐碱；深根性，抗风性较强，不耐移植，有肉质根，不耐水淹。

产于华北、西北、西南、华中、华南和华东。分布于中亚、西亚、南亚和欧洲。生于海拔 400～1800m 的山坡及丘陵地带。

（2）水土保持功能。深根性，根际萌芽力强。生长较快，杀菌能力强，可作为水土保持树种。

（3）主要应用的立地类型。适宜大部分土地生长。

（4）栽植技术。以嫁接为主。砧木用本砧或铁核桃 1～2 年生实生苗。枝接适期在立春至雨水之间，以树液开始流动、砧木顶芽已萌动时为最好。芽接适期在春分前后，砧木开始抽梢而顶芽展叶之前、树皮容易剥离时较为适宜。接后接口和接穗均套塑料袋并装潮湿木屑包扎保温。采用核桃子叶苗嫁接，当种子幼芽即将展出真叶时，在子叶柄上 1cm 处剪去砧芽劈接，接后放在愈合池或简易温棚内，成活后移植田间，成活率在 80% 以上，可缩短育苗时间。

（5）现阶段应用情况。核桃可作为优良的园林观赏、美化树种，在庭院美化、园林景观配置、道路行道树栽植方面发挥着一定的园林化作用。

核桃如图 5-20 所示。

图 5-20　核桃

21. 桑树（*Morus alba L.*）

（1）生物学、生态学特性及自然分布。乔木或灌木。叶卵形或广卵形，边缘锯齿粗钝，有时叶为各种分裂。花单性，腋生或生于芽鳞腋内，与叶同时生出；雄花序下垂，密被白色柔毛。雌花序长 1～2cm，被毛，总花梗长 5～10mm 被柔毛，雌花无梗，花被片倒卵形，顶端圆钝，无花柱，柱头 2 裂。聚花果卵状椭圆形，长 1～2.5cm，成熟时红色或暗紫色。花期 4—5 月，果期 5—8 月。

喜温暖湿润气候，稍耐阴。耐旱，不耐涝，耐瘠薄，对土壤的适应性强。

原产我国中部和北部，现由东北至西南各省，西北直至新疆均有栽培。在朝鲜、日本、蒙古、中亚各国、俄罗斯、欧洲等地以及印度、越南亦均有栽培。

（2）水土保持功能。桑树适应性强，生长快，枝叶繁茂。根系分布范围广，毛根多，对土壤吸附作用强，使土壤固结作用加强，能有效减轻径流冲刷，是良好的水土保持树种。

图 5-21 桑树

（3）主要应用立地类型。在新疆北部平原伊犁河谷的平地区的功能区的防辐射区栽植，起到抗有毒气体的作用。

（4）栽植技术。选土质肥沃、不渍水的旱水田为佳，犁好耙平。应选择近根 1m 左右的成熟枝条，种植时间最好是在 12 月冬伐时进行，随剪随种。把桑枝剪成 5 寸（3～4 个芽）左右，开好沟后把枝条垂直摆好（芽向上），回土埋住枝条或露1 个芽，压实泥，淋足水，保持 20 天湿润，用薄膜盖，待出芽后去掉薄膜。

（5）现阶段应用情况。为城市绿化的先锋树种。桑叶可以用来养蚕。此外，桑树还可以对抗有毒气体，是功能区绿化的常见树种。

桑树如图 5-21 所示。

22. 侧柏［*Platycladus orientalis（L.）Franco*］

（1）生物学、生态学特性及自然分布。乔木。树皮薄，浅灰褐色，纵裂成条片。叶鳞形，长 1～3mm，先端微钝，小枝中央的叶的露出部分呈倒卵状菱形或斜方形。雄球花黄色，卵圆形；雌球花近球形，径约 2mm，蓝绿色，被白粉。球果近卵圆形，长 1.5～2（2.5）cm，成熟前近肉质，蓝绿色，被白粉；成熟后木质，开裂，红褐色。花期 3—4月，球果 10 月成熟。

喜光，幼时稍耐阴，适应性强，在酸性、中性、石灰性和轻盐碱土壤中均可生长。耐干旱瘠薄，萌芽能力强，耐寒力中等，耐强太阳光照射，耐高温，浅根性，抗风能力较弱。

产于中国内蒙古南部、吉林、山西、山东、浙江、河南、甘肃、贵州等大部分省区。西藏德庆、达孜等地也有栽培。

（2）水土保持功能。侧柏侧根发达，抗逆性强，具有涵养水源、保持水土、减缓地表径流、减少土壤侵蚀、保持和恢复土壤肥力等水土保持功能。

（3）主要应用的立地类型。侧柏主要用于生产建设项目中的办公美化区、生活美化区、滞尘区、防辐射区、防噪声区、高标准恢复区。

（4）栽植技术。侧柏育苗地，要选择地势平坦、排水良好、较肥沃的沙壤土或轻壤土为宜。播种前为使种子发芽迅速、整洁，最好进行催芽处理。为确保苗木产量和质量，播种量不宜过小，当种子净度为 90% 以上，种子发芽率为 85% 以上时，每亩播种量 10kg 左右为宜。

（5）现阶段应用情况。可用于行道、亭园、大门两侧、绿地周围、路边花坛及墙垣内外，均极美观。

侧柏如图 5-22 所示。

图 5-22 侧柏

23. 山合欢 [Albizia kalkora (Roxb.) Prain]

（1）生物学、生态学特性及自然分布。落叶小乔木或灌木。枝条暗褐色，被短柔毛，有显著皮孔。二回羽状复叶，小叶 5~14 对，长圆形或长圆状卵形，先端圆钝而有细尖头。头状花序 2~7 枚生于叶腋，或于枝顶排成圆锥花序；花初白色，后变黄，具明显的小花梗。荚果带状，长 7~17cm，宽 1.5~3cm，深棕色，嫩荚密被短柔毛，老时无毛；种子 4~12 颗，倒卵形。花期 5—6 月；果期 8—10 月。

生长快，能耐干旱及瘠薄地。花美丽，亦可植为风景树。

产于我国华北、西北、华东、华南至西南部各省区。生于山坡灌丛、疏林中。越南、缅甸、印度亦有分布。

（2）水土保持功能。木材耐水湿，是良好的水土保持树种。

24. 合欢 (Albizia julibrissin Durazz.)

（1）生物学、生态学特性及自然分布。落叶乔木。树干灰黑色；嫩枝、花序和叶轴被绒毛或短柔毛。二回羽状复叶，互生；小叶 10~30 对，线形至长圆形；中脉紧靠上边缘。头状花序在枝顶排成圆锥大辩论花序；花粉红色；花萼管状；雄蕊多数，基部合生，花丝细长；子房上位，花柱几与花丝等长，柱头圆柱形。荚果带状，长 9~15cm，宽 1.5~2.5cm，嫩荚有柔毛，老荚无毛。花期 6—7 月；果期 8—10 月。

生于山坡或人工栽培。合欢喜温暖湿润和阳光充足的环境，对气候和土壤适应性强，宜在排水良好的肥沃土壤生长，但也耐瘠薄和干旱气候，但不耐水涝。生长迅速，耐寒、耐轻度盐碱，对二氧化硫、氯化氢等有害气体有较强的抗性。

原产美洲南部，我国黄河流域至珠江流域各地亦有分布。分布于华东、华南、西南以及辽宁、河北、河南、陕西等省。朝鲜、日本、越南、泰国、缅甸、印度、伊朗及非洲东部也有分布。非洲、中亚至东亚均有分布，美洲亦有栽培。

（2）水土保持功能。合欢可用作园景树、行道树、风景区造景树、滨水绿化树、工厂绿化树和生态保护树等。

25. 白桦 (Betula platyphylla Suk.)

生物学、生态学特性及自然分布。乔木。树皮灰白色，成层剥裂。叶厚纸质，三角状卵形，长 3~9cm，宽 2~7.5cm，顶端锐尖、渐尖至尾状渐尖，基部截形，宽楔形或楔形，边缘具重锯齿。果序单生，通常下垂。小坚果狭矩圆形、矩圆形或卵形，长 1.5~3mm，宽 1~1.5mm，背面疏被短柔毛，膜质翅较果长 1/3，较少与之等长，与果等宽或较果稍宽。

喜光,不耐阴,耐严寒。喜酸性土,在沼泽地、干燥阳坡及湿润阴坡上都能生长。深根性,耐瘠薄。天然更新良好,生长较快,萌芽强,寿命较短。

生长于海拔 400~4100m 的山坡或林中,适应性大,分布甚广,尤喜湿润土壤,为次生林的先锋树种。中国大、小兴安岭及长白山均有成片纯林,在华北平原和黄土高原山区、西南山地亦为阔叶落叶林及针阔混交林中的常见树种。

26. 辽东栎(*Quercus wutaishasea Mary*)

(1)生物学、生态学特性及自然分布。落叶乔木。树皮灰褐色,纵裂。叶片倒卵形至长倒卵形,顶端圆钝或短渐尖,基部窄圆形或耳形,叶缘有 5~7 对圆齿。雄花序生于新枝基部,花被 6~7 裂,雄蕊 8 枚;雌花序生于新枝上端叶腋,花被通常 6 裂。壳斗浅杯形,包着坚果约 1/3,直径 1.2~1.5cm,高约 8mm;小苞片长三角形,长 1.5mm,扁平微突起,被稀疏短绒毛。坚果卵形至卵状椭圆形,直径 1~1.3cm,高 1.5~1.8cm,顶端有短绒毛;果脐微突起,直径约 5mm。花期 4—5 月,果期 9 月。

喜温,耐寒、耐旱、耐瘠薄。生于山地阳坡、半阳坡、山脊上。

产于黑龙江、山西、陕西、宁夏、河南、四川等省区。在辽东半岛常生于低山丘陵区,在华北地区常生于海拔 600~1900m 的山地,在陕西和四川北部可生长于海拔 2200~2500m 处,常生于阳坡、半阳坡、成小片纯林或混交林中。

(2)水土保持功能。由于其适应性强,根系发达,抗风能力强,防火,主要具有保持和改良土壤、涵养水源等水土保持功能。

图 5-23 辽东栎

(3)主要应用的立地类型。适合栽植于燕山、太行山山地丘陵区等,常栽植于生态恢复区。

(4)栽植技术。起苗时,留主根 25~30cm 为宜,过短会影响成活率和生长。以 1~3 年生苗造林较好,为提高栽植成活率,可采用清水浸根、磷肥泥浆蘸根或生根粉液蘸根等方法处理。一般在晚秋或早春进行造林。一般选择春季造林,在土壤化冻后至苗木发芽前的早春栽植。整地方法为鱼鳞坑整地或反坡台整地。整地季节以春、秋雨季为宜。造林密度设计为 167 株/亩(株行距为 2m×2m)。造林后浇水要适时适量,第 1 次浇水要充分,幼苗期要多次

适量、勤浇,保持湿润;速生期应量多次少;生长后期要控制浇水。

(5)现阶段应用情况。辽东栎主要用于生态观赏和生态防护林。

辽东栎如图 5-23 所示。

27. 漆[*Toxicodendron vernicifluum* (Stokes) F. A. Barkl.]

(1)生物学、生态学特性及自然分布。落叶乔木。树皮灰白色,粗糙,呈不规则纵裂。奇数羽状复叶互生,有小叶 4~6 对;小叶卵形或卵状椭圆形或长圆形,全缘。圆锥

花序长 15～30cm，与叶近等长；花黄绿色，雄花花梗纤细，雌花花梗短粗；花萼无毛，裂片卵形；花瓣长圆形，具细密的褐色羽状脉纹，先端钝，开花时外卷；花柱 3 根。果序多少下垂，核果肾形或椭圆形。花期 5—6 月，果期 7—10 月。

漆属于高山种，性较耐寒。

生于海拔 800～2800（3800）m 的向阳山坡林内。在中国除黑龙江、吉林、内蒙古和新疆外，其余省区均有栽培。

（2）水土保持功能。具有耐瘠、耐旱、根系深、生长快、适应性强的特点，是生产木蜡和生漆的主要植物资源品种，也是一种优良的水土保持树种，其作为优良的经济、用材、控制水土流失及美化树种极具发展前途。

28. 盐肤木（*Rhus chinensis* Mill.）

（1）生物学、生态学特性及自然分布。落叶小乔木或灌木。小枝棕褐色。奇数羽状复叶有小叶（2）3～6 对，纸质，边缘具粗钝锯齿，背面密被灰褐色毛，叶轴具宽的叶状翅，叶轴和叶柄密被锈色柔毛；小叶多形，边缘具粗锯齿或圆齿，叶面暗绿色，叶背粉绿色，被白粉，叶背被锈色柔毛，脉上较密；小叶无柄。圆锥花序宽大，多分枝，雄花序长 30～40cm，雌花序较短，密被锈色柔毛。核果球形，略压扁。花期 7～9 月，果期 10—11 月。

喜光、喜温暖湿润气候。分布于中国云南、四川、贵州、广西、广东、台湾、江西、湖南，生于海拔 280～2800m 的山坡、沟谷的疏林或灌丛中。

（2）水土保持功能。适应性强，耐寒。对土壤要求不严，在酸性、中性及石灰性土壤乃至干旱瘠薄的土壤上均能生长。根系发达，根萌蘖性很强，生长快。具有较高的水土保持价值。

29. 元宝枫（*Acer truncatum* Bunge）

（1）生物学、生态学特性及自然分布。落叶乔木，树皮灰深纵裂。叶纸质，常 5 裂，稀 7 裂，基部截形稀近于心脏形；主脉 5 条，在上面显著，在下面微凸起。花黄绿色，杂性，雄花与两性花同株，常成无毛的伞房花序；萼片 5 片，黄绿色；花瓣 5 片，淡黄色或淡白色。翅果嫩时淡绿色，成熟时淡黄色或淡褐色，常成下垂的伞房果序；小坚果压扁状，长 1.3～1.8cm，宽 1～1.2cm；翅长圆形，两侧平行，宽 8mm，常与小坚果等长，稀稍长，张开成锐角或钝角。花期 4 月，果期 8 月。

元宝枫属深根性树种，萌蘖力强，生长缓慢，寿命较长；较喜光，稍耐阴，喜侧方庇阴，适于温凉湿润气候，较耐寒，但过于干冷则对生长不利。在酸性土、中性土及石灰性土中均能生长，但在湿润、肥沃、土层深厚的土中生长最好。生长速度中等。

广布于东北、华北、陕西、四川、湖北、浙江、江西、安徽等省。

（2）水土保持功能。对土壤要求不严，具有一定的水土保持能力。

（3）主要应用的立地类型。适合园林景观，可栽种于滞尘区，防噪声区等。

（4）栽植技术。在生产建设项目中，元宝枫可设计为孤植、列植或片植。元宝枫通常采用播种育苗，应选择树干通直、生长良好、树龄 15 年以上的树作为采种树。

（5）现阶段应用情况。西藏林芝局部有种植。

元宝枫如图 5-24 所示。

30. 杜梨 (*Pyrus betulifolia Bge.*)

（1）生物学、生态学特性及自然分布。乔木，枝常具刺。叶片菱状卵形至长圆卵形，边缘有粗锐锯齿。伞形总状花序，有花 10～15 朵，总花梗和花梗均被灰白色绒毛；花直径 1.5～2cm；萼筒外密被灰白色绒毛；萼片三角卵形，全缘，内外两面均密被绒毛，花瓣宽卵形，长 5～8mm，宽 3～4mm，先端圆钝。雄蕊 20，花药紫色，长约花瓣之半；花柱 2～3，基部微具毛。果实近球形，直径 5～10mm，2～3 室，褐色，有淡色斑点，萼片脱落，基部具带绒毛果梗。花期 4 月，果期 8—9 月。

图 5-24　元宝枫

适生性强，喜光，耐寒，耐旱，耐涝，耐瘠薄，在中性土及盐碱土上均能正常生长。

产于中国辽宁、河北、河南、山东、山西、陕西、甘肃、湖北、江苏、安徽、江西。生于平原或山坡阳处，海拔 50～1800m。

（2）水土保持功能。杜梨在中国北方盐碱地区应用较广，可用作防护林、水土保持林。

31. 苹果树 (*Malus pumila Mill.*)

（1）生物学、生态学特性及自然分布。乔木。叶片椭圆形，边缘具有圆钝锯齿。伞房花序，具花 3～7 朵，集生于小枝顶端；花直径 3～4cm；萼筒外面密被绒毛；萼片三角披针形或三角卵形，长 6～8mm，先端渐尖，全缘，内外两面均密被绒毛；花瓣倒卵形，长 15～18mm，白色，含苞未放时带粉红色；花柱 5 根，下半部密被灰白色绒毛，较雄蕊稍长。果实扁球形，萼片永存，果梗短粗。花期 5 月，果期 7—10 月。

苹果树能够适应大多数的气候。苹果树能抵抗-40℃的霜冻。最适合 pH 值 6.5、中性、排水良好的土壤。

在中国辽宁、河北、山西、山东、陕西、甘肃、四川、云南、西藏常见栽培。适生于山坡梯田、平原矿野以及黄土丘陵等处，海拔 50～2500m。原产欧洲及亚洲中部，栽培历史已久，全世界温带地区均有种植。

（2）水土保持功能。为良好的水保经济林树种。

32. 枣树 (*Ziziphus jujuba Mill.*)

（1）生物学、生态学特性及自然分布。落叶小乔木。有长枝，短枝和无芽小枝（即新枝）比长枝光滑，紫红色或灰褐色，呈"之"字形曲折，具 2 个托叶刺，长刺可达 3cm，粗直，短刺下弯，长 4～6mm；短枝短粗，矩状，自老枝发出。叶纸质，具小尖头，基部稍不对称。花黄绿色，两性，5 基数，无毛，单生或 2～8 个密集成腋生聚伞花序。核果矩圆形或长卵圆形，成熟时红色，后变红紫色。花期 5—7 月，果期 8—9 月。

枣树能在瘠薄土壤中生长，而且耐盐碱（含盐碱小于 0.3%）

该种原产中国，亚洲、欧洲和美洲常有栽培。在中国，吉林、山东、陕西、河南、新疆、浙江、广东、湖北、四川等省均有分布。生长于海拔 1700m 以下的山区、丘陵或平原,广为栽培。

(2) 水土保持功能。枣林有防风,固沙、降低风速、调节气温、防止和减轻干热风危害的作用,对间作物生长影响颇大。枣树不仅能在瘠薄土壤中生长,而且耐盐碱(含盐碱小于 0.3%)。

33. 落叶松 [*Larix gmelinii (Ruprecht) Kuzenra*]

(1) 生物学、生态学特性及自然分布。乔木。幼树树皮深褐色,裂成鳞片状块片,老树树皮灰色,纵裂成鳞片状剥离,剥落后内皮呈紫红色;短枝直径 2~3mm。叶倒披针状条形,长 1.5~3cm,宽 0.7~1mm,先端尖或钝尖,上面中脉不隆起。球果成熟时上部的种鳞张开,约 14~30 枚;种子斜卵圆形,灰白色,具淡褐色斑纹;子叶 4~7 枚,针形,长约 1.6cm。花期 5~6 月,球果 9 月成熟。

喜光性强,对水分要求较高,于土层深厚、肥润、排水良好的北向缓坡及丘陵地带生长旺盛,在干旱瘠薄的山地阳坡或常年积水的水湿地或低洼地也能生长,但生育不良。耐低温寒冷。

落叶松的天然分布很广,在针叶树种中是最耐寒的,垂直分布达到森林分布的最上限,是我国东北、内蒙古林区以及华北、西南的高山针叶林的主要森林组成树种。

(2) 水土保持功能。落叶松耐水湿,腐殖质层厚,根系十分发达,抗烟能力强。主要具有涵养水源、改良土壤、改善小气候等水土保持功能。

(3) 主要应用的立地类型。适合栽植于美化区、滞尘区、防噪声区。

(4) 栽植技术。在生产建设项目中,落叶松常设计为孤植或纯林,苗木规格一般为 60cm 左右或 1.5m 左右。造林后第一次抚育,主要是扩穴、培土、扶正、踏实、补栽苗。第二次抚育以苗为中心,直径达 1m 左右割草松土,让阳光直照幼苗。幼苗期间应做好病虫害防护。

栽植落叶松需与节水、集水整地、截干造林、覆盖保墒(如地膜、石块、草等覆盖)等实用技术配套。

(5) 现阶段应用情况。落叶松树形及树干均较为美观,可作庭园观赏和绿化树种。通常用于园区绿化、行道绿化和边坡绿化。

图 5-25 落叶松

落叶松如图 5-25 所示。

34. 油松 (*Pinus tabuliformis Carr.*)

(1) 生物学、生态学特性及自然分布。乔木。树皮灰褐色,裂成不规则较厚的鳞状块片,裂缝及上部树皮红褐色。针叶 2 针一束,深绿色,粗硬,长 10~15cm,径约 1.5mm,边缘有细锯齿,两面具气孔线。雄球花圆柱形,长 1.2~1.8cm,在新枝下部聚生成穗状。球果卵形或圆卵形,长 4~9cm;种子卵圆形或长卵圆形,淡褐色有斑纹,长 6~8mm,径 4~5mm,连翅长 1.5~1.8cm;子叶 8~12 枚,长 3.5~5.5cm。花期 4—5

月，球果第二年 10 月成熟。

油松为喜光、深根性树种，抗寒能力较强，喜干冷气候，在土层深厚、排水良好的酸性、中性或钙质黄土上均能生长良好。

主要分布在吉林南部、辽宁、河北、河南、山东、山西、内蒙古、陕西、甘肃、宁夏、青海及四川等省（自治区），生于海拔 100～2600m 地带。

（2）水土保持功能。油松适应性强、根系发达、枝叶繁茂，有良好的保持水土和涵养水源功能，是荒山造林和森林更新的主要树种。

（3）主要应用的立地类型。适合功能区域：高标恢复区，防噪声区。

图 5-26　油松

（4）栽植技术。需要 3 年生左右的幼苗，并且保证树苗根系完整并带土坨，2～3 株丛植，一般 667m² 定植密度在 220 株左右。而采用播种造林法主要是利用种子进行造林，播种前应该对种子进行消毒和催芽处理，每穴播种 20 粒种子左右，然后覆盖上湿润土壤；播种后用杂草和树叶覆盖，这种栽培技术对立地条件的要求不高。油松在整个生长期都要做好病害防治。

（5）现阶段应用情况。油松可与快长树成行混交植于路边，在园林配植中，除了适于作独植、丛植、纯林群植外，亦宜混交种植。

油松如图 5-26 所示。

35. 白皮松（*Pinus bungeana Zucc.*）

（1）生物学、生态学特性及自然分布。乔木。树皮呈淡褐灰色或灰白色，裂成不规则的鳞状块片脱落，脱落后近光滑，露出粉白色的内皮，白褐相间成斑鳞状。针叶 3 针一束，粗硬，叶背及腹面两侧均有气孔线，先端尖，边缘有细锯齿；叶鞘脱落。雄球花卵圆形或椭圆形，长约 1cm，多数聚生于新枝基部成穗状。球果通常单生，初直立，后下垂，成熟前淡绿色，熟时淡黄褐色；种子灰褐色，近倒卵圆形，长约 1cm，径 5～6mm。花期 4—5 月，球果第二年 10—11 月成熟。

喜光树种，耐瘠薄土壤及较干冷的气候；在气候温凉、土层深厚、肥润的钙质土和黄土上生长良好。

为中国特有树种，分布于中国山西、河南西部、陕西秦岭、甘肃南部及天水麦积山、四川北部江油观雾山及湖北西部等地。苏州、杭州、衡阳等地也有栽培，生于海拔 500～1800m 地带。

（2）水土保持功能。是一个适应范围广泛、能在钙质土壤和轻度盐碱地上生长良好的常绿针叶树种。

36. 青杆（*Picea wilsonii Mast.*）

（1）生物学、生态学特性及自然分布。乔木。树皮灰色或暗灰色，裂成不规则鳞状块片脱落。叶排列较密，四棱状条形，微具白粉。球果卵状圆柱形或圆柱状长卵圆形，成熟前绿色，熟时黄褐色或淡褐色；中部种鳞倒卵形，先端圆或有急尖头，或呈钝三角形，或具突起截形之尖头，基部宽楔形；苞鳞匙状矩圆形，先端钝圆；种子倒卵圆形，长 3～4mm，连翅长 1.2～1.5cm，种翅倒宽披针形，淡褐色，先端圆。花期 4 月，球果 10 月成熟。

为中国特有树种，产于内蒙古、河北、山西、陕西南部、湖北等地。江西庐山也有栽培。适应性较强，为中国产云杉属中分布较广的树种之一。

（2）水土保持功能。适应性较强。在气候温凉、土壤湿、深厚、排水良好的微酸性地带生长良好。适合作为水土保持树种。

37. 皂荚（*Gleditsia sinensis Lam.*）

（1）生物学、生态学特性及自然分布。落叶乔木或小乔木，刺粗壮，圆柱形，常分枝，多呈圆锥状，长达 16cm。叶为一回羽状复叶，小叶（2）3～9 对，纸质，边缘具细锯齿；花序腋生或顶生，被短柔毛；雄花萼片 4，三角状披针形，两面被柔毛；花瓣 4 片，长圆形，被微柔毛；两性花直径 10～12mm；萼、花瓣与雄花的相似，花瓣长 5～6mm。荚果带状，劲直或扭曲；种子多颗，长圆形或椭圆形，棕色，光亮。花期 3—5 月；果期 5—12 月。

性喜光而稍耐阴，喜温暖湿润的气候及深厚、肥沃适当的湿润土壤，但对土壤要求不严，在石灰质及盐碱甚至黏土或砂土上均能正常生长。

产于河北、河南、陕西、江苏、湖南、福建、广西、贵州等地。生于山坡林中或谷地、路旁，海拔自平地至 2500m。常栽培于庭院或宅旁。

（2）水土保持功能。皂荚树为生态经济型树种，耐旱节水，根系发达，可用作防护林和水土保持林。用皂荚营造草原防护林能有效防止牧畜破坏，是林牧结合的优选树种。

（3）主要应用的立地类型。皂荚树耐热、耐寒、抗污染，可用于城乡景观林、道路绿化。皂荚树具有固氮、适应性广、抗逆性强等综合价值，是退耕还林的首选树种。

38. 栾树（*Koelreuteria paniculata Laxm.*）

（1）生物学、生态学特性及自然分布。落叶乔木或灌木。树皮厚，灰褐色至灰黑色，老时纵裂。一回、不完全二回或偶有为二回羽状复叶，小叶（7）11～18 片，对生或互生，纸质，边缘有不规则的钝锯齿。聚伞圆锥花序，花淡黄色，稍芬芳；花瓣 4 片，开花时向外反折，线状长圆形，被长柔毛；雄蕊 8 枚。蒴果圆锥形，具 3 棱，长 4～6cm；种子近球形，直径 6～8mm。花期 6—8 月，果期 9—10 月。

栾树是一种喜光、稍耐半阴的植物，耐寒，但是不耐水淹，栽植时注意土地，耐干旱和瘠薄，对环境的适应性强，喜欢生长于石灰质土壤中，耐盐渍及短期水涝。栾树具有深根性、萌蘖力强的特点，生长速度中等，幼树生长较慢，以后渐快，有较强抗烟尘能力。

栾树产于中国北部及中部大部分省区海拔 1500m 以下的低山及平原区，最高可达海拔 2600m，世界各地均有栽培。

（2）水土保持功能。栾树对环境的适应性强。主要具有保持和改良土壤、涵养水源等水土保持功能，可作为水土保持防风林的重要选种之一。

（3）主要应用的立地类型。适合栽植于豫西南山地丘陵区等，常栽植于行道树、美化区和生态恢复区。

图 5 - 27　栾树

（4）栽植技术。栾树属深根性树种，宜多次移植以形成良好的有效根系。芽苗移栽能促使苗木根系发达，1 年生苗高 50～70cm。由于栾树树干不易长直，第一次移植时要平茬截干，并加强肥水管理。春季从基部萌蘖出枝条，选留通直、健壮者培养成主干，则主干生长快速、通直。每隔 3 年左右移植 1 次，移植时要适当剪短主根和粗侧根，以促发新根。

（5）现阶段应用情况。栾树树形端庄整齐，叶、花、果均可供观赏，用于林荫路、人行道的绿化尤为适宜。栾树不仅是理想的观赏树木，还是改善环境的生态树种。适宜城市公园、小区及道路绿化，也可用于水土保持和荒山造林。

栾树如图 5 - 27 所示。

39. 泡桐 ［*Paulownia fortunei（Seem.）Hemsl.*］

（1）生物学、生态学特性及自然分布。乔木。树冠圆锥形，主干直，树皮灰褐色；幼枝、叶、花序各部和幼果均被黄褐色星状绒毛，但叶柄、叶片上面和花梗渐变无毛。叶片长卵状心脏形。花序狭长几成圆柱形，花冠管状漏斗形，白色仅背面稍带紫色或浅紫色，管部逐渐向上扩大，稍稍向前曲，外面有星状毛，腹部无明显纵褶，内部密布紫色细斑块。蒴果长圆形，宿萼开展或漏斗状，果皮木质，厚 3～6mm。花期 3—4 月，果期 7—8 月。

分布于安徽、台湾、湖南、四川、广西等省份，野生或栽培。在山东、河北、河南、陕西等地近年有引种，生于低海拔的山坡、林中、山谷及荒地上。

（2）水土保持功能。泡桐喜光喜湿、适应性强、根系萌发能力强，主要具有改良土壤、涵养水源等水土保持功能，具有重要的水土保持意义。

（3）主要应用的立地类型。适合栽植于南亚热带湿润区、办公美化区、滞尘区、防噪声区、抗污染区。

（4）栽植技术。首先按株行距定点挖穴或用竹签引眼，将种根大头向上直插于穴中，注意不要损伤种根和幼芽，上端略低于地面 1～2cm，然后填土压实，使种根与土壤密接，再在上面盖少量虚土。若种根分不清大小头，则将种根平埋，以避免倒插种根现象。一般培育干高 4m 左右的Ⅰ级苗木，其密度每亩 667 株、株行距各 1m。若要培育 5m 以上的特级苗，其株行距可适当加大到 12m。为便于管理操作，也可以采用宽行距、窄株距的方式。

图 5-28 泡桐

（5）现阶段应用情况。广泛栽植于城市街道、公园、庭院、城近郊绿化林带。

泡桐如图 5-28 所示。

40. 柳树（*Salix.*）

（1）生物学、生态学特性及自然分布。柳树适于各种不同的生态环境，不论高山、平原、沙丘、极地都有柳树生长。主要分布于北半球温带地区。旱柳产于中国华北、东北、西北地区的平原。垂柳遍及中国各地，欧洲、亚洲、美洲许多国家有引种。朝鲜垂柳、圆头柳、长柱柳、白皮柳、大白柳、细柱柳、杞柳等多产于中国东北，朝鲜、日本及俄罗斯远东地区也有分布。爆竹柳原产欧洲，中国东北有引种。白柳产于中国新疆、甘肃、青海及西藏等地，伊朗，巴基斯坦、印度北部、阿富汗，俄罗斯和欧洲也有分布。腺柳产于黄河中下游流域及辽宁省南部，朝鲜、日本也有分布。云南柳产于中国云南、广西、贵州和四川。紫柳产于中国长江下游流域。大叶柳产于中国四川省。棉花柳在中国北京、上海、广州等城市有引种。

（2）水土保持功能。柳树可起到清除污染物和治理环境的作用。主要是通过植物吸收来减少水和土壤中的污染物和过多的养分，促进土壤微生物对有机污染物的降解。在涵养水源、防护堤岸方面有重要的作用。

（3）主要应用的立地类型。适合栽植于南亚热带湿润区、办公美化区、生活美化区、防噪声区、抗污染区。

（4）栽植技术。播种育苗于 4 月采收种子，随采随播。种子千粒重 0.4g，发芽率 70%～80%，亩播种约 0.25kg，当年苗高 80～100cm。移植宜在冬季落叶后至翌年早春芽未萌动前进行，栽后要充分浇水并立支柱。

（5）现阶段应用情况。是北温带公园中主要树种之一，适合于都市庭园中生长，尤其是水池或溪流边。

柳树如图 5-29 所示。

41. 小叶杨（*Populus simonii Carr.*）

（1）生物学、生态学特性及自然分布。

图 5-29 柳树

乔木，树皮幼时灰绿色，老时暗灰色，沟裂；树冠近圆形。叶菱状卵形，中部以上较宽，先端突急尖或渐尖，基部楔形、宽楔形或窄圆形，细锯齿，无毛；叶柄圆筒形，长 0.5～4cm，黄绿色或带红色。雄花序长 2～7cm，花序轴无毛，苞片细条裂，雄蕊 8～9（25）；雌花序长 2.5～6cm；苞片淡绿色，裂片褐色，无毛，柱头 2 裂。果序长达 15cm；蒴果小，2（3）瓣裂，无毛。花期 3—5 月，果期 4—6 月。

喜光树种，不耐庇荫，适应性强，对气候和土壤要求不严，耐旱，抗寒，耐瘠薄或弱碱性土壤，在砂、荒和黄土沟谷中也能生长，但在湿润、肥沃土壤的河岸、山沟和平原上生长最好。

华北各地常见分布，以黄河中下游地区分布最为集中。中国东北、华北、华中、西北及西南各省区均产，河南、陕西、山东、甘肃、山西、河北、辽宁等省最多。

（2）水土保持功能。小叶杨常为防风固沙、护堤固土、绿化观赏的树种，也是东北和西北防护林和用材林主要树种之一。具有改善土壤理化结构的水土保持功能。

（3）主要应用的立地类型。适合栽植于北方土石山区所有二级区，常栽植于美化区和生态恢复区。

图 5-30　小叶杨

（4）栽植技术。栽植小叶杨的整地方式多为大穴整地，有水土流失的地方，应采用水平沟或鱼鳞坑整地。小叶杨混交树种选择得当、配置适宜，可以促进林木速生丰产。小叶杨可与紫穗槐、柠条、沙棘（黑刺、醋柳）等灌木混交。这些灌木根上均有根瘤菌，能满足杨树喜氮的要求。用小叶杨混交沙棘造林，每亩栽200多株。据有关林业部门调查结果显示，小叶杨与沙棘混交效果较好，树高生长较纯林快6%～12%，胸径生长增长21%～28%，病虫害较少。这两种树种混交时，可采用隔行混交或带状混交的方式。

（5）现阶段应用情况。小叶杨是良好的防风固沙、保持水土、固堤护岸及绿化观赏树种，在城郊可选作行道树和防护林。

小叶杨如图 5-30 所示。

42. 马尾松（*Pinus massoniana Lamb.*）

（1）生物学、生态学特性及自然分布。乔木，树皮裂成不规则的鳞状块片。针叶 2 针一束，稀 3 针一束，长 12～20cm，细柔，微扭曲，两面有气孔线，边缘有细锯齿；叶鞘宿存。雄球花淡红褐色，圆柱形，弯垂，聚生于新枝下部苞腋，穗状；雌球花单生或 2～4 个聚生于新枝近顶端，淡紫红色。球果下垂，成熟前绿色，熟时栗褐色，陆续脱落；种子长卵圆形，长 4～6mm，连翅长 2～2.7cm；子叶 5～8 枚；长 1.2～2.4cm。花期 4—5 月，球果第二年 10—12 月成熟。

喜光、深根性树种，不耐庇荫，喜温暖湿润气候。在肥润、深厚的砂质壤土上生长迅速，在钙质土上生长不良或不能生长，不耐盐碱。

产于长江中下游各省区。在长江下游其垂直分布于海拔 700m 以下，在长江中游分布于海拔 1100～1200m 以下，在西部分布于海拔 1500m 以下。

（2）水土保持功能。它能生于干旱、瘠薄的红壤、石砾土及沙质土，或生于岩石缝中，为荒山恢复森林的先锋树种，是长江流域以南重要的荒山造林树种。

（3）主要应用的立地类型。适合栽植于北亚热带湿润区、南方红壤丘陵区、办公美化

图 5-31 马尾松

区、滞尘区、防噪声区，抗污染区。

（4）栽植技术。马尾松切根育苗地宜选地势开阔、向阳、坡度平缓、靠近水源、质地疏松、没有石块、没有石砾的酸性壤土或沙壤土。播种时间要适当提早，控制切根时间、切根深度、切根方法，切根后要立即进行 1 次水肥管理。起苗时必须坚持锄挖，尽量注意不伤或少伤苗木侧须根和菌根。在运输途中，一定要搭盖薄膜或稻草。运到造林地后，要及时造林栽植，或就近假植。

（5）现阶段应用情况。适宜在山涧、谷中、岩际、池畔、道旁配置和山地造林。也适合在庭前、亭旁、假山之间孤植。

马尾松如图 5-31 所示。

43. 广玉兰（*Magnolia grandiflora L.*）

（1）生物学、生态学特性及自然分布。常绿乔木。叶厚革质，椭圆形，叶面深绿色，有光泽。花白色，有芳香；花被片 9～12，厚肉质，倒卵形。聚合果圆柱状长圆形或卵圆形，长 7～10cm，径 4～5cm，密被褐色或淡灰黄色绒毛；种子近卵圆形或卵形，长约 14mm，径约 6mm，外种皮红色，除去外种皮的种子，顶端延长成短颈。花期 5—6 月，果期 9—10 月。

生性喜光，而幼时稍耐阴。喜温湿气候，有一定抗寒能力。适生于干燥、肥沃、湿润与排水良好微酸性或中性土壤，在碱性土种植易发生黄化，忌积水、排水不良。

原产于北美洲东南部。我国长江流域以南各城市有栽培，兰州及北京公园也有栽培。

（2）水土保持功能。根系深广，抗风力强。特别是播种苗树干挺拔，树势雄伟，适应性强，多适合于厂矿绿化。

（3）主要应用的立地类型。适合栽植于南方红壤丘陵区、办公美化区、滞尘区、防噪声区，防风防污染。

（4）栽植技术。在生产建设项目中，广玉兰常设计为孤植、对植、列植、丛植或群植，苗木规格一般为 2.8m 左右。广玉兰大树移栽以早春为宜，但梅雨季节最佳，广玉兰移栽后，第一次定根要及时浇水，并且要浇足、浇透，适当修枝，合理应用高效生根剂"速生根"。造林后第一次抚育，主要是扩穴、培土、扶正、踏实、补栽苗。第二次抚育以苗为中心，直径达 1m 左右割草松土，让阳光直照幼苗。

（5）现阶段应用情况。是优良的行道树种。

广玉兰如图 5-32 所示。

图 5-32 广玉兰

44. 雪松［*Cedrus deodara*（*Roxb.*）*G. Don*］

（1）生物学、生态学特性及自然分布。乔木。树皮深灰色，裂成不规则的鳞状块片。叶在长枝上辐射伸展，短枝之叶成簇生状，针形，坚硬，淡绿色或深绿色，长 2.5～5cm，宽 1～1.5mm。球果成熟前淡绿色，微有白粉，熟时红褐色，卵圆形或宽椭圆形，长 7～12cm，径 5～9cm，顶端圆钝，有短梗；种子近三角状，种翅宽大，较种子为长，连同种子长 2.2～3.7cm。

在气候温和凉润、土层深厚、排水良好的酸性土壤上生长旺盛。喜阳光充足，也稍耐阴，在酸性土、微碱性土上均能适应。

北京、旅顺、大连、青岛、徐州、上海、南京、杭州、南平、庐山、武汉、长沙、昆明等地已广泛栽培其作庭园树。

（2）水土保持功能。雪松终年常绿，树形美观，亦为普遍栽培的庭园树。

（3）主要应用的立地类型。适合栽植于南方红壤丘陵区、办公美化区、滞尘区、防噪声区。

图 5-33 雪松

（4）栽植技术。可用土质疏松，排水良好的微酸性沙质壤土，栽种以春季 3—4 月为宜，秋后亦可。造林后第一次抚育，主要是扩穴、培土、扶正、踏实、补栽苗。第二次抚育以苗为中心，直径达 1m 左右割草松土，让阳光直照幼苗。幼苗期间应做好病虫害防护。栽植雪松需与节水、集水整地、截干造林、覆盖保墒等实用技术配套。

（5）现阶段应用情况。雪松是世界著名的庭园观赏树种之一，可作为观赏树。适宜于广场绿化，最适宜孤植于草坪中央、建筑前庭的中心、广场中心或主要建筑物的两旁及园门的入口等处。也可作行道树。

雪松如图 5-33 所示。

45. 樟树［*Cinnamomum camphora*（*L.*）*Presl*］

（1）生物学、生态学特性及自然分布。常绿大乔木，枝、叶及木材均有樟脑气味；树皮黄褐色，有不规则的纵裂。叶互生，卵状椭圆形，长 6～12cm，宽 2.5～5.5cm，全缘，软骨质，有时呈微波状，上面绿色或黄绿色，有光泽，具离基三出脉。果卵球形或近球形，直径 6～8mm，紫黑色；果托杯状，长约 5mm，顶端截平，宽达 4mm，基部宽约 1mm，具纵向沟纹。花期 4—5 月，果期 8—11 月。

樟树多喜光，稍耐阴；喜温暖湿润气候，耐寒性不强，适于生长在砂壤土上，较耐水湿。适应海拔高度在 1800m 以下，在长江以南及西南生长区域海拔可达 1000m。

产于中国南方及西南各省区，越南、朝鲜、日本也有分布，其他各国常有引种栽培。在四川省宜宾地区的生长面积最广。

（2）水土保持功能。它主根发达，深根性，能抗风。萌芽力强，耐修剪。存活期长，可以生长为成百上千年的参天古木，具有涵养水源、固土防沙和美化环境的能力。

图 5-34 香樟

（3）主要应用的立地类型。适合栽植于南方红壤丘陵区、办公美化区、滞尘区。

（4）栽植技术。栽植坑穴深度、长度及宽都要达到 50～60cm。栽植深度以地面与香樟苗的根颈处相平为宜。栽植时，护根土要与穴土紧密相联，当大苗入坑后，要边填边踩实，直至土壤填至坑口饱满为止，并做到坑土内紧表松。移栽切忌选用留床苗，应选择移栽培养数年的苗木，去枝数量按移栽培养的年数而定，最好选用新开垦的山地育苗。

（5）现阶段应用情况。可栽培为行道树及园景树，广泛作为庭荫树、行道树、防护林及风景林。

香樟如图 5-34 所示。

46. 黄檀（*Dalbergia hupeana Hance*）

（1）生物学、生态学特性及自然分布。乔木，树皮暗灰色，呈薄片状剥落。羽状复叶具小叶 3～5 对，近革质，基部圆形或阔楔形，两面无毛，上面有光泽。圆锥花序顶生或生于最上部的叶腋间；花萼钟状，萼齿 5；花冠白色或淡紫色，长倍于花萼；雄蕊 10 枚，成 5+5 的二体。荚果长圆形或阔舌状，长 4～7cm，宽 13～15mm，有 1～2（3）粒种子；种子肾形，长 7～14mm，宽 5～9mm。花期 5—7 月。

喜光，耐干旱瘠薄，不择土壤，但在深厚、湿润、排水良好的土壤生长较好，忌盐碱地；深根性，萌芽力强。

产于山东、江苏、安徽、浙江、江西、福建、湖北、湖南、广东、广西、四川、贵州、云南。生于山地林中或灌丛中，山沟溪旁及有小树林的坡地也常见分布，海拔600～1400m。

（2）水土保持功能。它是荒山荒地绿化的先锋树种。它可作庭荫树、风景树、行道树应用，可作为石灰质土壤绿化树种。

（3）主要应用的立地类型。适合栽植于南方红壤丘陵区、办公美化区、滞尘区、防噪声区。

图 5-35 黄檀

（4）栽植技术。造林后，须加强抚育培养工作，每年中耕除草 2 次。郁闭后，每隔2～3年仍需割灌挖翻 1 次，发现有被压木或损折木时，结合疏伐，予以伐除。栽植黄檀需与节水、集水整地、截干造林、覆盖保墒（如地膜、石块、草等覆盖）等实用技术配套。

（5）现阶段应用情况。山区、丘陵、平原都有分布，是荒山荒地绿化的先锋树种。可作庭荫树、风景树、行道树应用。

黄檀如图 5-35 所示。

47. 重阳木［*Bischofia polycarpa*（*Levl.*）*Airy Shaw*］

（1）生物学、生态学特性及自然分布。落叶乔木，全株均无毛。三出复叶，顶生小叶通常较两侧的大，小叶片纸质，卵形或椭圆状卵形，边缘具钝细锯齿。花雌雄异株，与叶同时开放，组成总状花序；花序通常着生于新枝的下部，花序轴纤细而下垂；雄花萼片半圆形，膜质，向外张开；雌花萼片与雄花的相同，有白色膜质的边缘。果实浆果状，圆球形，成熟时褐红色。花期 4—5 月，果期 10—11 月。

喜光，稍耐阴。喜温暖气候，耐寒性较弱。在酸性土和微碱性土中皆可生长，但在湿润、肥沃的土壤中生长最好。耐旱，也耐瘠薄，且能耐水湿，抗风耐寒，生长快速，根系发达。

产于秦岭、淮河流域以南至福建和广东的北部，生于海拔 1000m 以下山地林中或平原，在长江中下游平原或农村四旁常见，常作行道树。

（2）水土保持功能。它在水土保持方面有自身的独特优势。一是防风固沙。为防止或减轻作物及坡面所产生的风害，所栽植的重阳木在抑制风蚀、保护坡面构造物、减少作物因强风造成生理或机械伤害方面具有重要作用。二是道路植树。重阳木能够保护路面、路肩及护坡，减少冲蚀，起到维护作用。

（3）主要应用的立地类型。适合栽植于南方红壤丘陵区、办公美化区、滞尘区、防噪声区。

图 5 - 36　重阳木

（4）栽植技术。在生产建设项目中，重阳木常设计为孤植、丛植或与常绿树种配置，以种子繁育为主，混沙贮藏越冬，当年苗高可达 50cm 以上，苗木出圃原则上在苗木休眠期进行。栽培土质以肥沃的砂质壤土为宜。日照需充足，幼株需水较多。栽植重阳木需与节水、集水整地、截干造林、等实用技术配套。

（5）现阶段应用情况。是良好的庭荫和行道树种。

重阳木如图 5 - 36 所示。

48. 白玉兰［*Magnolsa heptapeta*（*Buchoz*）*Dandy*］

（1）生物学、生态学特性及自然分布。落叶乔木。冬芽及花梗密被淡灰黄色长绢毛。叶纸质，倒卵形。花蕾卵圆形，花先叶开放，直立，芳香，直径 10～16cm；花被片 9 片，白色，基部常带粉红色，长圆状倒卵形；雄蕊长 7～12mm；雌蕊群淡绿色，无毛，圆柱形，长 2～2.5cm。聚合果圆柱形，蓇葖厚木质，褐色，具白色皮孔；种子心形，侧扁，外种皮红色，内种皮黑色。花期 2—3 月（亦常于 7—9 月再开 1 次花），果期 8—9 月。

适宜生长于温暖湿润气候和肥沃疏松的土壤，喜光。不耐干旱，也不耐水涝，根部受水淹 2～3d 即会枯死。对二氧化硫、氯气等有毒气体比较敏感，抗性差。

产于江西（庐山）、浙江（天目山）、湖南（衡山）、贵州。生于海拔 500～1000m 的

图 5-37　白玉兰

林中。现全国各大城市园林广泛栽培。

（2）水土保持功能。白玉兰具有防火性，能够营造兼有耐火的水土保持植物带。

（3）主要应用的立地类型。适合栽植于南方红壤丘陵区、办公美化区、抗污染区。

（4）栽植技术。在生产建设项目中，白玉兰常设计为孤植或散植，或于道路两侧作行道树，整形修剪在花谢后与叶芽萌动前进行，一般不修剪。栽植白玉兰需与节水、集水整地、截干造林、覆盖保墒等实用技术配套。

（5）现阶段应用情况。白玉兰常用于园林观赏，且是大气污染地区很好的防污染绿化树种。

白玉兰如图 5-37 所示。

49. 构树 [*Broussonetia papyrifera（L.）L'Hérit. ex Vent.*]

（1）生物学、生态学特性及自然分布。乔木，树皮暗灰色；小枝密生柔毛。叶广卵形，先端渐尖，基部心形，两侧常不相等，边缘具粗锯齿，不分裂或 3~5 裂，小树之叶常有明显分裂，表面粗糙，疏生糙毛，背面密被绒毛，基生叶脉三出，侧脉 6~7 对。花雌雄异株；雄花序为柔荑花序，花被 4 裂；雌花序球形头状，花被管状。聚花果直径 1.5~3cm，成熟时橙红色，肉质。花期 4—5 月，果期 6—7 月。

喜光，适应性强，耐干旱瘠薄，也能生于水边，多生于石灰岩山地，也能在酸性土及中性土上生长；耐烟尘，抗大气污染力强。

产于中国南北各地。锡金、缅甸、泰国、越南、马来西亚、日本、朝鲜也有分布，野生或人工栽培均有。

（2）水土保持功能。它适合用作矿区及荒山坡地绿化，亦可选作庭荫树及防护林。

（3）主要应用的立地类型。适合栽植于南方红壤丘陵区、办公美化区、防污染区、滞尘区、防噪声区。

（4）栽植技术。在生产建设项目中，构树常设计为孤植或列植，苗木高度一般为80~90cm。造林后第一次抚育，主要是扩穴、培土、扶正、踏实、补栽苗。第二次抚育以苗为中心，直径达 1m 左右割草松土，让阳光直照幼苗。幼苗期间应做好病虫害防护。栽

图 5-38　构树

植构树需与节水、集水整地、截干造林、覆盖保墒（如地膜、石块、草等覆盖）等实用技术配套。

（5）现阶段应用情况。可作绿化树种，亦可作庭荫树及防护林用。

构树如图 5-38 所示。

50. 刺柏（*Juniperus formosana Hayata*）

（1）生物学、生态学特性及自然分布。乔木，树皮褐色，纵裂成长条薄片脱落；枝条斜展或直展，树冠塔形或圆柱形；小枝下垂，三棱形。叶三叶轮生，条状披针形或条状刺形，长1.2~2cm，两侧各有1条白色、很少紫色或淡绿色的气孔带。雄球花圆球形或椭圆形，长4~6mm，药隔先端渐尖，背有纵脊。球果近球形或宽卵圆形，熟时淡红褐色；种子半月圆形，具3~4棱脊，顶端尖，近基部有3~4个树脂槽。

喜光，耐寒，耐旱，主侧根均甚发达，在干旱沙地、肥沃通透性土壤上生长最好。

为我国特有树种，分布很广，在自然界常散见于海拔1300~3400m地区，但不成大片森林。

（2）水土保持功能。用作水土保持的造林树种。

（3）主要应用的立地类型。适合栽植于南方红壤丘陵区、办公美化区、滞尘区、防噪声区，净化空气。

图5-39　刺柏

（4）栽植技术。在生产建设项目中，刺柏常设计为孤植或列植，造林后第1次抚育，主要是扩穴、培土、扶正、踏实、补栽苗。第2次抚育以苗为中心，直径达1m左右割草松土，让阳光直照幼苗。幼苗期间应做好病虫害防护。栽植刺柏需与节水、集水整地、截干造林、覆盖保墒（如地膜、石块、草等覆盖）等实用技术配套。

（5）现阶段应用情况。刺柏树形优美，耐寒耐旱，抗逆性强，叶片苍翠，冬夏常青，具有良好的净化空气、改善城市小气候和降低噪声等多种性能，是城乡绿化和新农村建设中首选的树种之一。

刺柏如图5-39所示。

51. 悬铃木（*Platanus Linn.*）

（1）生物学、生态学特性及自然分布。落叶乔木，枝叶被树枝状及星状绒毛，树皮苍白色，薄片状剥落，表面平滑。大形单叶互生，有长柄，具掌状脉，掌状分裂，具短柄，边缘有裂片状粗齿；托叶明显，边缘开张，基部鞘状，早落。花单性，雌雄同株，排成紧密球形的头状花序，雌雄花序同形，生于不同的花枝上，雄花头状花序无苞片，雌花头状花序有苞片。聚合果，由多数狭长倒锥形的小坚果组成，基部围以长毛，每个坚果有种子1个；种子线形。

喜光，喜湿润温暖气候，较耐寒。适生于微酸性或中性、排水良好的土壤，在微碱性土壤上虽能生长，但易发生黄化。

在中国广泛栽培，上海、杭州、南京、徐州、青岛、九江、武汉、郑州、西安等城市栽培的数量较多，生长较好。

（2）水土保持功能。它树干高大，枝叶茂盛，生长迅速，易成活，耐修剪，所以被广泛栽植作行道绿化树种，也为速生材用树种。

图 5-40 悬铃木

（3）主要应用的立地类型。适合栽植于南亚热带湿润区、南方红壤丘陵区，可栽植于办公美化区、生活美化区、防噪声区、抗污染区。

（4）栽植技术。在秋末冬初采条，扦插前要选定排水良好、土质疏松、深厚肥沃的地块，进行深翻、消毒、整平后做成扦插床。期间重视水肥、除草、病虫害防治等工作。栽植悬铃木需与节水、集水整地、截干造林、覆盖保墒（如地膜、石块、草等覆盖）等实用技术配套。

（5）现阶段应用情况。用作行道树，以及街坊、厂矿绿化。

悬铃木如图 5-40 所示。

52. 台湾相思（*Acacia confusa Merr.*）

（1）生物学、生态学特性及自然分布。常绿乔木，枝灰色或褐色，无刺，小枝纤细。苗期第 1 片真叶为羽状复叶，长大后小叶退化，叶柄变为叶状柄，叶状柄革质，披针形，有明显的纵脉 3～5（8）条。头状花序球形，单生或 2～3 个簇生于叶腋；花金黄色，有微香；花萼长约为花冠之半；花瓣淡绿色，长约 2mm；雄蕊多数，明显超出花冠之外。荚果扁平，干时深褐色，有光泽，于种子间微缢缩，顶端钝而有凸头，基部楔形；种子 2～8 颗，椭圆形，压扁，长 5～7mm。花期 3—10 月；果期 8—12 月。

喜暖热气候，亦耐低温；喜光，亦耐半阴；耐旱瘠土壤，亦耐短期水淹，喜酸性土。

产于我国台湾、福建、广东、广西、云南，野生或栽培均有。

（2）水土保持功能。它生长迅速，耐干旱，为华南地区荒山造林、水土保持和沿海防护林的重要树种。它还能够改良土壤性质。

（3）主要应用的立地类型。适合栽植于南亚热带湿润区、南方红壤丘陵区、办公美化区、生活美化区、防噪声区、抗污染区。

（4）栽植技术。在栽植前 10 天要下足基肥，在造林的前 1 年冬季要把地整理好。栽植台湾相思需与节水、集水整地、截干造林、覆盖保墒等实用技术配套。

图 5-41 台湾相思

（5）现阶段应用情况。可用作遮荫树、行道树、园景树、防风树、护坡树。幼树可作绿篱。

台湾相思如图 5-41 所示。

53. 棕榈〔*Trachycarpus fortunei*（*Hook.*）*H.Wendl.*〕

（1）生物学、生态学特性及自然分布。乔木状。叶片呈 3/4 圆形或者近圆形，深裂成

30～50 片具皱折的线状剑形，宽 2.5～4cm，长 60～70cm 的裂片，裂片先端具短 2 裂或 2 齿，硬挺甚至顶端下垂。花序粗壮，通常是雌雄异株。雄花序长约 40cm，具有 2～3 个分枝花序；雌花序长 80～90cm，花序梗长约 40cm，其上有 3 个佛焰苞包着，具 4～5 个圆锥状的分枝花序。果实阔肾形，成熟时由黄色变为淡蓝色，有白粉，柱头残留在侧面附近。种子胚乳均匀，角质，胚侧生。花期 4 月，果期 12 月。

棕榈性喜温暖湿润的气候，极耐寒，较耐阴，成品极耐旱，但不能抵受太大的日夜温差。喜光，适生于排水良好、湿润肥沃的中性、石灰性或微酸性土壤，耐轻盐碱，也耐一定的干旱与水湿。

分布于长江以南各省区。通常仅见栽培于四旁，罕见野生于疏林中，海拔上限 2000m 左右；在长江以北虽可栽培，但垂直分布在海拔 300～1500m，西南地区可达 2700m。

图 5-42　棕榈

（2）水土保持功能。棕榈树形优美，用于庭院绿化。

（3）主要应用的立地类型。适合栽植于水土保持区划二级区、办公美化区、滞尘区、防噪声区、抗污染区。

（4）栽植技术。栽培土壤要求排水良好、肥沃，种时不宜过深，栽后穴面要保持盘子状。做苗圃的地应选择靠近水源、不易受旱受涝、较肥沃的沙壤土或黏壤土，移栽选择土壤潮湿肥沃、排水良好的山脚坡地，以田头、地边、宅旁、溪岸、路边等空闲地为佳。栽植棕榈需与节水、集水整地、截干造林、覆盖保墒等实用技术配套。

（5）现阶段应用情况。用作园林和工厂绿化。

棕榈如图 5-42 所示。

54. 木麻黄（*Casuarina equisetifolia L.*）

（1）生物学、生态学特性及自然分布。乔木，枝红褐色，有密集的节。鳞片状叶每轮通常 7 枚，少为 6 枚或 8 枚，披针形或三角形，长 1～3mm，紧贴。花雌雄同株或异株；雄花序几无总花梗，棒状圆柱形，长 1～4cm，有覆瓦状排列、被白色柔毛的苞片；小苞片具缘毛；花被片 2；雌花序通常顶生于近枝顶的侧生短枝上。球果状果序椭圆形，长 1.5～2.5cm，直径 1.2～1.5cm；小苞片变木质，阔卵形；小坚果连翅长 4～7mm，宽 2～3mm。花期 4—5 月，果期 7—10 月。

木麻黄喜炎热气候，在华南范围适生。木麻黄适生于 pH 值为 6～8 的滨海沙土，但也能适应其他土类的酸性土。在平原水网地区的冲积土（土层深厚，疏松肥沃，呈中性、碱性或微酸性反应）上生长良好。

广西、广东、福建、台湾沿海地区普遍栽植，已渐驯化。原产澳大利亚和太平洋岛屿，现美洲热带地区和亚洲东南部沿海地区广泛栽植。

（2）水土保持功能。生长迅速，萌芽力强，对立地条件要求不高，根系深广，具有耐干旱、抗风沙和耐盐碱的特性。

（3）主要应用的立地类型。适合栽植于南亚热带湿润区、南方红壤丘陵区、办公美化区、滞尘区、防噪声区、抗污染区。

（4）栽植技术。在生产建设项目中，木麻黄可孤植、列植或丛植。加强圃地管理，每次采穗后要进行施肥，造林时，最好接种根瘤菌，有助于抗高温、干旱、贫瘠，从而提高成活率和促进幼苗生长。栽植木麻黄需与节水、集水整地、截干造林、覆盖保墒（如地膜、石块、草等覆盖）等实用技术配套。

图 5-43　木麻黄

（5）现阶段应用情况。为华南沿海地区造林最适树种，在城市及郊区亦可做行道树、防护林或绿篱。

木麻黄如图 5-43 所示。

55. 大叶相思（*Acacia auriculiformis A. Cunn. ex Benth*）

（1）生物学、生态学特性及自然分布。常绿乔木，枝条下垂，树皮平滑，灰白色；小枝无毛，皮孔显著。叶状柄镰状长圆形，长 10～20cm，宽 1.5～4（6）cm，两端渐狭，比较显著的主脉有 3～7 条。穗状花序长 3.5～8cm，1 至数枝簇生于叶腋或枝顶；花橙黄色；花萼长 0.5～1mm，顶端浅齿裂；花瓣长圆形，长 1.5～2mm；花丝长 2.5～4mm。荚果成熟时旋卷，长 5～8cm，宽 8～12mm，果瓣木质，每个果内有种子约 12 颗；种子黑色，围以折叠的珠柄。

喜温暖潮湿且阳光充足的环境，较耐高温却怕霜冻。生长温度一般要求在平均温度 18℃以上，最适温度 20～35℃，可耐－1℃短暂低温和 40℃短暂高温；生长环境年降水量 1200～1800mm，相对湿度 80% 左右，土壤 pH 值为 4～7。持续低温会使大叶相思遭受寒害，在清晨霜重的地方，部分大叶相思幼嫩叶片的尖端会因受冻害而变成红色卷缩。

原产澳大利亚北部及新西兰。广东、广西、福建有引种。

（2）水土保持功能。它适应性强，对土壤要求不高，较耐旱、耐瘠。在土壤被冲刷严重的酸性粗骨质土、沙质土和黏重土里均能生长，即使在有机质含量为 0.09% 的贫瘠土地上，经过施肥抚育，也能生长，是造林绿化、水土保持和改良土壤的主要树种之一。

（3）主要应用的立地类型。适合栽植于南亚热带湿润区、丘陵水土流失区、滨海风积沙区，南方红壤丘陵区。

（4）栽植技术。喜光喜湿润，耐温怕霜冻，适生于季风气候，属于浅根性树种，适应性强，对土壤要求不严，能耐旱耐瘠，并有一定的耐阴性。在沙质土、黏质土里均能生长，具有根瘤菌固氮，形成根瘤之后便可不用再施氮肥。抗风能力较弱，萌芽力很强，机械损伤后很容易恢复，在山坡、沙滩、荒地以及丘陵红壤上均可生长，有"先锋树"之称。

（5）现阶段应用情况。防风及造林树木，并可作园林用树。

大叶相思如图 5－44 所示。

56. 银杏（*Ginkgo biloba L.*）

（1）生物学、生态学特性及自然分布。乔木。叶扇形，淡绿色，有多数叉状并列细脉，顶端宽5～8cm，在短枝上常具波状缺刻，在长枝上常 2 裂，基部宽楔形，柄长 3～10cm，叶在 1 年生长枝上螺旋状散生，在短枝上 3～8 叶呈簇生状，秋季落叶前变为黄色。种子常为椭圆形，外种皮肉质，熟时黄色或橙黄色，外被白粉，有臭味。花期 3—4 月，种子 9—10 月成熟。

图 5－44　大叶相思

银杏为喜光树种，深根性，对气候、土壤的适应性较强，能在高温多雨及雨量稀少、冬季寒冷的地区生长，但生长缓慢或不良；能生于酸性土壤（pH 值 4.5）、石灰性土壤（pH 值 8）及中性土壤中，但不耐盐碱土及过湿的土壤。

银杏大都分布于人工栽培区域，大量栽培于中国、法国和美国南卡罗莱纳州。

（2）水土保持功能。它适应能力强，是速生丰产林、农田防护林、护路林、护岸林、护滩林、护村林、林粮间作及"四旁"绿化的理想树种。

（3）主要应用的立地类型。适合栽植于办公美化区、滞尘区、防噪声区、抗污染区。

图 5－45　银杏

（4）栽植技术。需合理配置授粉树，合理密植，银杏以秋季带叶栽植及春季发叶前栽植为主，栽植要按设计的株行距挖栽植窝，栽植深度以培土到苗木原土印上 2～3cm 为宜，不要将苗木埋得过深。定植好后及时浇定根水，以提高成活率。幼苗期间应做好病虫害防护。栽植银杏需与节水、集水整地、截干造林、覆盖保墒等实用技术配套。

（5）现阶段应用情况。为造林、绿化和观赏树种。

银杏如图 5－45 所示。

57. 楸树（*Catalpa bungei C. A. Mey.*）

（1）生物学、生态学特性及自然分布。小乔木。叶三角状卵形，叶面深绿色，叶背无毛；叶柄长 2～8cm。顶生伞房状总状花序，有花 2～12 朵。花萼蕾时圆球形，2 唇开裂，顶端有 2 尖齿。花冠淡红色，内面具有 2 黄色条纹及暗紫色斑点，长 3～3.5cm。蒴果线形，长 25～45cm，宽约 6mm。种子狭长椭圆形，长约 1cm，宽约 2cm，两端生长毛。花期 5—6 月，果期 6—10 月。

喜光，较耐寒，适生长于年平均气温 10～15℃、降水量 700～1200m 的环境。喜深厚、肥沃、湿润的土壤，不耐干旱、积水，忌地下水位过高，稍耐盐碱。萌蘖性强，幼树生长慢，10 年以后生长加快，侧根发达。

分布于中国河北、河南、山东、山西、陕西、甘肃、江苏、浙江、湖南。在广西、贵州、云南有人工栽培。

（2）水土保持功能。楸树对防治水土流失、阻滞风蚀、固定沙丘、保护农田起到了很好的作用，是很好的固堤护渠树种。

（3）主要应用的立地类型。适合栽植于办公美化区、滞尘区、防噪声区，防治水土流失、防治污染。

（4）栽植技术。扦根繁殖，亦可有梓树、黄金树的实生苗作砧木嫁接繁殖。一般不用播种，采用嫁接育苗技术，育苗应选排水良好、灌溉方便的壤质土作为圃地。苗圃整地要求深翻、耙细、平整，并施足底肥，筑成 1m 等距的半高床待播，苗期注重管理。栽植楸树需与节水、集水整地、截干造林、覆盖保墒等实用技术配套。

（5）现阶段应用情况。可用于营造用材林、农间作林、防护林及庭院观赏、道路绿化等。

楸树如图 5-46 所示。

图 5-46　楸树

58. 湿地松（*Pinus elliottii Engelmann*）

（1）生物学、生态学特性及自然分布。乔木，树皮灰褐色，纵裂成鳞状块片剥落。针叶 2～3 针一束并存，长 18～25cm，径约 2mm，刚硬，深绿色，有气孔线，边缘有锯齿。球果圆锥形，长 6.5～13cm，径 3～5cm；种鳞的鳞盾近斜方形，肥厚，有锐横脊，鳞脐瘤状，宽 5～6mm，先端急尖，长不及 1mm，直伸或微向上弯；种子卵圆形，微具 3 棱，种翅长 0.8～3.3cm，易脱落。

适生于低山丘陵地带，耐水湿。对气温适应性较强。在中性和强酸性红壤丘陵地上生长良好，而在低洼沼泽地边缘尤佳，故名湿地松，但也较耐旱，在干旱贫瘠的低山丘陵上也能旺盛生长。抗风力强。为最喜光树种，极不耐阴。

原产美国东南部暖带潮湿的低海拔地区。我国湖北武汉，江西吉安，浙江安吉、余杭，江苏南京、江浦，安徽泾县，福建闽侯，广东广州、台山，广西柳州、桂林、台湾等地引种栽培。

（2）水土保持功能。它是我国长江以南广大地区很有发展前途的水土保持造林树种。

（3）主要应用的立地类型。适合栽植于南亚热带湿润区，可栽植于办公美化区、滞尘区、防噪声区、抗污染区。

（4）栽植技术。湿地松是具有外生菌根的喜酸树种。湿地松深根性、侧根粗而密，主要分布于根基下 30cm 的深度范围内，要求 0～40cm 深度范围内的土壤疏松、通透性好。湿地松喜湿不耐渍，要求土壤排水良好。宜选择低山丘陵区山体中下部，坡度小于 20°，坡向为全坡向，土层较深厚（不低于 50cm），排水、肥力中等，采伐迹地应对采伐剩余物及杂灌进行清理。

（5）现阶段应用情况。园林绿化树种，作风景林和水土保持林亦甚相宜。

湿地松如图 5 - 47 所示。

图 5 - 47　湿地松

59. 毛竹 [*Phyllostachys heterocycla （Carr.） Mitford cv. Pubescens Mazel ex H. de Leh.*]

（1）生物学、生态学特性及自然分布。毛竹竿高达 20 余米，幼竿密被细柔毛及厚白粉，箨环有毛，老竿无毛，并由绿色渐变为绿黄色；基部节间甚短而向上则逐节较长，中部节间长达 40cm 或更长，壁厚约 1cm（但有变异）。叶片较小较薄，披针形，长 4～11cm，宽 0.5～1.2cm，下表面在沿中脉基部具柔毛，次脉 3～6 对，再次脉 9 条。笋期 4 月，花期 5—8 月。

喜温暖湿润的气候条件，年平均温度 15～20℃，年降水量为 1200～1800mm。既需要充裕的水湿条件，又不耐积水淹浸。在肥沃酸性的红壤、黄红壤、黄壤上分布多，生长良好。

自秦岭、汉水流域至长江流域以南和台湾省均有分布，黄河流域也有多处栽培。

（2）水土保持功能。江岸河边成片栽植可阻挡洪水冲刷，起到固堤、固岸、固路等作用。此外在房前屋后栽植既可起到美化环境效果，又具防风功能。

60. 苦楝（*Melia azedarach L.*）

（1）生物学、生态学特性及自然分布。落叶乔木，树皮灰褐色，纵裂。分枝广展，小枝有叶痕。叶为 2～3 回奇数羽状复叶，长 20～40cm；小叶对生，卵形、椭圆形至披针形，顶生一片通常略大，边缘有钝锯齿。圆锥花序约与叶等长；花芳香；花萼 5 深裂；花瓣淡紫色，倒卵状匙形，长约 1cm，两面均被微柔毛，通常外面较密；雄蕊管紫色，花药 10 枚。核果球形至椭圆形，长 1～2cm，宽 8～15mm，内果皮木质，4～5 室，每室有种子 1 颗；种子椭圆形。花期 4—5 月，果期 10—12 月。

喜温暖、湿润气候，喜光，不耐庇荫，较耐寒，华北地区的幼树易受冻害。在酸性、中性和碱性土壤中均能生长，在含盐量 0.45％ 以下的盐渍地上也能生长良好。

产于我国黄河以南各省区，较常见；生于低海拔旷野、路旁或疏林中，目前已广泛引为栽培。广布于亚洲热带和亚热带地区，温带地区也有栽培。

（2）水土保持功能。它树形优美，叶形秀丽，春夏之交开淡紫色花朵，颇美丽，且有淡香，宜作庭荫树及行道树；加之耐烟尘、抗二氧化硫，是良好的城市及工矿区绿化树种。

61. 枫杨（*Pterocarya stenoptera C. DC.*）

（1）生物学、生态学特性及自然分布。大乔木。叶多为偶数或稀奇数羽状复叶，长 8～16cm，叶柄长 2～5cm，叶轴具翅至翅不甚发达；小叶 10～16 枚，无小叶柄，对生或稀近对生。雄性荑黄花序长约 6～10cm，单独生于去年生枝条上叶痕腋内。雌性荑黄花序顶生，长约 10～15cm。果实长椭圆形，长约 6～7mm，基部常有宿存的星芒状毛；果翅狭，条形或阔条形，具近于平行的脉。花期 4—5 月，果熟期 8—9 月。

喜深厚、肥沃、湿润的土壤，以温度不太低、雨量比较多的暖温带和亚热带气候较为适宜。喜光树种，不耐庇荫。耐湿性强。萌芽力很强，生长很快。

产于我国陕西、河南、山东、安徽、江苏、浙江、江西、福建、台湾、广东、广西、湖南、湖北、四川、贵州、云南，华北和东北仅有人工栽培。

（2）水土保持功能。它树冠广展，枝叶茂密，生长快速，根系发达，为河床两岸低洼湿地的良好绿化树种，还可防治水土流失。

（3）主要应用的立地类型。适合栽植于南亚热带湿润区、办公美化区、生活美化区、防噪声区、抗污染区。

（4）栽植技术。造林地要求土层深厚，土质肥沃、湿润，且不易积水。最好选在靠近水源的地方栽植，如河道边、池塘旁、水库堤坝等。栽植穴的深度和直径 40～50cm，穴距 3～4m。枫杨在空旷处生长，侧枝发达，生长较慢。为了培育通直高大的良材，成片造林时密度宜较大，以抑制其侧枝生长，等郁闭之后，再分期间伐。无论是春季或冬季造林都要求做到深栽、舒根、踏实。采用植苗造林时要注意防止枯梢，这种现象在冬季造林时尤为常见。因此，在冬季造林时，宜在栽后截干，或先截干后栽植。截干高度为 10～15cm，切口要求平滑，不可

图 5-48　枫杨

撕裂。

（5）现阶段应用情况。良好绿化树种，还可防治水土流失，也可作为行道树。

枫杨如图 5-48 所示。

62. 全缘叶栾树 ［*Koelreuteria bipinnata Franch. var. integrifoliola*（Merr.）*T. Chen*］

（1）生物学、生态学特性及自然分布。乔木。叶平展，二回羽状复叶，长 45～70cm；小叶 9～17 片，互生，很少对生，纸质或近革质，边缘有内弯的小锯齿。圆锥花序大型，长 35～70cm，分枝广展；萼 5 裂达中部，裂片阔卵状三角形或长圆形，有短而硬的缘毛及流苏状腺体，边缘呈啮蚀状；花瓣 4，长圆状披针形，瓣爪长 1.5～3mm，被长柔毛，鳞片深 2 裂。蒴果椭圆形或近球形，具 3 棱，淡紫红色，老熟时褐色；种子近球形，直径 5～6mm。花期 7—9 月，果期 8—10 月。

喜温暖湿润气候，喜光，亦稍耐半阴；喜生长于石灰岩土壤，也能耐盐渍性土，耐寒，耐旱耐瘠薄，并能耐短期水涝。深根性，生长中速，幼时较缓，以后渐快。

产于云南、贵州、四川、湖北、湖南、广西、广东等地。

（2）水土保持功能。它适应性强、速生、病虫害少，树形高大优美，可用作防护林、水土保持及荒山绿化树种。

63. 朴树（*Celtis sinensis Pers.*）

（1）生物学、生态学特性及自然分布。落叶乔木，叶多为卵形或卵状椭圆形，但不带菱形，基部几乎不偏斜或仅稍偏斜，先端尖至渐尖，但不为尾状渐尖，时质地也不及前一亚种那样厚；果也较小，一般直径 5～7mm，很少有达 8mm 的。花期 3—4 月，果期 9—10 月。

喜光，适温暖湿润气候，适生于肥沃平坦之地。对土壤要求不严，有一定耐干旱能力，亦耐水湿及瘠薄土壤，适应力较强。

产于山东（青岛、崂山）、河南、江苏、安徽、浙江、福建、江西、湖南、湖北、四川、贵州、广西、广东、台湾。多生于路旁、山坡、林缘，海拔 100～1500m。

（2）水土保持功能。它树冠圆满宽广，树荫浓郁，及农村"四旁"绿化都可用，也是河网区防风固堤树种。

（3）主要应用的立地类型。适合栽植于南亚热带湿润区、办公美化区、滞尘区、防噪声区、抗污染区。

（4）栽植技术。移植可在秋季落叶后至春季萌芽前进行，大树移栽需带土球以 1/7 比例，除小中苗无需带土球移植，用泥浆蘸根即可，深度可以土球与地表平为栽植标准。

夏季每天温度较高，蒸发量就大，新枝成活后，为了能使新长出来的嫩枝叶长得良好，可根据朴树的情况，除对枝、叶喷雾外，早、晚至少得浇 1 次水，保持土壤湿润，浇水特别要掌握浇则浇透的原则。但如果由于天气原因比如下了大暴雨，就要及时防止积水。而冬季也不要忘记浇水，可选择在未上冻的正午时候进行浇水。

（5）现阶段应用情况。生长速度快，深根性，可作为公路两旁坡地的绿化及水保树种，以及沿海防风固沙、护堤树种。

朴树如图 5-49 所示。

64. 山杜英［*Elaeocarpus sylvestris (Lour.) Poir.*］

（1）生物学、生态学特性及自然分布。常绿乔木。叶革质，披针形或倒披针形，上面深绿色，干后发亮，下面秃净无毛，基部楔形，常下延，边缘有小钝齿；叶柄长 1cm。总状花序长 5～10cm，花序轴纤细，有微毛；花柄长 4～5mm；花白色，萼片披针形，长 5.5mm，宽 1.5mm，先端尖，两侧有微毛；花瓣倒卵形，与萼片等长。核果椭圆形。花期 6—7 月。

图 5-49 朴树

喜温暖潮湿环境，耐寒性稍差。稍耐阴，根系发达，萌芽力强，耐修剪。喜排水良好、湿润、肥沃的酸性土壤。适生于酸性的黄壤和红黄壤山区，若在平原栽植，必须排水良好，生长速度中等偏快。

产于广东、广西、福建、台湾、浙江、江西、湖南、贵州和云南。生长于海拔 400～700m，在云南可生长于海拔 2000m 的林中。

（2）水土保持功能。它具有较强的抗逆性和水土适应性，是乡土树种中较优秀的绿化树种。

65. 杜松（*Juniperus rigida S. et Z.*）

（1）生物学、生态学特性及自然分布。灌木或小乔木，小枝下垂，幼枝三棱形，无毛。叶三叶轮生，条状刺形，质厚，坚硬，长 1.2～1.7cm，宽约 1mm，上部渐窄，先端锐尖，上面凹下成深槽，槽内有 1 条窄白粉带，下面有明显的纵脊，横切面成内凹的 "V" 状三角形。雄球花椭圆状或近球状，长 2～3mm。球果圆球形，径 6～8mm，成熟前紫褐色，熟时淡褐黑色或蓝黑色，常被白粉；种子近卵圆形，长约 6mm，顶端尖，有 4 条不显著的棱角。

杜松是深根性树种，主根长，侧根发达，抗风能力强。杜松是喜光树种，耐阴。喜冷凉气候，耐寒。对土壤的适应性强，喜石灰岩形成的栗钙土或黄土形成的灰钙土，可以在海边干燥的岩缝间或沙砾地上生长。

主要分布于中国黑龙江、吉林、辽宁、内蒙古、河北北部、山西、陕西、甘肃及宁夏等省（自治区）。生于比较干燥的山地；在东北常分布在 500m 以下地带，在华北、西北地区则分布于 1400～2200m 地带。

（2）水土保持功能。杜松是一种耐旱、耐寒、须根系发达、适应性强的优良树种，为陕北黄土高原地区的先锋树种，易形成疏林草原，在改善气候、改良土壤、水土保持等方面发挥着重要的作用。

（3）主要应用的立地类型。适合功能区域：生活美化区，高标准恢复区、土石山区。

（4）栽植技术。杜松栽植一般带土移栽，先要挖坑整地。土层厚度不低于 50cm，规格为苗高的 1/2，栽后回填土浇足水，施好基肥（以有机肥为主），4 月、10 月为栽植最适宜时期，选择树形良好的健壮苗木，带完整土球，土球大小为苗木冠径的 2/3。从起苗到运输存放的时间不宜过长。栽植深度比原树深 10cm 左右，土要踩实，但不能破坏土球。栽后应立即浇水，浇第 1 次水时要浇透，且要防止苗木侧斜，等水渗完在坑表面撒一层干土，防坑裂漏风。

（5）现阶段应用情况。杜松枝叶浓密下垂，树姿优美，在北方各地被栽植为庭园树、风景树、行道树和海崖绿化树种。长春、哈尔滨栽植较多。适宜于公园、庭园、绿地、陵园墓地孤植、对植、丛植和列植，还可以栽植绿篱、盆栽或制作盆景，供室内装饰。

图 5 - 50　杜松

杜松如图 5 - 50 所示。

66. 丝棉木（*Euonymus maackii Rupr.*）

（1）生物学、生态学特性及自然分布。小乔木。叶卵状椭圆形，长 4～8cm，宽 2～5cm，边缘具细锯齿，有时极深而锐利；叶柄通常细长，常为叶片的 1/4～1/3，但有时较短。聚伞花序 3 至多花，花序梗略扁，长 1～2cm；花 4 数，淡白绿色或黄绿色；雄蕊花药紫红色。蒴果倒圆心状，4 浅裂，成熟后果皮粉红色；种子长椭圆状，种皮棕黄色，假种皮橙红色，全包种子，成熟后顶端常有小口。花期 5—6 月，果期 9 月。

喜光、耐寒、耐旱、稍耐阴，也耐水湿；为深根性植物，根萌蘖力强，生长较慢。有较强的适应能力，中性土和微酸性土均能适应，最适宜栽植在肥沃、湿润的土壤中。

北起中国黑龙江包括华北、内蒙古各省区，南到长江南岸各省区，西至甘肃，除陕西、西南和两广未见野生外，其他各省区均有分布，但长江以南常以人工栽培为主。达乌苏里地区、西伯利亚南部和朝鲜半岛也有分布。

（2）水土保持功能。对二氧化硫和氯气等有害气体抗性较强。

（3）主要应用的立地类型。适合功能区域：滞尘区、生活美化区。

（4）栽植技术。间苗一般在子叶出现后，长出 1～2 对真叶时进行，过迟易造成苗木细弱。一般按三角形留苗，株距约 15cm。一般在浇水后或雨后土壤松软时间苗，拔除生长势弱或受病虫为害的幼苗，操作时注意勿伤邻近苗，同时除去杂草。然后适当镇压、灌水，使幼苗根系与土壤密接。在地上部分长出真叶至幼苗迅速生长前，适当控水，进行"蹲苗"。

（5）现阶段应用情况。直接作为绿化素材和以其为砧木的嫁接苗在各地园林景观工程中得以广泛应用。

图 5 - 51　丝棉木

丝棉木如图 5 - 51 所示。

67. 蒙古栎（*Quercus mongolica Fisch. ex Ledeb.*）

（1）生物学、生态学特性及自然分布。落叶乔木。叶片倒卵形至长倒卵形，叶缘7～10对钝齿或粗齿。雄花序生于新枝下部，长5～7cm；花被6～8裂；雌花序生于新枝上端叶腋，长约1cm，有花4～5朵，花被6裂。壳斗杯形，包着坚果1/3～1/2，壳斗外壁小苞片三角状卵形，呈半球形瘤状突起，密被灰白色短绒毛，伸出口部边缘呈流苏状。坚果卵形至长卵形，无毛。花期4—5月，果期9月。

喜温暖湿润气候，也能耐一定寒冷和干旱。对土壤要求不严，酸性、中性或石灰岩的碱性土壤上都能生长，耐瘠薄，不耐水湿。根系发达，有很强的萌蘖性。

产于中国黑龙江、吉林、辽宁、内蒙古、河北、山东等地。俄罗斯、朝鲜、日本也有分布，世界多地有栽种。

（2）水土保持功能。蒙古栎喜温喜湿，对土壤要求不严，根系发达，主要具有保持和改良土壤、涵养水源、防风保土等水土保持功能。

（3）主要应用的立地类型。适合功能区域：滞尘区、防噪声区、生活美化区。

（4）栽植技术。播种繁殖。种子催芽后采用垄播，播种量为150g/m。当年生苗高20～30cm。3年生苗可出圃栽培。

（5）现阶段应用情况。蒙古栎可以营造防风林、水源涵养林及防火林，也可以在园林中做园景树或行道树。

蒙古栎如图5-52所示。

图5-52　蒙古栎

68. 胡杨（*Populus euphratica Oliv.*）

（1）生物学、生态学特性及自然分布。乔木，稀灌木状。叶形多变化，卵圆形、卵圆状披针形、三角伏卵圆形或肾形，先端有粗齿牙，基部楔形、阔楔形、圆形或截形，有2腺点，两面同色；叶柄微扁，约与叶片等长。雄花序细圆柱形，长2～3cm，轴有短绒毛，雄蕊15～25，花药紫红色；雌花序长约2.5cm。蒴果长卵圆形，长10～12mm，2～3瓣裂，无毛。花期5月，果期7—8月。

对温度大幅度变化的适应能力很强，喜光，喜土壤湿润，耐干旱，耐高温，也较耐寒，有很强的生命力。

胡杨产于内蒙古西部、新疆、甘肃、青海。国外分布在蒙古、苏联（中亚部分和高加索）、埃及、叙利亚、印度、伊朗、阿富汗、巴基斯坦等地。

（2）水土保持功能。胡杨林是荒漠区特有的珍贵森林资源，它的主要作用在于防风固沙、创造适宜的绿洲气候和形成肥沃的土壤。胡杨对于稳定荒漠河流地带的生态平衡，防风固沙，调节绿洲气候和形成肥沃的森林土壤，具有十分重要的作用，是荒漠地区农牧业发展的天然屏障。

（3）主要应用的立地类型。适合功能区域：滞尘区、防辐射区、防噪声区。

（4）栽植技术。胡杨主要用种子繁殖，插条难于成活。胡杨种子极易因失水而丧失发

图 5-53　胡杨

芽能力，应在 7—8 月待果穗由绿变黄、蒴果先端开裂露出白絮后，及时选择优良母株采集果穗，晾干脱种。选择湿润、肥沃、排水良好的细沙土或沙壤土筑床、垅床或低床均可，种子拌细沙条播或撒播。2～4 年生苗即可造林。直播造林或植苗造林均可。

（5）现阶段应用情况。常在荒漠地区作为防风固沙、调节绿洲气候和形成肥沃的森林土壤植物，同时是优良的行道树、庭院树种，可作为观赏园林植物种植。

胡杨如图 5-53 所示。

69. 龙爪柳 [*Salix matsudana var. matsudana f. tortuosa (Vilm.) Rehd.*]

（1）生物学、生态学特性及自然分布。乔木。叶上面绿色，无毛，有光泽，下面苍白色或带白色，有细腺锯齿缘。花序与叶同时开放；雄蕊 2 枚，花丝基部有长毛，花药黄色；苞片黄绿色，腺体 2 个；雌花序较雄花序短，有 3～5 小叶生于短花序梗上，轴有长毛；子房近无柄，无毛，无花柱或很短，柱头卵形，近圆裂；苞片同雄花；腺体 2 个，背生和腹生。果序长达 2 (2.5) cm。花期 4 月，果期 4～5 月。

喜光，较耐寒、干旱。喜欢湿润、通风良好的沙壤土，也较耐盐碱，在轻度盐碱地上仍可正常生长。萌芽力强，根系较发达，深根性，具有内生菌根。

主要分布在东北，华北，西北，华东。

（2）水土保持功能。对环境和病虫害适应性较强。

（3）主要应用的立地类型。适合功能区域：生活美化区、办公美化区、一般恢复区。

（4）栽植技术。扦插育苗为主，播种育苗亦可。在树木休眠期采集 1～2 年生长健壮、无病虫害的种条，在室内和阴棚内将直径 0.6cm 以上的种条剪成 12～15cm 的插穗，第 1 个芽留在距离上切口 1cm 处，下切口离芽 1cm 左右，剪完后坑藏。早春时期将苗床浇透水，插穗时用清水浸 30h 后，按株行距 10cm，垂直插入土壤内，芽尖向上，上切口与地面持平，插后轻轻压实。

栽培龙爪柳需与苗期管理、中期除草、施肥、修剪等实用技术配套。

（5）现阶段应用情况。可做水土保持造林树种。

70. 山槐 [*Albizia kalkora (Roxb.) Prain*]

（1）生物学、生态学特性及自然分布。落叶小乔木或灌木；枝条有显著皮孔。二回羽状复叶，基部不等侧，两面均被短柔毛。花初白色，后变黄，具明显的小花梗；蝶形花冠；雄蕊长 2.5～3.5cm，基部连合呈管状。荚果带状，深棕色，嫩荚密被短柔毛，老时无毛；种子 4～12 颗，倒卵形。花期 5—6 月；果期 8～10 月。

山槐广泛分布于中国华北、西北、华东、华南至西南部各省区，分布在海拔为1100～2500m 处，常生于山坡灌丛、疏林中。

（2）水土保持功能。山槐具有喜光、生长快、耐干旱瘠薄、根系较发达等特性，常生于砖红壤、红壤、紫色土、冲积土上。主要具有保持改良土壤、涵养水源等水土保持功能。

（3）主要应用的立地类型。适合栽植于办公美化区、滞尘区、防噪声区。

（4）栽植技术。可用种子繁殖。播种前将种子用 70～80℃ 的热水烫 10～15min，慢慢搅拌至自然冷却后，浸种 24h，以体积比为 1：2 或 1：3 与沙子混合催芽。种子出芽后按行距 10cm、覆土厚 1.5～2.0cm，播种量每亩 14.5kg 播种，然后用木板镇压，遮盖苇帘子到幼苗大量出土。当山槐苗高 4～5cm 时，开始间密集苗和受伤苗。栽植山槐需与灌溉施肥、除草松土、间苗定苗、越冬防寒等实用技术配套。

图 5-54　山槐

（5）现阶段应用情况。山槐叶形雅致，盛夏绒花红树，色泽艳丽，可作为庭荫树，或丛植成风景林。通常用于园区绿化。

山槐如图 5-54 所示。

71. 山皂角（*Gleditsia japonica Miq.*）

（1）生物学、生态学特性及自然分布。落叶乔木或小乔木；小枝具分散的白色皮孔；刺略扁，粗壮，紫褐色至棕黑色，常分枝。叶为一回或二回羽状复叶（具羽片 2～6 对）；花黄绿色，组成穗状花序；花序腋生或顶生，被短柔毛。荚果带形，扁平，长 20～35cm，宽 2～4cm，不规则旋扭或弯曲作镰刀状；种子多数，椭圆形，长 9～10mm，宽 5～7mm，深棕色，光滑。花期 4—6 月；果期 6—11 月。

山皂角性喜光而稍耐阴，喜温暖湿润的气候及深厚、肥沃、适当湿润的土壤，但对土壤要求不严，在石灰质及盐碱甚至黏土或砂土均能正常生长。生长速度慢但寿命很长。

主要产于我国辽宁、河北、山东、河南、江苏、安徽、浙江、江西、湖南。哈尔滨、长春、吉林、沈阳、大连等地也有栽培，常生长于向阳山坡或谷地、溪边路旁，海拔 100～1000m 处。在日本、朝鲜也有分布。

（2）水土保持功能。山皂角为生态经济型树种，耐旱节水，根系发达，可用作防护林和水土保持林。同时耐热、耐寒、抗污染，可用于城乡景观林、道路绿化。还具有固氮、适应性广、抗逆性强等综合价值，是退耕还林的首选树种。用山皂角营造草原防护林能有效防止牧畜破坏，是林牧结合的优选树种。

（3）主要应用的立地类型。适合栽植于办公美化区、功能区。

（4）栽植技术。在生产建设项目中，山皂角设计为孤植或列植，苗木规格一般为 60cm 左右或 1.5m 左右。造林后第 1 次抚育，主要是扩穴、培土、扶正、踏实、补栽苗。第 2 次抚育以苗为中心，直径达 1m 左右割草松土，让阳光直照幼苗。幼苗期间应做好病虫害防护。栽植山皂角需与节水、集水整地、截干造林、覆盖保墒（如地膜、石块、草等覆盖）等实用技术配套。

（5）现阶段应用情况。山皂角树形及树干均较美观，可作庭园观赏和绿化树种。通常用于园区绿化、行道树和边坡绿化。

山皂角如图 5-55 所示。

72. 色木槭（*Acer mono Maxim.*）

（1）生物学、生态学特性及自然分布。落叶乔木；树皮常纵裂，灰色。叶常 5 裂，有时 3 裂及 7 裂；裂片上面深绿色，无毛，下面淡绿色。雄花与两性花同株；花、叶同时开放；萼片 5 片，黄绿色；花瓣 5 片，淡白色；雄蕊 8 枚，无毛，比花瓣短，位于花盘内侧的边缘，花药黄色；子房柱头 2 裂，反卷。翅果先紫绿色，后变淡黄色；小坚果压扁状，翅长圆形，张开成锐角或近于钝角。花期 5 月，果期 9 月。

图 5-55 山皂角

色木槭耐阴，深根性，喜湿润肥沃土壤，在酸性、中性、石炭岩上均可生长。萌发性强。主要生于海拔 800～1500m 的山坡或山谷疏林中。

产于东北、华北和长江流域各省。集中分布在东北小兴安岭和长白山林区，属全国水土保持植物措施立地条件类型区中的大小兴安岭山地亚区。在俄罗斯西伯利亚东部、蒙古、朝鲜和日本也有分布。

（2）水土保持功能。色木槭具有耐阴喜湿、适应性强、深根性等特性，主要具有保持和改良土壤、涵养水源等水土保持功能。

（3）主要应用的立地类型。适合栽植水土保持区划二级区。

图 5-56 色木槭

（4）栽植技术。在生产建设项目中，色木槭常设计为孤植或列植，苗木规格一般为 60cm 左右或 1.5m 左右。造林后第 1 次抚育，主要是扩穴、培土、扶正、踏实、补栽苗。第 2 次抚育以苗为中心，直径达 1m 左右割草松土，让阳光直照幼苗。幼苗期间应做好病虫害防护。栽植色木槭需与节水、集水整地、截干造林、覆盖保墒（如地膜、石块、草等覆盖）等实用技术配套。

（5）现阶段应用情况。可作庭园观赏和绿化树种。

色木槭如图 5-56 所示。

73. 梣叶槭（*Acer negundo L.*）

（1）生物学、生态学特性及自然分布。落叶乔木，可高达 20m。树皮黄褐色或灰褐色；小枝圆柱形，无毛，当年生枝绿色，多年生枝黄褐色；羽状复叶，长 10～25cm，有 3～7（稀 9）枚小叶；雄花的花序聚伞状，雌花的花序总状，均由无叶的小枝旁边生出，常下垂，花梗长约 1.5～3cm，花小，黄绿色，花期 4—5 月，果期 9 月。

喜凉爽、湿润环境和肥沃、排水良好的微酸性土壤，pH 值过低会引起落叶。喜光，耐一定遮阴。不抗空气污染、持续高热、干旱和盐碱。在压实的土壤中发育不好。不能在土壤板结或生长空间小的地域种植，要经常通过覆盖措施使根系保持凉爽和湿润。

原产北美洲，近百年内始引种于我国，在东北和华北各省市生长较好。

（2）水土保持功能。桦叶槭具有耐寒、耐干旱、适应性强等特性，是优良的防护林树种，主要具有保持和改良土壤、涵养水源、防风保土等水土保持功能。

（3）主要应用的立地类型。分布于全国水土保持植物措施立地条件类型区中的大小兴安岭山地亚区。

（4）栽植技术。以种子繁殖为主。秋季，当桦叶槭翅果变为黄褐色时采种，去杂袋藏。春季播种前20～30d，用40℃温水浸种，然后混3倍的湿沙搅拌均匀，直至种子露白。整地作床后，在春季将经过处理的种子均匀撒到平整的床面上，覆土厚度为1～1.5cm。播后盖草帘，保持土壤湿润。约60%的种子出苗后揭去草帘，保持土壤湿润。当苗高10cm左右时进行间苗、定苗，每平方米保留150～200株小苗。定苗后，7～10d进行一次叶面喷肥。入秋后增施磷钾肥，防止苗木徒长，同时要及时进行浇水、中耕、除草以及病虫害的防治。入冬前浇一次封冻水。

（5）现阶段应用情况。是优良的行道树、庭荫树、防护林树种。

74. 稠李 ［*Padus racemosa*（*L.*）*Gilib.*］

（1）生物学、生态学特性及自然分布。落叶乔木；树皮粗糙而多斑纹。叶片边缘有不规则锐锯齿，有时混有重锯齿，上深绿色，下淡绿色，无毛；叶柄顶端两侧各具1腺体。总状花序，花瓣白色，有短爪，比雄蕊长；雄蕊多数，花丝长短不等，排成紧密不规则2轮；雌蕊1枚，心皮无毛，柱头盘状，花柱比长雄蕊短。核果卵球形，顶端有尖头，红褐色至黑色，光滑，果梗无毛；萼片脱落；核有褶皱。花期4—5月，果期5—10月。

稠李喜光也耐阴，怕积水涝洼，不耐干旱瘠薄，在湿润肥沃的砂质壤土上生长良好，病虫害少。

主要产于我国黑龙江、吉林、辽宁、内蒙古、河北、山西、河南、山东等地。生于山坡、山谷或灌丛中，分布在海拔880～2500m处。

（2）水土保持功能。稠李具有抗寒力较强、萌蘖力强，适应性强等特性，是优良的景观树种，主要具有保持和改良土壤、涵养水源等水土保持功能。

（3）主要应用的立地类型。适合栽植于水土保持区划二级区、办公美化区、滞尘区、防噪声区。

（4）栽植技术。稠李常设计为孤植或列植，苗木规格一般为60cm左右或1.5m左右。根据土层厚度，看是否客土。造林后第1次抚育，主要是扩穴、培土、扶正、踏实、补栽苗。第2次抚育以苗为中心，直径达1m左右割草松土，让阳光直照幼苗。幼苗期间应做好病虫害防护。栽植稠李需与节水、集水整地、截干造林、覆盖保墒（如地膜、石块、草等覆盖）等实用技术配套。

图5-57　稠李

（5）现阶段应用情况。稠李的树形优美，花叶精致，通常用于园区绿化及行道树。

稠李如图5-57所示。

75. 花楸［*Sorbus pohuashanensis（Hance）Hedl.*］

（1）生物学、生态学特性及自然分布。乔木；小枝具灰白色细小皮孔；奇数羽状复叶，连叶柄在内长 12～20cm，叶柄长 2.5～5cm；复伞房花序具多数密集花朵，总花梗和花梗均密被白色绒毛，成长时逐渐脱落；花瓣宽卵形或近圆形，长 3.5～5mm，宽 3～4mm，先端圆钝，白色，内面微具短柔毛；果实近球形，直径 6～8mm，红色或橘红色，具宿存闭合萼片。花期 6 月，果期 9—10 月。

花楸喜光也稍耐阴，抗寒力强，生长表现良好，适应性强，根系发达，对土壤要求不严，以湿润肥沃的砂质壤土为好。花楸性喜湿润土壤，多沿着溪涧山谷的阴坡生长。常生于山坡或山谷杂木林内，分布于海拔 900～2500m。

主要产于我国黑龙江、吉林、辽宁、内蒙古、河北、山西、甘肃、山东。

（2）水土保持功能。花楸具有耐湿、适应性强等特性，主要具有保持和改良土壤、涵养水源等水土保持功能。

（3）主要应用的立地类型。适合栽植于办公美化区。

图 5-58　花楸

（4）栽植技术。在生产建设项目中，花楸常设计为孤植或列植，苗木规格一般为60cm 左右或 1.5m 左右。根据土层厚度，看是否客土。造林后第 1 次抚育，主要是扩穴、培土、扶正、踏实、补栽苗。第 2 次抚育以苗为中心，直径达 1m 左右割草松土，让阳光直照幼苗。幼苗期间应做好病虫害防护。栽植花楸需与节水、集水整地、截干造林、覆盖保墒（如地膜、石块、草等覆盖）等实用技术配套。

（5）现阶段应用情况。花楸树是一种有着一簇簇橙红色果实的树，可作庭园观赏和绿化树种。

花楸如图 5-58 所示。

76. 东北杏［*Armeniaca mandshurica（Maxim.）Skv.*］

（1）生物学、生态学特性及自然分布。乔木；树皮深裂，暗灰色；叶边具不整齐的细长尖锐重锯齿，叶柄常有 2 腺体。花单生，先于叶开放；花萼带红褐色；萼片常具不明显细小锯齿；花瓣粉红色或白色；雄蕊多数，与花瓣近等长或稍长；子房密被柔毛。果实近球形，黄色，有时向阳处具红晕或红点，被短柔毛；果肉有香味；核近两侧扁，顶端圆钝或微尖，基部近对称，表面微具皱纹，腹棱钝，侧棱不发育，具浅纵沟，背棱近圆形。花期 4 月，果期 5—7 月。

东北杏根系发达，树势强健，生长迅速，有萌蘖力，具有较强的耐寒性和耐干旱、耐瘠薄土壤的能力，可在轻盐碱地中生长。喜光、极不耐涝，也不喜空气湿度过高的环境，适合生长在排水良好的沙质壤土中。定植后 4～5 年开始结果。寿命一般在 40～60 年以上。

东北杏产于我国黑龙江、吉林、辽宁，属全国水土保持植物措施立地条件类型区中的东部平原亚区。生于开阔的向阳山坡灌木林或杂木林下，分布于海拔 400～1000m 处。

（2）水土保持功能。东北杏具有耐干旱瘠薄、耐寒、适应性强、生长迅速等特性，主要具有保持和改良土壤、涵养水源等水土保持功能。

（3）主要应用的立地类型。适合栽植于办公美化区、功能区。

（4）栽植技术。在生产建设项目中，东北杏常设计为孤植或列植，苗木规格一般为 60cm 左右或 1.5m 左右。造林后第 1 次抚育，主要是扩穴、培土、扶正、踏实、补栽苗。第 2 次抚育以苗为中心，直径达 1m 左右割草松土，让阳光直照幼苗。幼苗期间应做好病虫害防护。

图 5-59　东北杏

（5）现阶段应用情况。东北杏是食用杏的一种，也作观赏植物栽培。还可作庭园观赏和绿化树种。

东北杏如图 5-59 所示。

77. 黄檗（*Phellodendron amurense Rupr.*）

（1）生物学、生态学特性及自然分布。乔木。成年树的树皮有厚木栓层，内皮薄，鲜黄色，黏质。羽状复叶，小叶有细钝齿和缘毛，秋季落叶前叶色由绿转黄而明亮。花序顶生；萼片细小，阔卵形，长约 1mm；花瓣紫绿色，长 3～4mm；雄花的雄蕊比花瓣长，退化雌蕊短小。果圆球形，径约 1cm，蓝黑色，通常有 5～8（10）条浅纵沟，干后较明显；种子通常 5 粒。花期 5—6 月，果期 9—10 月。

多生于山地杂木林中或山区河谷沿岸。适应性强，喜阳光，耐严寒，宜于平原或低丘陵坡地、路旁、住宅旁及溪河附近水土较好的地方种植。

主要分布于东北和华北各省，属全国水土保持植物措施立地条件类型区中的东部平原亚区。河南、安徽北部、宁夏也有分布，内蒙古有少量栽种。

（2）水土保持功能。具有净化空气、保持水土的作用。

图 5-60　黄檗

（3）主要应用的立地类型。适合栽植于水土保持区划二级区、办公美化区、滞尘区、防噪声区。

（4）栽植技术。在生产建设项目中，黄檗常设计为孤植或列植，苗木规格一般为 60cm 左右或 1.5m 左右。造林后第 1 次抚育，主要是扩穴、培土、扶正、踏实、补栽苗。第 2 次抚育以苗为中心，直径达 1m 左右割草松土，让阳光直照幼苗。幼苗期间应做好病虫害防护。栽植黄檗需与节水、集水整地、截干造林、覆盖保墒（如地膜、石块、草等覆盖）等实用技术配套。

（5）现阶段应用情况。可作庭园观赏和绿化树种，也可用于荒地防护林。

黄檗如图 5-60 所示。

78. 火炬松（*Pinus taeda L.*）

（1）生物学、生态学特性及自然分布。乔木；树皮鳞片状开裂，近黑色、暗灰褐色或淡褐色；无树脂。针叶 3 针一束，稀 2 针一束，蓝绿色；横切面三角形，树脂道通常 2 个，中生。球果卵状圆锥形或窄圆锥形，基部对称，长 6～15cm，无梗或几无梗，熟时暗红褐色；种鳞的鳞盾横脊显著隆起，鳞脐隆起延长成尖刺；种子卵圆形，长约 6mm，栗褐色，种翅长约 2cm。

火炬松喜光、喜温暖湿润。在中国引种区内，一般垂直分布在 500m 以下的低山、丘陵、岗地造林区。海拔超过 500m 则生长不良，达到海拔 800m 一般都要产生冻害。对土壤要求不严，能耐干燥瘠薄的土壤。

原产于北美东南部。中国庐山、南京、马鞍山、富阳、安吉、闽侯、武汉、长沙、广州、桂林、南宁、柳州、梧州等地引种栽培，生长良好。

（2）水土保持功能。火炬松根系发达，有拦截雨水、调节地表径流的作用，和良好的固结土壤的水土保持功能。

（3）主要应用的立地类型。适合栽植于燕山、太行山山地丘陵区、华北平原区等，常栽植于美化区和生态恢复区。

（4）栽植技术。火炬松的栽植季节从 12 月中下旬至 2 月中下旬均可进行，主要用容器苗或 1 年生裸根苗栽植造林。容器苗宜在冬季或春季下 1、2 场透雨后进行造林，苗龄应在 100d 以上，最好选择半年生苗。上山造林前苗木要淋透水，注意保护杯泥不松散，栽植时不屈根，深度以超过杯泥为宜，回土要细，植后压实。造林后 2 个月内每隔 15～20d 对造林地进行一次踏查，发现有缺株、死株要及时补植，确保造林成活率达到 95％以上。

火炬松栽培应注意喷洒药剂、清除病苗及其残余物并进行土壤消毒等措施防治病虫害。

（5）现阶段应用情况。火炬松是我国引种成功的国外松树之一，是低山丘陵地带造林绿化树种。该树种姿态雄伟，针叶蓝绿色，可用于营造山区风景林。

火炬松如图 5-61 所示。

图 5-61　火炬松

79. 栓皮栎（*Quercus variabilis Blume*）

（1）生物学、生态学特性及自然分布。落叶乔木，树皮黑褐色，深纵裂。叶缘具刺芒状锯齿，叶背密被灰白色星状绒毛。雄花序长达 14cm，花序轴密被褐色绒毛，花被 4～6

裂，雄蕊 10 枚或较多；雌花序生于新枝上端叶腋；壳斗杯形，包着坚果 2/3；小苞片钻形，反曲，被短毛。坚果近球形或宽卵形，高、径约 1.5cm，顶端圆，果脐突起。花期3—4 月，果期翌年 9—10 月。

栓皮栎是喜光树种，幼苗能耐阴。深根性，根系发达，萌芽力强。适应性强，抗风、抗旱、耐火、耐瘠薄，在酸性、中性及钙质土壤均能生长，尤以在土层深厚肥沃、排水良好的壤土或沙壤土上生长最好。

分布于中国辽宁、河北、山西、陕西、甘肃、山东、江苏、安徽、浙江、江西、福建、台湾、河南、湖北、湖南、广东、广西、四川、贵州、云南等省（自治区）。

（2）水土保持功能。栓皮栎根系发达，可以减轻地面的侵蚀，具有拦截泥沙流失、缓冲径流、稳定表土的水土保持功能。

（3）主要应用的立地类型。适合栽植于燕山、太行山山地丘陵区、豫西南山地丘陵区等，常栽植于生态恢复区。

（4）栽植技术。栓皮栎开始宜密植，郁闭成林后，再行间伐。山腰以上土层较薄处，初植密度按 1.5m×1.5m 为宜；山腰以下，土层深厚肥沃处，初植密度以 1.5m×2m 为宜；石质山地以及岩石裸露的陡坡，初植密度可以适当加大，以 1.3m×1.3m 比较合适。用 1 年生苗造林，栽植时间以早春为宜，一般在年前 12 月至次年 1 月，或 2 月至 3 月上旬，在栓皮栎的芽还未萌动之前，选择阴雨天或阴雨天前栽植，栽后每株必须浇水。也可以直播造林，每穴播种子 4～5粒，覆土厚度 3～5cm。应防范栎褐天社蛾和云斑天牛病虫害。

图 5-62 栓皮栎

栽植模式：栓皮栎＋油松；栓皮栎＋刺槐。

（5）现阶段应用情况。栓皮栎是中国重要的树种。栓皮栎特性显著，其根系发达，适应性强，叶色季相变化明显，是良好的绿化观赏树种，也是营造防风林、水源涵养林及防护林的优良树种。

栓皮栎如图 5-62 所示。

80. 黑松 (*Pinus thunbergii Parlatore*)

（1）生物学、生态学特性及自然分布。乔木；树皮裂成块片脱落。针叶 2 针一束，深绿色，有光泽，粗硬，背腹面均有气孔线；树脂道 6～11 个，中生。雄球花淡红褐色，聚生于新枝下部；雌球花单生或 2～3 个聚生于新枝近顶端，直立，有梗，淡紫红色或淡褐红色。球果成熟前绿色，熟时褐色，向下弯垂；中部种鳞横脊显著，鳞脐微凹，有短刺；种子连翅长 1.5～1.8cm，种翅灰褐色，有深色条纹。花期 4—5 月，种子第二年 10 月成熟。

喜光，耐干旱瘠薄，不耐水涝，不耐寒。适生于温暖湿润的海洋性气候区域，最宜在土层深厚、土质疏松，且含有腐殖质的砂质土壤处生长。因其耐海雾，抗海风，也可在海

图 5-63　黑松

滩盐土地方生长。抗病虫能力强，生长慢，寿命长。

原产日本及朝鲜南部海岸地区。中国旅顺、大连、山东沿海地带和蒙山山区以及武汉、南京、上海、杭州等地引种栽培。浙江北部沿海用之造林，生长良好。

（2）水土保持功能。主要具有保持和改良土壤、涵养水源等水土保持功能。

（3）主要应用的立地类型。适合栽植于鲁中南及胶东山地丘陵区、豫西南山地丘陵区等，常栽植于生态恢复区。

（4）栽植技术。采用植苗造林，选用 1～2 年生的苗木，采用穴植法，栽植前将苗根先用泥浆水蘸一下，栽植时使苗根舒展，比原土痕深 1～2cm，砸实后，上覆松土保墒。在干旱的沙地或用大苗造林时，为提高抗旱效果，应适当深栽，比原土痕深 3～4cm 为宜。在中等立地条件下造林，每亩栽植 330 株左右。

（5）现阶段应用情况。黑松一年四季常青，抗病虫能力强，是荒山绿化、道路行道绿化首选树种。

黑松如图 5-63 所示。

81. 杨树（*Populus L.*）

（1）生物学、生态学特性及自然分布。乔木，树干通常端直；树皮光滑或纵裂，常为灰白色。有顶芽（胡杨无），芽鳞多数，常有黏脂。枝有长（包括萌枝）短枝之分，圆柱状或具棱线。叶互生，多为卵圆形、卵圆状披针形或三角状卵形，在不同的枝（如长枝、短枝、萌枝）上常为不同的形状，齿状缘；叶柄长，侧扁或圆柱形。

强阳性树种，喜凉爽湿气候，在暖热多雨的气候下易受病害。对土壤要求不严，喜深厚肥沃的沙壤土，不耐过度干旱瘠薄，稍耐碱，pH 值为 8～8.5 时亦能生长，大树耐湿。耐烟尘，抗污染。深根性，根系发达，萌芽力强，生长较快。杨树是散生在北半球温带和寒温带的森林树种。在我国分布于北纬 25°～53°，东经 80°～134°，即分布于华中、华北、西北、东北等广阔地区。世界其他地区一般分布于北纬 30°～72°的范围。

杨树是世界上分布最广、适应性最强的树种。主要分布于北半球温带、寒温带，北纬 22°～70°，从低海拔到 4800m。在中国分布范围跨北纬 25°～53°，东经 76°～134°，遍及东北、西北、华北和西南等地。

（2）水土保持功能。杨树种类繁多，适应性强。主要具有保持和改良土壤、涵养水源等水土保持功能。

（3）主要应用的立地类型。适合栽植于北方土石山区所有二级区，常栽植于生态恢复区和行道树。

（4）栽植技术。生产建设项目中常采用苗高 4m 以上，根径 4cm 以上的当年生苗，株行距 3～4m。

（5）现阶段应用情况。由于杨树的种类多，适应范围广，综合价值高，可以利用其根系发达的特点来固持土壤和沙石，减少土壤流失，在荒山造林工程中应用广泛。此外，因其生长迅速，抗风倒风折力强，冠形端正、寿命较长、易剪修、抗灰尘等特点，常被选为护路林树种。

杨树如图 5-64 所示。

82. 赤松（*Pinus densiflora Sieb. et Zucc.*）

（1）生物学、生态学特性及自然分布。乔木；树皮橘红色，裂成不规则的鳞片状块片脱落。针叶 2 针一束，两面有气孔线，边缘有细锯齿；横切面半圆形，树脂道约 4～6 个，边生。雄球花淡红黄色，聚生于新枝下部呈短穗状；雌球花淡红紫色，单生或 2～3 个聚生，1 年生小球果的种鳞先端有短刺。球果成熟时暗

图 5-64 杨树

黄褐色或淡褐黄色，种鳞张开，不久即脱落；种子倒卵状椭圆形或卵圆形，连翅长 1.5～2cm，种翅宽 5～7mm；花期 4 月，球果第二年 9 月下旬至 10 月成熟。

赤松为深根性喜光树种，抗风力强，比马尾松耐寒，极喜光，在土层深厚、沙质的中性土、酸性土中生长迅速，粘质土、石灰质土、盐碱土及低湿地不宜种植。

分布于中国黑龙江东部（鸡西、东宁），吉林长白山区、辽宁中部至辽东半岛、山东胶东地区及江苏东北部云台山区，自沿海地带上达海拔 920m 山区，常组成次生纯林；南京等地有栽培。日本、朝鲜、苏联也有分布。

图 5-65 赤松

（2）水土保持功能。赤松为深根性喜光树种，抗风力强，具有保持和改良土壤、涵养水源等水土保持功能。

（3）主要应用的立地类型。适合栽植于鲁中南及胶东山地丘陵区等，常栽植于生态恢复区。

（4）栽植技术。防护林栽植密度一般为每亩 450 株。山地造林，松土除草要和培土结合；沙地造林，后期可割除大草留草带，以防冬春起沙。大风沙干旱区，造林当年及第二年（三年）冬季应给赤松苗培土埋苗以及防止生理性干旱及动物危害。注意应预防赤松梢斑螟和赤松毛虫。

（5）现阶段应用情况。赤松为阳性树种，耐贫瘠土壤，深根性，抗风力较强，能生于岩石裸露的低山坡或顶部。其材质坚硬，结构较细，耐腐力强；树脂可提取多种物质；是荒山荒地造林的先锋树种。

赤松如图 5-65 所示。

83. 黑杨（*Populus nigra L.*）

（1）生物学、生态学特性及自然分布。乔木；树皮暗灰色，老时沟裂。叶先端长渐

尖，边缘具圆锯齿，有半透明边，无缘毛，上面绿色，下面淡绿色；叶柄略等于或长于叶片，侧扁，无毛。雄花序长 5～6cm，花序轴无毛，苞片膜质，淡褐色，长 3～4mm，顶端有线条状的尖锐裂片；雄蕊 15～30，花药紫红色；子房卵圆形，有柄，无毛，柱头 2 枚。果序长 5～10cm，果序轴无毛，蒴果卵圆形，有柄，长 5～7mm，宽 3～4mm，2 瓣裂。花期 4—5 月，果期 6 月。

黑杨天然生长在河岸、河湾，少在沿岸沙丘，常成带状或片林。抗寒，喜欢半阴环境，在阳光强烈、闷热的环境下生长不良，不耐盐碱，不耐干旱，在冲积沙质土上生长良好。

分布于苏联中南部（中亚、高加索）、西亚一部分（阿富汗、伊朗）、巴尔干、欧洲等地区及中国新疆（额尔齐斯河和乌伦古河流域）。

图 5-66　黑杨

（2）水土保持功能。具有耐湿、抗寒、适应性强等特性，具有保持和改良土壤、涵养水源等水土保持功能。

（3）主要应用的立地类型。适合栽植于燕山、太行山山地丘陵区等，常栽植于生态恢复区。

（4）栽植技术。采用 2 年生的实生苗或 1～2 年生扦插苗木，秋末或者早春栽植，株行距（2～5）m×5m。移栽时，先挖好种植穴，在种植穴底部撒上一层有机肥料作为底肥，厚度为 4～6cm，再覆上一层土并放入苗木，以把肥料与根系分开，避免烧根。放入苗木后，回填土壤，把根系覆盖住，并用脚把土壤踩实，浇一次透水。在冬季植株进入休眠或半休眠期后，要把瘦弱、病虫、枯死、过密等枝条剪掉。加强杨树锈病、黄化病、黑斑病、腐烂病和红蜘蛛等防治。

（5）现阶段应用情况。黑杨树冠圆柱状，树形高耸挺拔，姿态优美，可丛植、列植于草坪、广场等地。

黑杨如图 5-66 所示。

84. 山杨（*Populus davidiana* Dode）

（1）生物学、生态学特性及自然分布。乔木。树皮光滑灰绿色或灰白色，老树基部黑色粗糙。叶长宽近等，边缘有密波状浅齿，发叶时显红色，萌枝叶大，下面被柔毛；叶柄侧扁。花序轴有疏毛或密毛；苞片棕褐色，掌状条裂，边缘有密长毛；雄花序长 5～9cm，雄蕊 5～12，花药紫红色；雌花序长 4～7cm；子房圆锥形，柱头 2 深裂，带红色。果序长达 12cm；蒴果卵状圆锥形，长约 5mm，有短柄，2 瓣裂。花期 3—4 月，果期 4—5 月。

为强阳性树种，耐寒冷、耐干旱瘠薄土壤，在微酸性至中性土壤皆可生长，适于山腹以下排水良好的肥沃土壤。天然更新能力强，根萌、分蘖能力强。

分布广泛，中国黑龙江、内蒙古、吉林、华北、西北、华中及西南高山地区均有分布，垂直分布自东北低山海拔 1200m 以下，到青海 2600m 以下，湖北西部、四川中部、云南在海拔 2000～3800m 之间。多生于山坡、山脊和沟谷地带，常形成小面积纯林或与其他树种形成混交林。

（2）水土保持功能。耐寒、耐贫瘠，适应性强，主要具有保持和改良土壤、涵养水源等水土保持功能。

（3）主要应用的立地类型。适合栽植于燕山、太行山山地丘陵区等，常栽植于生态恢复区。

（4）栽植技术。选苗高 1m 以上的 2 年生好苗，用综合性杀菌剂营养液制成的泥浆蘸根，形成保护层。株距为 1m，行距 2m，每穴中栽植 2 株。5 月下旬做第 1 次抚育，进行中心培土和扶正。6 月中旬做第 2 次抚育，离苗木 10cm 处开始除草、松土。7 月中旬做第 3 次抚育，清除幼树周边杂草、灌木。

（5）现阶段应用情况。山杨可做美观供观赏树，对绿化荒山、保持水土有较大作用。

山杨如图 5-67 所示。

图 5-67　山杨

85. 毛白杨（*Populus tomentosa Carr.*）

（1）生物学、生态学特性及自然分布。乔木；树皮灰白色，老时基部黑灰色，纵裂，皮孔菱形散生，或 2~4 连生。长枝叶上面暗绿色，光滑；叶柄顶端通常有 2（3~4）腺点；短枝叶通常较小，上面暗绿色有金属光泽，下面光滑。雄花苞片约具 10 个尖头，雄蕊 6~12，花药红色；雌花序长 4~7cm，苞片褐色，尖裂，沿边缘有长毛；子房长椭圆形，柱头 2 裂，粉红色。果序长达 14cm；蒴果圆锥形或长卵形，2 瓣裂。花期 3 月，果期 4 月（河南、陕西）—5 月（河北、山东）。

深根性，耐旱力较强，黏土、壤土、沙壤上或低湿轻度盐碱土均能生长。在水肥条件充足的地方生长最快，20 年生即可成材，是中国速生树种之一。

分布广泛，在辽宁（南部）、河北、山东、山西、陕西、甘肃、河南、安徽、江苏、浙江等省均有分布，以黄河流域中、下游为中心分布区。

（2）水土保持功能。根系发达，深而庞大，是水土保持和防护林的重要树种。主要具有保持和改良土壤、涵养水源等水土保持功能。

（3）主要应用的立地类型。适合栽植于华北平原区等，常栽植于美化区和生态恢复区。

（4）栽植技术。选择 2~3 年生苗木，株行距 3~4m。注意预防毛白杨破腹病。山地造林选择阴坡或半阴坡，以减少温度变动的幅度；加强抚育管理，提高树势，增强植株的抗逆性。冬季寒流到来之前将树干涂白或包草防冻；早春对伤口可用刀削平以利于提早愈合。加强病虫害的防治，并保护好树干。

（5）现阶段应用情况。是较好的庭园绿化树种或行道树，也为华北地区速生用材造林树种。

毛白杨如图 5-68 所示。

图 5-68　毛白杨

86. 红楠（*Machilus thunbergii Sieb. et Zucc.*）

（1）生物学、生态学特性及自然分布。常绿乔木；树皮黄褐色；叶上面黑绿色，有光泽，下较淡，带粉白，中脉上面稍凹下，下面明显突起；叶柄上面有浅槽，和中脉一样带红色。花序顶生或在新枝上腋生，无毛，多花，下部的分枝常有花 3 朵，外轮花被片外面无毛，内面上端有小柔毛；花丝无毛，第三轮腺体有柄，退化雄蕊基部有硬毛；子房球形，无毛；花柱细长，柱头头状。果扁球形，直径 8～10mm，初时绿色，后变黑紫色；果梗鲜红色。花期 2 月，果期 7 月。

在自然界多生于低山阴坡湿润处，常与壳斗科、山茶科、木兰科及樟科的其他树种混生。多生长于海拔 800m 以下的山地林中，常与钩栗、豹皮樟、樟树、秃瓣杜英、栲树、苦槠、厚皮香等混生，少有成片纯林。

分布于中国山东、江苏、浙江、安徽、台湾、福建、江西、湖南、广东、广西。中国东部各省及湖南（莽山），垂直分布在海拔 800m 以下，福建、台湾和广西则多见于海拔 600m 以下。日本、朝鲜也有分布。

（2）水土保持功能。具有耐阴、根系较发达等特性，主要具有保持改良土壤、涵养水源等水土保持功能。

图 5-69　红楠

（3）主要应用的立地类型。适合栽植于胶东低山丘陵区等，常栽植于美化区。

（4）栽植技术。冬季或造林前 1 个月穴状整地，行距 3m×3m。2 月至 3 月上旬用容器苗栽植造林，苗木栽植后要及时浇水。生长高峰和旱季之前进行幼林抚育，第一年抚育不少于 3 次，以后每年 4—6 月和 10—11 月要抚育 2～3 次，及至幼林开始郁闭，可以每隔 1～2 年除杂松土 1 次。

（5）现阶段应用情况。红楠树干挺拔，冠大浓荫，是园林中供观赏的优良庭荫树。

红楠如图 5-69 所示。

87. 胡桃楸（*Juglans mandshurica Maxim.*）

（1）生物学、生态学特性及自然分布。落叶乔木；树皮灰色，具浅纵裂。奇数羽状复叶，小叶 15～23 枚，长 6～17cm，宽 2～7cm；雄性菜荑花序长 9～20cm，花序轴被短柔毛。雄花具短花柄；果实球状、卵状或椭圆状，顶端尖，密被腺质短柔毛，长 3.5～7.5cm，径 3～5cm；花期 5 月，果期 8—9 月。

胡桃楸喜冷凉干燥气候，耐寒，能耐−40℃严寒。不耐阴，以向阳、土层深厚、疏松肥沃、排水良好的沟谷栽培为好。干旱瘠薄及排水不良好处不宜生长。

核桃楸主要分布于黑龙江，在黑河、嫩江、讷河、甘南、逊克、嘉荫、萝北、同江、抚运以南均有分布。东北、华北多有人工栽培；阳性，耐寒性强。

（2）水土保持功能。胡桃楸具有极耐寒、适应性强等特性，是优良的防护林树种，主要具有保持和改良土壤、涵养水源、防风保土等水土保持功能。

（3）主要应用的立地类型。适合栽植鲁中南及胶东山地丘陵区等，常栽植于美化区和生态恢复区。

（4）栽植技术。植苗造林时，穴状整地，在种植穴底部撒上 1 层有机肥料作为底肥（基肥），厚度为 4～6cm，再覆上 1 层土并放入苗木，以把肥料与根系分开，避免烧根。放入苗木后，回填土壤，把根系覆盖住，并用脚把土壤踩实，浇 1 次透水。在北方，由于冬季较为寒冷，为了使苗木安全越冬，在土壤将要冻结前应对苗木进行覆土防寒。核桃楸常见的病有核桃炭疽病、黑斑病等，应根据病虫害的发生期及病虫害的特点及时进行防治。

（5）现阶段应用情况。因核桃楸树冠庞大雄伟、枝叶茂密、绿阴覆地，加之灰白洁净的树干，是良好的庭阴树，孤植、丛植于草地或园林中隙地都很适合；也可成片、成林栽植于风景疗养区。

88. **柿树**（*Diospyros kaki Thunb.*）

（1）生物学、生态学特性及自然分布。落叶大乔木。树皮深灰色至灰黑色，或者黄灰褐色至褐色。嫩枝初时有棱，有棕色柔毛或绒毛或无毛。叶纸质，卵状椭圆形至倒卵形或近圆形；叶柄长 8～20mm。花雌雄异株，花序腋生，为聚伞花序；花梗长约 3mm。果形有球形、扁球形等；种子褐色，椭圆状，侧扁；果柄粗壮，长 6～12mm。花期 5—6 月，果期 9—10 月。

柿树是深根性树种，又是阳性树种，喜温暖气候、充足阳光和深厚、肥沃、湿润、排水良好的土壤，适生于中性土壤，较能耐寒，较能耐瘠薄，抗旱性强，不耐盐碱土。

原产中国长江流域，现在在辽宁西部、长城一线经甘肃南部，折入四川、云南，在此线以南，东至台湾省，各省区多有栽培。朝鲜、日本、东南亚、大洋洲、北非的阿尔及利亚、法国、苏联、美国等有栽培。

（2）水土保持功能。主要具有保持和改良土壤、涵养水源等水土保持功能。

（3）主要应用的立地类型。适合栽植于豫西南山地丘陵区等，常栽植于生态恢复区和美观区。

（4）栽植技术。柿树按株行距 2.5m×3.0m 密植，栽后浇透水，覆草保墒。幼树选用自然开心形、变侧主干形或小冠疏层形，调整主侧枝的方位和角度，结合夏剪时做摘心、拉枝，促进分枝扩冠。盛果期修剪要注意通风透气，不断更新、培养新的结果枝组，疏蕾、疏果控制产量。坚持秋施基肥、萌芽和花后追肥等管理。柿树的常见病虫害有柿蒂虫、柿绵蚧、柿毛虫、柿小叶蝉、柿炭疽病、角斑病、柿疯病等。通过清除树上的病蒂、加强栽培管理及喷药保护进行防治。

（5）现阶段应用情况。柿树适应性及抗病性均强，寿命长，可达 300 年以上。

图 5-70　柿树

叶片大而厚。秋季，柿果红彤彤的，外观艳丽诱人；晚秋，柿叶也变成了红色，此景观极为美丽。故柿树是园林绿化和庭院经济栽培的最佳树种之一。

柿树如图 5-70 所示。

89. 桧柏（*Sabina chinensis L.*）

（1）生物学、生态学特性及自然分布。即圆柏，常绿乔木。叶 2 型，幼树或基部徒长的萌蘖枝上多为三角状钻形，3 叶轮生，基部有关节并向下延生；老树多为鳞形叶，对生，紧密贴于小枝上；亦有从小一直全为钻形叶的植株。花雌雄异株，雄球花秋季形成，次年开放，花黄色；雌球花形小，球果次年成熟，浆果状不开裂，外被白粉。

生于中性土、钙质土及微酸性土中，在中性、深厚而排水良好处生长最佳。各地亦多栽培，喜光树种，喜温凉、温暖气候及湿润土壤。在华北及长江下游海拔 500m 以下，中上游海拔 1000m 以下排水良好之山地可选用造林。

桧柏分布甚广，产于内蒙古乌拉山、河北、山西、山东、江苏、浙江、福建、安徽、江西、河南、陕西南部、甘肃南部、四川、湖北西部、湖南、贵州、广东、广西北部及云南等地。西藏也有栽培。朝鲜、日本也有分布。

（2）水土保持功能。桧柏喜光、喜湿润，具有适应性强、生长迅速等特性，主要具有保持和改良土壤、涵养水源等水土保持功能。

（3）主要应用的立地类型。适合栽植于豫西南山地丘陵区等，常栽植于美观区、生态恢复区及功能区。

（4）栽植技术。生产建设项目中灌溉条件好、土层较厚区常采用大苗造林，苗高 1.2~1.5m，土层较薄的区域，苗高 0.6~1.0m 为宜，采用穴状整地，大小 80cm× 80cm×40cm。影响桧柏正常生长的病虫害中包括梨锈病、苹果锈病、茎叶腐烂型立枯病、蛴螬和小地老虎等。预防措施包括种子的合理栽种、土壤的消毒处理以及粪肥的合理使用。及时喷洒药剂及对部分苗木进行移除，可防止病虫害的蔓延。

（5）现阶段应用情况。桧柏具有适应性强、护坡固沙、岸边防护、城区净化空气等用途，是水土保持及固沙造林绿化树种。常植于坡地观赏及护坡，或作为常绿地被和基础种植，增加层次。匍匐有姿，是良好的地被树种。

桧柏如图 5-71 所示。

90. 麻栎（*Quercus acutissima Carr.*）

（1）生物学、生态学特性及自然分布。落叶乔木；树皮深灰褐色，深纵裂。叶片形态多样，长 8~19cm，宽 2~6cm，叶缘有刺芒状锯齿，叶片两面同色。雄花序常数个集生于当年生枝下部叶腋，有花 1~3 朵。壳斗杯形，包着坚果约 1/2；小苞片钻形或扁条形，向外反曲，被灰白色绒毛。坚果卵形或椭圆形，直径 1.5~2cm，高 1.7~2.2cm，顶端圆形，果脐突起。花期 3—4 月，果期翌年 9—10 月。

麻栎喜光，深根性，对土壤条件要求不严，耐干

图 5-71 桧柏

旱、瘠薄，亦耐寒；宜酸性土壤，亦适石灰岩钙质土。

麻栎分布于中国辽宁、河北、山西、山东、江苏、安徽、浙江、江西、福建、河南、湖北、湖南、广东、海南、广西、四川、贵州、云南等省（自治区）。朝鲜、日本、越南、印度也有分布。在辽宁生于土层肥厚的低山缓坡，在河北、山东常生于海拔 1000m 以下阳坡，在西南地区分布至海拔 2200m。

（2）水土保持功能。麻栎具有适应能力强、根系发达、耐瘠薄土壤等优点，是荒山瘠地造林的先锋树种。具有保持和改良土壤、涵养水源等水土保持功能。

（3）主要应用的立地类型。适合栽植于豫西南山地丘陵区、生态恢复区和功能区等。

（4）栽植技术。早春 2 月下旬至 3 月上旬选择壮苗造林，栽植时将苗木扶正，培土成馒头形。株行距为 （1～2）m×1.5～2（m），每亩 167～444 株，立地条件好的可适当稀植，立地条件差的可适当密植。缓坡地（坡度小于 15°）宜全垦加穴状整地，山地陡坡（坡度大于 15°）采取鱼鳞坑或穴状整地，整地规格为 40cm×40cm×30cm，整地时间应在 11—12 月。造林当年抚育 3 次，造林第二年抚育 2 次，造林第三年抚育 1 次；抚育时间一般在 5 月、6 月、9 月，抚育规格为 50cm×50cm×10cm。

图 5-72　麻栎

（5）现阶段应用情况。可作庭荫树、行道树，与其他树种可构成城市风景林，可营造防风林、防火林，是水源涵养林的树种。

麻栎如图 5-72 所示。

91. 华山松（*Pinus armandii* Franch.）

（1）生物学、生态学特性及自然分布。乔木。针叶 5 针一束，稀 6～7 针一束，仅腹面两侧各具 4～8 条白色气孔线。雄球花黄色，多数集生于新枝下部成穗状。球果成熟时黄色或褐黄色，种鳞张开，种子脱落；中部种鳞鳞盾近斜方形或宽三角状斜方形，不具纵脊，先端钝圆或微尖，鳞脐不明显；种子黄褐色、暗褐色或黑色，无翅或两侧及顶端具棱脊，稀具极短的木质翅。花期 4—5 月，球果第二年 9—10 月成熟。

阳性树种，但幼苗略喜一定庇荫。喜温和凉爽、湿润气候，自然分布区年平均气温多在 15℃ 以下，年降水量 600～1500mm，年平均相对湿度大于 70%。耐寒力强。

华山松产于中国山西南部中条山（北至沁源海拔 1200～1800m）、河南西南部及嵩山、陕西南部秦岭（东起华山，西至辛家山，海拔 1500～2000m）、甘肃南部（洮河及白龙江流域）、四川、湖北西部、贵州中部及西北部、云南及西藏雅鲁藏布江下游海拔 1000～3300m 地带。江西庐山、浙江杭州等地有栽培。

（2）水土保持功能。荒山造林和森林更新的主要树种。有涵养水源、改良土壤、改善小气候等水土保持功能。

（3）主要应用的立地类型。适合栽植于豫西南山地丘陵区、美观区和生态恢复区等。

（4）栽植技术。用百日裸根苗进行栽植。冬季整地，规格为 50cm×50cm×50cm。栽植时采用三埋两踩一提苗的栽植技术，株行距 2m ×2m，表面覆土呈龟背形。

（5）现阶段应用情况。是良好的绿化风景树、庭院绿化树种、行道树及林带树。

华山松如图 5-73 所示。

图 5-73　华山松

92. 鹅耳枥 (*Carpinus turczaninowii Hance*)

（1）生物学、生态学特性及自然分布。乔木；树皮暗灰褐色，粗糙，浅纵裂。叶长 2.5～5cm，宽 1.5～3.5cm，边缘具规则或不规则的重锯齿，上面无毛或沿中脉疏生长柔毛，下面沿脉通常疏被长柔毛；叶柄长 4～10mm，疏被短柔毛。果序长 3～5cm；序梗长 10～15mm，序梗、序轴均被短柔毛；果苞变异较大，长 6～20mm，宽 4～10mm，内侧的基部具 1 个内折的卵形小裂片，外侧边缘具不规则的缺刻状粗锯齿或具 2～3 个齿裂。小坚果宽卵形，长约 3mm，无毛。

生于海拔 500～2000m 的山坡或山谷林中，在山顶及贫瘠山坡上亦能生长。稍耐阴，喜肥沃湿润土壤，也耐干旱瘠薄。

鹅耳枥产于辽宁南部、山西、河北、河南、山东、陕西、甘肃。朝鲜、日本也有。

（2）水土保持功能。鹅耳枥具有喜光、生长快、耐干旱瘠薄、根系较发达等特性，主要具有保持改良土壤、涵养水源等水土保持功能。

（3）主要应用的立地类型。适合栽植于豫西南山地丘陵区等，常栽植于美观区和生态恢复区。

（4）栽植技术。选择肥沃湿润土壤造林，采用大穴整地，其规格为 50cm×50cm×40cm，株行距 2m×3m，栽后浇透水，及时中耕除草，适当施肥，及时整枝，剪去过密枝、病虫枝。鹅耳枥的病虫害少，偶有食叶害虫，一经发现要及时摘除。

（5）现阶段应用情况。本种枝叶茂密，叶形秀丽，颇美观，宜庭园观赏种植。

鹅耳枥如图 5-74 所示。

图 5-74　鹅耳枥

93. 秋枫 (*Bischofia javanica Bl.*)

（1）生物学、生态学特性及自然分布。常绿或半常绿大乔木；老树皮粗糙；砍伤树皮后流出汁液红色。三出复叶，稀 5 小叶；小叶片长 7～15cm，宽 4～8cm，边缘有浅锯齿。花小，雌雄异株，圆锥花序腋生；雄花序长 8～13cm，被微柔毛至无毛；雌花序长 15～27cm，下垂；雄花：花丝短；退化雌蕊小，盾状，被短柔毛；雌花：子房光滑无毛，3～4 室，花柱顶端不分裂。果实浆果状，直径 6～13mm，淡褐色；种子长圆形，长约 5mm。花期 4—5 月，果期 8—10 月。

秋枫喜阳，稍耐阴，喜温暖而耐寒力较差，对土壤要求不严，能耐水湿，根系发达，抗风力强，在湿润肥沃壤土上生长快速。常生于海拔 800m 以下山地潮湿沟谷林中或平原栽培，尤以河边堤岸或行道树为多。幼树稍耐阴，喜水湿，为热带和亚热带常绿季雨林中的主要树种。在土层深厚、湿润肥沃的砂质壤土生长良好。

秋枫主要分布于陕西、江苏、安徽、浙江、江西、台湾、河南、湖北、湖南、广东、海南、广西、四川、贵州、云南福建漳州振远花卉等地区。虽产于中国南部，但越南、印度、日本、印尼至澳大利亚也有分布。

（2）水土保持功能。根系发达，抗风力强，具有保持和改良土壤、涵养水源等水土保持功能。

（3）主要应用的立地类型。在土层深厚、湿润肥沃的砂质壤土生长特别良好。

（4）栽植技术。4 月下旬至 6 月下旬，8 月下旬至 10 月下旬，选择半木质化且无明显分枝的枝条消毒后蘸上生根粉，在营养土中间打上小孔并淋透，插入枝条，深约 2～5cm 为宜，用手将土与根部轻轻捏紧即可。头一周要常喷水，温度控制在 25～35℃ 为宜，并做好病害防治。

（5）现阶段应用情况。多做河边堤岸树或行道树。

94. 马占相思（*Acacia mangium Willd.*）

（1）生物学、生态学特性及自然分布。即大叶相思，常绿乔木，高达 18m，树皮粗糙，主干通直，树形整齐，小枝有棱，叶大，生长迅速。叶状柄纺锤形，长 12～15cm，中部宽，两端收窄，纵向平行脉 4 条，穗状花序腋生，下垂；花淡黄白色，荚果扭曲。花期 10 月。

马占相思是一种喜光、浅根性树种。根部有菌根菌共生。

马占相思主要分布于澳大利亚、巴布亚新几内亚、印度尼西亚以及我国的海南、广东、广西、福建等地区。

（2）水土保持功能。马占相思适应性强、生长迅速，对改善土壤结构、提高水源涵养功能都有良好的作用。

（3）主要应用的立地类型。在土层深厚、湿润肥沃的砂质壤土生长特别良好。

（4）栽植技术。采种后晒干常温储存，播种前用 90℃ 热水浸泡直到水温自然冷却后萌芽，播前 6d 左右整地做畦，宽度、高度分别为 1m 和 10cm 左右，长度根据地形而定，再码上塑料薄膜容器袋，喷透水后点播。播种后每天早、晚各浇水 1 次，种子萌芽出土达到 2～3cm 时可在傍晚或者阴天时将遮阳网掀开炼苗，一般在苗木高 2～3cm、长出真叶时进行移栽。移栽株行距为 2m×3m，穴的规格为 40cm×40cm。进入 9 月后，在林间进行扩穴、松土等管理，锄草深度宜深 12～15cm，将穴边的土壤充分敲碎回填至穴中，以疏松穴上的土壤。

（5）现阶段应用情况。多做材用或绿化树种。

95. 土蜜树（*Bridelia tomentosa Bl.*）

（1）生物学、生态学特性及自然分布。直立灌木或小乔木，高 2～5m，树皮深灰色，枝条细长；除幼枝、叶背、叶柄、托叶和雌花的萼片外面被柔毛或短柔毛外，其余均无毛；叶片纸质，长圆形或长椭圆形，顶端锐尖至钝，基部宽楔形至近圆，叶背浅绿色；花雌雄同株或异株，簇生于叶腋；核果近圆球形。花果期几乎全年。

土蜜树喜高温高湿，生长适温约 22～32℃。土蜜树在全日照、半日照下均能生长，但光照充足生长较旺盛。以石灰质壤土或砂质壤土为佳，排水需良好。

土蜜树产于中国福建、台湾、广东、海南、广西和云南，生于海拔 100～1500m 山地疏林中或平原灌木林中。分布于亚洲东南部，自印度尼西亚、马来西亚至澳大利亚。

（2）水土保持功能。土密树生适宜长于高温高热的地区，能够阻挡降雨的击溅侵蚀作用，调节局部区域的气候条件，重新分配降水，改善土壤理化特性。

（3）主要应用的立地类型。以石灰质壤土或砂质壤土为佳。

（4）栽植技术。用播种、高压法，春至夏季为适期。春至夏季为幼株生长盛期，追肥 2～3 次即能生长旺盛。土蜜树冬季长期低温会有半落叶现象，春季修剪整枝，春暖后枝叶更茂密。

（5）现阶段应用情况。药用树种。

96. 南洋楹 ［*Albizia falcataria*（*L.*）*Fosberg*］

（1）生物学、生态学特性及自然分布。常绿大乔木；羽片 6～20 对，总叶柄基部及叶轴中部以上羽片着生处有腺体；小叶 6～26 对，无柄，长 1～1.5cm，宽 3～6mm。穗状花序腋生，单生或数个组成圆锥花序；花初白色，后变黄；花萼钟状，长 2.5mm；花瓣长 5～7mm，密被短柔毛，仅基部连合。荚果带形，长 10～13cm，宽 1.3～2.3cm，熟时开裂；种子多颗，长约 7mm，宽约 3mm。花期 4—7 月。

南洋楹是阳性树种，不耐阴，喜暖热多雨气候及肥沃湿润土壤。有根瘤菌，具固氮作用。

南洋楹主要栽培于我国福建、广东、广西。原产马六甲及印度尼西亚马鲁古群岛，现广植于各热带地区。

（2）水土保持功能。主要具有保持改良土壤、涵养水源等水土保持功能。

（3）主要应用的立地类型。适合栽植于南亚热带湿润区、办公美化区、滞尘区、防噪声区、抗污染区。

（4）栽植技术。造林季节以春、夏两季为宜，可选择阴雨天或下了透雨后进行。造林时可用容器苗、裸根苗和裸根截干苗，但以容器苗造林最优，截干苗又优于不截干苗，容器苗苗高以 20～80cm 上山栽植为宜，裸根全苗苗高应小于 50cm，出圃前剪除 1/2～1/3 枝叶，以减少水分蒸发、提高成活率。造林时则一定要作截干处理，一般保留 5cm 左右的苗干为好。无论是裸根苗还是截干苗，起苗必须采用黄泥水浆根，并裹以稻草或薄膜，以保护根系不至于干燥枯死，保证栽种成活。

（5）现阶段应用情况。南洋楹生长迅速，是一种很好的速生树种，多植为庭园树和行道树。生长极快，侧根系发达，是改良土壤的优良树种，在华南地区分布广泛，可作为水保重要树种。

南洋楹如图 5-75 所示。

图 5-75　南洋楹

97. 青梅（*Vatica mangachapoi Blanco*）

（1）生物学、生态学特性及自然分布。乔木，具白色芳香树脂。叶全缘，长 5～13cm，宽 2～5cm，叶柄长 7～15mm，密被短绒毛。圆锥花序顶生或腋生，长 4～8cm，被毛。花萼裂片 5 枚，不等大，两面密被毛；花瓣白色，有时为淡黄色或淡红色，芳香；雄蕊 15 枚，花丝短，不等长；子房球形，密被短绒毛，花柱短，柱头头状，3 裂。果实球形；增大的花萼裂片其中 2 枚较长，长 3～4cm，宽 1～1.5cm，先端圆形，具纵脉 5 条。花期 5—6 月，果期 8—9 月。

青梅适宜于温暖气候，且较耐寒。

青梅产于海南，主要生长于丘陵、坡地林中，海拔 700m 以下。越南、泰国、菲律宾、印度尼西亚等有分布。

（2）水土保持功能。青梅木材心材比较大，耐腐、耐湿，可以用于一些特殊地区植树造林，具有改良土壤、涵养水源等水土保持功能。

（3）主要应用的立地类型。适合栽植于南亚热带湿润区、办公美化区、滞尘区、防噪声区、抗污染区。

（4）栽植技术。对于土壤条件好的平地或缓坡，采用 4m×4m 的株行距，每亩种植42 株，对于坡地，为了提高早期产量，可进行计划密植，采取 3m×4m 的株行距，每亩种植 55 株。

（5）现阶段应用情况。萌芽能力极强，深根性，抗强风，是十分优秀的水土保持树种。

青梅如图 5-76 所示。

图 5-76　青梅

98. 黄槐决明（*Cassia surattensis Burm. F.*）

（1）生物学、生态学特性及自然分布。灌木或小乔木；树皮颇光滑，灰褐色。叶长10～15cm；叶轴及叶柄呈扁四方形，在叶轴上面最下 2 对或 3 对小叶之间和叶柄上部有棍棒状腺体 2～3 枚；小叶 7～9 对，长 2～5cm，宽 1～1.5cm，下面粉白色，被毛，边全缘。总状花序生于枝条上部的叶腋内；花瓣鲜黄至深黄色，长 1.5～2cm；雄蕊 10 枚；子房线形，被毛。荚果扁平，带状，开裂，长 7～10cm，宽 8～12mm，顶端具细长的喙；种子 10～12 颗，有光泽。花果期几乎全年。

黄槐决明主要生长于山腰、灌丛，常作为行道树种在路边。在海拔 750～1500m 的村边、路旁或公园中常见。中国华南城镇广有栽培，已为当地风土树种。中性偏阳，幼树能耐阴，成年树喜充分阳光。对土壤水肥条件要求不苛，一般在肥力中等的低丘缓坡地及路旁、城镇绿化带上均能生长成景。能耐短期−2℃低温及一般霜冻，耐干旱，但不抗风，不耐积水洼地。

黄槐决明栽培于我国广西、广东、福建、台湾等省区。原产印度、斯里兰卡、印度尼西亚、菲律宾和澳大利亚、波利尼西亚地，目前世界各均有栽培。

图 5 - 77　黄槐决明

（2）水土保持功能。是一种优良的水土保持植物，能够有效固定坡面的土壤，保持坡面稳定，并且在一定程度上改善土壤理化性质。

（3）主要应用的立地类型。适合栽植于南亚热带湿润区、办公美化区、滞尘区、防噪声区、抗污染区。

（4）栽植技术。带土移植，移植时可施基肥，成活后无需特殊管理，修剪成小乔木状。每年可施肥 1～2 次。北方常在温室种植，冬末初春，在叶芽未萌动之前，剪取枝或根扦插和截干上盆。注意遮阴和经常浇水，特别注意第一次萌芽后要加强管理，防止脱水萎缩，到第 2 次长新芽才算真正成活。上盆后的黄槐应先放于凉爽处，约 10d 后再逐渐移到阳光充足的地方，进行正常管理。

（5）现阶段应用情况。常用于公园、绿地等路边、池畔或庭前绿化，作庭院树及行道树，也可作绿篱。

黄槐决明如图 5 - 77 所示。

99. 腊肠树（*Cassia fistula L.*）

（1）生物学、生态学特性及自然分布。落叶乔木；树皮粗糙，暗褐色。小叶 3～4 对对生，长 8～13cm，宽 3.5～7cm，边全缘。总状花序大于 30cm，疏散，下垂；花与叶同时开放，直径约 4cm；萼片花时后折；花瓣黄色，长 2～2.5cm，具明显的脉；雄蕊 10枚，其中 3 枚高出于花瓣，4 枚短而直，具阔大的花药，其余 3 枚很小，不育，花药纵裂。荚果圆柱形，长 30～60cm，直径 2～2.5cm，黑褐色，不开裂，有 3 条槽纹；种子40～100 颗，为横隔膜所分开。花期 6—8 月，果期 10 月。

腊肠树是喜温树种，有霜冻害地区不能生长，生育适温为 23～32℃，能耐最低温度为－3℃，通常在中国华南一带生长良好；性喜光，也能耐一定荫蔽；能耐干旱，亦能耐水湿，但忌积水地；对土壤的适应性颇强，喜生长在湿润肥沃、排水良好的中性冲积土上，以砂质壤土为最佳，在干燥瘠薄的土壤上也能生长。

腊肠树在我国南部和西南部各省区均有栽培。原产印度、缅甸和斯里兰卡。

（2）水土保持功能。腊肠树能耐干旱，亦能耐水湿，对土壤的适应性颇强，是良好的水土保持树种。

（3）主要应用的立地类型。适合栽植于南亚热带湿润区、办公美化区、滞尘区、防噪声区、抗污染区。

（4）栽植技术。春季育苗，当种子长出小芽时用 50％的遮光网覆盖，当小苗长出 1～2 对叶子时去掉遮光网，小苗长出真叶后，根据情况每周可用 5g/L 的复合肥水溶液于上午施肥 1 次，下午再淋水洗苗，直到移苗定植前为止。苗木已长高到 50cm 左右，按株行

距 2m×2m，穴规格为 50cm×40cm×
30cm，在阴雨天定植，覆土后轻轻往
上提，填土应略高于地面。定植后每年
春、秋两季各松土除草 1 次，同时各施
追肥 1 次。当幼树长高至 1m 左右时，
要及时立支撑架。注意修枝整形，以提
高观赏效果，修剪时间选择在花期过
后，春季不宜修剪。一般培育 3 年的实
生苗，即可用于园林绿化。

（5）现阶段应用情况。该种是南方
常见的庭园观赏树木，也可作支柱、桥
梁、车辆、农具等用材。

图 5-78　腊肠树

腊肠树如图 5-78 所示。

100. 降香黄檀（*Dalbergia odorifera T. Chen*）

（1）生物学、生态学特性及自然分布。即降香，乔木。羽状复叶长 12～25cm。圆锥
花序腋生，总花梗长 3～5cm；基生小苞片近三角形；花梗长约 1mm；花萼下方 1 枚萼齿
较长，披针形；花冠乳白色或淡黄色，各瓣近等长。荚果舌状长圆形，基部略被毛，顶端
钝或急尖，基部骤然收窄与纤细的果颈相接，果颈长 5～10mm，果瓣革质，对种子的部
分明显凸起，状如棋子，有种子 1～2 粒。

降香粗生易长，适生性强。生长适温 20～30℃，可抗 0℃低温；较耐旱而不耐涝；喜
光照。同时，对土壤条件要求不严，在干旱瘦瘠的地方乃至陡坡、山脊、石头边上都可生
长，规模种植则以地势开阔、土层深厚肥沃的微酸性坡地较好。在密林中无法生长，在郁
闭度较小、有稀疏庇荫的疏林中可长成直干大材。

降香黄檀产于中国海南，生于中海拔有山坡疏林中、林缘或标旁旷地上。

（2）水土保持功能。具有较好的水土保持作用。

（3）主要应用的立地类型。适合栽植于南亚热带湿润区、办公美化区、滞尘区、防噪
声区、抗污染区。

（4）栽植技术。造林前进行割带、清杂、垦穴（坡度超过 20°的需开水平带后才开植
穴）。植穴规格为 50cm×50cm×40cm。造林株行距，视立地条件而定，水肥条件很好的
地方为 3m×2.5m，每亩 90 株；如果土地不肥沃，雨水偏少的地区多采用 2m×2.5m 的
规格种植，每亩种植约 120 株。挖好植穴后，开始栽植前，先回填表土，这时要配合投放
基底肥。每株用量：复合肥 150g，钙镁磷 200g，过磷酸钙 200g，结合回填土混合均匀，
然后将苗栽植其上。栽植时要注意适当深栽，避免露出地径基脚；同时做到"根舒、苗
正、打紧"，回填土略高于穴面，成小丘状，以免雨后树穴陷成凹形，造成根部积水、土
埋，以至烂根。

（5）现阶段应用情况。华南地区雨季时生长最快，庞大的根系具有良好的保土、保
水、护坡效果。

降香黄檀如图 5-79 所示。

101. 红花羊蹄甲（*Bauhinia blakeana Dunn*）

（1）生物学、生态学特性及自然分布。乔木；叶长 8.5～13cm，宽 9～14cm，先端 2 裂为叶全长的 1/4～1/3，基出脉 11～13 条。总状花序顶生或腋生，有时复合成圆锥花序，被短柔毛；花大，萼佛焰状，长约 2.5cm，有淡红色和绿色线条；花瓣红紫色，具短柄，连柄长 5～8cm，宽 2.5～3cm，近轴的 1 片中间至基部呈深紫红色；能育雄蕊 5 枚，其中 3 枚较长；退化雄蕊 2～5 枚，丝状，极细；子房具长柄，被短柔毛。通常不结果花期全年，3—4 月为盛花期。

图 5-79　降香黄檀

红花羊蹄甲原产亚热带地区，性喜温暖湿润、多雨、阳光充足的环境，喜土层深厚、肥沃、排水良好的偏酸性砂质壤土。它适应性强，有一定耐寒能力，在中国北回归线以南的广大地区均可以越冬。生长迅速，3 年生的幼树高可达 3m 左右。萌芽力和成枝力强，分枝多，极耐修剪。花期长，每年由 10 月底始花，至翌年 5 月终花，花期长达半年以上。终年繁茂常绿，是中国华南地区优良的园林绿化树种。

红花羊蹄甲产于亚洲南部，世界各地广泛栽植。分布于中国的福建、广东、海南、广西、云南等地，越南、印度亦有分布。

（2）水土保持功能。具有良好的保水固土作用。

（3）主要应用的立地类型。喜温暖湿润、多雨、阳光充足的环境，喜土层深厚、肥沃、排水良好的偏酸性砂质壤土。

（4）栽植技术。春季至秋季，采集长 8～10cm、1～2 年生充分成熟的健壮枝条，分级捆好，用 50% 多菌灵可湿性粉剂 500 倍液杀菌消毒半个小时后晾干，再放入 300～500mg/kg 的生根粉溶液中泡 6～8h，后将插条的 1/3～1/2 插入苗床，1 个月内晴天早晚各淋 1 次水，注意施肥除草，苗期 90d 左右。在阴雨天移栽，株行距为 1.2m×1.5m，并淋透定根水。

（5）现阶段应用情况。是中国华南地区优良的园林绿化树种。

102. 羊蹄甲（*Bauhinia purpurea L.*）

（1）生物学、生态学特性及自然分布。乔木或直立灌木；叶长 10～15cm，宽 9～14cm，先端分裂达叶长的 1/3～1/2；基出脉 9～11 条。总状花序侧生或顶生，少花被毛；花蕾具 4～5 棱或狭翅；花梗长 7～12mm；萼佛焰状，一侧开裂达基部成外反的 2 裂片；花瓣桃红色，具脉纹和长的瓣柄；能育雄蕊 3；退化雄蕊 5～6；子房具长柄被毛。荚果扁平带状，长 12～25cm，宽 2～2.5cm，成熟时木质的果瓣扭曲将种子弹出；种子近圆形，扁平，种皮深褐色。花期 9—11 月；果期 2—3 月。

产于我国南部。中南半岛、印度、斯里兰卡有分布。

（2）水土保持功能。是一种良好的坡面固土植物，具有改善土壤理化性质的优良作用。

（3）主要应用的立地类型。喜温暖湿润、多雨、阳光充足的环境，喜土层深厚、肥沃、排水良好的偏酸性砂质壤土。

（4）栽植技术。在夏、秋间种子采收后随即播种，或将种子干藏至翌年春播，播种深度以见不到种子为准，播后浇透水，并经常保持土壤湿润，待苗出齐后可浇少量稀薄液肥。株高约 20cm 时移植，株行距 20cm×25cm，栽后灌足水，以后天气干旱时注意补充水分。幼树时期要略加修剪整形，树型臻于整齐时便可以任其自然生长。一般株高达 3m 或胸径 3～4cm 时便可出圃定植。或按 20～25cm 的株行距植于肥沃的土壤中，定植成活后 2～3 年即可开花。

（5）现阶段应用情况。在世界亚热带地区广泛被栽培于庭园供观赏或作行道树。

103. 宫粉羊蹄甲（*Bauhinia variegata L.*）

（1）生物学、生态学特性及自然分布。即洋紫荆，落叶乔木；树皮暗褐色，近光滑。叶长 5～9cm，宽 7～11cm，先端 2 裂达叶长的 1/3；基出脉 9～13 条。总状花序侧生或顶生，少花被毛；花大，近无梗；萼佛焰苞状，被短柔毛，一侧开裂；花瓣长 4～5cm，具瓣柄，紫红色或淡红色，杂以黄绿色及暗紫色的斑纹；能育雄蕊 5，退化雄蕊 1～5；子房具柄，被柔毛。荚果扁平带状，具长柄及喙；种子 10～15 颗，近圆形，扁平，直径约 1cm。花期全年，3 月最盛。

产于我国南部。印度、中南半岛有分布。

（2）水土保持功能。可有效保护裸地表面不受侵蚀，并能进一步改善裸地的土壤特性。

（3）主要应用的立地类型。喜温暖湿润、多雨、阳光充足的环境，喜土层深厚、肥沃、排水良好的偏酸性砂质壤土。

（4）栽植技术。3—4 月间选择一年生健壮枝条剪成带有 3～4 个节、长 10～12cm 的插穗，留顶端两个叶片插入沙床中。插后及时喷水，用塑料膜覆盖。在气温 18～25℃ 条件下，约 10d 可长出愈伤组织，50d 左右便可生根、发芽。成活约 1 年后，苗木即可达 1m 左右，于翌春移栽于圃地进行培育。移时小苗需多带宿土，大苗要带土球。大苗移栽前必须进行截干处理，并保持一定树形和适当疏枝和截短。种植后须设立支架保护。生长期施液肥 1～2 次，冬季应入温室越冬，最低温需保持在 5℃ 以上。

（5）现阶段应用情况。为良好的观赏及蜜源植物、景观植物和用材树。

104. 枫香（*Liquidambar formosana Hance*）

（1）生物学、生态学特性及自然分布。落叶乔木，树皮灰褐色，方块状剥落。叶掌状 3 裂，中央裂片较长，上面绿色，干后灰绿色，不发亮；掌状脉 3～5 条；边缘有锯齿，齿尖有腺状突；叶柄长达 11cm，常有短柔毛；托叶线形，游离，或略与叶柄连生，长 1～1.4cm，红褐色，被毛，早落。头状果序圆球形，木质，直径 3～4cm；蒴果下半部藏于花序轴内，有宿存花柱及针刺状萼齿。种子多数，褐色，多角形或有窄翅。

枫香树喜温暖湿润气候，性喜光，幼树稍耐阴，耐干旱瘠薄土壤，不耐水涝。多生于平地、村落附近，及低山的次生林。在湿润、肥沃而深厚的红黄壤土上生长良好。深根性，主根粗长，抗风力强，不耐移植及修剪。种子有隔年发芽的习性，不耐寒，黄河以北不能露地越冬，不耐盐碱。在海南岛常组成次生林的优势种，性耐火烧，萌生力极强。

枫香树生长于中国秦岭及淮河以南各省，北起河南、山东，东至台湾，西至四川、云南及西藏，南至广东；亦见于越南北部，老挝及朝鲜南部。

（2）水土保持功能。枫香树在改善土质、水土保持、净化环境方面占据首要的位置，是最具潜力美化环境的树种。

（3）主要应用的立地类型。适合栽植于南亚热带湿润区、办公美化区、生活美化区、防噪声区、抗污染区。

（4）栽植技术。因枫香种子籽粒小（千粒重仅为 3.2～5.6g，1kg 种子的粒数为 18 万～32 万粒，场圃发芽率 20%～57%，播种量为每亩 0.5～1.0kg）。播种前可不进行处理。播种既可在冬季进行，也可在春季进行，但相比较而言，冬播的种子发芽早而整齐。春季播种一般在 3 月中旬进行。由于枫香种子的籽粒小，圃地的发芽率仅为 20%～57%。播种可采取 2 种方式，分别为撒播和条播。一般撒播应用得较多。

（5）现阶段应用情况。群植或片植于山麓坡地或河、湖岸高坡，有良好的园林观赏效果和良好的保持水土能力。

105. 米老排（*Mytilaria laosensis Lec.*）

（1）生物学、生态学特性及自然分布。即壳菜果，常绿乔木；有环状托叶痕。叶全缘，长 10～13cm，宽 7～10cm；掌状脉 5 条。肉穗状花序顶生或腋生，单独，花序轴长 4cm，花序柄长 2cm，无毛。花多数，紧密排列在花序轴；花瓣带状舌形，长 8～10mm，白色；雄蕊 10～13 个，花丝极短；子房下位，2 室，花柱柱头有乳状突。蒴果外果皮厚，黄褐色，松脆易碎；内果皮木质或软骨质，较外果皮为薄。种子长 1～1.2cm，宽 5～6mm，褐色，有光泽，种脐白色。

米老排垂直生长于海拔 1800m 以下中、低山及丘陵地带，幼苗期耐庇荫，幼树则多出现在林边及阳光充足的地方。喜暖热、干湿季分明的热带季雨林气候，要求年平均气温 20～22℃，最冷月平均气温在 10.6～14℃，年降水量 1200～1600mm；适生于深厚湿润、排水良好的山腰与山谷荫坡、半荫坡地带，在低洼积水地生长不良；土壤以砂岩、砂页岩、花岗岩等发育成的酸性、微酸性的红壤最为常见，以赤红壤为主，石灰岩之地不能生长。

分布于云南的东南部、广西的西部及广东的西部，但未见于海南岛；同时亦分布于老挝及越南的北部。

（2）水土保持功能。具有保持和改良土壤、涵养水源等水土保持功能。

（3）主要应用的立地类型。适生于深厚湿润、排水良好的山腰与山谷荫坡、半荫坡地带。

（4）栽植技术。收集成熟种子晾干，水选饱满的种子后先用 45℃温水浸种 12h，捞出倒入箩筐，按行距 25cm 条播后覆盖一层 2cm 椰糠。长出苗后要及时浇水遮阴除草。幼苗高 8～10cm 时，移入营养袋培育，营养土采用火烧土、表土和过磷酸钙（1∶2∶0.05）配制而成。

（5）现阶段应用情况。南方速生用材树种。

106. 猴樟（*Cinnamomum bodinieri Levl.*）

（1）生物学、生态学特性及自然分布。常绿大乔木；树皮灰褐色。叶互生，长 8～

17cm，宽 3～10cm，上面光亮，侧脉脉腋在下面有明显的腺窝，叶柄长 2～3cm，腹凹背凸，略被微柔毛；圆锥花序；花绿白色，长约 2.5mm。子房卵珠形，长约 1.2mm，无毛，花柱长 1mm，柱头头状。果球形，直径 7～8mm，绿色，无毛；果托浅杯状，顶端宽 6mm。花期 5—6 月，果期 7—8 月。

猴樟喜光，幼苗幼树耐阴，喜温暖湿润气候，耐寒性不强，怕冷，冬季最低温度不得低于 0℃，低于 0℃会遭冻害，低于零下 5～8℃，会冻伤死亡。樟树在深厚肥沃湿润的酸性或中性黄壤、红壤中生长良好，不耐干旱瘠薄和盐碱土，萌芽力强，耐修剪。抗二氧化硫、臭氧、烟尘污染能力强，能吸收多种有毒气体。

产于贵州、四川东部、湖北、湖南西部及云南东北和东南部。生于路旁、沟边、疏林或灌丛中，海拔 700～1480m。

（2）水土保持功能。能够有效地降低大气中的污染物浓度，净化大气，保土去污。

（3）主要应用的立地类型。适合栽植于南亚热带湿润区、办公美化区、生活美化区、防噪声区、抗污染区。

（4）栽植技术。播种繁殖。采收后浸种 2～3d，去掉果肉，拌草木灰脱脂 1 天，然后洗净晾干并混沙储藏，翌春 2 月下旬至 3 月上旬条播。播前用温水间歇浸种 3～4d，促使发芽早且整齐。育苗期宜

图 5-80　猴樟

作 2 次以上移植，以切断主根，促进侧根生长。冬季用稻草护干防冻。城市绿化用苗一般应分栽培育 4 年以上，苗高达 2m 以上时带泥球定植，并删剪部分枝叶。

（5）现阶段应用情况。我国南方城市优良的绿化树、行道树及庭荫树。

猴樟如图 5-80 所示。

107. 火力楠（*Michelia macclurei Dandy*）

（1）生物学、生态学特性及自然分布。即醉香含笑，乔木；树皮灰白色，光滑不开裂；芽、嫩枝、叶柄、托叶及花梗均被毛。叶上面初被毛，后脱落无毛，下面被毛。花蕾内有时包裹不同节上 2～3 朵小花蕾，形成 2～3 朵的聚伞花序，花被片白色，通常 9 片，匙状倒卵形或倒披针形；蓇葖长圆体形、倒卵状长圆体形或倒卵圆形；种子 1～3 颗，扁卵圆形。花期 3—4 月，果期 9—11 月。

火力楠对温度要求高，引种地区年平均气温 17.5℃、1 月平均气温 6.6℃能正常生长。喜温暖湿润的气候，喜光稍耐阴，喜土层深厚的酸性土壤。耐旱耐瘠，萌芽力强，耐寒性较强，具有一定的耐阴性和抗风能力。生长迅速，寿命长（百年以上）。有一定的耐阴性和抗风能力。为主根不明显、侧根发达的浅根系，幼根分布在 30cm 深的土层中。生于海拔 500～1000m 的密林中。

火力楠产于中国广东东南部（雷州半岛）、北部、中南部，海南、广西北部。湖南南部已引种栽培，越南北部也有分布。

（2）水土保持功能。具有一定的耐阴性和抗风能力，可以有效保水固土、防风固沙。

（3）主要应用的立地类型。喜温暖湿润的气候，喜光稍耐阴，喜土层深厚的酸性土壤。

（4）栽植技术。10 月下旬至 11 月中旬采种晾干，1 月起畦播种，播种后要盖上细土，以看不见种子为准，然后在上面铺上稻草，待种子萌芽后，及时揭开稻草。幼芽 4～5cm 时上袋。1 年生苗高 0.85～1 m，生长壮旺，根系发达，可出圃上，按株行距 3m×2～3m，穴规格 40cm×40cm×30cm。在早春透雨后的阴天或小雨天进行种植，种植时小心剥除营养袋后带土栽植。植后一个月检查成活情况，发现死苗要及时补植。

（5）现阶段应用情况。是供建筑、家具的优质用材，可作美丽的庭园树种和行道树种。

108. 雅榕（*Ficus concinna Miq.*）

（1）生物学、生态学特性及自然分布。乔木；树皮深灰色，有皮孔。叶长 5～10cm，宽 1.5～4cm，全缘，两面光滑无毛，干后灰绿色，基生侧脉短；叶柄短，长 1～2cm。榕果成对腋生或 3～4 个簇生于无叶小枝叶腋，球形，直径 4～5mm；雄花、瘿花、雌花同生于一榕果内壁；雄花极少数，生于榕果内壁近口部，花被片 2，披针形，子房斜卵形，花柱侧生，柱头圆形；瘿花相似于雌花，花柱线形而短；榕果无总梗或不超过 0.5mm。花果期 3—6 月。

雅榕喜温暖，生长最适宜温度为 20～25℃；耐高温，温度 30℃以上时也能生长良好；不耐寒，安全的越冬温度为 5℃。喜明亮的散射光，有一定的耐阴能力；不耐强烈阳光暴晒，光照过强时会灼伤叶片而出现黄化、焦叶；也不宜过阴，否则会引起大量落叶。喜湿润的土壤环境，生长期间应充分供给水分，保持土壤湿润。喜湿润的环境，天晴而空气干燥时，要经常向枝叶及四周环境喷水，以提高空气相对湿度。

雅榕主要分布于中国广东省、广西壮族自治区、贵州省、云南省和台湾省。通常生于海拔 900～1600m 密林中或村寨附近。锡金、不丹、印度、中南半岛各国，马来西亚、菲律宾、北加里曼丹也有分布。

（2）水土保持功能。雅榕具有耐高湿、耐瘠、耐风、抗污染的特性，可以有效涵养水源、净化水质。

（3）主要应用的立地类型。喜湿润的土壤环境。

（4）栽植技术。在榕果开始成熟并脱落后的第 5～10d 采集种子，2—3 月或 8—9 月时，把拌有草木灰的种子均匀地撒播于苗床上，用多菌灵或退菌特喷洒苗床，再用 40% 氧化乐果乳油 1000～1500 倍液进行床面喷雾防治虫害，最后加盖 2m 宽的地膜，地膜两边用细土或土坯压实。待苗木大部分出土时，将地膜撤除。苗高达 6～10cm 时，即可起苗移植到装满营养土的营养杯中，移后浇透水，搭荫棚，成活后撤除荫棚。苗高达 30～45cm，地径 0.8～1cm 时，就可移植到大田培育大苗待出圃。

（5）现阶段应用情况。药用树种。

109. 高山榕（*Ficus altissima Bl.*）

（1）生物学、生态学特性及自然分布。大乔木；树皮灰色，平滑。叶长 10～19cm，宽 8～11cm，全缘，两面光滑，无毛；叶柄长 2～5cm，粗壮。榕果成对腋生，椭圆状卵圆形，直径 17~28mm，幼时包藏于早落风帽状苞片内，成熟时红色或带黄色，顶部脐状凸起，基生苞片短宽而钝，脱落后环状；雄花散生榕果内壁，花被片 4，膜质，透明，雄蕊一枚，花被片 4，花柱近顶生，较长；雌花无柄，花被片与瘿花同数。瘦果表面有瘤状凸体，花柱延长。花期 3—4 月，果期 5—7 月。

高山榕阳性，喜高温多湿气候，耐干旱瘠薄，抗风，抗大气污染，生长迅速。

高山榕产于海南、广西、云南（南部至中部、西北部）、四川，生于海拔 100~1600（2000）m 山地或平原。尼泊尔、锡金、不丹、印度（安达曼群岛）、缅甸、越南、泰国、马来西亚、印度尼西亚、菲律宾也有分布。

（2）水土保持功能。高山榕具有保持和改良土壤、涵养水源等水土保持功能。

（3）主要应用的立地类型。喜高温多湿的土壤环境。

（4）栽植技术。8—9 月采摘果实、掰开、晒干、剥落种子。在春季或秋季将配好的土壤装入育苗盘内，敲细、整平、浇足底水。将种子连同碎果肉均匀播于盘内，覆盖过筛的细腐殖土，盖上塑料膜。适度遮阴和喷水，待大部分出苗后，选择阴天揭去盖罩；或用早晚揭盖、中午罩盖的方法过渡一段时间后再行揭盖，仍放在半阴半阳的环境中。苗高达 5cm 左右时，将幼苗移植到营养容器中培育，应放在阳光充足而不强烈、光照时间短、有蔽阴的环境中。苗高达 40~50cm 时，要及时进行翻袋，每隔一定时间要移动 1 次袋苗。期间注意防治病虫害，适度浇水施肥。

（5）现阶段应用情况。良好的城市绿化树种。

110. 串钱柳 ［*Callistemon viminalis* (Soland.) Cheel*］

（1）生物学、生态学特性及自然分布。即垂枝红千层，常绿小乔木；树皮灰褐色，皱纵裂。叶螺旋状互生，3~11cm，宽 3~10mm，老叶边缘略反卷，叶脉有透明的油腺点，揉闻有芳香油气味。花稠密单生于枝顶部叶腋，在细枝上排成穗状花序状，悬垂；花瓣 5 片，淡黄色，宽 3mm；雄蕊多数，花丝及花柱伸长突出，长 1.5~2.0cm，红色，于枝轴状似试管刷。蒴果碗状半球形，直径约 5mm，在细枝上紧密排列成串。种子细小。花期 3—5 月及 10 月，果熟期 8 月及 12 月。

串钱柳主要的生长环境是喜暖热气候地区，能耐烈日酷暑，不耐阴，既喜肥沃潮湿的酸性土壤，也能耐瘠薄干旱的土壤，是一种很容易生长的植物。另外，在抗寒抗逆等综合性状方面有显著优势，即使是在 −7~40℃ 的环境下依然能够生长良好。

串钱柳原产澳大利亚的新南威尔士及昆士兰，中国台湾全省普遍栽培。引进中国台湾种植后，当地有人依树形称其为西洋柳。华南地区也有栽培。

（2）水土保持功能。具有保持和改良土壤、涵养水源等水土保持功能。

（3）主要应用的立地类型。喜高温多湿的土壤环境。

（4）栽植技术。繁殖用播种法或扦插法。种子千粒重 0.1g。春播；发芽率 20%。扦插宜用半木质化枝条，在 6—8 月进行。

（5）现阶段应用情况。适作行道树、园景树。

111. 蒲桃 ［*Syzygium jambos* (L.) Alston*］

（1）生物学、生态学特性及自然分布。乔木。叶片长 12~25cm，宽 3~4.5cm，叶面多透明细小腺点，侧脉在下面明显突起，网脉明显；叶柄长 6~8mm。聚伞花序顶生，有花数朵，总梗长 1～1.5cm；花梗长 1～2cm，花白色，直径 3～4cm；花瓣分离，阔卵形，长约 14mm；雄蕊长 2～2.8cm，花药长 1.5mm；花柱与雄蕊等长。果实球形，果皮肉质，直径 3～5cm，成熟时黄色，有油腺点；种子 1～2 颗，多胚。花期 3—4 月，果实5—6 月成熟。

蒲桃在中国台湾、福建、广东、广西、贵州、云南、海南等省区有栽培。华南常见野生，也有栽培供食用。分布于中南半岛、马来西亚、印度尼西亚等地。

（2）水土保持功能。耐水湿、耐旱瘠和高温干旱、根系发达，有保持和改良土壤、涵养水源等水土保持功能。

图 5 - 81　蒲桃

（3）主要应用的立地类型。适合栽植于南亚热带湿润区、办公美化区、滞尘区、防噪声区、抗污染区。

（4）栽植技术。一般在春季穴土湿透时的阴雨天进行。苗木造林前要适当剪去枝叶，对根系视情况进行修剪。栽植前用黄泥浆混少量磷肥和生根粉（如 GGR－6）对苗木进行浆根保护，在穴中或偏靠穴内壁栽植，要求深栽、根舒、踩实、不窝根、不反山，植后覆松土，要求在 3 月前完成栽植。并进行浆根（应用），选择阴雨天种植。

（5）现阶段应用情况。树冠丰满浓郁，可用于城乡绿化以及护堤、防风树。

蒲桃如图 5 - 81 所示。

112. 水翁 ［*Cleistocalyx openculatus（Roxb.）Merr. et Perry*］

（1）生物学、生态学特性及自然分布。乔木；树皮灰褐色，颇厚，树干多分枝；嫩枝压扁，有沟。叶片薄革质，长圆形至椭圆形，长 11～17cm，宽 4.5～7cm，两面多透明腺点；叶柄长 1～2cm。圆锥花序生于无叶的老枝上，长 6～12cm；花无梗，2～3 朵簇生；花蕾长 5mm，宽 3.5mm；萼管半球形，长 3mm，帽状体长 2～3mm，先端有短喙；雄蕊长 5～8mm；花柱长 3～5mm。浆果阔卵圆形，长 10～12mm，直径 10～14mm，成熟时紫黑色。花期 5～6 月。

水翁喜肥，耐湿性强，喜生于水边，一般土壤可生长；有一定的抗污染能力。

水翁生长于广东、广西及云南等省区。也分布于中南半岛、印度、马来西亚、印度尼西亚及大洋洲等地。

（2）水土保持功能。有一定的抗污染能力，具有涵养水源、净化水质的功能。

（3）主要应用的立地类型。适合栽植于南亚热带湿润区、办公美化区、生活美化区、防噪声区、抗污染区。

（4）栽植技术。用种子繁殖。秋季采下成熟果实，去皮取出种子，洗净，稍晾干，然后与种子 3 倍湿沙拌匀，进行沙藏层积处理。春播于 3 月下旬和 4 月中旬，按行距 30cm开深 3cm 左右的沟，播入种子覆土后镇压、浇水，保持土壤湿润。当苗高 50cm 左右时，按株距 400cm×400cm 定植。

图 5-82 水翁

（5）现阶段应用情况。有一定的抗污染能力，并且还具有很高的医疗价值，它的皮、叶、花都是药材，具有祛风、解表、消食等作用。

水翁如图 5-82 所示。

113. 桂花［*Osmanthus fragrans（Thunb.）Lour.*］

（1）生物学、生态学特性及自然分布。即木犀，常绿乔木或灌木；树皮灰褐色。叶片长 7～14.5cm，宽 2.6～4.5cm，全缘或通常上半部具细锯齿，两面无毛，腺点在两面连成小水泡状突起；叶柄长 0.8～1.2cm，最长可达 15cm，无毛。聚伞花序簇生于叶腋，或近于帚状；苞片长 2～4mm，具小尖头，无毛；花梗长 4～10mm，无毛；花极芳香；花冠黄白色、淡黄色、黄色或橘红色，长 3～4mm，花冠管仅长 0.5～1mm。果歪斜，椭圆形，长 1～1.5cm，呈紫黑色。花期 9 月至 10 月上旬，果期翌年 3 月。

桂花适应于亚热带气候地区。性喜温暖，湿润。种植地区平均气温 14～28℃，年平均湿度 75%～85%，一般要求每天 6～8h 光照。桂花喜欢洁净通风的环境，不耐烟尘危害，受害后往往不能开花；畏淹涝积水，不很耐寒，但相对其他常绿阔叶树种，还是一个比较耐寒的树种。

中国西南部、四川、陕南、云南、广西、广东、湖南、湖北、江西、安徽、河南等地，均有野生桂花生长，现广泛栽种于淮河流域及以南地区，其适生区北可抵黄河下游，南可至两广、海南等地。

（2）水土保持功能。桂花对有害气体都有一定的抗性，还有较强的吸滞粉尘的能力，常被用于城市及工矿区，是良好的净化大气和阻挡扬尘类植物。

（3）主要应用的立地类型。主要栽植于美化区、防噪声区、滞尘区。

（4）栽植技术。应选在春季或秋季，尤以阴天或雨天栽植最好。选在通风、排水良好且温暖的地方，光照充足或半阴环境均可。移栽时要打好土球，以确保成活率。栽植土要求偏酸性，忌碱土。盆栽桂花盆土的配比是腐叶土 2 份、园土 3 份、沙土 3 份、腐熟的饼肥 2 份，将其混合均匀，然后上盆或换盆，可于春季萌芽前进行。

（5）现阶段利用情况。桂花是园林绿化树种。

桂花如图 5-83 所示。

114. 粉单竹（*Bambusa chungii McClure*）

（1）生物学、生态学特性及自然分布。竿直立；箨环具木栓环；箨耳呈窄带形，边缘被毛；箨舌高约 1.5mm，上缘具梳齿状裂刻或

图 5-83 桂花

具长流苏状毛；箨片淡黄绿色，强烈外翻，脱落性；叶鞘无毛。花枝通常每节仅生 1 枚或 2 枚假小穗，含 4 朵或 5 朵小花，最下方 1 朵或 2 朵小花较大，上部 1 朵或 2 朵退化；颖 1 片或 2 片；外稃具细尖头，背面无毛，边缘被纤毛；内稃与外稃近等长，边缘被纤毛；鳞被 3；花药顶端具短细的芒状尖头；子房先端被粗硬毛，柱头 3 或 2 根，呈稀疏羽毛状。未成熟果实的果皮在上部变硬，干后呈三角形，成熟颖果呈卵形，长 8～9mm，深棕色，腹面有沟槽。

粉单竹垂直分布达海拔 500m，以 300m 以下的缓坡地、平地、山脚和河溪两岸生长为佳，其分布区年均温 18.9～20.0℃、年降水量 999.1～2136mm。

华南特产，分布于湖南南部、福建（厦门）、广东、广西。模式标本采自广西宜山。

（2）水土保持功能。非常适宜于作为水土保持树种，具有保水固土、涵养水源等特点。

（3）主要应用的立地类型。适合栽植于南亚热带湿润区、办公美化区、生活美化区、防噪声区、抗污染区。

图 5 - 84　粉单竹

（4）栽植技术。选择 1 年生、发枝低或隐芽饱满、健壮无病虫害的竹株留枝 3～4 盘，砍去竹梢。挖时不要劈裂竹蔸，保护好竹蔸上的笋芽和须根，用湿稻草包蔸。母竹运回后，若等第二天栽植，应放在流动的小河里浸泡，然后将竹蔸上的竹箨剥掉，露出笋目和隐根，可用 ABT 生根粉调泥浆蘸根，以促进生根。在 2—3 月移植，株行距 2m× 3m，穴为长方形 1m×0.5m×0.5m。

（5）现阶段应用情况。对土壤适应性强，可用于水土保持。

粉单竹如图 5 - 84 所示。

115. 团花 [*Neolamarckia cadamba*（*Roxb.*）*Bosser*]

（1）生物学、生态学特性及自然分布。落叶大乔木；树皮老时有裂隙且粗糙。叶长 15～25cm，宽 7～12cm，上面有光泽；叶柄长 2～3cm，粗壮；托叶披针形，长约 12mm。头状花序单个顶生，不计花冠直径 4～5cm，花序梗粗壮，长 2～4cm；花萼管长 1.5mm，无毛，萼裂片长圆形，长 3～4mm，被毛；花冠黄白色，漏斗状，无毛，花冠裂片披针形，长 2.5mm。果序直径 3～4cm，成熟时黄绿色；种子近三棱形，无翅。花期、果期 6—11 月。

团花喜光，喜高温高湿，需求雨量充足，湿度大的地区。可耐绝对最高温度 30～ 40℃，绝对最低温度 4～10℃；幼苗忌霜冻，大树能耐 0℃ 左右极端低温及轻霜。降雨量 1500～5000mm，基本无霜，属热带气候型。

产于广东、广西和云南，生于山谷溪旁或杂木林下。国外分布于越南、马来西亚、缅甸、印度和斯里兰卡。

（2）水土保持功能。抗风能力较桉树强，具有优良的水土保持功能。

（3）主要应用的立地类型。生于低海拔丛林或荫蔽杂木林内，有时亦生于旷地砂土上。

（4）栽植技术。果实成熟后及时采收，待果实充分软化后用水冲洗，筛选出种子晒干。头年 11 月至次年 1 月将种子与细沙、草木灰拌和后撒种，播种后及时架设 15～20cm 密封的塑料薄膜棚，并搭遮阳网至大部分种子出芽。初生对生叶时移植，用塑料袋培育团花。期间注意除草防治病虫害。

（5）现阶段应用情况。本种为著名速生树种。木材供建筑和制板用。

116. 黄皮 ［*Clausena lansium*（*Lour.*）*Skeels*］

（1）生物学、生态学特性及自然分布。小乔木；小枝、叶轴、花序轴、尤以未张开的小叶背脉上散生甚多明显凸起的细油点且密被短直毛。叶有小叶 5～11 片，长 6～14cm，宽 3～6cm，两侧不对称。圆锥花序顶生；花萼长约 1mm，外面被毛，花瓣长约 5mm；雄蕊 10 枚，长短相间，花丝线状，下部稍增宽；子房密被毛，花盘细小，子房柄短。果长 1.5～3cm，宽 1～2cm，淡黄至暗黄色，被毛，果肉乳白色，半透明，种子 1～4 粒；子叶深绿色。花期 4—5 月，果期 7—8 月。

黄皮喜温暖、湿润、阳光充足的环境。对土壤要求不严。以疏松、肥沃的壤土种植为佳。

黄皮原产于我国南部，台湾、福建、广东、海南、广西、贵州南部、云南及四川金沙江河谷均有栽培。世界热带及亚热带地区间有引种。

（2）水土保持功能。是一种兼具经济效益和保水固土作用的优良树种。

（3）主要应用的立地类型。性喜以疏松、肥沃的壤土。

（4）栽植技术。清洗出种子后稍阴干，播种在用洁净河沙与腐熟土杂肥混匀的苗床上，盖上沙土和稻草并搭棚遮阴。出苗后可揭开稻草。当苗高约 6cm 时，移入塑料营养袋中，淋定根水，保持袋土湿润，放在阴凉地方，或搭荫棚防晒。12～15d 后，把成活苗连袋假植于苗圃中。砧木苗在离袋土约 30cm 处，茎粗达 0.8cm 左右时，便可嫁接优良品种的接穗。3～4 月上午嫁接，嫁接后半个月内一般不淋水，出圃前 1 个月，应停止淋水施肥，嫁接苗高约 50cm 时，便可出圃定植，起苗后剪去部分枝叶。按株行距 3.5cm×4.5cm，挖穴 40cm、50cm 宽定植。

（5）现阶段应用情况。南方果品之一。

117. 木荷 （*Schima superba Gardn. et Champ.*）

（1）生物学、生态学特性及自然分布。大乔木。叶长 7～12cm，宽 4～6.5cm，上面干后发亮，下面无毛，侧脉 7～9 对，在两面明显，边缘有钝齿；叶柄长 1～2cm。花生于枝顶叶腋，常多朵排成总状花序，直径 3cm，白色，花柄长 1～2.5cm，纤细，无毛；苞片 2，贴近萼片，长 4～6mm，早落；萼片半圆形，长 2～3mm，外面无毛，内面有绢毛；花瓣长 1～1.5cm，最外 1 片风帽状，边缘多少有毛；子房有毛。蒴果直径 1.5～2cm。花期 6—8 月。

木荷喜光，幼年稍耐庇荫。适应亚热带气候，分布区年降水量 1200～2000mm，年平均气温 15～22℃。对土壤适应性较强，在酸性土如红壤、红黄壤、黄壤上均可生长，但以在肥厚、湿润、疏松的沙壤土生长为好。

木荷生长于浙江、福建、台湾、江西、湖南、广东、海南、广西、贵州等地，是华南及东南沿海各省常见的种类。在亚热带常绿林里是建群种，在荒山灌丛是耐火的先锋树种；在海南海拔1000m上下的山地雨林里，它是上层大乔木，胸径1m以上，有突出的板根。

（2）水土保持功能。木荷易天然下种更新，萌芽力强，也可萌芽更新，具有保持和改良土壤、涵养水源等水土保持功能。

（3）主要应用的立地类型。适合栽植于南亚热带湿润区、办公美化区、滞尘区、防噪声区、抗污染区。

图5-85 木荷

（4）栽植技术。在3月中旬播种，播种量每亩8～9kg，均匀撒播于床面，覆细土以种子半掩半露为度，盖草约1cm左右。播种后20天出芽，揭去盖草。除草每月2～3次，拔草后施肥，掌握由稀到浓，每月1～2次，以氮肥为主。在5月、6月和7月间苗，每平方米定苗数第1次留苗130株，第2次留苗110株，第3次留苗90株，同时注意病虫害的防治。当苗高25cm以上，地径0.5cm以上，次年苗木可出圃造林。

（5）现阶段应用情况。是改善土壤结构、提高肥力、涵养水源，保土护堤的优良树种。

木荷如图5-85所示。

118. 蒲葵 [*Livistona chinensis*（*Jacq.*）*R. Br.*]

（1）生物学、生态学特性及自然分布。乔木。叶直径达1m余，掌状深裂至中部，两面绿色；叶柄1～2m，下部两侧有下弯的短刺。花序长约1m，总梗上有6～7个佛焰苞，约6个2次或3次分枝的分枝花序，每分枝花序基部有1个佛焰苞。花小，两性；花冠裂至中部成3个半卵形急尖的裂片；雄蕊6枚，其基部合生成杯状并贴生于花冠基部，花丝突变成短钻状的尖头；子房的心皮上面有深雕纹，花柱突变成钻状。果实黑褐色。种子椭圆形，长1.5cm，直径0.9cm。花果期4月。

蒲葵喜温暖湿润的气候条件，不耐旱，能耐短期水涝，惧怕北方烈日曝晒。在肥沃、湿润、有机质丰富的工壤里生长良好。

产于中国南部，多分布在广东省南部，尤以江门市新会区种植为多。中南半岛亦有分布。

（2）水土保持功能。具有涵养水源、净化水质的功能。

（3）主要应用的立地类型。适合栽植于南亚热带湿润区、办公美化区、滞尘区、防噪声区、抗污染区。

（4）栽植技术。播种后的第二年春天，间苗移栽，每平方尺保留1株（最多2株）。第四年春天每2平方尺保留1株，其余均另行移栽。移栽时须根极少，起苗时要尽量保护主根，以免折断。第五年春，主干已经形成，主根也形成众多须根，起苗定植要带土，而且要尽量保留须根，以确保成活。定值坑深1m³，填入生活垃圾或其他底肥，约占坑2/3，盖上土再植树。定植后浇足水（每窝1桶，以后酌减）。移栽或定植都勿剪割叶片，以免影响树形，而且成活后生长快。如遇晴天，则采用人工喷水，避免叶片萎蔫。如晴天时叶片正常则不必再浇水或喷水。

（5）现阶段应用情况。蒲葵不但是一种庭园观赏植物和良好的四旁绿化树种，也是一种经济林树种。

蒲葵如图5-86所示。

图5-86　蒲葵

119. 杧果（*Mangifera indica L.*）

（1）生物学、生态学特性及自然分布。常绿大乔木；树皮灰褐色。叶面无毛略具光泽，叶柄上面具槽，基部膨大。圆锥花序长20～35cm，多花密集，被毛；花小，杂性，黄色或淡黄色；花梗具节；萼片外面被毛；花瓣长3.5～4mm，宽约1.5mm，无毛，里面具3～5条棕褐色突起的脉纹，开花时外卷；花盘膨大，肉质，5个浅裂；雄蕊仅1个发育，长约2.5mm，花药卵圆形，不育雄蕊3～4枚。核果大，肾形，压扁，成熟时黄色，中果皮肉质，肥厚，鲜黄色，味甜，果核坚硬。

杧果性喜温暖，不耐寒霜。最适生长温度为25～30℃，芒果生长的有效温度为18～35℃，枝梢生长的适温为24～29℃，坐果和幼果生长需大于20℃的日均温。

杧果产于云南、广西、广东、福建、台湾，生于海拔200～1350m的山坡、河谷或旷野的林中。也分布于印度、孟加拉、中南半岛和马来西亚。

（2）水土保持功能。是一种具有保水固土功能的经济树种。

（3）主要应用的立地类型。适合栽植于南亚热带湿润区。

（4）栽植技术。果实成熟时采种，在播种前应用剪枝剪沿种子腹部的缝合线剪一刀，把种壳剥除，取出种仁播种，边剥边按株行距15cm×25cm点播。播种后盖土，厚度一般为2cm左右，再盖上一层3cm左右厚的稻草，随即浇水保湿并搭棚。杧果种子出苗后留强去弱。10月以后撤除荫棚，第二年春、夏季可采用芽片贴接法嫁接或出圃定植。

（5）现阶段应用情况。是热带良好的庭园和行道树种、果树。

120. 辐叶鹅掌柴[*Schefflera actinophylla（Endl.）Harms*]

（1）生物学、生态学特性及自然分布。乔木；叶有小叶6～7片，长15～21cm，宽6～11cm，上面绿色，有光泽，无毛，下面灰绿色；小叶柄不等长，中央的长至7.5cm，两侧的长1～25cm，其余介在两者之间，无毛。果实球形或近球形，有5棱，直径5～6mm；宿存花柱长约2.5mm，2/3合生，顶端离生，反曲；花盘小，直径2～2.5mm；果梗长2～4mm。种子的胚乳稍嚼烂状。花期11月，果期次年3—4月。

生于常绿阔叶林中或沟旁湿地，海拔1500～2000m。

辐叶鹅掌柴分布于云南（福贡、镇康、景东、庐水）。

（2）水土保持功能。具有改善局部小气候、改善土壤理化性质、提高对降水的利用率、保水固土的作用。

（3）主要应用的立地类型。喜欢温暖湿润、通风和明亮光照，适于排水良好、富含有机质的砂质壤土。

（4）栽植技术。于 1 月后采收黑色球形浆果，用细沙拌和后搓揉去果皮果肉，再用清水漂洗得到干净饱满的种子，可随采随播，也可先行沙藏催芽，等种粒裂口露白后，再行盆播或地播。用腐叶土或沙土盆播，覆土深度约为种子直径的 1～2 倍。种子发芽适温为 20～25℃，保持盆土或苗床湿润，随采随播的在适宜的温度条件下，约 15～20d 即可出苗，经沙藏催芽后再行播种的，在适温下 1 周后即可出土，生长良好。出苗后应及时搭棚遮阴，秋季给予全光照，冬季加盖地膜防寒，只要苗床局部空间的环境温度不低于 5℃，一般可平安过冬。留床培育 1 年，再行扩距移栽，或直接用于上盆。

（5）现阶段应用情况。是热带良好的庭园和行道树种、果树。

121. 盆架树（*Winchia calophylla A. DC.*）

（1）生物学、生态学特性及自然分布。常绿乔木；树皮淡黄色至灰黄色，内皮黄白色，具白色乳汁。叶 3～4 片轮生，长 7～20cm、宽 2.5～4.5cm，叶面亮绿色，叶背浅绿色稍带灰白色。花多朵集成顶生聚伞花序，长约 4cm；花冠高脚碟状，花冠圆筒形，长 5～6mm，被毛，白色；雄蕊着生在花冠筒中部，顶端不伸出花冠喉外；无花盘；柱头顶端 2 裂，每心皮胚珠多数。蓇葖合生，外果皮暗褐色，有纵浅沟；种子扁平长椭圆形，两端被棕黄色的缘毛。花期 4—7 月，果期 8—12 月。

盆架树生于热带和亚热带山地常绿林中或山谷热带雨林中，也有生于疏林中，垂直分布可至 1100m，以海拔 500～800m 的山谷和山腰静风湿度大缓坡地环境为多，常呈群状分布。

产于中国云南及广东海南，分布于印度、缅甸、印度尼西亚。

（2）水土保持功能。有一定抗风能力，对二氧化硫抗性中等，具有改良土壤、理化性质、防风固土的功能。

（3）主要应用的立地类型。适生于深厚、肥沃、疏松的酸性沙壤土中。

（4）栽植技术。用播种或扦插繁殖。土壤有机质含量，交换态钙含量，pH 值均与植株生长呈显著正相关，土壤有机质含量高，pH 值趋于中性，有利于植株生长。在生产上，改良土壤酸性、增施有机肥、提高土壤有机质含量和 pH 值是糖胶树高效栽培的重要技术措施。

（5）现阶段应用情况。是良好的庭园和行道树种。

122. 麻楝（*Chukrasia tabularis A. Juss.*）

（1）生物学、生态学特性及自然分布。乔木；树皮纵裂。偶数羽状复叶，长 30～50cm，无毛，小叶 10～16 枚，长 7～12cm，宽 3～5cm。圆锥花序顶生，花长约 1.2～1.5cm，有香味；花梗短，具节；花瓣黄色或略带紫色，长 1.2～1.5cm，外面中部以上被毛；花药 10 个；子房具柄。蒴果灰黄色或褐色，长 4.5cm，宽 3.5～4cm，顶端有小凸尖，无毛，表面粗糙而有淡褐色的小疣点；种子扁平，椭圆形，直径 5mm，有膜质的翅，连翅长 1.2～2cm。花期 4—5 月，果期 7 月至翌年 1 月。

生于海拔 380～1530m 的山地杂木林或疏林中。是阳性喜光树种，幼树耐阴，抗寒性较强。

麻楝分布于中国广东、广西、云南和西藏；尼泊尔、斯里兰卡、中南半岛和马来半岛等也有分布。

（2）水土保持功能。麻楝为阳性、耐阴树种，抗寒性较强，具有保水固土、涵养水源的作用。

（3）主要应用的立地类型。喜欢花岗岩母质风化的砖红壤性土壤，性喜生长在土层深厚、肥沃、湿润、疏松的立地上。

（4）栽植技术。10 月至次年 3 月从树上收集果实后，进行暴晒、脱粒、晾干、低温储存，播种前用手揉搓种子，将外种翅搓掉，在每个苗盘散播 3～5g 种子。待幼苗长到 6～8cm 时，移栽到盛有营养土、规格为直径 6～8cm、高为 8cm 的营养杯中，然后置于设置好的苗床内，并搭建遮阴棚至幼苗稍木质化。

（5）现阶段应用情况。为建筑、造船、家具等良好用材种。

123. 人面子（*Dracontomelon duperreanum Pierre*）

（1）生物学、生态学特性及自然分布。常绿大乔木。奇数羽状复叶长 30～45cm，小叶叶轴和叶柄具条纹；小叶 5～7 对互生，长 5～14.5cm，宽 2.5～4.5cm，全缘。圆锥花序顶生或腋生，长 10～23cm；花白色，花梗长 2～3mm，被微柔毛；花瓣长约 6mm，宽约 1.7mm，无毛，芽中先端彼此黏合，开花时外卷，具 3～5 条暗褐色纵脉；花盘无毛，边缘浅波状。核果扁球形，长约 2cm，径约 2.5cm，成熟时黄色，果核压扁，上面盾状凹入，5 室，通常 1～2 室不育；种子 3～4 颗。

人面子生于海拔 93～350m 的林中。阳性，喜温暖湿润气候，适应性颇强，耐寒，抗风，抗大气污染。对土壤条件要求不严，但以土层深厚、疏松而肥沃的壤土栽培为宜。

人面子产于云南（东南部）、广西、广东；亦有引种栽培。越南也有分布。生于平原、丘陵、村旁、河边、池畔等处。多分布于中国广东、广西及海南、云南等地。南亚热带常绿阔叶林区（主要城市：福州、厦门、泉州、漳州、广州、佛山、顺德、东莞、惠州、汕头、台北、柳州、桂平、个旧）。

（2）水土保持功能。能够在一定程度上降低大气污染、改善局部小气候、固结土壤、防治水土流失。

（3）主要应用的立地类型。以土层深厚，疏松而肥沃的镶土栽培为宜。

（4）栽植技术。播种前将种子与湿细沙混合 7d，温水浸泡 24h 后再在赤霉素中浸泡，随后即可播种。按行距 20cm，挖 3cm 左右的小坑，放进人面子种子并用土覆盖，轻轻压实，覆土厚度不超过 3cm。播种完后及时浇水，苗床用塑料薄

图 5-87　人面子

膜覆盖。种子开始发芽后要早晚掀开薄膜，让种子通风见光一段时间，之后逐渐掀开薄膜。幼苗高度在 10cm 左右时按株距 10cm 移栽，移栽后应浇透水。

（5）现阶段应用情况。为建筑、家具等良好用材种和良好的绿化树种。

人面子如图 5-87 所示。

124. 旱冬瓜（*Alnus nepalensis D. Don*）

（1）生物学、生态学特性及自然分布。即尼泊尔桤木，乔木；树皮灰色或暗灰色，平滑。叶长 4～16cm，宽 2.5～10cm，边缘全缘或具疏细齿，上面绿色，无毛，下面粉绿色，密生腺点。雄花序多数，排成圆锥状，下垂。果序多数，呈圆锥状排列，矩圆形，长约 2cm，直径 7～8mm；序梗短，长 2～3mm；果苞木质，宿存，长约 4mm，顶端圆，具 5 枚浅裂片；小坚果矩圆形，长约 2mm，膜质翅宽为果的 1/2，较少与之等宽。

旱冬瓜根具根瘤菌，寄生固氮细菌，叶为优质绿肥，可改良土壤，为山地增肥，适用于林农间作。旱冬瓜生长迅速，适应性广，砍伐后伐桩萌芽力强，具有良好的天然更新和萌蘖更新能力，可用荒山绿化树种。旱冬瓜可与多种针叶树种混交，对于改变纯林结构、增加养分还田量、促进目的树种的生长、减少病虫害及增强各种防护性有重要作用，是营建生态林、用材林等多功能林的优良树种。

产于西藏、云南、贵州、四川西南部、广西。生于海拔 700～3600m 的山坡林中、河岸阶地及村落中。印度、锡金、不丹、尼泊尔也有分布；越南、印度尼西亚有栽培。模式标本采自尼泊尔。

图 5-88　旱冬瓜

（2）水土保持功能。旱冬瓜群落的抗径流能力和抗土壤侵蚀能力较强，可以作为水土保持林、水源涵养林的主要造林树种。可用作荒山绿化树种。

（3）主要应用的立地类型。适合栽植于一般恢复区、石质边坡和滞尘区。

（4）栽植技术。旱冬瓜容易移栽，但当有 5～6 片真叶时移栽成活率最高。造林苗以袋苗为好，选择高度 30～40cm 为宜，也可以选择更大的苗造林。造林以农历 6 月 24 日前后为宜，这段时间雨水丰富、空气湿度大，造林容易且成活率高。

（5）现阶段应用情况。是营建生态林、用材林等多功能林的优良树种。

旱冬瓜如图 5-88 所示。

125. 银合欢［*Leucaena leucocephala*（*Lam.*）*de Wit*］

（1）生物学、生态学特性及自然分布。灌木或小乔木；老枝无毛无刺，具褐色皮孔。羽片 4～8 对，长 5～9（16）cm，叶轴被毛，最下一对羽片着生处有黑色腺体 1 枚。头状花序通常 1～2 个腋生，直径 2～3cm；花白色；花萼顶端 5 条细齿；花瓣背被疏柔毛；雄蕊 10 枚，通常被疏柔毛；子房具短柄，上部被柔毛，柱头凹下呈杯状。荚果带状，长 10～18cm，宽 1.4～2cm，顶端凸尖，基部有柄，纵裂，被微柔毛；种子 6～25 颗，长约

7.5mm，褐色，扁平，光亮。花期 4—7 月；果期 8—10 月。

银合欢喜温暖湿润气候；气温高于 35℃，仍能维持生长；低于 12℃，生长缓慢；零下 3℃ 及中等霜雪，仍能越冬。在海拔 300～1500m、降雨量 500～1800mm 的地方都能种植。银合欢具有很强的抗旱能力。不耐水淹，低洼处生长不良。银合欢适应土壤条件范围很广，中性至微碱性土壤最好，适应 pH 值在 5.0～8.0 之间。石山的岩石缝隙只要潮湿也能生长。

产于中国台湾、福建、广东、广西和云南。生于低海拔的荒地或疏林中。原产热带美洲，现广布于各热带地区。

（2）水土保持功能。具有很强的水源涵养功能，适合于荒山造林，为干热河谷退化生态冲沟治理的先锋树种。

（3）主要应用的立地类型。适合栽植于南亚热带湿润区、办公美化区、滞尘区、防噪声区、抗污染区。

（4）栽植技术。半垦开穴，穴径 0.6m，深 0.5m。从现蕾到开花这段时间，可浇水 1～2 次。如果水分过多，则应及时排水，否则土壤通气不良，影响银合欢根系的呼吸作用，以致烂根死亡。特别是低洼易涝地区以及南方雨水多的季节，一定要注意开沟排水。在干旱季节，每次刈割之后必须进行灌溉。

（5）现阶段应用情况。适应工矿、机关、学校、公园、生活小区、别墅、庭院、城镇绿化围墙与花墙。

银合欢如图 5-89 所示。

图 5-89 银合欢

126. 日本樱花［*Cerasus yedoensis*（*Matsum.*）*Yu et Li*］

（1）生物学、生态学特性及自然分布。即东京樱花，乔木；树皮灰色。叶片椭圆卵形或倒卵形，上面深绿色，无毛，下面淡绿色，沿脉被稀疏柔毛。花序伞形总状，总梗极短，有花 3～4 朵，先叶开放，花直径 3～3.5cm；花瓣白色或粉红色，椭圆卵形，先端下凹，全缘 2 裂；雄蕊约 32 枚，短于花瓣；花柱基部有疏柔毛。核果近球形，直径 0.7～1cm，黑色，核表面略具棱纹。花期 4 月，果期 5 月。

日本樱花是喜光、喜温、喜湿、喜肥的果树，适合在年均气温 10～12℃，年降水量 600～700mm，年日照时数 2600～2800h 以上的气候条件下生长。日平均气温高于 10℃ 的时间在 150～200d，冬季极端最低温度不低于 -20℃ 的地方都能生长良好。根系分布浅易风倒，适宜在土层深厚、土质疏松、透气性好、保水力较强的砂壤土或砾质壤土上栽培。在土质黏重的土壤中栽培时，根系分布浅、不抗旱、不耐涝也不抗风。对盐渍化的程度反应很敏感，适宜的土壤 pH 值为 5.6～7，因此盐碱地区不宜种植。

日本樱花原产日本，世界多地及中国北京、西安、青岛、南京、南昌等城市庭园栽培。

（2）水土保持功能。主要具有改良土壤、涵养水源等水土保持功能。

图 5-90　日本樱花

（3）主要应用的立地类型。主要栽植于黔中山地区美化区。

（4）栽植技术。栽植前要把地整平，可挖直径宽 0.8m 乘以深 0.6m 的坑，坑里先填入 10cm 的有机肥，把苗放进坑里，使苗的根向四周伸展。樱花填土后，向上提一下苗使根伸展开，再将其踏实。栽植深度在离苗根上层 5cm 左右，栽好后浇水，充分灌溉，用棍子架好，以防大风吹倒。栽种时，每坑槽施腐熟堆肥 15～25kg，7 月每株施硫酸铵 1～2kg。花后和早春发芽前，需剪去枯枝、病弱枝、徒长枝，尽量避免粗枝的修剪，以保持树冠圆满。

（5）现阶段应用情况。庭园栽培。着花繁密，花色粉红，可孤植或群植于庭院、公园、草坪、湖边或居住小区等处。

日本樱花如图 5-90 所示。

127. 柳杉（*Cryptomeria fortunei Hooibrenk ex otto et Dietr*）

（1）生物学、生态学特性及自然分布。乔木；树皮红棕色，裂成长条片脱落。叶钻形略向内弯曲，先端内曲，四边有气孔线。雄球花单生叶腋，长约 7mm，集生于小枝上部，成短穗状花序状；雌球花顶生于短枝上。球果圆球形或扁球形，径 1～2cm，多为 1.5～1.8cm；种鳞 20 枚左右，上部有 4～5 枚（很少 6～7 枚）短三角形裂齿，鳞背中部或中下部有一个三角状分离的苞鳞尖头，能育的种鳞有 2 粒种子；种子褐色，扁平，长 4～6.5mm，宽 2～3.5mm，边缘有窄翅。花期 4 月，球果 10 月成熟。

柳杉中等喜光；喜欢温暖湿润、云雾弥漫、夏季较凉爽的山区气候；喜深厚肥沃的沙质壤土，忌积水。生于海拔 400～2500m 的山谷边、山谷溪边潮湿林中、山坡林中，并有栽培。柳杉幼龄能稍耐阴，在温暖湿润的气候和土壤酸性、肥厚而排水良好的山地生长较快；在寒凉较干、土层瘠薄的地方生长不良。

柳杉为中国特有树种，分布于长江流域以南至广东、广西、云南、贵州、四川等地。在江苏南部、浙江、安徽南部、河南、湖北、湖南、四川、贵州、云南、广西及广东等地均有栽培。其中，浙江天目山、百山祖保存了树龄在 200～800 年的较大规模柳杉古树林。

（2）水土保持功能。根系较浅，侧根发达，主根不明显，抗风力差。对二氧化硫、氯气、氟化氢等有较好的抗性。

（3）主要应用的立地类型。适合栽植于办公美化区、滞尘区、一般恢复区、山地边坡。

（4）栽植技术。10 月采收球果，阴干数天，待种子脱落，洗净后湿沙藏，种子切忌干燥。翌年春季苗床条播，播种前进行消毒和浸种催芽处理，播种后 20d 左右发芽，发芽率在 30%～40%。幼苗注意遮阴，当年苗高达 30～40cm。春季剪取 5～15cm 半木质化枝条，插入沙床，遮阴保湿，插后 2～3 周生根，当根长 2cm 时可移栽。用底温和吲哚丁酸溶液处理插条能促进生根。

（5）现阶段应用情况。庭荫树、公园或作行道树，并作绿化观赏树种。

柳杉如图 5-91 所示。

图 5-91 柳杉

128. 柏木（Cupressus funebris Endl）

（1）生物学、生态学特性及自然分布。乔木；树皮淡褐灰色，裂成窄长条片；小枝排成一平面，鳞叶二型。雄球花长 2.5～3mm，雄蕊通常 6 对；雌球花长 3～6mm，近球形，径约 3.5mm。球果圆球形，径 8～12mm，熟时暗褐色；种鳞 4 对，顶端为不规则五角形或方形，中央有尖头或无，能育种鳞有 5～6 粒种子；种子扁，熟时淡褐色，有光泽，边缘具窄翅；子叶 2 枚，花期 3—5 月，种子第二年 5～6 月成熟。

柏木为中国特有树种，分布很广，产于浙江、福建、江西、湖南、湖北西部及四川北部及西部大相岭以东、贵州东部及中部、广东北部、广西北部、云南东南部及中部等省区；四川、湖北西部、贵州栽培最多，生长旺盛；江苏南京等地有栽培。

（2）水土保持功能。柏木喜温暖湿润的气候条件，对土壤适应性广，中性、微酸性及钙质上均能生长。耐干旱瘠薄，也稍耐水湿，特别是在上层浅薄的钙质紫色土和石灰土上也能正常生长，且柏木主根浅细，侧根发达。耐寒性较强，少有冻害发生。喜生于温暖湿润的各种土壤地带，尤以在石灰岩山地钙质土上生长良好。是南方重要的水土保持树种。

（3）主要应用的立地类型。适合栽植于高标恢复区和土质边坡。

（4）栽植技术。播种繁殖，选择 20～40d 生健壮树木作为采种母树。播种前整好苗床，要求床面平整、土壤细碎。采用条播方式，条距 20～25cm，播幅 5cm，每亩播种量 6～8kg，播后覆草，经常浇水，保持苗床湿润。以后根据种子发芽情况分批揭去盖草，宜早晚或阴天进行，当 50%～60% 出苗时应揭去一半盖草，3～4d 后再一次性揭完。

图 5-92 柏木

（5）现阶段应用情况。柏木是珍贵用材树种，主要用于高档家具、办公和住宅的高档装饰、木制工艺品加工等。柏木四季常青，树形美，综合特点是树冠浓密秀丽、材质细密、适应性强、能在微碱性或石灰岩山地上生长，是这类土壤中宜荒山绿化、疏林改造的先锋树种。

柏木如图 5-92 所示。

129. 鸡爪槭（Acer palmatum Thunb.）

（1）生物学、生态学特性及自然分布。落叶小乔木。树皮深灰色。叶直径 7～10cm，5～9 掌状分裂，通常 7 裂，裂片间的凹缺钝尖或锐尖，深达叶片的直径的 1/2 或 1/3；上面深绿色，无毛；下面淡绿色。花紫色，杂性，雄花与两性花同株，生于无毛的伞房花序，叶发出以后才开花；萼片 5 片，花瓣 5 枚，长约 2mm；雄蕊 8 枚，无毛；花盘位于雄蕊的外侧，微裂；花柱 2 裂。翅果嫩时紫红色，成熟时淡棕黄色；小坚果球形，直径7mm，脉纹显著；翅张开成钝角。花期 5 月，果期 9 月。

鸡爪槭生于海拔 200～1200m 的林边或疏林中。喜分布于北纬 30°～40°，耐寒区 5区。喜疏荫的环境，夏日怕日光曝晒，抗寒性强，能忍受较干旱的气候条件。耐酸碱，较耐燥，不耐水涝，凡西晒及潮风所到地方，生长不良。喜温暖气候，适生于阴凉疏松、肥沃之地。

图 5-93　鸡爪槭

鸡爪槭分布于中国山东、河南南部、江苏、浙江、安徽、江西、湖北、湖南、贵州等省。朝鲜和日本也有分布。模式标本采自日本。

（2）水土保持功能。鸡爪槭为弱阳性树种，耐半阴，是较好的水土保持树种。

（3）主要应用的立地类型。喜疏荫的环境，多生于阴坡湿润山谷，适应于湿润和富含腐殖质的土壤。

（4）栽植技术。当年生苗木可高达 30～40cm，留床1 年后再分栽。鸡爪槭的大枝可以攀扎，小枝则宜修剪，一般将每一枝条留 1～2 节，前端剪去，使生出的两根侧枝成丫型，以后再如此依次修剪，最后形成树冠。

（5）现阶段应用情况。鸡爪槭可作行道和观赏树栽植，是较好的"四季"绿化树种。鸡爪槭是园林中名贵的观赏乡土树种。

鸡爪槭如图 5-93 所示。

130. 青冈 [*Cyclobalanopsis glauca*（*Thunb.*）*Oerst.*]

（1）生物学、生态学特性及自然分布。常绿乔木。叶长 6～13cm，宽 2～5.5cm，叶缘中部以上有疏锯齿，叶面无毛，叶背常有白色鳞秕；叶柄长 1～3cm。雄花序长 5～6cm，花序轴被毛。果序长 1.5～3cm，果 2～3 个。壳斗碗形，包着坚果 1/3～1/2，直径0.9～1.4cm，高 0.6～0.8cm，被薄毛；小苞片合生成 5～6 条同心环带，环带全缘或有细缺刻，排列紧密。坚果卵形、长卵形或椭圆形，直径 0.9～1.4cm，高 1～1.6cm，无毛或被薄毛，果脐平坦或微凸起。花期 4—5 月，果期 10 月。

青冈栎为亚热带树种，它对气候条件反应敏感。喜生于微碱性或中性的石灰岩土壤上，在酸性土壤上也能生长良好。深根性直根系，耐干燥，可采用萌芽更新。

青冈栎产陕西、甘肃、江苏、安徽、浙江、江西、福建、台湾、河南、湖北、湖南、广东、广西、四川、贵州、云南、西藏等省（自治区）。本种是本属在我国分布最广的树种之一。朝鲜、日本、印度也有分布。

（2）水土保持功能。可生长于多石砾的山地，萌芽力强，是较好的水土保持树种。

（3）主要应用的立地类型。适合栽植于一般恢复区。

（4）栽植技术。宽幅条播种方法，条宽 10～15cm，条距 30cm，沟深 10cm。沟内施足基肥，填些细土，再插入种子，覆土 2cm 后覆盖 1 层稻草或地膜。盆栽一般选用 2 年生露地苗，落叶后拼茬重剪。春季萌芽前带土球移入 30cm 口径的盆中，用含有 30％基肥的田土填充，以 40～50cm 的株行距排列摆放在种植床内，用砂土围填，浇透水固定盆土。

（5）现阶段应用情况。良好的园林观赏树种，或作境界树、背景树。也可作四旁绿化、工厂绿化、防火林、防风林、绿篱、绿墙等树种。

131. 滇朴（*Celtis tetrandra Roxb.*）

（1）生物学、生态学特性及自然分布。即四蕊朴，乔木，高达 30m。树皮灰白色；当年生小枝幼时密被黄褐色短柔毛，老后毛常脱落，去年生小枝褐色至深褐色，有时还可残留柔毛；冬芽棕色，鳞片无毛。叶厚纸质至近革质，通常卵状椭圆形或带菱形。果成熟时黄色至橙黄色，近球形，直径约 8mm；核近球形，直径约 5mm，具 4 条肋，表面有网孔状凹陷。花期 3—4 月，果期 9—10 月。

滇朴多生于海拔 700～2000m 沟谷、河谷的林中或林缘，山坡灌丛中也有，海拔 700～1500m。现已人工大量栽培于庭院、行道、公园等宽阔地带。

滇朴产于西藏南部、云南中部、南部和西部、四川（西昌）、广西西部。印度、尼泊尔、不丹至缅甸、越南也有分布。

（2）水土保持功能。滇朴属落叶乔木，生长快，寿命长。是常见的水土保持树种。

（3）主要应用的立地类型。适合栽植于高海拔区。

（4）栽植技术。9—10 月，果实变为黄色至橙黄色时及时采收。采集的滇朴果实在通风干燥的环境下堆放后熟，至假种皮变为黑色时立即进行搓洗阴干，在通风干燥的环境下装袋干藏或湿沙层积贮藏。在 1 月上、中旬撒播播种，将种子均匀地撒在苗床上，播后覆土 1cm，然后覆盖稻草或松针 1cm 至幼苗出土，喷洒浇水至土壤相对含水量达 75％以上，无地表径流为宜。一般

图 5-94　滇朴

在次年 2 月中、下旬，苗龄 35～40d 移植，经过第 1 次移栽的容器苗，培育 2d 后，苗木高度可达到 1.5～2m，要进行第 2 次移植。

（5）现阶段应用情况。栽培于庭院、行道、公园等宽阔地带。

滇朴如图 5-94 所示。

132. 冲天柏（*Cupressus duclouxiana Hickel*）

（1）生物学、生态学特性及自然分布。即干香柏，乔木，树皮灰褐色，裂成长条片脱落。鳞叶密生，长约 1.5mm，背面有纵脊及腺槽，蓝绿色，微被蜡质白粉，无明显的腺点。雄球花近球形或椭圆形，长约 3mm，雄蕊 6～8 对，花药黄色，药隔中间绿色，周围红褐色，边缘半透明。球果圆球形，径 1.6～3cm，生短枝的顶端；种鳞 4～5 对，熟时暗褐色或紫褐色，被白粉，具不规则向四周放射的皱纹，中央平或稍凹，能育种鳞有多数种子；种子褐色或像褐色，长 3～4.5mm，两侧具窄翅。

冲天柏散生于干热或干燥山坡之林中，或成小面积纯林。喜生于气候温和、夏秋多

雨、冬春干旱的山区，在深厚、湿润的土壤上生长迅速。在贵州，垂直分布于 800～1800m 海拔。冲天柏对土壤要求不严，尤喜钙质土类。

冲天柏为中国特有树种，产于云南中部、西北部及四川西南部海拔 1400～3300m 地带。

（2）水土保持功能。具有水土保持功能，是保护堤岸的理想树种。

（3）主要应用的立地类型。适合栽植于一般恢复区和滞尘区。

（4）栽植技术。造林地应首先选择在"四旁"地，凡立地条件好、坡度较缓的造林地，可先全面整地，再挖穴栽植。如坡度较陡、水土流失严重的山坡，一般采用块状整地。栽植 1 年生苗，整地规格 40cm×40cm×30cm；栽植 2 年生移植苗，穴宽 60cm 见方，深 30～35cm。造林季节在春季和雨季均可。立地条件好的，每亩定植 330 株，株行距 1m×2m；立地条件差的，每亩定植 440～660 株，株行距 1m×1.5m 或 1m×1m。水旁、路旁可栽植 2～3 行，株行距采用 1m×2m 或 2m×2m。

图 5-95　冲天柏

造林后必须每年松土除草抚育 1～2 次，至幼林即将郁闭前为止。造林密度较大的林分，造林后 7～10 年，开始抚育间伐。间伐 2 次，间隔期 5～6 年。第 1 次间伐强度应为植株数的 30% 左右。间伐后林分保留 0.7 的郁闭度。主伐年龄宜在 30 年以后。

（5）现阶段应用情况。是保护堤岸的理想树种，是建筑等家具的优良用材，也是山地造林以及庭园、工矿厂区的绿化树种。

冲天柏如图 5-95 所示。

133. 楠木（*Phoebe zhennan S. Lee et F. N. Wei*）

（1）生物学、生态学特性及自然分布。大乔木。叶长 7～11（13）cm，宽 2.5～4cm，上面光亮无毛或沿中脉下半部有柔毛，下面密被毛，脉上被毛，中脉在上面下陷成沟，下面明显突起。聚伞状圆锥花序被毛，长（6）7.5～12cm，每伞形花序有花 3～6 朵，一般为 5 朵；花中等大，花被片近等大，外轮卵形，内轮卵状长圆形，两面被毛；三轮花丝均被毛，退化雄蕊三角形，具柄，被毛；子房球形。果椭圆形，长 1.1～1.4cm，直径 6～7mm；花被片宿存。花期 4—5 月，果期 9—10 月。

产于湖北西部、贵州西北部及四川。野生的多见于海拔 1500m 以下的阔叶林中。

（2）水土保持功能。楠木具有适应性强、根系萌发能力强等特性，主要具有改良土壤、涵养水源等水土保持功能。

（3）主要应用的立地类型。适合栽植于高标恢复区、防噪声区、四川盆地区和美化区。

（4）栽植技术。果实采收后，搓去外果皮，阴干后即可播种。若次年春播，需用湿沙贮藏。幼苗期需遮阴，当幼苗长成真叶即可间苗或移植，一般 1 年生苗即可出圃造林。如绿化用大苗，可换床培育 3～5 年。大苗栽植，必须带土团，并剪去部分叶片。

图 5-96 楠木

楠木幼苗初期生长缓慢，喜阴湿，宜选择日照时间短、排灌方便、肥沃湿润的土壤作圃地。土质黏重、排水不良，易发生烂根；土壤干燥缺水，则幼苗生长不良，又易造成灼伤。在苗圃后期管理中，要注意不使幼苗越冬时受冻害。1 年生壮苗造林比 2 年生苗造林效果好。一些生长细弱的苗木，可留圃 1 年再造林。

（5）现阶段应用情况。适宜应用在房地产开发、公园、植物园、水网湿地等地区。

楠木如图 5-96 所示。

134. 水杉（*Metasequoia glyptostroboides Hu et Cheng*）

（1）生物学、生态学特性及自然分布。乔木；树皮长条状脱落；叶条形，长 0.8～3.5（常 1.3～2）cm，宽 1～2.5（常 1.5～2）mm，上面淡绿色，下面色较淡，沿中脉有淡黄色气孔带，叶在侧生小枝上列成二列，冬季与枝一同脱落。球果下垂，成熟前绿色，熟时深褐色；种鳞木质，交叉对生，鳞顶扁菱形，中央有一条横槽，基部楔形，高 7～9mm，能育种鳞有 5～9 粒种子；种子扁平，周围有翅，先端有凹缺，长约 5mm，径 4mm；子叶 2 枚，条形，花期 2 月下旬，球果 11 月成熟。

水杉喜气候温暖湿润，产地年平均温度在 13℃，无霜期 230d，年降水量 1500mm，年平均相对湿度 82%。土壤为酸性山地黄壤、紫色土或冲积土，pH 值 4.5～5.5。

水杉多分布于湖北、重庆、湖南三省交界的利川、石柱、龙山三县的局部地区，垂直分布一般为海拔 750～1500m。

（2）水土保持功能。净化空气，是较好的水土保持树种。

（3）主要应用的立地类型。多生于山谷或山麓附近地势平缓、土层深厚、湿润或稍有积水的地方。

（4）栽植技术。冬末随起随栽。大苗移栽必须带土球，挖大穴，施足基肥，填入细土后踩实，栽后要浇透水。旺盛生长期要追肥，每年锄草松土 2 次，在 5—6 月、8—9 月水杉旺盛生长前期抚育效果最佳。造林 1～2 年内可适当套种豆类作物或绿肥，套种作物要与树苗保持 30～40cm 的距离。成林后在水杉落叶后至立春前进行适度修枝，修枝强度为树冠总长度的 1/4～1/3。

（5）现阶段应用情况。材质轻软，可供建筑、板料、造纸等用；树姿优美，为庭园观赏树。

水杉如图 5-97 所示。

图 5-97 水杉

135. 凤凰木〔*Delonix regia （Boj.） Raf.*〕

（1）生物学、生态学特性及自然分布。高大落叶乔木。二回偶数羽状复叶，长 20～60cm；叶柄上面具槽，基部膨大呈垫状；小叶 25 对，密集对生，两面被毛。伞房状总状花序顶生或腋生；萼片 5 片，里面红色，边缘绿黄色；花瓣 5 片，红色，具黄及白色花斑，开花后向花萼反卷；雄蕊 10 枚，红色；子房黄色，被柔毛。荚果扁平带形，长 30～60cm，宽 3.5～5cm，暗红褐色，成熟时黑褐色，花柱宿存；种子 20～40 颗，黄色染有褐斑，长约 15mm，宽约 7mm。花期 6—7 月，果期 8—10 月。

凤凰木原产非洲马达加斯加。世界各热带、暖亚热带地区广泛引种。中国台湾、海南、福建、广东、广西、云南等省（自治区）有引种栽培。

（2）水土保持功能。抗风能力强，能抗空气污染，是适宜南方的水土保持树种。

（3）主要应用的立地类型。适合栽植于南亚热带湿润区、黔中山地区、平地办公美化区、滞尘区、防噪声区、抗污染区。

（4）栽植技术。以孤植、对植、列植、丛植为主，苗高一般大于 1.5m，定植株距 4.0～5.0m。移植宜在早春进行，也可雨季栽植，但要剪去部分枝叶，保其成活，植树穴规格不小于 0.5m×0.5m×0.5m。凤凰木植株萌芽力强、生长旺盛，可粗放管理。绿化美化要求于定植后第二年及时修枝，并至少连续 2 年进行修枝、松土、除草、适时浇水、追肥等抚育管理，以保证树体生长良好。

图 5-98　凤凰木

（5）现阶段应用情况。常用作庭园观赏和绿化树种，通常栽植于行道和小片绿化美化区域。

凤凰木如图 5-98 所示。

136. 铁木（*Ostrya japonica Sarg.*）

（1）生物学、生态学特性及自然分布。乔木。叶长 3.5～12cm，宽 1.5～5.5cm，边缘具不规则的重锯齿，上面绿色，下面淡绿色；叶柄密被毛。雄花序单生叶腋间或 2～4 枚聚生，下垂；苞鳞具短尖，边缘密生短纤毛。果 4 枚至多枚于小枝顶端聚生成直立或下垂的总状果序；果苞膜质，膨胀，倒卵状矩圆形或椭圆形，顶端具短尖，基部圆形并被长硬毛，上部无毛或仅顶端疏被短柔毛，网脉显著。小坚果长卵圆形，长约 6mm，淡褐色，有光泽，具数肋，无毛。

铁木产于河北、河南、陕西、甘肃及四川西部。朝鲜、日本也有。模式标本采自日本北海道。

（2）水土保持功能。主要具有改良土壤、涵养水源等水土保持功能。

（3）主要应用的立地类型。生于海拔 1000～2800m 的山坡林中。

（4）栽植技术。目前尚未人工引种栽培。

（5）现阶段应用情况。供制家具及建筑材料之用。

137. 女贞 (*Ligustrum lucidum Ait.*)

（1）生物学、生态学特性及自然分布。乔木或灌木。叶片常绿，革质，卵形、长卵形或椭圆形至宽椭圆形，先端锐尖至渐尖或钝，基部圆形或近圆形，有时宽楔形或渐狭，叶缘平坦，上面光亮，两面无毛，中脉在上面凹入，下面凸起，侧脉4~9对，两面稍凸起或有时不明显。果肾形或近肾形，深蓝黑色，成熟时呈红黑色，被白粉。花期5—7月，果期7月至翌年5月。

女贞耐寒性好，耐水湿，喜温暖湿润气候，喜光耐阴。为深根性树种，须根发达，生长快，萌芽力强，耐修剪，但不耐瘠薄。对土壤要求不严，以砂质壤土或粘质壤土栽培为宜，在红、黄壤土中也能生长。对气候要求不严，能耐−12℃的低温，但适宜在湿润、背风、向阳的地方栽种，尤以深厚、肥沃、腐殖质含量高的土壤中生长良好。女贞对剧毒的汞蒸气反应相当敏感，一旦受熏，叶，茎，花冠，花梗和幼蕾便会变成棕色或黑色，严重时会掉叶，掉蕾。女贞还能吸收毒性很大的氟化氢，二氧化硫和氯气等。

女贞产于长江以南至华南、西南各省区，向西北分布至陕西、甘肃。朝鲜也有分布，印度、尼泊尔有栽培。

（2）水土保持功能。对大气污染的抗性较强，对二氧化硫、氯气、氟化氢及铅蒸气均有较强抗性，也能忍受较高的粉尘、烟尘污染。是较好的水土保持树种。

（3）主要应用的立地类型。适合栽植黔中山地区、滇黔川高原山地区和滇北干热河谷中。

（4）栽植技术。选择背风向阳、土壤肥沃、排灌方便、耕作层深厚的壤土、砂壤土、轻黏土播种。施底肥后，精耕细耙，做到上虚下实、土地平整。底肥以粪肥为主，多施底肥有利于提高地温，保持土壤墒情。促使种子吸水发芽。用50％辛硫磷乳油6.0~7.5L/hm²加细土45kg拌匀，翻地前均匀撒于地表，整地时埋入土中消灭地下害虫，床面要整平。

（5）现阶段应用情况。常用观赏树种，可于庭院孤植或丛植，可作行道树、绿篱等。

女贞如图5-99所示。

图5-99　女贞

138. 天竺桂 (*Cinnamomum japonicum Sieb.*)

（1）生物学、生态学特性及自然分布。常绿乔木。枝条具香气。叶近对生或在枝条上部者互生，长7~10cm，宽3~3.5cm，上面绿色，下面灰绿色，离基三出脉。圆锥花序腋生。花被筒倒锥形，短小，花被裂片6片，外面无毛，内面被毛。能育雄蕊9片，内藏，花药4室，花丝被柔毛，第一、二轮花丝无腺体，第三轮花丝有1对圆状肾形腺体。退化雄蕊3枚，位于最内轮。果长圆形，无毛；果托浅杯状。花期4—5月，果期7—9月。

天竺桂产江苏、浙江、安徽、江西、福建及台湾。生于低山或近海的常绿阔叶林中，海拔300~1000m或以下。朝鲜、日本也有分布。

图 5 - 100　天竺桂

（2）水土保持功能。主要具有保持和改良土壤、涵养水源等水土保持功能。

（3）主要应用的立地类型。适合栽植于黔中山地区的滞尘区，用于滞尘。

（4）栽植技术。选择营养土或河砂、泥炭土等材料作为苗床土壤。在春末至早秋，选用当年生生长旺盛的枝条作为插穗。把枝条剪下后，选取壮实的部位，剪成 5～15cm 长的一段，每段要带 3 个以上的叶节。上面的剪口在最上 1 个叶节的上方大约 1cm 处平剪，下面的剪口在最下面的叶节下方大约为 0.5cm 处斜剪，上下剪口都要平整。进行硬枝扦插时，在早春气温回升后，选取去年的健壮枝条做插穗。每段插穗通常保留3～4 个节，剪取的方法同嫩枝扦插。注意控制温度、湿度和光照。

（5）现阶段应用情况。可制各种香精及香料的原料、肥皂及润滑油，可供建筑、造船、桥梁、车辆及家具等使用。常被用作行道树或庭园树种栽培。同时，也用作造林栽培。

天竺桂如图 5 - 100 所示。

139. 南洋杉（*Araucaria cunninghamii Sweet*）

（1）生物学、生态学特性及自然分布。乔木，树皮灰褐色或暗灰色，粗糙，横裂；叶二型：幼树和侧枝的叶排列疏松开展；大树及花果枝上之叶排列紧密而叠盖。雄球花单生枝顶，圆柱形。球果卵形或椭圆形，长 6～10cm，径 4.5～7.5cm；苞鳞楔状倒卵形，两侧具薄翅，先端宽厚，具锐脊，中央有急尖的长尾状尖头，尖头显著的向后反曲；舌状种鳞的先端薄，不肥厚；种子椭圆形，两侧具结合而生的膜质翅。

南洋杉，喜光，幼苗喜阴。喜暖湿气候，不耐干旱与寒冷；喜土壤肥沃。生长较快，萌蘖力强，抗风强。

南洋杉原产南美、澳洲及太平洋群岛，大洋洲昆士兰等东南沿海地区，在中国广东、福建、海南、云南、广西均有栽培。长江流域及其以北各大城市则为盆栽，温室越冬。

（2）水土保持功能。抗污染，对海潮、盐、雾、风抗性强；宜用于沿海地带水土保持。

（3）主要应用的立地类型。适合栽植于南亚热带湿润区等低海拔区、办公美化区、滞尘区、防噪声区、抗污染区。

（4）栽植技术。一般在春、夏季选择主枝作插穗进行扦插，插穗长 10～15cm，插后在 18～25℃和较高的空气湿度条件下，约 4 个月可生根。如在扦插前将插穗的基部用 200ppm 吲哚丁酸（IBA）浸泡 5h 后再扦插，可促进其提前生根。盆栽南洋杉的土壤，宜用 40％泥炭土、40％腐叶土和 20％河沙配合而成。生长期应保持盆土湿润，过干会使下层叶片垂软，但冬季要保持稍微干燥的状态。冬季室温应保持在 5℃以上，低温会使生长

图 5 - 101　南洋杉

点受冻而枯死。

（5）现阶段应用情况。它和雪松、日本金松、北美红杉、金钱松被称为"世界5大公园树种"。宜独植作为园景树或作为纪念树，亦可作行道树。

南洋杉如图 5 - 101 所示。

140. 木莲（*Manglietia fordiana Oliv.*）

（1）生物学、生态学特性及自然分布。乔木。叶长 8～17cm，宽 2.5～5.5cm，边缘稍内卷，下面疏生红褐色短毛；叶柄基部稍膨大，具托叶痕。总花梗具 1 环状苞片脱落痕，被毛。花被片纯白色，3 轮，每轮 3 片；雄蕊长约 1cm，花药长约 8mm；雌蕊群长约 1.5cm，具 23～30 枚心皮；花柱长约 1mm；胚珠 8～10 颗，2 列。聚合果褐色，卵球形，长 2～5cm，蓇葖露出面有粗点状凸起，先端具长约 1mm 的短喙；种子红色。花期 5 月，果期 10 月。

木莲分布于中国福建、广东、广西、贵州、云南。模式标本采自香港。中国长江中下游地区。我国浙江、安徽、江西、湖南等地均有天然的木莲散生，混生于阔叶林中。我省湘南、湘西南山地，海拔 500～1000m 均有分布。

（2）水土保持功能。主要具有保持和改良土壤、涵养水源等水土保持功能。

（3）主要应用的立地类型。适合栽植于南亚热带湿润区、办公美化区、生活美化区、防噪声区、抗污染区。

（4）栽植技术。采用高 40～50cm 1 年生苗，年前 12 月至翌年 1 月或年后 2 月下旬至 3 月木莲芽尚未萌动时进行栽植。栽植时可适当摘叶并行卷干措施。纯林可采用 2m×2.5m 株行距，栽植方法采用穴植。穴深大于苗木主根长度，穴宽大于苗木根幅。栽植时把苗木放入植穴，更好根系，使其均匀舒展，不窝根，更不能上翘、外露，同时保持深度。然后分层覆土，把肥沃湿润土壤填于根际，并分次踏实，使根系与土壤密接，造林后及时淋水定蔸，保持根系湿润。苗木最好当天起苗当天栽，当天栽不完的苗木要细致假植，避免苗木风吹日晒，影响成活率。最好与速生落叶阔叶树种混交。比例为 3 行木莲 3 行（或 5 行）其他树种。

图 5 - 102　木莲

（5）现阶段应用情况。是园林观赏的优良树种，同时具有较大的经济效益。

木莲如图 5 - 102 所示。

141. 银木荷（*Schima argentea Pritz. ex Diels*）

（1）生物学、生态学特性及自然分布。乔木；老枝有白色皮孔。叶长 8～12cm，宽 2～3.5cm，上面发亮，下面有银白色蜡被，有柔毛或秃净，侧脉 7～9 对，在两面明显，全缘；叶柄长 1.5～2cm。花数朵生枝顶，直径 3～4cm，花柄长 1.5～2.5cm，有毛；苞片 2，卵形，长 5～7mm，有毛；萼片圆形，长 2～3mm，外面有绢毛；花瓣长 1.5～2cm，最外 1 片较短，有绢毛；雄蕊长 1cm；子房有毛，花柱长 7mm。蒴果直径 1.2～1.5cm。花期 7—8 月。

银木荷分布于四川、云南、贵州、湖南各地。

（2）水土保持功能。主要具有保持和改良土壤、涵养水源等水土保持功能。

（3）主要应用的立地类型。适合栽植于滞尘区、防噪声区、一般恢复区。

（4）栽植技术。育苗圃地应选择中等肥沃的酸性砂质土地，深翻 20～25cm 做苗床。在 3 月中旬播种，播种量为每亩 8～9kg，均匀撒播于床面，覆细土以种子半掩半露为度，盖草约 1cm 左右。播种后 20d 出芽，揭去盖草。每月除草 2～3 次，拔草后施肥，掌握由稀到浓，每月 1～2 次，以氮肥为主。在 5 月、6 月和 7 月间苗，每平方米定苗数为第 1 次留苗 130 株，第 2 次留苗 110 株，第 3 次留苗 90 株，同时注意病虫害的防治。当苗高 25cm 以上、地径 0.5cm 以上时，次年苗木可出圃造林。

图 5-103　银木荷

（5）现阶段应用情况。

1）银木荷树冠高大，叶子浓密。一条由木荷树组成的林带，就像一堵高大的防火墙，能将熊熊大火阻断隔离。

2）广繁殖性。它的种子轻薄，扩散能力强。木荷种子薄如纸，每公斤达 20 多万粒。种子成熟后，能在自然条件下随风飘播 60～100m，这就为它扩大繁殖奠定了基础。

3）银木荷有很强的适应性。既能单独种植形成防火带，又能混生于松、杉、樟等林木之中，起到局部防燃阻火的作用。

4）银木荷能抑制其他植物在其树下生长，形成空地，可从低处阻隔山火。

银木荷如图 5-103 所示。

142. 苏铁（*Cycas revoluta Thunb.*）

（1）生物学、生态学特性及自然分布。树干有明显螺旋状排列的菱形叶柄残痕。羽状叶从茎的顶部生出，长 75～200cm，叶轴两侧有齿状刺；羽状裂片向上斜展微成 "V" 字形。雄球花圆柱形，直立，下部渐窄，上面近于龙骨状，下面中肋及顶端密生绒毛，花药通常 3 个聚生；大孢子叶长 14～22cm，密生绒毛，上部的顶片边缘羽状分裂，胚珠 2～6 枚，生于大孢子叶柄的两侧，有绒毛。种子红褐色或橘红色，稍扁，中种皮木质，两侧有两条棱脊，上端无棱脊或棱脊不显著，顶端有尖头。花期 6—7 月，种子 10 月成熟。

生长缓慢，10 余年以上的植株可开花。

苏铁产于福建、台湾、广东，各地常有栽培。在福建、广东、广西、江西、云南、贵州及四川东部等地多栽植于庭园，在江苏、浙江及华北各省区多栽于盆中，冬季置于温室越冬。日本南部、菲律宾和印度尼西亚也有分布。模式标本采自日本。

（2）水土保持功能。具有改良及保持土壤的水土保持功能。

（3）主要应用的立地类型。喜肥沃湿润和微酸性的土壤，但也能耐干旱。

图 5 - 104　苏铁

（4）栽植技术。用种子及分蘖繁殖；于秋天采收成熟的种子，播种于高温向阳的砂壤土地段，沟播，沟深 6～10cm，沟距 20～40cm，穴播株距 10～15cm，覆土厚度相当于种子直径的 2 倍，稍镇压，盖草、浇水保持湿润。出苗后，将盖草撤掉。

（5）现阶段应用情况。苏铁为优美的观赏树种，茎内含淀粉，可供食用；种子微有毒，供食用和药用，有治痢疾、止咳和止血之效。

苏铁如图 5 - 104 所示。

143. 龙柏 [*Sabina chinensis（L.）Ant. CV. Kaizuca*]

（1）生物学、生态学特性及自然分布。乔木；树皮深灰色，纵裂，成条片开裂；叶二型，即刺叶及鳞叶；刺叶三叶交互轮生，有两条白粉带。雌雄异株，稀同株，雄球花黄色，椭圆形，长 2.5～3.5mm，雄蕊 5～7 对，常有 3～4 花药。球果近圆球形，径 6～8mm，两年成熟，熟时暗褐色，被白粉或白粉脱落，有 1～4 粒种子；种子卵圆形，扁，顶端钝，有棱脊及少数树脂槽；子叶 2 枚，出土，条形，长 1.3～1.5cm，宽约 1mm，先端锐尖，下面有两条白色气孔带，上面则不明显。

龙柏生于中性土、钙质土及微酸性土上，喜光树种，喜温凉、温暖气候及湿润土壤。长江流域及华北各大城市庭园有栽培。

（2）水土保持功能。具有改良土壤、涵养水源等水土保持功能。

（3）主要应用的立地类型。适合栽植于四川盆地区、秦巴山、武陵山山地丘陵区、美化区及恢复区。

（4）栽植技术。龙柏可采用嫁接和扦插的方式进行繁殖。嫁接常用 2 年生侧柏或圆柏做砧木，露地嫁接常于 3 月上旬进行，室内嫁接则可提前至 2 月。接后须假植保暖、保湿，3 月中下旬移栽至圃地，成活后可施薄肥，并修去砧木顶梢。扦插繁殖初期忌阳光直射，需全日庇荫，待愈合后早晚逐渐增加光照。发根一般需 6～8 个月，根数少，宜留床 1 年，第三年春移栽。在培养期需立引杆，注意修剪、摘心、扎枝，若培养龙柏球，可去顶摘心，1 年行 3～4 次，逐步养成。龙柏喜大肥大水，栽植成活后，结合灌溉，第 1 年追肥 2～3 次，入秋后停止施肥。

（5）现阶段应用情况。多种植于庭园作美化用途。应用于公园、庭园、绿墙和高速公路中央隔离带。

图 5 - 105　龙柏

龙柏如图 5 - 105 所示。

144. 榕树（*Ficus microcarpa L. f.*）

（1）生物学、生态学特性及自然分布。大乔木；老树常有锈褐色气根。叶长 4～8cm，宽 3～4cm，表面深绿色，干后深褐色，有光泽，全缘。榕果成对腋生或生于已落叶枝叶腋，成熟时黄或微红色，扁球形，直径 6～8mm，无总梗，基生苞片 3 片，广卵形，宿存；雄花、雌花、瘿花同生于一榕果内，花间有少许短刚毛；雄花无柄或具柄，散生内壁，花丝与花药等长；雌花与瘿花相似，花被片 3 片，广卵形，花柱近侧生，柱头短，棒形。瘦果卵圆形。花期 5—6 月。

榕树产于台湾、浙江（南部）、福建、广东（及沿海岛屿）、广西、湖北（武汉至十堰栽培）、贵州、云南 [174～1240（1900）m]。斯里兰卡、印度、缅甸、泰国、越南、马来西亚、菲律宾、日本、巴布亚新几内亚和澳大利亚北部、东部直至加罗林群岛也有分布。

（2）水土保持功能。具有吸附作用与空气净化作用，适应性强，是良好的水土保持树种。

（3）主要应用的立地类型。适合栽植于南亚热带湿润区、办公美化区、生活美化区、防噪声区、抗污染区。还适合栽植于秦巴山、武陵山山地丘陵区及四川盆地区、美化区及功能区。

（4）栽植技术。种植方式一般选择列植式与对植式。所谓列植式，就是进行直线配置，横为行，竖为列，可以采用单行，也可以采用多行；根据园林设计需要，可以采用单种榕树，也可以采用多种榕树进行配合种植。一般适用于行道树的种植，并且要注意每株榕树间的间距，切记不要出现为了追求观赏效果而过于密集的问题。而对植式，就是采用对称种植方式，一般适用于庇荫树的种植，比如在广场或者出口处进行种植，除了起到庇荫的作用之外，还可以达到美化装饰园林景观的整体效果。

（5）现阶段应用情况。广泛用作四旁绿化、工矿区绿化、河湖堤岸防护林的优良树种。

榕树如图 5 - 106 所示。

145. 黄葛兰（*Michelia alba DC. Syst.*）

（1）生物学、生态学特性及自然分布。即白兰，常绿乔木；树皮灰色。叶上面无毛，下面疏生微柔毛，干时两面网脉均很明显；托叶痕达叶柄中部。花白色，极香；花被片 10 片，披针形；雄蕊的药隔伸出长尖头；雌蕊群被微柔毛，雌蕊群柄长约 4mm，心皮多数，通常部分不发育，成熟时随着花托的延

图 5 - 106　榕树

伸，形成蓇葖疏生的聚合果；蓇葖熟时鲜红色。花期 4—9 月，夏季盛开，通常不结实。

黄葛兰性喜光照，怕高温，不耐寒，适生于微酸性土壤。喜温暖湿润，不耐干旱和水涝，对二氧化硫、氯气等有毒气体比较敏感，抗性差。

黄葛兰原产印度尼西亚爪哇，现广植于东南亚。我国福建、广东、广西、云南等省区栽培极盛，长江流域各省区多盆栽，在温室越冬。

（2）水土保持功能。主要具有改良土壤、改善小气候等水土保持功能。

（3）主要应用的立地类型。适合栽植于南亚热带湿润区。

（4）栽植技术。少见结实，多用嫁接繁殖，用黄兰、含笑、火力楠等为砧木；也可用空中压条或靠接繁殖。

（5）现阶段应用情况。为著名的庭园观赏树种，多栽为行道树。

146. 乐昌含笑（*Michelia chapensis Dandy*）

（1）生物学、生态学特性及自然分布。乔木，树皮灰色至深褐色；叶长 6.5～15（16）cm，宽 3.5～6.5（7）cm，上面深绿色，有光泽；叶柄无托叶痕。花梗长 4～10mm，被毛，具 2～5 苞片脱落痕；花被片淡黄色，6 片，芳香，2 轮；雄蕊药隔伸长成 1mm 的尖头；雌蕊群狭圆柱形，雌蕊群柄长约 7mm，密被毛；胚珠约 6 枚。聚合蓇葖果长圆体形或卵圆形，顶端具短细弯尖头，基部宽；种子红色，卵形或长圆状卵圆形，长约 1cm，宽约 6mm。花期 3—4 月，果期 8—9 月。

乐昌含笑产于江西南部、湖南西部及南部、广东西部及北部、广西东北部及东南部。生于海拔 500～1500m 的山地林间。越南也有分布。

（2）水土保持功能。具有涵养水源、改良土壤、保持水土的功能。

（3）主要应用的立地类型。喜土壤深厚、疏松、肥沃、排水良好的酸性至微碱性土壤。

（4）栽植技术。10 月中旬至 11 月上旬采种除去假种皮，随采随播。将种子均匀地撒播于黄心土上，播后覆盖厚度约 1cm 的火烧土或黄心土，并覆盖芒草保温保湿。播后 40d 左右发芽，适当薄施 1 次经充分沤熟的有机肥，当长 3～5 片叶、苗高 4～5cm时将小苗移入营养袋中育苗。当年生苗高可达 40～60cm，地径 0.5～1.0cm，即可圃造林。

（5）现阶段应用情况。推广应用于木本花卉、风景树及行道树，具有良好的景观效果。

147. 柠檬桉（*Eucalyptus citriodora Hook. f.*）

（1）生物学、生态学特性及自然分布。柠檬桉属于大乔木，高 28m，树干挺直；树皮光滑，灰白色，大片状脱落。幼态叶片披针形，有腺毛，基部圆形，叶柄盾状着生；成熟叶片狭披针形，宽约 1cm，长 10～15cm，稍弯曲，两面有黑色腺点，揉之有浓厚的柠檬气味；过渡性叶阔披针形。圆锥花序腋生；花梗长 3～4mm，有 2 棱；花蕾长倒卵形；帽状体长 1.5mm，比萼管稍宽，先端圆，有 1 小尖突。蒴果壶形，宽 8～10mm，果瓣藏于萼管内。花期 4—9 月。

柠檬桉属阳性树种，喜温暖气候，气温在 18℃以上的地区都能正常生长，在 0℃以下易受冻害。有较强的耐旱力。对土壤要求不严，喜湿润、深厚和疏松的酸性土，在土层深厚、疏松、排水良好的红壤、砖红壤、红黄壤、黄壤和冲积土均生长良好。

柠檬桉原产地在澳大利亚东部及东北部无霜冻的海岸地带，最高海拔分布为600m，年降水量为600～1000mm，喜肥沃壤土。目前广东、广西及福建南部有栽种，尤以广东最常见。

（2）水土保持功能。柠檬桉多作行道树，喜湿热和肥沃土壤，具有改良土壤、涵养水源的水土保持功能。

（3）主要应用的立地类型。适合栽植于南亚热带湿润区、办公美化区、生活美化区、防噪声区、抗污染区。还适合栽植于四川盆地区、美化区及恢复区。

图5-107 柠檬桉

（4）栽植技术。如以经营用材林为目的、立地条件好的，可采用3m×2m或2m×2m；如以蒸油和取得小径材为目的，可用1m×1m或1m×1.5m；培育母树林的，可用4m×2m或5m×2.5m；带状造林的，可用株行距2m×1m或2m×1.5m，造林效果较好。栽植时要剥去育苗袋，稍微捏紧后放入穴内，覆土比原苗根深1～2cm，略为压实，切勿用力在苗根处踩踏。柠檬桉林下透光度大，可与樟树、台湾相思等阔叶树种混交，效果亦好。能否成为大材，抚育间伐是关键因素之一。间伐重复期3～4年，间伐2～3次。间伐后保留一定的株数，用材林70～80株，母树林25～30株。

（5）现阶段应用情况。深根性，主根发达，萌芽力强，是良好的水土保持树种。

柠檬桉如图5-107所示。

148. 菩提树（*Ficus religiosa* L.）

（1）生物学、生态学特性及自然分布。大乔木，幼时附生于其他树上。叶革质，表面深绿色，光亮，背面绿色，先端骤尖，顶部延伸为尾状，基生叶脉三出。榕果球形至扁球形，成熟时红色，光滑；雄花，瘿花和雌花生于同一榕果内壁；雄花少，无柄，花被2～3裂，雄蕊1枚；瘿花具柄，花被3～4裂，子房光滑，球形；雌花无柄，宽披针形，子房光滑，球形。花柱纤细，柱头狭窄。花期3—4月，果期5—6月。

广东（沿海岛屿）、广西、云南（北至景东，海拔400～630m）多为栽培。日本、马来西亚、泰国、越南、不丹、锡金、尼泊尔、巴基斯坦及印度也有分布，多属栽培，但喜马拉雅山区，从巴基斯坦拉瓦尔品第至不丹均有野生。

（2）水土保持功能。可涵养水源。

（3）主要应用的立地类型。以肥沃、疏松的微酸性砂壤土为好。在热带地区（水分充足的地区）生长迅速。

（4）栽植技术。用小眼筛子均匀地把种子撒在苗床上，然后覆1层混合土，厚约0.2cm，之后用喷水壶浇1次透水并搭建遮阴篷，出苗后要及时间苗。当小苗长至2cm左右高时必须进行移植，将幼苗移植到营养袋内继续培育。当苗高40cm、茎干直径达

0.2cm 时即可定植，株行距为 3m×3m。

（5）现阶段应用情况。可作污染区的绿化树种，是优良的观赏树种，宜作庭院行道的绿化树种。

149. 山樱花 ［*Cerasus serrulata*（*Lindl.*）*G. Don ex London*］

（1）生物学、生态学特性及自然分布。乔木，树皮灰褐色或灰黑色。叶片边有渐尖单锯齿及重锯齿，齿尖有小腺体，上面深绿色，无毛，下面淡绿色，无毛；叶柄先端有 1～3 圆形腺体。花序伞房总状或近伞形，有花 2～3 朵；总苞片褐红色；苞片褐色或淡绿褐色，边有腺齿；萼筒管状，长 5～6mm，先端扩大，萼片三角披针形，先端渐尖或急尖；边全缘；花瓣白色，稀粉红色，倒卵形，先端下凹；雄蕊约 38 枚；花柱无毛。核果球形或卵球形，紫黑色。花期 4—5 月，果期 6—7 月。

樱花产于黑龙江、河北、山东、江苏、浙江、安徽、江西、湖南、贵州。生于山谷林中或栽培，海拔 500～1500m。日本、朝鲜也有分布。

（2）水土保持功能。具有改良土壤的水土保持功能。

（3）主要应用的立地类型。适宜在疏松、肥沃、排水良好的微酸性或中性的沙质壤土中生长。

（4）栽植技术。将采收的果实放置于阴凉、通风的室内完成后熟。完成后熟的果实呈暗红色，将果肉洗净后收集种子，并将种子置于 1g/L、60% 戊唑多菌灵溶液中浸泡 60min，最后将种子清洗、晾干。福建山樱花播种前需进行催芽处理，将种子与河沙按 1:（3～4）的比例混合沙藏装袋，储存于 4℃冷藏环境中，待 70～80d 后胚芽破壳裸露时可进行播种。经试验对比，先进行穴盘育种后移栽种植可有效提高成株率。播种后应注意水分管理，保持土壤湿度，但不能积水，30d 后苗高可达 30cm。

（5）现阶段应用情况。广泛用于园林观赏，可植于山坡、庭院、路边或建筑物前，还可作小路行道树。

150. 楝（*Melia azedarach L.*）

（1）生物学、生态学特性及自然分布。落叶乔木；树皮灰褐色，纵裂。2～3 回奇数羽状复叶，长 20～40cm；小叶对生，边缘有钝锯齿。圆锥花序；花芳香；花萼 5 深裂，外面被微柔毛；花瓣淡紫色，两面均被毛；雄蕊管紫色，有纵细脉，花药 10 枚，互生着生于裂片内侧；子房近球形，5～6 室，无毛，每室有胚珠 2 颗，花柱顶端具 5 齿，不伸出雄蕊管。核果球形至椭圆形，长 1～2cm，宽 8～15mm，内果皮木质，4～5 室，每室有种子 1 颗；种子椭圆形。花期 4—5 月，果期 10—12 月。

楝产我国黄河以南各省区，较常见；生于低海拔旷野、路旁或疏林中，目前已广泛引为栽培。广布于亚洲热带和亚热带地区，温带地区也有栽培。模式标本采自喜马拉雅山区。

（2）水土保持功能。具有改良土壤、涵养水源、保持水土的功能。

（3）主要应用的立地类型。适合栽植于四川盆地区、秦巴山、武陵山山地丘陵区、美化区及恢复区。

（4）栽植技术。在生产建设项目中，楝常设计为列植、孤植或群植，苗木规格一般为 2.5m 左右或 3.5m 左右。若在开发项目产生的干旱瘠薄地种植，可适量增施有机肥以保证存活率。楝繁殖常采用播种繁殖和扦插繁殖，播种前将种子在阳光下暴晒 2～3d，再用热水浸泡，播种地要求排水良好、平坦。播种前做好平整圃地、打垄、碎土等工作，播种后覆土、浇水、轻轻镇压、覆盖保墒。扦插繁殖通常在 3 月上旬进行，选取直径 0.5cm 的苗根或枝条，剪成长 15cm 的插条后再进行扦插，当苗长到 5～8cm 时，保留 1 个萌蘖，培养成苗干。

（5）现阶段应用情况。是平原及低海拔丘陵区的良好造林树种。

楝如图 5-108 所示。

图 5-108　楝

151. 木贼麻黄（*Ephedra equisetina Bwnge*）

（1）生物学、生态学特性及自然分布。直立小灌木。叶 2 裂，褐色，大部合生，上部约 1/4 分离，裂片短三角形，先端钝。雄球花单生或 3～4 个集生于节上，苞片 3～4 对，基部约 1/3 合生，假花被近圆形，雄蕊 6～8，花丝全部合生，微外露；雌球花常 2 个对生于节上，苞片 3 对，最上 1 对苞片约 2/3 合生。雌球花成熟时肉质红色；种子通常 1 粒，窄长卵圆形，顶端窄缩成颈柱状，基部渐窄圆，具明显的点状种脐与种阜。花期 6—7 月，种子 8—9 月成熟。

山麻黄产于河北、山西、内蒙古、陕西西部、甘肃及新疆等省区。生于干旱地区的山脊、山顶及岩壁等处。蒙古、苏联也有分布。

（2）水土保持功能。多生于沙砾滩地及丘陵，具有改良土壤、稳固土壤的水土保持功能。

（3）主要应用的立地类型。适合栽植于四川盆地区、恢复区。

（4）栽植技术。在生产建设项目中，木贼麻黄常设计为群植，苗木规格一般为 1.5m 左右。若在开发项目产生的干旱瘠薄地种植，可适量增施有机肥以保证存活率。木贼麻黄能适应极为恶劣的自然条件，在每年 2—3 月前须提前预整地、打塘，宜在雨季造林，造林时用裸根苗、袋苗均可。根据种植区坡度不同，种植密度为 56～75 株/亩。雨季造林，宜选择阴雨天定植，袋苗造林时要去除营养袋，裸根苗造林则应保持根系舒展，在定植时做到"根正、苗舒"，定植后浇足定根水。造林当年须专人管护，防止牲畜践踏，次年检查造林地块成活率。

（5）现阶段应用情况。木贼麻黄为先驱树种，粗生快生，适合在亚热带低海拔地区栽培，可作为水土保持的速生树种、绿化植栽、公园树种、庭院栽植等。

152. 杜仲（*Eucommia ulmoides Oliver*）

（1）生物学、生态学特性及自然分布。落叶乔木；树皮灰褐色，粗糙，内含橡胶，折断拉开有多数细丝。叶长 6～15cm，宽 3.5～6.5cm，上面暗绿色，下面淡绿，边缘有锯齿。花生于当年枝基部，雄花无花被；雄蕊长约 1cm，无毛，花丝长约 1mm，无退化雌蕊。雌花单生，子房无毛，1 室，扁而长，先端 2 裂。翅果扁平，长椭圆形，先端 2 裂，周围具薄翅；坚果位于中央，稍突起，子房柄与果梗相接处有关节。种子扁平，线形，两端圆形。早春开花，秋后果实成熟。

杜仲分布于陕西、甘肃、河南、湖北、四川、云南、贵州、湖南及浙江等省，现各地广泛栽种。在自然状态下，生长于海拔300～500m的低山，谷地或低坡的疏林里，对土壤的选择并不严格，在瘠薄的红土，或岩石峭壁均能生长。

（2）水土保持功能。杜仲喜湿且耐寒耐瘠薄，可涵养水源、保持水土，是良好的水土保持树种。

（3）主要应用的立地类型。适合栽植于四川盆地区、秦巴山、武陵山山地丘陵区、美化区及恢复区。

（4）栽植技术。杜仲常设计为列植或群植，苗木规格一般为1.5m左右和2.5m左右。若在开发项目产生的干旱瘠薄地种植，可适量增施有机肥以保证存活率。应选择土层深厚、疏松肥沃、土壤酸性至微碱性、排水良好的向阳缓坡地，种植时，须深翻土壤、耙平、挖穴，浇水，做好覆盖保墒等措施。种子出苗后，注意中耕除草、浇水施肥、遮阴、浇水、排涝。1～2年生苗木高达1m以

图5－109　杜仲

上时，即可于落叶后至翌春萌芽前定植，幼苗生长缓慢，须加强抚育，防治病虫害。

（5）现阶段应用情况。是涵养水源、保持水土的优良树种。

杜仲如图5－109所示。

5.2　灌木

1. 紫丁香（*Syringa oblata Lindl.*）

（1）生物学、生态学特性及自然分布。灌木或小乔木，高可达5m；树皮灰褐色或灰色。小枝、花序轴、花梗、苞片、花萼、幼叶两面以及叶柄均无毛而密被腺毛。小枝较粗，疏生皮孔。叶片革质或厚纸质，卵圆形至肾形，上面深绿色，下面淡绿色。圆锥花序直立，花冠紫色，花药黄色。果倒卵状椭圆形、卵形至长椭圆形，光滑。花期4—5月，果期6—10月。

有一定的耐寒性和较强的耐寒力，耐瘠薄，宜栽植于土壤疏松且排水良好的向阳处，适宜土壤为中性砂质土，厚度大于30cm。

产于东北、华北、西北（新疆）除以至西南达四川西北部（松潘、南坪）。生于山坡丛林、山沟溪边、山谷路旁及滩地水边，海拔300～2400m。长江以北各庭园普遍栽培。

（2）水土保持功能。紫丁香萌生性及抗逆性强，须根及侧根发达，能耐阴，可用于乔灌混交。其吸收二氧化硫的能力较强，对二氧化硫污染具有一定的净化作用。

（3）主要应用的立地类型。适合栽植于平地区、办公美化区。

（4）栽植技术。在丁香的生产实践中，落叶后萌芽前的3月中上旬栽植成活率最高，

株距 2～3m，也可根据绿化要求自行配置。园林大苗，Ⅰ级苗，无病虫害和各类伤，根系发达，常绿树种带土球。栽植穴深 50～60cm，栽前穴内施腐熟堆肥 3～5kg，切忌根系接触肥料。栽后浇透水，以后每隔 10d 浇水 1 次，连续 3～5 次，浇后松土保墒、提高地温、促发新根。

（5）现阶段应用情况。主要用于园林观赏。

2. 木槿（*Hibiscus syriacus L.*）

（1）生物学、生态学特性及自然分布。落叶灌木，高 3～4m。小枝密被黄色星状绒毛；叶菱形至三角状卵形；叶柄被星状柔毛。花钟形，淡紫色，花瓣倒卵形，外面疏被纤毛和星状长柔毛；花柱枝无毛。蒴果卵圆形，密被黄色星状绒毛；种子肾形，背部被黄白色长柔毛。花期 7—10 月。

较耐干燥和贫瘠，尤喜光和温暖潮润的气候。稍耐阴，喜温暖、湿润气候，耐修剪，好水湿，对土壤要求不严，在重黏土中也能生长。萌蘖性强。

系中国中部各省原产，主要分布在热带和亚热带地区，中国台湾、福建、广东、广西、云南、贵州、四川、湖南、湖北、安徽、江西、浙江、江苏、山东、河北、河南、陕西等地均有栽培。

（2）水土保持功能。主要具有保持和改良土壤、涵养水源等水土保持功能，能抵抗并吸收氯气、氯化氢、二氧化硫等有害气体。

（3）主要应用的立地类型。适合栽植于黄土高原沟壑区、平地区、办公美化区、抗污染区。

图 5-110　木槿

（4）栽植技术。木槿常设计为列植或孤植，株行距 0.8m×0.8m，丛植也可。木槿耐寒性差，在北方需做越冬防寒工作。移栽定植时，种植穴或种植沟内要施足基肥，一般以垃圾土或腐熟的厩肥等农家肥为主，配合施入少量复合肥。移栽定植最好在幼苗休眠期进行，也可在多雨的生长季节进行。移栽时要剪去部分枝叶以利成活。定植后应浇 1 次定根水，并保持土壤湿润，直到成活。

（5）现阶段应用情况。木槿是夏、秋季的重要观花灌木，其对二氧化硫与氯化物等有害气体具有很强的抗性，同时还具有很强的滞尘功能，通常用作庭院观赏和绿化树种。

木槿如图 5-110 所示。

3. 紫叶小檗（*Berberis thunbergii DC. CV. Atropurpurea*）

（1）生物学、生态学特性及自然分布。落叶灌木；幼枝淡红带绿色，无毛，老枝暗红色具条棱。叶菱状卵形，全缘，表面黄绿色，背面带灰白色。花 2～5 朵，成伞形花序，花被黄色；小苞片带红色；花瓣长圆状倒卵形，先端微缺，基部以上腺体靠近。浆果红色，椭圆体形，长约 10mm，稍具光泽，含种子 1～2 颗。

喜凉爽湿润环境，适应性强，耐寒也耐旱，不耐水涝；喜阳也能耐阴，萌蘖性强，耐修剪，对各种土壤都能适应，在肥沃深厚、排水良好的土壤中生长更佳。

原产日本，现在中国浙江、安徽、江苏、河南、河北等地广泛栽培，各北部城市基本都有栽植。

（2）水土保持功能。紫叶小檗萌芽力强，具有一定的固土功能，是北方常见灌木。在园林中常用于点缀山石和池畔，常用于我国大部分省区、特别是各大城市公路两侧或立交桥下的绿化。

（3）主要应用的立地类型。适合栽植于黄土高原沟壑区、平地区、办公美化区、生活美化区、滞尘区。

（4）栽植技术。紫叶小檗移栽裸根或带土坨均可。生长期间，每月应施1次20%的饼肥水等液肥。定植时应进行强度修剪，以

图5-111　紫叶小檗

促使其多发枝丛、生长旺盛。紫叶小檗幼苗喜半阴，尤其播种繁殖幼苗常采取遮阴措施。雨季注意排水，以免积水造成根系缺氧，发生腐烂。

（5）现阶段应用情况。通常用于行道绿化、庭院观赏。

紫叶小檗如图5-111所示。

4. 紫穗槐（*Amorpha fruticosa* L.）

（1）生物学、生态学特性及自然分布。落叶灌木，丛生，高1～4m。小枝灰褐色，被疏毛。叶互生，奇数羽状复叶，基部有线形托叶，小叶卵形或椭圆形，具黑色腺点。穗状花序，蝶形花冠。荚果下垂，微弯曲，顶端具小尖，棕褐色，表面有凸起的疣状腺点。花、果期5—10月。

对土壤要求不严，在沙地、黏土、中性土、盐碱土（0.7%以下含盐量的盐渍化土壤）、酸性土、低湿地及土质瘠薄的山坡上均能生长。喜干冷气候，耐干旱能力强，耐水淹。对光线要求充足，耐寒性强。

原产美国东北部和东南部，现我国东北、华北、西北及山东、安徽、江苏、河南、湖北、广西、四川等地均有栽培。

（2）水土保持功能。抗风力强，生长快，生长期长，枝叶繁密，是防风林带紧密种植结构的首选树种。同时，紫穗槐树冠浓密，落叶丰富，且易分解，具有改良土壤的性能，能够提高土壤的保水保肥能力；有根瘤菌固定大气中的氮素，固氮力好，是改良土壤的优良灌木。常栽植于河岸、河堤、沙地、山坡及铁路沿线，有护堤防沙、防风固沙的作用。

（3）主要应用的立地类型。适合功能区域：滞尘区、一般恢复区、生活美化区。

（4）栽植技术。栽植可用播种、分株和扦插法进行繁殖。采用1年生Ⅰ级苗，地径不小于0.5cm。起苗时，要注意保护根系，随起随栽。株行距0.8m×0.8m，培土踩紧，若土壤干燥，先灌水后再培土踩紧。移栽后头年就生分枝，枝长可达1.5m左右，经平茬利用，分枝逐渐增多。

（5）现阶段应用情况。用作水土保持、被覆地面和工业区绿化。

紫穗槐如图 5-112 所示。

5. 月季花（*Rosa chinensis Jacq.*）

（1）生物学、生态学特性及自然分布。直立灌木，高 1～2m。小枝粗壮，圆柱形，近无毛，有短粗的钩状皮刺或无刺。小叶 3～5，小叶片宽卵形至卵状长圆形，顶生小叶片有柄，侧生小叶片近无柄。花几朵集生，稀单生，花瓣重瓣至半重瓣，红色、粉红色至白色。果卵球形或梨形，长 1～2cm，红色。花期 4—9 月，果期 6—11 月。

图 5-112　紫穗槐

对气候、土壤要求虽不严格，但以疏松、肥沃、富含有机质、微酸性、排水良好的壤土较为适宜。性喜温暖、日照充足、空气流通的环境。大多数品种最适温度白天为 15～26℃，晚上为 10～15℃。冬季气温低于 5℃即进入休眠。有的品种能耐-15℃的低温和 35℃的高温；夏季温度持续 30℃以上时，即进入半休眠，植株生长不良，虽也能孕蕾，但花小瓣少，色暗淡而无光泽，失去观赏价值。

原产中国，各地普遍栽培。园艺品种很多。

（2）水土保持功能。能极大降低周围地区的噪声污染，缓解火热夏季城市的温室效应。且能吸收硫化氢、氟化氢、苯、苯酚等有害气体，同时对二氧化硫、二氧化氮等有较强的抵抗能力。

（3）主要应用的立地类型。适合栽植于平地区、办公美化区、生活美化区、滞尘区。

图 5-113　月季

（4）栽植技术。大多采用扦插繁殖法，亦可分株、压条繁殖。扦插一年四季均可进行，但以冬季或秋季的梗枝扦插为宜，夏季的绿枝扦插要注意水的管理和温度的控制，否则不易生根；冬季扦插一般在温室或大棚内进行，如露地扦插要注意增加保湿措施。

（5）现阶段应用情况。月季因其攀缘生长的特性，主要用于垂直绿化，在园林街景、美化环境中具有独特的作用，可以做成延绵不断的花篱、花屏或花墙。

月季如图 5-113 所示。

6. 金叶女贞（*Ligustrum × vicaryi Hort*）

（1）生物学、生态学特性及自然分布。落叶灌木，高 1～2m，是金边卵叶女贞和欧洲女贞的杂交种。叶片较长叶女贞稍小，单叶对生，椭圆形或卵状椭圆形，长 2～5cm。总状花序，小花白色。核果阔椭圆形，紫黑色。金叶女贞叶色金黄，尤其在春秋两季色泽更加璀璨亮丽。

适应性强，对土壤要求不严格，对我国长江以南及黄河流域等地的气候条件均能适应，生长良好。性喜光，稍耐阴，耐寒能力较强，不耐高温高湿，在京津地区，小气候好的楼前避风处，冬季可以保持不落叶。它抗病力强，很少有病虫危害。

华北南部至华东北部暖温带落叶阔叶林区（主要城市：北京、天津、太原、临汾、长治、石家庄、秦皇岛、保定、唐山、邯郸、邢台、承德、济南、德州、延安、宝鸡、天水）。

（2）水土保持功能。金叶女贞毒气体抗性强、萌枝力强、再生能力强、能够净化空气。

（3）主要应用的立地类型。适合栽植于黄土高原沟壑区、平地区、办公美化区、生活美化区、滞尘区、黄土高原沟壑区挖方边坡区 $[\alpha<1:1.5(33.7°)]$。

（4）栽植技术。采用扦插育苗，两年生新梢木质化部分剪成 12cm 左右的插条，基质为粗沙土，0.5% 高锰酸钾液消毒 1d，扦插后用清水喷透覆塑料膜，生根前每天喷水 2 次，

图 5-114　金叶女贞

中午适当通风，3d 后全部揭去。炼苗 4~5d 后即可进行移栽，栽后立即浇透水，3d 后再浇一次。

（5）现阶段应用情况。通常用于行道树、庭院树或修剪成绿篱。

金叶女贞如图 5-114 所示。

7. 野蔷薇（*Rosa multiflora Thunb.*）

（1）生物学、生态学特性及自然分布。攀缘灌木。小枝圆柱形，通常无毛。小叶 5~9 片，近花序的小叶有时 3 片；小叶片倒卵形、长圆形或卵形；托叶篦齿状，大部贴生于叶柄，边缘有或无腺毛。圆锥花序，花瓣白色，宽倒卵形。果近球形，直径 6~8mm，红褐色或紫褐色，有光泽，无毛。

喜阳光，亦耐半阴，较耐寒，在中国北方大部分地区都能露地越冬。对土壤要求不严，耐干旱，耐瘠薄，但栽植在土层深厚、疏松、肥沃湿润而又排水通畅的土壤中则生长更好，也可在黏重土壤上正常生长。不耐水湿，忌积水。萌蘖性强，耐修剪，抗污染。

产于江苏、山东、河南等省。

（2）水土保持功能。蔷薇对土壤要求不严，具有一定的抗风、固沙能力和较强的根蘖性，可作为水土保持植物。蔷薇根系可以吸收水分，主要具有保持和改良土壤、涵养水源等水土保持功能。

（3）主要应用的立地类型。适合栽植于黄土高原沟壑区、平地区、滞尘区。

（4）栽植技术。生产上多用当年嫩枝扦插育苗，容易成活。名贵品种较难扦插，可用压条或嫁接法繁殖。栽植时应选择地势开阔、排水良好、阳光充足之地。通常按行距 2m、株距 2m 挖穴，其直径为 60cm、深度为 60cm。如果土质不佳，可换成客土，并在穴中施用基

肥，注意要将其与底土拌匀。每穴放入 3 年生苗 1
株，先将其扶正，使根系舒展，然后填土踩实。接
着浇透水 1 次，3～5d 后还要酌情浇水。

（5）现阶段应用情况。通常用于庭院观赏，
培育作盆花或切花。

野蔷薇如图 5 - 115 所示。

8. 柠条锦鸡儿（*Caragana korshinskii Kom.*）

（1）生物学、生态学特性及自然分布。落叶
灌木或小乔木，高 1～4m。老枝金黄色，有光泽；
嫩枝被白色柔毛。羽状复叶，有 6～8 对小叶，托
叶在长枝者硬化成针刺，小叶披针形或狭长圆形，
灰绿色，两面密被白色伏贴柔毛。花萼管状钟形，
花冠蝶形。荚果扁，披针形，有时被疏柔毛。花期 5 月，果期 6 月。

图 5 - 115　野蔷薇

耐旱、耐寒、耐高温，是干旱草原、荒漠草原地带的旱生灌丛。在黄土丘陵地区、山
坡、沟岔，以及肥力极差、沙层含水率 2%～3% 的流动沙地和丘间低地和固定、半固定
沙地上均能正常生长。

产于内蒙古、宁夏、甘肃（河西走廊）。在我国的吉林、辽宁、河北、山东、山西、
内蒙古、陕西、宁夏、甘肃、青海、新疆等省（自治区）均有分布。多在海拔 1000～
2000m 之间的沙漠绿洲或黄土高原地带，在海拔 3800m 的高山（祁连山）也能生长。在
甘肃陇中、陇东黄土高原北部干旱草原和荒漠地区野生分布极为普遍。

（2）水土保持功能。为中国西北、华北、东北西部水土保持和固沙造林的重要树种
之一。柠条不怕沙埋，沙子越埋，分枝越多，生长越旺盛，固沙能力越强，是治理水
土流失和退化沙化草场的先锋植物。其根有根瘤菌，所以改良土壤的效果也很好。

（3）主要应用的立地类型。常用于滞尘区、防辐射区、一般恢复区、高标恢复区以及
挖填方坡度为 0°～5° 的土质边坡上。适合栽植于高塬沟壑区挖方边坡 [$\alpha<1:1.5$
$(33.7°)$]。

（4）栽植技术。播种前种子一般不处理，只要墒情好，春、夏、秋均可播种，但以雨
季最好。在黏重土壤上，雨后抢墒播种，不
致因土壤板结而曲芽，影响出苗。沙质土壤
雨前较雨后播种好，易全苗。若为植苗造
林，株行距 0.8m×0.8m，1 年生Ⅰ级苗，
地径≥0.5cm。为了促进柠条种子迅速发
芽，减少鼠害，播前可用 30℃ 水浸种 12～
24h，捞出后用 10% 的磷化锌拌种。

（5）现阶段应用情况。优良固沙和绿化
荒山植物，种子含油，可提炼工业用润滑
油，也是良好的饲草饲料。

柠条锦鸡儿如图 5 - 116 所示。

图 5 - 116　柠条锦鸡儿

9. 梭梭［*Haloxylon ammodendron*（*C. A. Mey.*）*Bunge*］

（1）生物学、生态学特性及自然分布。小乔木，高 1～9m。树皮灰白色，木材坚而脆；老枝灰褐色或淡黄褐色，通常具环状裂隙。叶鳞片状，宽三角形。花被片矩圆形，背面生翅状附属物。胞果黄褐色。种子黑色，直径约 2.5mm。花期 5—7 月，果期 9—10 月。

抗旱、抗热、抗寒、耐盐碱性都很强，茎枝内盐分含量高达 15% 左右；喜光，不耐庇荫，适应性强，生长迅速，枝条稠密，根系发达，防风固沙能力强。

产于宁夏西北部、甘肃西部、青海北部、新疆、内蒙古。生于沙丘、盐碱土荒漠、河边沙地等处。

（2）水土保持功能。能防风固沙、遏制土地沙化、改良土壤、恢复植被，能使周边沙化草原得到保护，维护生态平衡。在沙漠地区常形成大面积纯林，有固定沙丘的作用。

（3）主要应用的立地类型。适合栽植于平地区、滞尘区（无灌溉条件）。

（4）栽植技术。用落水盖草法或覆薄沙盖草法进行春季育苗。移栽地段应在轻度盐渍化、地下水位较高、土层中含水量不低于 2% 的固定、半固定沙地上。穴状整地，根系完整，无病虫害和各类伤，地径不小于 1.5cm。

图 5 - 117　梭梭

（5）现阶段应用情况。防风固沙，遏制土地沙化，改良土壤，恢复植被，保护周边沙化草原。

梭梭如图 5 - 117 所示。

10. 沙拐枣（*Calligonum mongolicum Turcz.*）

（1）生物学、生态学特性及自然分布。灌木，高 25～150cm。老枝灰白色或淡黄灰色；当年生幼枝草质，灰绿色，有关节。叶线形，长 2～4mm。花白色或淡红色。果实（包括刺）宽椭圆形，瘦果。花期 5—7 月，果期 6—8 月。

旱生喜光的灌木树种，具有抗干旱、耐高温、抗风蚀、抗沙埋、抗盐碱、生命力强、易于繁殖、生长迅速等特性。主要长在荒漠带并渗入草原化荒漠及荒漠化草原。也生长于流动沙丘、半流动沙丘或石质地，以及砾质戈壁、山前沙砾质洪积扇坡地上。

主要分布于内蒙古中部西部、甘肃西部及新疆东部。生于流动沙丘、半固定沙丘、固定沙丘、沙地、沙砾质荒漠和砾质荒漠的粗沙积聚处，海拔 500～1800m。

（2）水土保持功能。沙拐枣是浅根性树种，侧根异常发达，一般可水平延伸至 20～30m，但根系也可扎入较深的沙层中。作为沙质生境的主要建群种之一，沙拐枣亦是速生灌木，生长快、枝条茂密、有良好的防风固沙效果，故又是一种先锋固沙植物。

（3）主要应用的立地类型。适合栽植于平地区、一般恢复区。

（4）栽植技术。多采用植苗造林、直播造林，有些沙拐枣可扦插造林。植苗造林时，在水分条件好、春季沙面湿润、干沙层薄的地区，挖坑深度 40～50cm 即可，干沙层厚的地方要铲去干沙层再挖坑。造林密度一般行距 2～3m，株距 1m 为宜。

（5）现阶段应用情况。沙拐枣为防风固沙植物。花、果及老枝均有一定的观赏价值，适宜点缀公园，也可盆栽。全株可入药，种子富含油脂，也可作骆驼的饲料。

沙拐枣如图 5-118 所示。

图 5-118　沙拐枣

11. 玫瑰（*Rosa rugosa Thunb.*）

（1）生物学、生态学特性及自然分布。直立灌木。茎粗壮，丛生；小枝有淡黄色的皮刺。小叶 5～9 片，小叶片椭圆形或椭圆状倒卵形，上面深绿色，下面灰绿色。花单生于叶腋，或数朵簇生，花瓣倒卵形，重瓣至半重瓣，紫红色至白色。果扁球形，直径 2～2.5cm，砖红色，肉质，平滑，萼片宿存。花期 5—6 月，果期 8—9 月。

喜阳光充足，耐寒、耐旱，喜排水良好、疏松肥沃的壤土或轻壤土，在粘壤土中生长不良、开花不佳。宜栽植在通风良好、离墙壁较远的地方，以防日光反射，灼伤花苞，影响开花。

原产于我国华北以及日本和朝鲜。我国各地均有栽培。

（2）水土保持功能。适合于梯田堰埂、地边埂、沟边埂、渠道两旁、坡面、河堤、坝库坡处种植，既能固埂保土、固沟护坡、拦截径流，又能绿化环境，易于繁殖，是保持水土的优良灌木。

（3）主要应用的立地类型。适合栽植于平地区、生活美化区、填方边坡区。

（4）栽植技术。可采用播种、扦插、分株、嫁接等方法进行繁殖，但一般多采用分株法和扦插法。在秋季落叶后至春季萌芽前均可栽植，应选地势较高、向阳、不积水的地方栽植，深度以根距地面 15cm 为宜。

（5）现阶段应用情况。玫瑰是城市绿化和园林的理想花木，适用于作花篱，也是街道庭院园林绿化、花径花坛及百花园材料，

图 5-119　玫瑰

还可用于提取精油和食用的玫瑰制品。

玫瑰如图 5-119 所示。

12. 红瑞木（*Swida alba Opiz*）

（1）生物学、生态学特性及自然分布。灌木，高达 3m。树皮紫红色。叶对生，纸质，椭圆形，稀卵圆形，上面暗绿色，下面粉绿色。伞房状聚伞花序顶生，花小，白色或淡黄白色，花瓣 4 片，卵状椭圆形，花药淡黄色。核果长圆形，微扁，成熟时乳白色或蓝白色；果梗有疏生短柔毛。花期 6—7 月；果期 8—10 月。

喜潮湿温暖的生长环境，适宜的生长温度为 22～30℃，光照充足。红瑞木喜肥，在

排水通畅，养分充足的环境，生长速度非常快。

产于黑龙江、吉林、辽宁、内蒙古、河北、陕西、甘肃、青海、山东、江苏、江西等省（自治区）。生于海拔 600～1700m（在甘肃可高达 2700m）的杂木林或针阔叶混交林中。

图 5-120　红瑞木

（2）水土保持功能。可固持土壤、改良土壤理化性质，是良好的园林绿化树种，可栽培供观赏。

（3）主要应用的立地类型。适合栽植于高塬沟壑区、平地区、办公美化区、生活美化区。

（4）栽植技术。可用播种、扦插和压条法繁殖。播种时，种子应沙藏后春播。扦插可选 1 年生枝，秋冬沙藏后于翌年 3—4 月扦插，或秋冬农闲时节选 1 年生健康枝条，剪 15cm 左右长条扦插于温室中，来年春天可以出圃移栽。压条可在 5 月将枝条环割后埋入土中，生根后在翌春与母株割离分栽。

（5）现阶段应用情况。园林造景的异色树种。红瑞木种子含油量高，提取以后能用于工业生产。

红瑞木如图 5-120 所示。

13. 冬青（*Ilex chinensis Sims*）

（1）生物学、生态学特性及自然分布。常绿乔木，高达 13m。树皮灰黑色。叶片薄革质至革质，椭圆形或披针形，稀卵形，叶面绿色。花淡紫色或紫红色，4～5 基数；花萼浅杯状。果长球形，成熟时红色，长 10～12mm，直径 6～8mm。花期 4—6 月，果期 7—12 月。

亚热带树种，喜温暖气候，有一定耐寒力。适生于肥沃湿润、排水良好的酸性土壤。较耐阴湿，萌芽力强，耐修剪。对二氧化碳抗性强。常生于山坡杂木林中，或海拔 500～1000m 的山坡常绿阔叶林中和林缘。

图 5-121　冬青

产于江苏、安徽、浙江、江西、福建、台湾、河南、湖北、湖南、广东（阳山、乐昌、乳源）、广西和云南等省（自治区）。

（2）水土保持功能。冬青可吸收有害气体、净化空气。

（3）主要应用的立地类型。适合栽植于高塬沟壑区、平地区、办公美化区、滞尘区，也适合栽植于高塬沟壑区的挖方边坡区。

（4）栽植技术。全面整地，施肥，灌溉。采用Ⅰ级苗，无病虫害，根系发达，带土球，地径不小于 1.5cm。

（5）现阶段应用情况。可应用于公园、庭园、绿墙和高速公路中央隔离带。冬青移栽成活率高，恢复速度快，是园林绿化中使用最多的灌木，也用来制作盆景。

冬青如图 5-121 所示。

14. 黄杨〔*Buxus sinica（Rehd. et wils.）Cheng*〕

（1）生物学、生态学特性及自然分布。灌木或小乔木，高 1～6m。枝圆柱形，有纵棱，灰白色。叶革质，阔椭圆形、阔倒卵形、卵状椭圆形或长圆形，叶柄上面被毛。花序腋生，头状，花密集。蒴果近球形。花期 3 月，果期 5—6 月。

耐阴喜光，在一般室内外条件下均可保持生长良好。耐旱，只要地表土壤或盆土不至完全干透，无异常表现。耐寒，可经受夏日暴晒和耐−20℃左右的严寒。

产于陕西、甘肃、湖北、四川、贵州、广西、广东、江西、浙江、安徽、江苏、山东各地，有部分属于栽培。多生于山谷、溪边、林下，海拔 1200～2600m 处。模式标本采自湖北长阳县。

图 5-122　黄杨

（2）水土保持功能。黄杨抗污染能力强，可作为行道树，改善空气质量、保持水土。

（3）主要应用的立地类型。适合栽植于高塬沟壑区、平地区、办公美化区、生活美化区、滞尘区，也适合栽植于高塬沟壑区的挖方边坡区。

（4）栽植技术。黄杨树露地栽植一般株行距：0.5m×1.5m 或 0.4m×1.2m。随着树龄增长、冠幅扩大，可以隔株起苗。黄杨营养钵苗可以穴植或沟植。栽植时将苗木去掉营养钵，按株距排列于沟中，使根系接触土壤，填土踩实。

（5）现阶段应用情况。黄杨是一种常绿植物，经常用于园林绿化，也是做筷子、棋子和木雕的上好材料。

黄杨如图 5-122 所示。

15. 牡丹（*Paeonia suffruticosa Andr.*）

（1）生物学、生态学特性及自然分布。落叶灌木。茎高达 2m；分枝短而粗。叶通常为二回三出复叶，表面绿色，无毛，背面淡绿色，有时具白粉。花单生枝顶，萼片 5 片，绿色；花瓣 5 片，或为重瓣，玫瑰色、红紫色、粉红色至白色，通常变异很大。蓇葖长圆形，密生黄褐色硬毛。花期 5 月；果期 6 月。

性喜温暖、凉爽、干燥、阳光充足的环境。喜阳光，也耐半阴，耐寒，耐干旱，耐弱碱，忌积水，怕热，怕烈日直射。适宜在疏松、深厚、肥沃、地势高燥、排水良好的中性沙壤土中生长。在酸性或黏重土壤中生长不良。

目前全国栽培甚广，并早已引种国外。在栽培类型中，根据花的颜色，可分成上百个品种。

（2）水土保持功能。耐干旱、瘠薄、高寒，具有防风固沙、水土保持等功能及观赏价值，是兼备生态、社会和经济效益的植物。

（3）主要应用的立地类型。适合栽植于高塬沟壑区、平地区、生活美化区。

（4）栽植技术。全面整地，施肥，灌溉。栽植时将生长繁茂的大株牡丹整株掘起，从

图 5-123 牡丹

根系纹理交接处分开。每株所分子株多少以原株大小而定，一般每 3~4 枝为一子株，且有较完整的根系。再以硫磺粉少许和泥，将根上的伤口涂抹、擦匀，即可另行栽植。分株繁殖的时间是在每年的秋分到霜降期间内，适时进行为好。

（5）现阶段应用情况。牡丹广泛应用于城市公园、街头绿地、机关、学校、庭院、寺庙、古典园林等。牡丹花可供食用。以根皮入药，称牡丹皮。

牡丹如图 5-123 所示。

16. 红柳（*Tamarix ramosissima Ledeb.*）

（1）生物学、生态学特性及自然分布。即多枝柽柳。灌木或小乔木，高 1~6m。老杆和老枝的树皮暗灰色，当年生木质化的生长枝淡红或橙黄色，第 2 年生枝则颜色渐变淡。木质化生长枝上的叶披针形；绿色营养枝上的叶短卵圆形或三角状心脏形。总状花序，花粉红色或紫色。蒴果三棱圆锥形瓶状，长 3~5mm。花期 5—9 月。

喜低湿而微具盐碱的土壤，在土壤含盐量 0.5%~0.7% 的盐渍化土壤上能很好生长，但在土壤表层 0~40cm、含盐量 2%~3% 的盐土上生长不良。对流沙适应能力差，在高大流沙丘上栽植，亦生长不良。

产于西藏西部（据记载，未见标本）、新疆、青海（柴达木），甘肃（河西）、内蒙古（西部至临河）和宁夏（北部）。生于河漫滩、河谷阶地上，以及沙质和黏土质盐碱化的平原上、沙丘上，每集沙成为风植沙滩。蒙古国也有分布。

（2）水土保持功能。红柳是沙漠地区盐化沙土、沙丘和河湖滩地上固沙造林及盐碱地上绿化造林的优良树种。

（3）主要应用的立地类型。适合栽植于平地区、滞尘区、防噪声区、高标恢复区。

（4）栽植技术。红柳造林可植苗或扦插，一般以植苗为好。宜选地下水位较高，轻度或中度盐化沙地及有灌溉条件的其他土壤造林。造林地应保持土壤湿润，以提高苗木成活率。

（5）现阶段应用情况。红柳是饲用植物和蜜源植物，主要用于营造农田防护林和固沙林。

红柳如图 5-124 所示。

17. 沙棘（*Hippophae rhamnoides L.*）

（1）生物学、生态学特性及自然分布。落叶灌木或乔木，高 1~5m，高山沟谷可达 18m。棘刺较多；嫩枝褐绿色，老枝灰黑色，粗糙。单叶通常近对生，纸质，狭披针形或矩圆状披针形，上面绿色，下面银白色或淡白色，被鳞片。果实圆球形，橙黄色或橘红色；

图 5-124 红柳

种子小，阔椭圆形至卵形，黑色或紫黑色，具光泽。花期 4—5 月，果期 9—10 月。

阳性树种，喜光照。沙棘对于土壤的要求不严格，在栗钙土、灰钙土、棕钙土、草甸土、黑垆土上都有分布，在砾石土、轻度盐碱土、沙土、甚至在砒砂岩和半石半土地区也可以生长但不喜过于黏重的土壤。沙棘对降水有一定要求，一般在年降水量 400mm 以上，但不喜积水。沙棘极耐干旱，极耐贫瘠，极耐冷热，为植物之最。

产于河北、内蒙古、山西、陕西、甘肃、青海、四川西部。常生于海拔 800～3600m 温带地区向阳的山峰、谷地、干涸河床地或山坡、多砾石或沙质土壤或黄土上。在我国黄土高原上极为普遍。

图 5-125　沙棘

（2）水土保持功能。沙棘具有耐寒、耐旱、耐瘠薄的特点，灌丛茂密，根系发达，串根萌蘖。能够阻拦洪水下泄、拦截泥沙，提高沟道侵蚀基准面。沙棘固氮能力很强，能够为其他植物的生长提供养分，是优良的先锋树种和混交树种。

（3）主要应用的立地类型。适合栽植于高塬沟壑区挖方边坡区。

（4）栽植技术。株行距 1.5m×2m，每亩（667m²）220 株。株行距 1.5m×2m。沙棘是雌雄异株，雌雄比例是 8∶1，树穴的规格树苗的大小而定，一般为直径 35cm、深 35cm。沙棘雌雄异株，栽植时要配置授粉树。

（5）现阶段应用情况。广泛用于水土保持和沙漠绿化。沙棘果实中维生素 C 含量高。其含有丰富的营养物质和生物活性物质，可以应用于食品、医药、轻工、航天、农牧渔业等国民经济的许多领域。

沙棘如图 5-125 所示。

18. 木地肤 [*Kochic prostrata（L．）Schrad.*]

（1）生物学、生态学特性及自然分布。半灌木，高 20～80cm。木质茎通常低矮，黄褐色或带黑褐色。叶互生，条形，两面有稀疏的绢状毛。穗状花序；花被球形，翅状附属物扇形或倒卵形，膜质，具紫红色或黑褐色脉。胞果扁球形，果皮厚膜质，灰褐色。种子近圆形，黑褐色，直径 1～5mm。花期 7—8 月，果期 8—9 月。

早春旱期气温达 25℃时，木地肤生长速度最快，占全年生长量的一半以上。炎夏时期土壤含水量降到 7%～3%时，仍能稳定生长，进入初冬时期，能保持绿叶不凋，11 月中旬基部及叶腋仍有小绿叶，未停止生长。木地肤抗旱性极强，当土壤干旱程度达到乔木凋萎系数以下时，木地肤仍然能度过旱季正常繁殖。木地肤还有很强的抗寒性。

产于黑龙江、辽宁、内蒙古、河北、山西、陕西、宁夏、甘肃西部、新疆、西藏。生于山坡、沙地、荒漠等处。

（2）水土保持功能。木地肤抗寒、抗热、耐碱性也较强，是荒漠地区的优良牧草。常生长于草原和荒漠区的沙质、沙壤质或多碎石的土壤中，在荒漠草原和草原化荒漠地带常成为群落的重要伴生种，并能形成层片。

（3）主要应用的立地类型。适合栽植于平地区、一般恢复区。

（4）栽植技术。木地肤对土壤要求不严，但以疏松土壤为好。应选择地势平缓、坡度平缓、坡度较小、土层深厚的地块。植苗移栽可用人工锹栽法和步犁栽法 2 种。锹栽法为踩下铁锹撬开缝，将苗插入即可。但要注意根茎，要全部埋在土中，植苗密度以 0.5m×1.0m 为宜。

木地肤最佳刈割利用期为开花期，这时草质好、叶量繁茂、营养成分也高、适口性好。

（5）现阶段应用情况。木地肤生态变异幅度大、营养丰富、适口性好，是干旱地区的优等饲料作物，各类牲畜均喜食。

木地肤如图 5-126 所示。

图 5-126　木地肤

19. 紫薇（*Lagerstroemia indica L.*）

（1）生物学、生态学特性及自然分布。落叶灌木或小乔木，高可达 7m。树皮平滑，灰色或灰褐色。叶互生或有时对生，纸质，椭圆形、阔矩圆形或倒卵形。花淡红色或紫色、白色，常组成顶生圆锥花序，花瓣 6 片，皱缩。蒴果椭圆状球形或阔椭圆形，幼时绿色至黄色，成熟时或干燥时呈紫黑色；种子有翅，长约 8mm。花期 6—9 月，果期 9—12 月。

喜暖湿气候，喜光，略耐阴，喜肥，尤喜深厚肥沃的砂质壤土，好生于略有湿气之地，亦耐干旱，忌涝，忌种在地下水位高的低湿地方。性喜温暖，也能抗寒，萌蘖性强。半阴生，喜生于肥沃湿润的土壤上，也能耐旱，不论在钙质土或酸性土上都生长良好。

我国广东、广西、湖南、福建、江西、浙江、江苏、湖北、河南、河北、山东、安徽、陕西、四川、云南、贵州及吉林均有生长或栽培。

（2）水土保持功能。具有较强的抗污染能力，对二氧化硫、氟化氢及氯气的抗性较强。

（3）主要应用的立地类型。适合栽植于高塬沟壑区、平地区、生活美化区。

（4）栽植技术。大苗移植要带土球，并适当修剪枝条，否则成活率较低。栽植穴内施腐熟有机肥作基肥，栽后浇透水，3d 后再浇 1 次。紫薇出芽较晚，正常情况下在 4 月中旬至 4 月底才展叶，新栽植株因根系受伤，发芽就更要延迟，因此更要加强管理。

（5）现阶段应用情况。紫薇的种子可制作农药，有驱杀害虫之效。紫薇是城市、工矿绿化最理想的树种，可净化空气、美化环境。

紫薇如图 5 - 127 所示。

20. 黄柳（*Salix gordejevii Y. L. Chang et Skv.*）

（1）生物学、生态学特性及自然分布。灌木，高 1～2m。树皮灰白色，不开裂。小枝黄色，无毛，有光泽。冬芽无毛，长圆形，红黄色。叶线形或线状披针形，上面淡绿色，下面较淡，幼叶有短绒毛，后无毛，托叶披针形。花先叶开放。蒴果无毛，淡褐黄色。花期 4 月，果期 5 月。

生于流动沙丘上，耐寒、耐热、抗风沙、易繁殖、生长快、耐沙埋、喜光。喜生于草原地带地下水位较高的固定沙丘、半固定沙丘上。

图 5 - 127　紫薇

产于内蒙古东部和辽宁西部，甘肃北部有引种。

（2）水土保持功能。黄柳具有很强的耐旱性，为内蒙古东部与辽宁西部沙丘上较普遍的植物，用插条繁殖，成活率极高。常作为制作沙障的材料，是极佳的固沙树种。

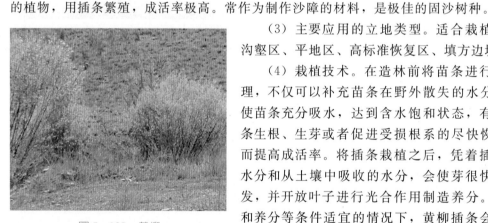

图 5 - 128　黄柳

（3）主要应用的立地类型。适合栽植于高塬沟壑区、平地区、高标准恢复区、填方边坡区。

（4）栽植技术。在造林前将苗条进行浸水处理，不仅可以补充苗条在野外散失的水分，还能使苗条充分吸水，达到含水饱和状态，有利于插条生根、生芽或者促进受损根系的尽快恢复，进而提高成活率。将插条栽植之后，凭着插条本身水分和从土壤中吸收的水分，会使芽很快膨大萌发，并开放叶子进行光合作用制造养分。在水分和养分等条件适宜的情况下，黄柳插条会很快形成愈合组织并长出新根，确保成活。

（5）现阶段应用情况。黄柳是防风固沙的主要先锋树种，是沙区农牧业生产的天然屏障。黄柳的嫩枝条和叶在冬季是家畜喜食的饲料。也是非常好的经济树种。

黄柳如图 5 - 128 所示。

21. 柽柳（*Tamarix chinensis Lour.*）

（1）生物学、生态学特性及自然分布。乔木或灌木，高 3～8m。老枝直立，暗褐红色，光亮，幼枝稠密细弱，常开展而下垂，红紫色或暗紫红色，有光泽。叶鲜绿色，从生木质化生长枝上生出的绿色营养枝上的叶圆状披针形或卵状披针形。每年开花 2～3 次。总状花序，花大而少；花瓣 5 片，粉红色，果时宿存。蒴果圆锥形。花期 4—9 月。

喜生于河流冲积平原、海滨、滩头、潮湿盐碱地和沙荒地。其耐高温和严寒；为喜光树种，不耐遮阴。能耐烈日曝晒，耐干又耐水湿，抗风又耐碱土，能在含盐量 1% 的重盐碱地上生长。深根性，主侧根都极发达，主根往往伸到地下水层，最深可达 10m，萌芽力强，耐修剪和刈割；生长较快，年生长量 50～80cm，4～5 年高达 2.5～3.0m，大量开花结实，树龄可达百年以上。

野生于辽宁、河北、河南、山东、江苏（北部）、安徽（北部）等省；栽培于中国东部至西南部各省区。

（2）水土保持功能。柽柳是可以生长在荒漠、河滩或盐碱地等恶劣环境中的顽强植物，是最能适应在干旱沙漠和滨海盐土中生存的优良树种之一，具有防风固沙、改造盐碱地、绿化环境的作用。

（3）主要应用的立地类型。适合功能区域：滞尘区、一般恢复区、土质边坡、风积沙地区。

（4）栽植技术。柽柳的繁殖方式主要有扦插、播种、压条和分株以及试管繁殖。

图 5-129 柽柳

（5）现阶段应用情况。可做优良的盐碱地造林树种。

柽柳如图 5-129 所示。

22. 毛刺锦鸡儿（*Caragana tibetica Kom.*）

（1）生物学、生态学特性及自然分布。矮灌木，常呈垫状。老枝皮灰黄色或灰褐色，多裂；小枝密集，淡灰褐色，密被长柔毛。羽状复叶有 3～4 对小叶；叶轴硬化成针刺，宿存，淡褐色，嫩枝叶轴密被长柔毛，灰色；小叶线形，密被灰白色长柔毛。花单生，近无梗；花萼管状；花冠黄色；子房密被柔毛。荚果椭圆形，外面密被柔毛，里面密被绒毛。花期 5—7 月，果期 7—8 月。

根系发达，具根瘤，抗旱耐瘠，能在山石缝隙处生长。忌湿涝，萌芽力、萌蘖力均强，能自然播种繁殖。在深厚肥沃湿润的砂质壤土中生长更佳，也可生于干旱山坡或砂地。

产于内蒙古西部、陕西北部、宁夏、甘肃、青海、四川西部。

（2）水土保持功能。具有良好的水土保持功能。

23. 胡颓子（*Elaeagnus pungens Thunb.*）

（1）生物学、生态学特性及自然分布。常绿直立灌木，高 3～4m。具刺，刺顶生或腋生，深褐色；幼枝微扁棱形，密被锈色鳞片，老枝鳞片脱落，黑色，具光泽。叶革质，椭圆形或阔椭圆形，稀矩圆形；叶柄深褐色。花白色或淡白色。果实椭圆形，长 12～14mm，幼时被褐色鳞片，成熟时红色，果核内面具白色丝状棉毛。花期 9—12 月，果期次年 4—6 月。

对土壤要求不严，在中性、酸性和石灰质土壤上均能生长，耐干旱和瘠薄，不耐水涝。耐阴一般，喜高温、湿润气候，其耐盐性、耐旱性和耐寒性佳，抗风强。生于山地杂木林内和向阳沟谷旁；或有栽培。

产于江苏、浙江、福建、安徽、江西、湖北、湖南、贵州、广东、广西，日本也有分布。

（2）水土保持功能。是良好的水土保持植物种。

（3）栽植技术。每年 5 月中、下旬将果实采下后堆积起来，经过一段时间的成熟腐烂，再将种子淘洗干净立即播种。应适当加大播种量，采用开沟条播法，播后盖草保墒。

播种后已进入夏季，气温较高，1 个多月即可全部出齐，应立即搭棚遮阴。当年追肥 2 次，翌年早春分苗移栽，再培养 1～2 年即可出圃。

（4）现阶段应用情况。种子、叶和根可入药。种子可止泻，叶可治肺虚气短，根可治吐血及煎汤洗疮疥有一定疗效。果实味甜，可生食，也可酿酒和熬糖。茎皮纤维可造纸和人造纤维板。也可作庭院观赏树种。

24. 胡枝子 (*Lespedeza bicolor Turcz.*)

（1）生物学、生态学特性及自然分布。直立灌木，高 1～3m。多分枝，小枝黄色或暗褐色，有条棱，被疏短毛。羽状复叶具 3 片小叶；托叶 2 枚，线状披针形；小叶质薄，卵形、倒卵形或卵状长圆形。总状花序腋生；小苞片黄褐色，花冠蝶形，红紫色，极稀白色。荚果斜倒卵形，稍扁，表面具网纹，密被短柔毛。花期 7～9 月，果期 9—10 月。

耐旱、耐瘠薄、耐酸性、耐盐碱、耐刈割。对土壤适应性强，在瘠薄的新开垦地上可以生长，但最适于壤土和腐殖土。耐寒性很强，在坝上高寒区以主根茎之腋芽越冬，再生性很强。

产于黑龙江、吉林、辽宁、河北、内蒙古、山西、陕西、甘肃、山东、江苏、安徽、浙江、福建、台湾、河南、湖南、广东、广西等省（自治区）。生于海拔 150～1000m 的山坡、林缘、路旁、灌丛及杂木林间。

（2）水土保持功能。胡枝子由于枝叶茂盛和根系发达，可有效地保持水土、减少地表径流和改善土壤结构。

（3）栽植技术。9—10 月，当荚果呈黄褐色时即可用手撸采集，将采集的荚果晾干后搓掉果柄、清除杂物，装袋贮藏于干燥通风处。育苗地选中性的沙质壤土为好。要深翻，一般不浅于 30cm。翻后作床或畦，待播种。在有水土流失的坡地，采用水平沟、水平阶整地进行栽植。选根系良好的壮苗，苗木宜截干栽植、穴植。

（4）现阶段应用情况。用作饲料、肥料、燃料。是含有丰富营养的粮食和食品用油资源的植物，其根、花可入药。

25. 虎榛子 (*Ostryopsis davidiana Decne.*)

（1）生物学、生态学特性及自然分布。灌木，高 1～3m。树皮浅灰色；枝条灰褐色，无毛，密生皮孔。叶卵形或椭圆状卵形，上面绿色，下面淡绿色，密被褐色腺点；叶柄密被短柔毛。果 4 枚至多枚排成总状，下垂；果苞厚纸质，下半部紧包果实，上半部延伸呈管状，外面密被短柔毛，具条棱，绿色带紫红色。小坚果宽卵圆形或几球形，褐色，有光泽。

耐寒，较耐旱，耐瘠薄，对土壤要求不严，根系发达，萌芽力强。

产于辽宁西部、内蒙古、河北、山西、陕西、甘肃及四川北部。常见于海拔 800～2400m 的山坡上，为黄土高原的优势灌木，也见于杂木林及油松林下。

（2）水土保持功能。水土保持效益良好。

（3）现阶段应用情况。树皮及叶含鞣质，可提取栲胶；种子含油，供食用和制肥皂；枝条可编农具，经久耐用。

26. 灰栒子 (*Cotoneaster acutifolius Turcz.*)

（1）生物学、生态学特性及自然分布。落叶灌木，高 2～4m。枝条开张，小枝细瘦，圆柱形，棕褐色或红褐色，幼时被长柔毛。叶片椭圆卵形至长圆卵形，托叶线状披针形，脱落。花2~5朵成聚伞花序；花瓣白色外带红晕。果实椭圆形稀倒卵形，直径7~8mm，黑色。花期5—6月，果期9—10月。

耐旱、耐盐碱、耐寒。

产于中国内蒙古、河北、山西、河南、湖北、陕西、甘肃、宁夏、青海、西藏。生于山坡、山麓、山沟及丛林中，海拔1400~3700m处。

（2）水土保持功能。耐旱、耐盐碱、耐寒，是优质节水型植物，景观效果也很好。在水土保持、植被恢复方面起到了重要的作用。

（3）主要应用的立地类型。适栽植于美化区。

（4）栽植技术。秋天播种后，即可进行漫灌，也可以利用冬灌进行漫灌，翌年待土壤解冻时对床面进行打土保墒，处理后盖上遮阴网或1层树枝。除草要做到"除早、除小、除净"，除草后要及时喷水，使被松动的苗木根部土壤紧实。追肥应在苗芽萌生3~4片真叶时，于阴天或早晚进行根外追施氮肥，做到少量多次；8月中旬停止追肥进行炼苗，保证苗木安全越冬。

（5）现阶段应用情况。该树种树形秀丽，果色黢黑，作为园林观果植物，价值高，宜于绿地草坪边缘栽植或在花坛内丛植。

27. 荆条 [*Vitex negundo* L. var. *heterophylla*（*Franch.*）*Rehd.*]

（1）生物学、生态学特性及自然分布。落叶灌木或小乔木，高可达2~8m。树皮灰褐色，小枝四棱形，密生灰白色绒毛。掌状复叶对生或轮生，表面绿色，背面密生灰白色绒毛。聚伞花序排成圆锥花序，顶生，花序梗密生灰白色绒毛；花萼钟状，花冠淡紫色。核果近球形，径约2mm。花期4—6月，果期7—10月。

喜光，耐寒，耐旱，耐瘠薄，生长较快，根系发达，萌芽力强。

常生于山地阳坡上，形成灌丛，资源极丰富，分布于东北、华北、西北、华中、西南等地区。广泛分布于我国华北地区。

（2）水土保持功能。北方干旱山区阳坡、半阳坡的典型植被，对荒地护坡和防止风沙均有一定的作用。

（3）栽植技术。人工繁殖牡荆可用播种、扦插、压条等方法。

（4）现阶段应用情况。用于中药和临床。

28. 白刺花 [*Sophora davidii*（*Franch.*）*Skeels*]

（1）生物学、生态学特性及自然分布。灌木或小乔木。枝多开展，不育枝末端明显变成刺，有时分叉。羽状复叶；托叶钻状，宿存；小叶5~9对。总状花序着生于小枝顶端；花小，较少；花萼钟状，稍歪斜，蓝紫色；花冠白色或淡黄色；荚果非典型串珠状，稍压扁，表面散生毛或近无毛，有种子3~5粒；种子卵球形，深褐色。花期3—8月，果期6—10月。

喜光，耐旱，稍耐寒，耐瘠薄，对土壤要求不严，在以氯化物为主的含盐量0.4%以内的土壤条件下生长正常，萌芽力强。

产于华北、陕西、甘肃、河南、江苏、浙江、湖北、湖南、广西、四川、贵州、云南、西藏。生于河谷沙丘和山坡路边的灌木丛中，海拔2500m以下地带。

（2）水土保持功能。常栽植于生态恢复区，是良好的水土保持树种。

图5-130　白刺花

（3）主要应用的立地类型。适合栽植于豫西南山地丘陵区。

（4）栽植技术。生产建设项目采用植苗造林，根据立地条件因地制宜，在陡坡、地形破碎的地方采用鱼鳞坑整地，在平缓的地方采用穴状整地，坡地上采用水平阶整地。选在3月初，宜在小雨或雨后湿润的阴天栽植。白刺花的造林密度为333株/亩，栽植的株行距一般采用1m×2m或1.5m×1.5m，以利提早郁闭。栽植后要加强对幼树的抚育管理，及时扩穴培土、松土除草。

（5）现阶段应用情况。白刺花具有极强的抗逆特性，因而在保持土壤水分、减流减沙、固持、改良土壤方面具有较高的生态效益。

白刺花如图5-130所示。

29. 马棘（*Indigofera pseudotinctoria Matsum.*）

（1）生物学、生态学特性及自然分布。小灌木，高1～3m；多分枝。枝细长，幼枝灰褐色。羽状复叶；小叶对生，椭圆形、倒卵形或倒卵状椭圆形。总状花序，花密集；花萼钟状，花冠蝶形，淡红色或紫红色，旗瓣倒阔卵形。荚果线状圆柱形，种子间有横膈，仅在横隔上有紫红色斑点；种子椭圆形。花期5—8月，果期9—10月。

具有抗旱、耐瘠薄、生命力强的特点，尤其在岩石山、风化石山等偏碱性土壤中生长良好。

（2）水土保持功能。多生于溪边、泥土和灌丛中。马棘特别适合作先锋植物种植，具有固氮、水土保持及生物植被和围栏等多重作用。

（3）栽植技术。一般在春季气温稳定在15℃时即可播种，单播2.5g/m²，混播1.5g/m²。3月初播种育苗，苗高15cm时移栽，移栽行距为40cm×40cm。开厢，厢宽3m，定植地以中等肥力即可，施少量复合肥和单施钾肥作底肥。

（4）现阶段应用情况。可用作庭院观赏、药用。

30. 铺地柏［*Sabina procumbens（Endl.）Iwata et kusaka.*］

（1）生物学、生态学特性及自然分布。灌木。高达75cm。枝干贴近地面伸展，褐色，小枝密生。叶均为刺形叶，先端尖锐，3叶交叉互轮生，条状披针形，表面有2条白色气孔带；球果近球形，被白粉，成熟时黑色，径8～9mm，有2～3粒种子；种子长约4mm，有棱脊。

喜光，稍耐阴，适生于滨海湿润气候，对土质要求不严，耐寒力、萌生力均较强。在干燥、贫瘠的山地上生长缓慢、植株细弱。阳性树，能在干燥的砂地上生长良好，喜石灰质的肥沃土壤，忌低湿地点。

原产于日本，栽培、野生均有。中国大连、青岛、庐山、昆明及华东地区各大城市引种栽培作观赏树。

（2）水土保持功能。喜生于湿润、肥沃、排水良好的钙质土壤。耐寒、耐旱、抗盐碱，在平地或悬崖峭壁上都能生长。浅根性，但侧根发达，萌芽性强，寿命长，抗烟尘，抗二氧化硫、氯化氢等有害气体。

（3）现阶段应用情况。岩石园、地被、盆景。

31. 杞柳（*Salix integra Thunb.*）

（1）生物学、生态学特性及自然分布。灌木，高 1～3m。树皮灰绿色。小枝淡黄色或淡红色，无毛，有光泽。叶近对生或对生，萌枝叶有时 3 叶轮生，椭圆状长圆形，幼叶发红褐色，成叶上面暗绿色。花先叶开放，苞片倒卵形，褐色至近黑色。蒴果长 2～3mm，有毛。花期 5 月，果期 6 月。

喜光照，属阳性树种。光照不足，生长不好。生于山地河边、湿草地。杞柳耐盐碱性能较差，土壤含盐量如超过 0.3％，则枝条生长减弱。

产于山东、河北燕山部分、辽宁、吉林、黑龙江三省的东部及东南部。

（2）水土保持功能。杞柳主根少而深，发达的主根可深达 1.2m，侧根比较发达，多集中在 0.3m 以上的土层中。对防风固沙、保持水土、保护河岸、沟坡、路坡具有一定作用，是固堤护岸的好树种。杞柳喜肥水，抗雨涝，以在上层深厚的砂壤土和沟渠边坡地生长最好，主要具有保持和改良土壤、涵养水源、防风固土等水土保持功能。

（3）主要应用的立地类型。适合栽植于鲁中南及胶东山地丘陵区等，常栽植于美化区和作行道树。

（4）栽植技术。一般采用扦插方法造林，扦插成活率高，生长快，一般不进行育苗。春季、夏季、秋季都可进行插条造林。插条长30～40cm，随剪条随扦插，成活率高，为早呈丛，每穴可插 2～3 穗，株距 0.5～1.5m。春季或秋季扦插造林，扦插 2～3 穗/穴，株行距(1～1.5) m×（3～5）m。杞柳系多年生灌木，必须加强抚育管理。除加强肥水管理、松上锄草和排涝外，最重要的是平茬、养茬、拿杈。

图 5 - 131　杞柳

（5）现阶段应用情况。是城乡绿化、美化环境的优良树种之一，用于行道树。

杞柳如图 5 - 131 所示。

32. 鞘柄菝葜（*Smilax stans Maxim.*）

（1）生物学、生态学特性及自然分布。落叶灌木或半灌木，直立或披散，高 0.3～3m。茎和枝条稍具棱，无刺。叶纸质，卵形、卵状披针形或近圆形，下面稍苍白色或有时有粉尘状物。花序具 1～3 朵或更多的花，花绿黄色，有时淡红色。浆果直径 6～10mm，熟时黑色，具粉霜。花期 5—6 月，果期 10 月。

耐旱、喜光，稍耐阴，耐瘠薄，生长力极强。生于海拔 400～3200m 的林下、灌丛中或山坡阴处。

产于河北（北京至西南部）、山西（中南部）、陕西（中南部）、甘肃（平凉、天水、夏河一带）、四川（西北部至东南部）、湖北、河南、安徽、浙江和台湾等省。

（2）水土保持功能。可用作水土保持植物。

33. 忍冬（*Lonicera japonica Thunb.*）

（1）生物学、生态学特性及自然分布。半常绿藤本。幼枝红褐色，密被黄褐色。叶纸质，卵形至矩圆状卵形，有时卵状披针形，稀圆卵形或倒卵形，上面深绿色，下面淡绿色。花白色，有时基部向阳面呈微红，后变黄色，唇形。果实圆形，直径 6～7mm，熟时蓝黑色，有光泽；种子卵圆形或椭圆形，褐色，长约 3mm。花期 4—6 月（秋季亦常开花），果熟期 10—11 月。

适应性很强，对土壤和气候的选择并不严格，以土层较厚的沙质壤土为最佳。在山坡、梯田、地堰、堤坝、瘠薄的丘陵上都可栽培。生于山坡灌丛或疏林中、乱石堆、山足路旁及村庄篱笆边，海拔最高达 1500m。

除黑龙江、内蒙古、宁夏、青海、新疆、海南和西藏无自然生长外，全国各省均有分布。

（2）水土保持功能。根系发达，主要具有保持和改良土壤、涵养水源等水土保持功能。

（3）主要应用的立地类型。主要栽植于美化区。

（4）栽植技术。用种子和扦插繁殖为主。每年春季 2—3 月和秋后封冻前，要进行松土、培土工作。每年施肥 1～2 次，与培土同时进行，可用土杂肥和化肥混合使用。每次采花后追肥 1 次，以尿素为主，以增加采花次数。

（5）现阶段利用情况。药用和园林绿化。

34. 伞房决明 ［*Senna corymbosa*（*Lam.*）*H. S. Irwin & Barneby*］

（1）生物学、生态学特性及自然分布。常绿灌木，高 2～3m。多分枝，枝条平滑，叶长椭圆状披针形，叶色浓绿，由 3～5 对小叶组成复叶。圆锥花序，伞房状，鲜黄色，花瓣阔，3～5 朵腋生或顶生，荚果圆柱形，长 5～8cm。花实并茂，果实直挂到次年春季，花期 7 月中下旬至 10 月。

阳性树种，喜光，较耐寒，耐瘠薄，对土壤要求不严，在腐殖质较少的微酸性土壤上也能生长。伞房决明生长快，花期长，花色多艳，暖冬不落叶。

华东地区常绿花灌木。黄河以南地区均有栽培。

（2）水土保持功能。伞房决明管理粗放、绿化应用面广，可用于多种条件下的生态恢复。主要具有保持和改良土壤、涵养水源等水土保持功能。

（3）主要应用的立地类型。主要栽植于土质和石质边坡。

（4）栽植技术。管理粗放，伞房决明生长健壮，病虫害少，适应性非常广泛，耐寒性强，在最低温度 −5℃ 以上的地区均生长良好。

（5）现阶段利用情况。在园林绿化中装饰林缘，或作低矮花坛、花境的背景材料。

伞房决明如图 5-132 所示。

图 5-132　伞房决明

35. 沙柳（*Salix cheilophila*）

（1）生物学、生态学特性及自然分布。灌木或小乔木。树皮幼嫩时多为紫红色，有时绿色，老时多为灰白色，小枝幼时具绒毛，以后渐变光滑。叶条形或条状倒披针形，边缘外卷。柔荑花序无柄，花序轴密生长柔毛；苞片倒卵状矩圆形。蒴果长3mm，花期3月，果期5月。

抗逆性强，较耐旱，喜水湿；抗风沙，耐一定盐碱，耐严寒和酷热；喜适度沙压，越压越旺，但不耐风蚀；繁殖容易，萌蘗力强。

分布于内蒙古、河北、陕西、山西、甘肃、青海、四川、西藏等地。

（2）水土保持功能。沙柳生长迅速、枝叶茂密、根系繁大、固沙保土力强，利用价值高，是中国沙荒地区造林面积最大的树种之一。

（3）主要应用的立地类型。沙荒地区。

（4）栽植技术。80cm的沙柳苗，挖1m深的坑，种植时全部埋死，冬天防冻，春天露出小苗时，略微施水，秋天长出1m以上的杆茎，次年就长成1簇火炬样的年轻沙柳，第3年开始繁殖。近些年人们又发明了"水冲植柳"的栽植方法。

（5）现阶段应用情况。沙柳可做纸板、造纸。它所含的热量和煤差不多，可发展成每3—6年砍1次的绿色沙煤田。枝叶、树皮、根均可药用。

36. 陕西荚蒾（*Viburnum schensianum Maxim.*）

生物学、生态学特性及自然分布。落叶灌木，高可达3m。2年生小枝呈四角状，灰褐色，老枝圆筒形，散生圆形小皮孔。叶纸质，卵状椭圆形、宽卵形或近圆形。聚伞花序，花冠白色，辐状。果实红色而后变黑色，椭圆形。花期5—7月，果熟期8—9月。

生于山谷混交林和松林下或山坡灌丛中，海拔700～2200m。

产于河北（内丘）、山西、陕西南部、甘肃东南部至南部、山东（济南）、江苏南部、河南、湖北和四川北部（松潘）。

37. 辽东水蜡树〔*Ligustrum obtusifolium Sieb. subsp. suave Kitagawa*〕

（1）生物学、生态学特性及自然分布。落叶灌木，高2～3m。树皮暗灰色。小枝淡棕色或棕色，圆柱形，被较密微柔毛或短柔毛。叶片纸质，长椭圆形、长圆形或倒卵状长椭圆形。圆锥花序着生于小枝顶端；花序轴、花梗、花萼均被微柔毛或短柔毛。果近球形或宽椭圆形。花期5—6月，果期8—10月。

辽东水蜡树，喜光，稍耐阴，对土壤要求不严。耐修剪，生长快，萌生力强，抗污性强。

生于海拔60～600m的山坡、山沟石缝、山涧林下和田边、水沟旁。产于黑龙江、辽宁、山东及江苏沿海地区至浙江舟山群岛。

（2）水土保持功能。四季常青，抗病虫害，抗多种有毒气体，是园林绿化、城市水土保持等方面优良的抗污染树种。

（3）主要应用的立地类型。适合栽植于水土保持区划二级区、办公美化区、滞尘区、防噪声区。

（4）栽植技术。在生产建设项目中，辽东水蜡树广泛用于绿篱栽植。辽东水蜡树应以

"修剪为主，蟠扎为辅"，其根系发达，萌发力强，要不失时机地进行修剪摘心。一般修剪时间在春末和秋初为宜。对徒长枝、重叠枝、高杈枝、辐射枝和病枯枝，都要随时剪去。蟠扎一般在 4—5 月进行，植株进入休眠期时，应停止蟠扎。

图 5 - 133　辽东水蜡树

（5）现阶段应用情况。辽东水蜡树易于修剪，是优良的绿篱和整形树种，也可丛植于庭园、草坪边缘和道旁。

辽东水蜡树如图 5 - 133 所示。

38. 小叶锦鸡儿（*Caragana microphylla Lam.*）

（1）生物学、生态学特性及自然分布。灌木，高 1～3m。老枝深灰色或黑绿色，嫩枝被毛，直立或弯曲。羽状复叶有 5～10 对小叶；小叶倒卵形或倒卵状长圆形，具短刺尖。花萼管状钟形，花冠蝶形，黄色。荚果圆筒形，稍扁，长 4～5cm，宽 4～5mm，具锐尖头。花期 5—6 月，果期 7—8 月。

性喜光，亦较耐阴，耐寒性强，在−50℃的低温环境下可安全越冬；耐瘠薄土壤，耐旱性强，对土壤要求不严。喜生于通气良好的沙地、沙丘及干燥山坡地上。是干旱草原、荒漠草原地带的先锋树种。

生于草原、沙地及丘陵坡地。分布于中国东北、华北、西北等地区。俄罗斯西伯利亚及日本亦有分布。

（2）水土保持功能。在轻度盐碱土中能正常生长，是城市绿化、水土保持的良好植物种，也是良好的防风、固沙植物。多用于管理粗放或立地条件差的地区，主要具有保持和改良土壤、涵养水源等水土保持功能。

（3）主要应用的立地类型。适合栽植于燕山、太行山山地丘陵区等，常栽植于生态恢复区。

（4）栽植技术。生产建设项目采用植苗和播种造林，植苗造林采用穴状整地，穴的规格一般为 0.8m×0.8m，深度不低于 0.8m，株行距（0.5～1）m×（1～2）m。较耐粗放管理，第 2 年即可进入正常养护期。要浇好返青水和封冻水，雨季注意及时排除积水；每年春季施用 1 次农家肥。

（5）现阶段应用情况。小叶锦鸡儿可作庭园观赏和绿化树种。

小叶锦鸡儿如图 5 - 134 所示。

39. 小叶女贞（*Ligustrum quihoui Carr.*）

（1）生物学、生态学特性及自然分布。落叶灌木，高 1～3m。小枝淡棕色，圆柱形。叶片薄革质，形状和大小变异较大，披针形、长圆状椭圆形、椭圆形、倒卵状长圆形至倒披

图 5 - 134　小叶锦鸡儿

针形或倒卵形，叶缘反卷，上面深绿色，下面淡绿色，常具腺点，两面无毛。圆锥花序顶生。果倒卵形、宽椭圆形或近球形，呈紫黑色。花期5—7月，果期8—11月。

喜光照，稍耐阴，较耐寒，华北地区可露地栽培。

产于中国陕西南部、山东、江苏、安徽、浙江、江西、河南、湖北、四川、贵州西北部、云南、西藏察隅。生于沟边、路旁或河边灌丛中，或山坡，海拔100~2500m处。

（2）水土保持功能。对二氧化硫、氯等有毒气体具有较好的抗性。性强健，耐修剪，萌发力强，在水土保持方面具有较好的表现。

（3）主要应用的立地类型。适栽植于美化区、抗污染区。

（4）栽植技术。小叶女贞萌枝力强，在母株根际周围会产生许多萌蘖苗。在春季萌芽前，将母株根际周围的萌蘖苗挖出，带根分栽。或将整株母株挖出，用利刃将其分割成几丛，每丛有2~3个枝干并带根、分丛栽植。为提高成活率，可修去地上部分枝叶，减少水分蒸发。按株行距30~40cm或50~60cm栽植，然后浇透水。春、秋两季均宜移植，成活率高。移植无需带完整土球。

（5）现阶段应用情况。其枝叶紧密、圆整，常栽植于庭院中观赏；抗多种有毒气体，是优良的抗污染树种；叶和树皮可入药。

40. 迎春花（*Jasminum nudiflorum Lindl.*）

（1）生物学、生态学特性及自然分布。落叶灌木，高0.3~5m，枝条下垂，枝稍扭曲，光滑无毛，小枝四棱形，棱上多少具狭翼。叶对生，三出复叶，小叶片卵形、长卵形或椭圆形，狭椭圆形，稀倒卵形，叶缘反卷，顶生小叶片较大。花单生于去年生小枝的叶腋，稀生于小枝顶端，花萼绿色，花黄色。花期2—4月。

喜光，稍耐阴，略耐寒，怕涝，在华北地区和丘陵均可露地越冬，要求温暖而湿润的气候、疏松肥沃和排水良好的沙质土。在酸性土中生长旺盛、碱性土中生长不良。根部萌发力强，枝条着地部分极易生根。

产于中国甘肃、陕西、四川、云南西北部，西藏东南部。生山坡灌丛中，海拔800~2000m处。中国及世界各地普遍栽培。

（2）水土保持功能。水保效益很好，不论在梯田埝边还是在陡坡上都能较好地生长，是优良的水土保持植物。主要具有保持和改良土壤、涵养水源、防风保土等水土保持功能。

（3）主要应用的立地类型。适合栽植于华北平原区等，常栽植于美化区和高标准恢复区。

（4）栽植技术。生产建设项目中迎春花扦插7个月左右，根部就基本完整了，可以把根部完整的迎春苗移栽到绿化区。土壤要整理平整，株距为12~15cm，行距为25~30cm。迎春花生长期要加强管理，要适时地松土除草、经常灌水，利于迎春花吸收土壤中的养分，促进其生长。立秋后停止灌水，以防枝条过长过嫩而不能安全越冬。

（5）现阶段应用情况。园林绿化，早春观花。迎春的绿化效果突出，体现速度快，在各地广泛栽植，栽植当年即有良好的绿化效果。

41. 紫荆（*Cercis chinensis Bunge*）

（1）生物学、生态学特性及自然分布。丛生或单生灌木，高2~5m。树皮和小枝灰白色。叶纸质，近圆形或三角状圆形。花紫红色或粉红色，簇生于老枝和主干上，通常先于叶开放，花冠蝶形。荚果扁狭长形，绿色；种子 2～6 颗，阔长圆形，黑褐色，光亮。花期 3—4 月；果期 8—10 月。

暖带树种，较耐寒。喜光，稍耐阴。喜肥沃、排水良好的土壤，不耐湿。萌芽力强，耐修剪。

产于我国东南部，北至河北，南至广东、广西，西至云南、四川，西北至陕西，东至浙江、江苏和山东等省区。是常见的栽培植物，多植于庭园、屋旁、寺街边，少数生于密林或石灰岩地区。

（2）水土保持功能。紫荆较耐寒，在砂质壤土上仍可生存，萌芽能力强，是良好的水土保持树种。

（3）主要应用的立地类型。适栽植于美化区。

（4）栽植技术。紫荆喜湿润环境，种植后应立即浇头水，第 3 天浇第 2 次水，第 6 天后浇第 3 次水，浇过 3 次水后视天气情况浇水，以保持土壤湿润而不积水为宜。夏天及时浇水，并可在叶片上喷雾，雨后及时排水，防止水大烂根。紫荆喜肥，应在定植时施足底肥，以腐叶肥、圈肥或烘干鸡粪为好，与种植土充分拌匀再用，否则根系会被烧伤。正常管理后，每年花后施 1 次氮肥，促长势旺盛。

（5）现阶段应用情况。树皮、花、果实可入药。多用于庭院观赏。

42. 石楠（*Photinia serrulata Lindl.*）

（1）生物学、生态学特性及自然分布。为常绿小乔木或灌木。红叶石楠幼枝呈棕色，贴生短毛，树干及枝条上有刺。叶片为革质，长圆形至倒卵状，披针形。花多而密，呈顶生复伞房花序。花白色，径 1～1.2cm。梨果黄红色。径 7～10mm。花期 5—7 月，果期 9—10 月成熟。

有很强的适应性，耐低温，耐土壤瘠薄，有一定的耐盐碱性和耐干旱能力。性喜强光照，也有很强的耐阴能力，但在直射光照下，色彩更为鲜艳。石楠生长速度快，且萌芽性强，耐修剪。

产地主要集中在南京和沭阳一带，现主要集中产于江淮大地上升起的绿色明珠——江苏省沭阳县境内。

（2）水土保持功能。石楠有很强的适应性，耐土壤瘠薄，有一定的耐盐碱性和耐干旱能力，具有防止水土流失的作用。

（3）主要应用的立地类型。在居住区、厂区绿地、街道或公路作绿化隔离带应用。

（4）栽植技术。应选水源较好而地势较高的轻黏壤土或砂壤土作圃地，坚持轮作制，不在同一块圃地连续培育同一种石楠，播前应精选种子，淘汰病、弱种。播种时要将种子进行药物处理，播种时注意深度，盖土不宜过厚，以便种子萌发出苗。

（5）现阶段应用情况。主要用于园林配置。

43. 海桐［*Pittosporum tobira（Thunb.）Ait*］

（1）生物学、生态学特性及自然分布。常绿灌木或小乔木。高达 6m，嫩枝被褐色柔毛，有皮孔。叶革质，倒卵形或倒卵状披针形。伞形花序或伞房状伞形花序，密被黄褐色柔毛。花白色，有芳香，后变黄色。蒴果圆球形，有棱或呈三角形，直径 12mm。

适应性较强，能耐寒冷，亦颇耐暑热。对土壤的适应性强，在黏土、砂土及轻盐碱土中均能正常生长。以长江流域至南岭以北生长最佳。对光照的适应能力亦较强，较耐荫蔽，亦颇耐烈日，但在半阴地上生长最佳。

分布于长江以南滨海各省，内地多为栽培供观赏，亦见于日本及朝鲜。

（2）水土保持功能。具有抗海潮能力，为海岸防潮林、防风林及矿区绿化的重要树种。对二氧化硫、氟化氢、氯气等有毒气体抗性强。

（3）主要应用的立地类型。是海岸防潮林、防风林及矿区绿化的重要树种，并宜作城市隔噪声和防火林带的下木。

（4）栽植技术。可孤植、丛植于草丛边缘、林缘或门旁，或者列植在路边。生长季节每月施 1～2 次肥，平时则不需施肥。幼株每年换 1 次盆，成年植株每 2～3 年换 1 次盆。盆上用 1/3 腐叶土加 2/3 黏土或壤土混合配制。露地移植一般在 3 月进行。如秋季种植，应在 10 月前后。

（5）现阶段应用情况。根、叶种子均可入药，常用作园林绿化、花坛造景。

44. 白檀［*Symplocos paniculata*（*Thunb.*）*Miq.*］

（1）生物学、生态学特性及自然分布。落叶灌木或小乔木。嫩枝有灰白色柔毛，老枝无毛。叶膜质或薄纸质，阔倒卵形、椭圆状倒卵形或卵形。圆锥花序，通常有柔毛；苞片早落，有褐色腺点；花冠白色，花盘具 5 凸起的腺点。核果熟时蓝色，卵状球形，长 5～8mm，顶端宿萼裂片直立。

喜温暖湿润的气候和深厚肥沃的砂质壤土，喜光也稍耐阴。深根性树种，适应性强，耐寒，抗干旱，耐瘠薄，以河溪两岸、村边地头生长最为良好。

产于东北、华北、华中、华南、西南各地。生于海拔 760～2500m 的山坡、路边、疏林或密林中。

（2）水土保持功能。白檀具有耐干旱、瘠薄的特性，根系发达，固土能力强，在第四纪红土区和红砂岩流失区表现更为突出，是水土流失的先锋树种。

（3）主要应用的立地类型。适栽植于美化区。

（4）栽植技术。用种子繁殖，种子在播前或处理前应吸足水，种子的强迫性休眠可用酸蚀处理。选择避风阴凉、地势平坦不积水、排灌方便的圃地，土质要求疏松湿润的、沙质壤土。播种时间为 4 月中下旬，播种方法为人工撒播或条播，每平方米可播种 12～24g，覆土宜浅。条播行距 20cm，播种沟深 8cm，先在沟底施已腐熟的基肥，基肥上盖 6cm 厚的园土，然后播种。

（5）现阶段应用情况。可用作食用植物油、工业上的润滑油，是蜜源植物，也是良好的园林绿化点缀树种。

45. 桃金娘［*Rhodomyrtus tomentosa*（*Ait.*）*Hassk*］

（1）生物学、生态学特性及自然分布。灌木，高 1～2m。嫩枝有灰白色柔毛。叶对生，革质，叶片椭圆形或倒卵形，离基三出脉。花有长梗，常单生，紫红色，花瓣 5 片；雄蕊红色。浆果卵状壶形，长 1.5～2cm，宽 1～1.5cm，熟时紫黑色；种子每室 2 列。花期 4—5 月。

喜湿润的气候环境，要求生长环境的空气相对湿度在 70%～80%，空气相对湿度过低，下部叶片黄化、脱落，上部叶片无光泽。

产于台湾、福建、广东、广西、云南、贵州及湖南最南部。生于丘陵坡地，为酸性土指示植物。

（2）水土保持功能。桃金娘能够改良生态环境，进而保持水土。

（3）栽植技术。夏季加强空气对流，使其体内的温度散发出去；放在半阴处，或给它遮阴 50%；给它适当喷雾，每天 2～3 次。在冬季，搬到室内光线明亮的地方养护；在室外，可用薄膜把它包起来越冬，但每隔两天就要在中午温度较高时把薄膜揭开让它透气。

（4）现阶段应用情况。园林绿化，药用价值高，桃金娘果是一种优质的果酒资源。

46. 白灰毛豆（*Tephrosia candida* DC.）

（1）生物学、生态学特性及自然分布。灌木状草本。茎木质化，具纵棱，与叶轴同被灰白色茸毛。羽状复叶长 15～25cm；叶柄长 1～3cm，叶轴上面有沟；总状花序顶生或侧生，疏散多花；花冠色、淡黄色或淡红色。荚果直，线形，密被褐色长短混杂细绒毛，有种子 10～15 粒；种子橄榄色，具花斑，平滑，椭圆形。花期 10—11 月，果期 12 月。

适应性强，耐酸、耐瘠、耐旱、喜阳，稍耐轻霜，适于丘陵红壤坡地种植。

栽培于云南、广西、广东、福建等地。

（2）水土保持功能。山毛豆能够涵养水源、固持水土，是一种较好的水土保持树种。

（3）主要应用的立地类型。主要栽植于防噪声区、一般恢复区、土质和石质边坡。

图 5-135 白灰毛豆

（4）栽植技术。每年早春播种，先在苗床育苗，待苗高 30cm 左右时进行移植。作绿肥用的，移植株行距为 45cm×60cm；作种子繁殖用的，株行距为 90cm×90cm。移植前要整地，施足基肥。第 1 年要中耕除草，当年 7—8 月茎叶生长茂盛时，可割取部分作晚稻绿肥施用。第 2 年后，每年 5 月开始可割第 1 次，1 年可割 3 次；留种用的到翌年 1—2 月种荚变赤褐色时即可随熟随收，每亩可收种子 20～40kg。

（5）现阶段利用情况。采用底泥微生物原位生态修复、河岸生态护坡、等进行立体生态修复技术，起到固土护坡、恢复生态的作用。

也可以用作绿肥和饲料。

白灰毛豆如图 5-135 所示。

47. 珊瑚树（*Viburnum Odoratissimum Ker-Gawl.*）

（1）生物学、生态学特性及自然分布。常绿灌木或小乔木。枝灰色或灰褐色，有凸起的小瘤状皮孔。叶革质，上面深绿色有光泽，两面无毛或脉上散生簇状微毛，下面有时散生暗红色微腺点。圆锥花序，总花梗有淡黄色小瘤状凸起；花芳香；花冠白色，后变黄白色，有时微红，辐状。果实先红色后变黑色，卵圆形或卵状椭圆形。花期 4—5 月（有时不定期开花），果熟期 7—9 月。

喜温暖、稍耐寒，喜光稍耐阴。在潮湿、肥沃的中性土壤中生长迅速、旺盛，也能适应酸性或微碱性土壤。根系发达、萌芽性强，耐修剪。

产于福建东南部、湖南南部、广东、海南和广西。生于山谷密林中溪涧旁庇荫处、疏林中向阳地或平地灌丛中，海拔200~1300m。也常有栽培。

（2）水土保持功能。珊瑚树叶质肥厚多水，含树脂较少，不易燃烧，可以作为工矿企业厂房之间的防火隔离带，是目前工矿企业绿化的理想树种。对有毒气体抗性强。

（3）主要应用的立地类型。防火隔离带、工矿企业绿化、滞尘区。

（4）栽植技术。珊瑚树的繁殖主要靠扦插或播种繁殖，选土层深厚、肥沃、排水良好、光照充足、微酸至微碱性（pH6.5~7.5）的沙壤或壤土，地下水位要在1.5m以下。全年均可进行栽植，以春、秋两季为好，生根快、成活率高。主要方法是选健壮、挺拔的茎节，在5—6月剪取成熟的长15~20cm的枝条，插于苗床或沙床中，插后20~30d生根；秋季移栽入苗圃，随插随将苗床喷透水。

（5）现阶段应用情况。根、树皮、叶均可药用；常用于园林和道路绿化。

48. 欧洲夹竹桃（*Nerium oleander* L.）

（1）生物学、生态学特性及自然分布。常绿直立大灌木。高达5m，枝条灰绿色，含水液。叶3~4枚轮生，下枝为对生，窄披针形，叶面深绿，无毛，叶背浅绿色，有多数注点。聚伞花序顶生，着花数朵；花芳香；花冠深红色或粉红色，栽培演变有白色或黄色，花冠为漏斗状。蓇葖果，绿色，无毛；种子长圆形，顶端具黄褐色绢质种毛。花期几乎全年，夏秋为最盛；果期一般在冬春季，栽培很少结果。

喜温暖湿润的气候，耐寒力不强，白花品种比红花品种耐寒力稍强。夹竹桃不耐水湿，要求选择高燥和排水良好的地方栽植，喜光好肥，也能适应较阴的环境，但庇荫处栽植花少色淡。萌蘖力强，树体受害后容易恢复。

全国各省区有栽培，尤以南方为多，常在公园、风景区、道路旁或河旁、湖旁周围栽培；长江以北栽培的须在温室越冬。

（2）水土保持功能。夹竹桃具有耐火性，能够营造水土保持植物带，有效防火。有抗烟雾、抗灰尘、抗毒物和净化空气、保护环境的功能。

（3）主要应用的立地类型。适合栽植于办公美化区、滞尘区。

（4）栽植技术。夹竹桃毛细根生长较快。3年生的夹竹桃，栽在直径20cm的盆中，当年7月前即可长满根，形成一团球，妨碍水分和肥料的渗透，故要及时疏根。用快铲子把周围的黄毛根切去，再用三尖钩顺着主根疏一疏。大约疏去1/2或1/3的黄毛根，再重新栽在盆内。疏根后，放在阴处浇透水，使盆土保持湿润。

（5）现阶段应用情况。是有名的观赏花卉。

49. 匙叶黄杨（*Buxus harlandii* Hance）

（1）生物学、生态学特性及自然分布。灌木，高3~4m。枝圆柱形；叶薄革质，通常匙形，亦有狭卵形或倒卵形，叶面绿色，光亮，叶背苍灰色。花序腋生，头状，花密集。蒴果卵形，长5mm，宿存花柱直立，长3~4mm。花期2月，果期5~8月。

喜温暖湿润和阳光充足的环境，较耐寒，耐干旱和半阴，要求疏松、肥沃和排水良好的沙壤土。

产于云南、四川、贵州、广西、广东、江西、浙江、湖北、河南、甘肃、陕西（南部）；生平地或山坡林下，海拔 400～2700m 处。

（2）水土保持功能。较耐寒，耐干旱，有很好的水土保持功能。

（3）主要应用的立地类型。适合栽植于美化区。

（4）栽植技术。主要用扦插和压条繁殖，以梅雨季节进行最好。选取嫩枝作插穗，10～12cm 长，插后 40～50d 生根。压条，3—4 月进行，将 2 年生枝条压入土中，翌春与母株分离移栽。移植前，地栽应先施足基肥，生长期保持土壤湿润。每月施肥 1 次，并修剪使树姿保持一定的高度和形状。

（5）现阶段应用情况。常用于绿篱、花坛和盆栽。

50. 木芙蓉（*Hibiscus mutabilis* L.）

（1）生物学、生态学特性及自然分布。落叶灌木或小乔木，高 2～5m。小枝、叶柄、花梗和花萼均密被星状毛与直毛相混的细绵毛。叶宽卵形至圆卵形或心形。花单生于枝端叶腋间，初开时白色或淡红色，后变深红色。蒴果扁球形，直径约 2.5cm，被淡黄色刚毛和绵毛；种子肾形，背面被长柔毛。花期 8—10 月。

喜光，稍耐阴；喜温暖湿润气候，不耐寒。在长江流域以北地区露地栽植时，冬季地上部分常冻死，但第 2 年春季能从根部萌发新条，秋季能正常开花。喜肥沃、湿润而排水良好的砂壤土。生长较快，萌蘖性强。

我国辽宁、河北、山东、陕西、安徽、江苏、浙江、江西、福建、台湾、广东、广西、湖南、湖北、四川、贵州和云南等地栽培，系我国湖南原产。

（2）水土保持功能。木芙蓉具有防止水土流失的生态防护作用，因其拥有盘根错节的根系，也有能向土壤内部伸展的侧根，使根系与土壤接触的面积不断增大，同时根系与土壤的固着强度也大大增加，从而有助于边坡稳定性的增强。对二氧化硫抗性强，对氯气与氯化氢也有一定抗性。

（3）主要应用的立地类型。适合在精密仪器厂、自来水厂、电视机厂等周边环境尘埃少、空气洁净的地点种植。

（4）栽植技术。木芙蓉的繁殖有扦插、压条、分株等方法，采用打孔施肥，即在树冠附近均匀打孔施入。花前肥是指在开始开花之际施入尿素加适当磷肥。在湖南地区的炎夏季节应多浇水，以保持湿润。水源困难的地方可用稻草覆盖，保湿效果良好。

（5）现阶段应用情况。园林观赏；纤维素高，茎皮纤维柔韧而耐水，可供纺织、制绳、缆索、作麻类代用品和原料，也可造纸。

51. 凤尾兰（*Yucca gloriosa* L.）

（1）生物学、生态学特性及自然分布。植株丛生。茎悬垂，长达 50cm。叶二列，稍肉质，狭披针形。总状花序很短，花白色；侧萼片斜卵形；中萼片长圆形；花瓣镰刀状倒披针形；唇瓣厚肉质，3 裂；侧裂片紫色；中裂片白色带紫色先端，基部（在两侧裂片之间的前方）具 1 个舌形带毛茸的肉突；距圆锥形，内面背壁具 1 个舌状附属物。

喜温暖湿润和阳光充足的环境，性强健，耐瘠薄，耐寒，耐阴，耐旱也较耐湿，对土壤要求不严，对肥料要求不高。喜排水好的沙质壤土，瘠薄多石砾的堆土废地亦能适应。对酸碱度的适应范围较广，除盐碱地外均能生长。

原产于北美东部及东南部。温暖地区广泛露地栽培。凤尾兰在黄河中下游及其以南地区可露地栽植。

（2）水土保持功能。凤尾兰适应性强，是河堤边岸等良好的水土保持植物。具有吸收氟化氢的能力，对有害气体如二氧化硫、氯化氢、氢氟酸等都有很强的抗性和吸收能力。

（3）主要应用的立地类型。适合栽植于办公美化区、工矿区。

（4）栽植技术。种子繁殖和扦插，在春季2—3月根蘖芽露出地面时可进行分栽。分栽时，每个芽上最好能带一些肉根。先挖坑施肥，再将分开的蘖芽埋入其中，埋土不要太深，稍盖顶部即可。种子繁殖需经人工授粉才可实现。人工授粉以5月为好。定植前施足基肥，定植后浇透水。

（5）现阶段应用情况。是良好的庭园观赏树木，也是良好的鲜切花材料。

52. 三角枫（*Acer buergerianum Miq.*）

（1）生物学、生态学特性及自然分布。落叶乔木，高5～10m，稀达20m。树皮褐色或深褐色，粗糙。小枝细瘦；当年生枝紫色或紫绿色，近于无毛；多年生枝淡灰色或灰褐色，稀被蜡粉。叶纸质，基部近于圆形或楔形，外椭圆形或倒卵形；叶柄淡紫绿色，细瘦无毛。顶生伞房花序，花多数，花瓣淡黄色。翅果黄褐色；小坚果特别凸起。花期4月，果期8月。

生于海拔300～1000m的阔叶林中。弱阳性树种，稍耐阴。喜温暖、湿润环境及中性至酸性土壤。耐寒，较耐水湿，萌芽力强，耐修剪。树系发达，根蘖性强。

产于中国山东、河南、江苏、浙江、安徽、江西、湖北、湖南、贵州和广东等省。

（2）水土保持功能。三角枫耐水湿，可用于护岸。

（3）主要应用的立地类型。适栽植于美化区、办公区。

（4）栽植技术。主要采用播种繁殖。秋季采种，去翅干藏，至翌年春天在播种前2周浸种，混沙催芽后播种，也可当年秋播。一般采用条播，条距25cm，覆土厚1.5～2cm。每亩播种量3～4kg。幼苗出土后要适当遮阴，当年苗高约60cm。三角枫根系发达，裸根移栽不难成活，但大树移栽要带土球。

（5）现阶段应用情况。庭荫树、行道树及护岸树。

53. 沙枣（*Elaeagnus angustifolia L.*）

（1）生物学、生态学特性及自然分布。落叶乔木或小乔木，高5～10m。幼枝密被银白色鳞片，老枝鳞片脱落，红棕色，光亮。叶薄纸质，矩圆状披针形至线状披针形。花银白色，密被银白色鳞片，芳香。果实椭圆形，粉红色，密被银白色鳞片；果肉乳白色，粉质；果梗短，粗壮。花期5—6月，果期9月。

生命力顽强，具有抗旱、抗风沙、耐盐碱、耐贫瘠等特点。天然沙枣只分布在降水量低于150mm的荒漠和半荒漠地区。沙枣对热量条件要求较高，果实主要在平均气温20℃以上的盛夏高温期内形成。适应力强，在山地、平原、沙滩、荒漠均能生长。

原产亚洲西部。在中国主要分布在西北各省区和内蒙古西部。也有少量的分布到华北北部、东北西部。大致在北纬34°以北地区。人工沙枣林则广布于新疆、甘肃、宁夏、陕西和内蒙古等省（自治区）。

（2）水土保持功能。沙枣在我国西北、华北地区固沙造林工程中被广泛推广使用，主要具有防风固沙的水土保持功能。

（3）主要应用的立地类型。广泛应用于我国西北、华北地区的生产建设项目中的滞尘

图 5 - 136　沙枣

区、防噪声区、高标准恢复区。

（4）栽植技术。春季育苗的要在头年冬季12月进行种子处理。方法是把种子淘洗干净，掺等量细沙并混合均匀，放入事先挖好的种子处理坑内，或按 40～60cm 厚堆放于地面上，周围用沙壅埋成埂，灌足水，待水渗下或结冰后，覆沙 20cm 越冬，沙枣育苗可用大田式条播。常于春末秋初用当年生的枝条进行嫩枝扦插，或于早春生的枝条进行老枝扦插。进行嫩枝扦插时，在春末至早秋植株生长旺盛时，选用当年生粗壮枝条作为插穗。

（5）现阶段应用情况。沙枣是很好的造林、绿化、薪炭、防风、固沙树种。沙枣粉还可酿酒、酿醋、制酱油、做果酱等，糟粕仍可饲用。沙枣是很好的蜜源植物，含芳香油，可提取香精、香料。树液可提制沙枣胶。花、果、枝、叶均可入药。

沙枣如图 5 - 136 所示。

54. 连翘［*Forsythia suspensa（Thunb.）Vahl*］

（1）生物学、生态学特性及自然分布。落叶灌木。枝开展或下垂，棕色、棕褐色或淡黄褐色。叶通常为单叶，或 3 裂至三出复叶，叶片卵形、宽卵形或椭圆状卵形至椭圆形，上面深绿色，下面淡黄绿色，无毛。花通常单生或 2 朵至数朵着生于叶腋，先于叶开放；花萼绿色，花冠黄色。果卵球形、卵状椭圆形或长椭圆形。花期 3—4 月，果期7—9 月。

喜光，有一定程度的耐阴性；喜温暖、湿润气候，也很耐寒；耐干旱瘠薄，怕涝；不择土壤，在中性、微酸或碱性土壤均能正常生长。在干旱阳坡或有土的石缝，甚至在基岩或紫色沙页岩的风化母质上都能生长。连翘萌发力强、发丛快，可很快扩大其分布面。

产于河北、山西、陕西、山东、安徽西部、河南、湖北、四川。生于山坡灌丛、林下或草丛中，或山谷、山沟疏林中，海拔 250～2200m 处。我国除华南地区外，其他各地均有栽培。

（2）水土保持功能。连翘根系发达，其主根、侧根、须根可在土层中密集成网状，吸收和保水能力强，并可牵拉和固着土壤，防止土块滑移。连翘萌发力强，树冠盖度增加较快，能有效防止雨滴击溅地面，减少侵蚀，具有良好的水土保持作用，是国家推荐的退耕还林优良生态树种和防治黄土高原水土流失的最佳经济作物。

（3）主要应用的立地类型。适合功能区域：滞尘区、一般恢复区、土质边坡、生活美化区。

（4）栽植技术。连翘种子的种皮较坚硬，若不经过预处理，直播圃地，需 1 个多月才能发芽出土。因此，在播前可进行催芽处理。大田直播时，按行距 2m、株距 1.5m 开穴，施入堆肥和草木灰，与土拌和。3 月下旬至 4 月上旬开始播种，也可在深秋土壤封冻前播种。每穴播入种子 10 余粒，播后覆土、轻压。注意要在土壤墒情好时下种。

（5）现阶段应用情况。是早春优良观花灌木，可以做成花篱、花丛、花坛等，在绿化美化城市方面应用广泛，是观光农业和现代园林难得的优良树种。

连翘如图 5-137 所示。

图 5-137　连翘

55. 珍珠梅［*Sorbaria sorbifolia* （*L.*） *A. Br.*］

（1）生物学、生态学特性及自然分布。灌木。高达 2m，枝条开展；小枝圆柱形，稍屈曲，无毛或微被短柔毛，初时绿色，老时暗红褐色或暗黄褐色。羽状复叶，小叶片11～17 枚；小叶片对生，披针形至卵状披针形。顶生大型密集圆锥花序，花瓣白色。蓇葖果长圆形，有顶生弯曲花柱；萼片宿存，反折，稀开展。花期 7—8 月，果期 9 月。

喜光，亦耐阴，耐寒，冬季可耐 －25℃ 的低温，对土壤要求不严，但在肥沃的沙质壤土中生长最好，也较耐盐碱土。

分布于中国辽宁、吉林、黑龙江、内蒙古。生于山坡疏林中，海拔 250～1500m 处。

（2）水土保持功能。喜光又耐阴，耐寒，性强健，不择土壤；萌蘖性强、耐修剪；生长迅速。故水土保持功能较强。

（3）主要应用的立地类型。适合功能区域：办公美化区、生活美化区、防噪声区。

（4）栽植技术。珍珠梅的繁殖以分株法为主，也可播种。但因种子细小，一般不采用播种法。分株繁殖一般在春季萌芽前或秋季落叶后进行。将植株根部丛生的萌蘖苗带根掘出，以 3～5 株为一丛，另行栽植。栽植时穴内施 2 锨堆肥作基肥，栽后浇透水。以后可 1 周左右浇 1 次水，直至成活。可孤植、列植、丛植效果甚佳。

（5）现阶段应用情况。珍珠梅多在园林庭院内单株栽植，是北方城市高楼大厦及各类建筑物北侧阴面绿化的花灌木树种。

珍珠梅如图 5-138 所示。

56. 白刺（*Nitraria tangutorum Bobr.*）

（1）生物学、生态学特性及自然分布。灌木，高 1～2m。多分枝，弯、平卧或开展；不孕枝先端刺针状；嫩枝白色。叶在嫩枝上 2～4 片簇生，宽倒披针形，全缘。花排列较密集。核果

图 5-138　珍珠梅

卵形，有时椭圆形，熟时深红色，果汁玫瑰色。果核狭卵形，长 5～6mm，先端短渐尖。花期 5—6 月，果期 7—8 月。

生于荒漠和半荒漠的湖盆沙地、河流阶地、山前平原积沙地、有风积沙的黏土地。产于陕西北部、内蒙古西部、宁夏、甘肃河西、青海、新疆及西藏东北部。

（2）水土保持功能。白刺根系发达，对周围土壤的固着能力极强，保持水土作用明显，特别是对防御自然灾害的侵袭具有良好效果，素有盐碱地上的"坚强卫士"之称。白刺不仅具有良好的防护功能，而且由于具有良好的覆盖效果，能有效地降低地面蒸发，减少了地下水中盐分随水分蒸发在地面上的聚集量。

（3）主要应用的立地类型。适合功能区域：滞尘区、一般恢复区、土质边坡、风积沙地区。

图 5 - 139　白刺

（4）栽植技术。当黑色果实表面开始失去光泽、皮皱缩时，即可进行采种。果实采摘后，先将其洗净晾干，然后搓揉，滤去果汁、果皮，进行晾晒使其干燥。将白刺种子贮藏在阴凉通风处，以防发生霉变。在播种前要对白刺种子进行催芽处理。直播需选择地势高亢、土壤含盐量在 0.8% 以下的盐碱地。圃地育苗需选择地势较高的轻中度盐碱地。幼苗移栽时，所育小苗长至 2～3 片真叶时可移栽。

（5）现阶段应用情况。白刺是我国北方重盐碱地区极具发展前途的一种造林绿化先锋树种。

白刺如图 5 - 139 所示。

57. 绵刺（*Potaninia mongolica Maxim.*）

（1）生物学、生态学特性及自然分布。小灌木。高 30～40cm，各部有长绢毛；茎多分枝，灰棕色。复叶具 3 片或 5 片小叶，片稀则只有 1 片小叶，全缘，叶柄坚硬，宿存成刺状。花单生于叶腋；萼筒漏斗状，花瓣白色或淡粉红色。瘦果长圆形，长 2mm，浅黄色，外有宿存萼筒。花期 6—9 月，果期 8—10 月。

极耐严寒、干旱和盐碱；如遇降水则可加快生长，且可正常开花结实。忌湿、涝，耐沙埋。绵刺分布区内气候干旱、雨量稀少、夏季酷热、冬季严寒。主要生长于具有薄层覆沙的沙砾质荒漠、山前洪积扇和山间谷地。对盐碱化土壤具有相当强的适应能力，在湖盆的边缘、盐爪爪群落的外围能形成绵刺群落。该植物根系粗壮发达，对干旱气候具有特殊的适应性，在极度干旱季节生长微弱，甚至处于"假死"状态，但当获得一定水分时，又能恢复正常生长，并可开花结实。

产于中国内蒙古、宁夏、甘肃，蒙古国也有分布。

（2）水土保持功能。绵刺具有典型旱生植物的结构和根系特征，耐寒、耐贫瘠、耐盐碱，抗风蚀能力较强，对恶劣的环境条件具有良好的适应性。因此目前被用作干旱盐碱地的水土保持植物。

（3）主要应用的立地类型。适合的功能区域：滞尘区、一般恢复区、土质边坡、风积沙地区。

（4）栽植技术。在自然条件下，绵刺很少结果，主要用分株法进行繁殖，即纵劈丛生的植株基部，分栽单独的植株。此外，绵刺的一部分小枝常倾斜或平卧于地面，被沙土覆盖后，可长不定根，从而形成新的植株，便可移栽。可用种子或分蘖繁殖。

（5）现阶段应用情况。用作干旱盐碱地的水土保持植物。

绵刺如图 5-140 所示。

图 5-140 绵刺

58. 细枝岩黄耆（*Hedysarum scoparium Fisch. et Mey.*）

（1）生物学、生态学特性及自然分布。即花棒，半灌木，高约 80～300cm。茎直立，多分枝，幼枝绿色或淡黄绿色，茎皮亮黄色，呈纤维状剥落。小叶片灰绿色，线状长圆形或狭披针形。总状花序腋生，花冠蝶形，紫红色。荚果，具明显细网纹和白色密毡毛，种子圆肾形，长 2～3mm，淡棕黄色，光滑。花期 6—9 月，果期 8—10 月。

为沙生、耐旱、喜光树种，它适于流沙环境，喜沙埋，抗风蚀，耐严寒酷热，枝叶茂盛，萌蘖力强，防风固沙作用大；主、侧根系均发达。是荒漠和半荒漠耐旱植物。

在中国分布于内蒙古、宁夏、甘肃、新疆等省（自治区）的乌兰布和、腾格里、巴丹吉林、古尔班通古特等沙漠。

（2）水土保持功能。花棒主、侧根都极发达、抗逆性强、耐瘠薄，根部有根瘤，能固定空气中的氮以供给自身需要，因而在瘠薄的沙地上也能生长旺盛，有良好的固土、改土效果。因此，花棒具有改良土地、防风固沙的水土保持功能。

（3）主要应用的立地类型。应用于我国西北地区生产建设项目中的一般恢复区、高标准恢复区以及挖填方坡度为 0°～10°的土质和土石质混合边坡上。

（4）栽植技术。当荚果由绿色转变为灰色时就应及时采收。采种时，要选择 5 年以上的壮龄母树，幼树虽也结实，但种子发育不健全，秕子很多。圈地以沙质、轻壤质的土地为好，地下水位高或排水不良时易发生根腐病造成死亡。采用大田式育苗，多为行距 25cm 的条播，或行距 15～20cm，带距 40cm 的 3 行或 4 行式带状条播，深 3～4cm，覆土后轻镇压。

（5）现阶段应用情况。十分适应沙漠环境，萌发力强，生长较快，防风固沙作用大，利用价值也较高，是我国西北荒漠以及干草原地带固沙造林的优良树种之一。

细枝岩黄耆如图 5-141 所示。

图 5-141 细枝岩黄耆

59. 麻黄（*Ephedra sinica Stapf*）

（1）生物学、生态学特性及自然分布。草本状灌木，高 20～40cm。木质茎短或成匍匐状。

叶 2 裂。雄球花多成复穗状；雌球花单生，在幼枝上顶生，在老枝上腋生；雌球花成熟时肉质红色，矩圆状卵圆形或近于圆球形；种子通常 2 粒，黑红色或灰褐色，三角状卵圆形或宽卵圆形。花期 5—6 月，种子 8—9 月成熟。

常见于山坡、平原、干燥荒地、河床及草原等处，常组成大面积的单纯群落。麻黄的地理分布受温度影响，兼有耐热植物和耐寒植物的特性，在极端生境条件下具有较大的生存概率。但是，若想麻黄正常生长发育，仍要求有较高的气温。通常分布在湿度低水分较少的地区。麻黄的地理分布随着年降水量的增多而减少。

产于辽宁、吉林、内蒙古、河北、山西、河南西北部及陕西等省（自治区）。蒙古国也有分布。

图 5-142　麻黄

（2）水土保持功能。主、侧根都极发达、抗逆性强、耐瘠薄，在瘠薄的沙地上也能生长旺盛，具有改良土地、防风固沙的水土保持功能。

（3）主要应用的立地类型。应用于生产建设项目的一般恢复区、高标准恢复区及挖填方坡度为 0°～10°的土质和土石质混合边坡上。

（4）栽植技术。麻黄种植在土层深厚、排水良好、富含养分的中性沙壤土中最好。并在播种前要深翻整地，深翻以 40cm 为宜，达到深、细、平、实、匀。同时要结合整地施足基肥，一般亩施腐熟的农家肥 5000kg 以上，标准氮肥 40～45kg，磷酸二氢钾 45kg。麻黄播前用 30℃的温水浸种 4h 进行催芽，播种可采用条播或穴播。

（5）现阶段应用情况。为重要的药用植物，生物碱含量丰富，仅次于木贼麻黄，是我国提制麻黄碱的主要植物。

麻黄如图 5-142 所示。

60. 狭叶锦鸡儿（*Caragana stenophylla Pojark.*）

（1）生物学、生态学特性及自然分布。矮灌木，高 30～80cm。树皮灰绿色，黄褐色或深褐色；小枝细长，具条棱。假掌状复叶有 4 片小叶；小叶线状披针形或线形，两面绿色或灰绿色。花单生，花冠蝶形，黄色。荚果圆筒形。花期 4—6 月，果期 7—8 月。

性喜光，亦较耐阴，耐寒性强，在 −50℃的低温环境下可安全越冬；耐干旱瘠薄，对土壤要求不严，在轻度盐碱土中能正常生长；忌积水，长期积水易造成苗木死亡。生于沙地、黄土丘陵、低山阳坡上。

分布于中国长江流域及华北地区的丘陵、山区的向阳坡地。

（2）水土保持功能。其生态顺应性强，具有很强的防风固沙能力，还可以保持水土，是干旱半干旱地域主要的固沙灌木和造林树种之一。

（3）主要应用的立地类型。适合功能区域：滞尘区、一般恢复区、高标准恢复区。

（4）栽植技术。在春秋两季均可进行栽植。栽植前应按要求挖好种植穴，种植穴规格一般为 0.8m×0.8m，深度不低于 0.8m。挖土时应将表土与底土分开堆放。栽植时用经腐熟发酵的牛马肥作基肥，基肥应与栽植土充分拌匀，以防止散发热量过大而烧根。较耐粗放管理，第 2 年即可进入正常养护期，浇水管理应注意浇好返青水和封冻水，其他时间如果不是过于干旱，一般不用特意浇水，可靠自然降水生长，但要注意雨季时应及时排除积水，防止因积水而烂根。每年春季施用 1 次农家肥即可。

图 5 - 143　狭叶锦鸡儿

（5）现阶段应用情况。枝叶秀丽，花色鲜艳，在园林绿化中可孤植，或丛植于路旁、坡地或假山岩石旁，也可用来制作盆景。

狭叶锦鸡儿如图 5 - 143 所示。

61. 鸡树条 ［*Viburnum opulus Linn. var. calvescens（Rehd.）Hava*］

（1）生物学、生态学特性及自然分布。灌木，高可达 4m。叶片轮廓圆卵形至广卵形或倒卵形，通常 3 裂，掌状。复伞形式聚伞花序，周围有大型的不孕花；花冠白色，辐状，花药黄白色，不孕花白色。果实红色，近圆形，5—6 月开花，果熟期 9—10 月。

喜光又耐阴，耐寒，多生于夏凉湿润多雾的灌丛中。对土壤要求不严，在微酸性及中性土壤中均能生长。根系发达，移植容易成活。

分布于黑龙江、吉林、辽宁、河北北部、山西、陕西南部、甘肃南部、河南西部、山东、安徽南部和西部、浙江西北部、江西、湖北和四川。日本、朝鲜和俄罗斯西伯利亚东南部也有分布。生于溪谷边疏林下或灌丛中，海拔 1000～1650m。

（2）水土保持功能。具有保持和改良土壤、涵养水源等水土保持功能。

（3）主要应用的立地类型。适栽植于美化区。

（4）栽植技术。嫩枝扦插，要在春末至早秋植株生长旺盛时，选用当年生粗壮枝条作为插穗。把枝条剪下后，选取壮实的部位，剪成 5～15cm 长的一段，每段要带 3 个以上的叶节。

（5）现阶段应用情况。适于寒冷地区，作为观赏绿化树种，花大密集，具大型不孕花，优美壮观；宜作行道、公园灌丛、墙边及建筑物前绿化树种。在园林中广为应用。鸡树条荚蒾嫩枝、叶、果可供药用。种子可榨油，供制肥皂和润滑油。

62. 暖木条荚蒾（*Viburnum burejaeticum Regel et Herd.*）

（1）生物学、生态学特性及自然分布。灌木。高达 5m，树皮暗灰色；叶纸质，宽卵形至椭圆形或椭圆状倒卵形。聚伞花序，总花梗长达 2cm。果实红色，后变黑色，椭圆形至矩圆形，长约 1cm；核扁，矩圆形，长 9～10mm，直径 4～5mm。花期 5—6 月，果熟期 8—9 月。

产于黑龙江、吉林（长白山）和辽宁。生于针、阔叶混交林中，海拔 600～1350m 处。

（2）水土保持功能。喜光但稍耐阴，适应性强。主要具有保持和改良土壤、涵养水源等水土保持功能。

（3）现阶段应用情况。种子含油约 17%，供制肥皂用，可用于风景林缘、公园绿地、庭园、水边、石隙、屋前房后，宜孤植、丛植、群植。也可作绿篱。

63. 锦鸡儿 [*Caragana sinica* (*Buchoz*) *Rehd.*]

（1）生物学、生态学特性及自然分布。灌木。托叶三角形，硬化成针刺。小叶 2 对，羽状，有时假掌状。花单生，花萼钟状，花冠蝶形，黄色，常带红色。荚果圆筒状，长 3~3.5cm，宽约 5mm。花期 4—5 月，果期 7 月。

性喜光，较耐阴，耐寒性强，在 -50℃ 的低温环境下可安全越冬；耐干旱瘠薄，对土壤要求不严，在轻度盐碱土中能正常生长；忌积水，长期积水易造成苗木死亡。

分布于中国长江流域及华北地区的丘陵、山区的向阳坡地，现已作为园林花卉广泛栽培。

（2）水土保持功能。锦鸡儿具有涵养水源、稳固土壤的功能，是主要的水土保持树种。

（3）主要应用的立地类型。适栽植于美化区。

（4）栽植技术。锦鸡儿在春秋两季均可进行栽植。春季栽植时间为 3 月下旬至 4 月中旬，秋季应在 11 月中旬至 12 月上旬进行。栽植前应按要求挖好种植穴，种植穴规格一般为 0.8m×0.8m，深度不低于 0.8m。挖土时应将表土与底土分开堆放。栽植时用经腐熟发酵的牛马肥作基肥，基肥应与栽植土充分拌匀，以防止散发的热量过大而烧根。栽植深度应深浅适宜，一般来说裸根栽植深度高于原土痕 2~3cm 即可，回填土时应先回填表土，后回填底土，并要分层踩实。栽植后应立即浇头水，5d 后浇第 2 次水，10d 后浇第 3 次水，此后可视土壤墒情浇水，始终使土壤保持在大半墒状态即可。

（5）现阶段应用情况。在园林绿化中可孤植、丛植于路旁、坡地或假山岩石旁，也可用来制作盆景。

64. 乌苏里锦鸡儿 [*Caragana ussuriensis* (*Regel*) *Pojark.*]

（1）生物学、生态学特性及自然分布。灌木，高 1~2m。树皮黑褐色，光滑；小枝有条棱，褐色，无毛。托叶三角形，先端硬化成针刺；小叶 4 片，羽状，下部叶腋短枝上的有时假掌状，长圆状倒卵形或倒披针形。花梗单生，稀 2 个并生，关节在中上部；花冠黄色，后期变红色。荚果稍扁，长 3~3.5cm，具尖头。花期 5—6 月，果期 7—8 月。

喜光，耐寒，耐干旱，耐瘠薄土壤，常生于干山坡、路边或林缘附近。用种子繁殖。

产于黑龙江省东部饶河县、哈尔滨市等地。

（2）水土保持功能。乌苏里锦鸡儿易移植，不仅种子可以大量繁殖，根蘖性也极强，易形成不定芽，是优良的水土保持树种。

（3）主要应用的立地类型。适合栽植于美化区。

（4）栽植技术。用乌苏里锦鸡儿做中绿篱，在播种苗或由根蘖萌生的小苗高度达到 25~30cm 时须将主枝顶端剪去 5~10cm，这样可以促使其增加分枝，以后逐年生长，逐年修剪，待达到所需预定高度时，控制其生长，每年修剪 1~2 次即可。修剪一般可在 6~8 月进行。

定植时一般可以栽植 2 行，株距 20~25cm，行距 30~40cm，高度中篱可为 50~70cm，易剪成矩形或梯形横断面。注意修剪强度不宜过大，应适当掌握分寸。

（5）现阶段应用情况。枝、叶可作绿肥；叶可作饲料；亦可作水土保持及庭院绿化树种；是很好的护堤美化树种。

65. 木绣球（*Viburnum macrocephalum Fort.*）

（1）生物学、生态学特性及自然分布。落叶或半常绿灌木。高可达4m；树皮灰褐色或灰白色；芽、幼技、叶柄均密被灰白色或黄白色簇状短毛，后渐变无毛。叶纸质，卵形至椭圆形或卵状矩圆形。聚伞花序，全部由大型不孕花组成，花生于第三级辐射枝上；花冠白色，辐状，裂片圆状倒卵形。花期4—5月。

喜光，略耐阴，喜温暖湿润气候，较耐寒，宜在肥沃、湿润、排水良好的土壤中生长。较耐寒，能适应一般土壤，好生于湿润肥沃的地方。长势旺盛，萌芽力、萌蘖力均强，种子有隔年发芽的习性。

园艺种，江苏、浙江、江西和河北等省均见有栽培。

（2）水土保持功能。木绣球耐寒、适应性强，具有涵养水源、稳固土壤的水土保持功能。

（3）主要应用的立地类型。广泛应用于城市公园、街头绿岛、各种单位绿地以及风景园林景区改造等。

（4）栽植技术。数量少时可以孤植、对植；数量多时可以群植、片植。因全为不孕花不结果实，故常用扦插、压条、分株繁殖。扦插一般于秋季和早春进行。压条，在春季当芽萌动时将去年枝压埋入土中，翌年春与母株分离移植。其变形琼花可播种繁殖，10月采种，堆放后熟，洗净后置于1～3℃低温30d，露地播种，翌年6月发芽出土，搭棚遮阴，留床1年分栽，用于绿化需培育4～5年。移植修剪时注意保持圆整的树姿，管理较为粗放，如能适量施肥、浇水，即可年年开花繁茂。

（5）现阶段应用情况。常作观花观果树种，或作绣球花砧木。

66. 金露梅（*Potentilla fruticosa L.*）

（1）生物学、生态学特性及自然分布。灌木。高0.5～2m；多分枝，树皮纵向剥落。小枝红褐色，幼时被长柔毛。羽状复叶，有小叶2对，稀3片小叶，小叶片长圆形、倒卵长圆形或卵状披针形，全缘，两面绿色，疏被绢毛或柔毛或脱落近于几毛；托叶薄膜质。单花或数朵生于枝顶，花瓣黄色，宽倒卵形。瘦果近卵形，褐棕色，长1.5mm，外被长柔毛。花果期6—9月。

生性强健，耐寒，喜湿润，但怕积水，耐干旱，喜光，在遮阴处多生长不良，对土壤要求不严，在砂壤土、素沙土中都能正常生长，喜肥而较耐瘠薄。

分布于中国黑龙江、吉林、辽宁、内蒙古、河北、陕西、甘肃、新疆、四川、西藏。生于山坡草地、砾石坡、灌丛及林缘处。

（2）水土保持功能。金露梅是良好的水土保持树种。

（3）主要应用的立地类型。适合栽植于水土保持区划二级区、办公美化区、滞尘区、防噪声区。

（4）栽植技术。在生产建设项目中，金露梅宜丛植、片植及作花篱，为良好的观花树种。

（5）现阶段应用情况。该种枝叶茂密，黄花鲜艳，适宜作庭园观赏灌木，或作矮篱也很美观。可作庭园观赏和绿化树种。

金露梅如图 5-144 所示。

67. 银露梅（*Potentilla glabra Lodd.*）

（1）生物学、生态学特性及自然分布。灌木。高 0.3～2m，稀达 3m，树皮纵向剥落。小枝灰褐色或紫褐色，被稀疏柔毛。叶为羽状复叶，有小叶 2 对，稀 3 片小叶，小叶片椭圆形、倒卵椭圆形或卵状椭圆形，全缘，两面绿色，被疏柔毛或几无毛；托叶薄膜质。顶生单花或数朵，花瓣白色。瘦果表面被毛。花果期 6—11 月。

图 5-144　金露梅

喜光树种，耐寒性强，对土壤要求不严，但喜湿润环境，常生于水边、林缘、草地及高山灌丛中。

分布于中国内蒙古、河北、山西、陕西、甘肃、青海、安徽、湖北、四川、云南。朝鲜、俄罗斯、蒙古国也有分布。生于山坡草地、河谷岩石缝中、灌丛及林中，海拔1400～4200m 处。

（2）水土保持功能。具有保持和改良土壤、涵养水源等水土保持功能。

（3）主要应用的立地类型。适合栽植于美化区。

（4）栽植技术。小苗期，施肥以速效氮肥为主，采用根外施肥，用 0.3%～0.5% 尿素水溶液在生长期喷 2～3 次。大苗期，早春应施基肥，以腐熟人粪尿为主，每株施 5～10kg；晚春和夏季，可施追肥，有利于生长，采用叶面喷施的方法，用 0.3%～0.5% 尿素水溶液在生长期喷 3～5 次；秋季可施钾肥，利于苗木生长和木质化，采用根外施肥的方法，喷 0.3%～0.5% 磷酸二氢钾水溶液 2～3 次。

（5）现阶段的应用情况。银露梅枝叶繁盛，花白如雪，花期长达 4 个多月，秀丽动人，为著名观花树种，适于草坪、林缘、路边及假山岩石间配植。

68. 绣线菊（*Spiraea salicifolia L.*）

（1）生物学、生态学特性及自然分布。直立灌木，高 1～2m。枝条密集，小枝稍有棱角，黄褐色，嫩枝具短柔毛，老时脱落。叶片长圆披针形至披针形，两面无毛；叶柄长 1～4mm，无毛。圆锥花序，花朵密集，花瓣卵形，粉红色。蓇葖果直立，常具反折萼片。花期 6—8 月，果期 8—9 月。

喜光也稍耐阴，抗寒，抗旱，喜温暖湿润的气候和深厚肥沃的土壤。萌蘖力和萌芽力均强，耐修剪。生长于河流沿岸、湿草原、空旷地和山沟中，海拔 200～900m 处。

绣线菊在中国辽宁、内蒙古、河北、山东、山西等地以及蒙古国均有栽培。

（2）水土保持功能。主要具有涵养水源、改良土壤、改善小气候等水土保持功能。

（3）主要应用的立地类型。适合栽植于平地区美化区、恢复区、滞尘区，也适合栽植于挖方边坡区、填方边坡区。

（4）栽植技术。绣线菊可采用种子繁殖或扦插繁殖。待种子成熟后采下即可播种，出芽率较高，一般情况下第 2 年可成苗。如需大量苗木，最好采用扦插繁殖，5—9 月带 2 片叶片扦插效果最佳。扦插基质可选用保水性能较好的珍珠岩、蛭石或河沙。选取生长健壮、充实的当年生枝条做插穗，浸泡 ABT 生根粉 50ppm，插后浇透水并定时进行叶面喷雾。

（5）现阶段应用情况。绣线菊枝叶细密、繁花攒簇，是优良的庭院观花灌木，宜作花篱或丛植。

绣线菊如图 5-145 所示。

69. 东北山梅花（*Philadelphus schrenkii Rupr.*）

（1）生物学、生态学特性及自然分布。灌木，高 2~4m。2 年生小枝灰棕色或灰色，表皮开裂后脱落，无毛，当年生小枝暗褐色，被

图 5-145 绣线菊

长柔毛。叶卵形或椭圆状卵形，生于无花枝上叶较大；叶柄疏被长柔毛。总状花序有花 5~7 朵；花序轴黄绿色；花萼黄绿色，花瓣白色，倒卵或长圆状倒卵形。蒴果椭圆形；种子长 2~2.5mm，具短尾。花期 6—7 月，果期 8—9 月。

多生于海拔 1500m 以下山地疏林或灌丛中。为长白落松或红松阔叶混交林或次生林林下常见下木，与毛榛、疣点卫矛，东北溲疏等混生。喜光，极耐阴，耐寒，适应性强。在林冠下山坡地段有良好的表象，在沟谷地段少见或生长欠佳，而以全光或光线较好的空旷、林缘地段生长最好，开花结实较多，是前者的十几倍。

分布于中国辽宁、吉林和黑龙江。

图 5-146 东北山梅花

（2）水土保持功能。东北山梅花主要具有涵养水源、改良土壤、改善小气候等水土保持功能。

（3）主要应用的立地类型。适合栽植于办公美化区、滞尘区、防噪声区。

（4）栽植技术。在生产建设项目中，可孤植或丛植于园区，又可植于路口、建筑物附近。

乔灌结合，乔木：樟子松＋圆柏＋油松＋新疆杨；灌木：水蜡＋东北山梅花。

（5）现阶段应用情况。6 月中旬开花，其花香四溢，俊秀优雅，开花季节，满枝的花朵，素雅宜人，引人入胜。是城市园林绿化的良好观花植物，适宜种植在庭院、公路旁、花坛、校园、风景区等地。

东北山梅花如图 5-146 所示。

70. 山刺玫（*Rosa davurica Pall.*）

（1）生物学、生态学特性及自然分布。灌木。株高 1~3.5m，多分枝，体内有白色液体，有毒。茎和小枝有棱，棱沟浅，密被锥形尖刺。叶片着生新枝顶端、倒卵形，叶面光滑、鲜绿色。花有长柄，有 2 枚红色苞片，花期冬春季。蒴果扁球形。

喜暖，喜光，耐旱，忌湿，畏寒。好生于疏松、排水良好的沙质土。夏秋季为生长期，冬季室温在3℃以上能安全越冬。如在15℃以上，加上充足的阳光，仍能继续开花。冬季室温若能保持在15℃以上，整个冬季能开花不断。

分布于黑龙江、吉林、辽宁、内蒙古、河南、河北。

（2）水土保持功能。山刺玫耐寒，是良好的水土保持树种，具有改良土壤、涵养水源等水土保持功能。

（3）主要应用的立地类型。适合栽植于水土保持区划二级区、办公美化区、滞尘区、防噪声区。

（4）栽植技术。在生产建设项目中，可孤植或丛植。

（5）现阶段应用情况。山刺玫枝叶茂密、花色鲜艳，适宜作庭园观赏灌木。

71. 悬钩子（*Rubus corchorifolius L. f.*）

（1）生物学、生态学特性及自然分布。灌木。茎直立，高1～2m，有钩刺，幼时有绒毛。单叶互生，卵形至卵状披针形；叶柄长约5～20mm；托叶线形，贴生于叶柄上。花单生或数朵生于小枝上，白色，直径约3cm；萼片5片，外面有毛；花瓣5片。聚合果熟时鲜红色，多汁。花期3—4月，果期5—6月。

耐贫瘠，适应性强，属阳性植物，在林缘、山谷阳坡生长，有阳叶、阴叶之分。

分布河北、陕西及长江流域以南各省。生于向阳山坡、溪边、灌丛中。

（2）水土保持功能。悬钩子易种植，在偏酸或中性土壤中均可良好生长，以保水性能好的沙壤土尤为适宜，有利丰产。抗病能力强，具有一定的经济价值。同时悬钩子可有效防治水土流失，是良好的水土保持树种。

图5-147　悬钩子

（3）主要应用的立地类型。主要栽植于一般恢复区、土质和石质边坡。

（4）栽植技术。悬钩子园的整地方法最好采用全面机械整地，深度为25～30cm，整地时间宜在栽植前半年进行。根据栽植地的土壤条件，一般以施有机肥料为主，如厩肥、堆肥、油饼、泥炭等固体肥料，不易流失。为了使幼树生长健壮、抵抗力强，要施用氮、磷、钾三要素的复合肥料，对幼树生长最有利。以棚架矮化栽培，株距80～120cm，三角形定植，行距200～250cm。

（5）现阶段利用情况。灌木型果树，生态经济型水土保持灌木树种，具有很好的营养价值、药用价值和食用价值，所以经济效益较好。

悬钩子如图5-147所示。

72. 蒙古锦鸡儿（*Caragana arborescens Lam.*）

（1）生物学、生态学特性及自然分布。大灌木或小乔木，高2～6m。老枝深灰色，平滑，小枝有棱，幼时绿色或黄褐色，小叶长圆状倒卵形。花梗2～5簇生，每梗1花；花萼钟状，花冠蝶形，黄色。荚果圆筒形，无毛。花期5—6月，果期8—9月。

喜光，亦较耐阴，耐寒性强，在−50℃的低温环境下可安全越冬，耐干旱瘠薄，对土壤要求不严，在轻度盐碱土中能正常生长，忌积水，长期积水易造成苗木死亡。

产于中国黑龙江、内蒙古东北部、河北、山西、陕西、甘肃东部、新疆北部。生于林间、林缘。甘肃玉门垦场铁路防沙林和新疆莫索湾治沙试验站灌溉区的引种生长良好。乌鲁木齐、西宁、沈阳庭园栽培均能生长，但不及其他旱生种耐干旱。

（2）水土保持功能。蒙古锦鸡儿耐旱，耐盐碱，在干旱沙地上也可以生长，主要具有涵养水源、改良土壤、防风固沙等水土保持功能。

（3）主要应用的立地类型。适合栽植于美化区。

（4）栽植技术。季栽植时间为3月下旬至4月中旬，秋季应在11月中旬至12月上旬进行。栽植前应按要求挖好种植穴，种植穴规格一般为0.8m×0.8m，深度不低于0.8m。挖土时应将表土与底土分开堆放。栽植时用经腐熟发酵的牛马肥作基肥，基肥应与栽植土充分拌匀，以防止散发热量过大而烧根。栽植深度应深浅适宜，一般来说裸根栽植深度高于原土痕2～3cm即可，回填土时应先回填表土，后回填底土，并要分层踩实。栽植后应立即浇头水，5d后浇第2次水，10d后浇第3次水，此后可视土壤墒情浇水，始终使土壤保持在大半墒状态即可。

（5）现阶段应用情况。蒙古锦鸡儿枝叶秀丽，花色鲜艳，在园林绿化中可孤植、丛植于路旁、坡地或假山岩石旁，也可作绿篱材料和用来制作盆景。

73. 酸枣 [*Ziziphus jujuba Mill. var. spinosa (Bunge) Hu ex H. F. Chow*]

（1）生物学、生态学特性及自然分布。落叶小乔木，稀灌木，高达10m。树皮褐色或灰褐色；有长枝，短枝和无芽小枝，呈"之"字形曲折，具2个托叶刺。叶纸质，卵形、卵状椭圆形，或卵状矩圆形，基生三出脉；托叶刺纤细，后期常脱落。聚伞花序，花黄绿色，两性，5基数，无毛，具短总花梗。核果矩圆形或长卵圆形，成熟时红色，后变红紫色，中果皮肉质，厚，味甜；种子扁椭圆形。花期5—7月，果期8—9月。

生长于海拔1700m以下的山区、丘陵或平原、野生山坡、旷野或路旁。已广为栽培。喜温暖干燥的环境，低洼水涝地不宜栽培，对土质要求不严，播后一般3年结果。

产于吉林、辽宁、河北、山东、山西、陕西、河南、甘肃、新疆、安徽、江苏、浙江、江西、福建、广东、广西、湖南、湖北、四川、云南、贵州。

（2）水土保持功能。酸枣具有喜光、生长快、耐干旱瘠薄、根系较发达等特性，主要具有保持和改良土壤、涵养水源等水土保持功能。

（3）主要应用的立地类型。常栽植于一般恢复区和土质边坡。

（4）栽植技术。生产建设项目植苗造林，在1—2月萌动前栽植，选阴雨天气，边起苗、边运输、边造林，不宜假植，栽植时必须坚持"两回土，一提苗，两踩实，一培土"的技术环节，并深栽5～10cm。株行距采用2m×3m或2.5m×3m，80～110株/亩。穴状整地，规格60cm×60cm×40cm，在造林前1个月完成林地清理和回表土。造林后1～2年每年抚育2次，第1次4—5月，第2次8—9月，以全面除草松土、挖掉茅草蔸、修枝抹芽为主，第3年幼林基本郁闭成林。

（5）现阶段应用情况。酸枣是分布在北方的一种适应性非常强的野生树种，可作绿化树种。通常用于边坡绿化以及作荒地先锋树种。

酸枣如图 5-148 所示。

74. 叉子圆柏（*Sabina Vlugaris Ant.*）

（1）生物学、生态学特性及自然分布。
匍匐灌木，高不及 1m，稀灌木或小乔木。
枝皮灰褐色，裂成薄片脱落。雌雄异株，稀
同株；雄球花椭圆形或矩圆形，雌球花曲垂
或初期直立而随后俯垂。球果生于向下弯曲
的小枝顶端，熟前蓝绿色，熟时褐色至紫蓝
色或黑色，多少有白粉，具 1～5 粒种子，
多为 2～3 粒，形状各式，多为倒三角状球
形；种子常为卵圆形，微扁。

图 5-148　酸枣

根系发达，萌芽力和萌蘖力强。能忍受风蚀沙埋、长期适应干旱的沙漠环境。喜光，
喜凉爽干燥的气候，耐寒、耐旱、耐瘠薄，对土壤要求不严，不耐涝，在肥沃通透土壤上
成长较快。

产于新疆天山至阿尔泰山、宁夏贺兰山、内蒙古、青海东北部、甘肃祁连山北坡及古
浪、景泰、靖远等地以及陕西北部榆林。生于海拔 1100～2800m（青海可达 3300m）地
带的多石山坡，或生于针叶树或针叶树阔叶树混交林内，或生于沙丘上。

（2）水土保持功能。适应性强，宜护坡固沙，可作水土保持及固沙造林用树种，是华
北、西北地区良好的水土保持及固沙造林绿化
树种。

（3）主要应用的立地类型。常栽植于美化区和
边坡防护。

（4）栽植技术。生产建设项目中采用植苗造
林，春季或雨季带土球或泥浆蘸根移栽，栽植不要
过深，以不超过原土印 10cm 为宜。造林地选好
后，先挖好种植穴，在种植穴底部撒上 1 层有机肥
料作为底肥，厚度 4～6cm，再覆上 1 层土放入带
土球的苗木。

（5）现阶段应用情况。可成片种植成绿坡，不
仅具有极高的观赏价值还能起到护坡的作用。极强
的适应性使它成为常用的热门绿化树种。

图 5-149　叉子圆柏

叉子圆柏如图 5-149 所示。

75. 小叶黄杨 ［*Buxus sinica*（*Rehd. et Wils.*）*Cheng ex M. Cheng subsp. sinica var. parvifolia M. Cheng*］

（1）生物学、生态学特性及自然分布。灌木或小乔木，高 1～6m；枝圆柱形，有纵
棱，灰白色；小枝四棱形，全面被短柔毛或外方相对两侧面无毛。叶革质，阔椭圆形、阔
倒卵形、卵状椭圆形或长圆形。花序腋生，头状，花密集。蒴果近球形，长 6～10mm，
宿存花柱长 2～3mm。花期 3 月，果期 5—6 月。

生于岩上，海拔 1000m。性喜温暖、半阴、湿润气候，耐旱、耐寒、耐修剪，属浅根性树种，生长慢，寿命长。

分布于中国安徽（黄山）、浙江（龙塘山）、江西（庐山）、湖北（神农架及兴山）。

（2）水土保持功能。小叶黄杨具有喜光喜湿、适应性强、根系萌发能力强等特性，主要具有改良土壤、涵养水源等水土保持功能。

（3）主要应用的立地类型。常栽植于美化区和高标准恢复区。

（4）栽植技术。小叶黄杨为园林绿化树种和绿篱树种，绿化密度为每平方米 15～20 株。由于有些地区冬天寒冷，昼夜温差大，对于 2 年生的小叶黄杨要做好越冬前的防护措施，如入冬前用竹竿搭架盖无纺布，将无纺布底部四周压实等。黄杨绢野螟是小叶黄杨的主要虫害，喷药应彻底，也不应漏喷下部叶片。

图 5-150 小叶黄杨

（5）现阶段应用情况。小叶黄杨因叶片小、枝密、色泽鲜绿，耐寒，耐盐碱、抗病虫害等许多特性，为城市绿化、绿篱设置等的主要灌木品种。

小叶黄杨如图 5-150 所示。

76. 黄栌（*Cotinus coggygria Scop.*）

（1）生物学、生态学特性及自然分布。灌木，高 3～5m。叶倒卵形或卵圆形，全缘，两面或尤其叶背显著被灰色柔毛，叶柄短。圆锥花序被柔毛；花杂性，不孕花花梗花后伸长，密被粉色长毛；花瓣卵形或卵状披针形。果肾形，长约 4.5mm，宽约 2.5mm，无毛。

黄栌性喜光，也耐半阴；耐寒，耐干旱瘠薄和碱性土壤，不耐水湿，宜植于土层深厚、肥沃而排水良好的砂质壤土中。生长快，根系发达，萌蘖性强。对二氧化硫有较强抗性。秋季当昼夜温差大于 10℃时，叶色变红。

黄栌原产于中国西南、华北和浙江。

（2）水土保持功能。黄栌是良好的造林树种，主要具有保持和改良土壤、涵养水源等水土保持功能。

（3）主要应用的立地类型。适合栽植于燕山、太行山山地丘陵区和华北平原区等，常栽植于生态恢复区。

（4）栽植技术。生产建设项目采用植苗造林，多在春季 3—4 月造林，栽植时适当修剪过长的侧根，保持 30～40cm 根幅，同时可对地上部分适当短截。黄栌幼林期间需要进行松土扩穴、增强蓄水保墒作用。幼苗生长前期以氮肥、磷肥为主，苗木速生期应以氮肥、磷肥、钾肥混合为主，苗木硬化期以钾肥为主，停施氮肥，以促进苗木木质化，提高苗木抗寒越冬能力。

（5）现阶段应用情况。黄栌适应性强，各种立地条件均可栽植，但低湿地和盐碱地不

图 5-151　黄栌

宜选作造林地。既可选作荒山造林的先锋树种，也可用作防护林树种，尤其宜作风景名胜游览地的观赏树种。

黄栌如图 5-151 所示。

77. 长叶女贞［*Ligustrum compactum*（*Wall. ex G. Don*）*Hook. f. et Thoms. ex Brandis*］

（1）生物学、生态学特性及自然分布。灌木或小乔木；树皮灰褐色。枝黄褐色、褐色或灰色，疏生圆形皮孔，小枝橄榄绿色或黄褐色至褐色，圆柱形，节处稍压扁。叶片纸质，椭圆状披针形、卵状披针形或长卵形。圆锥花序疏松，顶生或腋生。果椭圆形或近球形，蓝黑色或黑色。花期 3—7 月，果期 8—12 月。

适应性强，喜光，稍耐阴。喜温暖湿润气候，稍耐寒，不耐干旱和瘠薄，适生于肥沃深厚、湿润的微酸性至微碱性土壤。根系发达，萌蘖、萌芽力均强，耐修剪。抗氯气、二氧化硫和氟化氢。

主要分布在长江流域及南方，湖北、四川、陕西、云南、西藏。华北、西北地区也有栽培。主要培育繁殖基地有江苏、山东、河南、浙江、湖南等省。

（2）水土保持功能。主要具有保持和改良土壤、涵养水源等水土保持功能。

（3）主要应用的立地类型。适合栽植于豫西南山地丘陵区等，园林绿化树种和绿篱树种，常栽植于美化区和高标准恢复区。

（4）栽植技术。生产建设项目中，美化区依据景观要求，用乔灌草及花卉立体搭配，常用作绿篱和行道树。选取高度 1.5m 左右的，按照 2m×2m 用株行距种植，150 株/亩。在栽植过程中一定要注意施足基肥，还要施好追肥。新栽植的长叶女贞，尤其是种植地较为空旷的要特别注意防寒防冻，通常情况下，会采用草绳缠绕长叶女贞树干的方式来进行防寒，第 4 年时就可改用在树干胸径 7cm 以下的部位里面缠报纸和外面裹塑料布的方式来防寒了。

图 5-152　长叶女贞

（5）现阶段应用情况。长叶女贞是优良的绿化树种，用途广，可作为行道树或庭院树，也可作为绿篱。其树冠圆整优美，树叶清秀，终年常绿，适应城市气候环境。

长叶女贞如图 5-152 所示。

78. 大叶黄杨（*Buxus megistophylla Levl.*）

（1）生物学、生态学特性及自然分布。灌木或小乔木。高 0.6～2m；小枝四棱形，光滑、无毛。叶革质或薄革质，卵形、椭圆状或长圆状披针形以至披针形。花序腋生，花

序轴有短柔毛或近无毛；雄花 8～10 朵，外萼片阔卵形，雌花萼片卵状椭圆形，无毛。蒴
果近球形，长 6～7mm，斜向挺出。花期 3—4 月，果期 6—7 月。

喜光，稍耐阴，有一定耐寒力，在淮河流域可露地自然越冬，在华北地区需保护越
冬，在东北和西北的大部分地区均作盆栽。对土壤要求不严，在微酸、微碱土壤中均能生
长，在肥沃和排水良好的土壤中生长迅速、分枝也多。

产于贵州西南部（镇宁、罗甸）、广西东北部（临桂、灌阳）、广东西北部（连县一
带）、湖南南部（宜章）、江西南部（安远、会昌）。

（2）水土保持功能。主要具有改良土壤、涵养水源等水土保持功能。

（3）主要应用的立地类型。适合栽植于
燕山、太行山山地丘陵区、豫西南山地丘陵
区和华北平原区等，亦常栽植于美化区和高
标准恢复区。

（4）栽植技术。生产建设项目中常丛植、
作绿篱，株距 0.25m。大叶黄杨需经常修剪
施肥，立夏后雨水逐渐增多，各种病菌增多。
在此期间若发现生病现象，要立即用药，不
然会传染给其他植株。春秋两季施肥，夏季
少用肥。秋季使用底肥追施。

图 5-153　大叶黄杨

（5）现阶段应用情况。大叶黄杨是优良
的园林绿化树种，可栽植绿篱及作背景种植材料，也可单株栽植在花境内，将它们整成低
矮的巨大球体，相当美观，也适合用于规则式的对称配植。

大叶黄杨如图 5-153 所示。

79. 榆叶梅［*Amygdalus triloba*（*Lindl.*）*Ricker*］

（1）生物学、生态学特性及自然分布。灌木稀小乔木，高 2～3m；枝条开展，具多
数短小枝；小枝灰色，1 年生枝灰褐色，无毛或幼时微被短柔毛。叶片宽椭圆形至倒卵
形，上面具疏柔毛或无毛，下面被短柔毛；叶柄被短柔毛。花 1～2 朵，先于叶开放，萼
筒宽钟形，花瓣粉红色。果实近球形，红色；果肉薄，成熟时开裂；核近球形，具厚硬
壳。花期 4—5 月，果期 5—7 月。

喜光，稍耐阴，耐寒，能在 -35℃ 以下越冬。对土壤要求不严，以中性至微碱性而肥
沃土壤为佳。根系发达，耐旱力强，不耐涝，抗病力强。生于低至中海拔的坡地或沟旁
乔、灌木林下或林缘。

产于黑龙江、吉林、辽宁、内蒙古、河北、山西、陕西、甘肃、山东、江西、江苏、
浙江等地。中国各地多数公园内均有栽植。

（2）水土保持功能。榆叶梅是中国北方园林、街道、路边等重要的绿化观花灌木树种。
也有较强的抗盐碱能力。主要具有保持和改良土壤、涵养水源、防风保土等水土保持功能。

（3）主要应用的立地类型。适合栽植于燕山、太行山山地丘陵区、华北平原区等，常
栽植于美化区和高标准恢复区。

（4）栽植技术。生产建设项目中常丛植、孤植或列植，株距 4～6m。移栽榆叶梅，

适宜在春、秋季节进行，定植的时候，穴内要上足腐熟的基肥，栽后浇透水。每年春季干燥的时候要浇 2～3 次水，平时不用浇水，同时要注意雨季排涝。每年 5 月、6 月可以追施肥 1～2 次，促进植株分化花芽。生长过程中注意修剪枝条。在花期过后进行适度的修剪，每 1 个健壮的枝条上留 3～5 个芽即可。入伏后再进行 1 次修剪，同时打顶摘心，使养分集中，促使花芽萌发，修剪后施 1 次液肥。

图 5-154 榆叶梅

（5）现阶段应用情况。榆叶梅枝叶茂密，花繁色艳，是中国北方园林、街道、路边等重要的绿化观花灌木树种，有较强的抗盐碱能力。

榆叶梅如图 5-154 所示。

80. 小穗柳（*Salix microstachya Turcz.*）

（1）生物学、生态学特性及自然分布。灌木，高 1～2m。小枝淡黄色或黄褐色，无毛或稍有短柔毛。叶线形或线状倒披针形，或镰刀状披针形；叶柄短，无毛或有丝状短柔毛。花先叶开放或近同时开放，花丝和花药合生，花药黄色，苞片淡褐色或黄绿色，先端褐色。花期 5 月，果期 6—7 月。

喜光，能适应阳坡和半阳坡。耐湿，耐寒、抗沙埋，喜生于沙漠地区的河边、沙丘间的低湿地，或生长于沙漠地区的河边、或沙丘间低地上。草甸、草坡、村边、河谷、河滩、林中路边、丘间低地、丘间湿地、沙地、沙地水边、沙丘、山坡、湿地、湿沙地、湿沙丘、盐渍化沙地、栽培。

产于内蒙古自治区东部（海拉尔）。蒙古国、苏联（东西伯利亚、贝加尔湖）也有分布。

（2）水土保持功能。小穗柳耐旱耐瘠薄，适应性强，主要具有保持和改良土壤、涵养水源等水土保持功能。

（3）主要应用的立地类型。适合栽植于燕山、太行山山地丘陵区等，常栽植于生态恢复区。

图 5-155 小穗柳

（4）栽植技术。在生产建设项目中，小穗柳常采用插条法或植苗造林，株行距 1m× 3m，第 1 阶段为造林后或平茬后的第 1 年，严格控制畜害。第 2 阶段为平茬后或造林后的第 2 年、第 3 年，此阶段要加强管护，注意防止人为的滥采条，导致条龄不齐，形成老少条一丛的树体结构。

（5）现阶段应用情况。小穗柳属耐碱性植物，适宜生长在盐碱区域，是防风固沙的先锋树种。

小穗柳如图 5-155 所示。

81. 文冠果 (*Xanthoceras sorbifolium Bunge*)

（1）生物学、生态学特性及自然分布。落叶灌木或小乔木，高 2～5m；小枝粗壮，褐红色，无毛。叶连柄长 15～30cm；小叶 4～8 对，膜质或纸质，披针形或近卵形，两侧稍不对称，背面鲜绿色。花序先叶抽出或与叶同时抽出，两性花的花序顶生，雄花序腋生；花瓣白色，基部紫红色或黄色；花盘的角状附属体橙黄色。蒴果长达 6cm；种子长达 1.8cm，黑色而有光泽。花期春季，果期秋初。

耐干旱、贫瘠，抗风沙，在石质山地、黄土丘陵、石灰性冲积土壤、固定或半固定的沙区上均能成长，是中国特有的一种食用油料树种。

分布在中国北部和东北部，西至宁夏、甘肃，东至辽宁，北至内蒙古，南至河南。野生于丘陵山坡等处，各地也常有栽培。

（2）水土保持功能。文冠果主要具有保持和改良土壤、涵养水源等水土保持功能。

（3）主要应用的立地类型。适合栽植于燕山、太行山山地丘陵区等，常栽植于生态恢复区。

（4）栽植技术。生产建设项目中采用植苗造林，穴状整地，深度在 30cm，株行距（3～4）m×（4～5）m。栽植时确保苗木根系舒展，根茎外露，踏实后浇透水，待水渗后再覆一薄层干土，修成低于地面 15cm、直径 70～80cm 的蓄水盆。生长季节结合除草进行松土扩穴，每年抚育 1～2 次。

图 5-156　文冠果

（5）现阶段应用情况。常用于公园、庭园、绿地孤植或群植，也是防风固沙、小流域治理和荒漠化治理的优良树种。在国家林业局 2006—2015 年的能源林建设规划当中，文冠果已成为"三北"地区的首选树种。

文冠果如图 5-156 所示。

82. 黄刺玫 (*Rosa xanthina Lindl.*)

（1）生物学、生态学特性及自然分布。直立灌木，高 2～3m。枝粗壮，密集，披散；小枝无毛，有散生皮刺，无针刺。小叶 7～13 片，连叶柄长 3～5cm，小叶片宽卵形或近圆形。花单生于叶腋，重瓣或半重瓣，黄色，无苞片；花后萼片反折。果近球形或倒卵圆形，紫褐色或黑褐色，无毛。花期 4～6 月，果期 7～8 月。

喜光，稍耐阴，耐寒力强。对土壤要求不严，耐干旱和瘠薄，在盐碱土中也能生长，以疏松、肥沃土地为佳。不耐水涝。为落叶灌木。少病虫害。

东北、华北各地庭园常见栽培，早春繁花满枝，颇为美观。

（2）水土保持功能。黄刺玫具有保持和改良土壤、涵养水源等水土保持功能。

（3）主要应用的立地类型。适合栽植于燕山、太行山山地丘陵区等，常栽植于美化区和生态恢复区。

（4）栽植技术。生产建设项目生态恢复区，选择在向阳坡地或梁峁顶部营造水土保持和水源涵养林，在美化区种植或单株点缀，可与西北枸子、北京丁香、鼠李、沙棘和绣线菊等混植。黄刺玫适应能力强，管理粗放，新植幼苗前 2 年松土除草 2～3 次，3～4 年平茬 1 次，以增加枝条数量。

（5）现阶段应用情况。黄刺玫黄花绿叶，绚丽多姿，株丛大，花色金黄，花期长，为庭园观赏植物，园林中可孤植观赏。可广泛用于道路、街道两旁绿化和庭院观赏。

黄刺玫如图 5-157 所示。

图 5-157　黄刺玫

83. 小叶巧玲花［*Syringa pubescens Turcz. subsp. microphylla（Diels）M. C. Chang et X. L. Chen*］

（1）生物学、生态学特性及自然分布。又称小叶丁香，灌木；树皮灰褐色。小枝带四棱形。叶片卵形、椭圆状卵形、菱状卵形或卵圆形。圆锥花序直立；花冠紫色，盛开时呈淡紫色，后渐近白色。果通常为长椭圆形，长 0.7～2cm，宽 3～5mm，先端锐尖或具小尖头，或渐尖，皮孔明显。花期 5—6 月，果期 6—8 月。

生长过程中比较喜光，也能耐受半阴状态。适应性比较强，对寒冷、干旱、土壤瘠薄都有比较强的耐受性，而且不易受病虫侵害，一般在向阳的山坡及山谷的一些地带都能够生长得很好。小叶丁香虽然适应性较强，但在酸性土壤条件下生长得不好，比较适合在疏松的土壤环境中生长，但比较怕涝，也不耐湿热。

主要分布于河北、河南、山西、陕西、甘肃、辽宁及湖北等省。

（2）水土保持功能。小叶巧玲花耐旱抗寒、在瘠薄的土壤中也能生长，具有保持和改良土壤、涵养水源等水土保持功能。

（3）主要应用的立地类型。适合栽植于华北平原区等，常栽植于美化区和生态恢复区。

（4）栽植技术。在生产建设项目中，采用植苗造林，小叶巧玲花一般在 2 月下旬至 3 月上中旬移栽，过早或过迟都会影响其正常的生长和开花。移栽苗一般选用 2～3 年生实生苗，定植的造林株行距一般为 2～3m，可根据配置要求进行调整。栽植穴直径 70～80cm、深 50～60cm，因根系浅，栽植穴不宜过深，雨季及时排水防涝。小叶巧玲花树势强健，栽植后为恢复树势，可将地上部重剪，第 2 年即可萌发大量新枝。每隔 2～3 年可对枝条进行重剪更新。

（5）现阶段应用情况。小叶巧玲花枝叶茂盛，能较好地截留天然降水，根系发达，根量丰富，具有固土作用，为华北及东北地区山地阳坡和半阳坡优良的水土保持林树种。

小叶巧玲花如图 5-158 所示。

图 5-158　小叶巧玲花

84. 紫叶矮樱（*Prunus×cistena N. E. Hansen ex Koehne*）

（1）生物学、生态学特性及自然分布。落叶灌木或小乔木。高达 2.5m 左右。枝条幼时紫褐色，通常无毛，老枝有皮孔，分布整个枝条。叶长卵形或卵状长椭圆形，长 4～8cm，叶面红色或紫色，背面色彩更红，新叶顶端鲜紫红色，当年生枝条木质部红色。花单生，中等偏小，淡粉红色，花瓣 5 片，微香，雄蕊多数，单雌蕊，花期 4—5 月。

喜光树种，但也耐寒、耐阴。对土壤要求不严格，但在肥沃深厚、排水良好的中性、微酸性沙壤土中生长最好，轻黏土亦可。盆栽用盆宜深大些，并在盆底垫碎瓦片或碎硬塑料泡沫块，增强土壤的透气性和排水能力，并可防止烂根。喜湿润环境，忌涝。

原产美国，1990 年中国引进栽培。各地有栽培，东北主要分布在黑龙江东南部、辽宁、吉林等地。

（2）水土保持功能。主要具有保持和改良土壤、涵养水源等水土保持功能。

（3）主要应用的立地类型。适合栽植于华北平原区等，常栽植于美化区和高标准恢复区。

（4）栽植技术。在生产建设项目中，一般采用移栽定植的方法造林，可单植或列植，在每年的 4—5 月选择生长健壮、整齐、无病害的优质种苗按株距 30cm、行距 35cm 移栽定植，保苗 9.0 万～10.5 万株/hm² 。若栽植成大规格景观材料，可适当稀植，其株行距均调整为 50cm，定植后浇透水。紫叶矮樱喜光，在光照不足处种植，其叶色会泛绿，因此应将其种植于光照充足处；紫叶矮樱喜湿润环境，但不耐积水，应种植于高燥之处，切忌种植于低洼处，在草坪中种植未见不良反应，但需注意的是草坪灌溉应采用喷灌。紫叶矮樱耐寒，成年苗采取树干涂白的措施即可。对于新植苗，可采取根部培土、树干缠草的办法，幼龄苗则进行覆膜处理。新植苗木在第 1 年进行缠干处理后，第 2 年采取涂白越冬即可。

图 5-159　紫叶矮樱

（5）现阶段应用情况。在园林绿化中，紫叶矮樱因其枝条萌发力强、叶色亮丽，加之从出芽到落叶均为紫红色，因此既可作为城市彩篱或色块整体栽植，也可单独栽植，是绿化美化城市的最佳树种之一。

紫叶矮樱如图 5-159 所示。

85. 金银木［*Lonicera maackii*（*Rupr.*）*Maxim.*］

（1）生物学、生态学特性及自然分布。即金银忍冬。落叶灌木。高达 6m，茎干直径达 10cm；凡幼枝、叶两面脉上、叶柄、苞片、小苞片及萼檐外面都被短柔毛和微腺毛；叶纸质，形状变化较大；花芳香，生于幼枝叶腋，总花梗长 1～2mm，短于叶柄；果实暗红色，圆形，直径 5～6mm；种子具蜂窝状微小浅凹点。花期 5—6 月，果熟期 8—10 月。

喜光，耐半阴，耐旱，耐寒，喜温暖湿润气候和深厚肥沃的沙质壤土。耐寒力和耐旱力强，对土壤的酸碱性要求不严，在钙质土中生长良好。生于林中或林缘溪流附近的灌木丛中，海拔达 1800m（云南和西藏达 3000m）。

产于黑龙江、吉林、辽宁三省的东部、河北、山西南部、陕西、甘肃东南部、山东东部和西南部、江苏、安徽、浙江北部、河南、湖北、湖南西北部和西南部（新宁）、四川东北部、贵州（兴义）、云南东部至西北部及西藏自治区（吉隆）。

（2）水土保持功能。园林绿化中最常见的树种之一，耐寒耐瘠薄，具有保持和改良土壤、涵养水源等水土保持功能。

（3）主要应用的立地类型。适合栽植于华北平原区等，常栽植于美化区和高标准恢复区。

（4）栽植技术。在生产建设项目中，一般采用移栽定植的方法造林，可单植或列植，

图 5-160　金银木

移栽可在春季 3 月上中旬或秋季落叶后进行。定植前施充分腐熟堆肥，并连灌 3 次透水。可按 40cm×50cm 株行距栽植，每年追肥 3～4 次。若培养成乔木状树形，应移苗后选一壮枝短截定干，其余枝条疏除，以后下部萌生的侧枝、萌蘖要及时摘心，控其生长，促主干生长。成活后，每年适时灌水、疏除过密枝，根据长势可 2～3 年施基肥一次。从春季萌动至开花可灌水 3～4 次，虽然金银木耐旱，但在夏季干旱时也要灌水 2～3 次，入冬前灌冻水 1 次。栽植成活后进行 1 次整形修剪。花后短剪开花枝，使其促发新枝及花芽分化，来年开花才能繁盛。

（5）现阶段应用情况。园林中，常将金银木丛植于草坪、山坡、林缘、路边或点缀于建筑周围，观花赏果两相宜。

金银木如图 5-160 所示。

86. 卫矛［*Euonymus alatus*（*Thunb.*）*Sieb.*］

（1）生物学、生态学特性及自然分布。灌木，高 1～3m；小枝常具 2～4 列宽阔木栓翅。叶卵状椭圆形、窄长椭圆形，偶为倒卵形，两面光滑无毛；叶柄长 1～3mm。聚伞花序，花白绿色。蒴果；种子椭圆状或阔椭圆状，长 5～6mm，种皮褐色或浅棕色，假种皮橙红色，全包种子。花期 5—6 月，果期 7—10 月。

喜光，也稍耐阴；对气候和土壤适应性强，能耐干旱、瘠薄和寒冷，在中性、酸性及石灰性土上均能生长。萌芽力强，耐修剪，对二氧化硫有较强抗性。

中国除东北、新疆、青海、西藏、广东及海南以外，各省均有分布。生长于山坡、沟地边沿。日本、朝鲜也有分布。模式标本采自日本。

（2）水土保持功能。主要具有保持和改良土壤、涵养水源等水土保持功能。

（3）主要应用的立地类型。适合栽植于华北平原区等，常栽植于美化区和高标准恢复区，常作为绿篱树种。

（4）栽植技术。在生产建设项目中，一般采用扦插法造林，扦插苗一般在 5—6 月可以进行移栽，此时幼苗已经分权，根系变成褐色。移栽的时候，最好选在阴天或半阴天。

图 5-161 卫矛

起苗时应在幼苗根系沾好泥浆，在栽植幼苗的前 3d，把畦面浇 1 次水，以防幼苗在栽植过程中失去水分。栽植密度 30cm×20cm。10 月至 11 月中旬，把苗木用塑料布进行覆盖，盖前浇足封冻水，这样苗木第 2 年开春后不会抽梢。

（5）现阶段应用情况。卫矛被广泛应用于城市园林、道路、公路绿化的绿篱带、色带拼图和造型，具有抗性强的特点，能净化空气、美化环境。

卫矛如图 5-161 所示。

87. 小叶鼠李（*Rhamnus parvifolia Bunge*）

（1）生物学、生态学特性及自然分布。灌木，高 1.5～2m；小枝对生或近对生，紫褐色，平滑，稍有光泽，枝端及分叉处有针刺。叶纸质，对生或近对生，稀兼互生，或在短枝上簇生，菱状倒卵形或菱状椭圆形，稀倒卵状圆形或近圆形。花单性，雌雄异株，黄绿色。核果倒卵状球形，直径 4～5mm，成熟时黑色，基部有宿存的萼筒；种子矩圆状倒卵圆形，褐色。花期 4—5 月，果期 6—9 月。

性喜光耐旱，多生长于较湿润的杂木疏林中以及林缘处，以及北方风化岩地区的山区的岩石缝隙中。

生于海拔 400～2300m 的向阳山坡、草丛或灌丛中。分布于东北、华北及陕西、山东、河南。

（2）水土保持功能。小叶鼠李是喜光、耐寒、适应性强的灌木，主要具有保持和改良土壤、涵养水源等水土保持功能。

（3）主要应用的立地类型。适合栽植于鲁中南及胶东山地丘陵区等，常栽植于美化区和生态恢复区。

（4）栽植技术。生产建设项目中美化区依据景观要求确定栽植方式和密度，生态恢复区宜选择山地阴坡、半阴坡、半阳坡立地造林，造林密度每公顷 3000～4800 株。

图 5-162 小叶鼠李

（5）现阶段应用情况。小叶鼠李是园林绿化的优良观赏灌木树种，亦是制作盆景的佳木，也是我国重要的造林树种。

小叶鼠李如图 5-162 所示。

88. 火棘 ［*Pyracantha fortuneana（Maxim.）Li*］

（1）生物学、生态学特性及自然分布。常绿灌木，高达 3m；侧枝短，先端成刺状，嫩枝外被锈色短柔毛，老枝暗褐色，无毛；芽小，外被短柔毛。叶片倒卵形或倒卵状长圆形，近基部全缘，两面皆无毛。花集成复伞房花序，萼筒钟状，花瓣白色。果实近球形，直径约 5mm，橘红色或深红色。花期 3—5 月，果期 8—11 月。

喜强光，耐贫瘠，抗干旱，不耐寒；黄河以南可露地种植，华北需盆栽，在塑料棚或低温温室内越冬，温度可低至 0℃。对土壤要求不严，而以排水良好、湿润、疏松的中性或微酸性壤土为好。

分布于中国黄河以南及广大西南地区。全属 10 种，中国产 7 种。国外已培育出许多优良栽培品种。产于陕西、江苏、浙江、福建、湖北、湖南、广西、四川、云南、贵州等省（自治区）。

（2）水土保持功能。火棘主要具有保持和改良土壤、涵养水源等水土保持功能。

（3）主要应用的立地类型。适合栽植于豫西南山地丘陵区等，常栽植于生态恢复区和功能区。

（4）栽植技术。生产建设项目中一般采用植苗造林，选择地势平坦、富含有机质的砂质壤土，按株行距 2m×2m 挖 0.6～0.8m 深的坑，填入基肥和表土，栽入穴中，踏实、浇足定根水。施肥，每年 11—12 月施 1 次基肥。灌水，分别在开花前后和夏初各灌水 1 次，有利于火棘的生长发育，在冬季干冷气候地区，进入休眠期前应灌 1 次封冻水。

（5）现阶段应用情况。火棘因其适应性强、耐修剪、喜萌发的特点，作绿篱具有优势。一般城市绿化的土壤较差，建筑垃圾不可能得到很好地清除，火棘在这种较差的环境中也能生长较好，因自然抗逆性强，火棘也适合栽植于护坡之上等。

火棘如图 5 - 163 所示。

图 5 - 163　火棘

89. 杜鹃（*Rhododendron simsii Planch.*）

（1）生物学、生态学特性及自然分布。落叶灌木，高 2～5m。分枝多而纤细，密被亮棕褐色扁平糙伏毛。叶革质，常集生枝端，卵形、椭圆状卵形或倒卵形或倒卵形至倒披针形，上面深绿色，下面淡白色。花簇生枝顶；花梗密被亮棕褐色糙伏毛；花冠阔漏斗形，玫瑰色、鲜红色或暗红色。蒴果卵球形，长达 1cm，密被糙伏毛；花萼宿存。花期 4—5 月，果期 6—8 月。

性喜凉爽、湿润、通风的半阴环境，既怕酷热又怕严寒，喜欢酸性土壤，在钙质土中生长得不好，甚至不生长。因此土壤学家常常把杜鹃作为酸性土壤的指示作物。

产于中国江苏、安徽、浙江、江西、福建、台湾、湖北、湖南、广东、广西、四川、贵州和云南。

（2）水土保持功能。主要具有保持和改良土壤、涵养水源等水土保持功能。

（3）主要应用的立地类型。适合栽植于豫西南山地丘陵区等，常栽植于美化区和高标准恢复区。

（4）栽植技术。生产建设项目中作为观花植物进行种植，每亩栽植 20 株，所用苗木地径均在 5cm 以上，要求根系完整、顶芽饱满、色泽正常。株行距为 5m×5m。杜鹃最适宜在初春或深秋时栽植，宜选择在荫蔽、排水良好的酸性土壤中栽植。一般春秋季节，对露地栽种的杜鹃可以隔 2～3d 浇 1 次透水，在炎热的夏季，每天至少浇 1 次水。

（5）现阶段应用情况。是作花篱的良好材料，杜鹃还可经修剪培育成各种形态。花季绽放时，杜鹃总给人一种热闹而喧腾的感觉；非花季时，因其有深绿色的叶片，也很适合栽种在庭园中作为矮墙或屏障。

杜鹃如图 5-164 所示。

图 5-164 杜鹃

90. 车桑子［*Dodonaea viscosa*（*L.*）*Jacq.*］

（1）生物学、生态学特性及自然分布。灌木或小乔木，高 1～3m；小枝扁，有狭翅或棱角，覆有胶状黏液。单叶，纸质，形状和大小变异很大，两面有黏液，无毛，干时光亮；叶柄短或近无柄。花序顶生或在小枝上部腋生，密花。蒴果倒心形或扁球形，2 翅或 3 翅，种皮膜质或纸质，有脉纹；种子每室 1 颗或 2 颗，透镜状，黑色。花期秋末，果期冬末春初。

喜温暖湿润的气候，在阳光充足、雨量充沛的环境生长良好。一般分布于低海拔地带。对土壤要求不严，以砂质壤土种植为宜。

分布于我国西南部、南部至东南部。常生于干旱山坡、旷地或海边的沙土上。分布于全世界的热带和亚热带地区。

图 5-165 车桑子

（2）水土保持功能。车桑子植物耐干旱、萌生力强、根系发达，又有丛生性，是一种良好的固沙保土树种。

（3）主要应用的立地类型。主要栽植于滞尘区、一般恢复区、土质和石质边坡。

（4）栽植技术。车桑子主要采用种子进行繁殖。选种，选 5 年生以上的壮龄母株留种，采回后晾干，放置通风处贮藏。春播，开沟条播，行距 30cm、种子粒距 5cm、覆土 2～3cm，浇水保湿。当苗高 35cm 左右移栽。按行株距 150cm×150cm 开穴，每穴栽 1 株，稍压紧，浇足定根水。

（5）现阶段利用情况。主要用作固沙保土树种。

车桑子如图 5-165 所示。

91. 马桑（*Coriaria nepalensis Wall.*）

（1）生物学、生态学特性及自然分布。灌木，高 1.5～2.5m。小枝四棱形或成四狭翅，幼枝紫色，老枝紫褐色，具显著圆形突起的皮孔。叶对生，纸质至薄革质，椭圆形或阔椭圆形，全缘，基出 3 脉，叶柄短，疏被毛，紫色，基部具垫状突起物。总状花序，雄花序先叶开放，多花密集；雌花序与叶同出，苞片带紫色。果球形，果期花瓣肉质增大包于果外，成熟时由红色变紫黑色，径 4～6mm；种子卵状长圆形。

生于海拔 400～3200m 的灌丛中。马桑适应性很强，能耐干旱、瘠薄的环境，在中性偏碱的土壤生长良好。

分布于我国云南、贵州、四川、湖北、陕西、甘肃、西藏。

（2）水土保持功能。马桑是适宜荒山绿化的树种，具有改良土壤、涵养水源的水土保持功能，是较好的水土保持树种。

（3）主要应用的立地类型。主要栽植于滞尘区、一般恢复区、土质和石质边坡。

（4）栽植技术。在生产建设项目中，马桑常设计为群植，苗木规格一般为 1.0m 左右。马桑可直播造林。早春时（2 月上旬）直接在造林地撒播马桑种子。穴垦整地，穴径 60cm、深 40cm，2 月播种，每穴播种 8～10 粒，覆土约 1cm，最好再盖上碎草。苗木出土后，结合抚育，分批删除瘦弱的，每穴选留健壮苗 1～3 株，培养成林。马桑也可植苗造林，有条件的地方可以在造林前施足基肥。花岗岩发育的土壤施氮肥；板岩、页岩发育的土壤施磷肥。

（5）现阶段利用情况。马桑由于其抗瘠薄能力强，能耐一定低温，为先锋树种。同时具有固氮能力，改良土壤能力强，具有很好的水土保持功能，是很好的水土保持树种。

马桑如图 5 - 166 所示。

图 5 - 166　马桑

92. 木豆 ［*Cajanus cajan* (*L.*) *Millsp.*］

（1）生物学、生态学特性及自然分布。直立灌木，1～3m。多分枝，小枝有明显纵棱，被灰色短柔毛。叶具羽状 3 片小叶；小叶纸质，披针形至椭圆形。总状花序长 3～7cm；花数朵生于花序顶部或近顶部；花萼钟状；花序、总花梗、苞片、花萼均被灰黄色短柔毛；花冠蝶形，黄色。荚果线状长圆形；种子 3～6 颗，近圆形，稍扁，种皮暗红色，有时有褐色斑点。花、果期 2—11 月。

短日照作物，光照愈短，愈能促进花芽分化，木豆喜温，最适宜生长温度为 18～34℃，适宜种植在滇中及滇中以南海拔 1600m 以下地区，尤其以海拔 1400m 以下地区产量最高。木豆耐干旱，年降水量 600～1000mm 最适；木豆比较耐瘠，对土壤要求不严，各类土壤均可种植，适宜的土壤 pH 值为 5.0～7.5。

在浙江、福建、台湾、广东、广西、四川、贵州、云南等地有栽培。

（2）水土保持功能。木豆具有喜温、适应性强、耐贫瘠、耐干旱等特点，主要具有保持和改良土壤、涵养水源等水土保持功能。

（3）主要应用的立地类型。主要栽植于一般恢复区、土质和石质边坡。

（4）栽植技术。木豆每亩种植规格和播种量要根据木豆品种、地形及种植方式来确定。一般情况下，在平地及缓坡种植，每亩播种量为 100～150g，每亩种 250～300 株；在陡坡种植，每亩播种量为 85～135g，每亩种 200 株。

图 5-167　木豆

（5）现阶段利用情况。在云南主要用作家畜饲料和绿肥，也是紫胶虫的优良寄主植物，还是公路沿线的水土保持常用植物之一。

木豆如图 5-167 所示。

93. 余甘子（*Phyllanthus emblica* L.）

（1）生物学、生态学特性及自然分布。乔木；树皮浅褐色；枝条具纵细条纹，被黄褐色短柔毛。叶片纸质至革质，线状长圆形，上面绿色，下面浅绿色，干后带红色或淡褐色，边缘略背卷；叶柄长 0.3～0.7mm；托叶三角形，褐红色。聚伞花序；雄花萼片膜质，黄色，花盘腺体 6；雌花萼片边缘膜质；花盘杯状。蒴果呈核果状，圆球形，外果皮肉质，绿白色或淡黄白色，内果皮硬壳质；种子略带红色。花期 4—6 月，果期 7—9 月。

性喜温暖干热气候，能耐干旱和瘠薄的土壤。生长在云南、南亚热带、三江两岸和小流域地区的干旱河谷地区。还生于海拔 500～2500m、年平均温度 20℃以上、年降雨量 800～1500mm 的疏林或向阳山坡地。

产于江西、福建、台湾、广东、海南、广西、四川、贵州和云南等省（自治区），生于海拔 200～2300m 山地疏林、灌丛、荒地或山沟向阳处。

（2）水土保持功能。余甘子是良好的水土保持树种。

（3）主要应用的立地类型。主要栽植于防噪声区、一般和高标恢复区、土质和石质边坡。

（4）栽植技术。种子繁殖和扦插繁殖。种子繁殖一般是在春季，将采集的种子，按株行距 20cm×30cm、深 3cm 的要求，将种子点播在苗床上。播完后将床面整平，稍加镇压，上盖山草或松针，并喷水使盖草和床面潮湿。播种后一般在 20d 左右，种子发芽，种苗逐渐出土，此时逐步揭去盖草，并随时保证苗床有一定的湿度。要随时清除床面的杂草。待苗高 40cm 时在阴天进行间苗，后喷灌清粪水 1 次，把间出的苗带土移至另外的苗床上种植。待苗高 70～100cm 时，即可出圃进行移栽。

（5）现阶段利用情况。可作产区荒山荒地酸性土造林的先锋树种。树姿优美，可作庭园风景树，亦可栽培为果树。

图 5 - 168　余甘子

余甘子如图 5 - 168 所示。

94. 光叶子花（*Bougainvillea glabra Choisy*）

（1）生物学、生态学特性及自然分布。藤状灌木。茎粗壮，枝下垂，无毛或疏生柔毛；刺腋生，长 5～15mm。叶片纸质，卵形或卵状披针形，顶端急尖或渐尖，基部圆形或宽楔形，上面无毛，下面被微柔毛；叶柄长 1cm。花顶生枝端的 3 个苞片内，花梗与苞片中脉贴生，每个苞片上生 1 朵花；苞片叶状，紫色或洋红色，长圆形或椭圆形，纸质。花期冬春间（广州、海南、昆明），北方温室栽培 3—7 月开花。

喜温暖湿润气候，不耐寒，喜充足光照，怕积水，不耐涝。适宜在肥沃、疏松、排水良好的砂质土中生长。品种多样，植株适应性强，不仅在南方地区广泛分布，在寒冷的北方也可栽培。只是在北方花色较单一。

在中国分布于福建、广东、海南、广西、云南。

（2）水土保持功能。光叶子花具有保持和改良土壤、涵养水源等水土保持功能。

（3）主要应用的立地类型。适合栽植于高标恢复区。

（4）栽植技术。常用扦插繁殖，且育苗容易。5 月和 6 月，剪取成熟的木质化枝条，长 20cm，插入砂盆中，盖上玻璃，保持湿润 1 个月左右可生根，培养 2 年可开花。整株开花期很长，可达 3～4 个月。合理施肥，平时浇水掌握"不干不浇，浇则要透"的原则。喜光照，属阳性花卉，生长季节光线不足会导致植株长势衰弱，影响孕蕾及开花，因此，一年四季，除新上盆的小苗外，应先放于半阴处。冬季应摆放于南向窗前。

图 5 - 169　光叶子花

（5）现阶段应用情况。南方栽植于庭院、公园，北方栽培于温室，是美丽的观赏植物。花入药，可以调和气血、治白带、调经。

光叶子花如图 5 - 169 所示。

95. 清香木（*Pistacia weinmannifolia J. Poisson ex Franch.*）

（1）生物学、生态学特性及自然分布。灌木或小乔木。高 2～8m，稀达 10～15m；树皮灰色，小枝具棕色皮孔，幼枝被灰黄色微柔毛。偶数羽状复叶互生，有小叶 4～9 对，叶轴具狭翅，上面具槽，被灰色微柔毛，叶柄被微柔毛；小叶革质，长圆形或倒卵状长圆形，小叶柄极短。花序腋生，与叶同出，被黄棕色柔毛和红色腺毛；花小，紫红色，无梗，苞片 1。核果球形，长约 5mm，直径约 6mm，成熟时红色，先端细尖。

为阳性树，但亦稍耐阴，喜温暖，要求土层深厚，萌发力强，生长缓慢，寿命长，但幼苗的抗寒力不强。植株能耐−10℃低温，喜光照充足、不易积水的土壤。

产于中国云南、西藏（东南部）、贵州（西南部）、四川（西南部）、广西（西南部）；生于海拔580～2700m的石灰山林下或灌丛中。

（2）水土保持功能。具有保持和改良土壤、涵养水源等水土保持功能。

（3）主要应用的立地类型。主要栽植于美化区、防噪声区、一般和高标准恢复区。

（4）栽植技术。清香木对肥料较敏感，幼苗尽量少施肥甚至不施肥，避免因肥力过足而导致烧苗或徒长。扦插育苗春秋皆可扦插。采用植物非试管快繁技术可周年进行，生长季节一叶一芽，休眠期取一枝段即可。在树木休眠期，选取壮年母树1年生健壮枝，截成长10～15cm、粗0.3～1.0cm的繁材，上切口距芽1.0～1.5cm，下截口距芽0.3～0.5cm。

（5）现阶段利用情况。用于园林绿化，枝叶青翠，适合用作整形、庭植美化、绿篱或盆栽。木材花纹色泽美观材质硬重，干后稳定性好，可代替进口红木制作乐器、家具、木雕，用其乌木制成的工艺品更是价格极高。

图5-170　清香木

清香木如图5-170所示。

96. 仙人掌 [*Opuntia stricta*（*Haw.*）*Haw. var. dillenii*（*Ker - Gawl.*）*Benson*]

（1）生物学、生态学特性及自然分布。丛生肉质灌木，高1～3m。小窠疏生，成长后刺常增粗并增多，每小窠具1～20根刺，密生短绵毛和倒刺刚毛；刺黄色；倒刺刚毛暗褐色，多少宿存；短绵毛灰色，短于倒刺刚毛，宿存。叶钻形，长4～6mm，绿色，早落。花辐状；萼状花被片宽倒卵形至狭倒卵形，黄色，具绿色中肋。浆果倒卵球形，表面平滑无毛，紫红色。种子多数，扁圆形边缘稍不规则，无毛，淡黄褐色。花期6—10（12）月。

喜强烈光照，耐炎热、干旱、瘠薄，生命力顽强，管理粗放。仙人掌生长适温为20～30℃，生长期要有昼夜温差，最好白天30～40℃，夜间15～25℃。春秋季节，浇水要掌握"不干不浇，不可过湿"的原则。

中国于明末引种，南方沿海地区常见栽培，在广东、广西南部和海南沿海地区则为野生。

（2）水土保持功能。仙人掌是一种较好的水土保持植物种。

（3）主要应用的立地类型。适合栽植于石质边坡。

（4）栽植技术。栽培技术是仙人掌自然分布的限制因素，其生长要求为15～40℃，以20～30℃为最佳，北方地区可以用扣塑料膜等栽培法，保证其健康生长。仙人掌耐旱、怕积水，对土壤适应性强，在黑钙土、红壤土、黄土等中均能种植。以pH值为中性或微酸性、排水条件良好、以土壤团粒结构不宜过紧的沙质土壤为宜。整地时要全面深耕1～2次，耕地深40cm左右为好，再耙地2～3遍，把土耙平耙细为止。

（5）现阶段应用情况。仙人掌从野生到被广泛移入室内栽培，反映了城市居民选择盆花品种的一种趋势。

97. 杨梅（*Myrica rubra Siebold et Zuccarini*）

（1）生物学、生态学特性及自然分布。常绿乔木。高可达 15m 以上；树皮灰色，老时纵向浅裂。小枝及芽无毛，皮孔通常少而不显著，幼嫩时仅被圆形而盾状着生的腺体。叶革质，无毛，生存至 2 年脱落，常密集于小枝上端部分。花雌雄异株。核果球状，外表面具乳头状凸起，外果皮肉质，多汁液及树脂，味酸甜，成熟时深红色或紫红色；核常为阔椭圆形或圆卵形，略成压扁状，内果皮极硬、木质。4 月开花，6—7 月果实成熟。

喜酸性土壤，与柑橘、枇杷、茶树、毛竹等分布相仿，但其抗寒能力比柑橘、枇杷强。

原产中国温带、亚热带湿润气候的海拔 125～1500m 的山坡或山谷林中，以及低山丘陵向阳山坡或山谷中。

（2）水土保持功能。杨梅具有保持和改良土壤、涵养水源等水土保持功能。

（3）主要应用的立地类型。适合栽植于防噪声区。

图 5-171　杨梅

（4）栽植技术。杨梅建园时，应进行整地，采用修筑等高梯田、等高撩壕和鱼鳞坑的方法。等高撩壕是坡地果园改长坡为短坡的一种水土保持的措施，撩壕宽度为 50～70cm 沟深为 30cm，沟内每隔 5～10m 修筑一个缓水埝，形成竹节状。鱼鳞坑，种植杨梅的行株距规格，常采用 7m×5m、6m×4m 和 5m×4m 三种。鱼鳞坑直径为 2m，其中种植穴的直径为 1m，深为 80cm。

定植穴应设置在离梯田或鱼鳞坑外沿 1/3 处，按株行距的要求，测量出定植穴的位置，再以定植点为中心，开挖定植穴。定植穴的规格为长宽各 1m、深 0.8m。每 667m² 栽杨梅15～40 株。

（5）现阶段应用情况。主要作果树。

杨梅如图 5-171 所示。

98. 斑鸠菊（*Vernonia esculenta Hemsl.*）

（1）生物学、生态学特性及自然分布。灌木或小乔木，高 2～6m。枝圆柱形，多少具棱，具条纹，被灰色或灰褐色绒毛；叶具柄，硬纸质，长圆状披针形或披针形，叶脉在下面被乳头状突起。头状花序多数，具 5～6 个花，花淡红紫色，花冠管状，具腺。瘦果淡黄褐色，近圆柱状，长 3mm，稍具棱，被疏短毛和腺点；冠毛白色或污白色长 6～7mm。花期 7—12 月。

生于山坡阳处、草坡灌丛、山谷疏林或林缘，海拔 1000～2700m 处。不耐寒，喜阳光充足、温暖的环境；稍耐阴；对土壤要求不严，耐瘠薄。

产于四川西部和西南部、云南西北部、中部、东部和南部、贵州西南部（册亨）、广西西部。

（2）水土保持功能。对土壤要求不严，耐瘠薄，抗性强，栽培容易，是较好的水土保持植物种。

（3）主要应用的立地类型。适合栽植于土质石质边坡。

（4）栽植技术。扦插技术、组织培养。

（5）现阶段应用情况。可作为庭园观赏树种，<u>丛植</u>或片植均较适宜。

斑鸠菊如图 5-172 所示。

图 5-172　斑鸠菊

99. 黄花槐 (*Sophora xanthantha C.Y.Ma*)

（1）生物学、生态学特性及自然分布。草本或亚灌木，高不足 1m。茎、枝、叶轴和花序密被金黄色或锈色茸毛。羽状复叶；叶轴上面具狭槽；托叶早落；小叶 8～12 对，对生或近对生，纸质，长圆形或长椭圆形。总状花序顶生；花多数，密集；花萼钟状；花冠蝶形，黄色。荚果串珠状，被长柔毛，先端具喙，基部具长果颈，开裂成 2 瓣，有种子 2～4 粒；种子长椭圆形，一端钝圆，一端急尖，长 9～10mm，厚 4～5mm，榄绿色。

喜光，稍能耐阴，生长快，宜在疏松、排水良好的土壤中生长，在肥沃土壤中开花旺盛。耐修剪。

产于广东、云南（元江）、广西、江西赣州、福建漳州。生于草坡山地的较为罕见，海拔 500～1800m 处。

（2）水土保持功能。具有保持和改良土壤、涵养水源等水土保持功能。

（3）主要应用的立地类型。适合栽植于石质边坡区。

（4）栽植技术。黄花槐播种期应在 2 月下旬至 3 月上旬较宜，采取条播，播种沟深 1.5～2cm，条距为 20cm。播种量为 2kg/亩。播种后，再用细土覆盖，覆土厚 1.5～2cm，并用木板轻轻拍实，以减少子叶带壳出土现象。正常田间管理要进行喷水保湿、除草松土、施肥等工作，"见草就除，除早，除小"。当幼苗长到 10cm 左右时，每隔 15 天用 10% 的粪水追肥 1 次，加速苗木的生长。

图 5-173　黄花槐

（5）现阶段应用情况。寒冷地区就采用盆栽制作盆景，冬季盛花期移入向阳的室内或温棚。常作为工厂、校园或城市道路绿化的观花树种。

黄花槐如图 5-173 所示。

100. 麻疯树 (*Jatropha curcas L.*)

（1）生物学、生态学特性及自然分布。灌木或小乔木，高 2～5m。具水状液汁，树皮平滑；枝条苍灰色，无毛，疏生突起皮孔，髓部大。叶纸质，近圆形至卵圆形，顶端短尖，基部心形，全缘或 3～5 处浅裂，上面亮绿色，无毛，下面灰绿色。花序腋生，长 6～10cm，苞片披针形，

长 4～8mm；花瓣和腺体与雄花同。蒴果椭圆状或球形，长 2.5～3cm，黄色；种子椭圆状，长 1.5～2cm，黑色。花期 9—10 月。

为喜光阳性植物，根系粗壮发达，具有很强的耐干旱、耐瘠薄能力，对土壤条件要求

不严，生长迅速，抗病虫害，适宜中国北纬 31°以南（即秦岭淮河以南地区）种植。

原产于美洲热带，现广布于全球热带地区。我国福建、台湾、广东、海南、广西、贵州、四川、云南等省（自治区）有栽培或少量野生。

（2）水土保持功能。麻疯树是一种较好的水土保持树种。

（3）主要应用的立地类型。主要种植于石质边坡。

（4）栽植技术。土地的选择主要为荒山、荒地或疏林地，清除坑穴周围 50cm 范围内较高的杂草，按株行距 2m×2m 挖坑，坑的规格为 40cm×40cm×40cm，敲碎土块，整平待种。在育苗床圃种子育苗 3～4 个月后，当苗高 30～40cm 时，选植株健壮、无病虫害的裸根苗，随取随种。每亩栽 165 株。在备好的坑中栽上裸根种苗，浇水 0.5～1kg，树苗周围用山土或晒干的山草覆盖，防止高温灼伤。

图 5-174　麻疯树

（5）现阶段应用情况。种子含油量高，油供工业或医药用。

麻疯树如图 5-174 所示。

101. 黄荆（*Vitex negundo L.*）

（1）生物学、生态学特性及自然分布。灌木或小乔木。小枝四棱形，密生灰白色绒毛。掌状复叶，小叶 5 片，少有 3 片；小叶片长圆状披针形至披针形，背面密生灰白色绒毛。聚伞花序排成圆锥花序式，顶生，长 10～27cm，花序梗密生灰白色绒毛；花萼钟状，顶端有 5 裂齿，外有灰白色绒毛；花冠淡紫色，外有微柔毛，顶端 5 裂，二唇形。核果近球形，径约 2mm；宿萼接近果实的长度。花期 4～6 月，果期 7—10 月。

生于山坡路旁或灌木丛中。耐干旱、瘠薄土壤，萌芽能力强，适应性强，多用来荒山绿化。黄荆湖南各地有产，常见于荒山、荒坡、田边地头。

主要产于中国长江以南各省，北达秦岭淮河。非洲东部经马达加斯加、亚洲东南部及南美洲的玻利维亚也有分布。

（2）水土保持功能。黄荆是一种较好的水土保持树种。

图 5-175　黄荆

（3）主要应用的立地类型。主要种植于防噪声区和石质边坡。

（4）栽植技术。穴采用 30cm×20cm×20cm、紧实、板结的山地边坡和地段，扩大整穴规格。整地中做好翻土堆放，以便回土。密度设计，根据边坡长度、坡度，按照行距 1～2m，从坡顶到坡底按"品"字形、"三角"状配植。

（5）现阶段应用情况。常作园林盆景栽培，管理比较粗放，也很适合家庭盆栽观赏。还可用作绿篱。

黄荆如图 5-175 所示。

102. 江边刺葵（*Phoenix roebelenii O. Brien*）

（1）生物学、生态学特性及自然分布。茎丛生，栽培时常为单生，高 1～3m，稀更高，直径达 10cm，具宿存的三角状叶柄基部。叶羽片线形，较柔软，两面深绿色，背面沿叶脉被灰白色的糠秕状鳞秕，呈两列排列，下部羽片变成细长软刺。佛焰苞长 30～50cm，仅上部裂成两瓣；雄花序与佛焰苞近等长，雌花序短于佛焰苞；花瓣 3，针形。果实长圆形，顶端具短尖头，成熟时枣红色，果肉薄而有枣味。花期 4—5 月，果期 6—9 月。

喜光，不耐寒。生长于海拔 480～900m 的地区，多生长于江岸边，已由人工引种栽培。

分布于印度、越南、缅甸以及我国的广东、广西、云南等地。

（2）水土保持功能。具有保持和改良土壤、涵养水源等水土保持功能。

（3）主要应用的立地类型。适合栽植于滞尘区。

（4）栽植技术。盆栽软叶刺葵在生长时期，每周可施 1 次有机肥液，它对肥料的需要量相对较少，以用缓效肥料为宜。盆栽软叶刺葵 1～3 年生幼苗稍喜阴，平时可放半阴环境下进行栽培、养护、管理；3 年生以上的植株在 4 月底至 5 月时应搬至室外或阳台上阳光较强的地方养护，会生长良好。9 月底应把盆再移回室内向阳处。夏季生长旺季，每天需浇水两次，并应向叶片喷水，使叶片清新、亮丽、美观。

（5）现阶段应用情况。是室内绿化的好树种。

图 5-176 江边刺葵

江边刺葵如图 5-176 所示。

103. 花椒（*Zanthoxylum bungeanum Maxim.*）

（1）生物学、生态学特性及自然分布。落叶小乔木，高 3～7m。茎干上的刺常早落，枝有短刺。小叶 5～13 片，叶轴常有甚狭窄的叶翼；小叶对生，无柄，卵形，椭圆形，稀披针形，叶缘有细裂齿，齿缝有油点。其余没有或散生肉眼可见的油点。花序顶生或生于侧枝之顶，花序轴及花梗密被短柔毛或无毛；花被片 6～8 片，黄绿色。果紫红色，单个分果瓣散生微凸起的油点，顶端有甚短的芒尖或无；种子长 3.5～4.5mm。花期 4—5 月，果期 8—10 月。

适宜温暖湿润及土层深厚肥沃壤土、沙壤土，萌蘖性强，耐寒，耐旱，喜阳光，抗病能力强，隐芽寿命长，故耐强修剪。不耐涝，短期积水可致死亡。

分布于北起东北南部，南至五岭北坡，东南至江苏、浙江沿海地带，西南至西藏东南部；台湾、海南及广东没有分布。生长于平原至海拔较高的山地，在青海，见于海拔 2500m 的坡地，也有栽种。

（2）水土保持功能。具有保持和改良土壤、涵养水源等水土保持功能。

（3）主要应用的立地类型。主要栽植于滞尘区、土质和石质边坡。

图 5-177　花椒

（4）栽植技术。在平地建立丰产园地，可采取全园整地，深翻 30～50cm，翻前施足基肥，每亩施 4～5t，耙平耙细，栽植点挖成 1m 见方的大坑；在平缓的山坡上建立丰产园时，可按等高线修成水平梯田或反坡梯田；在地埂、地边等处栽植时，可挖成直径 60cm 或 80cm 的大坑，带状栽植。无论哪种栽植坑，在回填时，还应混入 20～25kg 左右的有机肥。在丘陵山地整地，必须坚持做好水土保持工作。

（5）现阶段利用情况。花椒果皮是香精和香料的原料，种子是优良的木本油料，油饼可用作肥料或饲料，叶可代果做调料、食用或制作椒茶；同时花椒也是干旱半干旱山区重要的水土保持树种。

花椒如图 5-177 所示。

104. 冬青卫矛（*Euonymus japonicus Thunb.*）

（1）生物学、生态学特性及自然分布。灌木，高可达 3m；小枝四棱，具细微皱突。叶革质，有光泽，倒卵形或椭圆形，叶柄长约 1cm。聚伞花序 5～12 花，花序梗长 2～5cm，2～3 次分枝，第 3 次分枝常与小花梗等长或较短；花白绿色，直径 5～7mm；花瓣近卵圆形。蒴果近球状，直径约 8mm，淡红色；种子每室 1 个，顶生，椭圆状，长约 6mm，直径约 4mm，假种皮橘红色，全包种子。花期 6—7 月，果熟期 9—10 月。

阳性树种，喜光耐阴，要求温暖湿润的气候和肥沃的土壤。对酸性土、中性土或微碱性土均能适应。萌生性强，适应性强，较耐寒，耐干旱瘠薄。极耐修剪整形。

原产日本南部。海拔 1300m 以下山地有野生。中国长江流域及其以南各地多有栽培。

（2）水土保持功能。具有保持和改良土壤、涵养水源等水土保持功能。对多种有毒气体抗性很强，抗烟吸尘功能也强，并能净化空气。

（3）主要应用的立地类型。主要栽植于美化区、抗污染区。

（4）栽植技术。主要用扦插法，嫁接、压条和播种法也可。硬枝插在春、秋两季进行，软枝插在夏季进行。中国上海、南京一带常在梅雨季节用当年生枝带踵扦插，3～4 周后即可生根，成活率可达 90% 以上。园艺变种的繁殖，可用丝绵木作砧木于春季进行靠接。压条宜选用年生或更老的枝条进行，1 年后可与母株分离。至于播种法，则较少采用。移植宜在 3—4 月进行，小苗可裸根移植，大苗需带土球。

（5）现阶段利用情况。是家庭培养盆景的优良材料。枝叶密集而常青，生性强健，一般作绿篱种植。

冬青卫矛如图 5-178 所示。

图 5-178　冬青卫矛

105. 南天竹（*Nandina domestica Thunb.*）

（1）生物学、生态学特性及自然分布。常绿小灌木。茎常丛生而少分枝，高 1～3m，光滑无毛，幼枝常为红色，老后呈灰色。叶互生，集生于茎的上部，三回羽状复叶，长 30～50cm；二至三回羽片对生；小叶薄革质，椭圆形或椭圆状披针形，全缘，上面深绿色，冬季变红色，两面无毛；近无柄。圆锥花序直立；花小，白色，具芳香。果柄长 4～8mm；浆果球形，直径 5～8mm，熟时鲜红色，稀橙红色。种子扁圆形。花期 3～6 月，果期 5—11 月。

性喜温暖及湿润的环境，比较耐阴，也耐寒，容易养护。栽培土要求是肥沃、排水良好的沙质壤土。对水分要求不严，既能耐湿也能耐旱，比较喜肥。

产于中国长江流域及陕西、河南潢川卜塔集镇、河北、山东、湖北、江苏、浙江、安徽、江西、广东、广西、云南、贵州、四川等省（自治区）。日本、印度也有种植。

（2）水土保持功能。南天竹性易养护，既能耐湿，也能耐旱，是较好的水土保持树种。

（3）主要应用的立地类型。适合栽植于办公美化区。

（4）栽植技术。繁殖以播种、分株为主，也可扦插。选择土层深厚、肥沃、排灌良好的沙壤土，山坡、平地排水良好的中性及微碱性土壤也可。还可利用边角隙地栽培。栽前整成 120～150cm 宽的低床或高床。生长期每月施 1～2 次液肥。盆栽植株观赏几年后，枝叶老化脱落，可整形修剪，一般主茎留 15cm 左右便可。4 月修剪，秋后可恢复到 1m 高，并且树冠丰满。

图 5-179　南天竹

（5）现阶段应用情况。多用于园林绿植，赏花观果。

南天竹如图 5-179 所示。

106. 山茶（*Camellia japonica L.*）

（1）生物学、生态学特性及自然分布。灌木或小乔木，高 9m。嫩枝无毛。叶革质，椭圆形，上面深绿色，干后发亮，无毛，下面浅绿色，无毛。花顶生，红色，无柄；苞片及萼片约 10 片，组成长约 2.5～3cm 的杯状苞被，半圆形至圆形，外面有绢毛，脱落；花瓣 6～7 片。蒴果圆球形，直径 2.5～3cm，2～3 室，每室有种子 1～2 个，3 片裂开，果片厚木质。花期 1—4 月。

喜温暖、湿润和半阴环境。怕高温，忌烈日。夏季温度超过 35℃，就会出现叶片灼伤现象。山茶适宜水分充足、空气湿润环境，忌干燥。属半阴性植物，宜于散射光下生长，怕直射光暴晒，幼苗需遮阴。但长期过阴对山茶生长不利，叶片薄、开花少，影响观赏价值。成年植株需较多光照，才能利于花芽的形成和开花。

主要分布在中国浙江、江西、四川、重庆及山东。四川、台湾、山东、江西等地有野生种，中国各地广泛栽培。

（2）水土保持功能。山茶适应性强，具有保持和改良土壤、涵养水源等水土保持功能。

（3）主要应用的立地类型。适合栽植于办公美化区和高标准恢复区。

（4）栽植技术。山茶喜肥，在上盆时就要注意在盆土中放基肥，以磷钾肥为主，施用肥料包括腐熟后的骨粉、头发、鸡毛、砻糠灰、禽粪以及过磷酸钙等物质。平时不宜施肥太多，一般在花后 4—5 月间施 2～3 次稀薄肥水，秋季 11 月施 1 次稍浓的水肥即可。用肥应注意磷肥的比重稍大些，以促进花繁色艳。夏末初秋，山茶开始形成花芽，每根枝梢宜留 1～2 个花蕾，不宜过多，以免消耗养分，影响主花蕾开花。

图 5-180　山茶

（5）现阶段应用情况。北方宜盆栽观赏，置于门厅入口、会议室、公共场所都能取得良好效果；也可植于家庭的阳台或窗前。

山茶如图 5-180 所示。

107. 毛叶丁香（*Syringa tomentella Bureau et Franchet*）

（1）生物学、生态学特性及自然分布。灌木，高 1.5～7m。枝直立或弓曲，棕褐色，无毛，具皮孔，小枝黄绿色或棕色，疏被或密被短柔毛，或无毛，具皮孔。叶片卵状披针形、卵状椭圆形至椭圆状披针形，稀宽卵形或倒卵形，上面黄绿色，贴生短柔毛或无毛，下面灰绿色或淡黄绿色，疏被或密被柔毛或短柔毛。花紫色或淡紫色，具浓香。果长圆状椭圆形，长 1.2～2cm，先端渐尖或锐尖，皮孔不明显或明显。花期 6—7 月，果期 9 月。

阳性树种，耐旱，较耐寒，耐瘠薄。

产于四川西部。生于山坡丛林、林下、林缘，或沟边、山谷灌丛中，海拔 2500～3500m 处。

（2）水土保持功能。具有保水固土、改良土壤的作用，是较好的水土保持树种。

（3）主要应用的立地类型。主要栽植于美化区和滞尘区。

图 5-181　毛叶丁香

（4）栽植技术。可扦插繁殖。栽植时宜选择土壤疏松而排水良好的向阳处。一般在春季萌支前裸根栽植，株距 3m。2～3 年生苗栽植穴径应在 70～80cm，深 50～60cm。每穴施 100g 充分腐熟的有机肥料及 100～150g 骨粉，与土壤充分混合作基肥。

（5）现阶段利用情况。主要应用于园林观赏。可丛植于路边、草坪或向阳坡地，或与其他花木搭配栽植在林缘，也可孤植或配植，布置成丁香专类园。

毛叶丁香如图 5-181 所示。

108. 蜡梅［*Chimonanthus praecox（L.）Link*］

（1）生物学、生态学特性及自然分布。落叶灌木，高达 4m；幼枝四方形，老枝近圆柱形，灰褐色，无毛或被疏微毛，有皮孔；鳞芽通常着生于第二年生的枝条叶腋内，芽鳞片近圆形，覆瓦状排列，外面被短柔毛。叶纸质至近革质，卵圆形、椭圆形、宽椭圆形至卵状椭圆形。花着生于第二年生枝条叶腋内，先花后叶；果托近木质化，坛状或倒卵状椭圆形，具有钻状披针形的被毛附生物。花期11月至翌年3月，果期4—11月。

性喜阳光，能耐阴、耐寒、耐旱，忌渍水。好生于土层深厚、肥沃、疏松、排水良好的微酸性沙质壤土上，在盐碱地上生长不良。树体生长势强，分枝旺盛，根茎部易生萌蘖。耐修剪，易整形。

野生于山东、江苏、安徽、浙江、福建、江西、湖南、湖北、河南、陕西、四川、贵州、云南等省；广西、广东等省（自治区）均有栽培。

（2）水土保持功能。蜡梅萌蘖能力强，可固土，是良好的水土保持树种。

（3）主要应用的立地类型。适合栽植于四川盆地区、秦巴山、武陵山山地丘陵区、美化区。

（4）栽植技术。在生产建设项目中，蜡梅常设计为列植或群植，苗木规格一般为1.5m左右。在开发项目产生的干旱瘠薄地种植应客土或增施有机肥等。蜡梅常采用露地栽培，选择土层深厚、避风向阳、排水良好的中性或微酸性沙质土壤。一般在春季萌芽前栽植，同时施基肥、覆土、浇水，平时浇水以维持土壤半墒状态为佳，雨季注意排水，防止土壤积水。干旱季节应及时补充水分，开花期间土壤保持适度干旱，不宜浇水过多。

图5-182 蜡梅

（5）现阶段应用情况。用作园林绿化，也是良好的水土保持树种。

蜡梅如图5-182所示。

109. 贴梗海棠 ［*Chaenomeles speciosa（Sweet）Nakai*］

（1）生物学、生态学特性及自然分布。落叶灌木，高达2m。枝条直立开展，有刺；小枝圆柱形，微屈曲，无毛，紫褐色或黑褐色，有疏生浅褐色皮孔。叶片卵形至椭圆形，稀长椭圆形。花先叶开放，花梗短粗；萼筒钟状，外面无毛；萼片直立，半圆形稀卵形；花瓣猩红色，稀淡红色或白色。果实球形或卵球形，直径4～6cm，黄色或带黄绿色，有稀疏不显明斑点，味芳香；萼片脱落，果梗短或近于无梗。花期3—5月，果期9—10月。

适应性强，喜光，也耐半阴，耐寒，耐旱。对土壤要求不严，在肥沃、排水良好的黏土、壤土中均可正常生长，忌低洼和盐碱地。

产于陕西、甘肃、四川、贵州、云南、广东。缅甸亦有分布。

（2）水土保持功能。主要具有改良土壤、涵养水源、保持水土的功能。

（3）主要应用的立地类型。适合栽植于美化区。

（4）栽植技术。施肥要以施磷、钾肥为主，要与松土锄草结合进行，春季按10kg/株施堆肥，秋季施肥按 15kg/株施水粪土或草木灰，要在树周围 70cm 处挖 10cm 深的沟，将肥施下后立即盖土，为了防冻，冬季应培土壅根。施肥的基本原则是大树多施，小树少施，一般按每年 2～3 次的频率施肥。

（5）现阶段应用情况。具有独特的药用和保健价值，有"百益之果"的美誉。也是一种独特的孤植观赏树。枝密多刺可作绿篱。

110. 垂丝海棠（*Malus halliana Koehne*）

（1）生物学、生态学特性及自然分布。乔木。高达 5m，树冠开展；小枝细弱，微弯曲，圆柱形，紫色或紫褐色。叶片卵形或椭圆形至长椭卵形；托叶小，膜质，披针形，内面有毛，早落。伞房花序，具花 4～6 朵，花梗细弱，下垂，有稀疏柔毛，紫色。果实梨形或倒卵形，直径 6～8mm，略带紫色，成熟很迟，萼片脱落；果梗长 2～5cm。花期 3—4 月，果期 9—10 月。

性喜阳光，不耐阴，也不甚耐寒，喜温暖湿润环境，适生于阳光充足、背风之处。对土壤要求不严，在微酸或微碱性土壤上均可成长，但在土层深厚、疏松、肥沃、排水良好、略带黏质的土中生长更好。此花生性强健，但不耐水涝。

产于江苏、浙江、安徽、陕西、四川、云南。生于山坡丛林中或山溪边，海拔 50～1200m 处。

（2）水土保持功能。喜湿易栽培，具有改良土壤的水土保持功能。对二氧化硫有较强的抗性。

（3）主要应用的立地类型。适用于城市街道绿地和厂矿区绿化。

（4）栽植技术。嫁接多以野海棠（湖北海棠）或山荆子的实生苗为砧木，3 月进行切接。作盆景嫁接，尽可能接低些为好。接穗选择品种优良、生长健壮充实的 1 年生枝条，取其中段具有 2 个饱满的芽，如接前采取的接穗暂时未用的，可进行湿沙埋藏。切接，在距砧木地上部分 3～5cm 处截断，从剪口的一侧轻轻向上斜削一刀，再从肩口斜削部位的形成层处，稍带木质部向下削切 1.5cm，要垂直向下，不能歪斜，然后将接穗下部一侧稍带木质部竖削 2cm，在相反的一侧削一陡斜切口，将此接穗插进砧木的切口处，使砧木和接穗的形成层紧密接合，接合处用塑料薄膜条牢固绑缚，在根部浇透水，并给予遮阴。

（5）现阶段应用情况。园林绿化，常见木本花卉。开花后结果，果实酸甜可食，可制蜜饯。

111. 石榴（*Punica granatum L.*）

（1）生物学、生态学特性及自然分布。落叶灌木或乔木。高通常 3～5m，稀达 10m；枝顶常成尖锐长刺，幼枝具棱角，无毛，老枝近圆柱形。叶通常对生、纸质、矩圆状披针形；叶柄短。花大，1～5 朵生枝顶；萼筒长 2～3cm，通常红色或淡黄色，裂片外面近顶端有 1 黄绿色腺体，边缘有小乳突；花瓣通常大，为红色、黄色或白色。浆果近球形，直径 5～12cm，通常为淡黄褐色或淡黄绿色，有时白色，稀暗紫色。种子多数，钝角形，为红色或乳白色。

喜温暖向阳的环境，耐旱、耐寒，也耐瘠薄。对土壤要求不严，但以排水良好的夹沙土栽培为宜。

原产于巴尔干半岛至伊朗及其邻近地区，全世界的温带和热带都有种植。我国南北都有栽培，江苏、河南等地种植面积较大，并培育出一些较优质的品种，其中江苏的水晶石榴和小果石榴较好。

（2）水土保持功能。石榴主要具有改良土壤、涵养水源的水土保持功能。

（3）主要应用的立地类型。适合栽植于四川盆地区、秦巴山、武陵山山地丘陵区、美化区及恢复区。

图 5-183　石榴

（4）栽植技术。在生产建设项目中，石榴常设计为孤植或群植，苗木规格一般为 1.5m 左右。石榴常在秋季落叶后至翌年春季萌芽前进行栽植或换盆，地栽应选向阳、背风、略高的地方，土壤以疏松、肥沃、排水良好为宜。盆栽可选用腐叶土、同土和河沙混合的培养土，并加入适量腐熟的有机肥。栽植时要带土球，地上部分适当短截修剪，栽后浇透水，放背阴处养护，待发芽成活后移至通风、阳光充足的地方。在北方寒冷地区种植石榴，冬季须采取防寒措施。

（5）现阶段应用情况。庭院观赏或成各种桩景和供瓶插花观赏，果树栽培。

石榴如图 5-183 所示。

112. 八角金盘 [*Fatsia japonica*（*Thunb.*）*Decne. et Planch.*]

（1）生物学、生态学特性及自然分布。常绿灌木或小乔木，高可达 5m。茎光滑无刺。叶柄长 10～30cm；叶片大，革质，近圆形，先端短渐尖，基部心形，边缘有疏离粗锯齿，上表面暗亮绿以，下面色较浅，有粒状突起，边缘有时呈金黄色；侧脉搏在两面隆起，网脉在下面稍显著。圆锥花序顶生；子房下位，5 室，每室有 1 胚球。果产近球形，熟时黑色。花期 10—11 月，果熟期翌年 4 月。

喜温暖湿润的气候，耐阴，不耐干旱，有一定耐寒力。宜种植有排水良好、湿润的砂质壤土中。

原产于日本南部，中国华北、华东及云南昆明也有分布。

（2）水土保持功能。八角金盘能够改良土壤、涵养水源，是南方常见的水土保持树种。

（3）主要应用的立地类型。对二氧化硫抗性较强，适于厂矿区、街坊种植。

（4）栽植技术。结合春季换盆进行，将长满盆的植株从盆内倒出，修剪生长不良的根系，然后把原植株丛切分成数丛或数株，栽植到大小合适的盆中，放置于通风阴凉处养护，2～3 周即可转入正常管理。分株繁殖要随分随种，以提高成活率。4—10 月为八角金盘的生长旺盛期，可每 2 周左右施 1 次薄液肥，10 月以后停止施肥。在夏秋高温季节，要勤浇水，并注意向叶面和周围空间喷水，以提高空气湿度。10 月以后控制浇水。

（5）现阶段应用情况。是优良的观叶植物。

113. 黄金串钱柳（*Melaleuca bracteate*）

（1）生物学、生态学特性及自然分布。常绿灌木或小乔木，株高2～5m。叶互生，叶细小，披针形或狭线形，密集分布，金黄色或鹅黄色，夏至秋季开花，花乳白色，但以观叶为主，树冠金黄柔美，风格独具。

性喜高温，日照需充足。抗风力强。

多分布于海边，在海边长势非常好。

（2）水土保持功能。由于其抗盐碱、耐强风的特性，非常适于海滨及人工填海造地的绿化、防风固沙等，是优良的水土保持树种，还可用于林相改造。

（3）主要应用的立地类型。适栽植于美化区。

（4）栽植技术。红千层类生性强健，栽培土质选择性不严，但在排水良好而肥沃的砂质壤土上生长最为旺盛。全日照或半日照均理想，日照充足，开花较繁盛。1年施4～5次腐熟有机肥或无机复合肥。小苗定植时挖穴宜大，并预施基肥，有利于其后续的生长。幼株及春、夏季生长旺盛期，需水较多，应注意补给，勿使之干旱。每年花期过后应修剪1次，若欲使树冠成乔木状，应随时剪除主干基部萌发的侧芽；对老化的植株应施以强剪或重剪，促其萌发新枝叶。盆栽应使用33cm以上的大盆，盆土愈多生长愈旺盛。性喜温暖至高温，生长适温为20～30℃。

（5）现阶段应用情况。适作庭园树、行道树。

114. 栀子（*Gardenia jasminoides Ellis*）

（1）生物学、生态学特性及自然分布。灌木，高0.3～3m；嫩枝常被短毛，枝圆柱形，灰色。叶对生，革质，稀为纸质，少为3枚轮生，叶形多样，通常为长圆状披针形、倒卵状长圆形、倒卵形或椭圆形，托叶膜质。花芳香，通常单朵生于枝顶；花冠白色或乳黄色，高脚碟状。果卵形、近球形、椭圆形或长圆形，黄色或橙红色，有翅状纵棱5～9条，顶部的宿存萼片长达4cm，宽达6mm；种子多数，扁，近圆形而稍有棱角。花期3—7月，果期5月至翌年2月。

性喜温暖湿润气候，好阳光但又无法经受强烈阳光照射，适宜生长在疏松、肥沃、排水良好、轻黏性酸性土壤中，抗有害气体能力强，萌芽力强，耐修剪。

产于山东、江苏、安徽、浙江、江西、福建、台湾、湖北、湖南、广东、香港、广西、海南、四川、贵州和云南，河北、陕西和甘肃有栽培；生于海拔10～1500m处的旷野、丘陵、山谷、山坡、溪边的灌丛或林中。

（2）水土保持功能。栀子萌芽力强，喜温暖湿润气候，可做水土保持树种，具有改良土壤、涵养水源的功能。

（3）主要应用的立地类型。适合栽植于美化区及恢复区。

（4）栽植技术。在生产建设项目中，栀子株高一般为0.5m左右，常按20株/m²左右种植。栀子常采用种子、扦插、定植及水插法进行繁殖，幼苗期须经常除草、浇水、保持苗床湿润，施肥以人粪尿为佳。定植后，在初春与夏季各除草、松土、施肥1次，并适当壅土。

（5）现阶段应用情况。栀子野生性强，耐旱，是酸性土壤的指示植物；也是常见的园林观赏绿化植物。

栀子如图 5-184 所示。

115. 仙羽蔓绿绒（*Philodenron selloum Koch*）

（1）生物学、生态学特性及自然分布。多年生常绿草本。茎直立。叶片大，羽状全裂，叶柄长，深绿色。

喜温暖、湿润和半阴环境。适应性强，不耐低温，怕干燥，土壤以肥沃、疏松和排水良好的微酸性砂质壤土为宜。

原产巴西。

图 5-184 栀子

（2）水土保持功能。仙羽蔓绿绒具有适应性强、喜湿等特性，可改良土壤、涵养水源。

（3）主要应用的立地类型。适合栽植于美化区和室内盆栽。

（4）栽植技术。因生长在热带雨林地区，对水分要求较高，长势较快，需要大水大肥，喜湿润环境。基质要始终保持湿润，不能等到基质完全干透再浇水。一般在基质表层及中部干水时浇水，浇则浇透。小苗期（种植前 3 个月）肥料可用尿素＋15-15-15 挪威复合肥＋硝酸钙＋硝酸钾＋硫酸镁一起施用。

（5）现阶段应用情况。室内主要观叶植物。

116. 铁线莲（*Clematis florida Thunb.*）

（1）生物学、生态学特性及自然分布。草质藤本，长约 1～2m。茎棕色或紫红色，具六条纵纹，节部膨大，被稀疏短柔毛。二回三出复叶，连叶柄长达 12cm；小叶片狭卵形至披针形。花单生于叶腋；萼片 6 枚，白色，倒卵圆形或匙形，长达 3cm，宽约 1.5cm。瘦果倒卵形，扁平，边缘增厚，宿存花柱伸长成喙状，细瘦，下部有开展的短柔毛，上部无毛，膨大的柱头 2 裂。花期 1—2 月，果期 3—4 月。

生于低山区的丘陵灌丛中。喜肥沃、排水良好的碱性壤土，忌积水或夏季干旱而不能保水的土壤。耐寒性强，可耐—20℃低温。

分布于广西、广东、湖南、江西。生于低山区的丘陵灌丛中、山谷、路旁及小溪边。日本有栽培。

（2）水土保持功能。铁线莲耐寒、喜湿，主要具有改良土壤、涵养水源等水土保持功能。

（3）主要应用的立地类型。适合栽植于美化区和抗污染区。

（4）栽植技术。铁线莲对水分非常敏感，不能够过干或过湿，特别是夏季高温时期，基质不能太湿。一般在生长期每隔 3～4d 浇 1 次透水，宜在基质干透但植株未萎蔫时进行。休眠期则只要保持基质湿润便可。浇水时不能让叶面或植株基部积水，否则很容易引起病害。在 2 月下旬或 3 月上旬抽新芽前，可施一点 N、P、K 配比为 15：5：5 的复合肥，以加快生长，在 4 月或 6 月追施 1 次磷酸肥，以促进开花。平时可用 150mg/kg 的 20：20：20 或 20：10：20 水溶性肥，在生长旺期增加到 200mg/kg，每月喷洒 2～3 次。

（5）现阶段应用情况。室内主要观叶植物。

117. 十大功劳 ［*Mahonia fortunei* (*Lindl.*) *Fedde*］

（1）生物学、生态学特性及自然分布。灌木，高 0.5～4m。叶倒卵形至倒卵状披针形，最下一对小叶外形与往上小叶相似，上面暗绿至深绿色，叶脉不显，背面淡黄色，偶稍苍白色，叶脉隆起；小叶无柄或近无柄，狭披针形至狭椭圆形。总状花序 4～10 个簇生，长 3～7cm；花黄色；花瓣基部腺体明显。浆果球形，直径 4～6mm，紫黑色，被白粉。花期 7—9 月，果期 9—11 月。

属暖温带植物，具有较强的抗寒能力，不耐暑热。喜温暖湿润的气候，性强健、耐阴、忌烈日曝晒。它们在原生长在阴湿峡谷和森林下面，属阴性植物。喜排水良好的酸性腐殖土，极不耐碱，怕水涝。在疏松肥沃、排水良好的砂质壤土上生长最好。具有较强的分蘖和侧芽萌发能力。

产于广西、四川、贵州、湖北、江西、浙江。生于山坡沟谷林中、灌丛中、路边或河边，海拔 350～2000m 处。

图 5-185　十大功劳

（2）水土保持功能。十大功劳喜湿、分蘖能力较强，主要具有改良土壤、涵养水源等水土保持功能。

（3）主要应用的立地类型。适合栽植于美化区。

（4）栽植技术。在生产建设项目中，十大功劳株高一般为 0.7m 左右，常按 20 株/m² 左右种植。十大功劳常采用播种育苗、扦插、分株及快繁等方式进行繁殖。一般在早春萌芽时带土球移栽。栽植时施足底肥，栽植后压实土、浇透水。养护期间，须全年中耕除草 3～5 次，使土壤疏松，增加土壤通透性，利于植株生长和结果；中耕时根际周围宜浅，远处可稍深，切勿伤根，利于植株生长和结果；及时疏花和拔除杂草，每次灌水和雨后都要松土。干旱时注意浇水，最好能进行灌溉，可采用沟灌、喷灌、浇灌等方式。

（5）现阶段应用情况。根、茎、叶入药，园林绿植。

十大功劳如图 5-185 所示。

118. 玉兰 (*Yulania denudata Desr.*)

（1）生物学、生态学特性及自然分布。落叶乔木，高达 25m，胸径 1m，枝广展形成宽阔的树冠；树皮深灰色，粗糙开裂；小枝稍粗壮，灰褐色。叶纸质，倒卵形、宽倒卵形或、倒卵状椭圆形；有托叶痕。花蕾卵圆形，花先叶开放、直立、芳香；花梗显著膨大，密被淡黄色长绢毛。聚合果圆柱形；蓇葖厚木质、褐色、具白色皮孔；种子心形、侧扁、外种皮红色，内种皮黑色。花期 2—3 月（亦常于 7—9 月再开一次花），果期 8—9 月。

喜光，较耐寒，但不耐旱。要求肥沃、湿润而排水良好的砂质土壤，不耐碱。根肉质，怕水淹。

产于江西（庐山）、浙江（天目山）、湖南（衡山）、贵州。生于海拔 500～1000m 的林中。现全国各大城市园林广泛栽培。

（2）水土保持功能。玉兰早春白花满树，艳丽芳香，为驰名中外的庭园观赏树种。具有耐寒、喜湿的特点，可改良土壤、涵养水源。

（3）主要应用的立地类型。适合栽植于美化区。

（4）栽植技术。雌蕊比雄蕊早熟，自然结实率低，而分蘖性强，多用压条、分株法繁殖。有时也用播种。栽培管理简单，注意防旱防涝、及时施肥即可。

（5）现阶段应用情况。园林绿植。

119. 鹅掌楸 [*Liriodendron chinense*（*Hemsl.*）*Sarg*]

（1）生物学、生态学特性及自然分布。乔木。高达 40m，胸径 1m 以上，小枝灰色或灰褐色。叶马褂状，长 4～18cm，近基部每边具 1 侧裂片，先端具 2 浅裂，下面苍白色。花杯状，花被片 9 片，外轮 3 片绿色，萼片状，向外弯垂，内两轮 6 片、直立，花瓣状、倒卵形，绿色，具黄色纵条纹。聚合果长 7～9cm，具翅的小坚果长约 6mm，顶端钝或钝尖，具种子 1～2 颗。花期 5 月，果期 9—10 月。

喜光及温和湿润气候，有一定的耐寒性，喜深厚肥沃、适湿而排水良好的酸性或微酸性土壤，在干旱土地上生长不良，也忌低湿水涝。

产于陕西、安徽、浙江、江西、福建、湖北、湖南、广西、四川、贵州、云南，我国台湾有栽培。生于海拔 900～1000m 的山地林中。越南北部也有分布。

（2）水土保持功能。鹅掌楸可在酸性或微酸性土壤中生存，具有改良土壤、涵养水源的水土保持功能。对有害气体的抵抗性较强。

（3）主要应用的立地类型。适合栽植于美化区、工矿区。

（4）栽植技术。鹅掌楸育苗的地方，应选择避风向阳、土层深厚、肥沃湿润、排水良好的砂质壤土。秋末冬初深翻、翌春施基肥、整平土壤，并挖好排水沟、修筑高床，苗床方向为东西向。育苗有播种和扦插两种方式。播种育苗采用条播，条距 20～25cm，每 667m² 播种量为 10～15kg。3 月上旬播种，播后覆盖细土并覆以稻草。一般经 20～30d 出苗，之后揭草，注意及时中耕除草、适度遮阴、适时灌水施肥。1 年生苗高可达 40cm。

（5）现阶段应用情况。为古老的遗植物，科研价值高；是城市中极佳的行道树、庭荫树种。

120. 珊瑚树（*Viburnum odoratissimum Ker-Gawl.*）

（1）生物学、生态学特性及自然分布。常绿灌木或小乔木，高达 10～15m；枝灰色或灰褐色，有凸起的小瘤状皮孔，无毛或有时稍被褐色簇状毛。叶革质，椭圆形至矩圆形或矩圆状倒卵形至倒卵形，有时近圆形。圆锥花序；花芳香；花冠白色，后变黄白色，有时微红，辐状，裂片反折。果实先红色后变黑色，卵圆形或卵状椭圆形，长约 8mm，直径 5～6mm；核卵状椭圆形，浑圆，有 1 条深腹沟。花期 4—5 月（有时不定期开花），果熟期 7—9 月。

耐阴、喜光植物。喜温暖、阳光。稍耐阴，不耐寒。

产于福建东南部、湖南南部、广东、海南和广西。生于山谷密林中溪涧旁蔽荫处、疏林中向阳地或平地灌丛中，海拔 200～1300m。也常有栽培。

（2）水土保持功能。珊瑚树耐阴，为常见的绿化树种，具有改良土壤的水土保持功能，对烟煤和毒气具有较强的抗性和吸收能力。

（3）主要应用的立地类型。适合栽植于美化区、抗污染区及恢复区。

（4）栽植技术。在生产建设项目中，珊瑚树株高一般为 1.5m 左右，常按 15 株/m² 左右种植。珊瑚树以扦插繁殖为主，也可播种繁殖。育苗期间，须采取清除苗床内草根及石块、平整场地（整成 1~2m 高畦）、清除地下害虫及有害病毒、施基肥、覆土、浇水等措施。

（5）现阶段应用情况。园林绿化树种，尤其适合于作城市绿篱、园景丛植或防火林。

珊瑚树如图 5-186 所示。

图 5-186　珊瑚树

121. 接骨木（*Sambucus williamsii Hance*）

（1）生物学、生态学特性及自然分布。落叶灌木或小乔木，高 5~6m；老枝淡红褐色，具明显的长椭圆形皮孔，髓部淡褐色。羽状复叶，侧生小叶片卵圆形、狭椭圆形至倒矩圆状披针形，叶搓揉后有臭气；托叶狭带形，或退化成带蓝色的突起。花与叶同出，圆锥形聚伞花序顶生，具总花梗，花序分枝多成直角开展；花小而密；花冠蕾时带粉红色，开后白色或淡黄色。果实红色，极少蓝紫黑色，卵圆形或近圆形，直径 3~5mm。花期一般 4—5 月，果熟期 9—10 月。

适应性较强，对气候要求不严；喜向阳。在肥沃、疏松的土壤上栽培为好。喜光，亦耐阴，较耐寒，又耐旱，根系发达，萌蘖性强。常生于林下、灌木丛中或平原路，根系发达。忌水涝。抗污染性强。

产于黑龙江、吉林、辽宁、河北、山西、陕西、甘肃、山东、江苏、安徽、浙江、福建、河南、湖北、湖南、广东、广西、四川、贵州及云南等省（自治区）。生于海拔 540~1600m 的山坡、灌丛、沟边、路旁或宅边等。

（2）水土保持功能。接骨木根系萌蘖性强、耐阴耐寒、抗污染性强，主要具有涵养水源、改良土壤、改善小气候等水土保持功能。

图 5-187　接骨木

（3）主要应用的立地类型。适合栽植于美化区、抗污染区。

（4）栽植技术。每年春秋季均可移苗，剪除柔弱、不充实和干枯的嫩梢。苗高 13~17cm 时，进行第 1 次中耕除草、追肥；6 月进行第 2 次。肥料以人畜粪尿为主，移栽后 2~3 年，每年春季和夏季各中耕除草 1 次。生长期可施肥 2~3 次，对徒长枝适当截短、增加分枝。

（5）现阶段应用情况。园林绿化，城市、工厂的防护林。

接骨木如图 5-187 所示。

122. 白刺花 [*Sophora davidii（Franch.）Skeels*]

（1）生物学、生态学特性及自然分布。灌木或小乔木，高 1~2m，有时 3~4m。枝多开展，不育枝末端明显变成刺，有时分叉。羽状复叶；托叶钻状，部分变成刺，疏被短柔毛，宿存；小叶 5~9 对，形态多变，一般为椭圆状卵形或倒卵状长圆形。总状花序着生于小枝顶端；花小；花萼钟状、稍歪斜、蓝紫色；花冠蝶形白色或淡黄色，荚果非典型串珠状，表面散生毛或近无毛，有种子 3~5 粒；种子卵球形，深褐色。花期 3—8 月，果期 6—10 月。

常生于海拔 2500m 以下河谷沙丘和山坡路边的灌木丛中。适应性很强，能耐干旱、瘠薄的环境，以地下水位低、排水良好的沙壤土为宜。

产于华北、陕西、甘肃、河南、江苏、浙江、湖北、湖南、广西、四川、贵州、云南、西藏。生于河谷沙丘和山坡路边的灌木丛中，海拔 2500m 以下。

（2）水土保持功能。白刺花耐旱性强，是水土保持树种之一，也可供观赏。

（3）主要应用的立地类型。适合栽植于美化区、恢复区。

（4）栽植技术。在生产建设项目中，白刺花设计株高一般为 1.5m 左右。白刺花常采用播种育苗、扦插、分株及快繁等方式进行繁殖。白刺花可采用大田播种育苗，播种前须进行温水浸种、催芽处理、深翻土地、清除杂草、土壤消毒、施足基肥等工作，播种后即用遮阳网遮阳，适时适量浇水，合理育苗，保证苗木成活率。

（5）现阶段应用情况。根、叶、花、果实及种子入药。

123. 无花果（*Ficus carica L.*）

（1）生物学、生态学特性及自然分布。落叶灌木，高 3~10m，多分枝；树皮灰褐色，皮孔明显；小枝直立、粗壮。叶互生，厚纸质、广卵圆形、长宽近相等，背面密生细小钟乳体及灰色短柔毛；托叶卵状披针形，长约 1cm，红色。雌雄异株，雄花和瘿花同生于一榕果内壁。榕果单生叶腋，大而梨形，直径 3~5cm，顶部下陷，成熟时紫红色或黄色；瘦果透镜状。花果期 5—7 月。

喜温暖湿润气候，耐瘠，抗旱，不耐寒，不耐涝。以向阳、土层深厚、疏松肥沃、排水良好的砂质壤上或粘质壤土栽培为宜。

原产地中海沿岸，分布于土耳其至阿富汗。我国唐代即从波斯传入，现南北均有栽培，新疆南部尤多。

（2）水土保持功能。适应性强，抗风、耐旱、耐盐碱，在干旱的沙荒地区栽植，可以起到防风固沙、涵养水源的水土保持功能。能抵抗一般植物不能忍受的有毒气体和大气污染，是化工污染区绿化的好树种。

（3）主要应用的立地类型。适合栽植于四川盆地区、秦巴山、武陵山山地丘陵区、美化区、抗污染区及恢复区。

（4）栽植技术。在生产建设项目中，无花果设计株高一般为 1.0m 左右，以扦插繁殖为主，也可分株、压条繁殖。无花果可盆栽或在荒坡、田园、庭院栽植，栽植前须穴状整地、以含磷钾的混合肥等作基肥。养护期间，要注重对无花果的整形修剪、田间管理及病虫害防治，以保证其成活率。

（5）现阶段应用情况。是庭院、公园的观赏树木，与其他植物配置在一起，可以形成

图 5-188　无花果

良好的防噪声屏障。

无花果如图 5-188 所示。

124. 黄栌木（*Berberis amurensis Rupr.*）

（1）生物学、生态学特性及自然分布。落叶灌木，高 2～3.5m。老枝淡黄色或灰色，稍具棱槽，无疣点。叶纸质，倒卵状椭圆形、椭圆形或卵形，背面淡绿色，无光泽。总状花序具 10～25 朵花；花黄色；萼片两轮，花瓣具两枚分离腺体。浆果长圆形、红色、顶端不具宿存花柱，不被白粉或仅基部微被霜粉。花期 4—5 月，果期 8—9 月。

对光照要求不严，喜光也耐阴，喜温凉湿润的气候环境，耐寒性强，也较耐干旱瘠薄，忌积水涝洼，对土壤要求不严，但以肥沃而排水良好的砂质壤土生长最好，萌芽力强，耐修剪。

分布于黑龙江、吉林、辽宁、河北、内蒙古、山东、河南、山西、陕西、甘肃。生于山地灌丛中、沟谷、林缘、疏林中、溪旁或岩石旁，海拔 1100～2850m。

（2）水土保持功能。较耐干旱瘠薄，可改良土壤、涵养水源、保持水土，是城市美化树种。

（3）主要应用的立地类型。适合栽植于办公美化区、滞尘区、防噪声区。

（4）栽植技术。在生产建设项目中，黄芦木采用条播。

（5）现阶段应用情况。黄栌木可作庭园观赏和绿化树种。通常用于园区绿化、行道绿化及边坡绿化。

黄栌木如图 5-189 所示。

图 5-189　黄栌木

5.3　藤本

1. 五叶地锦〔*Parthenocissus quinquefolia （L.） Planch.*〕

（1）生物学、生态学特性及自然分布。木质藤本。小枝圆柱形，无毛。卷须总状 5～9 个分枝，相隔两节间断与叶对生，卷须顶端嫩时尖细卷曲，后遇附着物扩大成吸盘。叶为掌状 5 片小叶，小叶倒卵圆形、倒卵椭圆形。花序假顶生形成主轴明显的圆锥状多歧聚伞花序，无毛；花梗长 1.5～2.5mm，无毛。果实球形，直径 1～1.2cm，有种子 1～4 颗；种子倒卵形。花期 6—7 月，果期 8—10 月。

性喜阴湿环境，但不怕强光，耐寒，耐旱，耐贫瘠，气候适应性广泛，在暖温带以南冬季也可以保持半常绿或常绿状态。耐修剪，怕积水，对土壤要求不严，在阴湿环境或向阳处均能茁壮生长，但在阴湿、肥沃的土壤中生长最佳。

除海南外，分布于全国。生于原野荒地、路旁、田间、沙丘、海滩、山坡等地，较常见，广布于欧亚大陆温带。

（2）水土保持功能。五叶地锦适应性强，是较好的水土保持植物。可达到绿化、美化效果，是藤本类绿化植物中用得最多的材料之一，是良好的观赏植物。

（3）主要应用的立地类型。耐阴，喜阴湿，攀缘能力强，适应性强。多攀缘于岩石、大树或墙壁上。

（4）栽植技术。五叶地锦可于当年9月处理后贮藏，至翌年3月上旬与湿沙拌匀浸泡以催芽。播种前需把播种床整细理平、浇透水，上覆腐殖土，再覆盖上塑料薄膜；出土后注意保证生长温度，并要常洒水以保持土壤湿润，待真叶展开三片后可移植。两个月后可进行第1次摘心。每月摘心1次，结合辅养。到实生藤苗平均粗度可达0.5cm以上时，就可以出圃栽种。在生长期，可追施液肥2～3次，并经常锄草松土做围，防止土壤积水。

（5）现阶段应用情况。主要用于园林和城市垂直绿化。园林用途：攀缘山石、棚架、墙壁。

五叶地锦如图5-190所示。

图5-190 五叶地锦

2. 木藤蓼［*Fallopia aubertii*（*L. Henry*）*Holub*］

（1）生物学、生态学特性及自然分布。半灌木。茎缠绕，灰褐色。叶簇生稀互生，叶片长卵形或卵形，近革质，顶端急尖，基部近心形；叶柄长1.5～2.5cm；托叶鞘膜质，褐色，易破裂。花序圆锥状，稀疏，腋生或顶生；花被淡绿色或白色。瘦果卵形，具3棱，黑褐色，密被小颗粒。花期7—8月，果期8—9月。

喜光，耐寒，耐旱，生长快。

产于中国内蒙古（贺兰山）、山西、河南、陕西、甘肃、宁夏、青海、湖北、四川、贵州、云南及西藏（察隅）。

（2）水土保持功能。生育期短，抗逆性强，极耐寒瘠，当年可多次播种、多次收获，可种植于寒冷干旱的环境，是良好的水土保持草本植物。

（3）主要应用的立地类型。野生于沟边、村旁、园边肥沃潮湿处。喜温暖湿润环境，在黄土高原丘陵沟壑区及新疆北部平原区的填方边坡区和挖方边坡区均常见。

（4）栽植技术。常用播种繁殖技术，种子采集后进行晾晒、精选，常温下贮存。第 2 年 3 月用 40～50℃水浸泡 24h，中间换水 1 次，3～5d 即可播种。播种后用塑料薄膜覆盖，20～30d 开始出苗。

（5）现阶段应用情况。园林垂直绿化材料，适合在庭院、花径或建筑物周围栽植。

3. 山葡萄（*Vitis amurensis Rupr.*）

（1）生物学、生态学特性及自然分布。木质藤本。小枝圆柱形。卷须 2～3 分枝，每隔 2 节间断与叶对生。叶阔卵圆形，3 稀 5 浅裂或中裂，或不分裂，叶基部心形；基生脉 5 出。圆锥花序疏散，与叶对生；花蕾倒卵圆形。果实直径 1～1.5cm；种子倒卵圆形。花期 5—6 月，果期 7—9 月。

山葡萄耐寒，能忍受－40℃严寒。对土壤条件的要求不严，在多种土壤上都能生长良好。但以排水良好、土层深厚的土壤为佳。

产于黑龙江、吉林、辽宁、河北、山西、山东、安徽（金寨）、浙江（天目山）。生于山坡、沟谷林中或灌丛中，海拔 200～2100m。

（2）水土保持功能。山葡萄耐寒，常缠绕在灌木或小乔木上，生长快，可栽植在寒冷地区，是较好的水土保持植物。

（3）主要应用的立地类型。在新疆北疆伊犁河谷区的山丘、平原区中常见。

（4）栽植技术。繁殖方法主要分为绿枝扦插和硬枝扦插两种，以硬枝扦插为主。整地时要深翻熟化，同时可以进行定植。施肥以有机肥为主，有条件的可以配合化肥。栽苗当年和次年要注意修剪。

（5）现阶段应用情况。山葡萄抗寒能力强，在园林中能起到点缀园林景观的作用。

4. 五味子 ［*Schisandra chinensis*（*Turcz.*）*Baill.*］

（1）生物学、生态学特性及自然分布。落叶木质藤本；幼枝红褐色，老枝灰褐色，常起皱纹，片状剥落。叶膜质，宽椭圆形、卵形、倒卵形、宽倒卵形、或近圆形；侧脉每边 3～7 条。雄花和雌花的花被片粉白色或粉红色。小浆果红色，近球形或倒卵圆形；种子 1～2 粒，肾形，淡褐色。花期 5—7 月，果期 7—10 月。

喜微酸性腐殖土。在肥沃、排水好、湿度均衡适宜的土壤上发育最好。

主要分布于东北地区的辽宁、吉林、黑龙江三省，其次是河北、山西、陕西、宁夏、山东、内蒙古等地，朝鲜、日本、俄罗斯等国也有分布。

（2）水土保持功能。适用于园林半阴处的花篱、花架、山石点缀，也可盆栽观赏。多被当做中药材大规模做篱架式栽培应用。同时具有保持和改良土壤、涵养水源等水土保持功能。

（3）主要应用的立地类型。其野生资源主要分布于北纬 40°～50°、东经 125°～135°的广阔山林地带。生长在山区的杂木林中、林缘或山沟的灌木丛中，缠绕在其他林木上生长。

（4）栽植技术。以种子繁殖为主。

（5）现阶段应用情况。为著名中药。其叶、果实可提取芳香油。

5. 爬山虎［*Parthenocissus tricuspidata*（*Sieb. Et Iucc.*）*Planch.*］

（1）生物学、生态学特性及自然分布。即地锦。木质藤本。小枝圆柱形。卷须 5～9 分枝，相隔 2 节间断与叶对生。卷须顶端遇附着物扩大成吸盘。单叶，通常着生在短枝上为 3 浅裂，叶片通常倒卵圆形，边缘有粗锯齿。果实球形，有种子 1～3 颗；种子倒卵圆形。花期 5—8 月，果期 9—10 月。

适应性强，性喜阴湿环境，但不怕强光，耐寒，耐旱，耐贫瘠，气候适应性广泛。耐修剪，怕积水，对土壤要求不严，但在阴湿、肥沃的土壤中生长最佳。它对二氧化硫和氯化氢等有害气体有较强的抗性，对空气中的灰尘有吸附能力。

原产于亚洲东部、喜马拉雅山区及北美洲，后引入其他地区，朝鲜、日本也有分布。我国的河南、辽宁、河北、山西、陕西、山东、江苏、安徽、浙江、江西、湖南、湖北、广西、广东、四川、贵州、云南、福建都有分布。

（2）水土保持功能。生命力顽强，具有广泛的适应性和较强的抗逆性，能够涵养水源、防治土壤流失。吸附攀缘能力非常强，生命力顽强，可用作护坡绿化。

（3）主要应用的立地类型。主要栽植于办公美化区、公路、铁路路基边坡等地方。

（4）栽植技术。可使用扦插法、压条法繁殖。每年夏秋各抚育 1～2 次。抚育的内容包括：松土、除草、施肥、灌溉、修枝等。

图 5-191　爬山虎

（5）现阶段应用情况。适于配植宅院墙壁、围墙、庭园入口处以及桥头石块等地方，广泛应用于垂直绿化，也被应用于护坡绿化。

爬山虎如图 5-191 所示。

6. 扶芳藤［*Euonymus fortunei*（*Turcz.*）*Hand. - Mazz.*］

（1）生物学、生态学特性及自然分布。常绿藤本灌木，高 1m 至数米。叶薄革质，椭圆形、长方椭圆形或长倒卵形，宽窄变异较大，先端钝或急尖。聚伞花序 3～4 次分枝；小聚伞花密集，有花 4～7 朵；花白绿色。蒴果粉红色，果皮光滑，近球状；种子长方椭圆状，棕褐色，假种皮鲜红色，全包种子。花期 6 月，果期 10 月。

性喜温暖、湿润环境，喜阳光，亦耐阴。在雨量充沛、云雾多、土壤和空气湿度大的条件下，植株生长健壮。对土壤适应性强，在酸碱及中性土壤上均能正常生长，可在砂石地、石灰岩山地中栽培，适生温度为 15～30℃。生长于山坡丛林、林缘式攀缘于树上或墙壁上。

产于中国江苏、浙江、安徽、江西、湖北、湖南、四川、陕西等省。

（2）水土保持功能。扶芳藤分枝多，根系发达，具有极强的覆盖地面的能力，因此具有极强的涵养水分、改良土壤的水土保持作用。

（3）主要应用的立地类型。适合栽植于豫西南山地丘陵区等，作园林或垂直绿化区。

（4）栽植技术。扶芳藤选择在3月上旬至4月下旬的阴雨天或晴天下午移栽为宜。每月应进行1～2次中耕除草。定植后第1年，当苗高1m左右时，结合除草、培土；穴栽的可在植株根部开穴施肥，并结合除草、松土，采用行间开沟的施肥方式。

图5-192　扶芳藤

（5）现阶段应用情况。在园林绿化上常用于掩盖墙面、山石，或攀缘在花格之上，形成一个垂直绿色屏障。

扶芳藤如图5-192所示。

7. 葛藤（*Argyreia pierreana Bois*）

（1）生物学、生态学特性及自然分布。粗壮藤本，全体被黄色长硬毛，茎基部木质，有粗厚的块状根。羽状复叶具3小叶；托叶背着，卵状长圆形，具线条；小托叶线状披针形，与小叶柄等长或较长；小叶三裂，偶尔全缘，顶生小叶宽卵形或斜卵形，先端长渐尖；侧生小叶斜卵形，稍小，上面被淡黄色、平伏的疏柔毛，下面较密；小叶柄被黄褐色绒毛。总状花序中部以上有颇密集的花；花2～3朵聚生于花序轴的节上；花紫色。荚果长椭圆形、扁平，被褐色长硬毛。花期9—10月，果期11—12月。

产于我国南北各地，除新疆、青海及西藏外，几乎分布全国。生于山地疏或密林中。

（2）水土保持功能。葛藤扎根深，根茎发达，耐寒、耐旱、耐酸碱，主要具有改良土壤、涵养水源等水土保持功能，是一种良好的水土保持植物。

（3）主要应用的立地类型。主要栽植于办公美化区、公路、铁路路基边坡等地方。

（4）栽植技术。葛藤栽培须搭架。生长期应控制茎藤生长，摘去顶芽，还应及时剪除枯藤、病残枝。追肥可结合中耕除草进行。每年生长盛期可结合浇水、施少量钾肥，有促根生长的作用。葛藤病害不多，生长期主要有蟋蟀、金龟子等害虫危害茎叶。其他害虫用乐果、杀虫脒等防治。

图5-193　葛藤

（5）现阶段应用情况。葛藤在防止冲刷、崩塌，护坡固沟，保护堤岸、路基等方面有显著作用，也可用于绿化荒山荒坡、土壤侵蚀地、石山、石砾地、悬崖峭壁、复垦矿山废弃地。

葛藤如图5-193所示。

8. 藤本月季（*Climbing koses*）

（1）生物学、生态学特性及自然分布。藤状灌木，干茎柔软细长呈藤木状或蔓状，以茎上的钩刺或蔓靠他物攀缘，姿态各异，可塑性强。短茎的品种枝长只有1m，长茎的达5m。其茎上有疏密不同的尖刺，形态依品种而异。单数羽状复叶，小叶5～9片，小而薄，托叶附着于叶柄上，叶梗附近长有直立棘刺1对，通常有5枚边缘有细齿且带尖端的卵形小叶，互生。花单生、聚生或簇生，花色有红、粉、黄、白、橙、紫、镶边色、原色、表背双色等，十分丰富，花型有杯状、球状、盘状、高芯等。

适应性强，耐寒耐旱，对土壤要求不严格，喜日照充足，空气流通，排水良好而避风的环境，盛夏需适当遮阴。需要保持空气流通、无污染，若通气不良易发生白粉病，空气中的有害气体，如二氧化硫，氯，氟化物等均对月季花有毒害。

原种主产于北半球温带、亚热带，中国为原种分布中心。现代杂交种类广布欧洲、美洲、亚洲、大洋洲，尤以西欧、北美和东亚为多。中国各地多栽培。

（2）水土保持功能。藤本月季因其繁盛的枝叶，能够有效地阻挡地面的水分蒸发，阻挡雨滴对土壤的击溅侵蚀作用，是一种良好的水土保持植物。

（3）主要应用的立地类型。适合栽植于西南紫色土区秦巴山、武陵山山地丘陵区、四川盆地区、办公美化区、滞尘区、防噪声区作点缀或垂直绿化。

（4）栽植技术。藤本月季扦插难以成活，常用嫁接等无性繁殖方法进行繁殖，孤植或列植。需加强防治病虫害和养护管理。

图5-194　藤本月季

（5）现阶段应用情况。可作为棚架和阳台绿化材料，形成花球、花柱、花墙、花海、拱门形、走廊形等景观。

藤本月季如图5-194所示。

9. 常春油麻藤（*Mucuna sempervirens Hemsl.*）

（1）生物学、生态学特性及自然分布。常绿木质藤本；粗达30cm。茎棕色或黄棕色、粗糙；小枝纤细、淡绿色。复叶互生，小叶3枚；顶端小叶卵形或长方卵形；两侧小叶长方卵形，先端尖尾状，基部斜楔形或圆形，小叶均全缘。总状花序，花大、下垂；花萼外被浓密绒毛；花冠深紫色或紫红色。荚果扁平、木质，密被金黄色粗毛，长30～60cm。种子扁、近圆形、棕色。

常春油麻藤对土壤要求不严，适应性强。暖地树种，喜温暖、湿润环境。喜光、稍耐阴。性强健，抗性强，寿命长，耐干旱，宜生长于排水良好的腐殖质土中。

产于四川、贵州、云南、陕西南部（秦岭南坡）、湖北、浙江、江西、湖南、福建、广东、广西。生于海拔300～3000m的亚热带森林、灌木丛、溪谷、河边。日本也有分布。

（2）水土保持功能。具有保持水土、改良土壤特性的作用。

（3）主要应用的立地类型。适合栽植于西南紫色土区秦巴山、武陵山山地丘陵区、四川盆地区、办公美化区、滞尘区、防噪声区作点缀或垂直绿化。

（4）栽植技术。孤植或列植。扦插、压条、种子均可繁殖。定植密度不宜过大。

（5）现阶段应用情况。适用于大型棚架、绿廊、墙垣等攀缘绿化。可作堡坎、陡坡、岩壁等垂直绿化，也可整形成不同形状的景观灌木，也可用于隐蔽掩体绿化，还可用于高速公路护坡绿化，形成独特的景观。

常春油麻藤如图 5 - 195 所示。

图 5 - 195　常春油麻藤

10. 木香花（*Rosa banksiae Ait.*）

（1）生物学、生态学特性及自然分布。攀缘小灌木，高可达 6m；小枝，有短小皮刺；老枝上的皮刺较大，坚硬，经栽培后有时枝条无刺。小叶 3～5 片，稀 7 片；小叶片椭圆状卵形或长圆披针形，边缘有紧贴细锯齿，上面深绿色，下面淡绿色；小叶柄和叶轴有稀疏柔毛和散生小皮刺。花小形，多朵成伞形花序；花瓣重瓣至半重瓣，白色，倒卵形。花期 4—5 月。

喜温暖湿润和阳光充足的环境，耐寒冷和半阴，怕涝。地栽可植于向阳、无积水处，对土壤要求不严，但在疏松肥沃、排水良好的土壤中生长好。萌芽力强，耐修剪。

产于四川、云南。生于溪边、路旁或山坡灌丛中，海拔 500～1300m。全国各地均有栽培。

图 5 - 196　木香花

（2）水土保持功能。耐寒冷和半阴，对土壤要求不严，具有保水固土、改良土壤特性的作用，是一种优良的水土保持作物。

（3）主要应用的立地类型。适合栽植于西南紫色土区秦巴山、武陵山山地丘陵区、四川盆地区、办公美化区、滞尘区、防噪声区作点缀或垂直绿化。

（4）栽植技术。孤植或列植。栽植土层厚度 40cm。扦插、压条、种子均可繁殖。休眠期可裸根移栽，移栽时应对枝蔓进行强剪。

（5）现阶段应用情况。园林中广泛用于花架、花格墙、篱垣和崖壁作垂直绿化，也可盆栽。

木香花如图 5 - 196 所示。

11. 葡萄（*Vitis vinifera L.*）

（1）生物学、生态学特性及自然分布。木质藤本。小枝有纵棱纹。卷须 2 叉分枝，每隔 2 节间断与叶对生。叶卵圆形，显著 3～5 浅裂或中裂，中裂片顶端急尖，基部深心形；

基生脉 5 出，中脉有侧脉 4~5 对；叶柄长 4~9cm。圆锥花序密集或疏散，多花，与叶对生；花瓣 5 片。果实球形或椭圆形，直径 1.5~2cm；种子倒卵椭圆形。花期 4—5 月，果期 8—9 月。

在各种土壤（经过改良）上均能栽培，但在壤土及细砂质壤土上最好，砂质土虽透气性能好，但保肥保水能力较差。

我国各地均有栽培。原产于亚洲西部，现世界各地均有栽培。

（2）水土保持功能。葡萄是一种具有经济效益的水土保持树种，能够改善土壤理化性质、稳定地面的土壤、防治土壤侵蚀。

（3）主要应用的立地类型。应用范围较广，适合栽植于办公美化区、平地区。

（4）栽植技术。葡萄采用扦插、嫁接、压条繁殖均可。葡萄对水分要求较高，严格控制土壤中水分是种好葡萄的一个前提，种植土层厚度 40cm。在生产建设项目中，葡萄常设计为孤植或列植，葡萄常有病虫危害，应加强防治，加强养护管理，增强植株自身的抗性。

图 5-197　葡萄

（5）现阶段应用情况。主要作为水果或观赏植物，可作为棚架和阳台绿化材料，适宜在中国大部分地区推广。

葡萄如图 5-197 所示。

12. 紫藤 [*Wisteria sinensis（Sims）Sweet*]

（1）生物学、生态学特性及自然分布。落叶藤本。茎右旋。奇数羽状复叶，小叶 3~6 对，卵状椭圆形至卵状披针形，上部小叶较大，基部 1 对最小，嫩叶两面被平伏毛，后秃净；小托叶刺毛状。总状花序，轴被白色柔毛；花芳香；花冠紫色。荚果倒披针形，密被绒毛，悬垂枝上不脱落，有种子 1~3 粒；种子褐色、具光泽、圆形、扁平。花期 4 月中旬至 5 月上旬，果期 5—8 月。

对气候和土壤的适应性强，较耐寒，能耐水湿及瘠薄土壤，喜光，较耐阴。在土层深厚、排水良好、向阳避风的地方栽培最适宜。生长较快，寿命很长。缠绕能力强，对其他植物有绞杀作用。

产于河北以南黄河长江流域及陕西、河南、广西、贵州、云南等地。

（2）水土保持功能。适应能力强，耐热、耐寒，是一种高效的水土保持树种，能够有效地改善土壤理化性质，防治水土流失。

（3）主要应用的立地类型。适合栽植于北方土石山区、西北黄土高原区、南方红壤区、西南岩溶区等办公美化区。

（4）栽植技术。紫藤繁殖容易，可用播种、扦插、压条、分株、嫁接等方法，主要用播种和扦插，但因实生苗培养所需时间较长，所以应用最多的是扦插。

（5）现阶段应用情况。一般应用于园林棚架，适栽于湖畔、池边、假山、石坊等处，盆景也常用。

紫藤如图5-198所示。

13. 金银花（*Lonicera japonica Thunb.*）

（1）生物学、生态学特性及自然分布。半常绿藤本；幼枝洁红褐色，密被黄褐色毛。叶纸质、卵形至矩圆状卵形，基部圆或近心形，有糙缘毛，小枝上部叶通常两面均密被短糙毛，下部叶常平滑无毛而下面多少带青灰色。叶柄密被短柔毛。总花梗通常单生于小枝上部叶腋。与叶柄等长或稍较短，密被

图5-198　紫藤

短柔毛；花冠白色、唇形；种子卵圆形或椭圆形、褐色。花期4—6月（秋季亦常开花），果熟期10—11月。

适应性强，耐寒性强，也耐干旱和水湿，喜阳，耐阴，对土壤要求不严，但在湿润、肥沃的深厚砂质壤土上生长最佳，生命力强，适应性广。

除黑龙江、内蒙古、宁夏、青海、新疆、海南和西藏无自然生长外的全国各省（自治区）均有分布。生于山坡灌丛或疏林中、乱石堆、山足路旁及村庄篱笆边，海拔最高达1500m，也常栽培。日本和朝鲜也有分布。

（2）水土保持功能。适应性很强，对土壤和气候的选择并不严格，在土层较厚的砂质壤土上最佳。山坡、梯田、地堰、堤坝、瘠薄的丘陵上都可栽培。

图5-199　金银花

（3）主要应用的立地类型。适合栽植于办公美化区、滞尘区、防噪声区。

（4）栽植技术。繁殖可用播种、插条和分根等方法。作为垂直绿化植物孤植或列植、丛植或群植。

（5）现阶段应用情况。植于沟边，爬于山坡，用作地被。较适合在林下、林缘、建筑物北侧等处作地被栽培，也可以作绿化矮墙，还可以利用其缠绕能力制作花廊、花架、花栏、花柱以及缠绕假山石等。

金银花如图5-199所示。

14. 三角梅（*Bougainvillea spectabilis Willd.*）

（1）生物学、生态学特性及自然分布。即叶子花，藤状灌木。茎粗壮，枝下垂；刺腋生。叶片纸质，卵形或卵状披针形，顶端急尖或渐尖。花顶生枝端的3个苞片内；苞片叶状，紫色或洋红色，长圆形或椭圆形，纸质；花被管淡绿色，有棱，顶端5浅裂。花期冬春间（广州、海南、昆明），北方温室栽培3—7月开花。

喜温暖湿润气候，不耐寒，喜充足光照。品种多样，植株适应性强，南北方均可栽培。只是在北方花色较单一。原产巴西。我国南方栽植于庭院、公园；北方栽培于温室，是美丽的观赏植物。

（2）水土保持功能。适应性强，能够有效地固结地面土壤、涵养水源，具有保持水土、防治土壤侵蚀的作用。

图 5-200　三角梅

（3）主要应用的立地类型。适合栽植于办公美化区、滞尘区、防噪声区作点缀或垂直绿化。

（4）栽植技术。常用扦插繁殖，且育苗容易。孤植或列植，常见的害虫主要有叶甲和蚜虫，常见的病害主要是枯梢病。平时要加强松土除草，及时清除枯枝、病叶，注意通气，以减少病源的传播。加强病情检查，发现病情要及时处理，可用乐果、托布津等溶液防治。

（5）现阶段应用情况。宜庭园种植或盆栽观赏，用于花架、供门或围墙的攀缘花卉。也可以置于门廊、庭院和厅堂入口处。

三角梅如图 5-200 所示。

15. 地果（*Ficus tikoua Bur.*）

（1）生物学、生态学特性及自然分布。匍匐木质藤本，茎上生细长不定根，节膨大；幼枝偶有直立的，叶坚纸质，倒卵状椭圆形，先端急尖，基部圆形至浅心形，边缘具波状疏浅圆锯齿，表面被短刺毛，背面沿脉有细毛；幼枝的叶柄长达 6cm。榕果成对或簇生于匍匐茎上，常埋于土中，球形至卵球形，成熟时深红色，表面多圆形瘤点；雄花生于榕果内壁孔口部；雌花生另一植株榕果内壁。瘦果卵球形，表面有瘤体。花期 5—6 月，果期 7 月。

生于低山区的疏林、山坡或田边、路旁。喜温暖湿润的环境，对土壤要求不严，以疏松、肥沃的夹砂上较好。常生于荒地、草坡或岩石缝中。

产于湖南（龙山）、湖北（南漳、十堰、宜昌以西）、广西（大苗山）、贵州（纳雍）、云南、西藏（东南部）、四川（木里、屏山等）、甘肃、陕西南部。

（2）水土保持功能。对土壤要求不严，具有改善土壤理化性质的作用，可以防止道路的水土流失。

（3）主要应用的立地类型。生于低山区的疏林、山坡、沟边或旷野草丛中，适应性广，对土壤要求不严格，喜温暖湿润的环境。对土壤要求不严，以疏松、肥沃的夹砂上较好，土层厚度 40cm。

（4）栽植技术。扦插繁殖，孤植或列植。

（5）现阶段应用情况。除药用外，还可以作地被植物。

地果如图 5-201 所示。

图 5-201　地果

16. 蔓长春花（*Vinca major L.*）

（1）生物学、生态学特性及自然分布。蔓性半灌木，茎偃卧，花茎直立；除叶缘、叶柄、花萼及花冠喉部有毛外，其余均无毛。叶椭圆形，先端急尖，基部下延。花单朵腋生；花冠蓝色，花冠筒漏斗状。花期 3—5 月。

喜温暖湿润，喜阳光也较耐阴，稍耐寒，喜欢生长在深厚肥沃湿润的土壤中。

我国江苏、浙江和台湾等省栽培。原产欧洲。

（2）水土保持功能。蔓长春花既耐热又耐寒，四季常绿，有着较强的生命力，是一种理想的地被植物。具有保水固土、改善土壤理化性质的作用。

（3）主要应用的立地类型。适应性广，对土壤要求不严格，喜温暖湿润，喜阳光也较耐阴，稍耐寒，喜欢生长在深厚肥沃湿润的土壤中。

（4）栽植技术。可以分株繁殖，也可扦插、压条繁殖。孤植或列植。

（5）现阶段应用情况。多用于地被观叶，可作为花境植物，配植于假山石、卵石或其他植物周边，也可作为岩石、高坎及花坛边缘及用于垂直绿化。另外还可作为室内观赏植物，配置于楼梯边、栏杆上或盆栽置放在案台上。

图 5 - 202　蔓长春花

蔓长春花如图 5 - 202 所示。

17. 素方花（*Jasminum officinale L.*）

（1）生物学、生态学特性及自然分布。攀缘灌木。小枝具棱或沟。叶对生，羽状深裂或羽状复叶，有小叶 3～9 枚，通常 5～7 枚，小枝基部常有不裂的单叶；叶轴常具狭翼；顶生小叶片卵形、狭卵形或卵状披针形至狭椭圆形，侧生小叶片卵形、狭卵形或椭圆形。聚伞花序伞状或近伞状，顶生，稀腋生，有花 1～10 朵；花冠白色，或外面红色，内面白色，裂片常 5 枚；花柱异长。果球形或椭圆形，成熟时由暗红色变为紫色。花期 5—8 月，果期 9 月。

素方花喜温暖、湿润，不耐寒；喜光，稍耐半阴；要求肥沃湿润的土壤，适应性强。生于山谷、沟地、灌丛中或林中，或高山草地海拔 1800～3800m 的地区。

产于四川、贵州西南部、云南、西藏。世界各地广泛栽培。

（2）水土保持功能。无。

（3）主要应用的立地类型。适宜在林荫下生长，适应性广，更适于在半阴环境中栽培。

（4）栽植技术。可以采用扦插、压条和分株繁殖。孤植或列植。

（5）现阶段应用情况。多用于地被观叶，在园林中可列植于围墙旁，遍植于山坡地，散植于湖塘边，丛植于大树下。也可作家庭盆栽。

图 5 - 203　素方花

素方花如图 5 - 203 所示。

18. 绿萝 [*Epipremnum aureum* (*Linden et Andre*) *Bunting*]

（1）生物学、生态学特性及自然分布。高大藤本，茎攀缘，节间具纵槽；多分枝，枝悬垂。幼枝鞭状，细长；叶柄两侧具鞘达顶部；鞘革质，宿存；下部叶片大，纸质，宽卵形，短渐尖，基部心形。成熟枝上叶柄粗壮，腹面具宽槽，叶鞘长，叶片薄革质，翠绿色，通常（特别是叶面）有多数不规则的纯黄色斑块，全缘，不等侧的卵形或卵状长圆形，基部深心形。

阴性植物，喜散射光，较耐阴。遇水即活，生命力顽强。

多栽培于中国广东、福建、上海。原产所罗门群岛，现广植于亚洲各热带地区。

（2）水土保持功能。具有保持水土、涵养水源的作用。

（3）主要应用的立地类型。绿萝属阴性植物，喜湿热的环境，忌阳光直射，喜阴。喜富含腐殖质、疏松肥沃、微酸性的土壤。

（4）栽植技术。扦插，孤植或列植。绿萝常有病虫危害，炭疽病、根腐病、叶斑病可采用药剂防治。

图 5 - 204　绿萝

（5）现阶段应用情况。配置于楼梯边、栏杆上或盆栽置放在案台上。

绿萝如图 5 - 204 所示。

19. 八宝景天 [*Hylotelephium erythrostictum* (*Miq.*) *H. Ohba*]

（1）生物学、生态学特性及自然分布。多年生草本。块根胡萝卜状。茎直立，不分枝。叶对生，少有互生或 3 叶轮生，长圆形至卵状长圆形，先端钝，边缘有疏锯齿，无柄。伞房状花序顶生；花密生；萼片 5 片，卵形；花瓣 5 片，白色或粉红色，宽披针形；花药紫色。花期 8—10 月。

性喜强光和干燥、通风良好的环境，亦耐轻度蔽阴，能耐 —20℃ 的低温；不择土壤，要求排水良好，耐贫瘠和干旱，忌雨涝积水。性耐寒，华东及华北露地均可越冬，地上部分冬季枯萎。

产于云南、贵州、四川、湖北、安徽、浙江、江苏、陕西、河南、山东、山西、河北、辽宁、吉林、黑龙江。朝鲜、日本、苏联也有。各地广为栽培。

（2）水土保持功能。主要具有保持和改良土壤、涵养水源等水土保持功能。

（3）主要应用的立地类型。生于海拔 450～1800m 的山坡草地或沟边。

（4）栽植技术。分株或扦插繁殖，以扦插为主。

（5）现阶段应用情况。配合其他花卉布置花坛、花境或成片栽植作护坡地被植物，是布置花坛、花境和点缀草坪、岩石园的好材料。

5.4　草本

1. 沙蒿（*Artemisia desertorum Spreng.*）

（1）生物学、生态学特性及自然分布。多年生草本。主根明显，有短的营养枝。茎单生，叶纸质，长圆形或长卵形，二回羽状全裂或深裂；头状花序，雌花 4～8 朵，花冠狭圆锥状或狭管状，花柱长，伸出花冠外，先端 2 叉；两性花 5～10 朵，不育，花冠管状，花药线形，先端附属物尖，长三角形，基部圆钝，花柱短，先端稍膨大。瘦果倒卵形或长圆形。花果期 8—10 月。

根系粗长，茎木质，分枝多而长，耐沙压埋。

分布于低海拔至海拔 3000m 的华北、西北、东北地区和海拔 3000～4000m 的西南地区；见于草原、草甸、森林草原、高山草原、荒坡、砾质坡地、干河谷、河岸边、林缘及路旁等。

（2）水土保持功能。茎多数丛生，根系粗长，阻沙作用好，为优良的固沙植物。

（3）主要应用的立地类型。适合栽植于平地区、美化区、功能区、恢复区、挖方边坡区、土质边坡、土石混合边坡，填方边坡区、土质边坡、土石混合边坡。适合功能区域：滞尘区、石质山区、风积沙地区。

（4）栽植技术。常直播，选择种壳黑褐色、粒大、饱满、纯净的种子。播前进行精细整地，于上年深翻后冬灌，耙耱整平，镇压保墒，播种前，结合耕翻施足底肥。播种在春季土壤解冻、含水量较多时至 7 月底前的两季都可进行，过晚则不利于幼苗越冬。采用飞机播种的，撒播后要进行轻度拉、划、踏等地面处理，以利种子着床出苗。

（5）现阶段应用情况。是优良的固沙植物，在甘肃河西地区用于人工固沙，并开始通过飞机播种，效果良好；在西北地区用其籽做面条；常作为牛羊等的冬季饲料。

沙蒿如图 5-205 所示。

图 5-205　沙蒿

2. 鸢尾（*Iris tectorum Maxim.*）

（1）生物学、生态学特性及自然分布。多年生草本。叶基生，黄绿色，顶端渐尖或短渐尖。花茎光滑，苞片 2～3 枚，绿色，披针形或长卵圆形，内包含有 1～2 朵花；花蓝紫色，花药鲜黄色，花丝白色；花柱分枝扁平，淡蓝色，子房纺锤状圆柱形。蒴果长椭圆形或倒卵形；种子黑褐色，梨形。花期 4—5 月，果期 6—8 月。

鸢尾耐寒性较强，要求适度湿润、排水良好、富含腐殖质、略带碱性的黏性土壤；生于沼泽土壤或浅水层中；喜阳光充足、凉爽气候，耐寒力强，亦耐半阴环境。

我国大部分省份均有分布，主要集中于华东、中南和西南地区。

（2）栽植技术。鸢尾一般采取种球繁殖，种植密度根据球茎的大小而定。绿地内全面整地、施肥、灌溉。鸢尾种球种植时需格外注意，特别是在根系开始生长时，尽量避免损伤根系。采用指压法，要小心地将球茎的 3/4 部分按入土中。由于较易受到冻害，使植株停止生长，当生产阶段周围的温度在 5℃ 以下时，鸢尾种球必须种植在温室中。鸢尾为盐敏性植物，土壤中盐分过高时，根系生长缓慢，甚至受损伤，并且限制植株吸收水分，导致花朵脱水。

图 5-206　鸢尾

（3）现阶段应用情况。应用于花坛、庭院的绿化，也用作地被植物。有些种类为优良的鲜切花材料。

鸢尾如图 5-206 所示。

3. 狗尾草［*Setaria viridis（L.）Beauv.*］

（1）生物学、生态学特性及自然分布。1 年生。秆直立或基部膝曲。叶片扁平，长三角状狭披针形或线状披针形。圆锥花序，小穗 2～5 个簇生于主轴上或更多的小穗着生在短小枝上，椭圆形，铅绿色；第一颖卵形、宽卵形，具 3 脉；第二颖椭圆形，具 5～7 脉；第一外稃具 5～7 脉，其内稃短小狭窄；第二外稃椭圆形，顶端钝；花柱基分离；颖果灰白色。花果期 5—10 月。

喜长于温暖湿润气候区，也具有一定的抗旱性和耐寒性。对土壤肥料要求不严，适宜在南方红壤或黄壤地区栽培。若在良好水肥条件下，生长旺盛、产草量高。而在瘠薄、干旱的水土流失地区，也能正常生长和发育。

产于全国各地；常生长于 4000m 以下荒野、道旁。

（2）栽植技术。山坡地应耕翻耙平，耕深 15cm 左右，平地宜采用畦作，以利排水。基肥最好用有机肥料，或者利用尿素、过磷酸钙拌种做种肥代替基肥。播种前，对种子应进行晒种，可提高其发芽率。当苗高 40～60cm 时，方可刈割或放牧利用。每次利用后，应追肥 1 次。

（3）现阶段应用情况。狗尾草具有发达的根系，具有强大的固土保水能力，是一种治理水土流失的优良草种。同时，具有适应性广、抗逆性强、生产力高、再生力强、蛋白质含量高、适口性良好的特性，可建立人工草地，用于发展畜牧业。

4. 鼠尾草（*Salvia japonica Thunb.*）

（1）生物学、生态学特性及自然分布。1 年生草本。茎直立，钝四棱形。茎下部叶为二回羽状复叶，茎上部叶为一回羽状复叶，顶生小叶披针形或菱形，侧生小叶卵圆状披针形。轮伞花序 2～6 花，组成总状花序或总状圆锥花序，花序顶生。花萼筒形，二唇形。花冠淡红、淡紫、淡蓝至白色，冠筒直伸，筒状。二强雄蕊。花柱外伸，先端不相等 2 裂。小坚果椭圆形，褐色。花期 6—9 月。

喜温暖、光照充足、通风良好的环境。耐旱，但不耐涝。不择土壤，喜石灰质丰富的土壤，宜栽植于排水良好、土质疏松的中性或微碱性土壤。

主要分布于我国华东和中南地区，生于海拔 220～1100m 的山坡、路旁、荫蔽草丛、水边及林荫下。

(2) 栽植技术。播种时一般在春秋两季。育苗期为每年的 9 月到翌年 4 月。由于鼠尾草种子外壳比较坚硬，播种前需要用 40℃左右的温水浸种 24h。待出苗后，直播或育苗移栽均可。直播时，每穴 3～5 粒，当株高 5～10cm 时需间苗，间距 20～30cm。炎热的夏季需要进行适当遮阴，幼苗期要加强光照防止徒长。

(3) 现阶段应用情况。叶片具有杀菌灭菌、抗毒解毒、驱瘟除疫的功效，也可凉拌食用；茎叶和花可泡茶饮用。因适应性强，临水岸边也能种植，适宜在公园、风景区林缘坡地、草坪一隅、河湖岸边栽种。

5. 猪毛菜 (*Salsola collina Pall.*)

(1) 生物学、生态学特性及自然分布。1 年生草本。茎自基部分枝，枝互生，茎、枝绿色，有白色或紫红色条纹。叶片丝状圆柱形，生短硬毛，顶端有刺状尖。花序穗状，生枝条上部；苞片卵形，顶部延伸，有刺状尖，边缘膜质，背部有白色隆脊；花被片卵状披针形，膜质，顶端尖，果时变硬，自背面中上部生鸡冠状突起。种子横生或斜生。花期 7—9 月，果期 9—10 月。

猪毛菜的适应性、再生性及抗逆性均强，为耐旱、耐碱植物。

产于东北、华北、西北、西南及西藏、河南、山东、江苏等省（自治区）。生于田野路旁、沟边、荒地、沙丘或盐碱化沙质地，为常见的田间杂草。

(2) 栽培技术。猪毛菜的保存率极低，干枯后极易被风吹走，因此在青鲜时干枯前，即 8 月上旬前，要开始对猪毛菜进行打贮，打贮进行压紧，这样干后堆内才能保持绿色状态。

(3) 现阶段应用情况。全草入药，有降低血压的作用，亦可作饲料。

6. 狼尾草 [*Pennisetum alopecuroides* (L.) Spreng.]

(1) 生物学、生态学特性及自然分布。多年生。秆直立，丛生。叶鞘光滑，叶舌具纤毛；叶片线形。圆锥花序，刚毛粗糙，淡绿色或紫色；小穗通常单生，偶有双生，线状披针形；第一颖微小或缺；第二颖卵状披针形；第一小花中性；第二外稃披针形；雄蕊 3 枚，花柱基部联合。颖果长圆形。花果期夏秋季。

喜寒冷湿润气候。耐旱，耐砂土、贫瘠土壤。宜选择肥沃、稍湿润的砂地栽培。

我国自东北、华北经华东、中南及西南各省区均有分布；多生于海拔 50～3200m 的田岸、荒地、道旁及小山坡上。

(2) 栽植技术。一般采用条播，亩播量 0.7～1.0kg，行距 50cm；也可以育苗移栽，5～6 个叶片时移栽到大田。移栽密度为每亩 4000～5000 株。行距 45cm，株距 20～25cm。使用农药拌种或施毒土防治蚂蚁等地下害虫危害种子或幼苗。苗期生长慢，常易被杂草侵入，及时除草，促进早发分蘖。刈割留茬高度为 10～15cm，切忌齐地割，否则会影响再长；如留茬过高，从节芽发生的分枝生长不壮也会影响产量。不要在阴雨天刈割，否则会造成严重缺株而减产。

(3) 现阶段应用情况。狼尾草鲜草中粗脂肪、粗蛋白、粗纤维、无氮浸出物和灰分的含量高，营养丰富，是一种高档的饲料牧草，为牛、羊、兔、鹅、鱼等动物所喜食；狼尾草是编织或造纸的原料；也常作为土法打油的油杷子。

狼尾草如图 5-207 所示。

7. 白蒿（*Herba Artemisia Sieversianae*）

（1）生物学、生态学特性及自然分布。2 年生草本。茎单生，茎、枝被灰白色微柔毛。下部与中部叶宽卵形或宽卵圆形，2～3 回羽状全裂，稀为深裂；上部叶及苞片叶羽状全裂或不分裂，而为椭圆状披针形或披针形。头状花序，雌花 2～3 层，20～30 朵，花冠狭圆锥状，花柱线形；两性花多层，

图 5-207　狼尾草

80～120 朵，花冠管状，花药披针形或线状披针形。瘦果长圆形。花果期 6—10 月。

广布于温带或亚热带高山地区，我国东北、华北、西北、西南等地均有分布，生长在海拔 500～4200m 的路旁、荒地、河漫滩、草原、森林草原、干山坡或林缘等地。

（2）主要应用的立地类型。适合栽植于挖方边坡区土质边坡、平地区恢复区。

（3）栽植技术。直播法：于春季 3 月播种，将种子与细沙混合后，按行株距 25cm×20cm 开穴播种。条播法：按行株距 25cm 开条沟，将种子均匀播入。育苗移栽法：2 月育苗、撒播，上覆细土一层，以不见种子为准。苗高 6～8cm 时，要及时拔去杂草，苗高 10～12cm 时移栽。分株繁殖法：3—4 月挖掘老株，分株移栽。

图 5-208　白蒿

（4）现阶段应用情况。白蒿有清热利湿、凉血止血的功效，还可治疗风湿寒热邪气、热结黄疸等疾病，也有防风固堤的作用。

白蒿如图 5-208 所示。

8. 骆驼蓬（*Peganum harmala* L.）

（1）生物学、生态学特性及自然分布。多年生草本。根多数。茎直立或开展，由基部多分枝。叶互生，卵形，全裂为 3～5 条形或披针状条形裂片。花单生枝端，与叶对生；萼片 5 片，裂片条形，有时仅顶端分裂；花瓣黄白色，倒卵状矩圆形；雄蕊 15 枚，花丝近基部宽展。蒴果近球形，种子三棱形，稍弯，黑褐色、表面被小瘤状突起。花期 5—6 月，果期 7—9 月。

生于荒漠地带干旱草地、绿洲边缘轻盐渍化沙地、壤质低山坡或河谷沙丘。

分布于我国宁夏、内蒙古、甘肃、新疆、西藏。

（2）现阶段应用情况。因其适应干旱环境，所以也可作为干旱地区绿化、水土保持等方面的一种备选植物。夏季采收，全草可入药，有宜肺止咳、通经活络、解毒除湿等

功效。

骆驼蓬如图 5-209 所示。

9. 早熟禾 (*Poa annua* L.)

(1) 生物学、生态学特性及自然分布。1 年生或冬性禾草。秆直立或倾斜。叶鞘中部以下闭合；叶舌圆头。圆锥花序宽卵形，开展；小穗卵形，含 3～5 小花，绿色；颖质薄，具宽膜质边缘，第一颖披针形，具 1 脉，第二颖具 3 脉；外稃卵圆形，具明显的 5 脉，第一外稃长 3～4mm；内稃与外稃近等长；花药黄色。颖果纺锤形。花期 4—5 月，果期 6—7 月。

图 5-209　骆驼蓬

生长于海拔 100～4800m 的平原和丘陵的路旁草地、田野水沟或阴蔽荒坡湿地。

分布于我国南北各省。

(2) 水土保持功能。早熟禾具有根茎发达、分蘖能力极强及青绿期长等优良性状，能迅速形成密而整齐的草坪。在严寒的冬季，无覆盖便可越冬；也能耐夏季的干燥炎热，在 38℃高温条件下可良好地生长。

(3) 主要应用的立地类型。适合栽植于平地区的美化区、恢复区。

(4) 栽植技术。播种法：按照预定的播种量将种子按划分的地块数分开，按块进行播种，播种后用钉耙轻轻地将种子耙到土中，覆土应做到浅而不露种子，切忌过深。播种后用镇压器轻轻地镇压土壤，以保证种子与土壤能紧密接触。对氮肥敏感，春天施氮肥能提前进入放牧期，一般能提前 11d 放牧。

图 5-210　早熟禾

(5) 现阶段应用情况。早熟禾具有较好的药用价值、饲用价值和绿化价值，是各地区重要的水土保持植物，具有较高的水保利用价值。可铺建绿化运动场、高尔夫球场、公园、路旁、水坝等。

早熟禾如图 5-210 所示。

10. 大翅蓟 (*Onopordum acanthium* L.)

(1) 生物学、生态学特性及自然分布。2 年生草本。茎翅羽状半裂或三角形刺齿，裂顶及齿顶有黄褐色针。头状花序，外层与中层总苞片质地坚硬，卵状钻形或披针状钻形，上部钻状针刺状长渐尖，向外反折或水平伸出；内层披针状钻形或线钻形。全部苞片外面有腺点。小花紫红色或粉红色，花冠 5 裂至中部，裂片狭线形。瘦果长椭圆或倒卵形，灰黑色，冠毛土红色。花果期 6—9 月。

分布于天山（伊宁等）、准噶尔盆地（玛纳斯等）及准噶尔阿拉套地区（塔城等）。生于山坡、荒地或水沟边。

(2) 现阶段应用情况。大翅蓟的全草可入药，能凉血止血，可用于治疗出血症，如血溢；也可作为干旱地区绿化、水土保持等方面的一种备选植物。

大翅蓟如图 5-211 所示。

11. 冰草 [*Agropyron cristatum（L.）Gaertn.*]

（1）生物学、生态学特性及自然分布。秆成疏丛。叶片质较硬而粗糙，常内卷。穗状花序，小穗紧密平行排列成两行，整齐呈篦齿状，含（3）5～7 小花；颖舟形，脊上连同背部脉间被长柔毛，外稃被有稠密的长柔毛或显著地被稀疏柔毛，顶端具短芒长 2～4mm；内稃脊上具短小刺毛。

图 5-211 大翅蓟

冰草能适应半潮湿到干旱的气候，生长在干旱草原或荒漠草原中。天然生冰草很少形成单纯的植被，常与其他禾本科草、苔草、非禾本科植物以及灌木混生。

生于干燥草地、山坡、丘陵以及沙地。

主要分布在东北、华北、内蒙古、甘肃、青海、新疆等省（自治区）。

（2）水土保持功能。冰草具有抗旱、耐寒、耐牧以及产子较多等特性，在放牧地补播和建立旱地人工草地方面具有重要的作用。由于冰草的根为须状，密生，具砂套和入土较深等特性，因此，它又是一种良好的水土保持植物和固沙植物。

（3）主要应用的立地类型。冰草可适应的立地类型多种多样，适用于挖方边坡区的土石混合边坡、填方边坡区的土质边坡和土石混合边坡、平地区的美化区、滞尘区和恢复区。

（4）栽植技术。需精细整地、彻底除草。春夏季均可播种，以 4—5 月为宜。每公顷 15～22.5kg。使用条播或撒播。因种子细小，播种深度宜浅，覆土 2～3cm。

（5）现阶段应用情况。优良牧草，青鲜时马和羊最喜食，牛与骆驼亦喜食；营养价值很好，是中等催肥饲料。

冰草如图 5-212 所示。

图 5-212 冰草

12. 藜（*Chenopodium album L.*）

（1）生物学、生态学特性及自然分布。1 年生草本。茎直立，具条棱及绿色或紫红色色条。叶片菱状卵形至宽披针形，边缘具不整齐锯齿。花两性，花被裂片 5 片，宽卵形至椭圆形；雄蕊 5 枚，花药伸出花被，柱头 2 个。果皮与种子贴生。种子横生，双凸镜状，黑色，有光泽，表面具浅沟纹。花果期 5—10 月。

分布遍及全球温带及热带，我国各地均有分布。生于路旁、荒地及田间，为很难除掉的杂草。

图 5-213 藜

（2）栽植技术。藜繁殖力强，生长快速而旺盛，主要用种子繁殖，1 年可多次播种生产。于秋季采集种子并晾干备用。以春播为宜，其他季节可按市场需要进行。整地时施入适量有机肥或腐熟人畜粪作基肥，翻耕耙平，畦宽 120cm 左右，平整畦面后撒播或条播，播后用扫帚顺畦向轻扫一遍，使种子落入土中，浇水浇透，保持土面湿润，4～5d 出苗。

（3）现阶段应用情况。藜幼苗可作蔬菜用，茎叶可喂家畜。全草又可入药，能止泻痢、止痒，可治痢疾腹泻；配合野菊花煎汤外洗，可以治皮肤湿毒及周身发痒。

藜如图 5-213 所示。

13. 千屈菜（*Lythrum salicaria L.*）

（1）生物学、生态学特性及自然分布。多年生草本。茎直立，全株青绿色，枝通常具 4 棱。叶对生或三叶轮生，披针形或阔披针形，全缘。聚伞花序，簇生；苞片阔披针形至三角状卵形，花瓣 6 片，红紫色或淡紫色，着生于萼筒上部，有短爪，稍皱缩；雄蕊 12 枚，6 长 6 短，伸出萼筒之外；子房 2 室，花柱长短不一。蒴果扁圆形。

全国各地均有栽培；生于河岸、湖畔、溪沟边和潮湿草地上。

（2）栽植技术。种子繁殖：春播于 3—4 月，播前将种子与细土拌匀，然后撒播于床上，覆土 1cm，最后盖草浇水。播后 10～15d 出苗，立即揭草。苗高 25cm 左右时移栽，每穴栽 3 株。

（3）现阶段应用情况。千屈菜为药食兼用的野生植物。其全草入药，嫩茎叶可作野菜食用，在中国民间已有悠久的历史。千屈菜为花卉植物，华北、华东常将其栽培于水边或作盆栽，供观赏。

图 5-214 千屈菜

千屈菜如图 5-214 所示。

14. 蒲公英（*Taraxacum mongolicum Hand.-Mazz.*）

（1）生物学、生态学特性及自然分布。多年生草本。叶倒卵状披针形或长圆状披针形，叶柄及主脉常带红紫色。头状花序，总苞钟状、淡绿色；总苞片 2～3 层，外层总苞片卵状披针形，基部淡绿色，上部紫红色；内层总苞片线状披针形，先端紫红色；舌状花黄色，边缘花舌片背面具紫红色条纹，花药和柱头暗绿色。瘦果倒卵状披针形、暗褐色；冠毛白色。花期 4—9 月，果期 5—10 月。

短日照植物，高温短日照条件下有利于开花。较耐阴，但光照条件好，则有利于茎叶生长。适应性较强，生长不择土壤，但在向阳、肥沃、湿润的砂质壤土上生长较好。

产于全国各地。广泛生于中、低海拔地区的山坡草地、路边、田野、河滩。

（2）主要应用的立地类型。蒲公英适合栽植于填方边坡区的土质边坡和土石混合边坡、平地区的美化区、挖方边坡区的土质边坡和土石混合边坡。

（3）栽植技术。在蒲公英野生资源丰富的地方，也可直接摘取野生蒲公英的根用于栽培。通常在 10 月，挖根后集中栽培于大棚中，株行距 8cm×3cm，栽后浇足水，至次年 2 月即可萌发新叶，这时再施 1 次有机肥，生长到一定程度时即可采叶上市。

图 5-215　蒲公英

（4）现阶段应用情况。蒲公英可生吃、炒食、做汤，是药食兼用的植物。也可作为干旱地区绿化或水土保持等方面的一种备选植物。

蒲公英如图 5-215 所示。

15. 燕麦草 [*Arrhenatherum elatius*（*L.*）*Presl*]

（1）生物学、生态学特性及自然分布。须根粗壮。秆直立，具 4～5 节。圆锥花序，灰绿色或略带紫色；颖点状粗糙，第一颖长 4～6mm，第二颖几与小穗等长；外稃先端微 2 裂，1/3 以上粗糙，2/3 以下被稀疏柔毛，具 7 脉，第一小花雄性，仅具 3 枚雄蕊，花药黄色，第一外稃基部的芒可为稃体的 2 倍，第二小花两性，花药长约 4mm，雌蕊顶端被毛，第二外稃先端的长 1～2mm。

（2）栽植技术。燕麦可在 4 月上旬开始播种，单播行距 15～30cm，混播行距 30～50cm。播后镇压 1～2 次。每亩播种量 10～15kg。

（3）现阶段应用情况。燕麦草籽粒可加工成燕麦片，它是营养价值较高、易消化的优质食品。燕麦草用于放牧饲料时，由于其含糖量高、适口性好、植株高大、茎细、叶量较多，宜于刈割后调制成干草。可用于布置花境、花坛和大型绿地。

图 5-216　燕麦草

燕麦草如图 5-216 所示。

16. 金盏花（*Calendula officinalis* L.）

（1）生物学、生态学特性及自然分布。2 年生草本，茎绿色。基生叶长圆状倒卵形或匙形；茎生叶长圆状披针形，边缘波状具不明显的细齿。头状花序，单生，总苞片 1～2 层，长圆状披针形，外层顶端渐尖，小花黄或橙黄色，长于总苞的 2 倍；管状花檐部具三角状披针形裂片，瘦果全部弯曲，淡黄色或淡褐色，外层的瘦果大半内弯，外面常具小针刺，顶端具喙。花期 4—9 月，果期 6—10 月。

（2）主要应用的立地类型。适合栽植于平地区的美化区、恢复区和功能区、填方边坡区的土质边坡和土石混合边坡。

（3）栽植技术。金盏花常在9月中下旬以后进行秋播，基质消毒：对播种用的基质进行消毒，放到锅里炒热。用温热水把种子浸泡3～10h，直到种子吸水并膨胀起来。对于用手或其他工具难以夹起来的细小种子，可以用湿牙签把种子一粒一粒地粘放在基质的表面上，覆盖基质1cm厚，然后把播种的花盆放入水中，水的深度为花盆高度的1/2～2/3，让水慢慢地浸上来。

图5-217　金盏花

（4）现阶段应用情况。适用于中心广场、花坛、花带布置，也可作为草坪的镶边花卉或盆栽观赏。花、叶有消炎、抗菌作用，特别是对葡萄球菌、链球菌效果较好。

金盏花如图5-217所示。

17. 紫苜蓿（*Medicago sativa L.*）

（1）生物学、生态学特性及自然分布。多年生草本。根粗壮。茎直立、丛生以至平卧，四棱形。羽状三出复叶；托叶大，卵状披针形；小叶长卵形、倒长卵形至线状卵形。花序总状或头状；苞片线状锥形；花冠淡黄、深蓝至暗紫色。荚果熟时棕色；种子卵形，平滑，黄色或棕色。花期5—7月，果期6—8月。

适应性广，喜欢温暖、半湿润的气候条件，对土壤要求不严，除太黏重、过酸或过碱的土壤和极瘠薄的沙土外都能生长，最适宜在土层深厚、疏松，且富含钙的壤土中生长。

分布在西北、华北、东北等地。生于田边、路旁、旷野、草原、河岸及沟谷等地。

（2）水土保持功能。具有改良土壤的功能，能够增强土地肥力，根系非常发达，能坚固保持土壤、提高土壤的疏松性能和团粒结构，且能提高土壤的抗蚀性，避免水土流失、减少地表径流，还能够提高土壤的孔隙度，蓄水保土作用巨大，是很好的水土保持草种。

（3）主要应用的立地类型。在黄土高原丘陵沟壑区的美化区、功能区、恢复区及填方边坡区、挖方边坡区都常见。

（4）栽植技术。整地必须精细，要求地面平整、土块细碎、无杂草、墒情好。播种地要深翻，且年刈割利用次数多，从土壤中吸收的养分亦多。用作播种紫苜蓿的土地，要于年前作收获后即进行浅耕灭茬，再深翻，冬春季节作好耙糖、镇压、蓄水保墒工作。水浇地要灌足冻水，播种前，再行浅耕或耙耢整地，结合深翻或播种前浅耕，每亩施有机肥1500～2500kg，过磷酸钙20～30kg为底肥。对土壤肥力低下的，播种时再施入硝酸铵等速效氮肥，促进幼苗生长。每次刈割后要进行追肥，每亩需过磷酸钙10～20kg或磷二铵4～6kg。

（5）现阶段应用情况。紫苜蓿是一种良好的饲草。另外，它还常用于园林绿化、草坪种植、土质边坡恢复治理。

紫苜蓿如图 5-218 所示。

18. 红豆草（*Onobrychis viciifolia Scop.*）

（1）生物学、生态学特性及自然分布。即驴食草。多年生草本。茎直立，中空，被向上贴伏的短柔毛。小叶 13～19，几无小叶柄；小叶片长圆状披针形或披针形，上面无毛，下面被贴伏柔毛。总状花序腋生；花多数，具 1mm 左右的短花梗；萼钟状，萼齿披针状钻形，长为萼筒的 2～2.5 倍，下萼齿较短；花冠玫瑰紫色。荚果具 1 个节荚，节荚半圆形，上部边缘具或尖或钝的刺。

图 5-218　紫苜蓿

（2）水土保持功能。具有良好的适应性，属旱生植物，在降水量 180～700mm 的地区均能良好生长，对土壤要求不严，能在土层较薄的砂粒、石质和冲积土壤上完成生长繁殖，广泛分布在适度湿润的壤土、砂壤和砂土土壤上。红豆草不适应低洼地及排水差的重黏土土壤，水淹没 24h 以上，根部开始腐烂，植株死亡。

（3）栽植技术。种子可去种荚，或置于稀硫酸溶液中浸泡 2～3h。播种前可用根瘤菌拌种，以每千克红豆草 20～30g，亦可干根切碎拌种。每年 4 月中旬至 5 月初进行播种，干旱地区在雨前或雨后抢墒播种。播前要精细整地，保持土壤墒情。根据土壤肥力，按 10～15t/hm² 施入有机肥。可条播也可撒播，但条播最好。条播时草田行距 30～35cm，种子田行距 45～50cm，播深 4cm 左右。每公顷播量为种子田 30～45kg，草田 50～60kg。红豆草也可与无芒雀麦或苜蓿混播。

图 5-219　红豆草

（4）现阶段应用情况。根系强大，侧根多，植株繁茂，枝繁叶茂且盖度大，种植第 1 年即可覆盖地面。护坡保土作用好，在风蚀和水蚀严重的斜坡地是很好的水土保持植物。另外，具有培肥能力，根瘤发育好，能增加土壤中的氮素。

红豆草如图 5-219 所示。

19. 车轴草〔*Galium odoratum（L.）Scop.*〕

（1）生物学、生态学特性及自然分布。多年生草本；茎直立，具 4 角棱。叶纸质，6～10 片轮生，倒披针形、长圆状披针形或狭椭圆形。聚伞花序顶生，苞片在花序基部 4～6片，在分枝处常成对，披针形；花冠白色或蓝白色，短漏斗状，花冠裂片 4 片，长圆形，比冠管长；雄蕊 4 枚，具短的花丝；花柱短，2 深裂，柱头球形。果片双生或单生，球形，密被钩毛。花果期 6—9 月。

产于黑龙江、吉林、辽宁、陕西、宁夏、甘肃、新疆、山东、四川。生于海拔1580～

2800m 的山地林中或灌丛中。

（2）水土保持功能。常生于山地林中或灌丛中，在黄土高原丘陵河区及新疆南北疆平地区非常常见，是常见的草坪绿化草种。

图 5 - 220　车轴草

（3）栽植技术。播种后出苗前，若遇土壤板结，要及时耙糖，破除板结层，以利出苗。若苗期生长慢，要耕松土除草 1～2 次。生长 2 年以上的草地，土层紧实，透气性差，在春秋两季返青前和放牧刈割后的再生前，要进行耙地松土，并结合松土追肥，以利新芽新根生长发育。白车轴草种子细小，幼苗顶土能力差，因而播种前务必将地耙平耙细，有利于出苗。在翻耕时施入厩肥和适量磷肥，在酸性土壤上宜施用石灰。

（4）现阶段应用情况。车轴草是一种具有广泛栽培意义的重要牧草作物，同时也是一种重要的绿肥与水土保持植物。喜欢湿润凉爽的气候，耐湿不耐旱，在略微酸性或盐碱性的土壤里都能良好地生长，具有一定的土壤改良作用。另外它还是主要的草坪绿化草种。

车轴草如图 5 - 220 所示。

20. 常春藤［Hedera nepalensis K. Koch var. sinensis（Tobl.）Rehd.］

（1）生物学、生态学特性及自然分布。常绿攀缘灌木。茎灰棕色或黑棕色；叶在不育枝上通常为三角状卵形或三角状长圆形，花枝上的叶片通常为椭圆状卵形；叶柄细长，有鳞片，无托叶。伞形花序顶生，花淡黄白色或淡绿白色；花瓣 5 片，三角状卵形；雄蕊 5 枚，花药紫色；花盘隆起，黄色。果实球形，红色或黄色。花期 9—11 月，果期次年 3—5 月。

阴性藤本植物，也能生长在全光照的环境中，在温暖湿润的气候条件下生长良好，不耐寒。对土壤要求不严，喜湿润、疏松、肥沃的土壤，不耐盐碱。

分布地区广，北自甘肃东南部、陕西南部、河南、山东，南至广东（海南岛除外）、江西、福建，西自西藏波密，东至江苏、浙江的广大区域内均有生长。常攀缘于林缘树木、林下路旁、岩石和房屋墙壁上。

（2）水土保持功能。常春藤在自然条件下具有非常强大的水土保持作用。

21. 海金沙［Lygodium japonicum（Thunb.）Sw.］

（1）生物学、生态学特性及自然分布。叶轴上面有二条狭边，羽片多数。不育羽片尖三角形，两侧并有狭边，二回羽状；一回羽片 2～4 对，互生；二回小羽片 2～3 对，卵状三角形，互生，掌状三裂。主脉明显，侧脉纤细，从主脉斜上，1～2 回二叉分歧，直达锯齿。能育羽片卵状三角形，二回羽状；一回小羽片 4～5 对，互生，长圆披针形，二回小羽片 3～4 对，卵状三角形，羽状深裂。孢子囊穗往往长远超过小羽片的中央不育部分，排列稀疏，暗褐色。

产于我国华东、华中、华南和西南地区。

（2）水土保持功能。海金沙具有拦截降水、促进水分下渗、改良土壤的作用，能有效地起到水土保持作用。

22. 凌霄 ［*Campsis grandiflora（Thunb.）Schum.*］

（1）生物学、生态学特性及自然分布。攀缘藤本。茎木质，枯褐色，以气生根攀附于它物之上。叶对生；小叶 7～9 枚，卵形至卵状披针形，侧脉 6～7 对，边缘有粗锯齿。圆锥花序顶生。花萼钟状，花冠内面鲜红色，外面橙黄色。雄蕊着生于花冠筒近基部，花丝线形，花药黄色，个字形着生。花柱线形，柱头扁平，2 裂。蒴果顶端钝。花期 5～8 月。

喜充足阳光，也耐半阴。适应性较强，耐寒、耐旱、耐瘠薄，病虫害较少，但不适宜暴晒或在无阳光下。以排水良好、疏松的中性土壤为宜，忌酸性土。较耐水湿，并有一定的耐盐碱性能力。

产于长江流域各地，以及河北、山东、河南、福建、广东、广西、陕西。

（2）水土保持功能。凌霄适应性强，可用于垂直绿化、防风固沙。

23. 牵牛 ［*Pharbitis nil（L.）Choisy*］

（1）生物学、生态学特性及自然分布。1 年生缠绕草本。茎上被倒向的短柔毛及杂有倒向或开展的长硬毛。叶宽卵形或近圆形，深或浅的 3 裂，少数 5 裂；花腋生，单一或通常 2 朵着生于花序梗顶；苞片线形或叶状；小苞片线形；萼片披针状线形；花冠漏斗状，蓝紫色或紫红色。蒴果近球形，3 瓣裂。种子卵状三棱形，黑褐色或黄色。

顺应性较强，喜阳光充足，亦可耐半遮阴。喜暖和凉爽，亦可耐暑热高温，但不耐寒，怕霜冻。喜肥沃疏松土堆，能耐水湿和干旱，较耐盐碱。

我国除西北和东北的一些省外，大部分地区都有分布。生于海拔 100～200（1600）m 的山坡灌丛、干燥河谷路边、园边宅旁和山地路边。

（2）水土保持功能。牵牛可用于高速公路边坡的绿化和美化。

24. 络石 ［*Trachelospermum jasminoides（Lindl.）Lem.*］

（1）生物学、生态学特性及自然分布。常绿木质藤本。具乳汁；茎赤褐色，有皮孔。叶椭圆形至卵状椭圆形或宽倒卵形；二歧聚伞花序腋生或顶生，花多朵组成圆锥状；花白色，苞片及小苞片狭披针形；花冠筒圆筒形，花药箭头状；花盘环状 5 裂与子房等长；花柱圆柱状，柱头卵圆形，顶端全缘。果实蓇葖双生，种子褐色，线形。花期 3—7 月，果期 7—12 月。

喜弱光，亦耐烈日高温。攀附墙壁，阳面及阴面均可。对土壤的要求不严，一般肥力中等的轻黏土及沙壤土均宜，在酸性土及碱性土均可生长，较耐干旱，但忌水湿，盆栽不宜浇水过多，保持土壤润湿即可。

本种分布很广，我国华北、华东、华中、华南、西南和台湾等都有分布。生于山野、溪边、路旁、林缘或杂木林中，常缠绕于树上或攀缘于墙壁上和岩石上。

（2）水土保持功能。络石匍匐性与攀爬性较强，可搭配作色带、色块绿化用。

25. 点地梅 ［*Androsace umbellata（Lour.）Merr.*］

（1）生物学、生态学特性及自然分布。1 年生或 2 年生草本。叶基生，叶片近圆形或卵圆形，基部浅心形至近圆形，边缘具三角状钝牙齿，两面均被贴伏的短柔毛。花葶自叶

图 5-221　点地梅

丛中抽出，被白色短柔毛。伞形花序 4～15 花；苞片卵形至披针形；花萼杯状，密被短柔毛，具 3～6 纵脉；花冠白色，喉部黄色，裂片倒卵状长圆形。蒴果近球形，果皮白色。花期 2—4 月；果期 5—6 月。

喜湿润、温暖、向阳环境和肥沃土壤，常生于山野草地或路旁。

产于东北、华北和秦岭以南各省区。生于林缘、草地和疏林下。

（2）水土保持功能。不论是在高山草原，还是在河谷滩地，只要有一丁点瘠薄的土壤就能生根发芽。它的种子能自播繁殖。也可在冰天雪地中生存。

（3）主要应用的立地类型。适合功能区域：滞尘区、一般恢复区、生活美化区。

（4）栽植技术。用播种繁殖，高山上夏季很短。点地梅在 8 月底前发芽，然后在冰雪中度过 9 个月的时间，在第 2 年的 6 月开花。

（5）现阶段应用情况。点地梅的环境适应能力极强，目前多用于开发建设项目水土保持观赏植物种。

点地梅如图 5-221 所示。

26. 锁阳 (*Cynomorium songaricum Rupr.*)

（1）生物学、生态学特性及自然分布。多年生肉质寄生草本。全株红棕色。茎圆柱状，棕褐色。肉穗花序。雄花：花被片通常 4，倒披针形或匙形，下部白色，上部紫红色；雄蕊 1 枚，花丝深红色，当花盛开时超出花冠；花药深紫红色。雌花：花被片 5～6 片，花柱上部紫红色。果小坚果状，近球形或椭圆形，果皮白色，顶端有宿存浅黄色花柱。种子近球形，深红色。花期 5—7 月，果期 6—7 月。

分布于中国西北部。生于荒漠草原、草原化荒漠与荒漠地带的河边、湖边、池边等生境且有白刺、枇杷柴生长的盐碱地区。

（2）水土保持功能。锁阳生于荒漠草原、草原化荒漠与荒漠地带。多在轻度盐渍化低地、湖盆边缘、河流沿岸阶地、山前洪积、冲积扇缘地上生长，土壤为灰漠土、棕漠土、风沙土、盐土。喜干旱少雨，具有耐旱的特性。

（3）主要应用的立地类型。适合功能区域：滞尘区、一般恢复区、土质边坡、风积沙地区。

（4）栽植技术。锁阳一般用播种繁殖。

（5）现阶段应用情况。常用作开发建设项目水土保持植物种。

锁阳如图 5-222 所示。

图 5-222　锁阳

27. 马齿苋（*Portulaca oleracea L.*）

(1) 生物学、生态学特性及自然分布。1年生草本。茎平卧或斜倚，叶互生，肥厚，似马齿状，全缘；花常3～5朵簇生枝端；苞片2～6片，近轮生；萼片2片，对生，绿色，盔形；花瓣5片，黄色；雄蕊通常8，花药黄色；花柱比雄蕊稍长，柱头4～6裂、线形。蒴果卵球形、盖裂；种子偏斜球形、黑褐色。花期5—8月，果期6—9月。

性喜肥沃土壤，耐旱亦耐涝，生命力强，适应性极强，耐热，对光照的要求不严格。在强光、弱光下均可正常生长，在温暖、湿润、肥沃的壤土或沙壤土上生长良好。

中国南北各地均有分布，多为野生。常生于菜园、农田、路旁，为田间常见杂草。广布全世界温带和热带地区。

(2) 水土保持功能。耐旱亦耐涝，生命力强。

(3) 主要应用的立地类型。适合功能区域：滞尘区、一般恢复区、生活美化区。

(4) 栽植技术。使用头年种子进行播种，整地一定要精细，播后保持土壤湿润。扦插枝条从当年播种苗或野生苗上采集，每段要留有3～5个节。扦插前要精细整土，结合整地施足充分腐熟的农家肥。扦插密度（株行距）3cm×5cm，插穗入土深度3cm左右，插后要保持一定的湿度和适当的荫蔽。播种或扦插后15～20d即可移入大田栽培，移栽前将田土翻耕并施肥，然后按1.2m宽开厢，按株行距12cm×20cm定植，栽后浇透定根水。最好在阴天移栽，移栽时按要求施足底肥，前期可不追肥，以后每采收

图5-223 马齿苋

1～2次追1次稀薄人畜粪水，形成的花蕾要及时摘除，以促进营养枝的抽生。干旱时应适当浇水抗旱。

(5) 现阶段应用情况。保护地栽培可进行周年生产。全草供药用，有清热利湿、解毒消肿、消炎、止渴、利尿作用；种子可明目；还可作兽药和农药；嫩茎叶可作蔬菜，味酸，也是很好的饲料。性喜肥沃土壤，耐旱亦耐涝，生命力强，所以也常用作开发建设项目水土保持植物种。

马齿苋如图5-223所示。

28. 拂子茅［*Calamagrostis epigeios*（L.）*Roth*］

(1) 生物学、生态学特性及自然分布。多年生，具根状茎。秆直立。叶舌长圆形，先端易破裂；叶片扁平或边缘内卷，上面及边缘粗糙，下面较平滑。圆锥花序，小穗淡绿色或带淡紫色；两颖近等长或第二颖微短，先端渐尖，具1脉，第二颖具3脉，主脉粗糙；外稃透明膜质，顶端具2齿，芒自稃体背中部附近伸出；内稃顶端细齿裂；雄蕊3枚，花药黄色。花果期5—9月。

喜生于平原绿洲，常见于水分条件良好的农田、地埂、河边及山地，土壤常轻度至中度盐渍化。是组成平原草甸和山地河谷草甸的建群种。

图 5 - 224　拂子茅

分布遍及全国，主要产于东北、华北、西北各省区。

（2）水土保持功能。根茎顽强，抗盐碱土壤，又耐强湿，是固定泥沙、保护河岸的良好材料，也是组成平原草甸和山地河谷草甸的建群种。

（3）主要应用的立地类型。适合功能区域：滞尘区、一般恢复区、生活美化区。

（4）现阶段应用情况。为牲畜喜食的牧草；用于牧草栽植，为优质纤维植物。

拂子茅如图 5 - 224 所示。

29. 黄耆 [*Astragalus membranaceus*（*Fisch.*）*Bunge*]

（1）生物学、生态学特性及自然分布。多年生草本。茎直立，被白色柔毛。羽状复叶，有 13~27 片小叶；托叶离生，卵形，披针形或线状披针形，下面被白色柔毛或近无毛。总状花序，苞片线状披针形，背面被白色柔毛；小苞片 2；花萼钟状，外面被白色或黑色柔毛；花冠黄色或淡黄色。荚果半椭圆形。花期 6—8 月，果期 7—9 月。

性喜凉爽，耐寒耐旱，怕热怕涝，适宜在土层深厚、富含腐殖质、透水力强的沙壤土上种植。强盐碱地不宜种植。

产于东北、华北及西北。生于林缘、灌丛或疏林下、山坡草地或草甸中。

（2）水土保持功能。耐寒耐旱、主侧根发达。

（3）主要应用的立地类型。适合功能区域：生活美化区、一般恢复区。

（4）栽植技术。选地势向阳、土层深厚、土质肥沃的沙壤土域或有棕色森林土的山区、半山区或地势较高、渗水力强、地下水位低的沙壤土或积土的平地。深耕并施厩肥或堆肥后做畦。用种子进行繁殖，期间注意除草和追肥。7 月下晚打尖，减少营养消耗。雨季注意排水。天旱时、苗期、返青期适当灌水。

（5）现阶段应用情况。黄耆有增强机体免疫功能、保肝、利尿、抗衰老、抗应激、降压和较广泛的抗菌作用。但表实邪盛，气滞湿阻，食积停滞，痈疽初起或溃后热毒尚盛等实证，以及阴虚阳亢者，均须禁服。

30. 针茅 (*Stipa capillata L.*)

（1）生物学、生态学特性及自然分布。秆直立，丛生；常具 4 节，基部宿存枯叶鞘。叶舌披针形；叶片上面被微毛，下面粗糙。圆锥花序，含藏于叶鞘内；小穗草黄或灰白色；颖尖披针形，第一颖具 1~3 脉，第二颖具 3~5 脉；外稃背部具有排列成纵行的短毛，芒两回膝曲，第一芒柱扭转，第二芒柱稍扭转，芒针卷曲，基盘尖锐，具淡黄色柔毛；内稃具 2 脉。颖果纺锤形。花果期 6—8 月。

为欧亚草原区西部亚区山地特有种，生态幅广，常以建群种或优势种与沟羊茅、超旱生小半灌木蒿、灌木锦鸡儿等形成干草原、荒漠草原和灌木草原。

产于甘肃西部、新疆北部。多生于海拔 500～2300m 的山间谷地、准平原面或石质性的向阳山坡。

（2）水土保持功能。多生于山间谷地、准平原面或石质性的向阳山坡。一般在海拔 500～2300m。

（3）主要应用的立地类型。适合功能区域：滞尘区、一般恢复区。

（4）现阶段应用情况。营养生长期粗蛋白质含量较高，在春季萌发和秋季再生的嫩叶适口性良好，马最喜食，其次是羊和牛。在针茅草场上放牧时，马的体质能很快恢复，而且马奶产量也得以提高。幼嫩期的叶子和茎的顶端是家兔最喜食的饲草。针茅春季萌发稍晚，营养生长期较长，结实期可延至初秋，放牧利用时间较长，且再生性强、耐牧。

针茅如图 5-225 所示。

图 5-225 针茅

31. 无芒隐子草 ［*Cleistogenes songorica* （*Roshev.*）*Ohwi*］

（1）生物学、生态学特性及自然分布。多年生草本。秆丛生，直立或稍倾斜，基部具密集枯叶鞘。叶鞘长于节间；叶片线形，上面粗糙，扁平或边缘稍内卷。圆锥花序开展，小穗含 3～6 小花，绿色或带紫色；颖卵状披针形，先端尖，具 1 脉，第一颖长 2～3mm，第二颖长 3～4mm；外稃卵状披针形，第一外稃 5 脉，先端无芒或具短尖头；内稃短于外稃，脊具长纤毛；花药黄色或紫色。花果期 7—9 月。

喜生于壤质土、沙壤质土及砾质化土壤，不耐土壤盐渍化和碱化。

产于内蒙古、宁夏、甘肃、新疆、陕西等省（自治区），多生于干旱草原、荒漠或半荒漠沙质地。

（2）水土保持功能。多生于干旱草原、荒漠或半荒漠沙质地的水土保持。

（3）主要应用的立地类型。适合功能区域：滞尘区、一般恢复区、土质边坡、风积沙地区。

（4）现阶段应用情况。本种为优良牧草，各种家畜均喜采食。茎叶柔嫩，适口性良好。从 5 月返青到 9 月枯黄，羊和马最喜食。由于株丛多成斜升状态，因而牛和骆驼采食较差，但也乐食。营养价值较高。为优等放牧型小禾草。耐干旱，被利用的时间较长，干枯后残留较好，不易被风刮走，能为家畜充分利用。

32. 车前 （*Plantago asiatica L.*）

（1）生物学、生态学特性及自然分布。2 年生或多年生草本。须根多数。叶基生呈莲座状；叶片宽椭圆形，边缘波状、全缘或中部以下有锯齿、牙齿或裂齿；脉 5～7 条。穗状花序。花冠白色。雄蕊着生于冠筒内面近基部，与花柱明显外伸，花药卵状椭圆形，白色，干后变淡褐色。蒴果纺锤状卵形。种子卵状椭圆形，黑褐色至黑色。花期 4—8 月，果期 6—9 月。

车前适应性强，耐寒、耐旱。

全国均产。生于海拔 3～3200m 的草地、沟边、河岸湿地、田边、路旁或村边空旷处。

（2）水土保持功能。对土壤要求不严，在温暖、潮湿、向阳、沙质沃土上能生长良好。

（3）主要应用的立地类型。适合功能区域：滞尘区、一般恢复区、土质边坡、风积沙地区。

（4）栽植技术。采用播种繁殖，播种适期为7月下旬。苗床应先在瓜类、山药棚架下面。整平苗床后浇透水，用细沙拌种均匀，播种后薄盖细土，再用湿稻草覆盖保湿有利出苗。出苗60％后，揭除盖草，然后用遮阳网遮阴覆盖，降温保湿育苗。苗龄30～35d后移栽。移栽适期为8月下旬至9月上旬。栽后浇施含尿素0.2％的定根水。栽后第2天，若遇晴天干旱，应在傍晚灌跑马水，使畦内湿透。后期进行追肥，进入抽穗期，要控制施用氮肥，防止营养生长过旺。如遇干旱，可适当灌水抗旱。

图5-226 车前

（5）现阶段应用情况。车前草耐寒、耐旱，土壤以微酸性的沙质冲积壤土为好。因此车前草常用作开发建设项目水土保持植物种。

车前如图5-226所示。

33. 沙芦草（*Agropyron mongolicum Keng*）

（1）生物学、生态学特性及自然分布。也称蒙古冰草。秆成疏丛，直立，有时基部横卧而节生根成匍茎状。叶片内卷成针状，叶脉隆起成纵沟，脉上密被微细刚毛。穗状花序，小穗向上斜升，含（2）3～8朵小花；颖两侧不对称，具3～5脉，第一颖长3～6mm，第二颖长4～6mm，先端具长1mm左右的短尖头，外稃无毛或具稀疏微毛，具5脉，第一外稃长5～6mm；内稃脊具短纤毛。颖果椭圆形。

蒙古冰草对寒冷、干旱、风沙有很强的抵抗能力。在年降水量200～300mm的地区能够生长。耐瘠薄土壤，在沙土、壤土都可生长。

产于内蒙古、山西、陕西、甘肃等省区。生于干燥草原、沙地。

（2）水土保持功能。根系发达，抗旱性强，尤其适合在沙质土壤中生长，能发挥其加固土体的作用；而且它在地表的截留作用十分明显，可以减弱降雨及径流的侵蚀力。产量大，枯落物不仅能够截留，还能为微生物活动提供条件，而且蒙古冰草的根系可以改良土体的物理结构、改善土壤的水分状况。

（3）主要应用的立地类型。广泛应用于我国北方干旱沙区生产建设项目中一般恢复区、高标恢复区以及挖填方坡区坡度为0°～20°的土质和土石质混合边坡上。

（4）栽植技术。播种前要进行种子处理，清除杂质及断芒，以利排种。采用条播的方式播种，播种期在4月底至8月初均可。选择沙壤土或壤土地建立旱作人工草地。花期刈割较为适宜，留茬高度不宜太低，一般以 4～6cm 为宜，以利再生草的生长。

（5）现阶段应用情况。鲜草草质柔软，为各种家畜喜食，尤以马、牛更喜食。也是典型的草原型广幅旱生植物，具有极强的抗旱、抗寒和固沙能力，用于防风固沙、保持水土等。

34. 披碱草（*Elymus dahuricus Turcz.*）

（1）生物学、生态学特性及自然分布。秆疏丛，直立，基部膝曲。叶片扁平，上面粗糙，下面光滑，有时呈粉绿色。穗状花序直立，小穗绿色，成熟后变为草黄色，含 3～5 朵小花；颖披针形或线状披针形，有 3～5 明显而粗糙的脉；外稃披针形，上部具 5 条明显的脉，第一外稃先端延伸成芒，芒粗糙，成熟后向外展开；内稃先端截平，脊上具纤毛，至基部渐不明显，脊间被稀少短毛。

适应性广，特耐寒抗旱，根系发达，能吸收土壤深层水分；具有抗风沙的特性，适于在风沙大的盐碱地区种植。分蘖能力强，且性喜肥，氮肥供应充足时，分蘖数增多，株体增高，叶片宽厚。

产于东北、内蒙古、河北、河南、山西、陕西、青海、四川、新疆、西藏等省（自治区）。多生于山坡草地或路边。

（2）水土保持功能。分蘖能力强，株体高，叶片宽厚，对地表覆盖作用明显，可保水保土。同时根系发达，其在生长过程中可以增加土壤空隙，提升土壤的蓄水能力。

（3）主要应用的立地类型。披碱草在我国北方干旱区生产建设项目中的功能区、恢复区以及挖填方坡区坡度为 0°～20°的土质和土石质混合边坡上被广泛应用，可作为坡面绿化中的先锋草种。

（4）栽植技术。牧区新垦地种植时，应在土壤解冻后深翻草皮、反复切割、整平地面。可当年播种披碱草，或先种 1 年生作物，如燕麦、油菜等，2～3 年后再播建披碱草草地，头两年可不施肥，耕地种植时，应在作物收获后浅耕灭茬。蓄水保墒，翌年结合翻耕施足底肥，每亩有机肥 1000～1500kg，过磷酸钙 15～20kg。然后整平地面，进行播种。

图 5-227　披碱草

（5）现阶段应用情况。披碱草开花后迅速衰老，茎秆较粗硬，适口性不如其他禾本科牧草。但在孕穗到始花期刈割，质地则较柔嫩，青饲、青贮或调制干草，均为家畜喜食。其再生草用于放牧，饲用价值也高。披碱草除饲用价值外，其抗寒、耐旱、耐碱、抗风沙等特性也是相当突出的，被作为生产建设项目水土保持草种广泛使用。

披碱草如图 5-227 所示。

35. 百里香（*Thymus mongolicus Ronn.*）

（1）生物学、生态学特性及自然分布。半灌木。茎多数，匍匐或上升。叶为卵圆形，全缘或稀有 1～2 对小锯齿，两面无毛，侧脉 2～3 对，叶柄明显，下部的叶柄长约为叶片

1/2，在上部则较短。头状花序，花萼管状钟形或狭钟形，花冠紫红、紫或淡紫、粉红色，冠筒伸长。小坚果近圆形或卵圆形，压扁状，光滑。花期 7—8 月。

喜温暖，喜光和干燥的环境，对土壤的要求不高，但在排水良好的石灰质土壤中生长良好。

主要分布于甘肃、陕西、青海、山西、河北、内蒙古等地。生于海拔 1100～3600m 的多石山地、斜坡、山谷、山沟、路旁及杂草丛中。

（2）水土保持功能。百里香植株比较低矮，具有沿着地表面生长的匍匐茎，近水平伸展。茎上的不定芽能萌发出很多根系，能形成很强大的根系网，可以有效防止水土流失。

36. 百脉根（*Lotus corniculatus L.*）

（1）生物学、生态学特性及自然分布。多年生草本。具主根。茎丛生，近四棱形。羽状复叶小叶 5 枚；叶轴顶端 3 小叶，基部 2 小叶呈托叶状，斜卵形至倒披针状卵形。伞形花序，花梗基部有苞片 3 枚，苞片叶状，宿存，萼钟形；花冠黄色或金黄色，干后常变蓝色；两体雄蕊，子房线形。荚果线状圆柱形，褐色；种子卵圆形，灰褐色。花期 5—9 月，果期 7—10 月。

百脉根喜温暖湿润气候，耐寒力较差，幼苗易受冻害，成株才有一定耐寒能力；喜肥沃能灌溉的黏土、沙壤土、酸性土、微碱性土壤，在瘠薄和排水不良的土壤上或短期受淹地上亦能生长。

产于西北、西南和长江中上游各省区。生于湿润而呈弱碱性的山坡、草地、田野或河滩地。

（2）水土保持功能。百脉根耐瘠薄、固土防冲刷能力强，根系发达，改土肥田效果好，对后作增产作用大，常与禾谷类粮草料及油料、经济作物轮作倒茬利用。茎枝匍匐生长，枝叶茂密，覆盖度大，在荒坡裸地种植，护坡保持水土性能好，是很好的水土保持植物。

（3）现阶段应用情况。本种是良好的微草或饲料，茎叶柔软多汁，碳水化合物含量丰富，质量超过苜蓿和车轴草。生长期长，能抗寒耐涝，在暖温带地区的豆科牧草中花期较早，到秋季仍能生长，茎叶丰盛，年割草可达 4 次。由于花中含有苦味甙和氢氰酸，故盛花期时牲畜不愿啃食，但干草经青贮处理后，毒性即可消失。具根瘤菌，有改良土壤的功能。又是优良的蜜源植物之一。

37. 草木犀〔*Melilotus officinalis* (L.) Pall.〕

（1）生物学、生态学特性及自然分布。2 年生草本。茎直立，多分枝，具纵棱。羽状三出复叶；托叶镰状线形；叶柄细长；总状花序，腋生，具花 30～70 朵，苞片刺毛状；萼钟形，脉纹 5 条，萼齿三角状披针形；花冠黄色。荚果卵形，先端具宿存花柱，棕黑色；种子卵形，黄褐色。花期 5—9 月，果期 6—10 月。生长于山坡、河岸、路旁、砂质草地及林缘。

主要分布于东北、华南、西南各地。

（2）水土保持功能。草木犀有抗逆性强、改良草地等特点，根深，覆盖度大，防风防土效果极好。

38. 白车轴草（*Trifolium repens L.*）

（1）生物学、生态学特性及自然分布。多年生草本植物。茎匍匐蔓生，掌状三出复叶；托叶卵状披针形，膜质，基部抱茎成鞘状，离生部分锐尖。花序球形，顶生，具花20～50（80）朵，密集；无总苞；苞片披针形，萼钟形，具脉纹10条，萼齿5，披针形，花冠白色、乳黄色或淡红色。荚果长圆形；种子阔卵形。花果期5—10月。

喜温暖湿润气候，耐热性也很强。喜光，在阳光充足的地方生长繁茂、竞争力强。耐短时水淹，不耐干旱，适宜的土壤为中性沙壤，不耐盐碱。耐践踏，再生力强。

主要分布于西南、东南、东北等地。在湿润草地、河岸、路边呈半自生状态。

（2）水土保持功能。白车轴草适应性广，抗热抗寒性强，可在酸性土壤中旺盛生长，也可在砂质土中生长，在我国主要用于草地建设，具有良好的生态和经济价值。白车轴草具有发达的根系，须根密集，能固持土壤、改良土壤孔隙度、增加土壤的抗冲性及抗蚀性，有效地控制土壤侵蚀；其茂盛的茎叶能截留降雨、拦蓄地表径流、提高渗透速度、提高蓄水保水能力，是一种很好的水土保持草种。可作为庭院、公园、城市绿化带，以及公路护坡、河岸护堤绿化草种。

39. 苦豆子（*Sophora alopecuroides L.*）

（1）生物学、生态学特性及自然分布。草本。或基部木质化成亚灌木状。枝被白色或淡灰白色长柔毛或贴伏柔毛。羽状复叶；小叶7～13对，对生或近互生。总状花序顶生，苞片似托叶，花萼斜钟状，花冠白色或淡黄色。荚果串珠状，种子卵球形、褐色或黄褐色。花期5—6月，果期8—10月。

苦豆子是耐轻盐碱植物，适合生长于荒漠、半荒漠区内较潮湿的地段，如半固定沙丘和固定沙丘的低湿处，又或是地下水位较高的低湿地、湖盆沙地、绿洲边缘及农区的沟旁和田边地头。主要分布于中国北方的荒漠、半荒漠地区。

产于我国华北、西北、华中和西南地区。多生于干旱沙漠和草原边缘地带。

（2）水土保持功能。苦豆子耐沙埋、抗风蚀，具有良好的沙生特点，是治理半固定沙丘的优良草种。

（3）现阶段应用情况。本种耐旱耐碱性强，生长快，在黄河两岸常被栽培以固定土砂；在甘肃一些地区作为药用。

40. 斜茎黄耆（*Astragalus adsurgens Pall.*）

（1）生物学、生态学特性及自然分布。多年生草本。茎多数或数个丛生，直立或斜上。羽状复叶有9～25片小叶，托叶三角形，小叶长圆形、近椭圆形或狭长圆形。总状花序，总花梗生于茎的上部，苞片狭披针形至三角形；花萼管状钟形，被黑褐色或白色毛，萼齿狭披针形；花冠近蓝色或红紫色。荚果长圆形。花期6—8月，果期8—10月。

斜茎黄耆抗逆性强，适应性广，具有抗旱、抗寒、抗风沙、耐瘠薄等特性，且较耐盐碱，但不耐涝。

主要分布在我国东北、西北、华北和西南地区。生于向阳山坡灌丛及林缘地带。

（2）水土保持功能。斜茎黄耆防风固沙能力强，可减少风沙危害、保护果林、防止水土流失和改良土壤，是改良荒山和固沙的优良草种。

41. 草木犀状黄耆（*Astragalus melilotoides Pall.*）

（1）生物学、生态学特性及自然分布。多年生草本。茎直立或斜生，具条棱，被白色短柔毛或近无毛。羽状复叶有 5～7 片小叶；托叶离生，三角形或披针形，小叶长圆状楔形或线状长圆形。总状花序生多数花，总花梗远较叶长；花小；苞片小，披针形，花萼短钟状，萼齿三角形，花冠白色或带粉红色。荚果宽倒卵状球形或椭圆形，种子肾形，暗褐色。花期 7—8 月，果期 8—9 月。

旱生植物，呈典型的旱生状态，叶量少，在雨量充裕的年份植株高大、叶量增多。

主要分布于我国长江以北各省。生于向阳山坡、路旁草地或草甸草地。

（2）水土保持功能。草木犀状黄耆具有植株高大、根深耐旱、容易采种的特点，是沙区及黄土丘陵地区的水土保持草种。

42. 蒙古岩黄耆［*Hedysarum fruticosum Pall. var. mongolicum(Turcz.)Turcz. ex B. Fedtsch.*］

（1）生物学、生态学特性及自然分布。半灌木或小半灌木。茎直立，多分枝。小叶 11～19，小叶片通常椭圆形或长圆形。总状花序腋生，具 4～14 朵花；苞片三角状卵形；花萼钟状，萼齿三角状；花冠紫红色。荚果 2～3 节；节荚椭圆形，成熟荚果具细长的刺。种子肾形、黄褐色，花期 7—8 月，果期 8—9 月。

具有耐寒、耐旱、耐贫瘠、抗风沙的特点，适应性强，故能在极为干旱瘠薄的半固定、固定沙地上生长。喜欢适度沙压并能忍耐一定风蚀，一般是越压越旺。

产于内蒙古呼伦贝尔。生于草原带沿河、湖沙地、沙丘或古河床沙地。

（2）水土保持功能。采用封沙育林，自然繁殖很快，根蘖串根性强，即可利用天然下种，又可利用串根成林。蒙古岩黄耆具有丰富的根瘤，利于改良沙地，并提高沙地的肥力，是优良的治沙树种。

（3）现阶段应用情况。本种为优良的饲料植物，为天然放牧场重要豆科植物。同时，本种亦可引种为固沙植物，用于固定沿河、湖的移动沙丘。

43. 鸡眼草［*Kummerowia striata（Thunb.）Schindl.*］

（1）生物学、生态学特性及自然分布。1 年生草本。披散或平卧，多分枝，茎和枝上被倒生的白色细毛。叶为三出羽状复叶；小叶纸质，长倒卵形，先端圆形，基部近圆形或宽楔形，全缘。花单生或 2～3 朵簇生于叶腋；花萼钟状，带紫色，5 裂，裂片宽卵形，具网状脉，外面及边缘具白毛；花冠粉红色或紫色。荚果圆形或倒卵形。花期 7—9 月，果期 8—10 月。

产于我国东北、华北、华东、中南、西南等省区。耐寒、耐旱，生于海拔 500m 以下的路旁、田边、溪旁、砂质地或缓山坡草地。

（2）水土保持功能。鸡眼草具有适应性强、矮生、抗寒、耐热、耐旱、耐瘠、保绿时间长等特点，是北方较理想的、值得推广使用的野生草坪草种。

44. 猫头刺（*Oxytropis aciphylla Ledeb.*）

（1）生物学、生态学特性及自然分布。垫状矮小半灌木。茎多分枝，全体呈球状植丛。偶数羽状复叶；小叶 4～6 对生，线形或长圆状线形。总状花序，总花梗密被贴伏白色柔毛；苞片披针状钻形；花萼筒状；花冠红紫色、蓝紫色以至白色。荚果长圆形；种子圆肾形、深棕色。花期 5—6 月，果期 6—7 月。

喜光、耐寒、耐旱、低立地指数，生长适应性强，能适应高温干旱气候。

产于内蒙古、陕西、宁夏、甘肃、青海、新疆等省区。生于海拔 1000～3250m 的砾石质平原、薄层沙地、丘陵坡地及砂荒地上。

（2）水土保持功能。猫头刺具有庞大的根系和很强的固氮能力，抗逆性强，耐贫瘠，生长迅速，萌蘖性强，能生长在半荒漠地带的固定、半固定沙丘及沙地上，是防风固沙的优良草种。

45. 天蓝苜蓿（*Medicago lupulina L.*）

（1）生物学、生态学特性及自然分布。1～2 年生或多年生草本。全株被柔毛或有腺毛。茎平卧或上升，多分枝。羽状三出复叶；小叶倒卵形、阔倒卵形或倒心形。花序小头状，具花 10～20 朵；总花梗密被贴伏柔毛；苞片刺毛状；萼钟形，密被毛；花冠黄色。荚果肾形，表面具同心弧形脉纹，熟时变黑；种子卵形、褐色。花期 7—9 月，果期 8—10 月。

适应性较广，耐寒性强，耐瘠薄，较耐酸性土壤；耐荫蔽，在荫蔽环境下，茎较细弱、分枝少、趋于直立、植株较高、结实性差。在开阔地，茎多平卧、结实性好。最适宜在地势高燥、土层深厚、土质肥沃、土壤颗粒细匀、通气良好、有排水和灌溉条件的壤土或黏土中生长。

产于我国南北各地，以及青藏高原。常见于河岸、路边、田野及林缘。

（2）水土保持功能。天蓝苜蓿具有改良土壤的功能，能够增强土地肥力；根系非常发达，可以保护土壤，改善土壤团粒性能，对于土壤表层和浅层的不稳定性也有很强的控制作用。并能提高土壤的抗蚀性，避免水土流失。紫花苜蓿的生长速度极快，茎叶也相当的繁茂，能够将地面很好地覆盖上，减少地面的水分蒸发量，增加土地的含水量，减少地表径流，对土壤的蓄水保土作用巨大，是很好的水土保持草种。

46. 绣球小冠花（*Coronilla varia L.*）

（1）生物学、生态学特性及自然分布。即小冠花，多年生草本植物。奇数羽状复叶，具小叶 11～17 片；小叶薄纸质，椭圆形。伞形花序腋生，花 5～10（20）朵，密集排列成绣球状，苞片 2 片，披针形；花冠紫色、淡红色或白色，有明显紫色条纹。荚果细长圆柱形，先端有宿存的喙状花柱，种子长圆状倒卵形，黄褐色。花期 6—7 月，果期 8—9 月。

喜温暖湿润气候，抗寒越冬能力较强，不耐涝。

主要分布于东北南部。

（2）水土保持功能。小冠花是抗性和固土能力极强的地被植物，植株茎干匍匐生长，蔓延速度快，覆盖度强，抗逆性也强，能够改良土壤，有效防止雨水冲刷、防止土壤侵蚀。主要用于公路、铁路两侧护坡、河堤固岸等，是优良的草坪和水土保持草种。

47. 圭亚那柱花草（*Stylosanthes guianensis SW.*）

（1）生物学、生态学特性及自然分布。多年生直立的草本植物。根系发达，分枝多，丛生，茎匍匐或半匍匐。三出复叶。茎叶具短绒毛，小叶披针形、细长。复穗状花序，成小簇着生于茎上部叶腋中；花 2～40 朵，黄或橙黄色；荚果卵圆形，种子小，种皮光滑而坚实，呈浅褐或暗褐色。

喜高温、多雨、潮湿气候，适应生长地为热带、年降水 1000mm 以上地区。耐旱、耐酸、耐瘠、耐短期渍水。对土壤要求不严，在热带砖红壤、壤土和沙性灰化土上均可生长，而以肥沃的土壤生长最好。

主要分布在海南、广东、广西、台湾、福建、云南等热带、南亚热带地区。

（2）水土保持功能。柱花草耐旱耐瘠，根系发达，根瘤多，固氮能力强，特别适宜在幼林地、果园地间套种，是水土保持、改良土壤的优良绿肥覆盖作物，是人工草地、天然草地补播改良的优良草种。

48. 黑麦草（*Lolium perenne* L.）

（1）生物学、生态学特性及自然分布。多年生，具细弱根状茎。秆丛生。叶片线形，柔软，具微毛，有时具叶耳。穗形穗状花序直立或稍弯；颖披针形，为其小穗长的 1/3，具 5 脉，边缘狭膜质；外稃长圆形，草质，具 5 脉，平滑，基盘明显，顶端无芒，或上部小穗具短芒，第一外稃长约 7mm；内稃与外稃等长，两脊生短纤毛。颖果长约为宽的 3 倍。花果期 5—7 月。

喜温凉湿润气候。宜于夏季凉爽、冬季不太寒冷的地区生长。

在我国主要分布于华东、华中和西南等地。

（2）水土保持功能。黑麦草是一草多用的优良牧草。由于其根系发达，生长迅速，耕地种植可增加种植地的土壤有机质，改善种植地土壤的物理结构；坡地种植，可护坡固土，防止土壤侵蚀，减少水土流失，是优良的水土保持草种。

49. 结缕草（*Zoysia japonica* Steud.）

（1）生物学、生态学特性及自然分布。多年生草本。秆直立。叶鞘无毛，下部者松弛而互相跨覆，上部者紧密裹茎；叶舌纤毛状；叶片扁平或稍内卷。总状花序呈穗状，小穗卵形、淡黄绿色或带紫褐色。第一颖退化，第二颖质硬，具 1 脉，顶端钝头或渐尖，于近顶端处由背部中脉延伸成小刺芒；外稃长圆形；雄蕊 3 枚，花柱 2，柱头帚状，开花时伸出稃体外。颖果卵形。花果期 5—8 月。

喜温暖湿润气候，在受海洋气候影响的近海地区上生长最为有利。喜光，在通气良好的开旷地上生长壮实，但又有一定的耐阴性。抗旱、抗盐碱、抗病虫害能力强，耐瘠薄、耐践踏、耐一定的水湿。

在我国主要分布于东北、河北、山东、江苏、安徽、浙江、福建、台湾；生于平原、山坡或海滨草地上。

（2）水土保持功能。结缕草地下茎盘根错节，十分发达，形成不易破裂的成草土，叶片密集、覆被性好，具有很强的护坡、护堤效益，是一种良好的水土保持草种。

50. 赖草［*Leymus secalinus*（Georgi）Tzvel.］

（1）生物学、生态学特性及自然分布。多年生植物。秆单生或丛生，直立；叶片扁平或内卷。穗状花序直立，灰绿色；小穗含 4～7（10）个小花；颖短于小穗，线状披针形，具不明显的 3 脉，第一颖短于第二颖，长 8～15mm；外稃披针形，边缘膜质，先端渐尖或具长 1～3mm 的芒，背具 5 脉，内稃与外稃等长，先端常微 2 裂，脊的上半部具纤毛。花、果期 6—10 月。

中旱生植物，适应性较广的草本植物。从暖温带、中温带的森林草原到干草原、荒漠草原、草原化荒漠，以至 4500m 以上的高寒地带都有分布。既稍喜湿润，又颇耐干旱，能适应轻度盐渍化的生境，有广泛的生境适应性。

产于新疆、甘肃、青海、陕西、四川、内蒙古、河北、山西、东北等省（自治区）。生境范围较广，可见于沙地、平原绿洲及山地草原带。

（2）水土保持功能。赖草适应性较广，耐旱、耐寒，也能忍耐轻度盐渍化土壤。其生长形态随环境而变化较大。在干旱或盐渍较重的环境，长势低矮，有时仅有 3～4 片基生叶，而生长在水分条件较好、盐渍化程度较轻的地方（河谷冲积平原荒地或水渠边沿），能生长成繁茂的株丛，并凭借强壮的根茎迅速繁衍，成为独立的优势群落，是优良的防风固沙或水土保持草种。

51. 芦苇 ［*Phragmites australis*（*Cav.*）*Trin. ex Steud.*］

（1）生物学、生态学特性及自然分布。多年生。秆直立，具 20 多节，基部和上部的节间较短，节下被蜡粉。叶片披针状线形，顶端长渐尖成丝形。圆锥花序，着生稠密下垂的小穗；小穗含 4 花；颖具 3 脉，第一颖长 4mm；第二颖长约 7mm；第一不孕外稃雄性，第二外稃具 3 脉，顶端长渐尖，两侧密生等长于外稃的丝状柔毛；内稃两脊粗糙；雄蕊 3，花药黄色。

芦苇喜潮湿，是适应于低湿地或浅水中的挺水植物。产于全国各地。生于江河湖泽、池塘沟渠沿岸和低湿地。为全球广泛分布的多型种。除在森林生境中不生长外，在各种有水源的空旷地带，常以其迅速扩展的繁殖能力，形成连片的芦苇群落。

（2）水土保持功能。芦苇具有改良盐碱和沼泽地的作用，是抗逆性较强的植物，不仅有较强的抗盐碱能力，还有较强的抗污染能力。芦苇有强大的地下根茎系统和密集的地上植株，在沟渠堤坝、沼泽两岸栽植芦苇，可有效起到护堤护坡和防止水土流失的作用，是优良的水土保持植物。

52. 百喜草 （*Paspalum notatum Flugge*）

（1）生物学、生态学特性及自然分布。多年生。秆密丛生。叶鞘基部扩大，长于其节间，背部压扁成脊；叶舌膜质，紧贴其叶片基部有一圈短柔毛；叶片扁平或对折，平滑无毛。总状花序 2 枚对生，腋间具长柔毛，斜展。小穗卵形，具光泽；第二颖稍长于第一外稃，具 3 脉，中脉不明显，顶端尖；第一外稃具 3 脉。第二外稃绿白色，顶端尖；花药紫色；柱头黑褐色。花果期 9 月。

生性粗放，分蘖旺盛，地下茎粗壮，根系发达。耐旱性、耐暑性极强，耐寒性尚可，耐阴性强，耐踏性强。适宜在热带和亚热带，年降水量高于 750mm 的地区生长。对土壤要求不严，在肥力较低、较干旱的沙质土壤上生长能力仍很强。

主要分布在我国广东、广西、海南、福建、四川、贵州、云南、湖南、湖北、安徽等南方大部分地区。

（2）水土保持功能。百喜草草丛稠密，草皮紧贴地面，根系发达深生，对土壤的保持和地表径流的降低具有相当好的功效。基生叶多而耐践踏，匍匐茎发达，覆盖率高，所需养护管理水平低，是南方优良的道路护坡、水土保持和绿化植物。百喜草在热带亚热带地区被广泛应用于防止土壤侵蚀、护坡固土。在台湾，百喜草被确认为水土保持用最佳草种，全面应用于裸露坡地的覆盖保护、斜坡滑落、崩塌及土壤冲蚀等水土流失的治理。

53. 无芒雀麦（*Bromus inermis Layss.*）

（1）生物学、生态学特性及自然分布。多年生，秆直立。叶片扁平，两面与边缘粗糙，无毛或边缘疏生纤毛。圆锥花序，着生 2～6 枚小穗；小穗含 6～12 花；第一颖具 1 脉，第二颖具 3 脉；外稃长圆状披针形，具 5～7 脉；内稃脊具纤毛。颖果长圆形，褐色。花果期 7—9 月。

根系发达，地下茎强壮，蔓延能力极强，可防沙固土，对气候条件适应性广，特别适于寒冷干燥地区，较耐盐碱。

我国东北、华北、西北、西南和华南等区域有分布。生于海拔 1000～3500m 的林缘草甸、山坡、谷地、河边路旁，为山地草甸草场优势种。

（2）水土保持功能。无芒雀麦对气候条件适应性广，特别适于寒冷干燥地区，较耐盐碱，耐水淹时间可长达 50d 左右。根系发达，地下茎强壮，更有利于土壤团粒结构的形成，提高土壤肥力，能形成致密的草地、常被用作护坡、草坪及高尔夫球场建植。亦可飞播改良天然草地，是防沙固土、改土培肥、治理荒山、荒坡、退耕还草、退牧还草的理想水土保持草种。

54. 高羊茅（*Festuca elata Keng ex E. Alexeev*）

（1）生物学、生态学特性及自然分布。多年生。秆成疏丛或单生。叶鞘具纵条纹；叶片线状披针形。自近基部处分出小枝或小穗；小穗含 2～3 花；第一颖具 1 脉，第二颖具 3 脉；外稃椭圆状披针形，具 5 脉，先端膜质 2 裂，裂齿间生芒，第一外稃长 7～8mm；内稃先端 2 裂，两脊近于平滑；颖果顶端有毛茸。花果期 4—8 月。

喜寒冷潮湿、温暖的气候，在肥沃、潮湿、富含有机质、pH 值为 4.7～8.5 的细壤土中生长良好。不耐高温，是最耐热和耐践踏的冷季型草坪，在长江流域可以保持四季常绿；喜光，耐半阴，对肥料反应敏感，抗逆性强，耐酸、耐瘠薄，抗病性强。

主要分布在中国东北和新疆地区。

（2）水土保持功能。高羊茅为亚热带常用冷季型草坪草种，其突出的抗旱特性和耐热性在冷季型草坪中首屈一指，被大量应用于运动场草坪和防护草坪。

55. 白羊草 ［*Bothriochloa ischaemum*（*L.*）*Keng* ］

（1）生物学、生态学特性及自然分布。多年生草本。秆丛生，具 3 节至多节；叶舌膜质；叶片线形。总状花序，灰绿色或带紫褐色，无柄小穗长圆状披针形，第一颖具 5～7 脉；第二颖舟形；第一外稃长圆状披针形；第二外稃退化成线形，先端延伸成一膝曲扭转的芒；第一内稃长圆状披针形；第二内稃退化；鳞被 2，楔形；雄蕊 3 枚。有柄小穗雄性；第一颖具 9 脉；第二颖具 5 脉。花果期秋季。

喜温暖和湿度中等的沙壤土环境，为典型喜暖的中旱生植物。具短根茎，分蘖力强，能形成大量基生叶丛。须根特别发达，常形成强大的根网，耐践踏，固土保水力强。

适应性强，分布几乎遍及全国；生于山坡草地和荒地。全世界亚热带和温带地区均有分布。

（2）水土保持功能。白羊草为丘陵山地主要放牧草种，根系发达，细密成网，耐旱与耐牧力均强，保土能力也很好，在防止水土流失上效果优良。

56. 狗牙根 [*Cynodon dactylon*（*L.*）*Pers.*]

（1）生物学、生态学特性及自然分布。低矮草本，具根茎。秆细而坚韧，下部匍匐地面蔓延甚长，节上常生不定根，秆壁厚，光滑无毛，有时略两侧压扁。叶鞘微具脊，鞘口常具柔毛；叶片线形，通常两面无毛。穗状花序，小穗灰绿色或带紫色，仅含1小花；第二颖稍长，均具1脉；外稃舟形，具3脉；内稃具2脉；花药淡紫色；柱头紫红色。颖果长圆柱形。花果期5—10月。

喜光稍耐阴、耐旱，喜温暖湿润，具有一定的耐寒能力。生长于温暖湿润气候区，以疏松肥沃、富含腐殖质的砂质壤土及粘壤土为宜。适应的土壤范围很广，但最适于生长在排水较好、肥沃、较细的土壤上。耐淹，水淹下生长变慢；耐盐性也较好。

广布于我国黄河以南各省，全世界温暖地区均有。模式标本采自南欧。多生长于村庄附近、道旁河岸、荒地山坡。

（2）水土保持功能。狗牙根草坪耐践踏，侵占性、再生性及抗恶劣环境能力极强，耐粗放管理，且根系发达，常应用于机场景观绿化，或堤岸、水库库岸边坡，高速公路、铁路两侧等处的固土护坡绿化工程，是极好的水土保持植物品种。

（3）现阶段应用情况。根茎蔓延力很强，广铺地面，为良好的固堤保土植物，常用以铺建草坪或球场；但生长于果园或耕地时，则为难以除灭的有害杂草。根茎可喂猪、牛、马、兔、鸡等喜食其叶；全草可入药，有清血、解热、生肌之效。

57. 剑麻（*Agave sisalana Perr. ex Engelm.*）

（1）生物学、生态学特性及自然分布。多年生植物。茎粗短。叶呈莲座式排列，叶肉质，剑形，叶缘无刺或偶尔具刺，顶端有1硬尖刺，刺红褐色。圆锥花序粗壮，花黄绿色，有浓烈的气味；花被裂片卵状披针形；雄蕊6枚，着生于花被裂片基部，花丝黄色，花药丁字形着生；子房长圆形，下位，3室，胚珠多数，花柱线形，柱头稍膨大，3裂。蒴果长圆形。

喜高温多湿和雨量均匀的高坡环境，适应性较强，耐瘠、耐旱、怕涝，但生长力强，适应范围很广，宜种植于疏松、排水良好、地下水位低而肥沃的砂质壤土，排水不良、经常潮湿的地方则不宜种植。耐寒力较低。

主要分布于我国华南及西南各省。

（2）水土保持功能。剑麻根系发达，根系对重金属污染具有极强的抗性，美化绿化效果好，抗污染和净化空气的能力强，经济价值好，广泛用于道路、公园、街区景点、工厂和家庭等地方的绿化和美化，也是抗污染和净化空气、改善环境的植物。

（3）现阶段应用情况。剑麻为世界有名的纤维植物，所含硬质纤维品质最为优良，具有坚韧、耐腐、耐碱、拉力大等特点，供制海上舰船绳缆、机器皮带、各种帆布、人造丝、高级纸、渔网、麻袋、绳索等原料；植株含甾体皂苷元，又是制药工业的重要原料。

58. 芨芨草 [*Achnatherum splendens*（*Trin.*）*Nevski*]

（1）生物学、生态学特性及自然分布。秆直立，具2～3节，基部宿存枯萎的黄褐色叶鞘。叶鞘无毛，具膜质边缘；叶舌三角形或尖披针形，叶片上面脉纹凸起。圆锥花序，开花时呈金字塔形开展，2～6枚簇生，小穗灰绿色，基部带紫褐色，成熟后常变草黄色；

颖披针形，第一颖具1脉，第二颖具3脉；外稃厚纸质，具5脉，芒自外稃齿间伸出；内稃具2脉而无脊，脉间具柔毛。花果期6—9月。

适应性强，耐旱、耐寒、耐盐碱，对土壤要求不严，荒山、陡崖均可栽种，适应黏土以至沙壤土。芨芨草的分布与地下水位较高、轻度盐渍化土壤有关，地下水位低或盐渍化严重的地区不宜生长。

产于我国西北、东北各省及内蒙古、山西、河北。生于海拔900~4500m微碱性的草滩及砂土山坡上。

（2）水土保持功能。芨芨草是根系发达的草种，耐旱、耐寒、耐盐碱。芨芨草返青后，生长速度快，冬季枯草期枯枝保存良好，特别是根部可残留1年甚至几年，四季均可利用。具有防风固沙、保持水土、改善土壤结构的作用，是优良的防风固沙和水土保持植物。芨芨草有发达的根系，可增加土壤孔隙度，利于水分入渗，减少地表径流；能固定土壤，使土壤有较高的抗冲性及抗蚀性，有利于土壤抵抗暴雨的侵蚀，有效地控制土壤侵蚀；同时还具有改良土壤的作用，是一种很好的水土保持草种。

（3）现阶段应用情况。本种植物在早春幼嫩时，为牲畜良好的饲料；其秆叶坚韧，长而光滑，为极有用的纤维植物，供造纸及人造丝使用，又可编织筐、草帘、扫帚等；叶浸水后，韧性极大，可做草绳；又可改良碱地、保护渠道及保持水土。

59. 拟金茅［*Eulaliopsis binata* (*Retz.*) *C. E. Hubb.*］

（1）生物学、生态学特性及自然分布。叶片狭线形，顶生叶片甚退化，锥形，上面及边缘稍粗糙。总状花序密被淡黄褐色的绒毛，2~4枚呈指状排列，小穗基盘具乳黄色丝状柔毛；第一颖具7~9脉，中部以下密生乳黄色丝状柔毛；第二颖具5~9脉；第一外稃长圆形；第二外稃狭长圆形，有时有不明显的3脉，通常全缘，先端有芒；第二内稃宽卵形。柱头帚刷状，黄褐色或紫黑色。

生长于潮湿地及沼泽边缘或草地、路旁、林下，山坡和丘陵坡地。

主要分布在我国江苏、安徽、浙江、湖南、四川等地。

（2）水土保持功能。拟金茅适应性强，易种植，生长快，郁闭早，草层覆盖度大，其茎叶可截留降雨和拦蓄地表径流、改善土壤物理性状、提高土壤孔隙度、增加土壤含水量和提高土壤渗透速度；还能降低风速、减少水分蒸发、增强土壤蓄水保水能力，是优良的水土保持草种。

（3）现阶段应用情况。优良的纤维植物，是造纸、人造棉及人造丝的好原料。

60. 千根草（*Euphorbia thymifolia L.*）

（1）生物学、生态学特性及自然分布。1年生草本。茎纤细，常呈匍匐状。叶对生，椭圆形，边缘有细锯齿。花序单生或数个簇生于叶腋，总苞狭钟状至陀螺状，边缘5裂，裂片卵形；雄花少数，微伸出总苞边缘；雌花1枚，子房柄极短；花柱3裂，分离；柱头2裂。蒴果卵状三棱形，种子长卵状四棱形，暗红色。花果期6—11月。

耐旱、耐贫瘠，生长于山坡草地或灌丛中，多见于山地冲积土或沙质土上。

产于我国湖南、江苏、浙江、台湾、江西、福建、广东、广西、海南和云南。广布于世界的热带和亚热带地区（除澳大利亚）。

（2）水土保持功能。千根草具有耐干旱、耐贫瘠的特性，适合生长于干旱贫瘠的土壤中，茎纤细，呈匍匐状生长。有利于蓄水保土。千根草还具有忍耐重金属镉、镍等土壤的特性，是比较适合种植在尾矿库的优良水土保持树种。

61. 红花酢浆草（*Oxalis corymbosa DC.*）

（1）生物学、生态学特性及自然分布。多年生直立草本。叶基生，小叶 3 片，扁圆状倒心形，表面绿色；背面浅绿色；托叶长圆形，与叶柄基部合生。二歧聚伞花序，花梗、苞片、萼片均被毛；每花梗有披针形干膜质苞片 2 枚；萼片 5 片，披针形，先端有暗红色长圆形的小腺体 2 枚；花瓣 5 片、倒心形、淡紫色至紫红色；雄蕊 10 枚，花柱 5 裂，柱头浅 2 裂。花、果期 3—12 月。

喜温暖，不耐寒，忌炎热，盛夏生长慢或休眠；喜阴，耐阴性极强，宜含腐殖质、排水良好土壤。

分布于河北、陕西、华东、华中、华南、四川和云南等地。生于低海拔的山地、路旁、荒地或水田中。

（2）水土保持功能。红花酢浆草植株低矮，叶子茂密，碧绿青翠，小花繁多，烂漫可爱。在园林绿化中，常用来布置花坛、花槽等，株丛稳定，线条清晰，富有自然景观，也是极好的分栽和地被植物。

62. 香根草〔*Vetiveria zizanioides（L.）Vach*〕

（1）生物学、生态学特性及自然分布。多年生粗壮草本。秆丛生，中空。叶鞘具背脊；叶舌边缘具纤毛；叶片线形，边缘粗糙，顶生叶片较小。圆锥花序大型顶生；总状花序轴节间与小穗柄无毛；无柄小穗线状披针形；第一颖革质，背部圆形，边缘稍内折，近两侧压扁；第二颖脊上粗糙或具刺毛；第一外稃边缘具丝状毛；第二外稃较短，具 1 脉；雄蕊 3，柱头帚状。花果期 8—10 月。

适应各种土壤环境，在强酸强碱、重金属和干旱、渍水、贫瘠等条件下都能生长。

分布于我国江苏、浙江、福建、台湾、广东、海南及四川；喜生于水湿溪流旁和疏松黏壤土上。

（2）水土保持功能。香根草生长快，抗性强，具有很好的穿透性和抗拉强度，能减少地面径流，降低地表土壤流失，通常用于公路、河堤、梯田等边坡防护，是优良的水土保持草种。

（3）现阶段应用情况。须根含香精油，叶呈褐色，稠性大，紫罗兰香型，挥发性低，可用作定香剂。幼叶是良好的饲料，茎秆可作造纸原料。

63. 万寿菊（*Tagetes erecta L.*）

（1）生物学、生态学特性及自然分布。1 年生草本。茎直立，具纵细条棱，分枝向上平展。叶羽状分裂，裂片长椭圆形或披针形，边缘具锐锯齿，上部叶裂片的齿端有长细芒。头状花序，总苞杯状，顶端具齿尖；舌状花黄色或暗橙色；舌片倒卵形，基部收缩成长爪，顶端微弯缺；管状花花冠黄色，顶端具 5 齿裂。瘦果线形，黑色或褐色。花期 7—9 月。

喜光性植物，充足阳光对万寿菊生长十分有利，植株矮壮，花色艳丽。阳光不足，则茎叶柔软细长，开花少而小。万寿菊对土壤要求不严，但以肥沃、排水良好的沙质壤土为好。

在我国各地均有分布。

（2）水土保持功能。万寿菊是一种常见的园林绿化花卉，其花大、花期长，常用来点缀花坛、广场，或布置花丛、花境和培植花篱。中、矮生品种适宜作花坛、花径、花丛材料，也可作盆栽；对氟化氢、二氧化硫等气体有较强的抗性和吸收作用，还可以引诱土壤中的线虫。

64. 知风草［*Eragrostis ferruginea*（*Thunb.*）*Beauv.*］

（1）生物学、生态学特性及自然分布。多年生。秆丛生或单生，直立或基部膝曲。叶鞘两侧极压扁，鞘口与两侧密生柔毛，通常在叶鞘的主脉上生有腺点；叶片平展或折叠。圆锥花序，每节生枝1～3个；小穗长圆形，有7～12小花，多带黑紫色，有时也出现黄绿色；颖开展，具1脉，第一颖披针形；第二颖长披针形；外稃卵状披针形；颖果棕红色。花果期8—12月。

知风草有耐旱、耐瘠薄、抗逆性强、适应性广等特点，萌发力好、生长速度快，覆盖或郁闭性强，生于路边、山坡草地。

产于我国南北各地。

（2）水土保持功能。知风草根系发达，地上生长茂盛，每分蘖枝都能抽穗开花结籽，是一种固土护坡植物，用于护坡能起到很好的水土保持作用。常用于公路、铁路水土保持边坡防护草种。

（3）现阶段应用情况。本种为优良饲料，因其根系发达，固土力强，还可作保土固堤之用。全草入药可舒筋散瘀。

65. 草果（*Amomum tsaoko Crevost et Lemarie*）

（1）生物学、生态学特性及自然分布。茎丛生，叶片长椭圆形或长圆形，两面光滑无毛，叶舌全缘。穗状花序，每花序约有花5～30朵；总花梗被密集的鳞片，鳞片长圆形或长椭圆形，顶端圆形，干后褐色；苞片披针形；花冠红色，裂片长圆形，唇瓣椭圆形。蒴果熟时红色，干后褐色，长圆形或长椭圆形，基部常具宿存苞片，种子多角形。花期4—6月；果期9—12月。

喜温暖湿润气候，怕热，怕旱，怕霜冻，年均气温15～20℃，适宜在树木稀疏环境生长，以在海拔1000～2000m，荫蔽度50%～60%左右的林下或溪边湿润、排水良好的山谷坡地阴凉地带、疏松肥沃、富含腐殖质的砂质壤土栽培为宜。

产于我国云南、广西、贵州等省（自治区）。

（2）水土保持功能。草果的生存环境在常绿阔叶林下的山凹之中，不跟其他作物争地，又可充分利用林间资源，有利于保护常绿阔叶林、涵养水源、保护水土，为农业的稳产和高产创造了良好生态环境。

66. 画眉草［*Eragrostis pilosa*（*L.*）*Beauv.*］

（1）生物学、生态学特性及自然分布。1年生。秆丛生，直立或基部膝曲，通常具4节。叶鞘松裹茎，鞘缘近膜质，鞘口有长柔毛；叶舌为一圈纤毛；叶片线形扁平或卷缩。圆锥花序，分枝单生，簇生或轮生，腋间有长柔毛，小穗含4～14朵小花；颖披针形，第一颖无脉，第二颖具1脉；第一外稃广卵形，具3脉；内稃稍作弓形弯曲，脊上有纤毛；雄蕊3枚。颖果长圆形。花果期8—11月。

产于我国各地；生长于荒芜田野草地上，全世界温暖地区均有分布。

（2）水土保持功能。画眉草生长能力极强，即使是在生境条件较为干旱的砂质土壤上也能够良好地生长发育、繁殖新个体，并形成致密的草地，具有广泛的生态可塑性，能够适应多种复杂的环境条件，是一种很好的水土保持植物。可作为防风固沙及水土保持的优选草种。是草地改良中公认的优良牧草，也是保护河堤、公路及防止水土流失的良好草种。

67. 野牛草 [*Buchloe dactyloides*（*Nutt.*）*Engelm.*]

（1）生物学、生态学特性及自然分布。植株纤细。叶鞘疏生柔毛；叶舌短小，具细柔毛；叶片线形，粗糙，两面疏生白柔毛。雄花序有2～3枚总状排列的穗状花序，草黄色；雌花序常呈头状。野牛草的雄株进入花期后，由于花轴高于株丛，有明显的黄色，雌株不存在这样的问题，野牛草具匍匐生长的特性，匍匐茎发达，有时也有根茎发生。

抗旱性强，适于在缺水地区或浇水不方便的地段铺植。生命力强，与杂草竞争力强，可节省人力物力。耐盐碱，在含盐量1‰的土壤上仍能生长良好。抗病虫能力强，可减少施药量，从而减轻对环境的污染。管理粗放。

野牛草作为水土保持植物引入我国，在甘肃地区首先试种，后在我国西北、华北及东北地区广泛种植。

（2）水土保持功能。野牛草生长迅速，当年生匍匐茎可生长40cm，5月栽植，8月可覆盖地面70％以上。在园林中的湖边、池旁、堤岸上栽种野牛草作为覆盖地面材料，既能保持水土、防止冲刷，又能增添绿色景观。野牛草具有抗二氧化硫和氟化氢等气体的功能，已广泛用于冶金、化工等污染较重的工矿企业绿地。

68. 苇状羊茅（*Festuca arundinacea Schreb.*）

（1）生物学、生态学特性及自然分布。多年生，秆直立。叶片扁平，边缘内卷，上面粗糙，下面平滑。圆锥花序；小穗绿色带紫色，成熟后呈麦秆黄色，含4～5小花；颖片披针形，顶端尖或渐尖，边缘宽膜质，第一颖具1脉，第二颖具3脉；外稃背部上部及边缘粗糙，顶端无芒或具短尖，第一外稃长8～9mm；内稃稍短于外稃，两脊具纤毛。花期7—9月。

适应性很强，耐寒又耐热。早春返青早，生长快，夏季当多数牧草受到高湿影响而生长受到抑制时，苇状羊茅仍茎繁叶茂、长势不减。对土壤适应性很广，pH值为4.7～9.5时均能生长繁茂。

产于我国新疆（巩留、新源、尼勒克、霍城、阿勒泰）。生于海拔700～1200m的河谷阶地、灌丛、林缘等潮湿处。分布于欧亚大陆温带。

（2）水土保持功能。具有根系生物量大且数量多、分布密集等特点，能较快对地表形成良好覆盖。密集的根系对土壤具有较好的固持作用，增加了土壤的渗透性，能有效减少土壤侵蚀量和降低地表径流量，是一种具有水土保持性能的优良牧草。

（3）主要应用的立地类型。适合栽植于西南紫色土区秦巴山、武陵山山地丘陵区、四川盆地区生的态恢复区作迹地恢复。

（4）栽植技术。苇状羊茅可用种子繁殖，也可用分蘖株繁殖。

（5）现阶段应用情况。苇状羊茅多用于生产建设项目迹地生态恢复。

苇状羊茅如图5-228所示。

图5-228　苇状羊茅

69. 匍茎剪股颖 [*Agrostis stolonifera var. gigantea (Roth) Klett et H. Richt. ex Peterm.*]

（1）生物学、生态学特性及自然分布。多年生草本植物。具长匍匐茎有节，节着地生根。叶鞘无毛，稍带紫色，叶扁平形，先端尖，具小刺毛。圆锥花序卵状长圆形、绿紫色，成熟时呈紫铜色，花果期6—8月。

喜光，不耐热，耐阴性中等，可适应的土壤范围很广，在肥沃、潮湿、富含有机质的细壤中生长最好，对肥料反应明显。

主要分布于我国华北、华中、中南和西南。

（2）水土保持功能。匍茎剪股颖具有根系深、耐贫瘠的土壤特性，可用于路侧护坡绿化。适合用于对质量要求较高的运动场草坪，如高尔夫球场；也常用于庭院草坪、公园、园林、墓地、公路旁、机场和其他公用草坪，还能与狗牙根等混播用于大面积的护坡绿化工程。

70. 沙生针茅 (*Stipa glareosa P. Smirn.*)

（1）生物学、生态学特性及自然分布。秆粗糙，具1~2节，基部宿存枯死叶鞘。叶鞘具密毛；基生与秆生叶舌短而钝圆；叶片纵卷如针，下面粗糙或具细微的柔毛，基生叶长为秆高2/3。圆锥花序，仅具1小穗；颖尖披针形，先端细丝状，基部具3~5脉；外稃背部的毛呈条状，顶端关节处生1圈短毛，基盘尖锐，芒一回膝曲扭转；内稃具1脉，背部稀具短柔毛。花果期5—10月。

沙生针茅在长期适应干旱、沙埋等环境胁迫演替过程中，逐步对荒漠区沙地等生境产生了较强的适应性，演替成为沙地植物群落的优势种。

产于内蒙古、宁夏、甘肃、新疆、西藏、青海、陕西、河北等省（自治区）。多生于海拔630~5150m的石质山坡、丘间洼地、戈壁沙滩及河滩砾石地上。

（2）水土保持功能。沙生针茅对干旱气候具有很强的适应能力，长期适应干旱、沙埋、强光等外界环境条件，形成了典型的旱沙生特征。其生境类型为流动和半流动沙地，以及沙地半灌木丛，是沙地植物群落的优势种和伴生种。由于沙生针茅有很大的地下生物量配置和密集的短根茎分裂特征，具有很强的固沙能力，可以在干旱荒漠区发挥重要的作用，是一种优良的治沙草种。

71. 碱蓬（*Suaeda glauca Bunge*）

（1）生物学、生态学特性及自然分布。1年生草本。茎直立，圆柱状，浅绿色。叶丝状条形，灰绿色。花两性兼有雌性，单生或2～5朵团集，大多着生于叶的近基部处；两性花，花被杯状，黄绿色；雌花花被近球形，较肥厚，灰绿色；花被裂片卵状三角形，果时增厚，使花被略呈五角星状，干后变黑色；雄蕊5枚，花药宽卵形至矩圆形；柱头2裂，黑褐色。种子横生或斜生、黑色。花果期7—9月。

喜高湿、耐盐碱、耐贫瘠、少病虫害，是一种天然的无公害绿色食品，适于在沿海地区沙土或沙壤土上种植。

产于黑龙江、内蒙古、河北、山东、江苏、浙江、河南、山西、陕西、宁夏、甘肃、青海、新疆南部。生于海滨、荒地、渠岸、田边等含盐碱的土壤上。

（2）水土保持功能。碱蓬草是一种盐生植物，可以改良盐渍土，是盐碱地改良草种。

72. 皇竹草（*Pennisetum sinese Roxb*）

（1）生物学、生态学特性及自然分布。多年生须根系植物，须根由地下茎节长出，扩展范围广。茎节间较短，节数为20～25个，节间较脆嫩，节突较小。分蘖多发生于近地表的地下或地上节，刈割后分蘖发生较整齐、粗壮，春栽单株分蘖可达20～25根。叶片较宽、柔软，叶色较浅，绿叶数多2～3片。

喜温暖湿润气候，适宜在热带与亚热带气候栽培。

全国大部分地区均有分布，主要分布在长江中上游地区。

（2）水土保持功能。皇竹草具有发达的根

图 5 - 229　皇竹草

系，须根密集，能够固持土壤、改良土壤孔隙度，使土壤有较高的抗冲性及抗蚀性，有利于土壤抵抗暴雨的侵蚀，可以有效地控制土壤侵蚀。茂盛的茎叶可以截留降雨、拦蓄地表径流、提高渗透速度、提供蓄水保水能力，是一种很好的水土保持草种。

（3）主要应用的立地类型。适合栽植于西南紫色土区秦巴山、武陵山山地丘陵区、四川盆地区生态恢复区。

（4）栽植技术。皇竹草以无性繁殖为主，只要是有芽的节，用芽即可繁殖。

（5）现阶段应用情况。皇竹草生长速度快，分蘖能力强，根系发达，为优良的水土保持植物，常用于生产建设项目迹地生态恢复。

皇竹草如图5-229所示。

73. 苍耳（*Xanthium sibiricum Patrin ex Widder*）

（1）生物学、生态学特性及自然分布。1年生草本。茎直立不枝或少有分枝。叶心形。雄性的头状花序球形，花冠钟形；花药长圆状线形；雌性的头状花序椭圆形，外层总苞片小，披针形；内层总苞片结合成囊状，宽卵形或椭圆形、绿色，在瘦果成熟时变坚硬，外面有疏生的具钩状的刺，刺极细而直；喙坚硬，上端略呈镰刀状。瘦果2颗，倒卵形。花期 7—8 月，果期 9—10 月。

苍耳喜温暖稍湿润气候。以选疏松肥沃、排水良好的砂质壤土栽培为宜。耐干旱瘠薄。

广泛分布于东北、华北、华东、华南、西北及西南各省区。常生长于平原、丘陵、低山、荒野路边、田边。

（2）水土保持功能。苍耳具有发达的根系，入土较深，能够固持土壤、改良土壤孔隙度、增加土壤的抗冲性及抗蚀性，能有效控制土壤侵蚀，是一种很好的水土保持草种。

74. 马尼拉草 [*Zoysia matrella* (*L.*) *Merr.*]

（1）生物学、生态学特性及自然分布。即沟叶结缕草。多年生草本植物，具横走根茎。秆直立，每节具 1 至数个分枝。叶鞘长于节间，除鞘口具长柔毛；叶舌顶端撕裂为短柔毛；叶片质硬，内卷，上面具沟，顶端尖锐。总状花序呈细柱形，小穗卵状披针形，黄褐色或略带紫褐色；第一颖退化，第二颖革质，具 3（5）脉，沿中脉两侧压扁；外稃膜质。花期 7 月。颖果长卵形、棕褐色。果期 7—10 月。

喜温暖、湿润环境，草层茂密，分蘖力强，覆盖度大，抗干旱、耐瘠薄；适宜在深厚肥沃、排水良好的土壤中生长。

主要分布于中国台湾、广东、海南等地，多生于海岸沙地上。

（2）水土保持功能。马尼拉草具有根系发达、生长迅速、匍匐生长等特性，能够固持土壤、改良土壤孔隙度、增加土壤的抗冲性及抗蚀性，可以有效地控制土壤侵蚀。马尼拉草可广泛用于铺建庭院绿地、公共绿地及边坡绿化，是一种优良的绿化草种。

75. 华北剪股颖 (*Agrostis clavata Trin.*)

（1）生物学、生态学特性及自然分布。多年生草本。秆丛生，直立，常具 2 节。叶鞘松弛、平滑、长于或上部者短于节间；叶舌透明膜质，先端圆形或具细齿；叶片直立、扁平、短于秆、微粗糙，上面绿色或灰绿色。圆锥花序，于开花时开展，绿色，每节具 2～5 枚细长分枝，直立或有时上升；小穗柄棒状，外稃无芒，具明显的 5 脉，先端钝；内稃卵形。花果期 4—7 月。

有一定的耐盐碱力，在 pH 值为 3.0 的土壤中能较好地生长。耐瘠薄，有一定的抗病能力，不耐水淹。

产于我国四川东部、云南、贵州及华中、华东等省区。生于海拔 300～1700m 的草地上、山坡林下、路边、田边、溪旁等处。

（2）水土保持功能。华北剪股颖是一种草坪草种，常用于高尔夫球场、足球场、保龄球场等运动场的绿化。

76. 孔雀草 (*Tagetes patula L.*)

（1）生物学、生态学特性及自然分布。1 年生草本，茎直立，通常近基部分枝。叶羽状分裂，裂片线状披针形，边缘有锯齿，齿端常有长细芒。头状花序单生，总苞长椭圆形，上端具锐齿，有腺点；舌状花金黄色或橙色，带有红色斑；舌片近圆形，顶端微凹；管状花花冠黄色，与冠毛等长，具 5 齿裂。瘦果线形、黑色、冠毛鳞片状。花期 7—9 月。

孔雀草性喜阳光，但在半阴处栽植也能开花。它对土壤要求不严。既耐移栽，又生长迅速，栽培管理又很容易。生于海拔 750～1600m 的山坡草地、林中，或在庭园栽培。

主要分布于四川、贵州、云南等地。

（2）水土保持功能。孔雀草适应性强，耐寒耐旱，可自生自长，容易管理，其橙色、黄色、红色花极为醒目，为所栽之处平添了不少生气，是花坛、庭院的主体花卉。

77. 麦冬［*Ophiopogon japonicus（L. f.）Ker-Gawl.*］

（1）生物学、生态学特性及自然分布。根较粗，中间或近末端常膨大成椭圆形或纺锤形的小块根；淡褐黄色。茎很短，叶基生成丛，禾叶状，边缘具细锯齿。花葶通常比叶短得多，总状花序长具几朵至十几朵花；花单生或成对着生于苞片腋内。种子球形，直径 7～8mm。花期 5—8 月，果期 8—9 月。

喜温暖、湿润环境。若雨量充沛、无霜期长，麦冬生长良好。较耐寒，在−10℃的气温下不致冻死，在南方能露地越冬。要求疏松肥沃、排水良好、土层深厚的砂质壤土。过砂或过黏以及低洼积水的地方均不宜种植。

主要分布于我国广东、广西、福建、台湾、浙江、江苏、江西、湖南、湖北、四川、云南、贵州、安徽、河南、陕西（南部）和河北（北京以南）等地。

（2）水土保持功能。麦冬的地下茎短而粗，须根发达，匍匐茎在土中生长，能够增加土壤的抗冲性及抗蚀性，可以有效地防治土壤侵蚀，是一种护坡的优良地被植物，也是园林中常用的绿化草种。

78. 假俭草［*Eremochloa ophiuroides（Munro）Hack.*］

（1）生物学、生态学特性及自然分布。多年生草本，具强壮的匍匐茎。叶片条形。总状花序顶生，稍弓曲，压扁，总状花序轴节间具短柔毛。无柄小穗长圆形，覆瓦状排列于总状花序轴一侧；第一颖硬纸质，5～7 脉，两侧下部有箆状短刺或几无刺，顶端具宽翅；第二颖舟形，厚膜质，3 脉；第一外稃膜质，近等长；第二小花两性，外稃顶端钝；柱头红棕色。花果期夏秋季。

喜光，耐阴，耐干旱，较耐践踏。绿色期长，喜阳光和疏松的土壤，若能保持土壤湿润、冬季无霜冻，可保持长年绿色。耐修剪，能抗二氧化硫等有害气体，吸尘、滞尘性能好。

产于江苏、浙江、安徽、湖北、湖南、福建、台湾、广东、广西、贵州等省（自治区）；生于潮湿草地及河岸、路旁。中南半岛也有分布。

（2）水土保持功能。假俭草具有耐干旱贫瘠、繁殖能力强等特性，生长迅速，覆盖率高，有利于地表迅速覆盖，能防止水土流失，是一种优良的固土护坡植物。

（3）现阶段应用情况。本种匍匐茎强壮，蔓延力强而迅速，可作饲料或铺建草皮及保土护堤之用。

79. 铁杆蒿（*Artemisia sacrorum Ledeb.*）

（1）生物学、生态学特性及自然分布。即白莲蒿。半灌木状草本。根状茎粗壮，常有多数、木质、直立或斜上长的营养枝。茎多数，褐色或灰褐色，下部木质。圆锥花序，总苞片 3～4 层，外层总苞片披针形或长椭圆形，中、内层总苞片椭圆形；雌花 10～12 朵，花冠狭管状或狭圆锥状；两性花 20～40 朵，花冠管状，花药椭圆状披针形。瘦果狭椭圆状卵形或狭圆锥形。花果期 8—10 月。

抗旱力较强，具有一定的耐寒性。铁杆蒿是适中温旱生半灌木，是干旱草原和草甸草

图 5-230 铁杆蒿

原的重要组成植物。

除高寒地区外，几乎遍布全国；生于中、低海拔地区的山坡、路旁、灌丛地及森林草原地区，在山地阳坡局部地区常成为植物群落的优势种或主要伴生种。

（2）水土保持功能。铁杆蒿具有耐干旱、贫瘠的特性，种子繁殖力很强，根蘗也很发达，从母株不断长出新枝条，生长迅速，覆盖率高，有利于地表迅速覆盖，是干旱草原地区的一种优良的水土保持草种。

（3）主要应用的立地类型。适合栽植于若尔盖—江河源高原山地亚区（Ⅷ-2）、藏东—川西高山峡谷亚区（Ⅷ-4）、雅鲁藏布河谷及藏南山地亚区（Ⅷ-5），以及河边沙地、山坡中下部等作绿化。

（4）栽植技术。采用播种繁殖。

（5）现阶段应用情况。铁杆蒿具有很好的药用价值和饲用价值，是干旱半干旱地区重要的水土保持植物，具有较高的水保利用价值。

铁杆蒿如图 5-230 所示。

80. 青藏苔草（*Carex moorcroftii Falc. ex Boott*）

（1）生物学、生态学特性及自然分布。匍匐根状茎粗壮。秆三棱形，基部具褐色分裂成纤维状的叶鞘。叶平张、革质，边缘粗糙。苞片刚毛状。小穗 4～5 个，仅基部小穗多少离生；顶生 1 个雄性，长圆形至圆柱形；侧生小穗雌性，卵形或长圆形。雌花鳞片卵状披针形，紫红色，具宽的白色膜质边缘。果囊椭圆状倒卵形，三棱形，黄绿色，上部紫色。小坚果倒卵形，三棱形。花果期 7—9 月。

耐寒性强，分布区的土壤为高山草甸上、沼泽土。

产于青海、四川西部、西藏；生于海拔 3400～5700m 的高山灌丛草甸、高山草甸、湖边草地或低洼处。

（2）水土保持功能。青藏苔草具有耐寒性强的特性，是高寒退化草地植被恢复的一种很好的草种。

81. 紫羊茅（*Festuca rubra L.*）

（1）生物学、生态学特性及自然分布。多年生，秆直立，具 2 节。叶片对折或边缘内卷，两面平滑或上面被短毛。圆锥花序，小穗淡绿色或深紫色，小穗轴节间被短毛；第一颖窄披针形，具 1 脉，第二颖宽披针形，具 3 脉；外稃背部平滑或粗糙或被毛，顶端芒长 1～3mm，第一外稃长 4.5～5.5mm；内稃顶端具 2 微齿，两脊上部粗糙。花果期 6—9 月。

喜寒冷潮湿、温暖的气候，在肥沃、潮湿、富含有机质、pH 值为 4.7～8.5 的细壤土中生长良好。耐高温，喜光，耐半阴，对肥料反应敏感，抗逆性强，耐酸、耐瘠薄，抗病性强。

主要分布于东北、华北、华中、西南及西北等地区。生于海拔600～4500m的山坡草地、高山草甸、河滩、路旁、灌丛、林下等处。

（2）水土保持功能。具有耐阴、抗旱、耐酸性土、耐瘠薄等特性，须根发达，匍匐茎在土中生长，可增加土壤的抗冲性及抗蚀性，能有效地防治土壤侵蚀，是一种优良的水土保持草种，也是冷地型草坪草种。

（3）主要应用的立地类型。适合栽植于若尔盖—江河源高原山地亚区（Ⅷ-2）、羌塘—藏西南高原亚区（Ⅷ-3）、藏东—川西高山峡谷亚区（Ⅷ-4）、雅鲁藏布河谷及藏南山地亚区（Ⅷ-5），用于园林景观、边坡绿化等。

（4）栽植技术。播种前要精细整地。条播，也可撒播。前期生长很慢，须除草，尤其是在春播时。播种前应施用充分的有机肥料，这对根系发育、幼苗生长和促进分蘖都有明显的作用。根据水肥需要和管理措施提高产量。

图5-231　紫羊茅

（5）现阶段应用情况。全世界应用最广的一种主体草坪植物，因其寿命长、色美，被广泛用于机场、庭院、花坛、林下等作观赏用，亦可用于固土护坡、保持水土或与其他草坪种混播建植运动场草坪。

在我国主要应用于北方地区以及南方部分冷凉地区。

紫羊茅如图5-231所示。

82. 紫花针茅（*Stipa purpurea Griseb.*）

（1）生物学、生态学特性及自然分布。须根较细而坚韧。秆具1～2节，基部宿存枯叶鞘。基生叶舌端钝，秆生叶舌披针形，两侧下延与叶鞘边缘结合，均具有极短缘毛；叶片纵卷如针状。圆锥花序，小穗呈紫色；颖披针形，具3脉；外稃背部遍生细毛，顶端与芒相接处具关节，芒两回膝曲扭转；内稃背面亦具短毛。花果期7—10月。

多生于海拔1900～5150m的山坡草甸、山前洪积扇或河谷阶地上。

（2）水土保持功能。紫花针茅具有耐阴、抗旱、耐瘠薄等特性，固沙草、分蘖力较强，能形成大量根茎，根系发达，形成强大的根网，耐践踏，固土保水力强，是高寒半干旱地区一种优质牧草。

83. 竹节草［*Chrysopogon aciculatus*（*Retz.*）*Trin.*］

（1）生物学、生态学特性及自然分布。多年生，具根茎和匍匐茎。秆的基部常膝曲。叶片披针形，边缘具小刺毛而粗糙，秆生叶短小。圆锥花序，紫褐色；无柄小穗圆筒状披针形；第一颖披针形，具7脉；第二颖舟形；第一外稃稍短于颖；第二外稃等长而较窄于第一外稃，先端全缘，具长4～7mm的直芒。花果期6—10月。

竹节草抗旱、耐湿，具有一定的耐践踏性，但不抗寒。适宜的土壤类型较广。

产于广东、广西、云南、台湾；生于海拔500～1000m的向阳贫瘠的山坡草地或荒野中。

（2）水土保持功能。竹节草根茎发达且耐贫瘠土壤，为较好的水土保持植物。

84. 沿阶草（*Ophiopogon bodinieri Levl.*）

（1）生物学、生态学特性及自然分布。地下走茎长，节上具膜质的鞘。茎很短，叶基生成丛，禾叶状，具 3～5 条脉，边缘具细锯齿。总状花序，具几朵至十几朵花；花常单生或 2 朵簇生于苞片腋内；苞片条形或披针形，稍带黄色，半透明；花被片卵状披针形，内轮三片宽于外轮三片，白色或稍带紫色；花药狭披针形，常呈绿黄色。种子近球形或椭圆形。花期 6—8 月，果期 8—10 月。

沿阶草具有耐阴性，耐热性，耐寒性，耐湿性和耐旱性，沿阶草既能在强阳光照射下生长，又能忍受荫蔽环境。

主要分布于我国的华东地区以及云南、贵州、四川、湖北、河南、陕西（秦岭以南）、甘肃（南部）、西藏和台湾等地。生于海拔 600～3400m 的山坡、山谷潮湿处、沟边、灌木丛下或林下。

（2）水土保持功能。沿阶草长势强健，耐阴性强，植株低矮，根系发达，覆盖效果较快，为较好的水土保持植物。叶色终年常绿，花亭直挺，花色淡雅，可作为盆栽观叶植物。

85. 芒（*Miscanthus sinensis Anderss.*）

（1）生物学、生态学特性及自然分布。多年生苇状草本。叶片线形，下面疏生柔毛及被白粉，边缘粗糙。圆锥花序，小穗披针形，黄色有光泽；第一颖顶具 3～4 脉，边脉上部粗糙；第二颖常具 1 脉，粗糙；第一外稃长圆形；第二外稃明先端 2 裂，裂片间具 1 芒，棕色，第二内稃长约为其外稃的 1/2；雄蕊 3 枚，花药稃褐色；柱头羽状，紫褐色。颖果长圆形，暗紫色。花果期 7—12 月。

产于江苏、浙江、江西、湖南、福建、台湾、广东、海南、广西、四川、贵州、云南等省（自治区）；遍布于海拔 1800m 以下的山地、丘陵和荒坡原野。

（2）主要应用的立地类型。适合栽植于西南紫色土区秦巴山、武陵山山地丘陵区、四川盆地区生态恢复区。

（3）栽植技术。芒可采用种子繁殖。

（4）现阶段应用情况。芒多用于生产建设项目迹地生态恢复。

芒如图 5-232 所示。

图 5-232　芒

86. 五节芒 [*Miscanthus floridulus* (*Lab.*) *Warb. ex Schum. et Laut.*]

（1）生物学、生态学特性及自然分布。多年生草本，具发达根状茎。秆高大似竹，节下具白粉，叶舌顶端具纤毛；叶片披针状线形。圆锥花序，通常 10 多枚簇生于基部各节；小穗卵状披针形，黄色；第一颖侧脉内折呈 2 脊；第二颖具 3 脉，边缘具短纤毛，第一外稃长圆状披针形，边缘具纤毛；第二外稃卵状披针形，顶端尖或具 2 微齿，芒长 7～10mm；雄蕊 3 枚，柱头紫黑色。花果期 5—10 月。

产于江苏、浙江、福建、台湾、广东、海南、广西等地；生于低海拔摞荒地与丘陵潮湿谷地和山坡或草地。

图 5 - 233   五节芒

（2）主要应用的立地类型。适合栽植于西南紫色土区秦巴山、武陵山山地丘陵区、四川盆地区生态恢复区。

（3）栽培技术。可采用种子繁殖。

（4）现阶段应用情况。多用于生产建设项目迹地生态恢复。

（5）水土保持功能。五节芒耐旱、耐盐及重金属，能适应各种土壤，其地下茎发达，庞大的根系组成了一个密集的根网，抗冲刷、固土能力特别强，是一种很好的水土保持草种。

五节芒如图 5 - 233 所示。

87. 荩草 [*Arthraxon hispidus* (*Trhn*) *Makino*]

（1）生物学、生态学特性及自然分布。1 年生。秆具多节，常分枝，基部节着地易生根。叶片卵状披针形。总状花序，无柄小穗卵状披针形，灰绿色或带紫；第一颖具 7～9 脉，脉上粗糙至生疣基硬毛；第二颖舟形，具 3 脉而 2 侧脉不明显；第一外稃长圆形，透明膜质，先端尖；第二外稃透明膜质，近基部伸出一膝曲的芒；芒长 6～9mm；花药黄色或带紫色。颖果长圆形。花果期 9—11 月。

遍布全国各地及旧大陆的温暖区域，生于山坡草地阴湿处。

（2）栽植技术。荩草可采用种子繁殖。

（3）现阶段应用情况。荩草多用于生产建设项目迹地生态恢复。

荩草如图 5 - 234 所示。

88. 碎米莎草 (*Cyperus iria L.*)

（1）生物学、生态学特性及自然分布。1 年生草本。秆丛生，扁三棱形，叶鞘红棕色或棕紫色。叶状苞片 3～5 枚。穗状花序卵形或长圆状卵形，具 5～22 个小穗；小穗排列松散，斜展开，线状披针形，压扁，具 6～22 花；鳞片排列疏松，宽倒卵形，两侧呈黄色或麦秆黄色，上端具白色透明的边；雄蕊 3，花药椭圆形，花柱短，柱头 3。小坚果倒卵形或椭圆形，褐色。花果期 6—10 月。

各省几乎均有分布，分布极广，为一种常见的杂草，生长于田间、山坡、路旁阴湿处。

（2）栽植技术。碎米莎草可采用种子繁殖、直播或育苗移法。

（3）现阶段应用情况。碎米莎草多用于生产建设项目迹地生态恢复。

碎米莎草如图 5-235 所示。

图 5-234　荩草

图 5-235　碎米莎草

89. 求米草［*Oplismenus undulatifolius* (*Arduino*) *Beauv.*］

（1）生物学、生态学特性及自然分布。秆纤细，基部平卧地面，节处生根。叶片扁平，披针形至卵状披针形。圆锥花序，小穗卵圆形，第一颖长约为小穗之半，具3～5脉；第二颖较长于第一颖，具5脉；第一外稃与小穗等长，具7～9脉，第一内稃通常缺；第二外稃革质，平滑，结实时变硬，边缘包着同质的内稃；鳞被2片，膜质。花果期7—11月。

求米草喜生于阴湿的林子、路边，也分布在低山丘陵地，适应性广，对土壤要求不严，可生长于不同类型土壤上，土层厚度30cm。

广布我国南北各省区。

（2）栽植技术。求米草采用播种繁殖。

（3）现阶段应用情况。求米草多用于生产建设项目迹地生态恢复。

求米草如图 5-236 所示。

90. 三叶鬼针草（*Bidens pilosa* L.）

（1）生物学、生态学特性及自然分布。即鬼针草。1年生草本，茎直立，钝四棱形。茎下部叶较小，3裂或不分裂，中部叶三出，小叶3枚，顶生小叶较大，长椭圆形或卵状长圆形，上部叶小，3裂或不分裂，条状披针形。头状花序，苞片7～8枚，条状匙形，背面褐色。无舌状花，盘花筒状，冠檐5齿裂。瘦果黑色，条形，顶端芒刺3～4枚，具倒刺毛。

产于华东、华中、华南、西南各省区。生于村旁、路边及荒地中。

（2）主要应用的立地类型。适合栽植于西南紫色土区秦巴山、武陵山山地丘陵区的生态恢复区。

（3）栽植技术。三叶鬼针草常采用播种繁殖。在生产建设项目中，常设计为撒播来进行迹地生态恢复。

（4）现阶段应用情况。三叶鬼针草有一定的药用价值，也可用于生产建设项目迹地生态恢复。

三叶鬼针草如图 5-237 所示。

图 5-236 求米草　　　　　　　　　　图 5-237 三叶鬼针草

91. 碧冬茄 ［*Petunia hybrida* (*J. D. Hooker*) *Vilmor*］

（1）生物学、生态学特性及自然分布。即矮牵牛。1 年生草本，全体生腺毛。叶有短柄或近无柄，卵形，全缘。花单生于叶腋，花梗长 3～5cm。花萼 5 深裂，裂片条形，顶端钝，果时宿存；花冠白色或紫堇色，有各式条纹，漏斗状，长 5～7cm，筒部向上渐扩大，檐部开展，有折襞，5 浅裂；雄蕊 4 长 1 短；花柱稍超过雄蕊。蒴果圆锥状，长约 1cm，2瓣裂，各裂瓣顶端又 2 浅裂。种子极小，近球形，直径约 0.5mm，褐色。

本种是一个杂交种，在世界各国花园中被普遍栽培。我国南北城市公园中也普遍栽培观赏。

图 5-238 碧冬茄

（2）主要应用的立地类型。适合栽植于西南紫色土区秦巴山、武陵山山地丘陵区、四川盆地区，办公美化区、滞尘区、防噪声区作点缀或垂直绿化。

（3）栽植技术。在生产建设项目中，矮牵牛常设计为孤植或列植，苗木规格一般为60cm 左右，土层厚度为 40cm。一年四季均可播种繁殖。矮牵牛常见的病害有：白霉病、叶斑病、病毒病和蚜虫，均可用药剂进行防治。

（4）现阶段应用情况。矮牵牛花大而多，开花繁盛，花期长，色彩丰富，是优良的花坛和种植钵花卉；也可自然式丛植，还可作为切花。气候适宜或温室栽培可四季开花。可以广泛用于花坛布置、花槽配置、景点摆设、窗台点缀、家庭装饰。

碧冬茄如图 5-238 所示。

92. 美人蕉（*Canna indica L.*）

（1）生物学、生态学特性及自然分布。植株全部绿色。叶片卵状长圆形。总状花序疏花；花红色，单生；苞片卵形，绿色；萼片 3，披针形，绿色而有时染红；花冠裂片披针形，绿色或红色；外轮退化雄蕊 2～3 枚，鲜红色，其中 2 枚倒披针形，另一枚如存在则特别；唇瓣披针形，弯曲；发育雄蕊长 2.5cm，花柱扁平，一半和发育雄蕊的花丝连合。蒴果绿色，长卵形。花果期 3—12 月。

图 5 - 239　美人蕉

美人蕉对土壤要求不严，能耐瘠薄，在肥沃、湿润、排水良好的疏松沙壤中生长良好，也能在肥沃黏质土壤中生长，土层厚度为 40cm。美人蕉在成长过程中，喜温暖湿润气候，不耐霜冻，不耐寒，怕强风。

（2）栽植技术。美人蕉通常采用播种繁殖、块茎繁殖。在生产建设项目中，美人蕉常设计为孤植或丛植。应注意卷叶虫害，还可能会有小地老虎损害，可用药物进行防治。

（3）现阶段应用情况。美人蕉花大色艳、色彩丰富，株形好，栽培容易，观赏价值很高。可盆栽，也可地栽，装饰花坛。

美人蕉如图 5 - 239 所示。

93. 旱金莲（*Tropaeolum majus L.*）

（1）生物学、生态学特性及自然分布。1 年生肉质草本。蔓生。叶互生；叶片圆形，有主脉 9 条。由叶柄着生处向四面放射，边缘为波浪形的浅缺刻。单花腋生，花黄色、紫色、橘红色或杂色；萼片长椭圆状披针形，花瓣 5，通常圆形，下部 3 片基部狭窄成爪，近爪处边缘具睫毛；雄蕊 8，长短互间，分离。果扁球形，成熟时分裂成 3 个具一粒种子的瘦果。花期 6—10 月，果期 7—11 月。

适宜在疏松、肥沃、通透性强的土壤中培养，喜湿润怕渍涝，土层厚度为 40cm。性喜阳光，春秋季节应放在阳光充足处，夏季需适当遮阴，冬季室温在保持在 15℃左右，阳光充足便能继续生长发育。

图 5 - 240　旱金莲

（2）栽植技术。旱金莲常用播种、扦插繁殖。在生产建设项目中，旱金莲常设计为丛植。旱金莲病害虫较少，常见的主要有花叶病和环斑病。平时要加强松土除草，及时清除枯枝、病叶，注意通气，以减少病源的传播。加强病情检查，发现病情及时处理，可用乐果、托布津等溶液防治。

（3）现阶段应用情况。旱金莲花朵形态奇特，叶肥花美，叶、花都具有极高的观赏价值，同时还具有一定的药用价值，可用于盆栽装饰阳台、窗台或置于室内书桌、几架上观赏；也宜作切花。

旱金莲如图 5 - 240 所示。

94. 菖蒲（*Acorus calamus L.*）

（1）生物学、生态学特性及自然分布。多年生草本。根茎横走，分枝，外皮黄褐色，肉质根多数，具毛发状须根。叶基生，叶片剑状线形，绿色，光亮；中肋在两面均明显隆起，侧脉3～5对，平行，纤弱，大都伸延至叶尖。花序柄三棱形，叶状佛焰苞剑状线形；肉穗花序斜向上或近直立，狭锥状圆柱形。花黄绿色。浆果长圆形，红色。花期（2）6—9月。

全国各省区均产。生于海拔2600m以下的水边、沼泽湿地或湖泊浮岛上。南北两半球的温带、亚热带都有分布。

（2）栽植技术。菖蒲可采用播种和分株繁殖两种方式，通常采用分株繁殖。在生产建设项目中，菖蒲常设计为孤植或丛植。

（3）现阶段应用情况。菖蒲是园林绿化中常用的水生植物，其丰富的品种和较高的观赏价值在园林绿化中得到了充分应用。适宜水景岸边及水体绿化，也可盆栽观赏或作布景用。在园林中，丛植于湖、塘岸边，或点缀于庭园水景和临水假山一隅，有良好的观赏价值。

95. 变叶芦竹（*Arundo donax L. var. versicolor Stokes*）

（1）生物学、生态学特性及自然分布。多年生，具发达根状茎。秆粗大直立，具多数节，常生分枝。叶鞘长于节间；叶舌截平，叶片扁平，叶片伸长，具白色纵长条纹而甚美观。圆锥花序极大型，分枝稠密；含2～4小花；外稃中脉延伸成1～2mm之短芒，第一外稃长约1cm；内稃长约为外稃之半；颖果细小黑色。花果期9—12月。

变叶芦竹常生于河旁、池沼、湖边，喜温喜光，耐湿较耐寒。对土壤要求不严，能耐瘠薄。

产于台湾。常引种作庭园观叶植物。

（2）主要应用的立地类型。适合栽植于西南紫色土区秦巴山、武陵山山地丘陵区、四川盆地区，办公美化区、滞尘区、防噪声区园林绿化。

（3）栽植技术。变叶芦竹可用播种、分株、扦插方法繁殖，一般用分株法。在生产建设项目中，叶芦竹常设计为孤植或丛植。

图5-241 变叶芦竹

（4）现阶段应用情况。变叶芦竹主要用于水景园林背景材料，也可点缀于桥、亭、榭四周，还可盆栽用于庭院观赏。

变叶芦竹如图5-241所示。

96. 黑藻 [*Hydrilla verticillata (L. f.) Royle*]

（1）生物学、生态学特性及自然分布。多年生沉水草本。茎圆柱形；苞叶白色或淡黄绿色，狭披针形至披针形。叶4～8枚轮生，线形或长条形，常具紫红色或黑色小斑点，边缘锯齿明显。花单性，雌雄同株或异株；雄佛焰苞近球形，绿色；雄花白色，花瓣3

片，白色或粉红色；花药线形；雄花成熟后自佛焰苞内放出，漂浮于水面开花；雌佛焰苞管状，绿色；苞内雌花1朵。果实圆柱形，种子茶褐色。花果期5—10月。

产于东北、华北、华中、华南和西南等区域，生于淡水中。广布于欧亚大陆热带至温带地区。

（2）栽植技术。黑藻可采用播种繁殖、无性繁殖两种方式，常采用休眠芽或种子繁殖。在生产建设项目中，黑藻常设计为满铺。

（3）现阶段应用情况。黑藻在生产建设项目中常用作沉水植物。

黑藻如图5-242所示。

图5-242　黑藻

97. 蒲苇 [*Cortaderia selloana*（*Schult.*）*Aschers. et Graebn.*]

（1）生物学、生态学特性及自然分布。多年生，雌雄异株。秆高大粗壮，丛生。叶舌为1圈密生柔毛；叶片质硬，狭窄，簇生于秆基，边缘具锯齿状粗糙。圆锥花序大型稠密，银白色至粉红色；雌花序较宽大，雄花序较狭窄；小穗含2～3小花，雌小穗具丝状柔毛，雄小穗无毛；颖质薄，细长，白色，外稃顶端延伸成长而细弱之芒。

（2）栽植技术。蒲苇通常采用播分株繁殖。在生产建设项目中，蒲苇常设计为孤植或丛植。

图5-243　蒲苇

（3）现阶段应用情况。蒲苇为观花类植物，花穗长而美丽，可庭院栽培或植于岸边；也可用作干花，或在花境观赏草专类园内使用，具有优良的生态适应性和观赏价值。蒲苇在生产建设项目中常用作挺水植物。

蒲苇如图5-243所示。

98. 苦草 [*Vallisneria natans*（*Lour.*）*Hara*]

（1）生物学、生态学特性及自然分布。沉水草本。具匍匐茎，白色，先端芽浅黄色。叶基生，线形或带形，绿色或略带紫红色，常具棕色条纹和斑点；叶脉5～9条。花单性；雌雄异株；雄佛焰苞卵状圆锥形，每佛焰苞内含雄花200余朵或更多，成熟的雄花浮在水面开放，成舟形浮于水上；雌佛焰苞筒状，绿色或暗紫红色；雌花单生于佛焰苞内，绿紫色，花瓣3片，白色。果实圆柱形。种子倒长卵形。

苦草对土壤要求不严，能耐瘠薄。苦草在成长过程中，喜温暖湿润气候，不耐霜冻。

东北、华北、华东、华中、华南和西南均有分布，生于溪沟、河流、池塘、湖泊之中。

（2）栽植技术。种子繁殖和无性繁殖。在生产建设项目中，苦草常设计为孤植或丛植。苦草的苗期虫害主要是水蚯蚓，开花期主要为蚜虫危害，可喷洒药物防治，效果良好。

（3）现阶段应用情况。苦草在生产建设项目中常用作沉水植物。

苦草如图 5－244 所示。

图 5－244　苦草

99. 糖蜜草（*Melinis minutiflora Beauv.*）

（1）生物学、生态学特性及自然分布。多年生草本。植物体被腺毛，有糖蜜味。秆多分枝，基部平卧，于节上生根，上部直立。叶片线形，两面被毛。圆锥花序，小穗卵状椭圆形；第一颖三角形，第二颖长圆形，具 7 脉；第一小花退化，外稃狭长圆形，具 5 脉，顶端 2 裂，裂齿间具 1 纤细的长芒；第二小花两性，外稃卵状长圆形，具 3 脉，顶端微 2 裂；柱头羽毛状。颖果长圆形。花果期 7—10 月。

（2）水土保持功能。耐旱、耐酸瘦土壤，生长速度快，可以很快地覆盖地表、截留降雨、拦蓄地表径流、提高渗透速度、提供蓄水保水能力，是一种很好的水土保持草种。

100. 二月蓝［*Orychophragmus violaceus（L.）O. E. Schulz*］

（1）生物学、生态学特性及自然分布。即诸葛菜。1 年或 2 年生草本。茎单一，直立。基生叶及下部茎生叶大头羽状全裂，顶裂片近圆形或短卵形；上部叶长圆形或窄卵形。花紫色、浅红色或褪成白色，花萼筒状，紫色；花瓣宽倒卵形。长角果线形。种子卵形至长圆形，稍扁平，黑棕色。花期 4—5 月，果期 5—6 月。

对土壤光照等条件要求较低，耐寒耐旱，生命力顽强。对土壤要求不高，在一般园土中均能生长，也可适应中性或弱碱性土壤。在肥沃、湿润、阳光充足的环境下生长健壮，在阴湿环境中也能表现出良好的性状。自播生长能力强、耐阴性强，在具有一定散射光的情况下，就可以正常生长、开花、结实。

主要分布在我国东北、华北及华东地区。生长于平原、山地、路旁、地边。

（2）水土保持功能。耐寒性、耐阴性较强，有一定散射光即能正常生长。再生能力强，植株枯后很快会有新落下的种子发芽长出新的植株苗，并具有较强的抗杂草能力，是一种适合生长在乔灌木林下的林下草种。

101. 紫花地丁（*Viola philippica Cav.*）

（1）生物学、生态学特性及自然分布。多年生草本。无地上茎。叶基生，莲座状；托叶膜质，苍白色或淡绿色。花紫堇色或淡紫色，稀呈白色，喉部色较淡并带有紫色条纹；萼片卵状披针形或披针形，基部附属物短；花瓣倒卵形或长圆状倒卵形，侧方花瓣长，下方花瓣连距，里面有紫色脉纹。蒴果长圆形，种子卵球形，淡黄色。花果期 4 月中下旬至 9 月。

性喜光，喜湿润的环境，耐阴也耐寒，不择土壤，适应性极强，繁殖容易。

主要分布于我国黑龙江、吉林、辽宁、内蒙古、河北、山西、陕西、甘肃、山东、江苏、安徽、浙江、江西、福建、台湾、河南、湖北、湖南、广西、四川、贵州、云南等地区。生于田间、荒地、山坡草丛、林缘或灌丛中。

（2）水土保持功能。紫花地丁植株低矮，生长整齐，株丛紧密，便于经常更换和移栽布置，所以适合用于花坛或早春模纹花坛的构图。返青早，观赏性高，适应性强，可以用种子进行繁殖；作为有适度自播能力的地被植物，适合作为花境或与其他早春花卉构成花丛。

102. 日喀则蒿（*Artemisia xigazeensis Ling et Y. R. Ling*）

（1）生物学、生态学特性及自然分布。半灌木状草本或为小灌木状。茎多数，木质，紫褐色或茶褐色，分枝多。头状花序卵球形或卵钟形；总苞片 3 层，外层总苞片卵形或狭卵形，背面绿褐色，中、内层总苞片卵形或椭圆形；雌花 5～8 朵，花冠狭圆锥状；两性花 5～9 朵，不孕育，花冠管状，雄蕊线形。瘦果倒卵形。花果期 7—10 月。

生长于海拔 2700～4600m 的地区，一般生于石质山坡、草地或路旁。主要分布在我国西藏、青海、甘肃等地。

（2）水土保持功能。日喀则蒿是我国特有的植物，是一种家畜冷季牧草，也是适合在我国西藏、青海等高寒地区进行植被恢复的优良草种。

103. 藏北苔草（*Carex satakeana T. Koyama*）

（1）生物学、生态学特性及自然分布。秆锐三棱形，直立，基部叶鞘具叶或无叶片，褐色，分裂成纤维状。叶线形，平张或对折，边缘粗糙。苞片暗褐色。小穗 2～5 个，直立，顶生 1 个（极少 2 个）雄性，窄长圆形或倒披针形；侧生小穗雌性，有时顶端具雄花，窄长圆形或短圆柱形。雌花鳞片卵状长圆形，深褐色或栗色，中脉淡黄绿色。小坚果倒卵状圆形，红褐色；柱头 2 个。花果期 6 月。

藏北苔草生长于海拔 3700～4800m 的地区，多生长在河滩潮湿草甸及山坡上。主要分布于我国西藏自治区。

（2）水土保持功能。藏北苔草是我国特有的植物，也是适合在我国西藏等高寒地区草场进行退还恢复的优良草种。

104. 四川嵩草（*Kobresia setchwanensis Hand. - Mazz.*）

（1）生物学、生态学特性及自然分布。秆钝三棱形，基部密生栗褐色宿存叶鞘。叶对折呈线形。花序穗状、圆柱形；苞片呈鳞片状，顶端具长芒；支小穗顶生雄性，其余的均为雄雌顺序，在基部雌花之上具 2～5 朵雄花。鳞片为长圆形或长圆状披针形，两侧淡褐色或褐色，中间黄色，具 3 条脉，下部的数枚其中脉常延伸成芒。小坚果长圆形、扁三棱形、黄色，干后变为褐色，柱头 3 个。花果期 5—9 月。

产于青海东南部、四川西部和北部、云南西北部、西藏东部；生于海拔 2300～4300m 的亚高山草甸、林间和林边草地、湿润草地上。

（2）水土保持功能。四川嵩草密度大、草丛繁茂，是优良的高山草甸牧草上。

105. 白茅［*Imperata cylindrica*（*L.*）*Beauv.*］

（1）生物学、生态学特性及自然分布。多年生，具粗壮的长根状茎。秆直立，具 1～3 节。叶舌膜质，分蘖叶片扁平，质地较薄；秆生叶片窄线形，通常内卷，顶端渐尖呈刺状，下部被有白粉，基部上面具柔毛。圆锥花序，两颖草质及边缘膜质，具 5～9 脉，常具纤毛，第一外稃卵状披针形，第二外稃卵圆形；雄蕊 2 枚，柱头 2，紫黑色，羽状。颖果椭圆形。花果期 4—6 月。

白茅耐阴、耐瘠薄和干旱，喜湿润疏松土壤，在适宜的条件下，根状茎可长达 2～3m 以上，能穿透树根，断节再生能力强。

主要分布于我国辽宁、河北、山西、山东、陕西、新疆等北方地区。生于低山带平原河岸草地、沙质草甸、荒漠与海滨上。

（2）水土保持功能。白茅适应性强，具有耐阴、耐瘠薄和耐干旱等特性；根系发达，能够固持土壤、改良土壤孔隙度，使土壤有较高的抗冲性及抗蚀性，有利于土壤抵抗暴雨的侵蚀，可以有效地控制土壤侵蚀，是一种优良的水土保持草种。

106. 大苞萱草（*Hemerocallis middendorfii Trautv. et Mey.*）

（1）生物学、生态学特性及自然分布。又称大花萱草。根呈绳索状。叶柔软，上部下弯。花葶与叶近等长，不分枝，在顶端聚生 2～6 朵花；苞片宽卵形，先端长渐尖至近尾状；花近簇生，花被金黄色或橘黄色。蒴果椭圆形。花果期 6—10 月。

大花萱草生于海拔较低的林下、湿地、草甸或草地上。耐寒性强，耐光线充足，又耐半阴，对土壤要求不严，但以腐殖质含量高、排水良好的通透性土壤为好。能适应多种土壤环境，在盐碱地、砂石地、贫瘠荒地上均可生长良好。可以抵抗病虫害侵染，对噪声、粉尘有较强的耐受性。

产于黑龙江（带岭至镜泊湖）、吉林（通化、抚松、临江）和辽宁（连山关）。生于海拔较低的林下、湿地、草甸或草地上。

（2）水土保持功能。大花萱草适应性强，根系发达，呈绳索状，可以起到很好的固持土壤的作用，可增加土壤的抗冲性及抗蚀性，是一种很好的水土保持草种。

107. 芒萁 ［*Dicranopteris dichotoma*（*Thunb.*）*Berhn.*］

（1）生物学、生态学特性及自然分布。根状茎横走，密被暗锈色长毛。叶棕禾秆色；腋芽卵形，密被锈黄色毛；芽苞卵形，边缘具不规则裂片或粗牙齿；末回羽片披针形；侧脉每组有 3～4（5）条并行小脉，直达叶缘。叶上面黄绿色或绿色，沿羽轴被锈色毛，后变无毛，下面灰白色，沿中脉及侧脉疏被锈色毛。孢子囊群一列，着生于基部上侧或上下两侧小脉的弯弓处，由 5～8 个孢子囊组成。

产于江苏南部、浙江、江西、安徽、湖北、湖南、贵州、四川、西康、福建、台湾、广东、香港、广西、云南。生于强酸性土的荒坡或林缘，在森林砍伐后或放荒后的坡地上常成优势的中草群落。

（2）水土保持功能。芒萁根系发达，地下茎具有无限分枝的特性，可交叉分枝、节节生根，庞大的根系组成了一个密集的根网，抗冲刷、固土能力特别强，是南方水土流失区植被恢复的一种很好的水土保持草种。

108. 鸭嘴草 ［*Ischaemum anstatum L. var. glaucum*（*Honda*）*T. Koyama*］

（1）生物学、生态学特性及自然分布。多年生草本。秆直立或下部斜升。叶鞘疏生疣基毛；叶片线状被针形。总状花序，无柄小穗披针形；第一颖先端钝或具 2 微齿，第二颖舟形，背部具脊；第一小花雄性；外稃纸质，内稃膜质，具 2 脊；第二小花两性，外稃先端 2 浅裂；雄蕊 3 枚；花柱分离。花果期在夏秋季。

产于江苏、浙江；多生于水边湿地。日本也有分布。

（2）水土保持功能。适应性强，对盐碱土有一定的忍耐能力，能忍耐临时性水淹。鸭嘴草幼苗活性强，特别是在瘠薄的地方，其幼苗比其他杂草生长更旺盛，能够很快地覆盖地表、截留降雨、拦蓄地表径流、提高渗透速度、提供蓄水保水能力，是一种很好的水土保持草种。

109. 红裂稃草 ［*Schizachyrium sanguineum（Retz.）Alston*］

（1）生物学、生态学特性及自然分布。多年生草本。秆直立，呈红褐色。叶鞘光滑无毛，背部具脊；叶片线形，边缘粗糙。总状花序，第一颖背部具细点状粗糙，顶端微 2 齿裂；第二颖舟形，脊上具极窄的翼；第一外稃线状披针形；第二外稃 2 深裂几达基部，芒自裂片间伸出；雄蕊 3 枚，花药红褐色，花柱 2 裂。颖果线形，扁平。花果期 7—12 月。

产于我国江西、福建、湖南、广东、广西、云南、四川、西藏等省（自治区）；生于海拔 50～3600m 的山坡草地上。

（2）现阶段应用情况。红裂稃草草质柔软，适口性好，各种草食家畜喜食，宜放牧利用，利用期较长，是一种很好的牧草种。

110. 猪屎豆（*Crotalaria pallida Ait.*）

（1）生物学、生态学特性及自然分布。多年生草本，或呈灌木状。茎枝圆柱形，具小沟纹，密被紧贴的短柔毛。叶三出；小叶长圆形或椭圆形，上面无毛，下面略被丝光质短柔毛，两面叶脉清晰。总状花序顶生，有花 10～40 朵；苞片线形，花萼近钟形，五裂，花冠黄色。荚果长圆形。花果期 9—12 月间。

产于福建、台湾、广东、广西、四川、云南、山东、浙江、湖南。生于海拔 100～1000m 的荒山草地及沙质土壤之中。

（2）现阶段应用情况。因其耐贫瘠又耐旱的习性，适合用于道路两旁边坡的景观栽培，也适合栽种于田里当绿肥植物。

111. 田菁 ［*Sesbania cannabina（Retz.）Poir.*］

（1）生物学、生态学特性及自然分布。1 年生草本。茎绿色，微被白粉。羽状复叶；托叶披针形；小叶 20～30（40）对，对生或近对生，线状长圆形。总状花序，具 2～6 朵花；苞片线状披针形，花冠黄色；雄蕊二体，花药卵形至长圆形；柱头头状，顶生。荚果细长，长圆柱形微弯，种子绿褐色。花果期 7—12 月。

产于海南、江苏、浙江、江西、福建、广西、云南。通常生于水田、水沟等潮湿低地。

（2）水土保持功能。适应性强，耐盐、耐涝、耐瘠、耐旱，抵抗病虫及抗风的能力强，固氮能力强，可改良土壤、增强土地肥力、坚固保持土壤，使土壤团粒的稳定性、土壤的疏松性以及土壤的团粒结构都能得到很好的改善，并提高土壤抗蚀性，防止水土流失，是一种很好的水土保持草种。

112. 蜈蚣草 ［*Eremochloa cilioris（L.）Merr.*］

（1）生物学、生态学特性及自然分布。根状茎直立，密被黄褐色鳞片。叶簇生；叶柄深禾秆色至浅褐色；叶片倒披针形长圆形，一回羽状；顶生羽片与侧生羽片同形，侧生羽互生或有时近对生，下部羽片较疏离，斜展，中部羽片最长，狭线形，先端渐尖，不育的叶缘有微细而均匀的密锯齿。主脉下面隆起并为浅禾秆色，侧脉纤细、斜展、单一或分叉。叶干后暗绿色，疏被鳞片。

广布于我国热带和亚热带地区。生于钙质土或石灰岩上,海拔 2000m 以下,也常生于石隙或墙壁上。

(2) 水土保持功能。对砷具有很强的富集作用,适应性强、生长快,植被郁闭早,覆盖度大,其茎叶可截留降雨和拦蓄地表径流、改善土壤物理性状、提高土壤孔隙度、增加土壤含水量和提高土壤渗透速度;降低风速、减少水分蒸发、增强土壤蓄水保水能力,是优良的水土保持草种。

113. 巴拉草 [*Brachiaria mutica* (*Forsk.*) *Stapf*]

(1) 生物学、生态学特性及自然分布。多年生草本。秆粗壮,节上有毛。叶鞘无毛或鞘口有毛;叶片扁平,两面光滑,基部或边缘多少有毛。圆锥花序,由 10~15 枚总状花序组成;第一颖具 1 脉;第二颖具 5 脉;第一小花雄性,其外稃具 5 脉,有近等长的内稃;第二外稃骨质。

(2) 水土保持功能。耐水渍,不耐寒,受冻茎叶会枯萎。返青快,再生力强,耐践踏,茎节着地生根,多分枝,其茎叶可截留降雨和拦蓄地表径流、增强土壤蓄水保水能力,是一种优良的牧草和水土保持草种。

114. 青香茅 [*Cymbopogon caesius* (*Nees ex Hook. et Arn.*) *Stapf*]

(1) 生物学、生态学特性及自然分布。多年生草本。秆直立,丛生,常被白粉。叶鞘无毛,短于其节间;叶片线形。伪圆锥花序狭窄,佛焰苞黄色或成熟时带红棕色。第一颖卵状披针形,第二外稃长约 1mm,芒针长约 9mm;雄蕊 3。第一颖具 7 脉。花果期 7~9 月。

产于广东沿海岛屿、广西、云南及我国沿海地区;生于开旷干旱的草地上,海拔 1000m 左右。

(2) 现阶段应用情况。是一种优良的牧草。

115. 野古草 (*Arundinella anomala Steud.*)

(1) 生物学、生态学特性及自然分布。多年生草本。秆直立,疏丛生。花序长 10~40 (70) cm,主轴与分枝具棱;第一颖长 3~3.5mm,具 3~5 脉;第二颖长 3~5mm,具 5 脉;第一小花雄性,约等长于等二颖,外稃长 3~4mm,顶端钝,具 5 脉,花药紫色;第二小花长 2.8~3.5mm,3~5 脉不明显,无芒;柱头紫红色。花果期 7~10 月。

除新疆、西藏、青海未见外,全国各省区均有分布,常生于海拔 2000m 以下的山坡灌丛、道旁、林缘、田地边及水沟旁。

(2) 水土保持功能。野古草根茎密集,庞大的根系组成了一个密集的根网,抗冲刷、固土能力特别强,是一种很好的水土保持草种。

116. 牛筋草 [*Eleusine indica* (*L.*) *Gaertn.*]

(1) 生物学、生态学特性及自然分布。1 年生草本。根系极发达。秆丛生。叶片平展,线形。穗状花序,小穗含 3~6 小花;颖披针形;第一颖长 1.5~2mm;第二颖长 2~3mm;第一外稃长 3~4mm,卵形,膜质,具脊,脊上有狭翼,内稃短于外稃,具 2 脊。囊果卵形,具明显的波状皱纹。花果期 6—10 月。

产于我国南北各省区;多生于荒芜之地及道路旁。分布于全世界温带和热带地区。

(2) 水土保持功能。根系极为发达,秆叶强韧,庞大的根系组成了一个密集的根网,抗冲刷、固土能力特别强,是一种很好的水土保持草种。

第6章

生产建设项目水土保持
植物措施设计应用案例

6.1 取土场、弃土（渣、灰、矸）场等重点水土流失区域

案例1：新建苇河至亚布力南铁路工程（黑龙江省水土保持科学研究院提供，东北黑土区）

1. 实施地点和部位

黑龙江省尚志市，取土场。

2. 项目概况

线路北起国铁滨绥线苇河车站，南至新建亚布力南站，全长 24.24km，设计标准为国铁Ⅱ级。正线数目单线，设计速度 120km/h。近期客运量 50.4 万人，远期客运量 67.2 万人。新建车站一个（亚布力南站），沿线设中桥 453.9m/6 座，涵洞 504m/41 座；隧道 708m/2 座，全线设立交 19 处。

3. 项目区概况

项目区地处东北黑土区的张广才岭西坡，地形地貌为低山丘陵，属中温带大陆性气候。年平均气温 2.4℃，年均降雨量 757.62mm，年均蒸发量 1347mm。土壤主要有暗棕壤、草甸土和白浆土。

4. 设计理念

土地整治后进行表土回覆，以植被恢复为主，减少水土流失。

5. 措施设计

对开挖的底面进行土地整治，把区段内剥离弃土堆放在取土场底部，上部覆盖表土，整地造林。营造乔灌混交林，根据该区域的立地条件，乔木选用适宜当地生长的造林树种小叶杨，进行穴状整地，株行距 2m×2m。灌木选用紫穗槐，株行距为 2m×2m。

取土场栽植乔木、灌木如图 6-1 所示，取土场栽植紫穗槐如图 6-2 所示。

图 6-1　取土场栽植乔木、灌木　　　　　图 6-2　取土场栽植紫穗槐

案例 2：本溪钢铁（集团）有限责任公司马耳岭选矿工程（黑龙江省水土保持科学研究院，东北黑土区）

1. 实施地点和部位

辽宁省辽阳市，尾矿库。

2. 项目概况

本溪钢铁（集团）有限责任公司马耳岭选矿工程为新建建设生产类项目，建设规模为处理原矿 200 万 t/a，工程建设等级为大型。

3. 项目区概况

项目区地处辽阳市辽东低山丘陵与辽河平原的过渡地带，地形地貌为低丘陵，项目区属北温带大陆性季风气候区，多年平均气温 7.8℃，多年平均降雨量 786.6mm，年平均蒸发量 1631.4mm，土壤有棕壤、草甸、水稻、沼泽 4 类。

4. 设计理念

尾矿库的植物防护措施应以减少水土流失、恢复植被为主，以种植灌木为主。

5. 措施设计

对尾矿库进行土地整治，营造灌木林，根据该区域的立地条件，灌木选用适宜在当地生长的卫矛，株行距为 2m×2m。

尾矿库栽植灌木如图 6-3 所示。

图 6-3　尾矿库栽植灌木

案例3：新建大同至西安铁路（中国铁路设计集团有限公司提供，北方土石山区）

1. 实施地点和部位

山西省晋中市灵石县，弃渣场。

2. 项目概况

铁路基本呈南北走向，纵贯山西全省，连通大同、朔州、忻州、太原、晋中、临汾、运城等城市，是山西省南北向客货交流的主通道，大同—运城段线路长 640.07km。水土流失防治分区包括路基防治区、站场防治区、桥梁防治区、隧道防治区、取土场防治区、弃土（渣）场防治区、施工便道防治区和施工生产生活防治区。共设有5处弃渣场。

3. 项目区概况

弃渣场所在地区属温带大陆性季风气候区，春旱多风，夏热多雨，秋凉气爽，冬寒少雪，降水主要集中在7—9月。年平均降水量481mm，年平均气温10.9℃，年平均风速1.7m/s，年平均蒸发量1737.7mm。

4. 设计理念

根据弃渣场的地貌类型布设水土保持措施，做到工程措施、生物措施及复垦利用相结合，治理措施要符合各有关技术的规范要求，做到技术上可行、经济上合理，实施后具有明显的生态效益和社会效益。

5. 措施设计

弃渣场平台及边坡采用乔木＋草本的绿化方式，乔木树种为油松和侧柏，株行距2～3m，乔木成活率较高。整地方式，边坡采用水平沟，台面采用穴状整地；草种选用沙打旺、苜蓿和狗牙根混合草种，每公顷40～60kg。

大西客专韩信岭隧道进口弃渣场如图6-4所示，大西客专韩信岭隧道2号斜井弃渣场如图6-5所示。

图6-4　大西客专韩信岭
隧道进口弃渣场

图6-5　大西客专韩信岭
隧道2号斜井弃渣场

案例 4：新建北京至上海高速铁路（中国铁路设计集团有限公司提供，北方土石山区）

1. 实施地点和部位

山东省德州市陵县，弃土场。

2. 项目概况

新建北京至上海高速铁路地处我国东部，北起北京，南至上海，线路全长 1308.598km，工程沿线经过北京市、天津市、河北省、山东省、江苏省、安徽省、上海市。其中在山东省内正线长度 357.789km，经过德州市、济南市、泰安市、济宁市、枣庄市 5 个地市 17 个区县。设主体工程防治区、取土场防治区、弃土（渣）场防治区、临时设施防治区。DK332＋750 弃土场位于山东省德州市陵县境内。

3. 项目区概况

线路所经地区属暖温带亚湿润季风气候区，四季分明。春季干燥多风，夏季炎热多雨，秋季秋高气爽，冬季寒风凛冽。降水量多集中在 7—8 月，约占全年的 70%，大风多集中在 3—4 月。德州市平均气温 12.9℃，年平均降水量 590mm，年平均风速 2.9m/s。

4. 设计理念

弃土场植物措施的设计力求与周围环境相协调，该弃土场周围环境现状是杨树林，故本弃土场选择以乔木树种杨树作为绿化树种。

5. 措施设计

DK332＋750 弃土场种植 2 年生杨树，胸径 4cm，株行距 2m×3m，整地方式为穴状整地，60cm（穴径）×40cm（坑深）。

DK332＋750 弃土场植物措施如图 6-6 所示，弃土场植物措施设计图如图 6-7 所示。

图 6-6　DK332＋750 弃土场植物措施

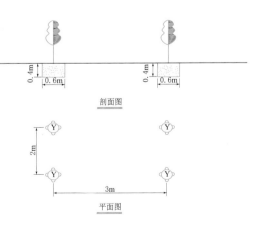

图 6-7　弃土场植物措施设计图

案例 5：河南沁河河口村水库工程（中国铁路设计集团有限公司提供，北方土石山区）

1. 实施地点和部位

河南沁河河口村水库，料场。

2. 项目概况

河口村水库位于河南省济源市克井镇境内、黄河一级支流沁河最后一段峡谷出口处，是一座以防洪、供水为主，兼顾灌溉、发电、改善河道基流等综合作用的大（2）型水利枢纽工程。主要建设内容包括混凝土面板堆石坝、溢洪道、泄洪洞、引水发电系统以及业主营地、永久道路等。

3. 项目区概况

河口村水库位于太行山区东部，土壤侵蚀以水蚀为主，工程区为轻度侵蚀区。坝址区河谷为 U 形峡谷，项目区属暖热带季风气候，年平均降水量 600.3mm，年平均气温 14.3℃，极端最高气温 42℃，极端最低气温 −18.5℃，全年主导风向为东风，年平均相对湿度 69%，最大冻土深度 18cm，年平均风速 1.7m/s，平均无霜期 213.2d。

4. 设计理念

采用乔木＋草本的绿化方案，草本快速恢复植被，种植乔木形成林地生态系统，与周围环境尽可能一致。

5. 措施设计

土地整治后平台采用乔木＋草本的绿化方案，乔木选用侧柏，草本选用紫花苜蓿。侧柏株行距 3m×4m。边坡底部种植爬山虎；草种为狗牙根、紫花苜蓿、狗尾草、野谷子等，每公顷草种约 60kg。取土护坡植物选取侧柏和草。

平台乔木＋草木配置平面设计图如图 6-8 所示，河口村水库石料场平台种植侧柏林如图 6-9 所示。

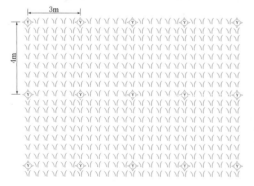

图 6-8　平台乔木＋草木配置平面设计图
（侧柏株行距 3m×4m，草本选用紫花苜蓿）

图 6-9　河口村水库石料场
平台种植侧柏林

案例 6：西长凤高速公路泾川（甘肃省水土保持科学研究所提供，西北黄土高原区）

1. 实施地点和部位

甘肃省庆阳市、平凉市，弃渣场。

2. 项目概况

西长凤高速公路工程由西峰至长庆桥段和银武西部大通道凤翔路口至长庆桥段组成，工程全长 77.414km，设计行车速度为 80km/h。工程由路基路面、桥、涵、立交、收费站、停车场、服务区等组成。

3. 项目区概况

项目区属暖温带半湿润性气候，项目区年平均气温 8.6～10℃，年平均降水量 511～550mm，年平均蒸发量 1477～1525mm，年平均风速 2.6m/s。土壤类型以黄绵土、灰褐土为主。天然植被属温带落叶阔叶林向草原过渡地带。

4. 设计理念

弃土场占地为荒沟，结合项目区人多地少的实际情况，确定将弃土后形成的平台地改造为农地，边坡种植灌草，以减少水土流失。

5. 措施设计

该弃渣场占地为荒沟，原沟道内生长有刺槐等。公路弃渣自下向上分台阶堆放，阶面复垦恢复农地。坡面种植林草。

（1）弃渣场土石混合边坡。主要分为以下 2 个方面。

1）立地类型条件：无灌溉。

2）配置模式：灌草护坡。主要包括以下 4 个方面。

a. 配置形式：弃渣自下向上分台阶堆放，阶面复垦，坡面种植灌木，撒播苜蓿，下部坡面自然侵入刺槐和草本植被，上级坡面以灌草为主。

b. 植物种类：紫穗槐、苜蓿、野豌豆、刺槐等。

c. 苗木种子规格：紫穗槐 1 年生 I 级苗，无病虫害，根系发达，地径不小于 0.5cm；草籽粒饱满，发芽率不小于 95％。

d. 种植方式：灌木穴状整地栽植，株行距（2～3）m×5m；草籽撒播，播种量 37.5kg/hm²。

（2）弃渣场平台。主要包括以下 2 个方面。

1）立地类型条件：有灌溉。

2）配置模式：复垦种植农作物。主要包括以下 3 个方面。

a. 配置形式：渣场平台复垦，种植农作物。

b. 植物种类：农作物。

c. 种植方式：全面整地，施基肥。根据不同作物要求进行种植。

弃渣场边坡植物措施如图 6-10 所示。

3）乔草护坡。（东古路斜井渣场）主要包括以下 4 个方面。

a. 配置形式：排水沟两侧渣场坡面撒播燕麦，水平阶等高种植常绿乔木。

图 6 - 10　弃渣场边坡植物措施

b. 植物种类：云杉、燕麦。

c. 苗木种子规格：园林大苗，无病虫害，根系发达，带土球，苗高大于 120cm；燕麦种籽粒饱满，发芽率不小于 95%。

d. 种植方式：全面整地，云杉穴状栽植，有灌溉条件。云杉株行距 2m×5m，燕麦 50kg/hm²。

东古路斜井渣场边坡植物措施如图 6 - 11 所示。

图 6 - 11　东古路斜井渣场边坡植物措施

案例 7：太原煤气化股份有限公司嘉乐泉煤矿（中国电建中国电建集团北京勘测设计研究院有限公司提供，西北黄土高原区）

1. 实施地点和部位

山西省古交市，排矸场。

2. 项目概况

太原煤气化股份有限公司嘉乐泉煤矿生产矿井位于太原市古交市嘉乐泉乡嘉乐泉村附近，煤矿生产能力为 100 万 t/a。项目组成主要包括工业场地、风井场地、爆破材料库、排矸场、场外道路、运煤专线、输电线路和供水管线等。

3. 项目区概况

项目区属暖温带气候，项目区平均气温 6.5~8℃，年均降水 460~650mm，年均风速 2.9m/s，最大冻深 105~150mm。

4. 设计理念

排矸场的植物防护措施主要以减少水土流失、恢复植被为主，因此设计种植灌草。

5. 措施设计

对矸石进行土地整治，营造灌木林，根据该区域的立地条件，灌木选用适宜当地生长的紫穗槐，在混凝土框格梁内撒播紫穗槐良种，播种量 120kg/hm²。

排矸场边坡植物措施如图 6-12 所示。

图 6-12 排矸场边坡植物措施

案例 8：南水北调东线第一期工程三阳河、潼河、宝应站工程（长江科学院提供，南方红壤区）

1. 实施地点

江苏省扬州市江都市、高邮市和宝应县，弃土场。

2. 项目概况

三阳河、潼河、宝应站工程是南水北调东线第一期工程的重要组成部分，工程新建、扩建三阳河 29.95km，新建潼河 15.5km，设计规模底宽 30m，底高程 3.5m，按输水能力 100m³/s 平地开挖，宝应站设计规模 100m³/s。

3. 项目区概况

项目区属亚热带季风气候区，年平均气温 14~16℃，年均日照时数 2239h，年降雨量 1036.7mm，年均蒸发量 1060mm。工程区植被类型属落叶与常绿落叶混交林类型，草类以自然生长的茅草为主。

4. 设计理念

水土保持植物措施在植物种类配置上，本着"因地制宜"的原则，选择当地常见的乔、灌木品种，如意杨、垂柳、碧桃、紫薇、丝兰、夹竹桃等，达到水土保持、美化景观的目的。在林木种植方面，应考虑种类选择和栽种方式的多样化，避免因单一品种大量种植而造成病虫害问题。

5. 措施设计

（1）植物选型。乔木：意杨、垂柳、合欢、千头椿、栾树、银杏等；灌木：碧桃、紫薇、丝兰、夹竹桃、云南黄馨等；草种：白三叶。

（2）植物配置。弃土场坡面撒播白三叶草籽，坡顶、坡腰和坡脚各种植一排云南黄馨，顶面栽种意杨、合欢、千头椿、栾树等速生树种，实现"以绿养绿"，同时每隔800m左右种植100m宽的银杏林带。

银杏林带如图6-13所示。

图6-13　银杏林带

案例9：淮干中游临淮岗洪水控制工程（长江科学院提供，南方红壤区）

1. 实施地点和部位

安徽省霍邱县和颍上县，弃土场。

2. 项目概况

淮干中游临淮岗洪水控制工程的主要任务是调蓄洪水，使淮河中游的防洪标准提高到100年一遇，确保淮北大堤保护地区内1000万亩耕地、大型煤矿、坑口电厂、京沪等铁路干线和蚌埠与淮南等城市的安全。总滞洪库容121.3亿m³，最大坝高18.5m，主副坝总长76.3km，建筑物包括12孔深孔闸、49孔浅孔闸、淮河船闸和城西湖船闸等。工程为大（1）型工程。

3. 项目区概况

项目区地处华北平原南沿，南部是江淮波状平原，北部是淮河（淮北）冲积平原，地形平坦，属暖温带半湿润季风气候。多年平均气温15.4℃，多年平均降水量936.8mm，汛期在6—9月，降水量占全年的56.7%，区域植被类型为落叶阔叶林与常绿阔叶混交林。

4. 设计理念

考虑到要与周边环境协调，弃土场最终的恢复方向为耕地，因此采取工程措施与植物措施相结合的设计，兼顾美化需要和管理特点，选择适宜的乔灌草品种，并结合还耕、水产养殖、种植经济林等措施。

5. 措施设计

（1）植物选型。乔木：意杨、栾树等；灌木：紫穗槐。

（2）植物配置。取土场、弃渣场植被恢复时，将永久征用的冲填弃土区植物措施按照兼顾经济效益与生态效益的原则，顶面种植速生意杨，坡面种植灌木紫穗槐。

临淮岗洪水控制工程植物措施如图6-14所示。

图6-14 临淮岗洪水控制工程植物措施

案例10：绵阳至遂宁段（遂宁境内）高速公路（中国电建集团成都勘测设计研究院有限公司提供，西南紫色土区）

1. 实施地点和部位

四川省遂宁市，弃渣场。

2. 项目概况

绵阳至遂宁段（遂宁境内）高速公路跨越桃花河、梓江、涪江等流域，并先后跨越城南高速公路、遂渝高速公路、成达铁路、国道G318、遂渝铁路和省道S205等。

3. 项目区概况

公路沿线区内均为丘陵及河谷平坝地形，项目区属亚热带湿润气候，土壤主要有水稻土、冲积土、紫色土、黄土和潮土等。遂宁地带性植被原为亚热带常绿阔叶林，但由于人类活动频繁，地带性自然植被几乎绝迹，目前植被的组成主要为人工栽培种植植被。

4. 设计理念

设计过程中尊重场地生态发展过程，因地制宜，合理布置；植物以乡土植物种为主，突出本地植物种类的种群优势，充分体现地方植物特色；植物配置过程中通过不同乔、灌、草、地被植物的合理搭配，增加生物多样性和生态景观的层次性。

5. 措施设计

（1）立地类型：一般恢复区。针对公路弃渣场渣顶区域，采取常规生态恢复形式进行绿化。

1）立地类型条件：洒水车喷灌，天然降水。

2）配置模式：种植乔木＋撒播灌草籽，种植乔木＋种植灌木＋撒播草籽。

a. 配置形式：生态恢复，以撒播灌草为主，四周等距栽植乔木。

b. 植物种类：乔木以合欢、刺槐、柏树、侧柏、桦木、杨树、枫香、樟树、乌桕、圆柏、黄荆、桤木、桉树、构树、椿树、盐肤木、泡桐为主；灌木主要为紫穗槐、马甲子、胡枝子、火棘、冬青、马桑、杜鹃、山苍子、木豆、多花木蓝；草本植物则主要为马尼拉草、狗牙根、高羊茅、早熟禾、三叶草、黑麦草、芒草、芭茅、白茅、紫花苜蓿。

c. 苗木种子规格：园林大苗，无病虫害和各类伤，根系发达，带土球。乔木胸径不小于 5cm，树高不小于 2.5m；灌木地径不小于 2cm；草种籽粒饱满，发芽率不小于 95%。

d. 种植方式。

a）整地方式：乔木、灌木采用穴状整地，撒播植草采用全面整地。栽植时利用洒水车喷灌。

b）种植密度：周边乔木株距 5～8m，灌木零星种植，草种播种量 15～20g/m²。

（2）立地类型：土石混合边坡。针对公路弃渣场土石混合边坡，采取常规生态恢复形式进行绿化。

1）立地类型条件：洒水车喷灌，天然降水。

2）配置模式：撒播灌草籽，种植灌木＋撒播草籽。

a. 配置形式：生态恢复，以撒播灌草为主。

b. 植物种类：灌木主要为紫穗槐、马甲子、胡枝子、火棘、冬青、马桑、杜鹃、山苍子、木豆、多花木蓝；草本植物则主要为马尼拉草、狗牙根、高羊茅、三叶草、黑麦草、芒草、巴茅、白茅、紫花苜蓿。易被鬼针草、鸡眼草、莨草、牛筋草、求米草、苍耳、碎米莎草等杂草自然演替。

c. 苗木种子规格：苗木无病虫害，根系发达，带土球。灌木地径不小于 2cm；草种籽粒饱满，发芽率不小于 95%。

d. 种植方式。

a）整地方式：场地平整，栽植时利用洒水车喷灌。

b）种植密度：灌木零星种植，草种播种量 15～20g/m²。

3 号渣场植物措施如图 6-15 所示，20 号渣场植物措施如图 6-16 所示。

图 6-15　3 号渣场植物措施　　　　图 6-16　20 号渣场植物措施

案例 11：西南地区某水电工程弃渣场工程（中国电建集团成都勘测设计研究院有限公司提供，西南紫色土区）

1. 实施地点和部位

四川省乐山市，弃渣场。

2. 项目概况

西南某水电工程为 II 等大（2）型工程。电站装机容量 480MW，年发电量 24.07 亿 kW·h，由挡水建筑物、发电厂房、尾水渠、预留船闸和开关站组成。

3. 项目区概况

项目区属亚热带湿润季风气候区，多年平均气温 17.1℃，多年平均降水量 1323.2mm，土壤主要为紫色土。工程区地带性植被为亚热带常绿阔叶林，区内农耕发达，自然植被稀疏，以人工植被为主。零星分布着柏木、竹类和一些常见的经济林木，如核桃、柑橘等。

4. 设计理念

该水电站弃渣场设计的主要内容是通过生态恢复，促使堆渣结束后的弃渣场的生态再生，与周边自然环境相协调。在植物种选择和配置上，应结合弃渣场类型，因地制宜，合理布置；根据当地的气候、土壤条件选择适当树种，以乡土植物种为主，慎重引进少量外地树种，强调生态的适应性，恢复环境的生态结构；植物配置过程中通过不同乔、灌、草、地被植物合理搭配，增加生物多样性和生态景观层次性。

5. 措施设计

（1）立地类型：土石混合填方边坡，坡度缓于 1∶1.8。该工程针对弃渣场渣顶区域，进行复耕或进行绿化恢复。弃渣边坡采取常规生态恢复形式进行绿化。

1）立地类型条件：洒水车喷灌，天然降水。

2）配置模式：种植灌木＋撒播草籽；种植藤本＋撒播草籽；撒播灌草籽。

a. 配置形式：生态恢复，以撒播灌草为主。

b. 植物种类：灌木主要为紫穗槐、黄花槐、马甲子、胡枝子、马桑、杜鹃、木豆、多花木蓝；藤本主要为常春油麻藤、迎春、蔷薇；草本植物主要为禾草、狗牙根、紫花苜蓿、黑麦草、芒草、芭茅、白茅。

c. 苗木种子规格：藤本植物藤长不小于 50cm；灌草种籽粒饱满，发芽率不小于 95％。

d. 种植方式。

a）整地方式：边坡平整。

b）种植密度：藤本株距为 0.5～1m；灌木种播种量 25～35g/m²；草种播种量 15～20g/m²。

（2）立地类型：土石混合填方边坡，坡度陡于 1∶1。该工程针对弃渣场渣顶区域，进行复耕或绿化恢复。针对较陡边坡，设置浆砌石卵石护坡、砼框格梁护坡，在保证边坡稳定的基础上进行绿化。

1）立地类型条件：洒水车喷灌，天然降水。

2）配置模式：撒播灌草籽；种植藤本＋撒播草籽。

a. 配置形式：生态恢复，以撒播灌草为主。

b. 植物种类：灌木主要为紫穗槐、黄花槐、马甲子、盐肤木、胡枝子、马桑、杜鹃、木豆、多花木蓝；藤本主要为常春油麻藤、迎春、蔷薇；草本植物主要为禾草、狗牙根、紫花苜蓿、黑麦草、芒草、巴茅、白茅。

c. 苗木种子规格：藤本植物藤长不小于 50cm；灌草种籽粒饱满，发芽率不小于 95％。

d. 种植方式。

a）整地方式：边坡平整。

b）种植密度：藤本株距不小于 $0.5 \sim 1m$；灌木种播种量 $25 \sim 35g/m^2$；草种播种量 $15 \sim 20g/m^2$。

徐湾弃渣场边坡植物措施如图 6-17 所示，6 号弃渣场渣顶植物措施如图 6-18 所示，曾沟弃渣场边坡植物措施如图 6-19 所示，徐湾弃渣场渣顶植物措施如图 6-20 所示。

图 6-17 徐湾弃渣场边坡植物措施

图 6-18 6 号弃渣场渣顶植物措施

图 6-19 曾沟弃渣场边坡植物措施
（混凝土框格梁护坡）

图 6-20 徐湾弃渣场渣顶植物措施

案例12：九龙湾片区采石场（西南林业大学提供，西南岩溶区）

1. 实施地点

云南省昆明市盘龙区双龙乡，采石场。

2. 项目概况

九龙湾片区采石场为连片石灰岩采石场，总长达2100m，海拔2030～2176m，采石场总面积约1670亩。平均坡度在60°左右，多处呈垂直陡立面，最大开采裸露面高差达238m。

3. 项目区概况

项目区属于滇黔川高原山地，气候属于北亚热带低纬高原山地季风气候。年降雨量1000mm左右，年均温度13.2℃，日照充分，土壤以灰钙土和灰褐土为主，区域主要植被类型为滇中、东高原半湿润阔叶、针叶林。

4. 设计理念

该区域紧邻城市建成区，更是滇池面山区，急需治理。按照"避让与治理相结合、生态修复与景观营造相结合"的原则，全面规划、重点恢复，在削坡、排危、填料造台、排水、覆土等综合治理的基础上，植被恢复以景观修复为主，打造成生态恢复的示范点。

5. 措施设计

（1）采用乔灌草、乔草配置模式，部分公路边缓坡采用灌草模式。①行道树典型配置：云南樱花+红叶石楠+女贞（灌木）；②坡面植物典型配置：云南樱花+女贞（灌木）+野豌豆（早熟禾）、云南樱花+火棘+迎春+野豌豆（早熟禾）、塔柏+野豌豆；③面状平台典型植物配置：柳杉+红叶石楠+早熟禾、侧柏+野豌豆；④坡顶植物配置：常春藤+亮叶忍冬；⑤陡坡坡脚植物配置：崖豆藤+野豌豆；⑥其他植物配置：侧柏+野豌豆（早熟禾）、栾树+早熟禾、红花檵木+黑麦草。

（2）植物规格：云南樱花苗高大于2.5m，塔柏苗高大于1.3m，侧柏苗高大于0.5m，栾树苗高大于2.5m，柳杉苗高大于1.5m，红叶石楠苗高大于1.2m；紫叶稠李、红花檵木、女贞苗高大于0.5m，火棘与迎春苗长均大于0.7m，亮叶忍冬苗高大于0.2m。

（3）配置规格：塔柏2.0m×3.0m、云南樱花（或女贞）4.0m×3.0m、红叶石楠2.0m×2.0m、栾树2.5m×3.5m、侧柏（或柳杉）2.0m×2.0m。

上边坡植物措施如图6-21所示，下边坡植物措施如图6-22所示。

图6-21 上边坡植物措施   图6-22 下边坡植物措施

案例 13：G12 乌兰浩特至石头井子（蒙吉界）段高速公路乌兰浩特东互通收费站、白音乌苏互通收费站工程（北京林业大学提供，北方风沙区）

1. 实施地点

内蒙古自治区兴安盟乌兰浩特市，取土场。

2. 项目概况

该项目属于交通及其附属设施类新建建设项目、工程主要包括乌兰浩特东互通收费站、新建出行辅路及收费站管理区、白音乌苏互通收费站及管理区、施工生产生活区 2 处、取土场 1 处，采用永临结合的方式新建供排水管线、供电线路等。

3. 项目区概况

项目区地貌类型主要为低山丘陵区，属温带大陆性季风气候区，大部分地区年平均气温 4~6℃。多年平均年降水量 373~467mm，降水年际变率大、保证率低。年降水量的 72%~78% 集中在 6—8 月。

4. 设计理念

本工程地貌相对简单，结合工程特点及同类工程建设工程的水土保持经验，因地制宜布局水土保持措施，因害设防布设工程措施与植物措施，做到标本兼治。选用乡土草树种和适合当地的水土保持工程措施，提高水土保持植物措施与工程措施的适宜性，使工程措施与植物措施相结合，草灌结合，形成一个完整、科学的体系。在布局水土保持植物措施时，结合周边环境，注重草、灌的合理搭配，力争达到不同季节有不同的景观的效果。坚持从实际出发，以植物措施为主，实现生态与经济的可持续发展。

5. 措施设计

（1）取土场立地条件：回填表土后的边坡，土壤为栗钙土。

（2）绿化措施设计：施工结束后，对取土场采取灌草混交的方式恢复植被，灌木选择柠条，草种选择蒙古冰草和披碱草。

取土场植被恢复立体图如图 6-23 所示，取土场植被恢复平面图如图 6-24 所示，取土场植物措施如图 6-25 所示。

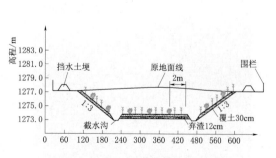

图 6-23　取土场植被恢复立体图

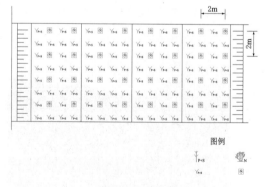

图 6-24　取土场植被恢复平面图

图 6-25 取土场植物措施

6.2 路堤、路堑等以边坡为主的区域

案例 1：鹤大公路平房至拉林段扩建工程（黑龙江省水土保持科学研究院提供，东北黑土区）

1. 实施地点和部位

黑龙江省哈尔滨市的平房区、阿城区、双城市、五常市，公路边坡。

2. 项目概况

黑大公路平房至拉林段扩建工程，线路全长 51.219km，为一级公路。全部利用现有旧路帮宽扩建，采用一级公路标准，设计速度 80km/h，路基宽度为 24.5m。

3. 项目区概况

本项目所在地区属于中温带大陆性季风气候，年平均气温 3.3℃，年平均降雨量 540mm。本项目走廊带地处松嫩平原东南端，全线为冲积平原和阶地，项目区地势平缓，土壤类型为黑土。这一地区主要为农业区，自然植被较少，仅有少量人工林。

4. 设计理念

道路边坡绿化：在保证边坡稳定的基础上，以植物措施防护工程或工程植物相结合的

图 6-26 高填方路堤边坡植草防护　　　　图 6-27 路堤边坡植草防护

方式进行有效防护。

5. 措施设计

对路堤边坡高度小于3m的路段，采用植灌草护坡，草种为野牛草和早熟禾混播，二者比例为1∶1，栽植紫穗槐，株行距0.5m×0.5m，灌丛高30cm。

高填方路堤边坡植草防护如图6-26所示，路堤边坡植草防护如图6-27所示，植草护坡设计图如图6-28所示，流水带拱形防护设计图如图6-29所示。

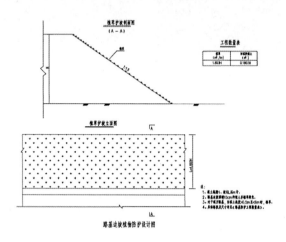

图6-28　植草护坡设计图

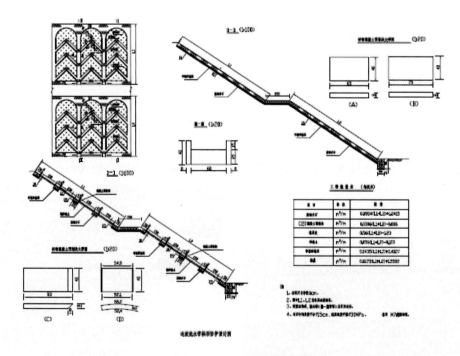

图6-29　流水带拱形防护设计图

案例2：内蒙古中西部地区高速公路（北京林业大学提供，北方风沙区）

1. 实施地点

内蒙古自治区的锡林郭勒盟、乌兰察布市、呼和浩特市、包头市、鄂尔多斯市、巴彦淖尔市、乌海市和阿拉善盟六市二盟。

2. 项目概况

该公路项目自东向西包括了内蒙古自治区的锡林郭勒盟、乌兰察布市、呼和浩特市、包头市、鄂尔多斯市、巴彦淖尔市、乌海市和阿拉善盟六市二盟。高速公路的水土保持植物防治措施不仅包括中央分隔带、两侧绿化带、立交区、隧道进出口等道路绿化措施和特殊路段的防护带（防风固沙林等）还包括服务区、停车区、管理所、养护工区、收费站等公路沿线附属设施的绿化美化。

3. 项目区概况

项目区属典型大陆性季风气候区，干旱、高温，降水量少而不匀。年平均气温0～8℃；年降水量450mm，年蒸发量1200mm，风大、沙尘天气频繁，全年大风日数平均在10～40d，70%发生在春季。

4. 设计理念

（1）中西部地区风大沙多、干旱缺水、土地贫瘠，植物品种的选择需因地制宜，优先选用乡土草树种。除管理区、服务区等有水源条件的区域外，其他路段应选择适应性强、耐寒、耐旱、耐高温、耐瘠薄、易成活的树种。

（2）植物措施配置应多元化。乔、灌、花、草合理搭配，常绿与落叶、速生和慢生搭配。

（3）做到绿化与美化相结合，与行车安全相结合，自然景观和人文景观相结合。

（4）植物措施要本着见效快、生命周期长、造价低的原则。

5. 措施设计

（1）路基、路堑、路堤土质边坡直接栽植多年生耐旱、耐瘠薄的草本植物与当地适应性强的低矮灌木来固坡，多以柽柳、柠条、白刺、枸杞、沙棘等结合羊草、披碱草、冰草、紫花苜蓿、草木犀或马蔺、大苞鸢尾等。

（2）挖方路堑段的石质边坡、浆砌护坡、挡墙等，采用垂直绿化措施，在横向挖沟客土种草或种植小灌木、攀缘植物和悬垂绿化植物，如掌裂草葡萄、田旋花等。若公路边坡采用了六边形、菱形、拱形骨架或三维土工网等工程护坡形式，在网格内采取种草措施，择耐干旱、瘠薄，根系发达、覆盖度好、易于成活、便于管理、同时兼顾景观效果的草本或木本植物，并在绿化前先用路基清表土回填覆盖30cm左右，提高种植成活率。

（3）护坡道、碎落台、隔离栅内侧。采用乔、灌木相结合、落叶与常绿间植或落叶乔木连续栽植的形式。道路两侧绿化带选择形体美、易成活、速生的乔木或适应性强的低矮灌木，如杜松、樟子松、国槐、新疆杨、文冠果、蒙古扁桃、山桃、山杏等，株距适当增大。

护坡道、碎落台、隔离栅内侧植物措施如图6-30所示，路基植物措施如图6-31所示。

图6-30　护坡道、碎落台、隔离栅内侧植物措施　　　图6-31　路基植物措施

案例3：京沪高速铁路（中国铁路设计集团有限公司提供，北方土石山区）

1. 实施地点

河北省廊坊市，路堤边坡、路堑边坡。

2. 项目概况

北京至上海高速铁路地处我国东部，北起北京，南至上海，线路全长1308.598km，工程沿线经过北京市、天津市、河北省、山东省、江苏省、安徽省、上海市。本案例选取的DK64+650路基边坡位于河北省廊坊市境内。

3. 项目区概况

线路所经地区属暖温带亚湿润季风气候，四季分明。春季干燥多风，夏季炎热多雨，秋季秋高气爽，冬季寒风凛冽。降水量多集中在7—8月，约占全年的70%，大风多集中在3—4月。廊坊市年平均气温12℃，年平均降水量550mm。

4. 设计理念

路基边坡防护采用工程措施与植物措施相结合的方式，既要满足边坡防护要求，又要美化环境。

5. 措施设计

空心块内客土植草并种植紫穗槐防护，客土可采用清表土或掺加一定肥料的新黄土，紫穗槐每一块空心砖设置一穴，每穴内种植1株。

路基边坡植物措施如图6-32所示，路基边坡植物措施设计图如图6-33所示。

图6-32　路基边坡植物措施

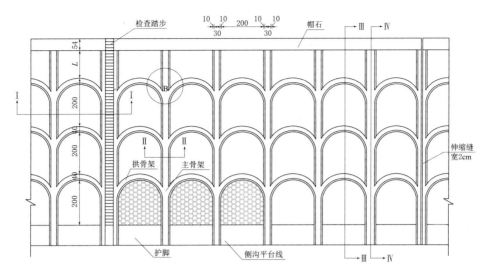

图 6-33 路基边坡植物措施设计图

案例 4: 太中银铁路（中国铁路设计集团有限公司）（中国铁路设计集团有限公司提供，北方土石山区）

1. 实施地点和部位

陕西省榆林市吴堡县，站场路基边坡绿化。

2. 项目概况

新建铁路太原至中卫（银川），线路全长约 748km。沿线经过山西省太原市、晋中市、吕梁市，陕西省榆林市，宁夏回族自治区吴忠市、银川市、中卫市。全线设车站 46 个，桥梁 355 座，隧道 163 座。

3. 项目区概况

工程沿线经过晋中盆地、吕梁山脉、黄土高原、干旱草原以及黄河冲积平原。案例选取的吴堡站位于黄土高原沟壑区，属暖温带半湿润半干旱大陆性季风气候区。年降雨量 402.7mm，年蒸发量 1694.7mm，年气温 11.8℃，土壤类型为褐土、棕壤、草甸土等。项目区植被以黄土丘陵区旱生型草灌类植被为主。人工栽培植物包括农作物、经济林、果木林等。

4. 设计理念

为防止水土流失、保证铁路建成后的整体美观、保护铁路沿线地区的生态环境，铁路路堤边坡要全部进行坡面防护。吴堡车站路堤边坡高度大于 8m，坡面采用浆砌片石拱形骨架护坡，骨架内喷播植草或种紫穗槐作防护。

5. 措施设计

本工点为填方路基，经过过低山，地形起伏较大。线路中心最大填高为 20m。路堤边坡采用平铺双向土工格栅进行加固，每层间距 0.3m，宽度 2.5m，坡面采用 4m×3m 的 M7.5 浆砌片石带截水槽拱型骨架，骨架内种紫穗槐、柠条等乡土灌木。灌木穴距 0.6m，梅花形布置，每穴两棵。植树坑深 0.25m、直径为 0.20m。

太中银铁路吴堡车站路基紫穗槐护坡如图 6-34 所示。

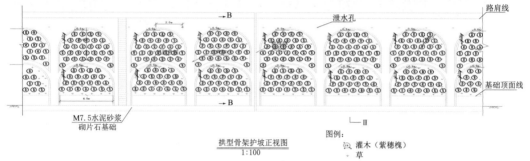

图 6-34　太中银铁路吴堡车站路基紫穗槐护坡

案例 5：太原至焦作铁路（中国铁路设计集团有限公司）（中国铁路设计集团有限公司提供，北方土石山区）

1. 实施地点

太原至焦作，边坡。

2. 项目概况

新建太原至焦作铁路主要位于山西省，末端部分位于河南省，线路途经山西省会太原市，晋中市，长治市，晋城市，河南省焦作市。工程主要技术标准为新建高速铁路，正线数目为双线，设计速度 250km/h。正线线路全长 358.76km。

3. 项目区概况

工程沿线地貌主要为中低山丘陵区和平原区。沿线所经河流分属海河流域及黄河流域，其中漳河及其支流属海河流域，丹河及支流属黄河流域。沿线气候属于暖温带半湿润大陆性季风气候。年风速 0.9～2.08m/s，年降水量 397.1～620.6mm，多集中在 7—8 月，年气温 9.1～15.6℃，年蒸发量 1206.2～1774.64mm。沿线土壤类型多样，主要为黄绵土、黑垆土、潮土、褐土等。

4. 设计理念

坚持在保证路基稳定安全的前提下尽可能多采用植物措施的设计理念，绿化沿线环境。路基填方边坡填高小于 8m 时，边坡采用 1∶1.5，采用拱形骨架护坡。

5. 措施设计

（1）铁路路基边坡、隧道洞口护坡，边坡比 1∶1.5。

（2）拱形骨架内种紫穗槐作防护，灌木间距 0.6m，梅花形布置，每穴两株；路堤边坡高度大于 20°时，于 20m 以下路堤边坡骨架内满铺 C25 混凝土空心块，空心块内客土植草并种紫穗槐作防护，客土可采用清表土或掺加一定肥料的新黄土，灌木每一块空心块设置一穴，每穴内种植 2 株。

拱形骨架护坡设计图如图 6-35 所示，路基边坡骨架＋混凝土空心块＋紫穗槐护坡初期，如图 6-36 所示。

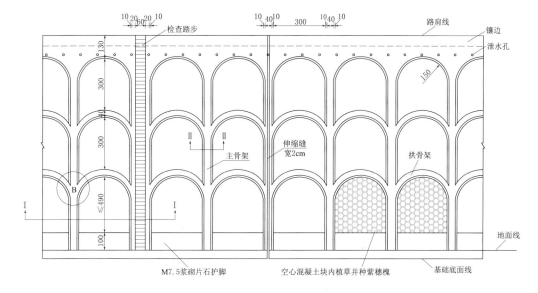

图 6-35　拱形骨架护坡设计图（骨架内铺空心混凝土块，并植紫穗槐）

图 6-36　路基边坡骨架＋混凝土空心块＋紫穗槐护坡初期

案例 6：青兰高速公路雷西段（甘肃省水土保持科学研究所提供，西北黄土高原区）

1. 实施地点

甘肃省庆阳市，公路边坡。

2. 项目概况

青岛至兰州国家高速公路雷家角（陕甘界）至西峰段工程位于甘肃省庆阳市合水县、庆城县和西峰区，线路全长 126.76km，4 车道，设计行车速度 80km/h。

3. 项目区概况

项目区属温带半湿润性气候，区内年平均气温 8.7～9.7℃，年均降水量 491～548mm，年平均风速 1.8～2.4m/s。项目区土壤主要有黑垆土、黄绵土、淤积土和红土。植被类型为森林草原植被。

4. 设计理念

对路堤、路堑的植物防护措施应以保护道路边坡、减少水土流失、恢复景观为主。

5. 措施设计

（1）甘肃黄土高塬沟壑区填方边坡。

1）立地类型：坡度不小于 1∶2.0（26.6°）。

2）立地类型条件：半阳半阴坡、无灌溉。

3）配置模式。

a. 灌草护坡。

a）配置形式：坡面种植紫穗槐、苜蓿，自然侵入冰草等草本，坡下部种五叶地锦。

b）植物种类：紫穗槐、五叶地锦、苜蓿、冰草等。

c）苗木种子规格：Ⅰ级苗，无病虫害，根系发达；紫穗槐 1 年生，地径不小于 0.5cm；地锦用插条，1～2 年生健壮木质化枝；草种籽粒饱满，发芽率不小于 95%。

d）种植方式：灌木穴状整地栽植；草籽撒播。紫穗槐株行距 0.8m×0.8m，五叶地锦株距 1m，苜蓿 37.5kg/hm²。

公路填方边坡植物措施，如图 6-37 所示。

图 6-37 公路填方边坡植物措施（一）

b.坡脚工程护坡（浆砌石挡墙＋拱形骨架）＋坡面种草防护。

a）配置形式：坡面下部浆砌石挡墙或拱形骨架，骨架内和坡面上部种草防护，坡脚种植刺槐、旱柳、臭椿。

b）植物种类：刺槐、旱柳、臭椿、黑麦草、冰草等。

c）苗木种子规格：乔木Ⅰ级苗，无病虫害，根系发达，胸径不小于2cm，树高不小于1.5m；草种籽粒饱满，发芽率不小于95％。

d）种植方式：坡脚穴状、坡面带状栽植。乔木株距4～6m，草播种量5～10g/m²。

公路填方边坡植物措施，如图6-38所示。

图6-38 公路填方边坡植物措施（二）

c.拱形骨架＋乔灌草配置。

a）配置形式：坡脚种植刺槐、旱柳，坡面拱形骨架内上部种植紫穗槐，下部种植苜蓿、高羊茅、黑麦草等。

b）植物种类：刺槐、旱柳、紫穗槐、苜蓿、高羊茅、黑麦草等。

c）苗木种子规格：Ⅰ级苗，无病虫害，根系发达。乔木胸径不小于3cm，树高不小于2.0m；灌木1年生Ⅰ级苗，地径不小于0.5cm；草种籽粒饱满，发芽率不小于95％。

d.种植方式：骨架内全面整地。乔木株距4～6m，灌木株行距0.8m×0.8m，草坪草播种量15g/m²。

公路填方边坡植物措施如图6-39所示。

（2）甘肃黄土高塬沟壑区挖方边坡。

图6-39 公路填方边坡植物措施（三）

1）立地类型：坡度不小于1∶1.5（33.7°）。

2）立地类型条件：阳坡半阳坡、无灌溉。

3）配置模式。

a. 削坡开级＋乔灌草防护。

a）配置形式：坡面种植紫穗槐、苜蓿、红豆草，还有少量柠条、沙打旺，自然恢复酸枣、榆树及冰草等草本，马道排水沟外侧种植刺槐、榆树、椿树，坡脚种植刺槐。

b）植物种类：刺槐、榆树、椿树、紫穗槐、柠条、沙打旺、苜蓿、红豆草、冰草等。

c）苗木种子规格：Ⅰ级苗，无病虫害，根系发达：乔木胸径不小于3cm，树高不小于2.0m；灌木1年生Ⅰ级苗，地径不小于0.5cm；草种籽粒饱满，发芽率不小于95%。

d）种植方式：乔灌木穴状整地栽植；草籽撒播。灌木株行距0.8m×0.8m，马道株距2m，坡脚株距4m，苜蓿等草本37.5~50kg/hm²。

公路挖方边坡植物措施，如图6-40所示。

图6-40　公路挖方边坡植物措施（一）

b. 削坡开级＋乔木防护。

a）配置形式：路堑削坡开级，马道栽植刺槐。

b）植物种类：刺槐。

c）苗木种子规格：Ⅰ级苗，无病虫害，根系发达。苗高100~150cm、地径1~2cm。

d）种植方式：穴状整地栽植。株距2m。

公路挖方边坡植物措施如图6-41所示。

图6-41　公路挖方边坡植物措施（二）

案例7：天定高速公路（甘肃省水土保持科学研究所提供，西北黄土高原区）

1. 实施地点

甘肃省定西市，公路边坡。

2. 项目概况

连霍国道主干线——天水至定西高速公路工程，由天水至定西主线和陇西至渭源连接线组成，全长235.068km，设计车速80km/h。全线有特大桥3142m（2座）、大桥17293.96m（57座）、中桥3519.22m（55座）、小桥373.87m（20座）、涵洞13334.81m（502道）、互通式立交14处、隧道（明洞）32662.6m（19座，单洞）、分离式立交20处、通道桥1788.4m（99座）、通道涵8078.58m（240座）、天桥475.18m（7座）、收费管理所2处、服务区3处、停车区1处。

3. 项目区概况

项目区地处内陆北温带，属陇中温带半湿润区，年平均气温5.7～11.0℃，年平均降水量425.1～538.4mm，最大冻土深度51～98cm。区内土壤主要有黄绵土、山地灰褐土、黑垆土、栗钙土等，沿线经过的植被带有森林草原、草原和荒漠草原。

4. 设计理念

对路堤、路堑的植物防护措施应以保护道路边坡、减少水土流失、恢复景观为主。

5. 措施设计

立地类型区：甘肃黄土丘陵沟壑区填方边坡区。

1）立地类型：坡度小于1∶5。

2）立地类型条件：无灌溉。

3）配置模式：菱形骨架+灌草防护。

a. 配置形式：菱形骨架内种植柠条、紫穗槐，株间撒播苜蓿。

b. 植物种类：柠条、紫穗槐、苜蓿、冰草等。

c. 苗木种子规格：灌木I级苗，地径不小于0.5cm；草种籽粒饱满，发芽率不小于95%。

d. 种植方式：骨架内全面整地，紫穗槐株行距0.8m×0.8m，苜蓿37.5kg/hm²。

天定高速公路填方边坡植物措施如图6-42所示，天定高速公路挖方边坡植物措施如图6-43所示。

图6-42 天定高速公路填方边坡植物措施　　图6-43 天定高速公路挖方边坡植物措施

案例8：宝兰客运专线（定西段）（甘肃省水土保持科学研究所提供，西北黄土高原区）

1. 实施地点

甘肃省定西市，铁路边坡。

2. 项目概况

宝兰客运专线东起宝鸡，西至兰州，线路全长401km，主要站点有宝鸡南站、东岔站（越行站）、天水南站、秦安站、通渭站、定西北站、榆中站、兰州西站，全线按国铁Ⅰ级、双线电气化设计。

3. 项目区概况

项目区为中温带半干旱区，降水较少，日照充足，温差较大，年平均气温6.3℃，年平均降雨量425.1mm，年平均蒸发量1526mm，最大冻土深度79.3cm。该区属于陇中黄土丘陵沟壑区，土壤主要有灰钙土、黄绵土、黑垆土等。植被类型为半干旱草原植被。

4. 设计理念

对路堤、路堑的植物防护措施应以保护道路边坡、减少水土流失、恢复景观为主。

5. 措施设计

立地类型区：甘肃黄土丘陵沟壑区挖方边坡区。

1）立地类型：坡度不小于1∶1.5（33.7°）。

2）立地类型条件：无灌溉。

3）配置模式：拱形骨架＋灌草防护。

a. 配置形式：路堑削坡开级，在拱型骨架的基础上，穴状栽种四翅滨藜。

b. 植物种类：四翅滨藜。

c. 苗木种子规格：四翅滨藜Ⅰ级苗，苗高0.2～0.15m，冠幅0.15～0.1m。

d. 种植方式：穴状整地栽植，株行距0.4m×0.4m。

宝兰客运专线公路填方边坡植物措施如图6-44所示。

图6-44　宝兰客运专线公路填方边坡植物措施

案例9：临渭高速公路（渭源段）（甘肃省水土保持科学研究所提供，西北黄土高原区）

1. 实施地点

甘肃省渭源市，公路边坡。

2. 项目概况

临洮至渭源段高速公路位于甘肃省中南部，全线采用双向四车道、全封闭、高速公路标准建设，设计时速 80km/h，路基宽 24.5m。工程主要由路基路面、桥隧、立交及附属设施等组成。

3. 项目区概况

项目区属陇中南部温带半湿润区，项目区多年平均气温 7.95℃，多年平均降水量 507～519mm，多集中于 7—9 月。全年盛行风向为东风与东南风，年平均风速 2.1m/s，最大冻土深度 114cm。该区土壤类型主要为黄绵土、黑垆土等。属森林草原植被带，以落叶阔叶林为主，但因破坏严重，目前只在石质山地残留有小片森林，其余多呈零星分布。

4. 设计理念

对路堤、路堑的植物防护措施应以保护道路边坡、减少水土流失、恢复景观为主。

5. 措施设计

立地类型区：甘肃黄土丘陵沟壑区挖方边坡区。

1）立地类型：坡度不小于 1：1.5（33.7°）。

2）立地类型条件：无灌溉。

3）配置模式。

a. 配置模式：工程骨架护面＋乔草防护。

a）配置形式：边坡工程骨架内植生袋、坡脚种植云杉。

b）植物种类：云杉、草地早熟禾、高羊茅、苜蓿、冰草等。

c）苗木种子规格：常绿树种，无病虫害，根系发达，带土球，苗高大于 120cm；草种籽粒饱满，发芽率不小于 95％。

d）种植方式：骨架内植生袋，草种 15～20g/m²。

b. 配置模式：种草护坡。

a）配置形式：边坡挂网种草。

b）植物种类：草坪草、苜蓿、冰草等。

c）苗木种子规格：草种籽粒饱满，发芽率不小于 95％。

d）种植方式：挂网喷播，草种 15～20g/m²。

临渭高速公路边坡植物措施如图 6-45 所示。

图6-45 临渭高速公路边坡植物措施

案例10：临汾绕城高速（G0501）工程（中国电建集团北京勘测设计研究院有限公司提供，西北黄土高原区）

1. 实施地点和部位

山西省临汾市，高速公路路堤边坡。

2. 项目概况

项目起点为洪洞县曲亭镇，终点为大运高速龙马枢纽。工程全长19.255km，路基宽度26m，全线采用双向四车道、高速公路标准建设，设计速度100km/h。

3. 项目区概况

项目区地处半干旱、半湿润季风气候区，属温带大陆性气候，年平均日照1748.4～2512.6h，年平均气温9.0～12.9℃，年降水量420.1～550.6mm，无霜期127～280d。

4. 设计理念

高速公路边坡的植物防护措施应以减少水土流失、恢复植被、种植灌草为主。

5. 措施设计

在公路路堤边坡营造灌木林，选用适宜当地生长的紫穗槐，在框格梁内撒播紫穗槐良种，播种量120kg/hm²。

临汾绕城高速公路边坡植物措施如图6-46所示。

图6-46 临汾绕城高速公路边坡植物措施

案例11：广东清远抽水蓄能电站（广东省水利电力勘测设计研究院）（广东省水利电力勘测设计研究院提供，南方红壤区）

1. 实施地点

广东省清远市清新县，进场公路边坡。

2. 项目概况

清远抽水蓄能电站拟装4台单机320MW水泵水轮发电机，总装机容量1280MW。枢纽建筑物主要由上（下）水库、引水系统、地下厂房洞室群、升压变电及交通工程等组成。上水库枢纽包括主坝1座、副坝6座、竖井泄洪洞、放水底孔及库周防渗工程；引水系统包括上（下）库进/出水口、引水及尾水隧洞、上（下）游闸门井、尾水调压井、引水及尾水支管、岔管等；地下厂房洞室群包括主、副厂房、母线洞、交通洞、自流排水洞、通风洞工程等；升压变电工程包括主变洞、高压电缆洞及开关站；交通工程包括进场公路及场内公路。

3. 项目区概况

站址位于清远市西面低山丘陵区，区内地形呈西北高东南低的趋势。属南亚热带季风气候，雨量充沛，年降雨量2179.9mm。项目区土壤分布以赤红壤为主，项目区地带性植被为南亚热带常绿阔叶林。

4. 设计理念

结合工程用地性质，灵活贯彻"破坏什么、恢复什么"的治理理念。公路边坡植物措施坚持生态效益优先的原则，在保证边坡稳定的前提下最大程度配置植物措施。

5. 措施设计

（1）挖方路基坡脚设计了攀援植物护坡方案，坡脚种植槽宽度20～50cm，扦插枝条间距20cm。

攀缘植物护坡绿化设计如图6-47所示。

（2）进场公路填方路段高约30m，坡比为1∶1.5。为控制水土流失、美化行车环境、增加地表覆盖，填方路基边坡采用M7.5浆砌石格状框条植草综合护坡，框架采用菱形，框架宽度30cm，框架平行边间距2m，格子内填土厚度30cm，铺草皮。

填方边坡绿化施工图如图6-48所示，框架植草护坡如图6-49所示。

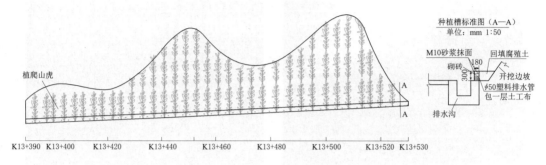

图 6-47　攀缘植物护坡绿化设计

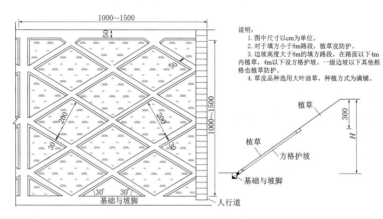

图 6-48　填方边坡绿化施工图

图 6-49　框架植草护坡

案例 12：新建铁路贵阳至南宁客运专线（广东省水利电力勘测设计研究院提供，南方红壤区）

1. 实施地点

广西壮族自治区南宁市，路基边坡。

2. 项目概况

线路自贵广铁路龙里北站引出，经昌明至都匀，后经武鸣至三塘，进入南宁枢纽，引入南宁东站。新建正线长度 482.332km。土建工程包括路基、轨道、桥梁、隧道、站场等主体工程、给排水工程、房屋电力线路等附属工程、弃渣场、取土场、施工便道、施工生产生活区等大临工程。

3. 项目区概况

项目所在区域属亚热带季风气候，年平均气温 14.8～21.8℃，年平均降雨量 1094.2～1795.3mm，多年平均蒸发量 776.0～1609.3mm，不小于 10℃有效积温 4811～6001.1℃。

4. 设计理念

贯彻"以人为本，人与自然和谐共处，可持续发展"的理念，在维护和提高生产力的基础上，在考虑综合开发利用的同时，要注重对环境的保护。植物措施要尽量选用乡土树种，并要考虑与周围景观相协调的美化效果。

5. 措施设计

路堤边坡高度 H 大于 3m 时采用撒草籽间种灌木防护，并间隔一段距离设置排水槽。碎石类土填筑地段，采用土工网垫客土植草防护。路堤边坡高度 H 不小于 3m 时，采用人字形截水骨架内撒草籽间种灌木护坡，碎石土填筑地段采用人字形截水骨架内客土植灌草防护（客土厚度 20cm）；土质、岩层风化带及软质岩作填料的路堤，除采用本条路堤边坡防护措施外，当路堤边坡高度不小于 6m 时（与既有线并行地段路堤边坡高度不小于 3m 时），其路堤边坡应采用双向土工格栅分层加固。边坡高度小于 10.0m，幅宽为 3.0m，大于 10.0m 时，幅宽为 4.0m，竖向间距为 0.6m。硬质岩作填料的路堤，坡面采用 0.3m 厚的码砌片石铺砌，宜采用骨架内客土植灌草、喷播植草进行绿化防护。当景观绿化要求较高时，采用骨架护坡内客土灌草防护、三维土工网垫植草护坡或于路堤坡脚及边坡平台处设培土槽种植灌草防护相结合的方式。

路堤边坡绿化设计如图 6-50 所示，路堤边坡绿化如图 6-51 所示。

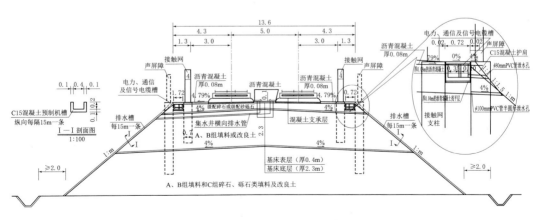

图 6-50　路堤边坡绿化设计图

图 6-51　路堤边坡绿化

案例 13：钦州热电厂一期工程（广东省水利电力勘测设计研究院提供，南方红壤区）

1. 实施地点

广西壮族自治区钦州市钦州港金谷石化工业园，厂区边坡。

2. 项目概况

项目建设 $1 \times 350MW$ 级超临界抽凝机组＋$2 \times 50MW$ 级抽汽背压机组及相应公用设施，电厂工程等级属大型电厂工程。工程主要由电厂厂区、进厂道路、输煤栈桥、卸煤码头和施工生产生活区组成。

3. 项目区概况

项目区属于亚热带海洋性季风气候区，多年平均气温 22.1℃，年平均降雨量 2170.9mm，年平均蒸发量 1694.9mm，多年平均风速 2.6m/s。

4. 设计理念

坚持重点与一般防护相结合的原则。实行临时性水土保持措施与永久性水土保持措施相结合、工程措施与植物措施相结合的原则，建立完整的水土流失防治体系，有效防止项目建设造成的各种新增水土流失的发生。

5. 措施设计

钦州热电厂一期工程厂址平整后场地北侧形成少量填方边坡区，边坡高度 1～5m。

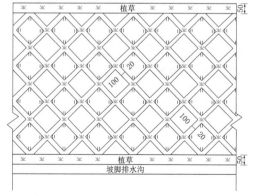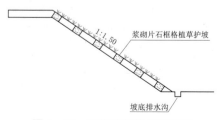

图 6-52　浆砌片石框植草护坡平面图　　　　图 6-53　框格植草护坡断面图

主体设计中坡面防护采用浆砌片石框格植草护坡，边坡坡比为1：1.5，坡脚设排水沟，坡面采用M7.5水泥砂浆砌片石护砌。

浆砌片石框植草护坡平面图如图6-52所示，框格植草护坡断面图如图6-53所示，边坡绿化如图6-54所示。

图6-54 边坡绿化

案例14：溧阳至宁德高速公路（G4012）浙江景宁至泰顺段工程（广东省水利电力勘测设计研究院提供，南方红壤区）

1. 实施地点

浙江省丽水市景宁县，道路边坡。

2. 项目概况

溧阳至宁德高速公路（G4012）浙江景宁至泰顺段工程位于浙江省丽水市东南部、温州市中南部。线路全长125.972km，采用高速公路标准，双向四车道，设计行车速度80km/h，路基宽度24.5m。工程主要包括路基工程、桥梁工程、隧道工程、互通及沿线设施、弃渣场、改移工程、施工便道、施工场地、临时堆土场和中转料场等。

3. 项目区概况

项目区属亚热带季风区，温暖湿润，雨量充沛，四季分明。景宁县年均气温12.8～17.5℃，年降水量1650mm，年蒸发量760～1100mm。文成县年均气温11.5～18.3℃，年降水量1885mm，年蒸发量750～1200mm。泰顺县年均气温17.6℃，年降水量为1589mm，年蒸发量1100mm，年平均风速1.6～3.0m/s。

4. 设计理念

树立人与自然和谐相处的理念，尊重自然规律，注重与周边景观相协调。各项水土保持措施要尽量与周边自然景观相协调，注重近自然设计、柔性设计；重视绿化美化，建设优良的生态环境。

5. 措施设计

溧阳至宁德高速公路（G4012）浙江景宁至泰顺段工程，填方路堤部分采用浆砌石框格植草进行防护，部分受限制无法放坡路段则采用挡墙支挡。挖方路基土质边坡：土质挖方边坡视坡率及高度采用不同措施，低于15m的边坡采用了浆砌石框格植草防护，高于15m的边坡采用了锚杆框格植草防护；土质边坡要求坡率不陡于1：1.0，以利于边坡绿化。岩质边坡：采用锚杆框格植草防护和厚层基材植被护坡等绿化形式。为利于绿化，岩质边坡除挡土墙收坡路段外，坡率一般不陡于 1：0.5。厚层基材植被护坡工艺包括边坡清理、锚钉或锚杆设置、挂网、混合基材喷播、养护管理等。

路基框格植草护坡平面图如图 6-55 所示，路基框格植草护坡剖面图如图 6-56 所示，路基厚层基材护坡剖面图如图 6-57 所示，厚层基材植物护坡大样图如图 6-58 所示，道路绿化如图 6-59 所示，边坡绿化如图 6-60 所示。

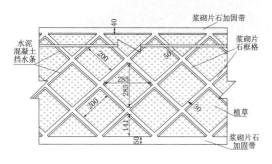

图 6-55　路基框格植草护坡平面图

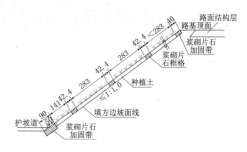

图 6-56　路基框格植草护坡剖面图

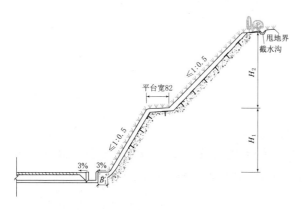

图 6-57　路基厚层基材护坡剖面图

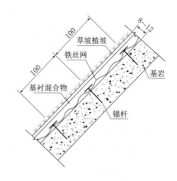

图 6-58　厚层基材植物护坡大样图

图 6-59　道路绿化

图 6-60　边坡绿化

案例 15：杭州湾跨海大桥北岸接线工程（长江科学院提供，南方红壤区）

1. 项目实施地点

浙江省嘉兴市嘉善县、海盐县。

2. 项目概况

工程起于嘉兴市嘉善县规划的嘉通高速公路与沪杭高速公路的节点，终于嘉兴市海盐县郑家埭杭州湾跨海大桥工程起点，线路全长 24.78km。采用六车道、全封闭、全立交的高速公路标准，设计速度 120km/h，路基宽度 35.0m。

3. 项目区概况

项目区地处亚热带季风气候区，年平均气温 15.8℃，年平均降水量 1220mm。线路经过地段属平原地貌，公路沿线土壤类型主要为水稻土，质地疏松，土壤熟化程度高，保水保肥性好。

4. 措施设计

（1）植物种选择。乔木：香樟、银杏、鹅掌楸、栾树、广玉兰等；灌木：紫叶李、金边黄杨、迎春、红叶石楠球、铺地柏、月季等；草本：美人蕉、白三叶、早熟禾、结缕草等。

（2）植物配置。

1）路基两侧：公路用地范围内采用行植乔木＋撒播草籽的绿化模式，乔木采用香樟、鹅掌楸、栾树等，单行栽植，株距一般 3.0m，草皮采用结缕草，全面撒播建坪。

2）路堤边坡：高差较大的路段采用框格植草护坡，草种选用早熟禾，框格内孤植灌木，灌木选择石楠、迎春、小叶黄杨等。

杭州湾跨海大桥北岸接线工程公路边坡植物措施如图 6-61 所示。

图 6-61 杭州湾跨海大桥北岸接线工程公路边坡植物措施

案例 16：兰州至海口高速公路川甘界至广元段（中国电建集团成都勘测设计研究院有限公司提供，西南紫色土区）

1. 实施地点和部位

四川省广元市青川县，公路边坡。

2. 项目概况

兰州至海口高速公路川甘界至广元段线路全长 66.162km，起于四川省与甘肃省交界处——将军石，接甘肃大（岸庙）至姚（渡）高速公路路线终点。主要由路基路面、桥梁、隧道、涵洞、互通式立交、收费站及安全设施等主要建筑物和施工道路、施工生产生活区、弃渣场、料场等施工临时设施组成。

3. 项目区概况

工程区地处四川盆地北部边缘龙门山北部山区，多年平均降雨量 1020.2mm，地带性土壤为黄壤。地带性植物以常绿阔叶林为主，主要树种有马尾松、冷杉、云杉，灌木以杜鹃为主。利州区区域植被类型为湿润森林植被、常绿阔叶林植物，林草植被覆盖率 32.65% 左右。

4. 设计理念

设计过程中尊重当地生态发展现状，因地制宜，合理布置；植物以乡土植物种为主；在植物配置过程中，通过不同乔、灌、草、藤本、地被植物的合理搭配，增加生物多样性和生态景观层次性。

5. 措施设计

立地类型：土石混合边坡。

1）立地类型条件：洒水车喷灌，天然降水。

2）配置模式：种植乔木＋种植灌木＋撒播草籽（多用于低边坡和缓边坡）；种植藤本＋撒播草籽；撒播灌草籽。

a. 配置形式：生态恢复，以撒播灌草为主，配置少量乔木。

b. 植物种类：乔木主要为刺槐、扁柏、桑树；灌木主要为紫穗槐、马甲子、盐肤木、胡枝子、火棘、法国冬青、马桑、杜鹃、木豆、多花木蓝；藤本主要为：常春油麻藤、葛藤、迎春；草本植物则主要为马尼拉草、狗牙根、高羊茅、三叶草、黑麦草、芒草、芭茅、喜旱莲子草、白茅、苜蓿。

c. 苗木种子规格：苗木无病虫害和各类伤，根系发达，带土球；乔木胸径不小于 5cm，树高不小于 2.5m；灌木地径不小于 2cm；藤本植物藤长不小于 50cm，草种籽粒饱满，发芽率不小于 95%。

图 6-62　路堑边坡框格梁防护及植物措施　　　　图 6-63　路堑边坡防护及植物措施

d. 种植方式。

a）整地方式：场地平整，栽植时利用洒水车喷灌。

b）种植密度：坡脚及缓坡区种植少量乔木，种植间距 5～8m；灌木零星种植；坡脚及马道种植藤本，间距 0.5～1m；草种播种量 15～20g/m²。

对于高陡边坡而言，植被配置时，需结合工程措施同步进行。

路堑边坡框格梁防护及植物措施如图 6-62 所示，路堑边坡防护及植物措施如图 6-63 所示。

案例 17：G12 乌兰浩特至石头井子（蒙吉界）段高速公路乌兰浩特东互通收费站、白音乌苏互通收费站工程（北京林业大学提供，北方风沙区）

1. 实施地点

内蒙古自治区乌兰浩特市，路基路堤、路堑边坡。

2. 项目概况

G12 乌兰浩特至石头井子（蒙吉界）段高速公路中的乌兰浩特东互通收费站、白音乌苏互通收费站工程为新建建设类项目，工程建设内容包括乌兰浩特东互通收费站、新建出行辅路及收费站管理区，白音乌苏互通收费站及管理区。

3. 项目区概况

项目区所在地位于内蒙古乌兰浩特境内，该市处于温带大陆性季风气候区，年降水量 373～467mm，年平均气温 4～6℃。大部地区全年无霜期 120～140d。

4. 设计理念

以"坚持科学发展观、人与自然和谐相处"为水土保持的核心理念，充分考虑水土资源和环境的承载力，尽可能保护原地貌、植被，充分发挥生态的自我修复能力。

5. 措施设计

（1）路基路堤、路堑边坡现状：水土保持植物措施用紫穗槐、紫花苜蓿灌草结合防护；路基两侧种植樟子松、柳树等；施工便道及施工场地在施工结束后恢复植被，撒播紫

图 6-64　路堑植物措施

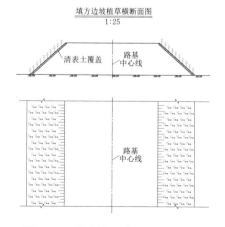

图 6-65　路基植物护坡措施设计图

花苜蓿、披碱草以及穴播柠条。

（2）新建道路边坡，工程项目方案补充设计植物护坡、撒播草籽、波斯菊。草种选择披碱草、蒙古冰草，均选择1级种。波斯菊采取撒播，规格为15kg/hm²。

路堑植物措施如图6-64所示，路基植物护坡措施设计图如图6-65所示，路基植物护坡措施设计图如图6-66所示。

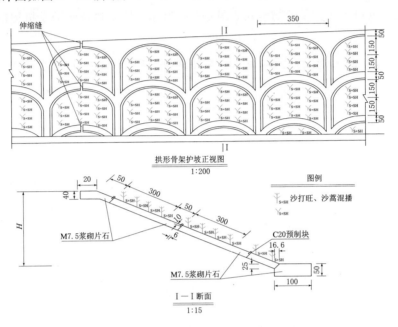

图6-66　路基植物护坡措施设计图

案例18：新建铁路大准至朔黄铁路联络线工程（北京林业大学提供，北方风沙区）

1. 实施地点

内蒙古中南部的和林格尔县、凉城县，山西省北部的右玉县、平鲁区、朔城区和神池县，路基路堑。

2. 项目概况

大准至朔黄铁路联络线工程项目为国铁Ⅰ级重载，特重型轨道，无缝线路；支线单线采用国铁Ⅱ级重载、特重型轨道、无缝线路，正线双线182.315km，支线单线12.9km。

3. 项目区概况

线路区域属大陆季风气候，年降水量409.4～487.8mm，年蒸发量1850～2290.6mm，年气温3.9～5.6℃，年风速1.8～3.4m/s。

4. 设计理念

把突出重点作为治理水土流失的第一理念，采取积极的生态防治措施，选取适合当地生长环境的优良树种、草种，用最恰当的方式，因地制宜地合理保护当地的自然生态环境。坚持综合治理的原则，结合项目不同防治区域的划分，遵循全面治理设计思路，合理布设各项防治措施，建立功能齐全、效果显著的水土保持综合防治体系，达到控制和防治新增水土流失的目的。

5. 措施设计

对路基及两侧进行了乔灌结合的植物措施设计，在草种上选择适合当地生长的沙打旺和紫花苜蓿实施混播，乔木树种选择刺槐，灌木选择柠条，采用株间混交的方式，株行距为3m×3m，路基边坡采用三维生态绿色边坡植草方式，即选择优良的沙打旺和紫花苜蓿混播的方式。

路堑综合护坡如图6-67所示，路堑植物措施如图6-68所示，路基综合护坡措施设计图如图6-69所示，路堑植物措施设计图如图6-70所示。

图6-67　路堑综合护坡

图6-68　路堑植物措施

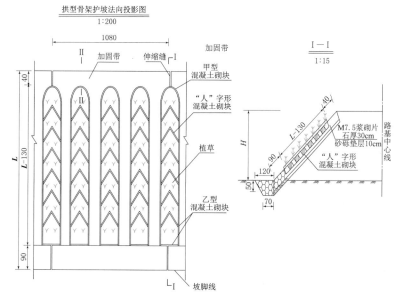

图6-69　路基综合护坡措施设计图

617

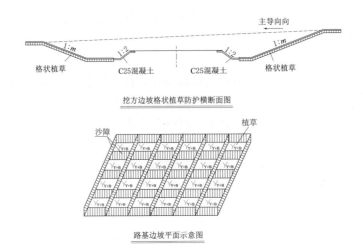

主导向向

1:m　　　1:2　　　1:2　　　1:m

格状植草　　C25混凝土　　C25混凝土　　格状植草

挖方边坡格状植草防护横断面图

沙障　　　　　　　　　植草

路基边坡平面示意图

图6-70　路堑植物措施设计图

案例19：新建铁路克拉玛依至塔城线铁厂沟镇至巴克图段（北京林业大学提供，北方风沙区）

1. 实施地点

新疆维吾尔自治区北疆地区克拉玛依市和塔城地区，路基路堑。

2. 项目概况

克拉玛依至塔城线铁厂沟镇至巴克图段铁路为新建国铁Ⅰ级铁路，线路全长173.118km。正线数目为单线，工程由路基工程、站场工程、桥涵工程、取土场工程、弃土场工程、施工便道、施工生产生活区等组成。

3. 项目区概况

新疆地处亚欧大陆的腹地，远离海洋，具有典型的内陆性气候特征。项目区所在地属中温带干旱气候区，年平均气温6.1（托里）～8.9℃（铁厂沟），年平均降水量128.2（铁厂沟）～289.9mm（塔城），年平均蒸发量1510.7（额敏）～2055.5mm（托里县），年平均风速2.4（额敏）～6.7m/s（玛依塔斯）。

4. 设计理念

（1）设计中坚持选用适应项目区内土壤、水分等自然条件的物种，选用根系发达、保水固土能力强、水土保持效果好的树种作为区间绿化树种。选择适应范围广、速生、树型美观、冠幅大、根系发达、抗污染、抗噪声和净化能力强的树种作为站区绿化树种。

图6-71　路堑综合护坡

（2）坚持工程建设及生产与保护水土资

源相结合的理念。各项水土保持措施的规划布设应从工程实际出发，因地制宜、因害设防，使各项措施具有较强的针对性和可操作性。

5. 措施设计

在绿洲区路基两侧撒草籽，配合骨架护坡和空心砖护坡形成综合防护，草种选择针茅草、芨芨草和猪毛草等，播种方式为植苗与草籽混播，选择Ⅰ级草籽种子。

路堑综合护坡如图6-71所示，路基植物护坡措施设计图如图6-72所示，路堑植物措施如图6-73所示。

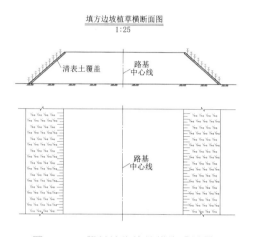

图6-72 路基植物护坡措施设计图

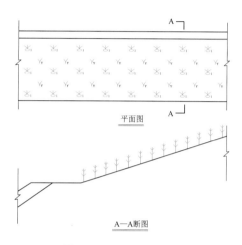

图6-73 路堑植物措施

案例20：林芝机场（西藏农牧院提供，青藏高原区）

1. 实施地点

西藏自治区林芝市米林县，机场道路边坡。

2. 项目概况

林芝米林机场航站区改扩建工程包括站坪工程、航站楼工程、货运区工程、供电工程、机场消防救援工程、给排水工程、供暖、制冷和燃气工程、辅助生产、办公与生活服务设施、道路广场、景观绿化等建设内容。

3. 项目区概况

项目区属高原温带半湿润性季风气候，年均气温8.6℃，年均降水量660.4mm，年均蒸发量1723.5mm。项目区土壤类型主要为冲积土，分布在河谷阶地、山地坡脚，多发育于第四系冲积物、洪积物和坡积物，土壤有机质含量较高，呈酸性。植被类型主要为高山草甸和高山灌丛植被，植被覆盖率约60%。

4. 设计理念

因地制宜，将水土保持功能、生态绿化和安全防护结合在一起。植物设计上优先考虑近自然恢复模式，适地适树地选择植物搭配。平地恢复区，注重绿化与美化相结合，兼顾功能作用，在植物选择和搭配上，优选乡土植物，乔灌草相结合，兼顾色彩视觉效果。

5. 措施设计

（1）边坡植物措施。

1）在山坡开挖马道，夯实基础，并在马道上堆砌装有种子的生态袋。生态袋内装有土壤、缓释有机肥配制成的营养土，按照等高线方向将其堆砌在马道上，层层压实。生态袋中土壤现场攫取，混入缓释有机肥，保证生态袋中土壤有机质含量在 5%～10%，同时按照 1～2kg/100kg 的标准加入披碱草、紫羊茅或早熟禾，也可将各草籽按照 1：1 的比例混合加入，使土壤、有机肥和草籽均匀地混合在生态袋中。

2）在坡度平缓（小于 10°～15°），坡长小于 3m 的坡面上，平整坡面，采用混凝土网格式护坡方式，在网格中客土 3～5cm，撒播早熟禾、披碱草、紫羊茅或格桑花草籽。

3）在坡度大（大于 15°）、坡长长的地带（坡长大于 3m），削坡分级、平缓坡度、减少坡长，对削坡台阶进行硬化并修筑登高排水沟渠。坡面采取混凝土网格式护坡，在网格中撒播早熟禾、披碱草、紫羊茅草籽，并在网格中按照"品"字形种植高山松，株间距 1.5m。苗木选择地径 1～2cm、高度 1～2m 左右的健壮苗。

边坡植被恢复如图 6-74 所示，高等级公路路基边坡恢复如图 6-75 所示。

图 6-74　边坡植被恢复　　　　图 6-75　高等级公路路基边坡恢复

（2）平路基植物措施。在排水沟与路面连接处平整土地、播撒草种，草籽选用早熟禾、披碱草、紫羊茅、西藏苔草或格桑花，在沟沿远离公路一侧栽植樱花或红叶李、红叶石楠等极具美化也耐严寒的植物，樱花和红叶李苗木选择地径 3～5cm、高度 2～3m 的健壮苗。红叶石楠选择地径 3～5cm、高度 0.5～1m 的健壮苗，按照灌木培育模式栽植。

路基边樱花如图 6-76 所示，路基边格桑花如图 6-77 所示。

图 6-76　路基边樱花　　　　图 6-77　路基边格桑花

6.3 线性工程（道路、管线）、施工营地等以生态恢复为主的区域

案例1：七台河市汪清水库除险增容扩建工程（黑龙江省水土保持科学研究院提供，东北黑土区）

1. 实施地点

黑龙江省七台河市，施工营地。

2. 项目概况

汪清水库位于七台河市勃利种畜场境内，处于挖金别河中游，水库总库容1145万 m³，工程为Ⅲ等工程。工程涉及枢纽工程区、管理单位、施工生产生活区、弃渣场、黏土料场和移民及专项设施改建区。

3. 项目区概况

项目区属于中温带大陆性季风气候区。年降水量548mm，年平均气温3.4℃左右；无霜期120d，最大冻土深度2.0m；年蒸发量674mm，年平均日照时数2493h，年平均风速3.9m/s。项目区土壤主要为暗棕壤，植被类型为冷湿型温带针阔叶混交林。

4. 设计理念

施工营地在施工结束后，通过场地平整，以恢复原地貌为主，或结合附近景观，进行植物措施设计。植物种的选择以当地乡土植物种为主。

5. 措施设计

施工结束后，对施工生产生活区采取植物措施进行防护。平整土地，栽植灌草，灌木选择胡枝子，株行距1m×1m，草种为野牛草。

施工生产生活区灌草防护如图6-78所示，施工生产生活区撒播草籽如图6-79所示。

图6-78 施工生产生活区灌草防护

图6-79 施工生产生活区撒播草籽

案例 2：新建太原至焦作铁路（中国铁路设计集团有限公司提供，北方土石山区）

1. 实施地点

山西省晋城市高平市，施工区。

2. 项目概况

新建太原至焦作铁路主要位于山西省，线路途经山西省会太原市、晋中市、长治市、晋城市、河南省焦作市。工程主要技术标准为新建高速铁路，正线数目为双线，设计速度 250km/h。正线线路全长 358.76km。工程由路基防治区、站场防治区、桥梁防治区、隧道防治区、取土场防治区、弃土（渣）场防治区、施工便道防治区和施工生产生活防治区等组成。

3. 项目区概况

工程沿线地貌主要分为中低山丘陵区和平原区，属于暖温带半湿润大陆性季风气候，年平均风速 0.9～2.08m/s，年平均降水量 397.1～620.6mm，年平均气温 9.1～15.6℃，土壤最大冻土深度 0.2～0.8m，年平均蒸发量 1206.2～1774.6mm。沿线土壤类型多样，主要土壤类型为黄绵土、黑垆土、潮土、褐土等。

4. 设计理念

绿化方案采用园林绿化、乔灌草及花卉相结合的方式，在防治水土流失的同时美化环境。

5. 措施设计

绿化树种有法桐（胸径 11～12cm）、雪松（5m 以上）、大叶女贞（胸径 8～9cm）、黄山栾（胸径 11～12cm）、紫叶李（地径 7～8cm）、石楠（地径 7～8cm）、小叶女贞球（冠径 1.2～1.5m）、红枫（地径 5～6cm）、大叶黄杨球（冠径 1.2～1.3m）、淡竹（高 3m 以上）、丛生紫薇（冠径 0.8m 以上）、南天竹（2 年生，25 株/m²）、龙柏篱（冠径 0.3m 以上，修剪高度 0.5m，36 株/m²）、小叶女贞篱（冠径 0.3m 以上，修剪高度 0.5m，36 株/m²）、红叶石楠篱（冠径 0.3m 以上，修剪高度 0.5m，36 株/m²）、鸢尾（冠径 0.2m 以上，高度 0.2～0.3m，36 株/m²）。

神农隧道出口办公生活区绿化如图 6-80 所示，神农隧道 1 号斜井口如图 6-81 所示，神农隧道办公生活区绿化设计图如图 6-82 所示。

图 6-80　神农隧道出口办公生活区绿化　　　图 6-81　神农隧道 1 号斜井口

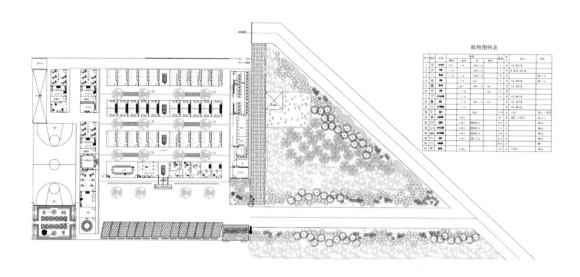

图 6 - 82 神农隧道出口办公生活区绿化设计图

案例 3：新建铁路北京至上海高速铁路（中国铁路设计集团有限公司提供，北方土石山区）

1. 实施地点

安徽省蚌埠市固镇县，固镇无渣轨道板厂。

2. 项目概况

新建铁路北京至上海高速铁路地处我国东部，北起北京，南至上海，线路全长 1308.598km，工程沿线经过北京市、天津市、河北省、山东省、江苏省、安徽省、上海市。其中山东省内正线长度 357.789km，经过德州市、济南市、泰安市、济宁市、枣庄市 5 个地市 17 个区县。设有主体工程防治区、取土场防治区、弃土（渣）场防治区和临时设施防治区。

3. 项目区概况

线路所经地区属暖温带亚湿润季风气候区，四季分明。春季干燥多风，夏季炎热多雨，秋季秋高气爽，冬季寒风凛冽。降水量多集中在 7—8 月，约占全年的 70%；大风多集中在 3—4 月。蚌埠市年平均降水量 905mm，年平均气温 15.1℃。

4. 设计理念

在轨道板厂使用期间，对可绿化区域进行植草绿化，既不影响工程施工，又能美化环境、防治水土流失。

5. 措施设计

对无渣轨道板厂场内空地进行植草绿化，在防治水土流失的同时也美化了环境。草种采用狗牙根、结缕草等，草种选用Ⅰ级种，植草密度 80kg/hm²。

轨道板厂植物措施如图 6 - 83 所示，轨道板厂植物措施设计图如图 6 - 84 所示。

图 6-83 轨道板厂植物措施

图 6-84 轨道板厂植物措施设计图

案例 4：新建蒙西至华中地区铁路煤运通道（中国铁路设计集团有限公司提供，北方土石山区）

1. 实施地点

河南省三门峡市陕州区，施工便道。

2. 项目概况

新建蒙西至华中地区铁路煤运通道工程（浩勒报吉至三门峡段）位于内蒙古自治区、陕西省、山西省、河南省境内，正线线路起于内蒙古自治区浩勒报吉站，途经内蒙古自治区鄂尔多斯市、陕西省榆林市、延安市、韩城市、山西省运城市，止于河南省三门峡市，跨越 4 省（自治区）6 市 14 县（市、区），长 662.00km（其中内蒙古自治区 172.15km，陕西省 321.58km，山西省 134.15km，河南省 34.12km）。线路整体呈南北向布设。

3. 项目区概况

工程沿线经过风沙区、黄土丘陵、黄土阶地、平原、土石山区。新乔隧道位于豫西黄土丘陵区，气候类型属暖温带大陆性季风气候。平均降雨量 564.8mm，平均蒸发量 1078.93mm，平均气温 14.4℃，平均风速 1.79m/s。土壤类型为塿土、潮土、冲积土等。项目区植被区划属于暖温带南部落叶栎林地带。人工栽培植物包括农作物、经济林、果木林、四旁林等。

4. 设计理念

在坡地上开挖施工便道是施工便道区新增水土流失发生的主要环节。施工便道内侧及开挖边坡下部设置排水系统；挖方边坡进行植草护坡；施工便道外侧和挖方边坡下部栽植乔灌。

5. 措施设计

新乔隧道施工便道内侧设置浆砌石排水沟，在开挖边坡下部设置盖板排水槽。在挖方边坡进行植草护坡，施工便道外侧和挖方边坡下部栽植 1 排乔木、1 排灌木。乔木选择侧柏，灌木选择大叶黄杨，草种选择禾草，效果较好。

施工便道边坡防护如图 6-85 所示。

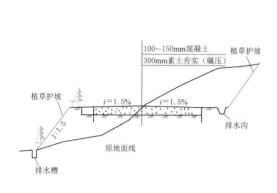

图 6-85 施工便道边坡防护

案例 5：庆阳石化公司（甘肃省水土保持科学研究所提供，西北黄土高原区）

1. 实施地点

甘肃省庆阳市，施工区。

2. 项目概况

中国石油庆阳石化公司位于甘肃省庆阳市西峰区董志塬工业园区内，是以石油炼制为主的石油化工生产企业，主要以石油炼制、石油助剂和石油化工为主，2010 年建成投产，一次加工能力为 300 万 t/a。工程由生产装置区、储运与附属设施区、辅助生产和动力区、生产管理区等组成。

3. 项目区概况

项目区属于典型的黄土高原沟壑区，地形平坦开阔。该区属温带大陆性季风气候，年均降雨量 576mm，年均蒸发量 1503.5mm，多年平均气温 9.7℃，极端最低气温－22.6℃，极端高温 36.4℃，不小于 10℃的活动积温 2783.6℃，多年平均无霜期 163d。年平均风速 2.4m/s。最大冻土深度 75mm。项目区土壤以黑垆土和黄绵土为主，植被类型为森林草原植被。

4. 设计理念

生产厂区和生产管理区的植物防护措施应以减少水土流失、抗尘减噪、减少污染和绿化美化为主要目的。

5. 措施设计

（1）立地类型条件：有灌溉。

（2）配置模式：种草防护。

1）配置形式：厂区预留地，雨季撒播草籽，促其自然恢复。

2）植物种类：冰草、狗尾草等。

图 6-86 预留区域植物措施

3）种子规格：草种籽粒饱满，发芽率不小于95％。

4）种植方式。

a. 整地方式：全面整地。

b. 种植密度：播种量37.5kg/hm²。

预留区域植物措施如图6-86所示。

案例6：西南地区某水电工程营地工程（中国电建集团成都勘测设计研究院有限公司提供，西南紫色土区）

1. 实施地点

四川省宜宾市，西南地区某水电工程施工营地、业主营地。

2. 项目概况

该工程为一等大（1）型工程，堤坝式开发，枢纽主要由挡水建筑物、泄洪消能建筑物、冲排沙建筑物、左岸坝后引水发电系统、右岸地下引水发电系统、通航建筑物和两岸灌溉取水口等部分组成。安装8台800MW混流式水轮发电机组，总装机容量6400MW。

3. 项目区概况

项目区属中山深丘地貌，为亚热带季风气候，年平均气温17.8℃，最冷月（1月）平均气温8.9℃，最热月（7月）平均气温26.7℃，极端最低气温－1℃，极端最高气温39.3℃，全年无霜期324d，年降雨量1179.6mm。项目区土层普遍较薄，一般厚度在30cm内，多含石砾土，土壤有机质含量偏低。该区为亚热带西部半湿润常绿阔叶林与亚热带东部湿润常绿阔叶林过渡地带，植被类型主要以灌木林、草丛为主。

4. 设计理念

（1）景观功能分区设计理念。业主营地为永久营地，除了常规生态恢复以外，还应兼顾景观的要求，需要采取景观绿化的方式进行生态恢复。施工营地为临时营地，主要采取常规生态恢复形式进行绿化。

（2）乡土植物设计理念。在生态恢复设计中选用乡土植物作为生态恢复材料，不仅容易成活、易于养护，同时还可以降低造价、节约投资。

5. 措施设计及效果

（1）立地类型：一般生态恢复区。工程完工后，针对施工营地内各项施工设备进行清理、撤离，采取常规生态恢复形式进行绿化。

1）立地类型条件：浇灌。

2）配置模式：乔木＋撒播植草；灌木＋撒播植草。

a. 配置形式：生态恢复，以草坪为主，四周等距栽植乔木或中间以一定形式散植小灌木点缀。

b. 植物种类：乔木以桤木、核桃、板栗、侧柏、桦木、杨树、合欢、刺槐、枫香、樟树、圆柏、黄荆、构树为主；灌木主要为三角梅、小叶女贞、紫薇、盐肤木、胡枝子、火棘、冬青、杜鹃；草本植物则主要为百喜草、狗牙草、黑麦草、芒草、芭茅、白茅、苜蓿。

c. 苗木种子规格：园林大苗，无病虫害和各类伤，根系发达，带土球。乔木胸径不小于 5cm，树高不小于 2.5m；灌木地径不小于 2cm。草种籽粒饱满，发芽率不小于 95%。

d. 种植方式。

a）整地方式：乔木、灌木采用穴状整地，撒播植草采用全面整地。栽植时拉水浇灌。

b）种植密度：乔木株距 5～8m；灌木种植密度 30～50 株/m^2；草种播种量 20～25g/m^2。

西南地区某水电工程施工营地植物措施如图 6-87 所示，西南地区某水电工程道路植物措施如图 6-88 所示。

图 6-87　西南地区某水电工程施工营地植物措施

图 6-88　西南地区某水电工程道路植物措施

（2）立地类型：办公美化区。针对业主营地，采取景观绿化形式进行生态恢复。

1）立地类型条件：喷灌、浇灌。

2）配置模式：该工程植物配置设计在空间上以"块状、线状、散点"等角度统筹安排，并与建（构）筑物相结合，利用各种种植类型，构造乔木+灌木+花+草园林景观式配置。

a. 配置形式：以草坪为主，四周等距栽植树木，或中间以一定形式散植树木、花卉、小灌木点缀。

b. 植物种类：乔木主要为小叶榕、杜英、红叶李、四季桂、香樟、银杏、水杉、三叶树、马尾松、油松、天竺桂；灌木主要为紫薇、黄花槐、腊梅、贴梗海棠、丁香球、金叶女贞、三角梅、杜鹃、山茶花、迎春、红继木、海桐球、十大功劳、南天竹；草本植物则主要为美人蕉、马尼拉草、狗牙根、黑麦草、紫花苜蓿。

c. 苗木种子规格：大苗，无病虫害和各类伤，根系发达，带土球。乔木胸径不小于7cm，树高不小于3.0m；灌木地径不小于2cm。草种籽粒饱满，发芽率不小于95％。

d. 种植方式。

a) 整地方式：全面客土整地，施肥、灌溉。

b) 种植密度：乔木株距3～5m；灌木种植密度30～50株/m^2；草种播种量15～20g/m^2。

西南地区某水电工程业主营地景观绿化如图6-89所示。

图6-89　西南地区某水电工程业主营地景观绿化

案例7：内蒙古扎鲁特至山东青州±800kV特高压直流输电工程（北京林业大学提供，北方风沙区）

1. 实施地点

内蒙古自治区通辽市扎鲁特旗，风沙区施工道路区、山丘区施工道路区、平原区扎鲁特换流站进站道路。

2. 项目概况

本工程属新建建设类项目，工程等级为特大型输电工程。本工程线路（含直流线路和接地极线路）沿线施工道路主要用来运输施工材料及施工器材，施工材料均就近采购，通过线路施工地点附近的国道、省道及县道运输至施工区。施工道路布设在线路沿线平地区、山丘区较陡地形区域，为减少地貌及植被的破坏只布设人抬道路。

3. 项目区概况

工程沿线地形主要为沙地、山丘和平原；气候类型主要为中温带半干旱和暖温带半湿润气候，年降水量 369.7～690mm，年蒸发量 1595～1989.7mm，年均风速 2～4.2m/s，不小于 10℃ 的多年平均积温 2665～4593.1℃，50 年一遇 24h 最大降水量 83.5～561.3mm，无霜期 106～206d，最大冻土深度 45～180cm。土壤类型主要有风沙土、栗钙土、草甸土、棕壤、褐土、沼泽土、潮土、滨海盐土和褐土等；植被类型主要有：内蒙古境内属内蒙古中部典型草原带，河北省和天津市境内主要植物以温带大陆性季风气候为代表的落叶阔叶林，山东省以温带针、阔叶树种为主。

4. 设计理念

（1）"因地制宜，因害设防"的原则。

（2）"适地适树"原则。根据立地条件选择适宜的树种，根据树种的生物学及生态学特性选择相应的立地类型。

（3）优先考虑乡土树种，注重绿化与美化相结合的绿化模式；对施原地貌部分为成片林地的区域，在施工结束后要对其进行林地恢复，乔木栽植株行间距为 2m×2m；灌木栽植株行间距为 1m×1m。

（4）坚持高标准整地，科学种植，提高造林成活率和保存率。

5. 措施设计

立地条件类型与树种选择。

（1）风沙区。施工道路区：土地整治后在草方格沙障内种草恢复植被，草籽选择沙蒿和草木犀 1∶1 混播。

（2）山丘区。施工道路区：施工结束后根据原地貌占地类型恢复植被，草籽选择羊草和草木犀 1∶1 混播。

（3）平原区。扎鲁特换流站进站道路：草籽选择羊草和草木犀 1∶1 混播。

山丘区施工道路植物措施如图 6-90 所示。

图 6-90　山丘区施工道路植物措施

案例8：七台河市汪清水库除险增容扩建工程（北京林业大学大学提供，北方风沙区）

1. 实施地点

七台河市，施工区。

2. 项目概况

汪清水库位于七台河市勃利种畜场境内，处于挖金别河中游，原设计是一座以灌溉为主，兼顾防洪、养鱼的中型水库。水库总库容1145万 m^3。工程等别属Ⅲ等工程。工程涉及枢纽工程区、管理单位、施工生产生活区、弃渣场、黏土料场和移民及专项设施改建区。该水库施工生活区、混凝土拌和系统、木材加工厂、钢筋加工厂、混凝土预制构件厂、机械修配厂及空压站等施工生产生活区均设管理单位一侧，占地2.21hm²，属水库管理征地范围。

3. 项目区概况

项目区属于中温带大陆性季风气候区。多年平均降水量在548mm，50年一遇最大24h降雨量为170.02mm，多年平均气温3.4℃左右；无霜期120d，最大冻土深度2.0m；年蒸发量674mm；年平均风速3.9m/s。项目区土壤主要为暗棕壤，植被类型属冷湿型温带针阔叶混交林。

4. 设计理念

施工区植物措施设计主要以有效防止水土流失为目的。

5. 措施设计

施工结束后，对施工生产生活区采取植物措施进行防护。对占地区域平整土地，栽植灌草防护，灌木为胡枝子，株行距1m×1m，草种为野牛草。

施工生产生活区植物措施如图6-91所示。

图6-91　施工生产生活区植物措施

6.4 厂区、生产生活区等以功能型与美观型为主的区域

案例1：华能伊春"上大压小"热电联产（2×350MW）新建工程（黑龙江省水土保持科学研究院提供，东北黑土区）

1. 实施地点

黑龙江省伊春市，厂区。

2. 项目概况

工程新建2×350MW超临界燃煤供热机组及其配套工程，工程建设内容包含厂区、贮灰场、进站道路及中水供水管线。主要分为配电装置区、水务区、主厂房区、卸贮煤设施区及辅助和附属区。主要建（构）筑物主要包括主厂房、集控楼、开关站、除尘装置、脱硫装置、贮煤场、冷却塔、烟囱、循环水泵房等。

3. 项目区概况

工程位于黑龙江省伊春市乌马河区境内，属中温带大陆性季风气候，年平均气温1.6℃，多年平均不小于10℃积温2180℃，最大冻土深度2.6m，无霜期125d，年平均降水量652mm，年均蒸发量1022mm，年平均风速1.75m/s。主要土壤为暗棕壤、沼泽土、草甸土等，植被类型为针阔混交林。

4. 设计理念

厂区绿化是为了改善工厂生产环境、美化厂容，按照庭园绿化设计种植草坪，结合栽植乔木、灌木的方法。遵循植物措施的配置要与环境相协调的原则，选择树形美观、卫生的树种，同时注意层次上的协调搭配。

5. 措施设计

在办公楼前布置装饰性绿地，绿地为被矮栏杆包围的绿色草坪，在草坪上种植常绿树种，要根据办公楼的阴阳面选用不同的品种，植物配置采用自然恢复。在办公楼侧面和后面种植绿化树种。乔木选择复叶槭、圆柏、侧柏等；灌木选用丁香、刺玫、榆叶梅；花卉选择美人蕉、串红等。

厂区主厂房周围绿化如图6-92所示，厂区配电装置区绿化如图6-93所示。

图6-92 厂区主厂房周围绿化　　　　图6-93 厂区配电装置区绿化

案例 2：火电工程建设项目植物措施（北京林业大学提供，北方风沙区）

1. 实施地点和部位

内蒙古锡林郭勒盟正蓝旗上都镇，电厂厂区。

2. 项目概况

该工程为华北地区的内蒙古上都发电有限责任公司三期（2×600MW 机组）工程，位于内蒙古锡林郭勒盟正蓝旗上都镇建设区域。由于厂内很多公用设施在一期已一次建成，因此厂区占地较小，主要分为主厂房区、煤场区、厂区道路和办公区。

3. 项目区概况

项目区属中温带大陆性气候，年平均气温为 1.5℃，1 月平均气温 −18.3℃，全年降雨量 365.1mm，全年无霜期 104d，冬天有 180d 的冰雪期。土壤类型以栗钙土为主，植被类型为典型的草原植被，由丘陵和丘间平地植被组成。

4. 设计理念

厂区植物措施设计理念除了要满足水土保持要求外，还需满足绿化美化、营造宜居环境等特殊功能需求。

5. 措施设计

（1）主厂房区选择丁香、玫瑰，既要注意与厂区整体绿化相协调，又要注意植物的防噪能力；升压站区的防护以硬化为主，绿化主要布设在外围空地上并以根系浅的灌木和草坪为主，防雷电袭击，增加绿化美化效果。

（2）综合办公区绿化以种草坪和绿篱为主，在绿化草树种选择上，花灌木以丁香为主；草坪以早熟禾、野牛草为主。楼前基础种植应该将行人与楼下办公室隔离开，以保证室内安静；楼后空地较大，以绿化美化为主。

主厂房区植物措施如图 6-94 所示，储煤场周边植物措施如图 6-95 所示。

图 6-94　主厂房区植物措施　　　　　　　图 6-95　储煤场周边植物措施

案例3：甘肃永登水泥厂（甘肃省水土保持科学研究所提供，西北黄土高原区）

1. 实施地点

甘肃省永登县，厂区。

2. 项目概况

甘肃祁连山水泥集团股份有限公司永登水泥厂，位于甘肃省永登中堡镇，项目建设规模为建设一条4500t/d熟料新型干法水泥生产线，年产熟料139.5万t，年产水泥197万t，余热电站装机容量9MW，年发电量5085.5万kW·h。该项目由生产厂区、施工生产生活区组成，生产厂区包括生产区、碎石输送栈桥、9MW余热电站、堆料场、破碎车间等；施工生产生活区包括材料临时堆放、加工场地和临时生活区等。

3. 项目区概况

项目区位于陇中黄土丘陵沟壑区，占地为原粘土矿采空区和荒地，地形平坦。属温带干旱气候，多年平均气温6.7℃，多年平均降水量309.5mm，年均最大24h降水量30mm，年均最大1h降水量16.5mm，10年一遇最大1h降水量24.4mm，年均蒸发量1879.7mm。最大冻土深度146cm；平均风速2.3m/s，最大风速20m/s。土壤类型以黄绵土为主。天然植被属荒漠草原植被类型。

4. 设计理念

生产厂区、施工生产生活区的植物防护措施应以减少水土流失、抗尘减噪、减少污染和绿化美化为主要目的。

5. 措施设计

（1）立地类型：甘肃黄土丘陵沟壑区办公美化区。

1）立地类型条件：有灌溉。

2）配置模式：乔木＋灌木＋草景观配置。

a. 配置形式：路边条状绿地，栽植绿篱，中间种植三叶草，其上配置常绿乔木和草花；围墙边种植高大乔木。

b. 植物种类：乔木主要为旱柳、杨树、云杉；灌木主要为枸杞、小榆树等；草本主要为百日菊、三叶草等。

c. 苗木种子规格：大苗，无病虫害，根系发达，带土球。乔木胸径3～5cm，树高不小于2.5m；常绿树种苗高大于150cm，带土坨；灌木地径不小于1.5cm。草种籽粒饱满，发芽率不小于95％。

d. 种植方式。

a）整地方式：全面客土整地，施肥、灌溉。

b）种植密度：云杉株距5m，绿篱株行距0.5m×0.5m，三叶草5g/m²。

办公区植物措施如图6-96所示。

（2）立地类型：甘肃黄土丘陵沟壑区滞尘区。

图 6-96　办公区植物措施

1）立地类型条件：有灌溉。

2）配置模式：乔木＋灌木＋草配置。

a. 配置形式：路边绿地，根据空间位置选择枝叶繁茂的乔灌和草本种植搭配。

b. 植物种类：乔木主要为刺槐、杨树、旱柳、刺柏；灌木主要为枸杞、小榆树；草本主要为景天、冰草、高羊茅等。

c. 苗木种子规格：园林大苗，无病虫害和各类伤，根系发达。乔木胸径不小于 5cm，树高不小于 3.0m；常绿树种苗高大于 150cm，带土球；灌木地径不小于 1.5cm；景天采用分株苗；草种籽粒饱满，发芽率不小于 95%。

d. 种植方式。

a）整地方式：全面客土整地，施肥、灌溉。

b）种植密度：乔木株距 4～6m，绿篱株行距 0.5m×0.5m，景天 0.3m×0.3m。草坪草 15～20g/m²。

生产厂区植物措施如图 6-97 所示。

图 6-97　生产厂区植物措施

案例4：太钢（集团）袁家村铁矿工程（中国电建集团北京勘测设计研究院有限公司提供，西北黄土高原区）

1. 实施地点和部位

山西省吕梁市岚县，厂区。

2. 项目概况

袁家村铁矿设计规模为年采剥总量8580万t，采选铁矿石2200万t、产精矿粉741.8万t，矿区面积8.447km²，主要由采矿场、废石场、尾矿库、采矿工业场地、选矿工业场地、混装制备厂、爆破器材库、办公区组成。

3. 项目区概况

项目区属温带大陆半干旱季风气候区，多年平均气温6.9℃，极端气温最高36.4℃，最低－30.5℃；降雨多集中在7—9月，降雨量占全年的63%，多年平均降水量537.9mm，年平均蒸发量1865.1mm；全年无霜期126d；最大冻土深度124cm；年平均风速2.4m/s，主导风向为西风，多年平均大风日数19d。

4. 设计理念

厂区绿化应以防治水土流失为前提，结合工程区的绿化美化需要，达到良好的景观效果。

5. 措施设计

道路两侧设施行道树，空地采取乔灌草植物配置。乔、灌木采用穴状整地，乔木整地规格140cm×150cm，灌木整地规格90cm×90cm，植物篱采用带状整地，整地规格50cm×60cm。乔木林采用3~5年生壮苗，每穴一株；灌木选用2~3年生壮苗。乔木选择新疆杨、桧柏、油松、紫叶李、侧柏、国槐等；灌木选择红刺玫、连翘、月季、榆叶梅等；草种选择早熟禾、披碱草。

道路两侧植物措施如图6-98所示，厂区门口植物措施如图6-99所示。

图6-98 道路两侧植物措施

图6-99 厂区门口植物措施

案例 5：上海吴泾热电厂老厂改造工程（长江科学院提供，南方红壤区）

1. 项目实施地点

上海市闵行工业区，厂区。

2. 项目概况

上海吴泾热电厂老厂改造工程在吴泾热电厂老厂拆除土地上进行建设，建设规模为新建 8 号、9 号 2 台 300MW 供热机组。建设内容包括主厂房、煤场、煤码头、循环水系统、灰渣系统、脱硫和化水设施、脱硝场地、净水站和消防站等。

3. 项目区概况

项目区属长江三角洲河口、滨海相冲积平原，地势平坦；项目区属亚热带季风气候区，多年平均气温 16.1℃，多年平均降水量 1174.9mm，多年平均蒸发量 1379.0mm。土壤类型为水稻土、潮土、红壤土和滨海盐土，土层有机质含量较高；项目区属亚热带常绿阔叶林带；老厂人工栽植了绿化林木，有苏铁、香樟、广玉兰、盘槐、水杉、罗汉松、棕榈、雪松、侧柏、红枫和小叶黄杨等。

4. 设计理念

办公生活区植物措施设计考虑以景观功能为主，采用乔灌草综合配置，达到良好的景观效果；生产区主要考虑环保和安全功能，采用乔木＋草皮的绿化方式，树草种选用具有良好的降尘效果，能吸收有毒有害气体的植物。

5. 措施设计

（1）乔木树种：香樟、苏铁、广玉兰、罗汉松、棕榈、雪松、侧柏、红枫。

（2）灌木树种：金叶女贞、小叶黄杨。

（3）草本植物：狗牙根草。

（4）配置方式：香樟作为行道树在道路两侧行植，株距 3m；苏铁、广玉兰、罗汉松、棕榈、雪松、侧柏、红枫等树种孤植造景；金叶女贞球、小叶黄杨球以孤植或丛植点缀于厂区内；小叶黄杨亦作为绿篱栽植于建筑物四周、围墙周边；场地内全面铺狗牙根草皮作为地被。

主厂区右侧绿化如图 6 - 100 所示，主厂区后方道路两侧绿化如图 6 - 101 所示。

图 6 - 100　主厂区右侧绿化　　　　　图 6 - 101　主厂区后方道路两侧绿化

案例 6：浙北—福州特高压交流工程（长江科学院提供，南方红壤区）

1. 项目实施地点

浙江省湖州市、杭州市、绍兴市、金华市、丽水市、福建省宁德市、福州市，变电站内。

2. 项目概况

工程建设规模为 1000kV 双回路，起于浙江省湖州市浙北变电站，终于福建省福州市福州变电站，中间分别在浙江省湖州市、金华市、丽水市和福建省福州市扩建浙北变电站、新建浙中、浙南和福州变电站。线路总长度为 2×587km，其中浙北至浙中段线路长度为 2×194km，浙中至浙南段线路长度为 2×118km，浙南至福州段线路长度为 2×275km。浙江境内线路长度为 2×416km，福建境内线路长度为 2×171km。新建塔基 2126 个。

3. 项目区概况

浙北—浙中段线路沿线地形以低山丘陵为主，地形起伏变化较大，仅局部地段为狭长的沟谷平地；浙中—浙南段线路主要为低山地貌，局部为丘陵，沿线山体较为平缓；浙南—福州段线路大部分为高、中、低山和丘陵地区，地形起伏较大。项目区属中、北亚热带湿润季风气候，多年平均气温 16.7～19.3℃，多年平均降水量 1210.3～2013.8mm。线路所经区域土壤有山地黄棕壤、丘陵水稻土、姜黑土、石灰土、潮土和紫色土等。项目区植被类型属北、中亚热带阔叶林，植被覆盖面积 50.8%～79.7%。原地貌侵蚀强度为微度，原生土壤侵蚀模数为 400t/(km²·a)。

4. 植物种选择及配置方式

（1）灌木树种：红叶石楠、小叶黄杨、紫叶李、红檵木、紫薇、杜鹃。

（2）草本植物：白三叶、狗牙根。

（3）配置方式：变电站内道路两侧行植紫薇、红叶石楠球，株距 3m～5m；办公楼周边孤植或丛植紫叶李、小叶黄杨、红檵木、紫薇、杜鹃等；变电站办公生活区周边地被植物采用白三叶或狗牙根；生产区周边撒播狗牙根草籽绿化；弃土场顶部及堆渣边坡混播白三叶和狗牙根草籽恢复植被。

浙北变电站电抗区绿化如图 6-102 所示，浙中变电站站前区绿化如图 6-103 所示。

图 6-102　浙北变电站电抗区绿化

图 6-103　浙中变电站站前区绿化

案例7：西南地区某水电工程鱼类增殖站工程（中国电建集团成都勘测设计研究院有限公司提供，西南紫色土区）

1. 实施地点

四川省宜宾市，工程施工区。

2. 项目概况

该工程为一等大（1）型工程，堤坝式开发，枢纽主要由挡水建筑物、泄洪消能建筑物、冲排沙建筑物、左岸坝后引水发电系统、右岸地下引水发电系统、通航建筑物和两岸灌溉取水口等部分组成。安装 8 台 800MW 混流式水轮发电机组，总装机容量 6400MW。该工程鱼类增殖站场地占地面积为 2.67hm²，呈不规则多边形。

3. 项目区概况

项目区属中山深丘地貌，为亚热带季风气候类型，具有立体气候特征、盆地气候属性。年平均气温 17.8℃，最冷月（1 月）平均气温 8.9℃，最热月（7 月）平均气温 26.7℃，极端最低气温 −1℃，极端最高气温 39.3℃，全年无霜期 324d，年降雨量 1179.6mm。项目区各类土壤土层普遍较薄，一般厚度在 30cm 内，且土壤的质地粗糙，含石砾土的面积大，分布广，土壤的有机质含量普遍偏低。

4. 设计理念

（1）景观设计原则。景观设计强调人文环境、地域自然特色、工程设计三者结合，并将其理念融入具体设计中，体现工程设计景观之美。

1）自然性原则。本工程景观设计力求自然、大方，尽量避免出现过多人工雕琢痕迹和繁缛的景观堆砌。

2）景观协调性原则。

a. 鱼类增殖站建（构）筑物整体风格应体现当地民居风格，颜色、造型、材质的选择应与当地地域特色协调一致。

b. 饵料池、生态鱼池、野化池防渗边墙采用半地埋式，减少露出地面部分，使工程与周围景观完美融合。

3）景观文化性原则。景观是文化的一部分，本工程景观设计应注重融入文化元素。通过对地域及企业文化素材的收集、整理和提炼，把文化素材转化为设计符号，结合鱼类增殖站的布置配置各式具有文化特色的景观小品。如在增殖站大门口设置宣传牌，通过各式图片及文字介绍，加强保护珍稀鱼类的宣传和科学普及；在每个分区设置景观标志牌，介绍本分区建（构）筑物组成、植物品种的选择等。

（2）植物配置原则。植物配置与鱼类增殖站内各建（构）筑物、水景等相结合，利用各种植物类型，创造四时烂漫、生物多样、层次丰富、色彩斑斓的生态植物景观，具体应遵循以下原则。

1）功能性、安全性原则。在植物选择和配置时，应充分满足鱼类增殖站的生产、检修、运输、安全及卫生要求，避免与建筑物、构筑物、地下设施的布置相互影响。各鱼池构筑物、建筑物四周种植植物应保留足够的安全距离，露天池四周应尽量选用常绿品种。

2）适地适树、生态优先原则。结合区域环境特征，选择适生乡土树种，同时注重树种的景观效果。充分利用站内非建筑地段及零星空地进行绿化设计，体现生态优先原则。

3）生物多样性、景观层次性原则。本次景观规划通过不同乔、灌、草及地被植物合理搭配，增加生态系统功能过程的稳定性，部分区域增加垂直绿化，营造和谐、层次丰富的绿色立体生态景观。

4）近远期结合、长效性原则。采取速生、缓生树种相结合、大规格种苗与小规格种苗间植的方式，注重植被的季相变化，体现工程区特有的季相特征，强调植物生长的持续性；不仅要满足近期工程验收的需要，而且要符合长远的生态规划，重视植被综合功能的显现。

5. 措施设计及实施效果

建（构）筑物周围景观绿化设计。在生产车间、办公用房、亲鱼池、鱼种培育池、活饵培育池、蓄水池等建（构）筑物之间场地，除去必要的保证正常生产需要采用草坪砖形式进行铺装硬化以外，其余的场地全部绿化，协调建（构）筑物与周围环境。

（1）立地类型条件：有灌溉。

（2）配置模式：乔木＋灌木＋花＋草园林景观式配置。

1）配置形式：以草坪为主，四周等距栽植树木，或中间以一定形式散植树木，用花卉、小灌木点缀。

2）植物种类：乔木主要为小叶榕、香樟、天竺桂、苏铁；灌木主要为金叶女贞、小叶女贞、红继木、海桐球、南天竹；草本植物则主要为狗牙根、黑麦草、紫花苜蓿。

3）苗木种子规格：园林大苗，无病虫害和各类伤，根系发达，带土球。乔木胸径不小于 7cm，树高不小于 3.0m；灌木地径不小于 2cm。草种籽粒饱满，发芽率不小于 95%。

4）种植方式。

a. 整地方式：全面客土整地，施肥、灌溉。

b. 种植密度：乔木株距 5～8m；灌木种植密度 30～50 株/m²；草种播种量 20～25g/m²。

建（构）筑物四周景观绿化如图 6-104 所示。

图 6-104 建（构）筑物四周景观绿化

案例8：林芝机场（西藏农牧学院提供，青藏高原区）

1. 实施地点

西藏自治区林芝市米林县，机场功能区。

2. 项目概况

林芝米林机场航站区改扩建工程包括站坪工程、航站楼工程、货运区工程、供电工程、机场消防救援工程、给排水工程、供暖、制冷和燃气工程、辅助生产、办公与生活服务设施、道路广场、景观绿化等建设内容。工程建设布设施工生产生活场地1处。按照水土流失防治责任范围划分原则，水土流失防治分区包括主体建筑物工程区、施工生产生活场地2个一级区；同时根据工程布局将水土防治责任范围划分为：航站楼工程区、站坪工程区、货运区工程区、辅助设施工程区、消防救援工程区、道路广场工程区、景观绿化工程、供暖工程区、排水工程区以及施工生产生活场地等10个二级区。

3. 项目区概况

项目区属高原温带半湿润性季风气候，年均气温8.6℃；年均日照2022.2h，无霜期180d；年降水主要分布在4—9月，总降水日数190d，年均降水量660.4mm，年大风日数130天，集中在1—5月，大风出现时段集中在14时至傍晚；年均蒸发量1723.5mm，年均相对湿度63%；冻土深0.8～1.2m。项目区土壤类型主要为冲积土，分布在河谷阶地、山地坡脚，多发育于第四系冲积物、洪积物和坡积物，土体有机质含量较高，呈酸性，土壤中氧化物含量稳定且分布均匀；土壤砾石含量5%～30%，抗蚀性较差。植被类型主要为高山草原、高山草甸和高山灌丛，植被覆盖率约60%。

4. 设计理念

因地制宜，将水土保持功能、生态绿化和安全防护结合在一起。边坡防护设计理念尽可能遵循自然，在确保安全和防治效果所的同时，最大程度减少扰动。植物设计上优先考虑近自然恢复模式，适地适树地选择植物搭配。平地恢复区，注重绿化与美化相结合，在植物选择和搭配上，优选乡土植物，乔灌草相结合，兼顾色彩视觉效果。

图6-105　机场出口广场隔离带植物措施

图6-106　停车场植物措施

5. 措施设计

机场广场恢复根据各区位特点，坚持水土保持防治为主，兼顾功能与绿化美化，因地制宜，采取相应的水土保持植物措施。机场出口车辆隔离带，采取石楠、月季、女贞、侧柏相结合的植物措施；停车场周边采取梅、柳、早熟禾的立体植物配置；机场出口前右广场，采取合欢、松、红叶李、早熟禾的立体植物配置；机场出口右侧广场，采取石楠、金边卵叶女贞、小檗和海棠、月季、侧柏、合欢、三叶草的彩色植物组合。

机场出口广场隔离带植物措施如图 6-105 所示，停车场植物措施如图 6-106 所示。